微服务下的领域驱动设计

孙连山　编著

北京航空航天大学出版社

内容简介

本书以实战理念为主旨，对领域驱动设计的核心内容进行了全面解读。书籍主要由两部分内容构成：战略与战术。第一部分以子域和限界为核心，并通过案例的形式介绍了如何在现实中将其进行实践的知识；第二部分则围绕应用架构、聚合、实体、值对象、领域服务等概念展开讲解，重点描述了它们在应用中所充当的角色以及使用限制。除此之外，作者也根据自身的经验对一些常见的设计理论或设计模式进行了概括和总结，如面向对象、工作单元、Saga 分布式事务等。尽管书中案例使用了 Java 语言进行表达，但并不会影响到读者的阅读体验。

本书的受众群体为软件工程师、系统架构师、需求分析师或计算机相关专业的在校师生等。

图书在版编目(CIP)数据

微服务下的领域驱动设计 / 孙连山编著. -- 北京 ：北京航空航天大学出版社，2023.12

ISBN 978-7-5124-4276-4

Ⅰ. ①微… Ⅱ. ①孙… Ⅲ. ①软件设计 Ⅳ. ①TP311.1

中国国家版本馆 CIP 数据核字(2024)第 008195 号

微服务下的领域驱动设计

孙连山 编著

策划编辑 杨晓方 责任编辑 杨晓方

*

北京航空航天大学出版社出版发行

北京市海淀区学院路 37 号(邮编 100191) http://www.buaapress.com.cn

发行部电话：(010)82317024 传真：(010)82328026

读者信箱：copyrights@buaacm.com.cn 邮购电话：(010)82316936

北京建宏印刷有限公司印装 各地书店经销

*

开本：710×1 000 1/16 印张：27.75 字数：624 千字

2024 年 1 月第 1 版 2024 年 1 月第 1 次印刷

ISBN 978-7-5124-4276-4 定价：129.00 元

若本书有倒页、脱页、缺页等印装质量问题，请与本社发行部联系调换。联系电话：(010)82317024

前　言

为什么要写此书

我小的时候比较喜欢拆家，和幼年的哈士奇有些类似。不过经济条件所限，能拆的东西也仅限于钟表、收音机这类小的物件儿。儿时的梦想是成为一名科学家或老师，不过随着成长，梦想也逐渐变得更现实起来，最终选择了与软件设计为伍。

很多人羡慕程序员的高薪与体面，殊不知我们自嘲为“码农”。软件设计是一种创造性的活动，它与艺术创作类似。自然，大部分人的职业生涯早期的确都会做一些“搬砖”类的工作，但我们不应该让其变成一种常态。

我于 2007 年接触领域驱动设计（DomainDrivenDesign，简称：DDD），但学习过程并不顺利。好的方面是伴随着失败，自己也积累了很多更为务实的知识。2021 年，我怀着满满的自信尝试在网上发布一些领域驱动设计相关的文章，期望能将自己所学的知识进行总结与分享。这期间有幸认识了北京航空航天大学出版社的编辑，他们鼓励我将自身所学体系化，本为玩票性质的事情自此开始偏向了另外一个方向，成为编写本书的一大诱因。

为什么选择领域驱动设计

进入 21 世纪，人们的生活伴随着互联网的发展有了翻天覆地的变化。加之智能手机和各类智能设备的催化，单机软件所带来的满足感已经不能满足人们日常生活与工作的需要。事物总是有两面性的，软件的各种功能在满足我们方便使用的同时，便是其规模和复杂度的急剧扩张，仅仅是技术知识的爆炸对于精力有限的我们就是一项很大的挑战。

领域驱动设计诞生于 21 世纪初，历经 20 余年的发展至今仍活力十足。越来越多的人开始意识到它的强大和先进，其思想被应用到各类大型软件项目中。但现实的情况却很残酷：我们都知道它很强大，但我们不想用。客观来讲，DDD 诞生之时的确是“超时代”的。有些理论过于理想化并不能在真实的项目中被轻易实践，比如“限界上下文”。没有现代微服务技术的加持，我们很难将其落地。

软件系统越发复杂，使得企业不得不背负更高的建设与运营成本，DDD 作为应对软件复杂之道是解决这一问题的有力武器。与此同时，时代的发展以及技术的推陈出新也让 DDD 真正地有了属于自己的舞台，这是我们选择它的原因。

如何使用本书

本书主要适用于软件设计人员和研发人员，您需要至少了解一门面向对象开发语言，如 C#、Java。当然，这些仅仅是基础，软件设计并不只是某一门特定的学问而是各类知识的集成。所以想要无障碍阅读本书，您还需要了解一些简单的设计模式以及UML 相关的内容。

本书分为战略与战术两部分，后者所涉及的知识虽与前者有关系，但亦可独立存在。如果您初入软件设计行业或从事本行业时间尚短，建议先从第二部分读起。战略相关的知识理论色彩较浓厚，是劝退读者的最佳武器；战术部分则侧重于各种技术的讲解，这才是程序员最喜欢的内容。当您确信自己能够被 DDD 吸引的时候，可再回到第一部分，避免让自己的学习旅程出现“夭折”。

除技术人员之外，项目经理、架构师或需求分析师也可成为本书的读者，尤其是战略部分。如果您的角色处于上述工种，可以考虑从第一部分读起，以学习如何站在更高的战略角度去了解系统的全貌；学习如何将一个大的系统进行划小建设；学习如何有效安排各类资源，即钱、事、物。

与其说领域驱动设计是一种技术，不如将其看成设计思想更为合适。笔者资历尚浅，本书其实是一种尝试，即：通过个人的理解并伴以务实的态度对领域驱动设计这一门学问进行个性化解读。有理解或表达不当之处，请读者在求同存异的同时，有取舍地借鉴书中内容。

编　者

序　一

如今,在科技的浩瀚星河中,中国电信天翼云犹如一艘驶向未来的科技舰船,承载着国家云的使命,一举成为国内云服务领域的佼佼者。这份卓越的成就是企业文化精心培育使然,也是对科学精神的尊重、对技术创新的追求、对人才价值的认可。正是这些文化基因,吸引了众多专业人才,汇聚智慧与经验,将先进的管理理念和信息技术融入我们的企业体系,助力国家科技技术飞跃发展。

本书正是天翼云技术团队在软件设计领域实践和思考的反映。

在分享知识的世界里,"众人拾柴火焰高"显得尤为贴切。我希望看到更多的人愿意开放交流,分享他们的知识与见解、技术和工程实践,也期望天翼云不仅成为行业的领航者,更能有益于技术文化的广泛传播。

近年来,在云计算技术和产业领域,互联网技术的革命性进步,特别是软件和硬件产业发展的速度之快,令人惊叹。新的应用、软件、服务及相关理论不断涌现,形成了繁花似锦的技术生态景象。科技的变革使人奋进,但也带来了不容忽视的问题:软件的复杂性在不断改变,专业的软件开发者亟需指导,以在优化成本同时有效提升可靠性。而成本控制,正是大家关注的核心。

领域驱动设计(DDD)虽然理念历史悠久,但普及程度尚未广泛应用,有观点认为,这一理论抽象且门槛较高。计算机软件设计的理论本质上是灵活多变的,DDD 也是如此。本书旨在帮助更多的软件从业者快速掌握 DDD 的核心概念,并在实际工作中加以应用。

广小明

天翼云科技有限公司副总经理

序　二

在全球数字化浪潮的建设中，中国电信始终承担着多重角色和责任，包括建设数字通信基础设施、推动云网融合和数字化变革创新、保障数据安全和用户隐私和履行社会责任等。同时，中国电信积极推动业务的数字化转型和创新，以适应数字化浪潮带来的新业务需求和变革，如云计算、物联网、量子计算和人工智能等。

作为中国电信数字化建设的参与者，我见证了内部数字化的演进历程，并经历了多个技术架构升级阶段。最早阶段是支持电话和传真等基础服务的 97 系统。随后是 BSS 1.0 阶段，引入了综合业务支撑系统和计费系统，大大提高了业务自动开通的效率，支持各种业务类型。接着是 BSS 2.0 阶段，实现了固话、宽带、ITV、移动电话的融合套餐销售模式，并引入了更强大的计费和结算系统，满足了移动互联网业务的实时计费和信控需求。直到 2017 年，中国电信率先推动 IT 系统全面上云，进入了 BSS 3.0 阶段，通过自研 PaaS 组件实现了云化系统架构，实现了全业务的数字化转型和 5G 时代的技术架构升级，可以更好地应对大规模数据处理需求和快速变化的业务需求。

在中国电信内部的数字化发展里程中，有着一群热衷于软件开发和系统设计的从业者，孙连山就是其中一位，我非常欣慰地向您推荐他的这本新书《微服务下的领域驱动设计》。领域驱动设计(Domain－Driven Design，简称 DDD)在现代数字化项目建设和系统设计中扮演着关键的角色，具有重要的意义和价值。阅读这本书，我深受启发，觉得这是一本非常出色的书籍，很值得向对软件设计和开发感兴趣的人推荐。

作者以其丰富的经验和深厚的专业知识，为我们带来了一份全面而实用的技术开发指南，旨在帮助读者更好地理解和应用 DDD 的战略和战术思想。书中的内容涵盖了从业务识别到系统整体架构设计，从领域模型设计到实际的开发模式和技巧等方方面面。

本书的战略部分着重介绍了 DDD 的战略布局，包括领域驱动设计、微服务、战略划小等，强调了在软件开发过程中正确规划和设计系统的重要性。它将帮助您了解如何从业务和技术的角度来划分系统、确定关键业务和优先级，并为长期的系统发展打下坚实基础。而战略部分的深入剖析和实例研究将激发您的思考，引导您在实际项目中做出明智的决策。战术部分则更加注重实践，包括系统架构、值对象、聚合等，涵盖了服务架构设计、领域模型设计以及各种设计模式和最佳实践。这些内容将帮助您在具体的软件开发过程中应用 DDD 的战略思想，提高系统的可扩展性、可维护性和灵活性。通过学习战术部分，您将了解如何构建高质量的领域模型，设计出优雅而可靠的系统架构，并掌握一些实用的设计模式和技巧。

本书不是纯理论的传播，而是作者自身实践和反思所获的宝贵经验分享。书中生动的案例和贴近实际项目的实践经验将使您更容易理解和应用所学的知识。

我真诚地将《微服务下的领域驱动设计》推荐给对软件设计和开发感兴趣的读者。无论是初学者还是有经验的开发者，本书都将带给您新的思考和启发。

与志同道合的业界同仁一起打磨、共同进步，一定可以加速企业的高质量数字化转型。

黄创光

天翼云科技有限公司数字化运营部总经理

目　　录

第一部分　沙场秋点兵——战略布局

第二部分 知行合一——战术实践

第一部分　沙场秋点兵——战略布局

软件复杂度的骤增促使人们不得不在系统建设的初期考虑如何从战略上做好分析和设计以减少系统建设后期系统架构调整的频率。尽管在过去的二三十年中有许多软件工程与架构设计的书籍供我们学习与使用，可惜大多数都沦为了一种市场营销的噱头和软件建设过程中的纸上谈兵。软件工程师更喜欢实在的技术，写一个缓存过期策略的 LRU(Least Recently Used，最近最少使用)算法要比看抽象的软件建设流程或思想更有意思。

应对软件复杂度的第一步是战略编程，通过前期的一定投入来换取后期的高额收益。当然，这里的“前期”并不是指软件项目建设的前期，而是每一次迭代的前期。这种投资思想看起来也许有些市侩，但我们不能否认当下建设一个系统的高额成本，动辄数以千万已是常态，将其看作一种金融投资其实并不为过。

那么敏捷开发的目标又是什么呢？它强调的是对业务的迭代而不是对问题空间和基础设施的反复推翻与建设；它强调的是对项目如何进行科学化的管理；它强调的是团队协作以及自动化开发。换言之，它聚焦的是开发流程，相对 DDD 而言，其更偏向于管理方面。

第1章 柳暗花明——困境与修身

领域驱动设计这门学问从诞生到现在已有20余年,但并没有被广泛采用。究其原因,一方面是概述抽象,另一方面,业务知识的爆炸已成为当代软件工程师拦路虎,也进一步造成了软件建设"如陷淤泥"。您也许在网络上看到过工程师与产品经理的"刀兵相见",此情此景能博得深有体会的软件从业者一笑。但其背后的问题是什么呢?需求与建设的节奏不同步甚至不在一个频率上面。这一问题有解否?软件技术的高速发展不仅对人提出了更高的要求,也将这些问题摆在了眼前。人常说"只要思想不滑坡,办法总比困难多"。可办法只是手段,要如何进行思想的修炼呢?

让我们首先抛开技术的细节,看一看如何通过自身修养的提升来弱化上述问题。软件建设中的很多事情是我们无法控制的,尤其是管理问题、人事问题、沟通问题、意识形态问题。唯一可控的自己,我们应该首先考虑如何提升自身的修养,再去解决那些不易控制的事或物。本章的主题是修身,也就所谓的"先度己、再度人"。

1.1 困 境

领域驱动设计到现在仍能活力十足可以说是一种奇迹。不过,在真实的世界中几乎很少见到基于DDD落地的项目,只是道听途说有一些互联网大厂或实力相对雄厚的企业如保险、银行等会使用DDD,笔者猜测应是小范围使用且是基于战术的。按理这是一门能够指导大型项目研发的方法论,它针对的目标便是复杂的业务逻辑,为什么始终没有真正推广起来呢?各种原因值得思考,笔者简单谈一下自己的观点。

1.1.1 DDD的野望与尴尬

DDD旨在为解决复杂的业务场景提供方法论与技术指导,其开山之作《领域驱动设计:软件核心复杂性应对之道》更是直接通过书的副标题一语道破其目标。业务复杂,系统扩展难这些问题,DDD都可以解决。虽然里面有一部分内容是理想化的,以当时的技术条件很难实施。但理论终归是理论,谁也不会原封不动拿过来就用,这岂不是陷入了教条主义?我们纵观其中的内容,发现作者想要表达的内容相当全面,从系统设计之初的宏观分析到代码的落地都给出了指导。虽说案例不多,但人家就是奔着传播思想去的,所谓"理论指导实践",咱们不能蛮干、硬干。当前想要建设一个稍微有些规模的软件系统,虽然谈不上"劳民伤财",那也是一笔不小的投资!能够站在巨人的肩膀上何必将前人踩过的坑再走一遍,这可是有血淋淋的成本作为代价的。

DDD 作为一种指导思想并没有给出特别具体且详细的操作指导，晦涩、抽象是必然的。所以需要我们去精确化解读其中的核心思想，通过借鉴前辈的经验与指导能在节流的同时减少软件工程失败的概率。您别以为系统上了线就算成功，都按这个标准，那世界上就没有失败的软件了。成功的标准其实很简单：软件从建设至运营，平均时间所投入的人、物、资金应当是相对平稳的，至少不应该在维护期出现成本暴增的情况。一个系统从初期建设到上线花了 1 000 万，然后每年再花 5 000 万做维护支出，笔者个人认为这不是成功的。

可悲的是道理谁都懂，谁也都会说，真正到了落实阶段则会人为地给自己制造很多的困难和借口。大部分软件工程师是务实的、也是急于求成的，这就造成了 DDD 这门学问注定不会成为普适的理论。先驱的初衷是好的，DDD 的作者也期望为解决复杂问题提供理论指导。通过翻阅一些资料我们可以看到在《领域驱动设计：软件核心复杂性应对之道》成书之后陆续涌现出一批优秀的软件架构师和专家对这套理论进行了完善，陆续提出了"领域事件（Domain Event）""命令查询分离架构（Command-Query Responsibility Segregation，简称：CQRS）"和"事件溯源（Event Sourcing，简称：ES）"等概念。有一些开源的框架甚至为这些概念提供了实现如"Axon Framework"。事情做了很多但仍无法缓解领域驱动设计所处的尴尬局面，并不是它不够好，而是人们不愿意学习那些无法验证的理论，使用过 Axon Framework 的工程师可能比读过 DDD 原书的人还要多。笔者也曾在企业内部尝试推广 DDD 文化，手段其实有限。使用培训的方式固然有效，但也仅能简单安排一些战术演示，无法把理论方面的内容从头到尾宣讲一遍。这涉及大量的时间成本，同时也需要足够的时间去消化、去理解，而这个成本反而是软件工程师最缺乏的。

笔者并不是刻意去神化 DDD，世界上也并不是只有这一种理论能够指导我们去建设软件系统，所谓"大道同源"，您完全可以选择 DDD 之外的理论去学习和实践。单纯的理论（尽管 DDD 也有技术的部分，但并不是精髓）必然有其推广的困难，您可以回想一个自己听说过或曾经学习过的软件建模方法，比如"面向对象""四色建模"等，真正能够用于实践的其实并不多！大部分情况下这些高深的理论都变成了一种精英文化，或者仅仅是以概念的形式存在于普通程序员的心中。阻碍 DDD 发展的除了有其晦涩、过于抽象等自身的原因之外，也有一些来源于外部环境的困扰，比如个人素质、企业文化等，这两类因素综合在一起影响着 DDD 的普及与使用。笔者总结了一些重要原因供参考，如图 1.1 所示。

1. 建设方式本末倒置

所谓的本末倒置是指人们在战术与战略上的投入方式不正确，也就是所谓的"轻战略、重战术"。大多数具备话语权的管理者很喜欢当时可看到成果的投入，而这些正是战术编程最擅长的地方。在不需要投入过多资源的情况下，战术优先工作方式可以让人们看到立竿见影的成果。也许这并不单纯是某位管理者自身的问题，其所处的位置让他不得不做出某些妥协、不得不使用一些过激的管理手段，这类情况似乎是所有人的通病。这一做法带来的直接的影响是在软件建设后期或维护期，由于缺少必要的战略

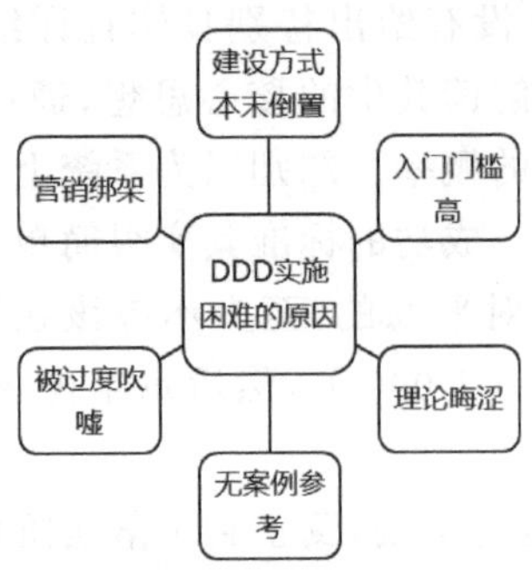

图 1.1 领域驱动设计实施困难的内外因

设计投入使系统的发展速度跟不上业务需求变化的节奏，只好通过投入大量的人力去解决问题。所以，当一个企业的管理文化与 DDD 的理论产生冲突的时候往往被放弃的是后者。或许会出现一些技术水平较强的工程师能将软件的某些部分根据 DDD 指导进行战术落地，但局限性很大，个人的能力根本无法与整个系统的混乱较力。

此外，DDD 是后发力的代表，随着系统的运营才能体现其高扩展性的优势，这就意味着在前期所投入的时间与资源成本都比较高。最开明的管理者，他可能会全力支持您去使用 DDD，但进度、成本等投资过程中最敏感的问题永远是第一要考虑的。客观来讲，基于 DDD 的战略和战术指导进行项目建设时，软件的开发速度的确没有战术优先的方式更具速度上的优势。仅就代码的层面来看，面向对象的编程方法也不如面向过程更直接，可其对人的要求却并不低。这些都是作为管理者要考虑的，“成本”问题可以击碎一切理论，不论它有多么优秀。

2. 入门门槛高

即便是 DDD 的战术部分，对于研发人员也有比较高的要求。如数据库设计、代码规范、各类框架的使用、设计模式、系统优化策略等技术问题并不会因为您使用了 DDD 就不再考虑了。过去工程师使用面向过程编程时要考虑数据库的设计和优化，现在转型到 DDD 之后在数据库上的投入并没有减少。在此之外，您还得考虑领域模型的设计，比如有哪些模型？它们间的关系是什么？实现难度增加了一倍以上。再者，DDD 还号召使用头脑风暴（其实就是开会）进行领域建模，需要项目经理、产品经理、研发、测试等人员共同参与并出谋划策。而真实的情况可能是团队已经开了一天的会，还需要加班写代码、赶进度，真的没有时间和精力再去做模型设计的工作。好不容易有个喝口水的时间，想来还有一个千字周报没有写完。

3. 理论晦涩

DDD 原著由于将重心放在了设计思想与方法论方面，很多东西讲起来都比较晦涩。关键是我们没有与作者类似的实战经验，想要理解他的想法的确会感到比较吃力。如果您感觉阅读原著比较费劲，那就意味着其实很多人同您是一样的。现在学习 DDD 的好处是已经有许多优秀的、用于解读 DDD 的作品供参考，甚至还可以阅读互联网上的文章进行快速了解。这里考验的是工程师的主观能动性，是否愿意花时间进行系统化的学习还是在困难面前选择放弃。

当我们翻看网络上有关DDD文章时，会发现有一部分质量很高；另一部分则只是对原书理论的二次复述。大部分文章作者的分享精神值得赞扬，可我们也不能排除有些作者是出于非常功利的目的。UGC(User Generated Content)的时代让我们这些出身平凡的人有了展示自我的舞台，但这些不能成为卖弄的资本。笔者一直坚信软件设计是一门朴素的学问，它不应该只停留在象牙塔上被世人供奉，更不应该人为地将其上升到玄学和哲学的高度。这种做法无疑增加了DDD的晦涩与抽象，阻碍其有效地传播和发展。

自然，DDD作为人类智慧与经验的结晶在被不同层次的读者接纳过程中一定会产生分歧，而这种分歧其实是一种动力，在碰撞的同时必然能够推动思想的进步。所以我们不应故意增加学习的门槛，而是要以朴素的语言讲朴素的事情。这一过程对于自身也是有利的，可以让我们做更深入思考，进而加深自己对这一门学问的理解。作为芸芸众生之一的我们可能无法达到“先天下之忧而忧，后天下之乐而乐”的境界，但有责任让自己正在建设的系统变得更加优秀，这其实是对自己的一种成全。

4. 无案例参考

在网络高度发达的今天，各种信息都可以被共享。当我们学习某一门语言比如“Java”、某一个算法比如“贪心”或某一个从未接触过的框架比如“MyBatis”时，你不需要购买任何的书籍直接在网络上便可找到大量的案例甚至源码供参考。但谈到DDD，有价值的参考却非常少。大部分的案例在展示的时候都脱离了实际的业务，离开领域谈设计也不能说绝对没意义，而是这里有一个比较尴尬的问题：如果将真实案例拿出来，用于演示的代码的规模就可能变得非常大，读者需要花大量的时间去研究业务，之后才能进入真正的学习阶段。此外，大部分案例所提供的价值更多体现在战术方面，少了非常重要的战略信息，其实并不利于初学者深入学习DDD。而如果使用虚拟案例，由于案例相对简单又不能体现出DDD在应对复杂业务时的优势。所以找到平衡是DDD布道者需要仔细研究的。

现实中您计划使用DDD的业务场景可能非常复杂，一个小细节都可能阻碍工作的进展或影响设计的质量。所以，只有实际参与过基于DDD的项目的设计与研发之后才能了解系统从分解到建模再到落地的一系列流程中所应注意的内容。片面的案例对于有经验的工程师可以给出启发，但对于“软件小白”而言则造成了不小的困扰，容易从内心深处开始排斥学习。这个问题在本书中也无法绕开，所以笔者在使用案例时比较谨慎，会优先选用最简单、最容易理解的业务。重要的是这些案例能够清楚且直观地表达出笔者的意图。尽管它们无法被复用，但有助于读者对DDD思想进行解读。

5. 被过度吹嘘

部分文章和书籍作者过分地夸大了DDD的作用，尤其是对战术部分中的内容；许多软件工程师也喜欢把它作为“银弹”不加考虑地引入到项目中，无视业务的性质，生搬硬套最终造成了开发与运维成本的成倍增长，甚至不得不重写。可怕的是由于人们错误地使用了 DDD 反过来却埋怨 DDD 太复杂、太抽象、没法落地……。在这一错误思想的影响之下使得 DDD 的推广变得愈加困难，人们甚至谈之色变。这个“雷”真该 DDD 去背吗？

现实中，最被夸大和滥用的并不是聚合、领域事件等这些 DDD 战术要素，也不是子域或限界上下文这些战略上的概念，反而是 CQRS、ES 这些后续提出的内容。也许是因为有了框架的支撑使得这些技术的使用成本变得非常低，但这不应该是某一项技术被轻易使用的借口。缺乏对技术的敬畏是今天的软件工程师常常犯的一个错误，不加以抑制很可能会过早断送一个工程师的技术生涯。面对花花世界中那些亮眼的、高大上的各类技术和概念时，我们必须学会保持客观的态度，包括对待 DDD 也应如此。

6. 营销绑架

软件行业喜欢把简单东西搞复杂，主要的目的就是让人觉得很高级、很神秘，最好能有一些玄幻的色彩才好。这种情况在软件集成方面体现得淋漓尽致。他们的主要目的其实只有两个字：营利。并不关心系统后续的扩容能力及是否可以快速应对业务的变更。系统慢可以加机器，无法快速应对需求变化可以加人手，至于使用哪种开发方式或指导思想其实不重要。这种情况下 DDD 就成了一种营销和拉项目的手段，其实并不会真的去使用。

以手艺为生的研发人员可能会很不屑这种假、大、空的吹嘘，但在掌权者的手里则变成了一种工具，一种让更大的掌权者高兴的工具。而作为工程师的我们，懂得越多越会备感无力。实际上，如果笔者是软件提供商的话绝对不会拿 DDD 作为噱头，万一遇到懂的人呢？当然，这一说法仅仅是个笑话，不打 DDD 的旗号有两方面的原因：(1) DDD 属于后发力的典范，前期需要投入较多的资源，对以营利为目的软件集成商来说属于典型的赔本买卖；(2)基于 DDD 指导建设的项目后期有着强大的扩展性，扩展性代表仅需有限的投入即可快速满足需求，集成商靠的就是人力数量来营利，两者是矛盾的。或许采用 DDD 的唯一好处是能够在建设前期画出特别漂亮、显得专业性强、有深度且能够挣足面子的图和文档。

营销绑架之下的 DDD 怎么可能会有发展？最终只能沦为一种噱头，让人叫好不叫座，慢慢隐入尘烟。

可以看到，这些影响 DDD 发展的各类原因有些的确是客观存在的，有些似乎比较勉强。您可能会好奇笔者如此说法是不是不给自己面子，前面说得热火朝天现在却打算进行反驳。实则不然，上述大部分问题在现实中比较常见，或许您比笔者遇到的还要多，但我们却并没有办法解决这些问题。既然如此，博君一笑就足够了，想办法进行自我的提升要比自怨自艾更有意义。

对于软件项目建设而言“人”才是其中的最根本因素。能否发挥出 DDD 的作用取决于我们的态度，有困难、有阻碍又如何呢？重要的是您需要在学习 DDD 之前首先问自己能否坚持得下去，只要有信心，上面的各类问题对您并不会产生多大的影响。客观来讲，这一学科和其他纯技术类的知识在学习方式上的确有些不同，除了需要在理论上静心学习之外,不断思考与实践才是收获的前提。以笔者个人的经验来看,最困扰学习者的其实是DDD理论,对某一问题的解答不存在绝对正确的答案,只有"建议"和"不建议"二个选择,比较依赖于个人的悟性和经验。不过读者也不需要担心,本书中很多的内容都是笔者个人对于以往经验的总结。未必完全正确,提供启发还是可以的。

1.1.2 何以解忧

杜康酒解决不了上述的各类问题,造成这种困境的原因也并不单一。唯有一些个人的想法博君一笑了之。这里面的语言看似犀利但并非愤世嫉俗,个人的能力毕竟无法与整个环境抗衡,所谓"穷则独善其身",先做一个最好的自己再去寻找改变环境的手段。

1. 尽人事、知天命

略显悲观,但包含了两个意思:前半句告诉您需要加强自身修养的锻炼,自身能力不达标时会放大事物对自己的影响。比如DDD,您就会觉得它门槛高、很难理解、很晦涩,学习了一两页就考虑放弃了。如果您自身的积累足够深厚,发现其只不过使用了另外一种形式去讲述同一个道理,而这一道理并不是DDD独有的;后一句告诉您世上很多事情本身其实是无解的或者解决的成本要远远高于收益,所以并不需要"怨天尤人"。忍受住学习的寂寞必有收获。

2. 争取在组织或团队内获取一定的权力

DDD是一种理论指导,一般情况下无法直观地证明其有多么优秀。如果您有一定的权力则可以在真实的项目中使用或至少可以小面积开展,这样才能积累实践经验,才能反过头来去验证DDD理论是否合理。此外,权力的作用还能帮助您培养一批优秀的人才以及在公司内部推广DDD文化,使用的范围越广越会激发人们的创造力,最终的收益会体现在软件之上。您会发现系统的可维护性变得更高、弹性更好、抗变性更强。

3. 少开一些无效率或低效率的会议,尤其是那些仅有输入而无有效输出的"尬聊型"会议

DDD的落地需要工程师投入百分之百的精力去思考和验证,如果某个会议可以帮助他们提炼业务或给出设计灵感,其存在的必要自不必说;如果为了走"头脑风暴"的形势,那最好还是能免则免,使用DDD是为了开发出易于扩展的系统而不是为了满足某种形式,更不要自己去欺骗自己。

4. 加大系统战略知识的培训,培养工程师从宏观的角度看待问题的习惯

这一点笔者在软件开发过程中深有体会。以需求分析为例,当只看到"点"没有看到"面"的时候,做出的设计抗变性很差,在出现有关联的需求时往往需要大面积改动。当站在相对高一点的角度去俯视项目时则会产生相反的结果,它会让您考虑的事情更加全面。当然,高抗变性往往意味着前期的较高投入,这里还是需要把握平衡的。

5. 组织小范围的技能培训

笔者在此处强调了“小”，引申的含义是指您需要采用精英制度让有能力、有发展的工程师逐渐接纳和使用DDD，一段时间之后再让这些精英去影响周边的人，最起码战术上还是能够“照猫画虎”模仿出来的。这种方式乍看充满着不公平，也许会将团队内部的等级制度放大，但DDD本身的难以学习是一个不争的事实，对于学习者还是有一定要求的。以较小的代价换取DDD的快速传播并在软件上看到成果要比开展大规模的且需要从最基本的内容讲起的培训有意义。至少您的这一举动不会让更高层级的领导觉得在浪费时间和金钱。

6. 小范围的实践DDD

DDD无统一的设计标准是一个客观事实，但笔者觉得设计的工作本身就是没有标准的。有人将这一点认为是DDD的缺陷，我个人则持否定的态度。音乐、美术、电影等艺术都属于设计类工作，需要设计师发挥其创造性，难道也给它们定个标准和规范吗？那不是成了流水线的产品？因为DDD的灵活才使得我们每个人都会有自己的见解和不同的解读方式，正是思想的碰撞才会让工程师的设计技术得到提升。不过，为了避免项目受到太大的影响最好首先进行小面积的尝试，先试试这里面“水”的深浅，即使出了问题对全局的影响也并不大，待经验积累足够成熟时再逐渐扩大使用范围。

7. 学会客观

作为IT的从业者，要首先培养一种客观与务实的态度，尤其避免夸夸其谈，万一在您大聊特聊的时候遇到懂的人岂不是很尴尬？岂不是“关公面前耍大刀”？学习与实践DDD也是一样，摆脱对其上面执念，以一种旁观者的角度去使用才能避免先入为主。比如我们都知道面向对象设计很优秀，对于一些复杂的业务天然具备适配性。可如果做一些简单的功能比如“数据字典”也去花大量的时间进行模型设计、方法责任的分析，是不是有点用力过度了？另外一点，有DDD实践经验的设计师其实也没必要把它夸得神乎其神。还是那句话：世界上并非只有一种理论能够指引软件的设计。太夸大它的作用反而更不利于它的发展，会让打算要学习它的人觉得似乎这是一门只适合架构师的理论，只有高手、高高手才能学习它。

实际上，这些所谓的建议也只能算是纸上谈兵。各企业、团队的文化与组织方式都不尽相同，没有哪个指导原则能大杀四方。我们要做的是找到适用于自身所在环境的方式和方法，适合自己的才是最好的，这样才能在学习和应用DDD的时候更加得心应手。

1.2 山重水复

进入21世纪后，各类软件、应用在人们的生活中变成一种不可或缺的元素，小到手机上的APP大到航空航天无处不充满了各类软件的影子。在互联网高速发展的今天，独立部署的个体软件已经逐渐被网络软件所取代。想想您使用的微博、即时通信软件、电商购物平台等，无法想象离开它们时我们的生活会变得怎样的不便。然而，多种多样的个性化需求也给软件建设者提出了更高的挑战，让软件开发过程变得更加艰难。虽然针对很多应用场景我们都可以找到现成的解决方案如日志汇聚、资源监控、数据存储等，但这些方案更多的是关注标准化需求，无法有效的解决业务复杂度指数式增长的问题。

此外，互联网的高速发展迫使各行各业开始考虑转型问题：线下业务转至线上、销售多渠道化、政务电子化等，企业在加速实现信息化的同时所引发的直接后果便是软件复杂度的骤增。计算机是理性的，它的任何活动都要有相应的规则；人的活动则更加感性、灵活与随机。在将两者进行转换时必然有很多不确定性存在，是另外一种意义上的“阻抗失衡”。那么应该去牺牲谁呢？必然是软件！因为信息化的目的是支撑企业的业务发展而不是让企业去适应计算机。面对灵活多变的修改化需求时，软件工程师只好把代码按业务规则写死并不断的对其进行缝缝补补。一个软件运行时间越久，所需要的运维成本越高，直到业务妥协或推翻老系统重新设计。业务妥协导致的直接结果是企业的信息化过程受阻，不仅没有成为企业的助力反而变成了一种累赘，弃之可惜但食之无味；老系统翻新呢？笔者曾说过：系统的建设就是一种投资，需要具备一定的稳定性，而不断“推陈出新”不仅会影响企业的业务发展，对于投资者而言也是一种失败，或许其带来的收益还没有投资高。还有一点，重构带来的结果并不一定是完美的、令人期望的，如果不能对于复杂业务问题给予合适的处置，问题依然会存在，其维护难度可能要比重构之前更高。

业务变得日趋复杂仿佛没有尽头，不论前端业务部门还是后端技术部门都在死命挣扎，几乎陷入至绝境，能否找到什么方法让这种几近死局的问题变得”柳暗花明”？答案是否定的。这里面涉及“人事”这种极不可控的因素，所以我们能做的只能是缓解而不是彻底解决。虽然业务复杂是一种客观事实，但我们可以通过一些手段让技术尽量跟上业务变化的节奏，一旦两者的变化速率可以保持基本同步就不会再出现严重失衡的情况。

1.2.1 软件中的熵增

企业在信息化过程的初始阶段所建设的系统一般都会以少量的重要业务为核心，数量有限且规则相对固定，业务间的关联性也比较简单。随着时间的推移，由于用户的需求和企业发展的需要，系统的功能在不断增加、扩展，各种业务也会纠缠在一起，形成了一种复杂的关联关系，如图 1.2 所示。

熵增定律说：“在自然过程中，一个孤立系统的总混乱度、总稳定度（即：熵）不会减小”。自然万物都趋向从有序变得无序，软件也会随着时间的推移从简单变成复杂，其发展过程符合熵增定律。让人备感绝望的是这个规律是客观的，并不会随着人类的意

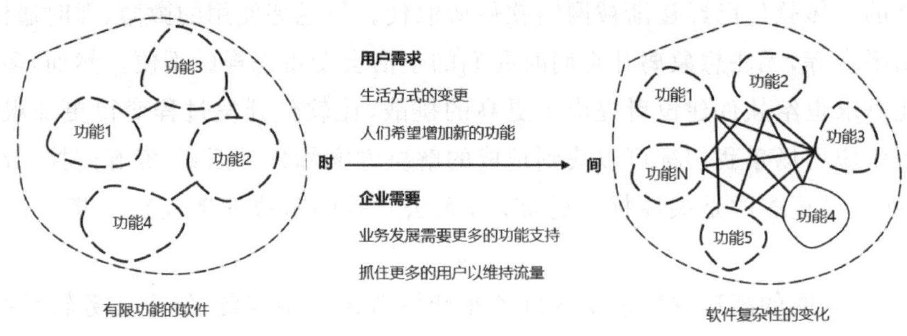

图 1.2　业务的扩展与业务系统的复杂度产生变化

志而转移，也更不可能被打破。请读者尝试分析一下自己身边的软件，是不是都在往高复杂度上发展？应该是少有例外的。

让我们再进一步分析一下高复杂度软件的表现是什么样的以及有哪些主要原因导致了其复杂度的上升。图 1.3 展示了分析的结果，相信每一个软件工程师都曾经历过这种痛苦。

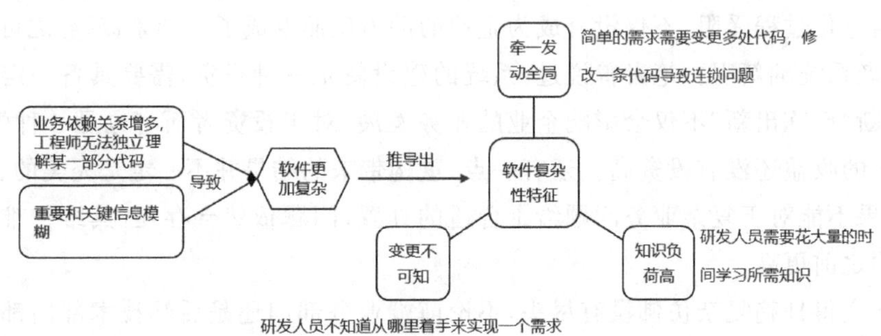

图 1.3　软件变得复杂的原因及软件复杂性特性

通过图 1.3 我们可以看出有两个主要原因造成了业务复杂：一是“业务依赖关系增多”；二是“重要和关键信息模糊”。前者是客观的且无法人为消除，因为业务本身特性就是如此；后者我们可以使用一些管理手段减少它带来的影响，比如建立可共享的知识库及周期性的培训。令人无奈的是这些手段仅仅能起到改善的作用，想要保持信息的准确性需要您花费很多的精力和资源，无形中增加了很多的管理开销。所以笔者比较推荐敏捷开发，在开发过程中尽全力保持代码的整洁和高易读性。能让代码成为会说话的文档要比各种说明甚至是培训都有效得多。

由于业务依赖关系无法消除及知识管理成本的上升，工程师在软件建设过程中不得不做很多妥协性的工作：“先上线再说……”“先定一个临时方案……”“这段代码先写死，下次再优化……”，这类问题屡见不鲜。带来的后果就是软件复杂性一直在递增和累积，但却得不到有效的改善，最终形成了一个恶性循环，如图 1.4 所示。

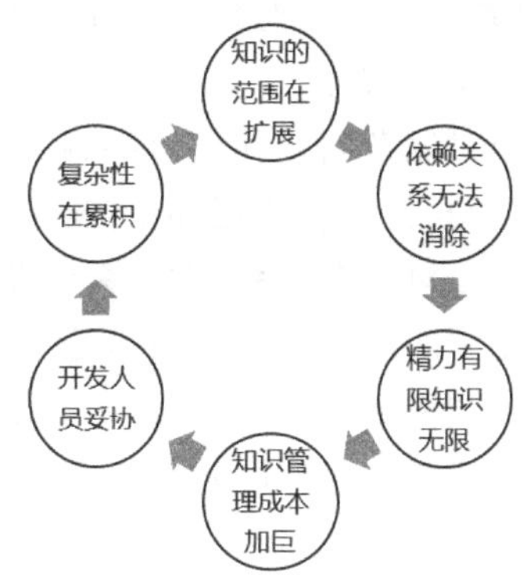

图 1.4 软件复杂度累积形成恶性循环

1.2.2 抑制熵增速率

有什么手段可以打破这种死局？是否有办法减少熵的增加？很可惜，并没有。我们能做的只能是想方设法把“恶性循环”中各节点间的关联进行弱化。既然熵增定律无法打破，那我们就想办法抑制它增长的速度。笔者根据自己的经验给出了两种解决之道：转换软件建设意识和引入战略编程思想。这里面既有对信息系统建设方的要求也有对实施人的约束，不能孤立地去看待它们。让我们先看一下“意识转换“所包含的两方面内容。

第一，信息系统建设投资方即软件所有人需要首先树立投资意识。建筑工程一般都会在施工之前进行详细的规划，各类方案确认后才能动手开始建设，这里的规划需要投入成本。软件工程脱胎于建筑学，如果不做好前期的规划与设计后面所付出的运营与扩展代价会变得非常高。虽然人们都在讲敏捷，但敏捷不代表无设计。尤其是现在的系统，动辄便是数以千万的投资，虽然企业愿意在信息化方面进行投入但不表明其愿意接受“鸡肋”型的软件。此外，软件建设前期的过多投入又带来一个新的问题：建设团队可能输出了很多的文档、画了很多的图、召开了多次的会议……可是没有一个可见的功能供使用，虽然也有原型设计但总归是一种纸上谈兵。不像是盖一所房子，只要不是危楼好赖也能住着。软件中哪怕一个数字写错都可能造成巨大的风险和事故，更不要说业务流程无法顺利流转这种更大的问题，可是这样的情况对于软件来说却又是非常常见的。这时候就开始考验企业是否愿意承担这种投资风险以及决策者的格局，您可能会面临投入了高额的建设成本但无法获取期望的结果；也更无法预料投入所带来的收益到底能有几何。这是一个心理斗争的过程，需要软件所有人以“投资意识”来看待信息系统的建设，当然，还需要具备一定的耐心。但凡是投资就会有风险，和企业的高层领导进行某个关键决策一样，可能已经做了非常细致的市场分析与调研但仍会有各类不可控因素存在，绝不是100%成功的。为什么说这里的风险意识很重要呢？当投资人愿意接受风险的时候就会容忍软件建设的早期成本投入，并且不会急于求成。这一态度所带来的直接好处则是系统能够在迭代过程中变得更加优秀、抗变性与可扩展性更强、后期的维护成本不会出现暴增等。

第二,架构师和工程师应当对复杂问题和妥协零容忍。实际上,业务的复杂与系统的混乱并不会形成等号关系。当我们想办法把那个“复杂”部分所影响的范围进行约束与控制时,单纯的局部复杂并不会对整个系统产生多大的影响。最容易让软件不可控的是“依赖”或者说是“耦合”,业务间的相互依赖越多这个系统的熵值就越高,代表其更混乱。又由于依赖不能消除,所以我们可以使用两个手段对这一问题进行弱化处理:(1)通过技术手段简化复杂的依赖关系,图 1.5 展示了一种优化复杂依赖的方法;(2)工程师或者团队负责人需要时时地对业务进行回溯与走查,尽量分析每一个依赖并想办法解决掉复杂关联,以避免问题越积越多最终不得不进行默许、妥协和破罐子破摔。相对来说,第二点更为重要,它依赖于个人是否愿意从心理上解决复杂依赖这件事情,至于可选择的手段则是数不胜数的。后续我们在讲到 DDD 隔离性策略的时候会重点说明它是如何去解决这一问题的。

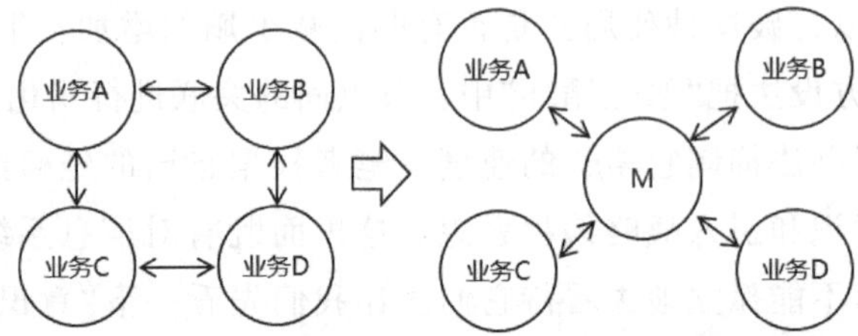

图 1.5 针对业务间的复杂耦合关系(左图)(可通过引入一个中立的组件“M“(右图)作为所有业务共同依赖的对象以解决各业务间的混乱依赖关系)

抑制熵增的第二个手段是引入“战略编程”,也就是在项目的建设初期和建设过程中都做好长期规划的打算而不是仅满足于当前的功能。与此同时,还要注意不要引入不必要的复杂度,持续的对系统进行迭代与优化。DDD 对此有着先天的优势:它的子域理论可以指导工程师如何去做业务规划;它的限界上下文与统一语言理论可以帮助工程师决策软件系统的构成和消除信息歧义。通过在软件建设过程中对战略活动和建设成果进行多次的迭代可以达到抑制软件复杂度的目的。可以看得出来,DDD 战略活动中的两类内容所面向的目标都不仅仅是当前的需求,它们绝不是一次性的工作,只有正确使用才能够为系统在未来的扩展提供切入点。当然,这一过程除了 DDD 能够提供的战略与战术指导之外也离不开科学的管理制度、扎实的软件设计技术基础以及人性在其中的作用,请务必不要夸大 DDD 的作用,它只是系统建设中的某一个方面。

引入战略编程所带来的另一个好处是能够对业务知识进行分组。知识的总量其实并不会变化,之所以会让人觉得负荷高是因为这些知识全部都掺杂在一起没有形成条理。如果能有办法将它们进行分类和分组,对于研发人员来说无疑是一种巨大的福利。DDD 中的限界上下文和统一语言可以做到这一点,它能够将关联度最高的知识汇聚在一起,使之作用范围明确、含义明确。此外,在软件开发过程中也要强调团队对规范的遵守,亦可采取敏捷式管理流程让代码成为会说话的文档和工具,这样不仅可以大大减少文档的数量也不用操心如何保障系统与文档之间信息的同步。

概括一下前文中我们所论述的抑制软件系统熵增的手段，如图 1.6 所示。总的来说人在这里面所起的作用最大甚至是决定性的，不论多么优秀的思想和技术离开人可能都玩不转。那么要如何进行"自我"修炼呢？请移步下一节。

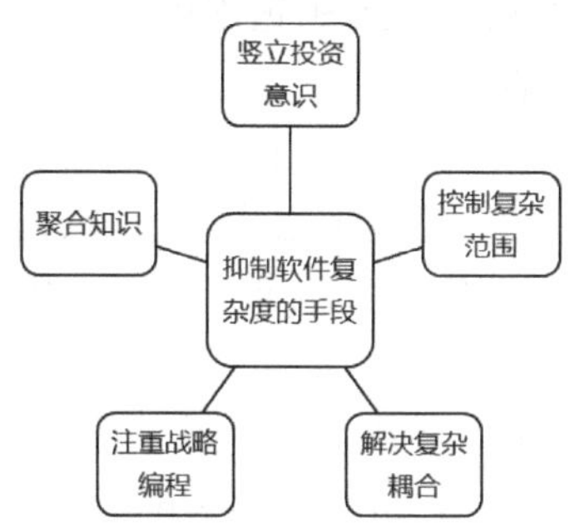

图 1.6　抑制软件复杂度的手段

1.3　修　行

这里的修行不仅包括工程师自身还包括团队的管理者以及团队中的所有其他成员。"人"是决定软件系统优秀与否的关键性因素而不是某个思想、某个技术或某个优秀的管理手段。给一个没做过饭的人再昂贵的厨具也做不出厨师水准的菜肴。软件开发也是一样，没有深厚的工程师素养不仅自身发展受限也无法成为人们眼中的"大牛"。所以不论书前的您是管理者抑或是软件工程师，都应该不停地进行自我的修炼。人生本就是一场修行，与自身所处的位置无关。而且，修炼并无捷径，唯多读书、勤思考。

1.3.1　管理者的修行

按理来说讲"人性"的内容应该出现在哲学或心理学的书籍当中最为合适，放到这里有点不伦不类。只是因为软件系统建设的过程实在是不同于其他行业，不论是管理类工作还是技术类工作其中都充斥着大量的主观性，所以人性在其中的作用是关键的。

建一所房子，墙有多厚、窗有多高已经在设计阶段确定好了，只需要按图施工即可，只要施工符合规范一般不会出现太大偏差；生产一辆汽车，所有部件的规格都有标准，工人只需要按要求组装好即可，这一过程没有他放飞自我的空间。这些看似简单事情到了软件建设中则是另外一个样子，除了基础设施组件的安装或配置相对固定一点之外，其他方面基本上全是个人发挥的舞台：某一个数据库的字段可以是字符类型，也可以是整型；两数相加等于 10 的算法，可以是"1＋9"也可以是"4＋6"；战略设计工作也是一样，我们可以把两个业务放到同一个服务中也可以选择不放，而且一般情况下也不会出现多大问题，照样能正常运行。但是，所谓"无规矩不成方圆"，软件系统建设本就是一个众人协作的过程，如果工程师都无限制地放飞自我，那结果注定是失败的。

作为管理者的您可以通过强力的管理手段来对人的行为进行约束。大家可以使用"KPI""OKR"进行员工的考核；你也可以使用"月报""周报""日报"或针对每一天的工作做出分解，也就是人们经常谈及的WBS(Work Breakdown Structure，简称WBS)，但这是一种被动的甚至带有压迫性的手段，永远不可能激发员工发自内心的主动性，表面看似波澜不惊其实隐藏着很大的隐患。

职场中有一类人是"职业官僚"，这些人在大多数情况下是让人不喜欢的。但涉及办公室政治的主题并不在我们的讨论范围之内，我们想讨论的是管理者在系统建设中的角色是什么，应如何发挥出自己的力量服务于项目。笔者个人把项目管理的模式分为两类：保姆型和个人魅力型。

一些从事项目管理的人员由于非技术出身或基础相对薄弱，在面对技术问题时会变得无所适从。这种情况下，管理者可以通过使用情感的方式来加强团队的内聚以实现项目管理的目标。原理很简单：只要人管理好了就不怕项目出现危机，关键时刻大家都会挺身而出，这种情况下又何愁项目出现失败呢？不懂技术？没关系！只需要指定一些有能力的、有责任感的工程师去负责就好了。通过照顾好团队中每一位成员的感受并让工程师们"死心塌地"地帮他干活，这即是所谓的保姆型管理方式。即使出现管理者讨好工程师的情况也无妨，只要能把项目管理好，能让系统满足客户的要求，有一点牺牲也是值得的。这一管理方式有的时候会比较依赖项目负责人的情商，对于纯搞技术的人来说反而会不太适应。

魅力型的管理者则在现实中比较常见，就是我们常说的那些"技术大牛"。这些人可以借着个人的深厚技术功底让团队成员服从，他们制定的一些规矩不仅不会让成员感到反感反而会被视为一种提升技术水平的参考。自然，技术出身的管理者也面临一个较为明显的问题，即：管理水平不足。软件设计与开发是一门技术，团队管理也更是如此，甚至可以决定项目的成功或失败。

当然，上述两类管理者是积极的、充满正能量的。现实中也有一些能力达不到要求且又处于管理位置的人，不过出现这类情况也属正常，毕竟谁都不是天生的管理者。通过驱动自己不断的进行学习，在管理过程中时刻关注团队的状态并纠正自己工作方式中存在的不足，同样能够做好项目管理的工作。

不论您属于哪一类型的管理者或两者兼具，想办法提升团队成员的自我驱动能力才是最终的目标，比制定那些吓人的规矩效果更好。管理别人也是管理自己的一个过程，您在发现别人不足的同时也应进行自我批评。作为管理者，需要使用人性化的、科学化的手段对团队和项目进行管理，尤其要避免不切合实际地夸夸其谈甚至是打官腔、耍威风。因为您的最终目标并不是为了管理某个人，而是为了将项目引向成功并生产出符合用户需求的软件，这些才是管理者的本职工作。从另外一个角度对此进行考虑，您会发现团队成员所做的一切工作其实都是为了实现管理者的目标，毕竟一个项目的成败对于工程师的影响并不甚大，大不了再换份工作。可作为管理者就不一样了，能够成为领导一定是为之努力了很久且付出了很多，不可能是一句"老子不干了"就能解决的。因此,当您发现整个项目组做的事情都是为了成全自己的时候就不会再把精力都放在一些鸡毛蒜皮的事情上了。

最后一点,强烈建议非技术出身的管理者去学习一些技术,虽不至于到编写代码的程度但至少能够对设计方案进行评审以免项目的发展跑偏,再不济还能避免被某些有着"小心思"的团队成员蒙骗。另外,技术还可以帮助管理者做出更加合理的项目分解和任务分工以提升项目的建设速度和减少资源的浪费。在与工程师沟通时,您还可以以技术人员的思维去了解问题,无形中能够减少很多的沟通成本。如果沟通的对方是客户,则十分有利于增加对方对您的信任度。同样的道理也适用于技术出身的管理者,只不过他需要提升的不再是技术而是沟通和管理的能力。一味地从技术的角度去思考问题很容易让自己陷入到某个死角中,忽略了业务和产品才是根本。

1.3.2 软件工程师的修行

"奶头乐"型产品比如某 MOBA 类国产手游在当下十分流行,虽然笔者无意对这些科技产品进行口诛笔伐,但我们却不得不承认正是由于这类产品的存在,很多宝贵的用于学习和沟通的时间被它们所占用,很多人的自律习惯也因为接触了这类产品而被毁掉。对于工程师而言,工作上所带来的提升其实是有限的,到达了某一个程度之后就会陷入到瓶颈之中,想要让自己的职业生涯得到可持续的发展需要的是自身不断的努力,只有这样才会让自己走得更远。

相信每一位工程师在从事软件行业之后都会有着自己的梦想,期望通过自己的努力一步步达到梦想中的那个自己:从初级工程师到高级,再由高级变成架构师。可现实的情况是只要一有了时间就开始在手机中"刷、刷、刷",似乎已经忘记了最初的梦想。笔者在自己不太漫长的职业生涯中发现:多读书和勤思考是让人进步最快的方式。工程师到了最后拼的是文化而不是某项具体的技术,因为技术通过短时间的努力便可以获得,而修养则需要长时间的积累才行。有一些工程师甚至会觉得:看了那么多的书根本记不住,现在技术发展太快不如随用随学。这个说法只适用于具体的技术,对于一些思想类的东西并不适用。23 种设计模式、面向对象设计 5 大基本原则(SOLID)等,哪一种不是经历了数十年而经久不衰?这些才是我们应该重点学习的东西。

现在的人才市场比较讲究学历,毕竟毕业生太多,通过学历进行一轮筛选更能节省人力在面试上的付出。但有了学历不代表就一定能把工作做好,进入了职场之后开始比拼的是专业能力。您的学历让人羡慕并不代表在专业上仍然能够一直优秀着,只有不断地补充对应的专业知识才可以。不仅在 IT,将这一原则放在各行各业上都适用。不过又因此引出了另外一个问题,即:有些工程师在学习了某一项技术或接触了某些理论指导后会将事情做得比较偏激,眼中只会看到事物的优点而忽略了它的缺点,最终的受害者还是团队或企业。或者完全不学习,或者忽略客观情况而全面地采用理论所说的内容,这种"极左"或"极右"的行为对于作为工程师的我们是绝对不可取的。

总结了发生在身边的各类问题之后,具体要如何进行改善和自我提升呢?多读书仅仅是一个方面,还有另外的素质需要培养,如图 1.7 所示。

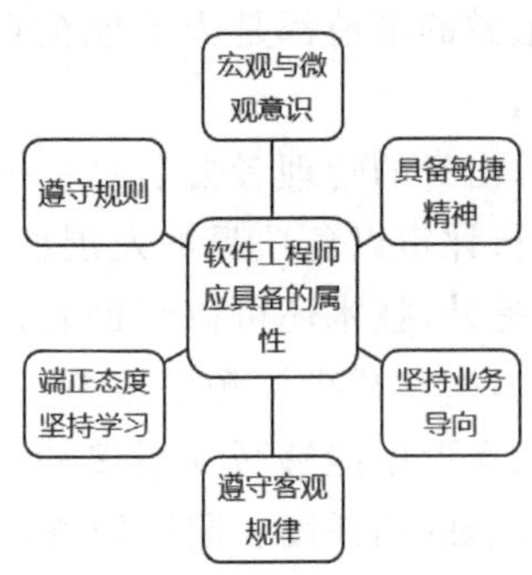

图 1.7 高素质型工程师需要具备的六项属性

个人坚信别人的成功是不能被复制的，这涉及“天时、地利、人和”等诸多环境因素及自身的内因，错过了就不可能再去重现，这里有很大的偶然性。很多时候我们内心中也知道应该怎么去做，但当自己成为当事人的时候则会“当局者迷”。所以，尽管笔者在上面提出了几项高素质工程师应该具备的属性，但真正能够百分百做到的人很少，包括笔者自己。可是这并不影响我们去刻意提升这些素质。

在解读这些属性之前笔者必须需要说明一些事实，尽管残酷但却不能否认，即：很多工程师可能终生也成不了这个行业中的顶尖高手，毕竟没有庸手的衬托也无法体现高手的存在。当然，这是一句玩笑话，但玩笑的背后有很多问题值得我们去思考。是什么原因造成了当前的 IT 人只顾疲于奔命而无法发挥出自身的创造精神？或许内外因兼备，外因方面：面对着高强度的“996”或“007”型工作方式以及社会上的年龄歧视，在短期内赚更多的钱比什么都重要。James Gosling(Java 之父)40 多岁发明 Java、Salvatore Sanfilippo(Redis 之父)30 多岁创造 Redis，笔者觉得这种事情在中国的软件行业中不太可能发生。三四十岁正是人生压力最大的时候，哪有时间搞什么研究，还是赚钱养家吧！内因方面：大家都知道通过读书的方式来进行自我提升是最可取的，可是真的太慢了。和您同期毕业的同学已经年薪 50 万元了，面对自己不到 20 万元的年度工资您还坐得住吗？读书是不可能了，面试指南倒是可以考虑考虑。另外，现实中的诱惑太多，大家都在手机上“刷、刷、刷”，想让自己达到“坐怀不乱”的境地可能有点难度。说一千道一万，外因的问题虽然更大，但这些并不是个人可以与之较力的。最关键还是看您想要什么，是否愿意把软件设计作为终身的工作，一旦目标确定再多的困难也能变成动力。

陪衬的话说了不少，下面让我们开始正式解读一下前文所提到的“工程师六项属性”。笔者并不想站在人生导师的角度对您指手画脚，那些是坐于象牙塔中的“专家”们才会干的事情。这 6 项内容其实是笔者对个人的总结，分享出来以供书前的您参考。

1. 微观与宏观意识

微观与宏观对应的是 DDD 中的战略与战术两部分。之所以提出来是因为很多的工程师从内心不太喜欢战略的内容，太多的纯理论讲解又看不到实际的代码且又比较依赖于经验，使得很多人在开始学习之前就产生了排斥的情绪。还是战术编程学习起来更有意思，不需要花费太多的时间就能立即见到成果。不过，是否习惯于站在更高的维度去俯瞰项目的整体情况所体现的不仅仅是技术功底的深厚，更多的是一种格局。“站得高，看得远”，从战略角度看问题所带来的收获要比您整天埋头写代码多得多。没经验的朋友可以尝试一下站在稍微相对宏观的角度了解一下您当前正在从事的项目，包括：人员构成、业务架构、技术架构、运维方式等，再尝试从企业的角度去分析某一项业务的概况，包括：来源、初衷、与其他业务的关联等。将这些内容消化之后，笔者相信您在写代码或进行设计时考虑问题的角度一定会产生变化。

2. 具备敏捷精神

不论是战略设计还是战术设计都需要拥抱敏捷，通过不断的迭代让系统进化得更加优秀。在业务高度复杂的时代，没有哪个系统仅通过一次性建设就能完美完成；也没有哪个系统是只需要一次性的设计便不再进行任何的调整，常理来看应该都是在一轮轮的迭代中逐渐优化出来的。注意：这里的迭代并不是指因为需求的增加而进行代码的补充和缝缝补补，而是指业务与技术的重构。也就是说每一次的迭代都意味着需要对系统做一次重构，这个态度非常重要。工程师不能只考虑代码是否实现了某个具体的功能，与此同时还需要做如下两项保障：(1)每一次迭代要保障设计方案是随着业务一起进行调整的；(2)每一次迭代后要保障使用的设计方案是当前最优的，并且代码结构也被调整到了最佳的状态。这两方面的要求需要软件研发人员具备较高的主观能动性及敏捷精神，别人真的给不了，唯一能靠的只有自己。

3. 坚持业务导向

这是软件工程师最容易犯的错误。虽然心中也知道“业务驱动技术”的重要性，但一到实际的工作中还是喜欢研究代码和学习具体某个框架或工具，把技术放在了第一位；日常与人沟通中也习惯于不分对象地使用技术术语，有一种“武痴”的感觉。但这种习惯其实并不利于自身的发展，反而容易使自己陷入发展瓶颈。在日常工作中，还是应当坚持以业务为向导，通过业务需求找到对应的技术方案而不是反其道而行之。此外，您还需要不断地对业务本质进行挖掘，任何的设计模式和技术方案其实也仅适用于当前的业务现状，需求变化后之前采用的技术方案很可能也需要随着进行调整。当我们能够做到对业务本质了然于心的时候便会收获到两样比较实际的好处：一是可以帮助我们得到抗变性强的技术方案；二是会发现很多时候这些所谓的变化其实都是表面的，并非是本质的变动，开发的时候可能只需要一点点微调即可满足目标要求。

4. 遵守客观规律

前文中我们曾经强调过：IT是一门强调客观规律的学科，是一种科学。可能是软件已经渗入到人们生活中的各个角落，这种普遍性给人们带来了一种错觉，即：开发一个软件其实很简单，不需要遵守太多的规范。甚至于软件工程师自己也是如此，按理他们应该是最了解软件的人，但也常常会做一些违反事务发展规律的事情，如：滥用技术、实事不求是、喜爱夸夸其谈等。对此，笔者给出了一些个人的建议：第一、寻求事物的平衡，不走极端；第二、拒绝完美；第三、拒绝大而全，遵循小即是美的原则；第四、适合的就是最好的；第五、以大家都能够理解的语言进行沟通；第六、三分做事、七分做人。这几点想要都做到其实挺难，不过学习就是锻炼智慧的过程，慢慢地去领悟也比什么都不做强。

5. 端正态度，持续学习

学习无止境。IT 世界中有太多的技术需要去学习和领悟，只有坚持下来才能让自己的学问既有深度也有广度。虽说“大道同源”，但仍架不住知识范围的庞大以及技术的快速变更，学会了某一项技术可能仅仅是个起点，不可能只靠这门技术就可以建设一个完整的软件系统，包括 DDD 也是如此。想单纯地凭借它去开发某个软件基本上不太现实，因为软件是各类知识的集成和汇总，并不代表某一特定的技术。以数据库为例，您可能在原理和实践上都非常精通，但它也仅仅是系统的构成部分之一。知识范围广大是客观的，通过踏踏实实地持续学习，把技术基础夯实或许才是唯一的出路。时代在进步，技术也是一样，总是在推陈出新。所以，在打好基础的同时也别让自己停下前进的步伐，毕竟“大牛”也不是那么好当的，这背后有着别人看不到的辛苦付出。大家都在谈论“匠心”，做软件必须有这样的态度才行。设计时，我们要时刻具备自我否定的精神，精益求精；编写代码时，在保障功能正确性的同时我们需要再多考虑一些非功能性上的需求，从这些细节中去主动锻炼自己。

6. 遵守规则

由于软件建设过程中充斥着各类强主观性的行为，“人”就变成了其中最为关键的因素。所以很多的公司和团队专门为此制定了工作规范，目的只是想让成员依规范行事。虽然我们不能迂腐地不区分其是否符合客观情况便去无脑地遵守，但正是因为这种“规矩”才让团队的前进方向和系统的建设过程不至于在大方向上跑偏。所以笔者强烈建议每一位软件工程师要培养发自内心的纪律服从性，不能只站在个人的角度去看待问题，这不仅是对自己的不负责，也是对企业的不负责。当然，很多的规范的确不太合理和人性，比如“996”这种高压式工作制度。不过事情要看分两个方面来看，如果您想要赚更多的钱，“996”或许是一种选择。但与此同时，您肯定要牺牲一些东西，比如健康、学习的时间等。还有一个笔者认为双赢的办法，即：多学习和多读书，应是解决这个困境的最佳手段。选择软件行业是不幸也是一种幸运。不幸的一面：除了常态化的加班压力所带来的各类身体与精神上的困扰之外，一个合格的软件从业者还需要逼着自己不断地去学习、去进步。技术一天一个样，我们的脚步也不能停下来。“人生苦短”，这样的日子的确很累；幸运的是：软件的设计与建设是一个有创造性的工作，每个经由自己的手而上线的功能都会给人带来莫大的成就感，能够有机会将这样的工作作为终生的事业是一种莫大的福分。虽然过程可能很辛苦，但笔者仍然觉得比每天做着重复的、无创造性的工作要美好得多。借用一句京剧中的名言“不疯魔不成活”，经历了刻苦的锻炼才会知道前面的风景有多美。

总　结

作为本书开篇的第1章，笔者并没有对DDD理论作太多的论述，反而是重点讲解了DDD所处的尴尬境地。虽然也给出了一些“不痛不痒”的应对手段，但并不能否认各种内、外因所带来的负面因素的确限制了DDD的推广。不过人需要顺势而为，适应环境才是最明智的。

第二小节我们讨论了软件复杂度的变化趋势，证明了其变化符合熵增定律。我们还对导致软件变得复杂的原因进行了分析，在无法避免熵增的事实之下工程师需要调整应对手段来抑制它的增长。这里面有心理建设的过程也有改变系统建设方式的物理手段。

最后一节我们论述了“人”在软件建设过程中所承担的作用，属最核心的存在。由于软件开发的工作中有太多的主观性行为和随机事件，十分需要作为管理者的“人”和作为工程师的“人”不断地进行自我提升。书中给出的手段和建议，虽有纸上谈兵的嫌疑但也的确是笔者从业十多年所积累的经验，期望能给读者一些启迪。

第 2 章　比翼连枝——领域驱动设计与微服务

James Lewis 和 Martin Fowler 于 2014 年给微服务进行了正式定义，但这个思想的起源要早得多，甚至可追溯到 20 世纪 80 年代。这二位何许人也？James Lewis：ThoughtWorks 的首席顾问和技术顾问委员会成员；Martin Fowler：世界级的软件大师，号称软件开发的“教父”。Eric Evans 2004 年出版书籍《领域驱动设计：软件核心复杂性应对之道》正式提出了 DDD 理论，为解决复杂业务提供了理论指导。微服务是一种思想也是一种架构风格，DDD 既包含了思想理论也包含了战术指导。尽管两者的目的都是为了解决软件设计中的痛点问题但应用目标却不尽相同。DDD 与微服务诞生的时间虽相隔 10 年，所谓“千里姻缘一线牵”，当它们相遇时擦出来的不是火花，而是一颗核弹。

2.1　软件革命——微服务的兴起

人们谈及的微服务一般特指微服务架构的应用，是一种软件架构的模式、是 SOA 思想的一种去中心化实现，最早作为一种思想被提出来。因为它的超高价值被一些世界级的技术公司所采纳，随之而来的则是为实现该思想所推出来的各类基础设施、开发框架和软件开发流程及思想。如果您是 Java 语言的使用者，那么非常幸运！使用 Spring Cloud 框架可以很轻松地对微服务架构的应用进行落地。涉及微服务相关的各类基本能力如服务管理、链路追踪、服务限流等，通过这一框架都可以一站式完美解决。随后出现的云原生概念，则更是把对微服务的支撑应用到了极致。

微服务所带来的不仅仅是独立的技术栈、独立的部署、独立的演化及按需缩容/扩容等这些相对表面的特性，其所带来的软件体量和质量的变化才是革命性的。例如，我们常用的在线购物平台，看似功能简单但其背后有着数以千计的服务来作支撑，这种体量的系统放到单体时代甚至想都不敢去想。此外，当软件的体积变得非常巨大的时候它的质量是很难把控的，比如众所周知的 Windows 7 操作系统，其代码数大概 40 000,000 行；Facebook 前后端代码数大概 62 000 000 行。如果不使用组件化、微服务化等技术，对这些系统的维护工作就等于是个噩梦。

为什么微服务会有这么大的能量？究其本质，该理论同时体现了分治和聚合两种思想。

（1）分治方面：既然业务变得复杂、系统规模变得庞大，那就将其拆开分别建设，当所有的子系统都建设完成时就等于目标系统建设完成。软件设计追求“高内聚和低耦合”，它所带来的直接好处是软件的易扩展性和易维护性。这种理念常常被放在代码的层面上，但放到系统架构上面仍能适用。尽管系统建设采用了分治策略但服务内部是高内聚的，服务间是弱耦合的。微服务化后的系统虽然部署的服务数量有所增加，但可维护性方面却并没有降低。

(2) 聚合方面：聚合思想体现在业务处理能力的提升上面。微服务架构的系统通过服务间相互的配合来完成某一项任务，不像传统单体那样非常依赖服务器配置的高低。由于每一个服务是独立部署的且有专用的资源，当某个服务的资源不足时完全可以通过横向扩容（增加服务实例的部署数量）的方式来对系统实现快速扩容。理论上来说，这类系统的吞吐率是无上限的，而与之对应的单体架构软件想要实现这样的效果几乎不可能或者代价无法承受，总不能使用大型计算机来扛吧？

此外，由于服务间彼此独立，团队可根据业务不同使用完全不同的技术栈与架构类型。以电商平台为例：订单类数据比较规范，可使用关系型数据库存储；商品属于非结构化数据，使用文档数据库存储更合适；商品检索涉及模糊查询，使用搜索引擎最佳。微服务风格的应用能够让每一个服务、每一类技术都发挥出最大的潜力。

所有事情都具两面性，虽然微服务看起来很美好，但其也引入了额外的复杂性如服务部署、系统监控、问题排查或者网络分区所引发的各类数据一致性和服务可用性等问题。尽管有着现成的各种技术供使用，但需要工程师学习的东西也随之增多，人的精力毕竟有限，所以就需要对团队的人员进行扩容并做更细粒度的分工。虽然每个个体承担的角色不同、工作性质也不同，但总的目标是一致的，即保障需求的准时上线和系统的正确运行。而想要达到这一目标，资源的投入不能少。这就意味着掌权者在管理方式和管理思想上要有变通，否则您不会品尝到微服务所带来的红利。

除了技术上的要求之外，应用微服务化后对于团队成员间的协作要求更高。传统的软件建设团队中，研发人员的工作一般都比较纯粹，大部分人只需考虑如何把编码的工作做好即可，并不用为系统的运维、运营等事宜操心。而到了微服务团队中，传统的工作思路必须要加以调整，应该将团队协作作为第一优先级的事项来看待。研发工程师除开发工作之外也有责任协助运维和测试工程师完成软件的部署、问题诊断和质量保障等相关工作。

综上所述，我们可以看到：应用采用微服务架构之后，不仅技术上要考虑更多的内容，团队结构和管理工作也要与其适配才行，否则只会让项目的建设工作陷入困境中而无法自拔。额外多说一句：微服务对于人的要求变高了，不论是需求、研发还是项目负责人，都不能再使用建设传统单体风格应用时的工作方式来同等对待它。

想要建设微服务风格的应用需要各种各样的基础能力组件做好支撑才，要不然所有的美好都只是一种空想。这个时代的工程师非常的幸运，他们有太多的选择了，而且大部分基础工具都是开箱即用的，例如：K8s、Docker、Spring Cloud 等。即便是相同功能的组件也可以有多种选择，以进程级缓存为例，工程师至少可以在 Ehcache、Caffeine、Guava Cache 三种中进行选择。对于微服务应用而言由于有太多的组件需要进行管理，造成工程师的大部分精力都被放到了这些基础设施的配置与维护上面，以至于给人们带来一种错觉，即微服务就是指服务治理、链路追踪、流量治理、系统容错等技术，与业务的关联性并不大。这一想法其实也不是完全错误，我们其实是可以以这样的方式来定义狭义上的微服务的。

总而言之，虽然微服务的确有着这样或那样的优缺点，但其不足之处也比较明显。尤其是涉及服务架构设计、业务建模、领域模型设计、编程模式选择等工作时，就不是它所能承担的了，此刻才是我们的主角——DDD 开始发力的时机。

2.2 更进一步——DDD 的百尺竿头

微服务思想范围之外的内容如业务拆分、架构选择以及对业务中的领域对象进行建模等需求需要另寻一套新的指导思想。各类开箱即用的工具虽然先进也只是为系统的建设提供了助力，并不能在业务规划和系统的开发细节上起指导的作用。当代的工程师还是幸运的，DDD 包含的一套完整的理论体系能够告诉您：如何对业务分级；如何将系统划小；如何针对每一个划小后的系统进行分析和设计；如何保障业务术语的含义唯一；如何保障服务中的业务是内聚的等这些都是其战略部分所涵盖的内容，到了战术部分则又告诉工程师如何进行子服务的架构设计、有哪些架构模式可用、子服务间应如何交互、领域模型应当怎么设计等，通过这些内容工程师可以学习到微服务实现时的各类细节。

DDD 在诞生之时尚没有严格意义上的微服务定义，仅有少量的能够帮助微服务建设的组件供使用。虽然 2000 年初是 SOA 最为辉煌的时期，但涉及的技术方案太过复杂并没有被大规模采用。虽然 DDD 中的战略部分强调了子域与限界上下文的重要性，但因为没有基础工具进行助力，在大型项目中实施 DDD 的难度还是比较大的。

我们可以试想一下这样的场景：某一个系统按 DDD 的战略指导划分出了 50 个子服务，为保障高可用，每个子服务需要部署两套实例，此时总的服务数量为 100 个。那么要如何对这 100 个服务进行管理呢？有什么方案可实现应用的快速部署？怎么才能把业务的日志进行汇聚？倒退至 20 年前来实现这些需求，恐怕会逼得工程师“跑路”。此外，很多团队一般只会在研发工程师身上进行投入，很少去关注运维相关的工作，所以上述案例中所提及的问题几乎是无解的。DDD 诞生虽久但流行度不高并不是没有原因的，最起码底层基础设施没能跟得上，即使对上述涉及的问题有解决方案但普适度也不足。战略设计做得再好奈何都是纸上谈兵，很多的实际问题无法解决，设计方案也就无法有效地落地。所以前文中我们会说“DDD 是超时代的”，正是由于这个原因。

DDD 的这种尴尬在进入到 2010 年后开始缓解，尤其是微服务架构的兴起和各类基础设施的完善，成为了 DDD 发展的助力。合理的战略设计方案在落地时再也不需要妥协，您只需要充分发挥自己的想象力即可。运维人员再也不用惧怕服务数量增多、运维困难等问题，强大的工具能够给予我们足够的信心。可以说，这个时代只有想不到没有做不到的事情，即使您想不到别人也可以替您去想。如果找一个词来形容 DDD

与微服务的结合，我愿意用“琴瑟和鸣”这个充满美感的成语。

2.3 差 异

通过上述的阐述我们可以知道：微服务的思想虽然涉及的知识较多，但更聚焦于技术与底层基础设施两个方面。相对而言，领域驱动则更关注于对业务和服务的划分以及服务的具体设计与实现。总体来看，二者之间既有关联也有差异，并不是二选一的关系。

如果您现在所使用的主要语言为 Java 且计划建设一套微服务架构的系统，最简单的选择便是选择 Spring Cloud 框架。作为微服务架构的一站式解决方案，其为工程师提供了全家桶式的服务。它构建于 Spring Boot 之上，有着非常简单的编程模型。涵盖了构建微服务风格系统所需要的一切，例如，服务发现、统一配置中心、业务网关、服务熔断、服务监控、链路追踪等。当然，这些仅仅是微服务的一个方面。由于微服务应用需要基于网络的远程调用来实现协作，涉及事务、锁等技术与单体架构应用相比又有了新的变化，需要工程师重新对这些理论进行学习。而涉及 DDD 的学习则与具体的框架关联不大，它为软件的建设提供了理论与技术上的指导，更加关注于业务。

总的来看，DDD 与微服务的不同主要体现在彼此的侧重点上。结合前文讲解的关于 DDD 所关注的内容，您会发现二者差异还是很大的。图 2.1 展示了这种差异。

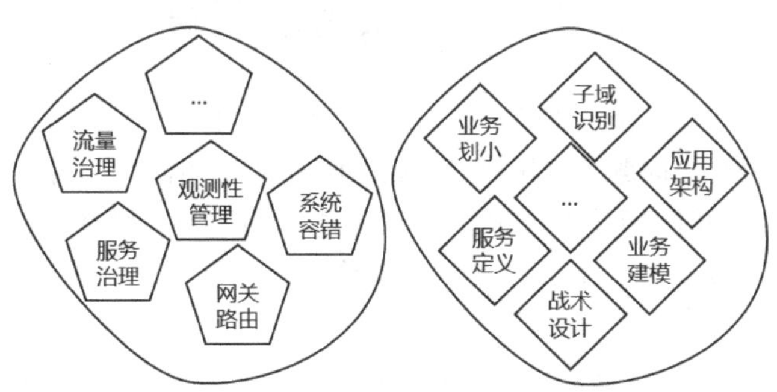

图 2.1 微服务(左)与 DDD(右)的关注重点

有关两者间的异同我们还可以从另外的角度进行分析，图 2.2 展示了这种关系。领域驱动所关注的是业务系统中较上层的位置即领域建模、子域识别、服务架构设计等内容；而微服务技术则处于系统下层，前者依赖于后者。需要注意的是：位置不同不代表价值上的区别，仅仅是工作目标不一致而已，这一点读者需要注意。领域驱动设计以业务为导向指导系统的建设，整个过程都是以业务为核心的；而微服务技术则站在了系统的后面与业务关联性并不高，更强调技术性(狭义上的微服务)，不过它支撑了 DDD 的目标。两者需要紧密配合才能建设出一套易维护、易扩展的业务系统。孤立看待某一项技术对于系统的建设不仅没有帮助反而更容易让人陷入瓶颈之中。

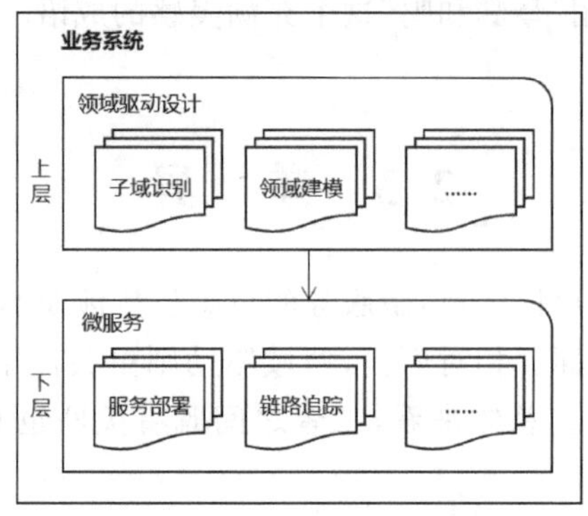

图 2.2　微服务技术与领域驱动设计的关注点在业务系统中所处的层次

有一个问题笔者觉得需要重申一下:微服务的理论体系中仍然强调了业务的重要性,也为服务的划分给出了参考,只不过粒度没有 DDD 那么细。而我们这里所讨论的微服务技术要狭义一点,特指实现微服务架构应用所需要的技术比如服务治理、流量控制等。项目的建设过程中除了领域模型的设计、业务代码的编写之外还需要工程师是对这些基础组件进行合理化配置及不断优化调整,需要保障其配置可以适应当前业务及各类非功能性需求,否则只会让系统的维护变得更麻烦、更费时费力。

2.4　对微服务的反思

很多团队在应用了微服务架构后发现不仅没有解决系统复杂性的问题反而要做的事情更多了,运维困难、问题排查困难、联调困难、系统性能低等。当一个业务需求变更后还需要花费大量的时间进行测试以及走查受影响的服务有哪些,虽然在微服务化后的系统上花费的精力不少但系统的复杂度不降反升。到底是什么原因造成了这种尴尬?难道是微服务本身有着先天的不足?

就笔者个人的观察,发现微服务也和其他的技术一样被很多人当成了“银弹”。毕竟其宣传口号打得是如此的响亮、各种基础组件的功能是如此迷人。致使很多的团队在使用的时候没有以业务为导向,反而在技术上面投入了大量的人力、物力。他们只看到了单体架构系统的劣势和微服务架构系统的优势,没有对业务架构和团队结构做好足够的分析便强行在企业或团队内推行。从表面上看,一个大单体系统的确变成了几个小的服务,可以独立部署或使用独立的技术栈,但子服务内部却混乱不堪且服务间耦合严重、领域边界模糊不清,系统总的复杂度肯定会有显著的变化——越变越复杂。一个个的“微单体”不仅没让工程师体验到设计的快感反而变成了一种负担。很明显,这是对微服务的一种误解及误用。因为不论是原生的微服务思想还是领域驱动设计都强调从业务的视角去解决系统的高复杂度问题,也就是业务才是“主角”,过分关注技术必然会吃技术的亏。

从技术的层面来看,微服务强调每一个服务都可以独立地进行部署和演进。这里的"独立"有一个先决条件,即业务维度上的服务是否有着清晰的边界。所谓的"清晰"不是要求服务间不能有关联,而是指服务内的业务要有足够的内聚度且大部分情况下可独立完成某项业务用例的执行。这个度其实比较难以掌握,因为不论是谈"内聚"还是谈"边界"都没有一个清晰的标准对它们进行衡量,更多的还是依赖于工程师对业务的理解和以往的经验。

以电商网站购物为例,购买流程包括了下单和送货两项子业务。对服务进行划分的时候可以提取出两项服务:下单服务和送货服务。这两个服务从总的业务流程上来看存在着依赖关系,但每一个服务内的业务却又是高度内聚的,也就是说下单的业务逻辑与送货的业务逻辑并不会相互牵连,不应当存在当送货服务宕机时下单业务也无法提供服务的情况。尽管存在关联性,但关联是自然界中普遍存在的规律。相反,如果将两个服务合并在一起:一是会造成服务内的业务不够集中,一个服务要同时处理多个边界清晰的业务,承担的责任过重;二是两个业务的相互影响会比较突出,为了更新订单业务您必须将整个服务进行重启才行,造成送货业务也被涉及;三是当两个服务的负载不同时,您只能以最低负载支撑度为标准进行服务扩容,也就是所谓的"木桶定律",造成了很大的浪费。另一方面,如果将下单服务强行拆分成询价服务和生成订单服务也不太合适,后者对前者依赖性极强甚至两者间有着大量的代码耦合,至少在早期版本阶段将它们放在一起要好一点。

通过上例我们可以看出来:以业务为维度是划分服务的第一标准。再让我们回到前面所说的问题,即团队在使用微服务后发觉系统的复杂度不降反升,造成这个问题的根本原因很可能源于下列两类:第一,团队结构与系统结构不匹配。因为微服务架构应用十分强调团队结构的合理性,当出现不匹配的时候就会出现协作问题,它会反噬团队并使得团队中的每个成员整日疲于系统维护,工作无任何条理可言;第二,在服务的划分过程中过分看重技术细节而忽略了业务边界,使得大单体变成了小单体而不是我们心目中的那个"微服务",业务强耦合问题并没有得到有效解决。这一问题的最直接表象就是系统的维护成本增长,一些细微的需求变化也会导致"牵一发而动全局"的情况发生。

实际上,使用不当的情况不仅存在于微服务上面,对 DDD 也是类似的。当团队重技术而轻业务的时候,问题会尤其明显。包括笔者个人,在刚刚学习 DDD 的时候也很喜欢把精力放在怎么设计聚合、怎么使用设计模式上面,对于战略指导兴趣不大。在面对新需求的时候会下意识先去考虑使用什么技术去解决问题而没有优先从业务视角去思考,所带来的问题和本节开始所讨论的情况完全一致。当系统规模比较小的时候问题还不算明显,一旦上了规模之后就会变得尤其突出。致命的是基于 DDD 战术指导所开发出的系统一般会使用面向对象编程,过度地看重技术时会让领域模型变得脆弱不堪,极易发生变化。领域模型一变,由其推导出来的资源库、数据模型等都需要跟着变化,维护成本非常之高。

2.5 DDD 与微服务的秦晋之好

前面我们在讨论 DDD 的时候，谈到了其战略部分的内容。当您将它与微服务结合起来后，后者中存在的不足就由 DDD 来进行弥补。当然，微服务也弥补了 DDD 对于基础设施上的无能为力。依赖于 DDD 战略设计中的子域和限界上下文两部分内容的共同指导，工程师可以据此学会如何对业务进行分组及如何对服务进行划分；依赖于 DDD 的战术指导，工程师可以了解到不同的软件架构风格如分层、六边形等所适应的业务场景及针对不同的业务所应采取的架构模式。同理，领域驱动设计无法有效处理的部分比如服务间的通信、服务的治理等则可以交由微服务相关的技术来负责。两者之间形成了一个相互支撑的关系：DDD 指导微服务的划分和实现；微服务技术为 DDD 落地提供基础能力。

2.5.1 业务中台的概念

既然提到了微服务就不得不说一个非常流行的概念：业务中台。最早由阿里巴巴提出的企业信息化转型战略思想。如果通俗地对其作解释，您可以将其理解为：企业可复用业务能力的集成。也就是把一些通用的、固化的、可被共享的业务能力单独提取出来以服务的方式来实现共享。比如电商网站，可以把下单能力提取出来作为业务中台的一部分。不管销售渠道是网站、APP、小程序抑或是第三方通过 SDK 集成，最终下单能力的支撑都会落到业务中台上面来，避免了重复建设来带来的高投入、低回报。业务中台强调的是业务能力的复用，必须要以“业务”为导向。就笔者个人的理解：中台的概念范围要比 DDD 和微服务更大，是业务功能和服务单元的集合。DDD 可以实现复杂业务的处理；微服务可以提供基础能力支撑，将它们集成起来即可以构成狭义上的业务中台概念。

以笔者个人的理解来看，DDD 十分有助于业务中台的建设。它会将整个领域划分成不同的子域：核心子域、通用子域和支撑子域。核心子域所包含的内容代表了企业的价值，因此往往会成为中台核心业务的首选；通用域与支撑域则可为核心业务的实现提供支撑。可以很确定地说：团队对于业务本质的了解越透彻就越有利于业务中台的建设，尤其是企业的核心业务，一般来说稳定性很高（特指业务架构，如果企业的核心业务总在频繁变化表明其对自身发展的方向尚不明确），也只有这样才能让中台发挥出其最高的价值。那么这里所谓的“透彻”到底应该怎么去衡量呢？恐怕难以使用数字去描述。或许 DDD 的作用就在于此，它为如何梳理业务和提炼业务提供了理论指导。

通过业务中台的名称您应该可以看出来，其重点是“业务”。建设中台的过程其实并不是建立一个个的服务，而是对企业核心业务不断沉淀和精化的过程以及对通用能力进行聚合和重构的过程。基于 DDD 的指导可以对问题域中的内容进行精细化梳理并最终形成子域、限界上下文和领域模型，这些都可作为微服务设计的输入；而微服务自身又在战术上成为业务中台的一部分。三者的关系变成了:DDD指导微服务建设,微服务构成了业务中台的一部分。尽管三者在概念不一样且有着各自的侧重点,但它们的目标是一致的,都可为企业信息化助力。

2.5.2 助力服务划分

服务的划分策略可以使用DDD的指导,也可以根据业务能力进行断定。本书目标为DDD,自然优先使用第一种方式。不过现在讲具体的原则为时尚早,因为涉及子域与限界上下文等相关概念还需要提前进行详细说明,但一些通用型的参考还是有的。重点提示一下:大道同源,不论使用什么方式都必须以业务导向,必须了解所面对的问题空间,尤其要保证您划分后的服务应该有着清晰的边界且是自治的。

根据业务能力进行服务的划分虽然不是本书的重点,但作为参考提供一些简单的说明还是有必要的。读者如果将它与DDD的指导进行对比会发现二者有很多相通的部分,只是实施手段和表达方式不同而已。一般而言,您可以使用三个基本原则作为服务划分的指导,如图2.3所示。

1. 业务功能

按业务功能特性对服务进行划分是第一级划分策略,使用频率最高。但其划分的结果并不一定会成为最终的结论,因为还需要非功能性需求来垫底作为最后的参考。按业务功能划分相对比较直接,是一种识别业务的过程,适合于早期的粗略设计。经历过这样的规划之后系统的结构一般会初具雏形,服务的数量有了基本定论,同时业务也做好了大致的分组。以电商系统为例:下单、支付、库存、物流等都可认为是业务功能,依据这些功能可以在系统的初始设计阶段划分出4个服务。

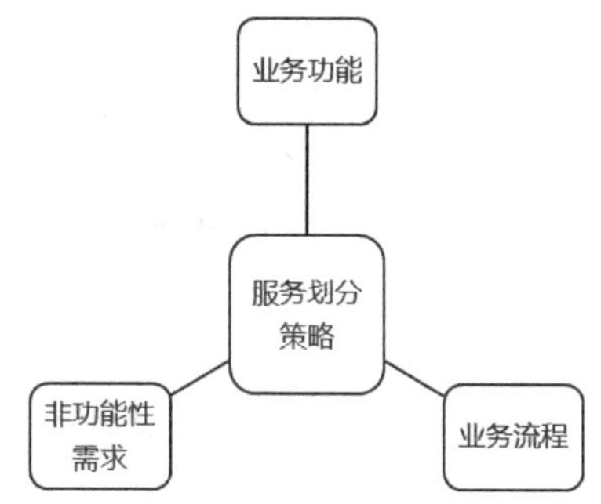

图2.3 基于业务能力的微服务划分策略

2. 业务流程

根据业务流程对服务进行划分更多的是一种补充性的行为。业务流程过大时,如果将所有的处理都放到同一个服务中往往会造成服务规模过大且服务内部的业务不够内聚的情况发生。比如前面我们提到的例子:通过电商网站购物。这项业务包含下单及配送两个子流程,且这两个子流程合并在一起才构成了完整的购物业务。但在设计上一般会将这个流程分为下单服务和配送服务，具体原因请参看前文说明，此处不再多做赘述。可以看到，通过将每一个子流程设计为单独的服务以避免服务体量过大或边界不清晰也是一个常用的服务划分策略。当然，前提是您需要首先识别出流程，这是上一个手段所提供的能力，将本条策略视为补充的原因就在于此。

3. 非功能性需求

出于性能、安全、扩展性、部署等非功能性需求的需要，我们需要对使用过前面两种策略划分后的服务再作进一步细化。比如电商平台业务中“购物车”功能，其负载通常会远远大于“下单”。虽然二者在进行初步规划的时候被放到了同一个服务中，但出于性能上的要求，实现时还是要将它们分开才行。这种做法的好处体现在部署时候，您可根据系统的实际负载能力来进行细粒度规划。尽管根据非功能性需求对服务划分有助于系统的扩展，但笔者仍然建议：项目建设初期最好不要将服务的粒度设计得太细除非的确有非常明确的理由，服务数量越多需要做的额外工作也就越多，处理不好往往会变成一种负担。

除了使用业务能力对服务进行划分，根据子域和限界上下文进行服务的拆分也是一个不错的选择，这是 DDD 的方式。后面的章节中我们会重点对这两个概念进行细化，这里仅对其如何指导服务的划分作一个概括性的说明。依据 DDD 理论，您可使用子域作为服务拆分的参考。子域是对业务的一种逻辑分组，除了能够体现出不同子域的价值，其也是服务识别的重要依据。关于识别子域的方式，其实和前面所讲通过业务能力识别服务的方法类似。好的服务应该有着清晰的业务边界才行，只有这样才能实现自治的需求，而 DDD 子域设计的主要目标之一也正是在于此。随着学习您便可知：基于 DDD 的指导所推导出的子域除了天然具备微服务特性之外，也严格遵循了以业务为导向的要求。尽管我们常会将限界上下文定义为服务的单元，但这一概念一般也是由子域进行推导的。

总结一下使用 DDD 指导服务划分的优势：子域划分了业务边界，让业务有条理；限界上下文限制了领域模型的范围，两者结合在一起就可以使得划分出的服务达到我们制定的“高内聚、低耦合”的目标。此外，DDD 强调每一个限界上下文应由一个独立的团队负责开发，与微服务推荐使用自治化团队负责开发同一个服务的概念一致，将它们看成天然的一对其实并不为过。

通过上面的内容可以看出来，DDD 的战略部分简直就是为了微服务而生。在二者结成”秦晋之好”之后，开发团队手中相当于有了一个强大的核武器，不论软件处在设计、建设还是运营阶段，都有现成的工具和指导供参考和使用。虽然服务划分过程中个人主观成分占比比较大，但有了理论的指导之后设计结果一般也不会偏差过大除非是对业务真不熟悉。这种带有赌徒性质的软件开发管理手段违背了 IT 科学的基本原则，似乎首先对工作方式进行自我反省要比使用 DDD 或其他技术更为重要。

有一个问题还是需要重点说明一下，即：服务划分的结果仅适用于当前业务架构，一旦后者出现变化，服务的结构也应进行适当调整才可以，不存在一成不变的系统架构。后面的章节中您还会看到：为了满足某些非功能性需求，即便是同一个服务也可能会采用不同的架构设计模式。“事物是运动和变化的”这一客观规律不仅适用于业务的发展，放在服务的规划工作中也仍然适用。

总 结

本章首先对微服务和 DDD 所针对的目标领域进行了一个大致的说明。通过分析可知，狭义上的微服务技术更趋向于处理系统层级较低的功能。虽然也需要以业务为导向，但其涉及的技术主要还是针对于系统的底座能力以及满足各类非功能性需求，与业务相关性并不高。涉及服务的划分和建设等工作，DDD 才是这其中的主角。

之后我们分析了团队在使用微服务或 DDD 后系统的复杂度不降反升的原因。主要总结出两点：第一，团队结构与系统结构不匹配；第二，团队重技术轻业务。这两类问题都会造成项目团队虽有解决软件复杂度过高的想法但实际的收益却不明显甚至是负的。究其原因，最大的可能性似乎在于设计师对于理论的掌握尚有不足之处或对业务了解度不够。当然，不论是工程师个人还是项目负责人都需要时时进行自我意识的调整，虽然技术会让业务的实现更自信但不代表要让其去反向引领业务。

最后，我们讨论了 DDD 与微服务技术结合在一起后所带来的冲击和巨大能量，它们二合一之后几乎可以解决软件规划、建设和运营阶段所面临的各类战略、战术问题。当然，微服务和 DDD 的引入无疑加大了学习者的学习曲线，不适当的使用还会造成项目进程受阻。世上万物皆有利、弊两个方面，使用者需要具备客观的态度，按需采用方是上策。毫不夸张地说：技术应用不当或过度使用才是造成项目失败的原罪，加大知识的深度和广度并不停地进行自我修养的提升才是解决这一问题的最佳手段。

第 3 章　战略划小——领域与子域

我们在进行软件建设的时候需要保障各类工作都能有条理、有优先级地进行，与修建一栋房子一样。如果大家一哄而上、各自为战，最终必然陷入混乱当中。那么在软件建设之初面对偌大的问题空间要如何进行有效的解决呢？答案可以说是呼之欲出的——分而治之。可以将整个问题空间比喻成一个大饼，既然太大不好咬那就索性找个方式将其分小，一块一块地吃。可是这样又带来了一个新的问题：软件是用于解决业务问题的，但凡是业务一定会有作用上的分级，既然我们已经把大的领域进行了分割，使一个问题变成了多个，此时要如何确定建设的优先级呢？

进入到开发阶段之前，团队需要考虑上述提及的两个问题，即如何将业务空间划小、分块以及如何决策软件建设的顺序。系统建设本就是一种带有风险性质的工作，尽管这一过程中存在着诸多变数，如果不能在战略上做好规划那您最后一定会为当初的草率行为买单。本章我们主讲 DDD 中的子域——一种对问题空间进行逻辑划分的方法。

3.1　胸存丘壑

“风轻云淡”是一个很美好的词语，做事情时的表现如果可以被这样形容，那么他给人的印象一定是有着超高的自信的。同时，这类人也很容易凭借着个人气质给别人带来很强的信心，也就是所谓的精神领袖。然而，想要做好这一点并不容易，离不开足够的准备和充分的思考，否则您可能会选择“手足无措”来形容他。对于软件架构和设计我们也应该追求这样一种境界，对万事“胸存丘壑”方能轻描淡写地处理一切问题。理想自然是美好的，现实也并不骨感，当我们能够摆脱细节的限制同时可站在战略高度思考问题时候，做起事情来自然会游刃有余。路在何方？且听分解。

笔者曾经主导过一个监控类的项目。一谈到监控人们往往会想到 CPU 使用率、内存占用量、TPS 等指标。但如果仅以这样的角度去考虑问题反而会很容易陷入到细节陷阱中。软件系统涉及的监控指标是海量的，不做好分级、分类不仅会丢失重要指标还会使得整个工作过程表现出极度的混乱。所以我们在建设之初便选择从战略规划入手，将监控内容从下至上分为四个层次：IAAS 层、PAAS 级、服务级及业务级。制定好层次化的监控体系作为目标之后，团队便开始一层层地分开建设；又由于各层所对应的工作相对独立，所以很多任务都可以并行执行。这一项目开展得很顺利，短时间之内便达到了早期预定的目标。所以，当我们面对混乱的局面不知从何处着手时，就意味着此时并不是急于动手的好时机，首先做好足够的战略分析才是上策。而软件项目的特殊之处就在于其维护性工作占比非常高，如果不能在前期做好规划，工程师将会在后面的工作中疲于奔命。

对于软件建设工作而言，想要做到游刃有余，技术自然是一方面，笔者更加推荐追求工作方式和思考方式的转变。工程师在日常的工作中可能都会遇到这样的情况：需求变更。如果目标需求涉及的代码作者一直未更换过，开展这项任务并不会很困难。但软件工程师的高离职率使得不可能总有这种完美的情况出现，所以维护由别人设计和编写的代码几乎是一种必然。当编码风格很优秀时，新人开展维护性工作也会很顺利，就怕一份代码已经历 n 个人之手且业务复杂、未采用任何开发规范，承接这样的工作简直如堕地狱。

笔者个人曾经接手过大量类似的工作，基本上一边工作一边骂街已成常态，但任务在手里还是要硬着头皮去完成。久而久之也总结出来一套方法：每次遇到不熟悉的代码时，首要的工作是把业务先了解透彻，之后再将现有代码运行几遍让自己对当前的实现方式有个感性认识，充分准备之后再去动手修改。这种做法不仅有利于提升工作效率，引入新 BUG 的概率也会降低。当然，这一过程如果有人引导并进行讲解的话自然会开展得更加顺利，否则只能依靠重复的阅读源码来熟悉业务（实际上，大多数情况下都没有人去给你讲解，阅读源码是唯一的选择）。很多时候，写代码的时间也许只占了整个过程的 10%。不过这种工作方式对于自身的成长帮助很大，最起码会让自己变得足够自信，后续如果再遇到同一业务的需求变更时不仅不用再花费太多的时间进行源码阅读，工作时心也不会慌。

可以看到，即便是编写代码这类具体的工作也需要首先做好分析，之后再去考虑细节方面的内容。业务规划和架构设计这种战略性工作更需要如此，提前做好足够的准备后面可以让自己和团队少受点罪。过于急躁且不加思考的工作所带来的后果便是无数次的返工，有人可能会将“返工”美其名曰“迭代”，不过是掩耳盗铃给自己找个借口罢了。代码的确要不断的迭代，否则就会跟不上业务发展的节奏，可一旦到了架构级别则要十分慎重。一般而言，层级越高稳定性就会越强，从未见过哪个团队天天对业务架构和系统的技术架构进行调整。

在软件建设过程中就如何站在战略的层次去思考问题，笔者这里总结出两个简单的工作方式，较为朴素但很实用：第一，优先学习业务知识，最起码要把业务架构了解透彻，这是一切的前提；第二，首先对问题域中的内容进行梳理和汇总，之后再对其进行分组、分层或是分类等处理，总的原则是让其有条理、有顺序且内容完整。

软件设计最是一种考验眼界的工作，最怕整日陷入在各类细节中而不能从更高的层次把握全局事态。DDD 中反复强调战略设计的重要性，其目的就是为了让我们为自己的工作树立一个明确的目标，您得知道自己在干什么、想要得到什么样的结果，提前做好战略布局才不会在真正行动的时候迷失方向。要不然人们为什么总是强调“大局观”的重要性，这个能力不是天然而生的，只有经过刻意的磨练才能修成正果。

3.2 领域与子域

“领域”是一个几乎被用滥的词语。那么到底是什么领域？为什么叫作“领域驱动”？通俗来讲，领域其实就是指某个限定边界内要解决的问题的集合。假如您去参加一场考试，试卷就是范围，试题则是要面对的问题集。这里面强调了两个重要的概念：边界和问题集。试卷限定了题目边界，超出这个范围之外的任何题目都属于领域之外的内容；考题则是您要解决的问题。这一概念转换到软件设计中仍是如此，每一个特定的系统都会有其自己的边界，所实现的每一个需求和功能都不可以超出这个边界范围。领域又被称为"问题空间"，不过笔者个人还是喜欢通俗地将其称作“业务领域”，含义更加地明确。

日常生活中我们都开过会，有些会议不需经历太长的时间就可结束且针对议题能够得到明确的结论；而有的会议则历时弥久，会议虽结束但参会人员完全不知道整个会议在说什么，更不要提明确的结论。除了“人际关系墙”这一客观原因外，另外最可能的原因则是议题发散、无法紧扣主题，也就是人们经常说的“跑题”。这个道理同建设软件系统一样，最怕的就是目标不明确甚至是没有目标，想到什么做什么。虽然也能在短时间内拿出一个可见的成果，但抗变性极差且经不起时间的考验，这样的软件对于企业来说无疑是最大的浪费。

加深对业务领域的理解是软件系统建设的前提。理解的主要目的是为了确定建设目标，团队不仅需要从大方向上知道自己要做什么还需要知道什么不应该做。例如，某团队正计划构建一个OA系统，业务范围包含会议管理、考勤管理、绩效管理、工资管理、通信录管理等内容，这是总的业务目标，是要在项目建设之初确定下来的。但要做工作并没有结束，团队还需要明确地说明哪些业务不包含在建设目标之中，比如员工培训、知识库等。注意，这些目标是针对每一次迭代的，并不是目标一经确认就永远不变。

书前的读者可能会对此产生误解，觉得如此做事过于死板、不适用于实际的情况，哪有业务需求不变化的呢？实际上，笔者这里所强调的是每一次迭代时建设目标的稳定性，如无必要千万不要“朝令夕改”，那样系统恐怕永无上线之日。当然，目标即使再明确也可能会发生变化，应对这一问题的最好方式是在每一次迭代中缩小目标业务数量并使用短周期迭代的方式完成每一个需求。对于新建设的系统也是如此，不要一次开发几百个需求，等全部开发完了再去上线。我们不应该害怕业务发生变化，涉及企业转型、政治任务等情况对业务架构进行调整都是很正常的，更何况是一些细微的变更。只要工作目标明确，我们可以在一次次的迭代中解决一切问题。

就业务领域的范围还有一点需要进行强调，即它并不仅仅特指您的部门或团队当前正在建设和维护的系统的业务范围。企业级管理系统的规模往往非常大，甚至是跨部门或者子公司的。这些需要通过沟通、协作才能完成的业务一般也可认为是业务领域的一部分。确认领域范围的标准不能以谁来实现为参照而是要以业务为纲，而业务是客观的，与人无关。基于DDD的指导进行领域识别时务必要把握住这种客观性，只要某个业务是领域中的一部分就应该在设计时体现出来，此刻并不需要关心谁去承担建设的责任。

确定目标领域的范围和领域内待解决的问题是系统建设的前提，但如果只关注这两方面的内容就会让我们的工作方式看起来略显粗糙。业务种类众多，建设时总要有个先后顺序；业务的优先级不一致，投入的资源程度必定有差异；市场中有各类开源或现成的解决方案，是否所有的工作都要从零开始呢？想要回答这些问题，我们还需要对领域所关注的内容进行细化，由此又引出了一个新的概念：子域。那么什么是子域呢？概念很简单，它是对业务领域中各类问题的分组分级，人们可以以此为参考来决策业务的实现顺序和资源投入度。如果说微服务技术可以帮助我们将某个软件系统在物理上做分割，那么子域则是对业务的分割，它将大的领域分解成一个个具备边界的小型领域，其每一个子域所关注的问题都要求足够的内聚。

请读者注意一点：涉及领域和子域的概念，指代的目标是业务，与技术关联性不大。随着学习您还会发现：技术上是两个独立的服务，业务上它们可能属于相同的领域，服务与领域并不是一一对应的关系。回归正文，就领域与子域的关系及子域的类别，图3.1对此进行了展示。

通过图3.1我们可知：领域可细化为核心域、支撑域和通用域三大类并且每一个子域还可以进行二次或多次细化。可是工作总得有一个度，域的划分粒度也并不是没有限制的，需要适可而止。这是一个非常主观的过程，总的原则是划分出的子域彼此间应当有着明显的界限，这样才能达到业务内部高度自治以及业务之间低耦合的要求。

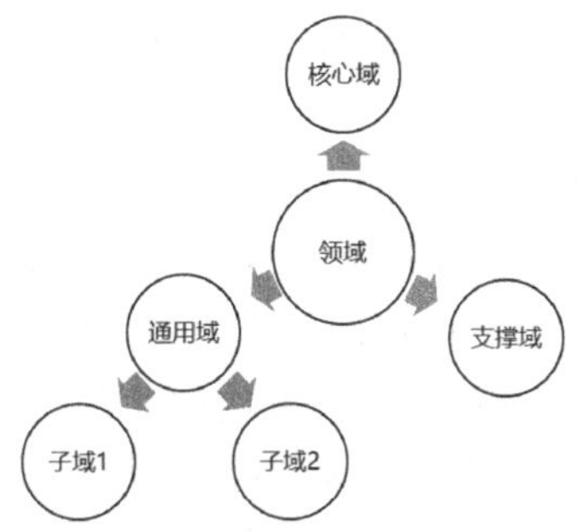

图3.1 DDD中领域与子域的关系及子域的种类

划分后的多个子域一般用于指导资源的投入和服务的规划，其重要程度依据子域的类别而定，如核心域，能够被定义为核心业务就意味着其中的内容在重要程度和建设优先级上应当是最高的。不过有一点请读者注意：这里所谓的“重要程度”应以企业战略目标、国家法律法规等为参考而不是功能的重要与否，决策人绝对不会是技术团队甚至是项目经理。同时，划分到核心域中的业务建设优先级未必就比其他子域中的建设优先级更高，这一点很重要。业务重要程度不等于建设优先级，设计师必须对此仔细斟酌、灵活应用才行。评估业务重要程度的过程就是对设计师能力进行检验的过程，会考验他们对业务的了解度如何;对目标行业相关的知识如法律、法规的掌握度如何;对软件项目建设经验的积累度如何;对非功能性需求的处理经验如何等。

通过例子更容易说明问题。某企业计划构建一套即时通信软件,其中的“内容审计”业务由于通用性较强,企业考虑采购现成的解决方案并集成至自己的软件中。因为不需要在此业务上投入过多的人力资源,所以在进行子域设计时架构师将这一业务规划到了通用域中。那么问题来了:假如还存在一个“历史消息检索”业务,其会作为核心域中的组成部分,您说这二者的重要程度谁高谁低呢?

因为“内容审计”业务属于通用域,我们能否说它的重要程度一定比核心域中的“历史消息检索”低呢?肯定不能这么武断,试想一下您的用户使用此即时通信软件发送涉黄、涉暴力的消息会出现什么结果?同样的道理,OA 系统会包含“通信录”业务,其中的人员信息除了方便企业内部人员相互联系之外还会作为在线会议、流程审批等业务中的基础数据。虽然“通信录”一般会被视为支撑域中的内容,但它的建设优先级或许比“公文管理”这种属于核心域中的业务更高。

简单来说,我们不可以孤立地看待某个子域。仅就重要程度而言,核心域中的业务绝对是最重要的,它代表的是企业的核心竞争力以及发展战略,这一结论并没有任何问题。但对子域进行分析时并不能只单纯地看其重要程度,我们还应该同时从实现优先级、建设方式等维度进行综合分析,只有这样才能发挥出子域的作用。从笔者个人的角度来看,子域的价值其实很明确:它不仅能够反映出业务的重要程度和价值的高低,还能够帮助企业和建设团队确定业务目标并就业务的实现方式给出指导。换句话说:根据子域的设计结果,我们便可以知道目标系统所涉及的业务有哪些,哪项业务的价值更高,哪项业务需要自研,哪项业务要提前实现等信息。

前面的内容中,笔者引用了两个案例:即时通信系统和 OA,让我们一起做一下分析。

第一个案例中,表面上看内容审计的重要程度要低于历史信息检索业务。但前者在本质上属于“通信子域(即时通信软件中的核心域)”的内容,只是建设方式上使用了采购的方式。所以它们的重要程度其实是一致的,甚至前者还要大于后者。

第二个案例中,我们将通信录视为支撑域内的业务,原因就在于单纯的建设一个通信录系统并没有多大的价值,它存在的意义在于可以为核心业务的实现提供支撑,两者的重要程度不言而喻。不过从实现优先级的维度来看,支撑域的建设优先级一般会高于其他两个子域,所以建设时应先实现通信录功能。

除此之外,您也可以将子域作为建设资源投入的参考。一般来说,核心域中的业务需要投入的最多,不论是钱还是人;其他子域的则相对要少一点,至少人力上会如此。当然,这些属于纯理论的东西,设计师活学活用才是硬道理。

有关子域的内容,笔者想做一下总结:DDD 引入子域的概念并不仅仅是为了强调业务的重要性,更关键的是其可以帮助企业和团队决策建设方式、建设顺序和资源投入度。以核心域为例,放到这个子域中的业务一定是需要自行建设的;而放到通用域中的业务并不代表它不是核心或者不重要,只是由于建设方式的缘故才被放到了通用域里面。

在对子域概念进行深入讲解之前，让我们首先看一个线上销售管理平台的例子，如图 3.2 所示（注：如无特别说明，后面中例子大部分都会基于此系统）。您先不必过度关注每一个子域所针对的业务是什么，这些相对细节的内容现在讲解为时尚早。笔者给出的这一份子域设计蓝图是为了让您对子域的概念有一个感性的认识，我们后面还会对其进行细化说明以及解释如何根据业务推导出这样的设计方案。

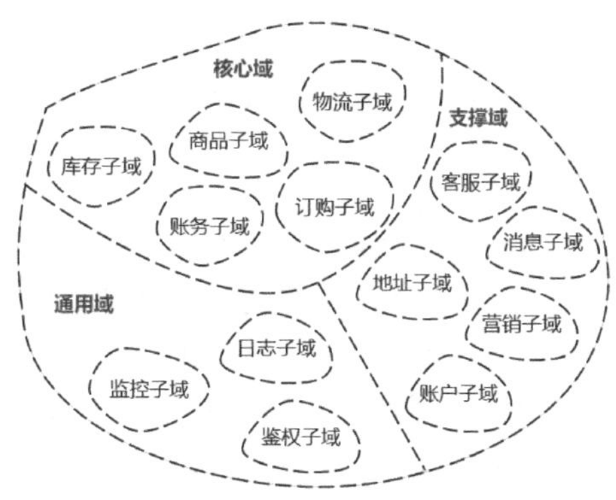

图 3.2 线上销售管理平台中的子域

针对图 3.2 所示案例，读者阅读时务必注意一点：我只是画出了业务的骨架以方便后面内容的讲解，真实项目中的子域设计图要比上图细致得多，而案例如果也这样做会影响您的阅读效率。以核心域中的订购子域为例，仅仅根据上图您根本无法推断出具体的订购业务有哪些，这种太过粗糙的业务模型是无法对实际的工作起到指导作用的，必须要进行细化才行。后面我们还会到讲解限界上下文的概念，它们一般都是根据子域进行推导的，如果子域设计得太过模糊，其后续的工作也就无法有效的开展。那么具体应该细致到什么程度呢？还是以订购子域为例，在真实的项目中其可能会被细化为如下四块：购物车子域、下单子域、订单检索子域、订单评价子域，细分后的子域已经无法再进行分割，否则会影响到业务的内聚性。有关这一方面的内容在后面的章节中我们会进行细化说明。

3.3 子域特性

前面文中我们反复强调了领域的边界特性，作为领域组成部分的子域自然继承了这一属性，而且这也是子域的一个非常重要的特性。在对各子域的概念进行详细介绍之前我们需要首先对子域的特性和作用做一个总结性的说明，这些内容不仅有助于您对子域的概念进行理解，也能帮助您判断什么样的子域才是合格的。图 3.3 展示了子域的特性与作用。

图 3.3　子域的特性和作用

3.3.1　分割领域

“分而治之”的思想在 DDD 中体现的十分普遍：子域是对业务的划分；限界上下文是对应用的物理划分；聚合是对实体的划分；分层是对代码责任的划分。面对偌大的领域如果不加以分割便着手开发、设计工作等工作会让团队的工作变得没有条理、系统的建设会丢失宏观指导，最终必然是一团糨糊。此外，将一个大的领域分割成多个更小的单元之后能够让团队的关注力更加集中，最终可实现逐个击破的目的。脑补一下子域的设计场景：一大群角色不同的人员坐在一起进行头脑风暴来对每一个小目标进行讨论和分析。如果目标不明确或范围过大的话，一个说东，一个说西，不仅工作效率低下，最终的设计方案恐怕也不尽如人意，一定会掺杂着很多个人因素。此外，将大领域进行分割的另一个好处是可以将复杂且分散的业务和领域知识进行打包，不仅方便建设团队了解业务概况还能降低业务概念相互冲突的概率。

3.3.2　可变的

子域的划分不是一成不变的，随着团队对业务领悟程度的加深会不断地进行子域的重构。所谓的“变化”指的便是“运动”这一思想，在 DDD 的方方面面都有体现。不过相对技术更迭，子域的变化频率要低得多，较为常见的是对子域的细化或补充，但并不排除会出现合并或拆分子域的情况。除非是对某个领域非常熟悉，几乎没有人可以一次性把领域知识都了解得非常全面和透彻，即便业务人员描述得再清楚也不行，因为很多时候他们所说的都是基于个人的理解，通常会比较片面。

以笔者的个人观察来看，需要对领域进行重构的原因有三：第一，的确由于业务产生了变化，出现这一情况时子域肯定要跟着变化的；第二，业务专家与习惯于做技术类工作的人在理解事物的方式上存在着不一致的情况，进而造成信息的歧义；第三，某一概念从心中所想到最终被表达出来后一定会多多少少产生些许变化，而后信息在人与人之间传递之时也会由于各种原因出现失真。这些问题都是客观存在的，子域会发生变化可以说是一种必然的结果。

3.3.3　有　界

领域是有界的，划分后的子域也必须有明确的边界。如果在分析过程中发现两个子域之间交叉特别多，就需要考虑领域的划分是不是粒度过细；如果发现子域中的某些业务之间仅存在有限的交互，则需要进一步考虑是否需要对子域进行细化。笔者使用了“特别多”“有限的”两个含义不精确的形容词，所想表达的是：“业务边界”这一概念的主观性极强，并不存在标准化的规范供参考，很多时候会依赖于设计师的能力与经验。

3.3.4 可决策资源投入

子域有一个重要作用，即它可以帮助团队决策在每个子域上的资源投入程度。这里的资源是指人力、物力、财力以及时间。其实仔细想一想也很合理：一个规模较大的领域比如 ERP，可能会包含数以百计的子域，但团队的资源是有限的，不可能将每一个子域都等同看待，必然有“重要”和“不那么重要”程度之分。再比如我们常见的电商平台，包含了商品订购和业务监控两个子域。相信没有哪个团队会将大量的资源投入到监控子域上而忽略订购子域，毕竟电商平台的主要业务就是要支持商品买卖，这才是需要重点投入的地方。

3.3.5 业务高度内聚

每一个子域内的业务要足够的内聚和自治。这一特性其实和上一个特性“有界”是类似的，都在强调子域的独立性。业务是否内聚也不存在严格的标准可言，笔者个人通常会使用两种手段进行判断：第一种手段通过判断业务的主体是否一致，也就是开展某项业务时它们围绕的那个中心对象是否是同一个。比如支付订单与取消订单两个业务的主体对象都是订单，它们应该被划分到同一个子域中。订单评价则不行，它只是用到了订单的信息，业务主体并不是订单。第二种手段则观察某一项业务在运转时是否足够地独立且不需要太多其他业务进行辅助。比如购物车业务与订单管理业务在运转时虽然有一定的联系，但独立性都比较强，所以它们属于不同的子域；又由于两项业务的交集比较多，比如使用了同一个价格处理策略，所以它们属于同一个父域。

客观来讲，子域的概念其实是比较模糊的。乍一听会让人感到不明觉厉，不过细想之下又不知道是什么意思，很难做到顾名思义；称呼其为“子业务”虽可加强理解度但又限制了它的另外用途。但在实践中我们只需要把握住两点即可：第一，子域是对大的领域的划分，不涉及技术细节；第二，通过子域来决策资源的投入比例和建设方式。实际上，每一个设计师对于同一个领域的内容都会有着不同的理解，子域设计的结果自然也不会相同，这里面的主观性很强，也没有规范可供参考。如果说非要找到一个也就是我们在前文中所说的“业务边界”。基本上只要不存在“硬伤”，比如把电商平台中的“鉴权管理”和“产品订购”放到同一个子域中，子域设计的结果对于系统的成败影响并不是很大，可以随着系统的建设进行调整和优化。

3.4 解读子域

了解过子域的特性之后，相信您已经对这一概念有了简单的认识。下面我们开始详细讲解每一类子域的概念，期望通过笔者的解读能够帮助您了解三个子域的本质到底是什么、实践中应该注意哪些事项。

3.4.1 业务灵魂——核心域

顾名思义，既然是“核心”，那么这一类子域就代表着系统存在的价值。它包含了业务中最本质的、充满个性的东西。“滴滴出行”APP 相信您一定用过，里面的“打车”业务即属于“核心域”。试想如果把这一业务去掉会出现什么情况？软件的价值就会变得非常低，甚至会影响到企业的生死。再比如微信中的“朋友圈”，通过这个功能可让别人了解到某个人的动态，比如：生活、工作、爱好、所追的剧等，是微信中的主要社交功能之一。虽说没了它也不影响人与人之间相互收发消息，但一定会让微信的用户黏性降低，将其定义为核心域再自然不过。

将核心域视作领域中的灵魂并不夸张，甚至于可以将其作为系统的代表。抽取核心域的时候需要设计师把握住大局观原则，莫要仅听业务人员的一面之词而不做通盘考虑，因为每个人都会主观地认为自己所负责的业务是核心，这样下来会造成所有的业务都变成了核心而不再有主次之分，这样的结果意味着战略设计工作全面失败。话虽然有点危言耸听，但绝对有资格作为警钟常存于设计师的脑中。可是要怎么在众多的业务中抽取出核心呢？子域划分的基石是对业务的全盘了解，前期的充足准备自不必说，在提取核心域的时候需要设计师先问问自己：做这个系统的主要目的是什么呢？企业的战略目标是什么？如果这个业务不首先实现对企业有什么影响？

以电商平台为例，用户使用它可以浏览商品并进行在线购买，相当于把生活中人们真实购物的流程以电子化的方式来实现，所以建设这个系统的主要目的就是要支撑商品的买卖，这就意味着所有的功能都应以这块业务为核心。我们还可以将现实世界中的商品买卖流程与电子化后的流程进行对比，以帮助我们判断业务模型设计是否合理。仍以上例为例，现实中购物涉及商品浏览和完成交易两个主要环节；电子化后仍然需要支持这两个行为。不过也有其特殊的一面，比如需要考虑如何对商品的库存进行管理、如何实现送货、如何实现账务管理、如何组织订单等。这些都需要纳入到电子化的流程之中，否则这一业务就会有缺陷甚至无法完成交易活动。

通过分析我们发现：上述案例中涉及的诸多业务无论是商品浏览还是实现交易抑或是其他的，各自的关注点并不相同。比如商品浏览主要负责提供多维度的检索能力，可以让用户快速找到自己想要购买的商品以及这个商品的一切细节信息；交易过程涉及生成订单、订单检索、支付等行为；账务管理负责管理用户的各类账本、交易流水信息等内容。每一项业务只能完成商品买卖流程中的某一个环节，缺一不可，所以它们都应属于核心域(注：判断是否核心域还需要考虑建设方式)。我们还可以基于逆向思维考虑一下这样的问题，即如果目标系统对上述提到的业务不能提供支持会出现什么后果？这个业务还完整吗？是否会影响企业的战略发展？笔者的回答是：电商平台的主要目标是支持产品在线买卖，上述每一个业务都是不可或缺的，否则流程就会不完整。

反向的方面，我们可以以电商平台中的鉴权业务为例，它的作用主要用于保障用户购物活动的安全。如果不去实现或延迟实现，只会让用户的沟通流程不那么安全，并不影响完成在线买卖这一目标，所以将它放到核心域中就有些不太合适了。此外，这类业务在实现时一般不需要从0开发，通常的做法是引入一些开源的框架，所以实现方式也决定了它不应该属于核心域。

涉及子域的划分手段与策略可参看后面的章节，笔者这里想要您重点了解的是核心域所代表的含义究竟是什么。简单来说，核心域中的内容就是建设这个系统的主要目标，是充满企业业务个性的，它代表着企业发展的战略。核心域业务的数量与系统的规模并不成正比，需要几万台服务器才能部署的应用可能只有一个核心域业务。当然，如果业务规模过大还需要使用一些手段对其进行细化，以保障每一个核心子域的业务足够内聚。不过请读者务必注意一点：无论划分出多少个核心域，都不应脱离系统的建设目标。另外一点：某些业务也可能属于核心域，但因为实现方式所限我们可能会将它们放到另外两个子域中。以OA系统为例，在线会议是核心域业务的一部分，但由于团队计划通过采购的方式将成熟的产品集成到OA中而非从0开始设计一套新的，所以在进行子域设计时会将它放到通用域中。通过这个案例我们可以认识到这样一个问题：核心域所决策的其实并非仅仅是重要度，而是建设方式和资源投入度，有关这一方面内容下面我们会进行重点说明。

讨论完属于核心域业务的意义之后，笔者想再花一点笔墨说一下如何建设。有些企业会以外包的形式将项目的建设交由第三方来负责，也可能会采用自有人员与外包人员合作开发的方式。就笔者个人看法，第一类形式被取代是早晚的事情，毕竟现在的主流观点都在强调自研的重要性，华为芯片事件已经成为了每个中国人心中永久的痛。但不论使用哪种形式，笔者强烈建议核心域的内容都要实现自主管控和建设，即使乙方是Google、微软也不行。事关企业的生死存亡，交由别人来控制总归让人感觉不安。虽然我们总强调“粗放型管理，不要把事情管得太细”，但事关自身核心利益，应加以妥善安排。

实际上，设计、编码只是系统建设的一个方面。这里会涉及“人”的工作态度、责任心等问题，很多都是第三方所不具备的。对于他们中的大多数人来说，事情做好与做差差别并不大，毕竟薪水是固定的。当然，作为甲方的您没必要站在道德的制高点上去质疑对方，换成是您自己也大概率会这样的。笔者个人曾有过几段外派驻厂的工作经历，当时的态度真的就是“让我做什么我就做什么”，那些所谓的战略价值、企业策略跟我没有关系，我也根本不会去关心这些问题。当然，说归说，笑归笑，实现核心域业务最好的方式就是自主研发，不可轻易交由别人，再完善的管理制度也会有漏洞。

前面中我们谈到了使用子域来指导资源的投入，简单来说就是要根据业务的重要性进行投资判定。核心域作为系统存在的依据，我们应当将团队中最优秀的工程师、最多比例的投资以及最好的服务器放在上面。一般只要不是出于办公室政治的目的，没有任何理由违反这一原则。不过事无绝对，例外情况还是有的。笔者个人曾经历过一个OA的项目，虽未采用DDD进行指导但项目经理仍然给业务设定了建设优先级，其中核心域业务的开发全部使用了部门中的高级工程师，而支撑域则交给了一些实习生和初级员工。结果会是什么样的呢？并不理想，甚至可以说是很失败，具体请听笔者细细道来。

项目负责人的确按照某些管理原则加大了核心业务的投入，但他忽略了人性中的弱点，即：争强好胜。我们常听人云“文人相轻”，这个事情放到程序员身上一点都不为过。大家都是高级程序员，谁也不服谁，常常为某一个技术的实现细节而争吵，让项目经理乃至部门经理头痛不已，动不动便是“老子不干了！”可是项目正值紧张时期，也不太可能随意就把人撤了，只能是好言相劝。最为夸张的是在工作责任的分配上面，由于是单体架构，只好以模块为基础来对工作进行分配。历经斗争洗礼的这一帮高级工程师们已经开始对人不对事了，形成了几个小团体。几乎每一天都会为某一个功能应放到哪个模块上实现而产生争执，甚至是在办公室内大打出手而惊动了警察。

另外一方面，数据字典、账户管理、权限管理等业务由于比较简单，全部交给了初级工程师负责实现。按理说这类业务并没有特别复杂的逻辑，应很好实现才是。结果系统一上线，各类问题开始接踵而来。不是账户信息不正确就是频繁出现黄页（使用ASP. NET时，如果代码中出现异常且没有相应的异常处理措施，会以黄色页面的方式提示用户程序出现运行时错误）抑或是各类让人匪夷所思的问题。以账户信息为例：数据需要经由 Web Service 从其他服务远程接入到 OA 系统中，这一功能上线之后发生错误的频率最高，原因主要体现在实现方案和代码编写上面，实际上是可以预先避免的。负责处理这些模块的开发人员几乎都刚从学校毕业，虽然团队内也有开发规范可循但日常工作中并无人对此进行监管，基本上大家都是在“放飞自我”的状态下工作；而高级工程师正在忙于组团打架，自己日常的工作都无法做到保质保量，更没有精力去指导或帮助别人。

10 年后再次回想此事，虽感觉搞笑，但也提醒了我们干事情时要保持中庸的态度。核心域的确重要，需大比例的投入，但决策过程仍需要保持一定的资源平衡。尤其是人员问题上，“金字塔”结构为最佳，要坚决避免走极端路线。

回归正文，有读者可能会说：“通过领域专家的分析和评估，建设的系统中有九成的业务都属于核心业务或者核心域中的元素占比很多，是不是必须同时投入大量的资源才行？”核心业务的多寡暂且不表，无限制地进行资源投入无异于玩火自焚。在系统建设的某一个特殊时间尤其是初始阶段的确需要很多的人力与物力，但这个阶段能够持续的时间并不会很久。您是否考虑过到了系统稳定期和维护期要如何对多余的人力进行安排呢？总不好全辞退吧？所以当核心业务很多的时候，您就需要对它们进行二次或多次细化并以此排出建设优先级。以销售管理平台中核心域中的五个子域为例（图3.2），乍一看都很重要，少一个环节都不行。这种情况下我们可以挑个子域比如订购子域进行划分使其变成：订单管理子域、购物车子域、订单评价子域和订单检索子域，建设时先将有限的资源投入到前两者当中，因为它们是最核心的能力。而延迟实现后两项业务并不会影响到客户的订购行为，最多是体验稍差而已。同理，您也可以对其他四个子域使用类似的手段进行细化处理。

总之，核心域中的业务代表着软件的核心价值和企业发展的战略目标，简单来说就是“没它们不行”。在资源投入量上，核心域业务无疑是最多的，无论是在分析阶段还是建设阶段。假如您曾接触过DDD应该会了解一些相对高级点的架构模式，比如，命令查询责任分离、事件溯源等，这些模式实现起来比较复杂且门槛较高，一般很少使用，但如果使用的话肯定是针对核心域内的业务的。另外一点，如果条件允许最好能以自研的方式来建设核心子域内的业务或至少做好足够的管控，对此绝不可以掉以轻心。

3.4.2 业务基石——支撑域

如果对子域进行评级且将核心域作为第一等级的话，那么支撑域往往会被人们盖上一个“二等公民”的帽子。在建设过程中也常常得不到足够的重视，项目经理很喜欢将一些初级或中等水平的工程师作为支撑域的骨干开发。虽然说工程师等级并不等于能力，但我们这里的“等级”也不是特指职级，而是指客观上的综合能力。实际上，笔者个人最不喜所谓的“一等公民”或“二等公民”这种称呼，尤其是在技术上。以DDD为例，其战术部分的内容中会涉及很不同的技术组件，如领域模型、工厂、领域服务等，很多人喜欢为它们评级，但个人觉得它们是平等的，只是作用不同而已。此外，笔者在前面也强调过：子域不同并不意味着作用上的高低。以销售管理平台中的“账户管理”为例，属于典型的支撑域业务。尽管其中没有特别复杂的逻辑，但其重要性并不会低于订购、商品管理、库存管理等业务。作为基石，支撑域业务建设的时机往往要比核心域还要提前，投入的人员也不应该只以初、中级为主。核心域稳如泰山但支撑域三天两头出问题，想象一下便觉得可笑。

支撑域虽名为“支撑”，但作用却非常关键，只是其无法代表企业的核心竞争价值。仍以前面中的销售管理平台为例，企业建设它的目的旨在支持商品电子化买卖，并非为了管理客户的账户。所以“账户管理”业务就不能被视为核心域中的内容。它存在的目的是给核心业务提供支持，将其归结为支撑子域反而是最合理的。

根据性质我们可以将支撑域分为两类：基础型和补充型。

基础型支撑域实现后其表现形式一般为系统的基本功能，比如前面我们提到的“账户管理”，类似的还包括如“通知管理”业务用于为用户提供消息推送服务或事件提醒服务；“地址管理”业务用于管理客户的收货地址等，决策建设顺序时应将它们放在靠前的位置。

补充型支撑域所表示的业务属于锦上添花的能力，比如“营销服务”业务，主要用于配置订购时的优惠或支撑市场营销活动；“在线客服”业务，用于解决客户购物过程中所提出的各类疑问、投诉以及售后等。这两类业务即使不做一般也不影响核心业务的开展，难道没有在线客服用户还不能买东西了？相信没有哪个企业会认同这一点的，除非提升客户服务能力是企业的发展战略。补充型支撑域业务貌似可有可无，但所谓“细节决定成败”，它的存在往往会成为增加用户黏性的一个很好的筹码。您如果常常使用淘宝、京东这些电商平台的话，可以刻意观察一下他们所提供的各种用于支撑销售的业务做得是多么优秀，比如，商品即时推荐、月度账单、各类优惠活动、随时响应的在线客服等，各种功能应有尽有、贴心到位，用户使用后会感觉非常的舒服和享受。

实践当中，支撑域很容易和另外两个子域混淆。比如商品推荐业务，您说它是支撑域，其算法一般也不需要工程师从 0 开始设计；算作通用域吧这一业务其又极具自己的特色，算法只不过提供了基本能力，涉及用户行为采集、什么样的产品应该给予推荐（比如是否优先推荐商家付费推广的产品）等个性化功能还是需要企业自行进行设计与建设的。这样的业务一般会具备两个子域的特性，在设计时最好再多一层细化，比如推荐算法作为通用域；算法集成业务作为支撑域。

说了这么多，具体要怎么理解支撑域以及它与核心域的区别又是什么呢？一句话：充满了企业的个性同时又无法代表核心业务。可以将其解释为：支撑核心业务运转而产生的周边型业务，它不构成核心业务但是为了核心业务服务。当然，您也完全可以将支撑与核心两个子域等同看待，本来它们之间的区别也不是特别突出，经常会出现模棱两可的情况。出现无法明确区分的时候可根据企业的发展战略或业务专家的建议去做一些设定，灵活处理即可。

此外，即使是类似的业务，因为企业战略不同也会造成其所属的子域不同。以销售管理平台中的"客服子域"为例，如果企业想突显其与众不同且足够贴心的服务能力，将其放在核心域中是无可厚非的；反之，如果只是为了锦上添花或者说在系统建设早期有更重要的工作要做，那么把它放到支撑域就会比较合适。总之，核心域与支撑域的划分并没有明确的标准，是一个主观性很强的工作，一切应以企业的业务战略为准。而且，子域并不是一成不变的，随着时间的推移，支撑域中的业务很可能会升级为核心域，反之亦然。回到"客服子域"的案例，当订购、库存管理等核心业务足够稳定时企业很有可能会对客户服务质量标准进行升级以吸引住更多的用户，此时它就会升级成核心域中的业务。

到此，可以得出如下结论：针对基础子域与核心子域的划分标准并不严格，虽然我们给出了定义与特征说明，但规则并不是固定的，对此笔者在前面已经进行了说明。另外一点，读者在阅读一些 DDD 相关的书或文章时可能会不太理解作者是如何进行子域划分的，为什么他认为这个业务属于核心域，那个业务属于支撑域？其实您真的不必过于纠结这些问题。案例嘛，大部分都是作者刻意设计的，他觉得哪个重要就把哪个视为核心域。即使这些案例脱胎于真实系统关系也不大，作为读者的我们又不了解作者所在企业以及所建设的系统的背景，不可能完全了解他的意图的，思想的学习才更为重要。

完整的系统所表示的是一个生态，功能多并不意味着系统是完整的。为了让核心域业务可以正常流转，您需要为其配套更为全面的支撑才行，而且系统规模越大所需的支撑也会越多。举个例子，客户取消订单或者退货时，系统应该将已经支付的费用进行原数退还。正常情况下这一流程是自动的，但当自动化的退款流程失败时系统是否有对业务进行补偿的能力呢？能否自动进行重试或使用人工干预的方式完成当前业务？针对业务异常是否有预警能力？当客户对款项存疑时是否有快速回溯的功能？这些都属于系统生态的一部分，而且不一定要做到核心域中。可以这么讲：核心业务越多需要对应的支撑能力要求就会更高，所以在进行系统建设时您不能完全地将核心域与支撑域孤立开来。

最佳实践

子域的定义并不是一成不变的，某个子域中的业务会随着时间的推移而转换至其他的子域中。

3.4.3 复用之道——通用域

通用域讲究的是复用，如果某项业务需求有现成的解决方案或者可以通过开源、采购等方式来实现，我们就可以将其视为通用域的一部分。比如销售管理平台中的日志子域、鉴权子域，两者都有现成的解决方案，并不需要企业从零开始建设。这里所谓的"通用"是宏观上，指业务的通用或解决方案在某行业内的通用，并不一定限制在待建设的系统中。比如ELK这种方案就不是为了特定业务系统而生的，它是解决日志汇聚的通用方案。一般来说，通用域的业务相对都比较标准化，只要企业预算充足且目标方案的功能性、安全性等属性符合预期，使用这类标准化的解决方案会更有优势，最起码能节约很多建设时间，且系统的质量能够得到保障。

以即时通信软件为例。企业安全策略要求"内部员工不可以使用第三方公司提供的通信工具进行沟通以避免敏感信息泄露或其他安全上的漏洞"。这一政策之下，企业有两种选择：一是通过自研的方式设计自己的通信软件；二是招标采购现成的产品。正常来说，如果没有特别个性化的需求其实完全可以考虑方案二，虽然产品并非自行设计但通过安全评审、私有化部署等手段完全能够规避各类安全风险，这一方式要比组建团队从无到有开始建设的效率更高。此外，使用自研的方式不论是建设费用还是后续的运营费用都不见得比采购低，需要投入各类人才比如开发、运维、项目经理等到项目中，随着时间的推移这一笔费用不容小觑。而且，成熟的产品bug一般都比较少，给予用户的体验更佳。

除了采购之外，一切有保障的开源系统也可以被我们所使用，但在使用前需要进行严格的评估以免为企业带来版权、安全等相关的风险。写到此处读者可能会问：Java开发者使用的Spring框架是不是可以算作通用域？一般这种与业务没有关系的框架或组件我们并不会将其归纳为子域中的元素。所以还请您务必注意：子域的讨论前提是业务。

相对于另外两类子域，通用域能讲的其实并不多，您只需要记住一点：如果在分析过程中发现某些业务已经具备了标准化的解决方案，只要条件允许笔者比较建议去使用，因为能节约很多的资源。作为软件工程师的我们都知道复用的妙处，放在业务分析阶段这一原则仍然适用。

有关通用域的内容我们做一下总结。您可以狭义地将其理解为：那些不属于核心域且通用性很强的业务。通用性可以是在系统的内部，也可能会跨系统，这个范围可大可小。大型的通用业务可能是某一个解决方案，比如ELK、普罗米修斯监控、开源的论坛、开源的内容发布系统等；小型的可能仅仅是某一个特定的类，例如，销售管理平台中用于表示金钱的类型 Money，不论是账务子域、商品子域抑或是订购子域都会用到它。通用域典型的特征是：通用性和复用性强，与核心域关联性低。这就意味着您在建设过程中可以考虑把一些通用的内容抽离到某个可共享的地方，比如公共类库中，不过有一点要注意：绝对不要把核心域中的内容放到通用域里，这样的做法会让通用域变得不那么通用。

完成三类子域的解读之后，不知道书前的读者是否对这一概念已经有了一个新的认识。笔者个人觉得不论是核心域还是另外两个子域，其实就是一种人为地对业务类别的设定，或者更确切地说是一种 Tag、一种分组。业务价值高的就给它打上“核心”的标识，次一点的就是“支撑”，有现成解决方案的或通用性很强的业务自然就是“通用”了。所以子域的概念并没有想象的那么神秘，只不过是“分而治之”手段的一种体现。一般我们会将分治的思想用在技术上，而 DDD 对其进行了升华，从业务上便开始采用。

当我们在真实系统中进行子域实践时，需要首先了解企业战略规划并与业务专家比如市场部、客户服务部、财务部的同事进行深度合作，从他们的观点出发对业务进行分类分级，千万不要将自己的臆想结果作为系统建设指导。与此同时，作为 IT 专家的您伴随着对业务的了解，也可以反过来帮助业务专家对业务进行梳理。这是一个协作的过程而不是哪方要对哪方进行压迫或主导的过程，更不会涉及胜负的概念。

下一节，我们开始学习如何识别以及细化子域。

3.5 识别子域的手段与策略

针对子域的定义笔者在前面夸夸其谈且说得天花乱坠，但有一个最实质的问题却没有解决，即怎样对子域进行识别。方便说明，我们还是以销售管理平台为例。在继续之前请大家反思一下子域的本质，简单来说就是对业务进行打标。而打标的前提是我们得有东西可打，所以进行子域设计的第一步应该是业务识别，也就是我们需要先将目标业务全部列举出来，形式可以是表格也可以是一些简单的图块。总体的原则是：所列举出的业务点应高度内聚且不可以再被细分。为方便对问题进行说明，本书使用了图块的方式来为您展示子域的识别结果，真实系统中如果业务数量较多则比较推荐使用表格，毕竟图太大看起来也不是很舒服。另外一点，图块的表现形式也多种多样，可以使用树形图、层次图，也可以使用罗列的方式（本书所采用的方式）将业务枚举出来，请读者不要拘泥于这些表象，只要能够将问题说明清楚即可，形式并不重要。

3.5.1 子域设计第一步——业务识别

作为子域设计第一步，我们要把目标领域内的顶层业务识别出来。需要注意的是，此时并不需要考虑太多的业务细节，只需关注业务框架也就是大块的业务即可。后续我们在对子域进行打标和细化时都会以业务框架为基础，所以这一步比较关键。另外一点，一旦某顶层业务被打上核心域的标签，无论它被细分成多少块，被分割后的业务依然会属于核心域，这一点需要读者注意。比如我们将订购业务规划为核心子域，经其细化后的订单管理子域、订单检索子域等也应当被放到核心域中而不能是其他子域。

既然这一步如此重要，业务识别后的结果长什么样呢？请读者参看图 3.4，其展示了销售管理平台中所有的顶层业务。

图 3.4 是技术团队与业务专家协商后输出的业务概览，其包含了销售管理平台的全部业务，方便起见我们对每一项内容做一些简单的解释，以便读者能够对业务有个大致的理解，具体如表 3.1 所列。

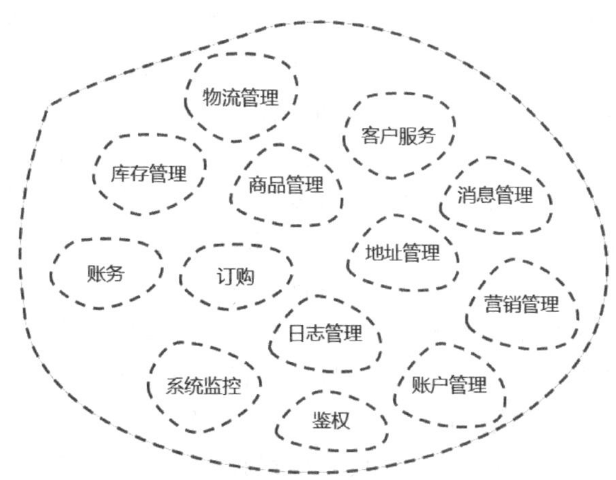

图 3.4 销售管理平台中的顶层业务

表 3.1 销售管理平台业务术语解释

编 号	业 务	说 明
1.	商品管理	用于所销售商品的上下架及商品检索
2.	账务	包含了用户的各类账本、资金流水、交易记录和支付等业务
3.	系统监控	监控服务器、网络、服务等软硬件的健康度
4.	物流	完成客户所订购商品的送货、退货等
5.	订购	包含客户下单、购物车、订单检索等业务
6.	日志管理	用于日志汇聚和检索
7.	客户服务	为客户提供在线咨询、售后服务等能力
8.	地址管理	管理客户所有的收货地址信息
9.	鉴权	管理客户的操作权限，比如某些商品仅针对特殊人员开放；也可用于客户的登录管理
10.	消息管理	包含短信通知、验证码、邮件通知等消息类业务
11.	营销管理	包含客户优惠管理、双 11 营销活动等业务
12.	账户管理	管理客户的基本信息如：姓名、联系方式等
13.	库存管理	管理商品的库存余量等信息

业务识别的手段有多种，可通过模拟业务流程推导也可根据系统使用人的角色及需求来识别。当然，还有许多企业的作法是参考友商，所以您会发现主流电商网站所提供的功能甚至是页面都长得十分的类似，或许便是相互借鉴的成果。以模拟业务流程的方式进行业务梳理是一种比较常用的手段，比如我们可以通过模拟客户购物过程识别出“商品管理”“订购”“客户服务”“营销管理”“物流管理”等业务，业务使用人为客户、系统运营以及客服。一般来说，采用这种方式后基本上能够识别出大部分的主体业务。根据使用人角色梳理业务则是一种补充，能避免某些重要的业务丢失。比如根据运维工程师的需求可以识别出“日志管理“和“系统监控”两项业务。

当然，笔者列举出的手段仅仅是众多手段中一些常用方式。如果想做深入了解，笔者建议您再阅读一些相对专业的书籍并从中找到最适合自己的方式。不过有一点是毋庸置疑的，即：梳理业务的方式应是多维度的，这样才能保障结果的精准。

业务梳理的结果一般是组团开会后的输出，也就是人们常说的“头脑风暴”(笔者个人很少使用头脑风暴这一术语，理论色彩太浓)。通过与领域专家进行沟通，可以帮助我们提取出重要的业务。比如下面一段内容是市场营销部门负责人对于销售管理平台系统的要求：“我们希望用户登录系统后，在首页可通过‘产品分类’或‘产品检索’功能找出自己想要的产品并将其放至购物车中；首页中还应该展示促销或优惠的商品，这样用户就可以很容易地找到便宜的东西；一旦用户提交订单就应该在系统中生成一条订购信息，用户可以查看详情或进行取消操作、支付操作；订单支付后应能自动通知到库存那边安排备货；物流则可以在备货完成后得到通知并安排送货服务……”

通过上述案例可以看到：领域专家对系统的期望中暗含了用户购物这一核心业务流程。我们可以根据他的诉求摘录出以下关键业务：登录、商品检索、促销或优惠、提交订单和生成订单、支付、库存管理、物流管理等，这些都可以作为业务框架元素的候选者。当然，这仅仅只是市场营销部门的诉求，还会有其他部门如客户服务部、财务部等对于此系统的期望，可能会有交集也可能只与自己部门的业务紧密相关。我们可以把这些期望汇总、分类并形成如图 3.4(具体形式并不只限于图、表，也可以是文字或企业内认可的方式)所示的结论。请读者务必注意：这个过程并不是一锤子买卖，可能需要进行多轮沟通才能确认出一个最终的结论。

3.5.2　子域设计第二步——子域打标

有了第一步的结果作为输入，我们现在可以开始对各业务项进行打标也就是标识其属于三类子域中的哪一个。思考一下企业构建销售管理平台的目的：对销售业务进行转型，将线下销售的方式转至线上。这一目标的核心是“销售”，用户在现实世界中购物时的各种行为都可以通过使用这个系统来完成，例如，浏览商品、使用购物车、产品扫码、付款、打印购买凭证等。很显然，这些与销售紧密相关的业务应该被打标为核心子域。

此外，不同种类的用户对于目标系统也会有着不同的诉求，比如，运营人员希望系统能够提供物流追踪能力、运维人员希望系统提供应用日志汇聚和查询的能力、客服专员希望客户可以通过系统来处理各类咨询或售后请求。这几类业务的目的都是为了支撑线上销售这一核心业务流程，将它们划分到支撑域或通用域中会比较合适。

然而，业务打标的过程并不总是很顺利的，有时候我们可能需要进行更深层次的分析才行。比如物流业务和客户服务业务，将它们定义为哪类子域更好呢？通过将销售管理平台与物流企业自己的系统进行集成便可以很方便地实现商品的运送需求，也就是说其实并不需要我们自己去实现一套物流管理系统，按这一说法貌似将其划分至支撑域更为合理。同理，客户服务质量的好坏决定着用户粘性，商家并不想只做一锤子买卖，客户也期望有一个良好的购物体验，不论是售前还是售后。对于很多人而言只要商家服务态度好即使商品贵一点也无妨，毕竟这一模式是有成功案例的(例如海底捞)。从分析的结果来看似乎将这一业务放到核心域中更合适。

对于上述两个问题要如何决策呢？毕竟不能仅凭感觉对业务优先级打标尤其还涉及核心业务，这种工作方式太草率了！我们还应当分析一下企业对线上销售业务的期望。以物流业务为例，如果企业有足够的资本且想让物流效率成为企业的核心竞争力，这一业务毫无疑问应该被划定到核心域中；如果企业只想先做好线上的销售业务，待稳定后再做进一步的规划，与物流企业做系统集成的方式会好一点，既高效又节省资源，而如果采用这一选择的话就应该将此业务打标为支撑域。请读者回看图 3.2，您能推断出企业对于物流业务的期望是什么吗？

聊完了物流再让我们看一看客服业务，其实分析方式同物流是一样的，不过对于它的打标工作可能会是一个挑战。既然企业已经认定物流是核心业务，无论是软件还是硬件上的投入都能够得到认可，也就是说这一业务的归属已经由战略诉求帮我们决定了。而客服业务并不一样，业务专家期望技术团队能够在这一业务上投入更多的资源：因为服务好就可以吸引住用户，所以他们觉得这项业务应属于核心域。类似的事情也可能发生在营销业务上，市场人员觉得它有助于销售，定义为核心才是合理的……。所有的领域专家都认为自己的业务才是核心而且理由都很充分。又由于没有企业战略诉求作为支撑，让业务打标的工作陷入了两难，毕竟技术团队的资源也是有限的，不可能同时对两项业务进行实现。对于此等情况，一切理论似乎都已经无效了[1]，或者选择对团队进行扩容或者通过谈判的方式让大家就这一问题的解决方式达成一致。当然，如果可能也可考虑使用采购的方式来进行实现，这样做之后被采购的业务自然就是通用域了。

有了前面的说明作为铺垫我们现在可以完成业务打标的任务了，具体请回看图 3.2，我们不在此重复贴图。

3.5.3 子域设计第三步——子域精化

完成了第二步的打标工作之后，我们已经有了一个基本的子域设计图。但不足之处也很明显，即：业务的定义过于粗糙，仅通过图 3.2 我们并不能知晓具体的业务流程是什么。其实也情有可原，毕竟我们在前文中已强调过第二步只是对顶层业务进行打

1 笔者其实也想把理论搬出来让本书看起来更专业，但很多时候理论真的不如面子更有效。

标,不会涉及太多的细节。由于子域设计的最终结果应是每一项业务都不可再分,所以我们还需要对这些顶层业务进行精化,只有这样才能突显出子域分析工作的价值。

如果将所有的业务都细化出来,恐怕读者会认为笔者在故意水文字,同时也的确不太方便我们展示,所以我们只对核心域中的"订购"业务进行精化,如图 3.5 所示。书前的读者如果也想通过画图的方式来展示子域信息,可以像笔者一样一层一层地展开去画。第一层是最顶层业务,类似于我们的图 3.2;第二层则针对顶层子域内的业务进行展开,形成二级业务精化图。以此类推,还可以进行第三层或第四层的展开。这种形式不仅清晰,也方便阅读,要不然辛苦写的文档却无法体现价值,实属可惜。不过万事总有个度,也不能展开得太细,否则会使得业务之间存在交集,反而造成彼此间的边界变模糊了。此处友情提示一下:前面第一、二两步所产生的图或表格均为中间结果,只有第三步完成后的输出才能被视为最终结论。虽然看似很多工作会被浪费,但这一过程是有助于建设团队甚至是业务专家进一步认识业务和了解业务的。

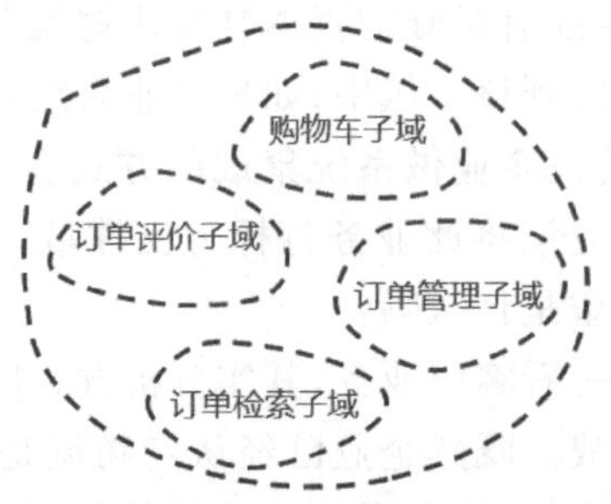

图 3.5 精化后的订购业务子域设计图

老规矩,我们需要对精化后的子域作一下简单解释以方便您的理解,请参看表 3.2。写到此处相信有读者可能会产生一个疑问:"为什么没有支付的子域?这个应该也是订购子域中的元素吧?"实际上,支付只是一种用户的动作,仅仅是表象而已,这一业务至少涉及了两个子域的交互:订单子域会对订单状态进行处理;账务子域会对账本、流水、交易内容等进行处理。因为,我们把支付操作拆分成了两个业务:订单管理和账务管理,前一个部分负责处理订单的变化;后一部分则负责处理账本余额、流水等内容。这样的结果也告诉了我们一个重要的子域设计原则——不能根据用户的操作进行业务划分。子域设计是业务建模的一部分,此阶段尚未涉及操作的概念,关注业务本质才是重中之重。

表 3.2 订购业务相关子域说明

编 号	业 务	说 明
1.	购物车子域	实现商品暂存功能
2.	订单管理子域	订单操作管理相关业务,如:提交、申请退款、取消、支付等
3.	订单检索子域	活跃订单(未完成的订单)及历史订单检索业务
4.	订单评价子域	评价与晒单业务

让我们再对上面所得出来的子域设计结果进行一下走查。购物车子域就是我们经常在电商购物平台上所使用的购物车功能。订单管理子域包含了以订单为主体的所有业务，比如生成订单、询价、支付等。订单检索子域可以为客户提供搜索功能，包括订单的搜索和购买过的商品的搜索。订单评价子域赋予客户评价和晒单的能力。通过让它们彼此进行比较及与另外四个核心子域中的业务进行对比，可发现并不存在交集的情况，边界清晰且不能再进行细化，符合我们前面定义的子域划分标准。因此可得出结论：图 3.5 可作为订购业务子域设计的最终结果进行输出。

第三步中的子域走查工作至关重要，一经确认后续便可依此进行微服务的设计了，所以需要尽量降低其变化频度，这一要求也就意味着在进行子域设计时要以迭代的形式反复对结果进行检查以减少返工次数。对于本案例笔者直接给出了结果，放到真实项目中则是一个头脑风暴的过程，需要 IT 骨干、业务专家组会讨论并进行最终的确认。

最佳实践

子域走查时不仅要对同子域内的业务进行对比，还需要将它们与同一父域内的业务进行对比，这样才可保障子域设计的合理

至此，我们已经完成了销售管理平台子域的推导过程，相信读者对此应该已经有了一个感性的认识。为加深您的理解，再举一个案例：即时通信软件。这是一个类似微信的应用，好友间可以相互发送消息；用户个人也可以分享一些个人动态供好友查看或评论。按照前文所示的三步，让我们再将子域设计过程做一次回顾。

第一步，首先对业务进行识别。我们还是从顶层业务着手，将识别出的业务一一列举出来。为方便您的阅读，这个苦差事就先由笔者代劳了，具体如图 3.6 所示。此外，我们还给它起了一个好听的名字：青鸟消息[1]。

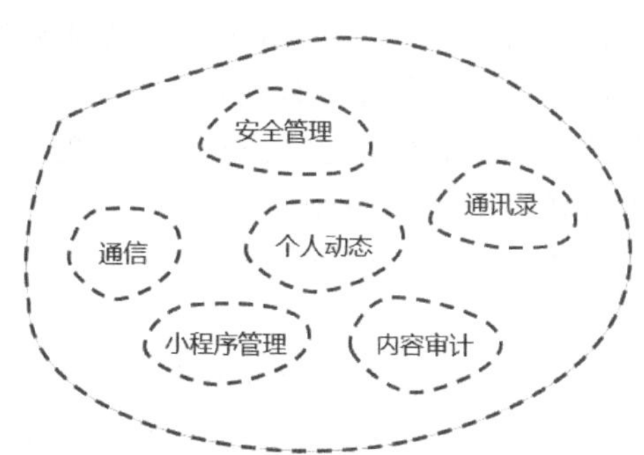

图 3.6 青鸟消息中的顶层业务

出于演示的目的这一案例设计得比较简单，真实的实时通信软件要复杂得多，这一

---

1 传说青鸟是西王母的使者，专门负责传递消息。

点还请读者了解。上述提取出的业务里有部分内容含义不够明确，我们需要做一些解释：个人动态，读者如果熟悉微信可将其与朋友圈等同看待；内容审计：为了防止一些恶意用户通过软件发送涉黄、赌、毒、暴力等非法信息，需要通过大数据和人工智能算法对用户发送的每一条消息进行即时审计，一旦不合规则退还至客户端并对发送者做简单提示。其他的业务相对简单且常见，笔者不再多作解释。

基于第一步的输出结果下面要对每一个业务进行打标，不过在此之前我们需要对这些业务首先做一些简单的梳理。通信与个人动态是本软件主打的功能与特色业务，价值自不必提；小程序管理本质上是一个软件托管平台，产品经理发现人们在使用某个软件的时候通常只会使用其中的一种或有限的几类功能，如果仅仅为了使用一两个功能就要对软件进行全量的安装会让用户感到反感。只是几秒钟的使用又得下载又得安装还得注册，这种感觉相信很多人都曾有过。通过小程序管理功能，软件提供者只需要将具备热点功能的软件放置在托管平台中即可。用户使用时虽然也会有下载的过程，但因为程序体量很小几乎瞬间即可完成。通过复用青鸟消息的鉴权系统，用户也不需要注册、登录等步骤。

根据业务专家的建议，上述三项业务是建设青鸟消息的原始初衷和战略目标，我们将它们定义为核心域。通信录是基础型业务，不论是朋友间的聊天还是个人动态的分享都要基于此，把它放到支撑域中是合理的。内容审计业务可使用开源的产品来实现并不需要从头造轮子，研发团队只要做好集成工作即可，我们将它放到通用域中。还剩余一个安全管理业务不太好理解，那就让我们先把青鸟消息立项前的一些背景交代一下。

青鸟消息主打企业内部通信功能，主要包含即时消息、文件分享、语音通话、各类提醒等。用户可以在公司内部、家中或任何有网络连接的地方使用，那么这就涉及了一个重要的事情：安全问题。通信过程中员工经常会彼此分享一些重要的文档，内容可能包含企业内部的机密信息也可能包含员工的个人信息如电话、身份证等。如何防止通信内容被恶意黑客监听及篡改，如何防止用户终端丢失后消息不被别人读取……这类安全防范相关的功能在立项时作为特色的业务被确定下来，也是本软件要重点解决的问题。否则市场上这么多的通信软件凭什么让客户选择你家的？必须打出自己的亮点才行。就好似“8848”手机的宣传语一样，上来就告诉您：“钛合金皮肤，硬件级的安全”，这就是特色。所以我们的结论来了：安全管理作为产品的亮点功能是企业销售战略之一，应将其定义为核心域。

至此，第二步分析工作已经完成，业务打标的成果请参看图 3.7。

让我们继续第三步：业务精化。为方便演示，我们仍只对某一项业务进行精化。这次选择的目标是“通信”业务，精化后的结果如图 3.8 所示。

按照要求，我们还需要对精化后的业务进行走查。语音通话、文本消息、聊天记录检索和消息同步与备份四项业务内聚度较高且彼此间界限清晰，且通过与所属子域和其他子域的业务对比也未发现存在交叉点，可以确认划分的结果是正确的。不过在业务的归属方面似乎存在着一些不足：聊天记录检索业务和消息同步与备份业务从通用语言的角度来看主要体现在“聊天记录”方面，与通信子域的关注点呈现着明显的不同，后者更关注于信息的交换或者说是通信业务，并不是很关心如何处理聊天记录的。因此，将它们两个放在通信子域中并不是很适合，较为理想的方式是新建一个“聊天记录管理”子域并将二者划分到其中。

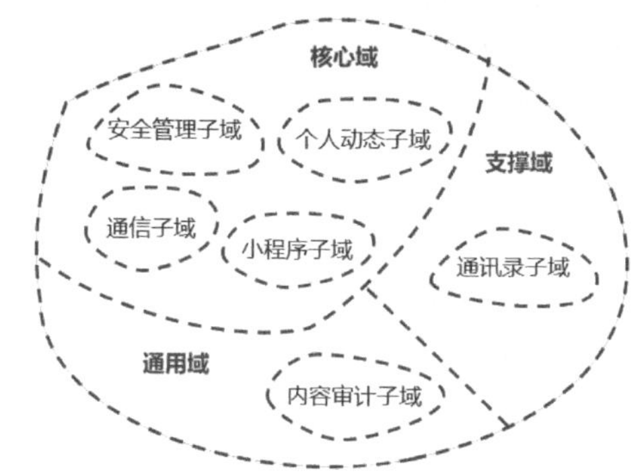

图 3.7 青鸟消息业务打标后的结果

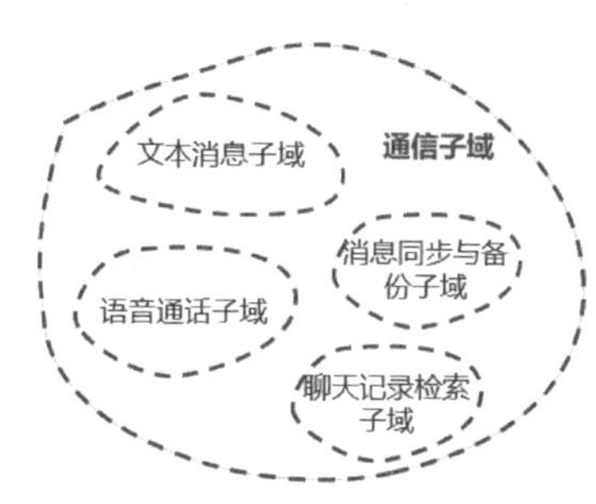

图 3.8 青岛消息中通信业务精化后的结果

此外，消息备份与同步看起来应该还能做进一步的细化。同步是指终端间的同步，比如发往 PC 客户端的消息可根据配置同步到手机客户端上面；备份是指将历史消息存储到本地或进行远程存储。两项业务相似度不是很高，合并在一起的话就让子域显得有点臃肿。

综上所述，我们需要重新对业务识别、子域打标和子域精化这三项工作的输出进行调整，形成了如图 3.9、图 3.10、图 3.11 展示的结果。

从案例中可以看得出来：业务走查的主要目的是对子域识别的结果进行一次全面的核查，一旦发现有不合理之处则可以退到任意一步进行调整。尽管我们没有把走查这一步从主要的三步中独立出去，但并不会妨碍它的重要程度。另外再次提示一下：业务走查工作仍然需要 IT 骨干与业务专家组会完成，如无特殊情况请务必不要忽略这一步以免后面的工作返工。

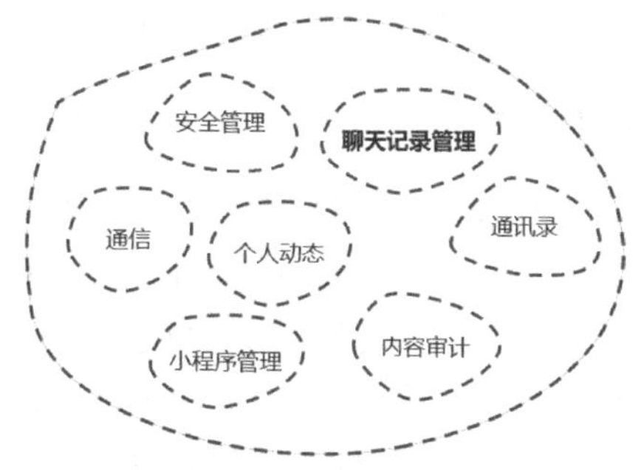

图 3.9 在青鸟消息软件的业务识别中增加聊天记录管理业务

在对业务进行精化时，我们惯用的手段是“拆”，也就是把关联性不高的业务从一个子域中拆分出去。但常用并不意味着唯一，合并业务也是一种常用的手段。以图 3.11

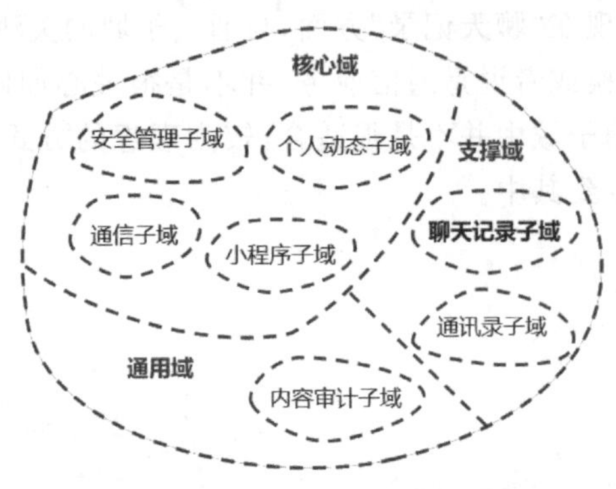

图 3.10 青鸟消息业务子域打标过程中增加聊天记录子域
(通过对业务价值进行评估，这一业务被归结为支撑域)

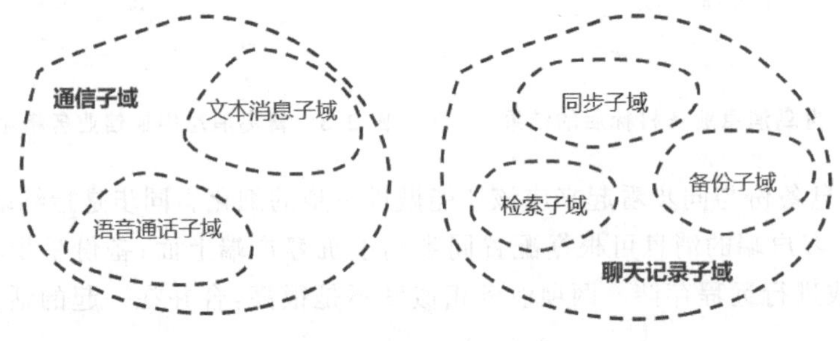

图 3.11 青鸟消息通信子域与聊天记录子域的精化结果

所示的通信子域为例，我们已经抽象出语音通话和文本消息两个子域，这一做法是否已经涵盖了所有的业务？想一想真实的聊天场景是什么样的，用户不仅可以发送文字也可以在聊天过程中相互传递图片、文件等，非文字类交互业务应该作为独立的子域存在还是应该和文本消息合并在一起呢？笔者的答案是合并，原因很简单：文字与图形或文件仅仅是消息类型的不同，本质上都是消息。有了这样的分析结果就意味着我们需要对“文本消息”这一子域从名字上进行修正。不过具体的结果我们不再展示了，笔者只是想把这一问题提出来并让您知晓：“合”也是一种对业务进行精化处理的手段。

3.5.4 子域划分策略总结

通过两个案例的演示，希望书前的读者已经学会了如何进行简单的子域设计。不过案例毕竟是虚拟出来的，您仍然需要在真实的项目中去不断地实践，慢慢体会与思考这一过程中涉及的各种技巧，最终总结出比实用性更强的方法。您也可以将自己当前正在建设的系统中的某一块业务拿出来练手，对于快速入门是有很大帮助的。

此外，笔者所有的案例都假设项目正处在筹建阶段，需要从头开始规划。其实这只是一种展示案例的手法，实际上您可以在任意阶段做子域分析的工作。哪怕已经进入到开发阶段，这些工作仍然可以开展，相当于是为下一次的调整提前做好准备。不过就笔者的个人观点，最好的方式还是在每一次业务调整或大规模迭代之前，此时比较适合对业务框架进行调整。即便上述两个条件都不符合您当前的状态，把系统拿出来做子域分析也是有意义的，具体要求表现有三：

(1) 可以帮助您自己、团队成员甚至是未来入职的新人去了解当前系统的业务架构并加深对宏观业务的认识。

(2) 子域分析的过程是认识业务的过程，不仅有助力于团队去挖掘业务本质，还能为系统的建设和维护产生很大的帮助作用。

(3) 通过子域分析可帮助您认识到当前系统存在的不足，当您需要对系统进行重构或对业务进行调整时，子域分析的结果可在大方向上提供指导。

虽然子域并不是一成不变的，但也不要频繁地对其进行调整。它表示的是业务，稳定性一般会比较高，不像代码那样今天加个类、明天扩展个方法。

经过前面三个小节的论述，我们已经把子域设计的步骤及这一过程中所牵涉的主要工作进行了大致的说明。下面，笔者将对那些重点的且需要注意的事项进行一下总结，看来又到了划重点的时刻。另外，前文中我们只是谈到了一些相对重要的工作，但子域的设计并不仅限于此，所以笔者在此也将这一过程中涉及的其他边边角角的内容一并进行说明。

1. 子域分析的目的

子域是系统领域的一种逻辑划分，是一种概念模型。主要的目的是对业务进行分组、明确其范围并设定建设优先级以及建设方式。其面向的目标必须是业务，与技术无关。子域设计结果不仅可以作为微服务的划分指导也可用于业务的梳理和精化。

2. 业务识别的主要方式

三种主要方式：第一，通过模拟真实的业务流程，也就是在无IT系统、无计算机支撑的情况下思考人们是如何处理某一项业务或工作流程的；第二，根据系统使用人的角色及他们使用系统时的主要诉求；第三，借鉴或模仿友商。

3. 业务精化的手段

两个手段：业务合并和业务拆分。业务合并是把本质相同的业务合二为一以降低建设成本，实现时可以放在同一个微服务中。试想一下销售管理平台中的营销业务，包含了优惠券和活动优惠两个子业务。前者一般是在支付的时候使用，而后者的使用时机则是在生成订单时。可以想象得到：无论是优惠券还是活动优惠，使用的时候都需要符合一定的条件，要不然必然会成为“薅羊毛”的对象。虽然这两者所表示的形式不一样(优惠券是一个能够被用户看得见的东西，如优惠券号或二维码；而优惠活动只是一种虚拟的业务规则，一般由商家来制定并不需要给用户发放具体的东西)，但它们也有很多共通的特性，比如对“使用条件”[1]的检验，很可能采用的是相同的算法。所以在进行子域分析的时候我们可以把二者视为同一个子域的元素，它们的不同只是体现在表

---

1 优惠或优惠券生效的条件，比如双十一优惠的条件是：用户的购买活动必须发生在当年的11.1～11.17日期间。类似的条件还可能进行叠加，如双十一期间购买电器产品才能享受某种优惠。

现形式上，本质却是一样的。这样的过程即是业务合并的过程。与之相反的自然是拆分，是把一个大的业务拆分成不可再分的两个或多个小业务的过程。这种方式被使用得最为频繁，是对业务进行精化的一种常见手段。不论您使用了哪种方式，都需要对分析结论进行仔细地推敲并在迭代中完成。

4. 检验精化后的业务是否合理的策略

两个准则：第一，细化后的业务应与其他业务有着清晰的边界；第二，业务内聚度高，不能再进行二次划分。之所以笔者一直在不断地重复与强调这两项原则是因为它们太过于重要了，从子域分析到服务划分再到各种领域模型的设计都需要遵循这一思想，可以说是贯穿了 DDD 的始终。让我们再仔细审视一下它们，您会发现准则一主观性较强，一般情况下凭借着感觉和经验即可做到（虽然这一态度有点玄学的味道，但人是先天之灵，很多东西是不能一味地使用自然科学来进行解释的）；准则二的概念要相对模糊一些，让我们举例进行说明。

销售管理平台案例中我们将地址管理与账户管理两个业务进行了分离，从表面上看这两项业务放在一起更为合适，毕竟地址与账户的关系是如此的紧密，甚至我们完全可以将前者作为后者的属性来看。将两者划分开来是不是有点设计过度了？针对这个问题且听笔者做一下深入解释。

首先，账号管理业务所管理的目标是系统账号，账号可能是客户的也可能是企业内部的运营或运维人员的。其所涉及的功能主要是账号的注册、注销、登录验证、实名认证、基础信息管理等内容。为了保障这一业务的纯粹与内聚，我们甚至将与其密切度很高的“鉴权”业务单独剥离了出去。

其次，地址管理业务中的“地址”是指交易过程中使用到的送货地址而不是账户主体的居住地址或办公地址（企业账号）。再说了，很有可能出现代客下单的情况，此时的地址信息根本就不是此账户的。所以此地址非彼地址，作为账户的属性并不合适。

综上所述我们会发现：此处的地址业务仿佛与订购业务关联度更高，可如果把它放在订购子域中又略显突兀，毕竟其相关的功能如地址录入、变更等与订购行为关系并不大，它的主要作用是为订购这种核心业务提供支持，这也是为什么我们将其归类为支撑域的原因。

另外，进行子域分析还能给我们带来额外的好处，即明确业务术语含义。这里的“地址”就是一个很容易让人误会的词，如果一开始没有明确很有可能会影响后续服务的设计。一个微不足道的词居然能够影响系统的整体结构，是不是很神奇？

5. 业务走查原则

进行业务走查的时候需要基于“全面走查”原则，也就是您不能只排查目标子域，最好同时将其他子域中的业务一并走查一次以避免某业务精化后出现和其他业务产生交集或碰撞的情况。尽管子域设计的主要目标是识别业务、设定建设优先级以及决策建设思路，但并不能否认这也是一个了解业务的过程。借助于走查活动，团队有很大的机会挖掘出早期分析时没有发现的业务或具有相同本质的业务。尤其是后者，不仅是建设中台的根本还能够帮助团队减少建设上的资源投入。

除非局部微调，否则建议您每次对子域进行调整后都执行一次走查流程，仅需要极低的成本便可能大大减少系统中重复的业务或挖掘出价值较高的业务，仔细算一下这笔账还是比较划算的。

至此，我们已经完成了子域设计相关工作的总结，读者可以以此为引并结合企业和团队的特色找到适合于自己的手段和方法。

总　结

本章主要讲解了领域与子域相关的知识，明确业务领域可以帮助团队设定系统的功能范围，让团队的注意力更加聚焦。在系统建设之初就明确了建设范围相当于为所有的人都树立了一个清晰的工作目标，后面只需要奔着目标去实现即可。

子域是对领域的进一步细化，基于分而治之的思想把大的领域做了拆分处理，这是减少系统建设复杂度的一个重要且有效的手段。子域的存在还为企业和团队就某项业务对应的资源投入度给出了参考，哪些功能要提前开发、哪些解决方案可以使用采购的方式等，这些与预算、资源和建设周期相关的重点问题可以在子域设计过程中明确下来。

上述内容为本章前三个小节所论述的重点，最后一小节则重点描述了子域设计的方法与策略。笔者首先通过两个案例来演示如何使用分步的方式完成子域分析这一工作；之后的部分则作为总结性的内容，列举了子域设计过程中所要注意的各类事项。请读者务必注意案例与真实项目的区别，笔者只是演示了一种个人习惯的子域分析方式，这一方式并不一定适合您。幸运的是，我们最终的目标是一致的，只是因为彼此所处的环境不同、项目不同，出现分析的手段不一致的情况实属正常，实践中无论如何要注意灵活运用。

最后一点：如果您想在真实项目中实践子域分析活动，一定要首先从企业业务战略目标、发展方向、项目背景着手，并与业务专家基于迭代的思想共同完成这一过程。同时，还要注意与企业文化相结合，避免陷入到教条主义中。

第 4 章　确定疆域——限界上下文 (Bounded Context)

第 3 章我们主要讲解了领域和子域的概念，这是对业务的逻辑划分与定义，与服务、架构等技术的关系并不大。IT 系统的建设最终还是要落到一个个的物理模型上面，只有这样才能真正地给用户提供服务。域和子域毕竟是虚的，可以用于指导建设但并不是可部署的实体，而软件建设的最终目的还得是让用户能够看到一个实在可用的东西。另外一点，在进行子域分析的时候人们往往只会单纯地思考业务本身的形态或本质是什么，并不会考虑其是否可以被落实。而实际的情况是，并不是所有的业务都能够进行技术实现。所以，在将业务映射成代码之前我们需要引入一个中间的工作环节：分析建模。这一阶段的主要工作包括决策应用的结构、确定业务的实现方式、分析哪些业务可通过技术手段进行实现、对业务流程进行建模等。上述的诸多工作中，对系统结构进行定义是最为关键的一项任务，DDD 为此提出了限界上下文的概念。完成了限界上下文设计之后，就可以得到一个描述清晰且可落地的应用系统骨架，后续所有其他的工作都可以基于这个骨架进行展开。

落地 DDD 需要遵循从上到下的设计原则，即业务、服务、模块、分层、聚合、实体和各类其他领域模型等，这样做的好处除了可以保证系统结构的足够清晰，也能满足软件设计的一个重要目标：隔离。有了隔离就会产生内聚的效果，从而也能让各同级服务或组件之间形成低耦合的关系。本章的主要内容聚焦于对限制上下文（Bounded Context，简称 BC）的剖析，它确定了软件系统的物理结构。完成了 BC 的设计就等于确定了目标系统所包含的可部署的服务，如果是单体架构，则确定了包（Java 中的 package）或名称空间（C# 中的 namespace）的构成。可以这么说，DDD 中的概念虽多，但限界上下文才是此中的王者。毕竟子域过于抽象，各类领域模型（如实体、值对象等）也只局限在代码层次上，说限界上下文决定着系统的成败并不为过。虽然 BC 设计得不好一般也不会让用户感觉到太多的问题，且系统也照样能提供服务，但对于一个性能及扩展能力很差的系统我们并不认为它是优秀的。

有一点值得注意：尽管在本书的前后文中笔者一直在强调限制上下文的物理特性，甚至于我们认为它等同于服务、包等，但笔者想要强调一点，即 BC 为一种概念模型。即使是概念上属于同一上下文的业务在实现过程中也可能由于各类功能或非功能性需求而在实际建设阶段被拆分成多个可部署的模块，相信您在学习 CQRS 框架时可以感受到这一点。之所以有着这样矛盾的表达，主要原因还在于可理解性。换言之，即使您将其视为可部署的模块也并无大碍，因为它在实践中的确表现出非常强烈的物理特性。

4.1 通用语言

在对限界上下文进行解释之前我们需要首先解释一下何为通用语言(Ubiquitous Language),这是BC概念的一个重要组成部分。如果书前的您实际参与过软件的开发一定会发现建设团队一般都会包含多种角色:研发、测试、项目经理、架构师、需求分析、业务专家等。前面几个角色的职责一般都比较好理解,唯业务专家,请您不要将其与我们在电视或网络中看到的"专家"等同看待。此处的业务专家是指对业务流程比较熟悉的人,可能是经理也可能是一个业务人员。由于各类人员的职责不同、工作环境不同,他们平常说话的内容和沟通的方式也会不尽相同。比如研发人员经常挂在嘴边的是词"类""继承""数据库""索引"等;测试人员常讲的是"测试用例""黑盒""白盒"等;到了业务专家的口中,被经常提及的则是与业务密切相关的各类术语。即便是同一个对象,被不同的人讲出来也可能会使用不同的名词或术语。

为避免由于术语含义不明所引发的各类问题,比如需求不明确、业务描述模糊、实现与设想不一致等,就需要团队在建设之初将各类术语的含义明确化,这个明确化后的术语就是通用语言。本质上它是一种沟通语言,虽与技术无关但影响甚大。试想如果研发人员不明白某个术语的含义,又如何进行设计呢?又如何与其他人沟通呢?

4.1.1 通用语言的作用

软件建设过程是一个人与人之间高度协作的过程。如果每个人都各自为战,且不说软件的最终成果是否会符合预期,即便是日常的沟通也会非常的低效。试想一下这样的场景:进行业务分析时,每个人都自说自话。工程师满嘴"字段""属性";业务专家满嘴"流水""档案",几乎是鸡同鸭讲。如果对某个词不理解还比较好解决,咱们可以再多问问;最可怕的是误解,导致的问题很可能是致命的。当然,发言者也可以充当翻译的角色,尽量以对方能理解的方式对名词、术语进行解释。尽管可以缓解因相互不理解所带来的尴尬,但这一过程是痛苦的,本是一个可以在短时间内即可明确的业务搞不好要花费半天或一天才能讲清楚。而最让人感到难受的是由于没有术语的通用解释说明,等到了下一次的讨论会议又需要把解释的过程重新来过,如果再有新人的加入……人们在沟通的泥潭中仿佛看不到尽头。

针对上述问题是否有对应的解决手段呢?DDD给出的答案是"通用语言"。所谓的"通用"是指参与系统建设的人们都使用的一种彼此共通的语言进行沟通,涉及的所有名词和术语在每个人心中都应该有着明确的解释,而不是每个人都使用一套自认为含义明确的术语进行交流,那是"不通用"的。使用通用语言前需要为业务上的各类名词和术语建立一个可被所有人共享的词典。如果您经常翻看一些专业性较强的文档,一定会发现里面通常都会包括一个类似术语表的东西,它的目的是对专有名词进行解释和翻译。不过这并不是通用语言,而是使用通用语言的前提。语言是一种沟通的介质，只有当术语词典中的词汇在沟通中被使用时它才会变成语言。不过为方便后面说明，后面我们也会用通用语言来称呼术语词典，这一点请读者注意。

在进行多方讨论的时候，需要发言方同时承担翻译的角色，这是一个痛苦的过程。此时建立一个可供所有人使用的术语库能够有效地缓解这一问题，遇到语意不详的词汇可直接在库中寻求解释。与此同时，在需求讨论、业务分析时、代码编写时和软件测试时大家都应该坚持使用这个术语库中的词汇进行相互沟通甚至是对领域模型或方法进行命名。慢慢地，大家就会习惯使用这些术语进行交流，随着时间的推移和术语说明积累量的增加，因语意含义模糊而造成的沟通障碍就会变得越来越少，人与人之间的沟通也会越来越高效。图 4.1 展示了通用语言在项目参与人进行业务沟通时所处在的位置，可以看到：其会代替人们的习惯用语而为一种通用的沟通介质。

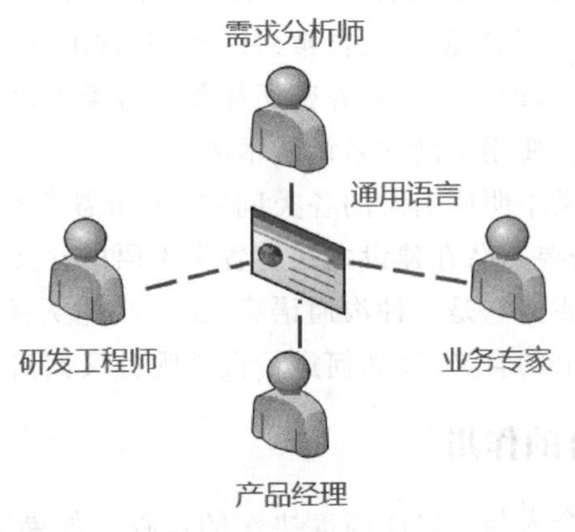

图 4.1　系统建设参与方使用通用语言进行沟通

实际上，即便不使用 DDD，通用语言在日常工作、生活中也具有较强的指导意义。比如医生向患者解释病情的时候，他不可能跟您说各类专业术语，一定会以您明白的方式进行说明。说到此处，有的读者可能会产生疑问：我们公司在开发过程中并没有使用通用语言，也没感觉对系统开发产生什么影响啊？就笔者个人分析，这里可能有两方面的原因：第一，系统规模较小且跨专业的参与方也不多，通用语言其实是存在的只不过体量并不大，所以常常被大家所忽视；第二，大家在日常沟通中其实已经使用了通用语言，但没有人会注意这些术语的来源，反正大家都是那么说的自己也就跟着照做了，毕竟语言是可以被传承的。这两种情况本质上都属于无意识地使用通用语言，如果系统的规模很大且需要跨多部门甚至是多个集团公司建设的时候就有必要考虑建立一套通用的语言库了。

4.1.2　通用语言的特性

当您想要在真实的项目中使用通用语言的时候请务必注意它的六个重要约束，如图 4.2 所示。虽然不能保证完全满足这些特性的要求，但如果条件允许的话还请尽量遵守，它们决定着沟通的效率和业务含义的准确度。下面让笔者对每一项特性做一些简单的说明。

图 4.2 通用语言的使用要求

1. 描述领域

通用语言主要用于对领域进行解释和说明，使用范围非常广，可以上到顶层业务流程的描述下到领域对象的属性或行为的说明，基本上都可以看到通用语言的影子。此外，通用语言的使用并非只限于业务沟通当中，在为代码中的领域模型（类或接口）、方法进行命名时都应以通用语言为基准。

2. 含义清晰且唯一

被定义为通用语言的各类术语应该是团队的共识，必须能够清晰、准确地描述业务，在一定范围内其业务含义必须唯一。不允许出现同一词汇有多个解释的情况；也不允许为本质上是同一类对象的东西设计出两个或多个通用语言。

3. 团队语言

不论您在团队中承担什么角色，都应该坚持使用含义明确的通用语言进行沟通。尽管我们并不反对每个团队可以建立自己的语言，毕竟专业不同嘛，技术团队使用技术术语进行沟通反而更有利于团队成员间的交流，但我们要注意使用的场合尤其是在表达业务时。

4. 语义稳定

通用语言的使用会贯穿软件建设的整个生命周期，从早期的需求讨论到系统设计、开发、上线运营乃至每一次的迭代，使用的时候要时刻保持业务语义不变以免引发歧义。除非能达成共识，一般情况下不要任意改变通用语言的含义，尽管一开始的使用可能是不当的。既然大家已经习惯于此，那索性让这个习惯传承下去，毕竟使用通用语言的目的就是为了减少歧义，虽然我们要求通用语言必须精确，但对于传承下来的东西则不必太纠结其精确程度了。

5. 范围明确

通用语言与子域一样，在使用的时候必须有个范围对其进行限制。既然笔者在本章之内介绍它，就说明了限界上下文是通用语言的边界。笔者也曾见过有一些工程师试图建立以系统为维度的术语说明，这一做法放到单体风格系统上是可行的，毕竟系统的体量在那里。放到微服务上就不太合适，因为系统的范围太大，会让术语说明变得像字典一样，反而起不到帮助的作用。

6. 持续维护

通用语言需要勤加维护才行，并不是一锤子买卖。随着对业务了解度的加深，团队可能会发现新的术语或对从前模糊的术语有了更清晰的认识。以笔者个人经历过的一个项目为例，早期建设时规模很小，比较难以理解的术语数量也比较有限。后来因为业务的发展，不仅更改了系统的架构，各类新型的业务也开始加入到系统当中来。这就使得术语量呈井喷式增长，如果团队不去对曾经的术语表进行补充的话就相当于通用语言没有了解释，和没有通用语言的结果是一样的。

4.1.3 通用语言的使用方式

通用语言的创造者一般是业务专家，IT 技术人员所用的术语一般并不会作为通用语言的一部分。不过这种情况并不绝对，技术人员也可以对通用语言进行补充，完善的通用语言库其实是团队共同努力的结果。既然它如此重要，应该由谁去建立和维护呢？答：软件建设团队，也就是书前的您。

虽然说通用语言的创造者是领域专家，但将其统一起来的却是技术团队。之所以会这样，主要的根源在于他们在软件建设中所处的位置。作为业务支撑部门或团队他们总是被动地接收各类业务专家的输入，充当着业务汇聚者的角色。但业务专家并不是唯一的，他们在说明业务时一般都会以自己为主体，并不是特别关注其他专家的业务，更不会关心他们所使用的各类术语的含义除非涉及跨业务的合作，但交集毕竟也是有限的。IT 团队则不一样，他们要同时面对多个业务专家，不仅需要对所有的术语进行学习还需要将它们串联在一起，这样才能建设出完整的、支持可跨部门或公司协作的软件系统。此外，IT 团队也是通用语言的最佳受益者。不仅可以在沟通工作中使用，还可以根据通用语言识别并精化领域模型，使开发出的功能更符合业务预期。所以，将通用语言的建设与维护工作交由技术团队去做是比较合理的。

其实，真实的项目中也经常会出现技术团队创建通用语言的情况。有些时候业务专家仅仅提出了一种概念和设想，但他们并不知道采用什么样的术语来对其进行描述更合适。笔者曾经经历过一个项目，其中使用了产品和商品的概念。不过由于企业文化的关系并没有采用很多互联网公司通用的“SPU”“SKU”等术语，而是由 IT 团队起了一个比较特别的名字。没想到这个名字一下子就在全公司内流行了起来，除研发之外，测试会使用、不同部门的产品经理会使用，最后居然传播到集团公司。相信这个词的创造者也没想到当年的无意之举居然造成了这么大的影响。

技术团队对通用语言库的建立和维护责任至关重要。他们需要对通用语言进行搜集、整理并在沟通过程中带头去使用；他们作为多个业务部门之间的沟通枢纽，能够起解释术语的作用。虽然通用语言源于业务专家，但业务专家间的沟通并不是很紧密，所以就会出现同一个术语指代两个或多个业务对象的情况。比如在销售管理平台系统中有一个术语叫作“工单”，对于客户服务运营团队来说，“工单”是指为处理客户的投诉或咨询所建立的、用于追踪客户请求的“问题处理单”；而对于销售运营团队来说它则指代订单生成后的“送货单”。虽然“工单”这一术语的含义已经被技术团队进行了明确，与上述两个团队沟通时也能够知道对方在使用此术语时所指代的对象是什么。不过总会有跨团队协作的情况，此时技术团队就可以负责对这一术语进行解释，能够让两个不同的业务团队了解彼此口中术语的正确含义。

通用语言库的建立并不一定是技术团队专门写一个术语文档并发放给其他系统建设参与方，强制大家以后都按文档里面的叫法去交流。更好的做法是使用一种潜移默化的方式来影响对方，即在业务分析过程中技术团队有意识地使用业务专家提出的术语并且在所有的场合中都去坚持使用，无论是正式的会议还是非正式的讨论。此外，将业务说明转换为设计文档甚至是代码的时候也要坚持这一原则。在时间的影响之下，所有参与系统建设的人员就会慢慢习惯于使用这些术语进行沟通，自然而然地就形成了通用语言。

有一点我们不得不承认：人们都不喜欢被强迫，倘若真的建立一个庞大无比的术语库并强迫所有人都去使用，且不说是否会让人心里产生不愉快，也的确很考验记忆能力。当然，建立专门的术语文档也不是一无是处。针对重要术语形成文档并在技术团队内部共享，对于新人的学习作用还是很大的，总不好让新入职的工程师天天纠缠着需求或研发一个一个问题地问。所以，具体怎么做、要做到何种程度，需要找到一个平衡点才行。

尽管通用语言作用很大，但其并不能代替团队内部使用的专业术语，因为它的使用目标主要聚焦在业务上面，涉及技术相关的术语如“字段”“索引”等仍要以 IT 专用语为主。写到此处笔者突然想起来一个关于方法命名的规则供读者参考：无论是面向过程还是面向对象编程，都会写一个称之为“Service”的控制类。这个类中所有公有方法的名称都必须使用业务术语也就是通用语言进行命名，类似的规则还包括领域模型的公有方法的命名。但到了“数据访问对象(Data Access Object，简称 DAO)”中规则就产生变化了，要以数据库操作相关的术语进行全名。比如“查询订单列表”这一方法，其命名最好为“selectOrders()”。这其实也是通用语言应用的一种典型场景，只不过这里的通用语言涉及两种：业务和数据库操作。

另外，读者在使用通用语言的时候一定要注意区分场景，千万别用“串场”了。所谓“见人说人话、见鬼说鬼话”，就是为了提醒您注意语言的使用场合，别让通用语言变得不那么通用。

就通用语言的使用方式笔者总结了四点，如图 4.3 所示。从业务分析到代码的实现，这是一个需要坚持的过程。实际上，通用语言的红利并不是很快能吃到的，只有随着业务复杂度的增长人们才会慢慢体会到使用它的益处。

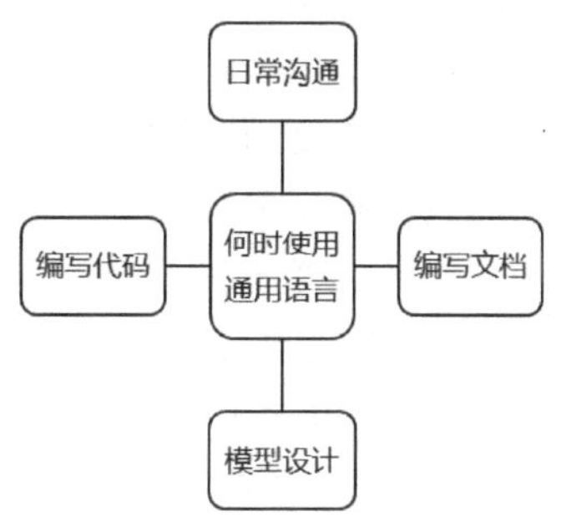

图 4.3 通用语言的使用时机

除日常沟通、编写文档之外，领域模型的设计和编写代码的工作也应该在通用语言的指导下进行，只有这样才能避免将业务转换为技术的时候发生失真的情况。以“订单”对象为例，如果业务分析时采用的就是这一叫法那就持续的使用下去，不应该到了领域模型设计阶段就更名为“交易凭证”。

4.2 限界上下文的内涵

有关限界上下文的严格定义，DDD原作者并没有给出一个明确的说明法。即便是从英文“Bounded Context”的角度去翻译也总让人感到语义不详，那种感觉就是“我大概懂得了BC的含义但却无法做出明确的解释”。所以我们就从“限界上下文 ”这五个字着手，将它们分成两个不同的词并分别进行解释，最终得到限界上下文的具体含义。

4.2.1 限 界

让我们首先解释一下何为“限界”。从词义上看比较简单，即“限定边界”或“给某个物体设置一个作用范围”。类似于小时候和女同桌在桌子上画的分隔线，线两端是各自的领域范围不能随意入侵。如果说桌子上的竖线限定了你与女同学之间的距离，那么限界上下文所限定的目标又是什么呢？答案是领域模型和通用语言。虽然我们的主题是领域驱动设计，但到目前为止，笔者尚未对领域模型进行解释。简单来说，领域模型包含了业务对象、业务流程、事件、动作、异常等在领域中涉及的各种业务概念。当然，这是一种相对广义的定义，在软件建设的不同时期领域模型也会有不同的指代。比如在业务分析阶段，领域模型指代的是指业务对象；而到了开发阶段之后，工程师口中的领域模型一般特指实体、领域服务等概念。至于通用语言的概念和作用，我们在前面中已进行了说明，这里不再赘述。我们说的“限界”是指对这二位的使用范围进行限制，那这种限制能为软件开发带来什么好处呢？

限界上下文的一个重要作用是对领域模型的作用范围设定一个清晰的边界从而使其业务内涵更为纯粹、责任更加单一。传统的面向对象编程中经常会出现超级类的情况，因为它可能被多个业务流程所使用，为此工程师不得不在其中加入越来越多的属性和方法，领域模型承担的责任也会越来越重。研发工程师这样做的目的是让程序看起来非常的“OO”，但因为领域模型承担了本不该由它承担的责任反而变得臃肿不堪，最终形成了一种低内聚的模型。这一作法不仅没有让工程师吃到OOP的红利反而增加了软件扩展的难度，代码维护工作越来越难。

前面我们曾反复提及了一个领域模型“订单”，让我们看看在没有对其做限制的时候它会变成什么样子。首先，下单业务流程中会涉及生成订单、价格计算、订单合并、结单等业务，毫无疑问，订单模型需要承载这些责任，这本来也是使用它的主要使用场景。其次，由于订单包含了价格信息和客户信息，让他承担支付责任貌似也比较合理，所以订单需要记录支付方式、支付金额等信息。再次，在物流流程中需要使用订单中的送货信息，那么订单模型就必须包含物流相关的数据也必须能够承担订单流转、签收等责任。其他的，用户账单需要基于订单才能生成，那么订单就得包含生成账单的方法；客户下单时可能会参与各类营销活动,也需要订单记录下来才行……至此,一个超级类成功诞生了。客观来讲,这样的领域模型您还想用吗?程序变得复杂了还是简单了?

DDD中使用限界上下文来解决"超级类"这个痛点,让我们看看它是如何做到的。

首先,它把领域模型的使用范围做了物理隔离。不论限界上下文的实现方式是服务抑或是代码包,领域模型的责任都会被它的上级模块(服务或包)功能所限制。还是以订单模型为例,当我们把订单管理业务设计为单独的服务时,它的主要责任就会被限定在订单管理相关业务上,比如,生成订单、取消订单等,不会考虑与物流或财务等有关联的业务。此时我们就可以看到:订单管理服务包含的"订单"领域模型只会做订单状态管理相关的事情,责任变得非常单一。

第二、限界上下文的推导方式一般会基于子域。我们在前文中曾重点论述过子域的特性,其中之一便是"业务高内聚"。这种内聚的特性会落实到限界上下文中,使其仅关注于某一特定的业务。作为其成员的领域模型必然会受其影响,能够承担的责任肯定也是有限的。相当于间接对领域模型所关注的业务范围进行了约束。

有的时候,某一个限界上下文中的对象需要基于另一个限界上下文中的对象来创建。比如订单中的"客户"属性,其源于账户限界上下文中的账户模型但只用到了对方极少部分的信息,如姓名、ID等。虽然技术本质上是同一个东西,但账户与客户的业务本质和责任并不相同。正是因为限界上下文本身从更高的层次上对此进行了限制,才使得订单中的"客户"对象不会承担客户登录的功能,它所有的行为都必须与订购有关。

进行领域模型设计时,最怕的就是业务含义相同的模型同时出现在了两个或多个不同的限界上下文中,出现这种情况时基本上就意味着领域模型的设计或限界上下文的设计出现了问题,可能需要进行走查工作来确保设计的正确性。

限界上下文对于通用语言的限定与对领域模型的限定是十分类似的,毕竟设计后者时需要基于前者的指导。对于通用语言的限制能够让业务术语在同一个限界上下文内有着明确且唯一的解释。请您注意笔者使用的修饰词"同一个",引申的意思是:当业务术语跨限界上下文时不保证其含义是唯一的。但我们并不害怕同一术语有着不同的含义,只需保证在某一个范围内是明确的即可。有一种方式可用于判断限界上下设计的好坏,即不同的限界上下文,通用语言的关注点是不同的。如果我们在分析过程中发现两个上下文之间有大量的通用语言交集,此时也需要做一下走查工作,以确保子域分析是正确的以及限界上下文的设计是合理的。

4.2.2 上下文

谈完了"限界"我们再说一说"上下文"的含义。这个词理解起来有一定的难度,简单来讲是指"语意""语境"。我们都知道这样一个常识性的概念,即:同样的一个词因为说话的语境不同所表达的意思也可能不同。比如"火"这个字,当人们在谈论时下某个热点话题的时候常会用这个字表达非常流行的意思,这首歌曲非常"火"这个人最近很"火"等。此外,当谈论健康的时候也会用到它,比如"我最近上火了",此处的"火"表示发炎、红肿的原因。尽管存在一词多义的情况,但因为有着语境的限制一般也不会给人们造成太多的困扰,否则单凭名字是无法区分出这个词的真实含义的。到了 DDD 中,上下文所表达的含义仍然具备语境的含义,但不同于自然语言,这里的语境是针对通用语言和领域模型的。也就是说在某一个特定的上下文环境中,这二者要有明确的含义,不能造成人们理解上的歧义。所以,如果用一句话解释“上下文”的话那可以简单地将其概括为:领域模型和通用语言的语境。

4.2.3 限界上下文与子域

我们将限界上下文从文字上进行了拆分并解释了各自的含义以及作用。那么本质上它到底是一个什么东西呢?在对此进行解释之前先让我们花 5 分钟考虑一下软件建设这一工作过程主要由哪些步骤组成。不论您的答案如何,笔者个人将这一过程概括为三步:明确问题空间、确认解决方案和系统建设。那么这三步和 DDD 又有什么关系呢?

有关子域我们在上一章中已经讲解了很多,虽然涉及的概念不少但本质上就是一个作用:抛出问题并明确问题空间,正好可以和软件建设的第一步对应。完成了子域与开发流程的对应之后,限界上下文的内涵应该可以呼之欲出了:为问题空间提供解决方案并形成解决方案空间。至于软件建设的第三步则正好可以对应架构、设计模型这些内容,属于 DDD 中战术部分的内容。图 4.4 对这一关系进行了总结。

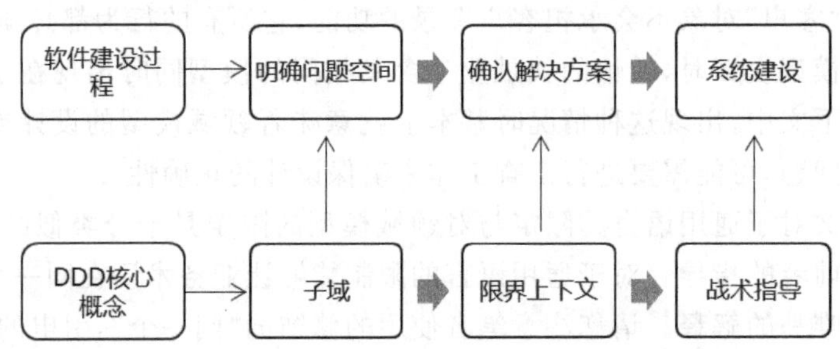

图 4.4　软件建设过程与 DDD 核心概念的映射

通过图 4.4 可知,子域与限界上下文之间是存在关联关系的,那么这个关系具体是什么样的呢?我们可以从两个维护进行说明。

维度一:工作顺序上。一般来说限界上下文需要根据子域进行推导,那么工作顺序也应该是:先完成子域设计再进行限界上下文设计。

维度二:对应关系上。最简单的情况当然是一对一,如果能在设计过程中时刻保持这种关系是能够极大地简化软件开发工作的难度的。不过现实的情况要复杂得多,出于某些非功能性需求的需要会出现一个子域对应多个限界上下文的情况。例如,在销售管理平台中,订单询价与生成订单属于订单管理子域,但由于流量差异需要将这两个功能拆分成两个限界上下文,并通过使用不同的部署策略来应对流量需求。所谓的“流量”其实就是指请求频率,人们买东西的习惯一般都是“货比三家”的,其中价格是一个非常重要的参考,所以询价业务的使用量一定要比生成订单多得多。相反地,同一个限界上下文也可能对应多个子域,比如单体系统。后面的内容中我们会对这些情况进行详细说明。

4.3 限界上下文的特性

在对限界上下文的概念做进一步说明之前我们需要先介绍一下它的特性以加深读者对限界上下文的理解,具体如图4.5所示。

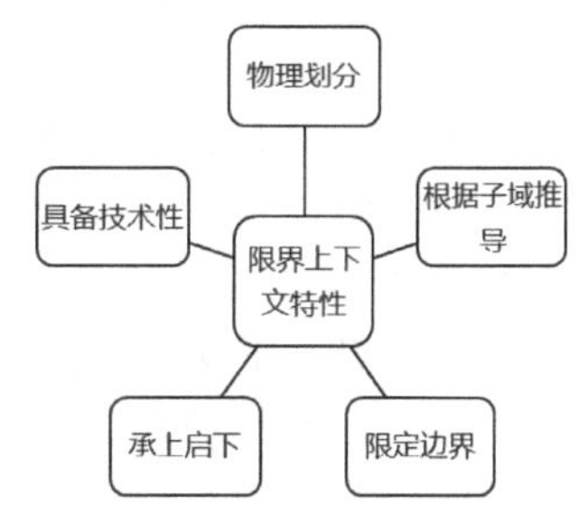

图4.5 限界上下文的特性

4.3.1 物理划分

领域和子域是对业务的定义与划分,具备范围特性并且是逻辑限定。限界上下文身上同样包含着范围的概念,不过这一范围更多的是物理上的。如果说子域的划分是“虚”的,那么限界上下文就是“实”的。此外,使用限界上下文时除了需要确认有哪些服务或包之外还需要标识出各元素之间的关联关系和交互方式有哪些,内容要比子域多。

4.3.2 根据子域推导

限界上下文的设计并不是一种没有参照、完全依赖于个人经验的活动。我们在子域设计阶段所做的一切工作除了指导资源投入之外还能够被用于限界上下文设计阶段的输入。也就是说我们应该根据子域设计来推导限界上下文,尽管不是全部但指导意义很强。

4.3.3 限定边界

这一点很重要,我们也进行了反复的提及。限界上下文的存在限制了领域模型的定义和使用范围,也能够避免超级类的出现,让设计出的模型责任更单一、更能彰显业务内涵。此外,边界特性也间接产生了隔离的效果。无论是业务异常还是由于软件运行时所产生bug都会被限制在一个特定的边界之内而不会出现蔓延的情况,限界上下文的物理特性能够为这种隔离起到强有力的保障。

4.3.4 承上启下

我们可以将DDD的指导分成三个部分:子域设计、限界上下文设计和软件建设指导,其中子域设计的目的在前一章中已进行过说明在此不再赘述;软件建设指导对应的就是DDD中的战术模式,也就是将业务转换为代码的过程,后面章节会对此进行详细说明。限界上下文设计处于第二层,起到承上启下的作用,它代表的是系统的物理结构同时还具备一定的逻辑性。以业务实现为例,具体哪些需求可落于软件当中以及在哪个服务中进行代码的编写,都是以限界上下文为基础进行讨论的。可以这么说:没有限界上下文,其后面所有的工作比如架构设计、领域模型设计等都无法开展。

4.3.5 具备技术性

如果说子域单纯地表达了业务，那限界上下文则开始具备技术特性，是业务阶段转换到技术阶段的一个过渡。未来学习 DDD 战术部分的内容时我们会讲解很多与技术有关的概念，这些都与限界上下文有着密切的关联。比如 EDA、CQRS 等与软件架构有关概念；各类设计模型如实体、值对象、领域事件等与具体技术有关的概念，都必须以限界上下文为载体。我们曾在前文中说过："子域分析阶段不应考虑技术"，那么应该从什么阶段开始考虑技术因素呢？答案就是限界上下文。

尽管限界上下文有着众多的特性，但其主要作用还是用于定义系统的构成。它的实现形式可能是服务、类库也可能是模块（包或名称空间），一般情况下都是可以单独部署或独立存在的，尤其是在微服务架构下。后面的章节中我们会讲解它的设计方式也就是如何识别限界上下文，这是一个相对复杂的过程也是至关重要的过程。设计得好，系统后续的扩展性和维护性就强；设计得差就会对系统的维护成本带来很大的挑战。尽管我们推崇持续重构和迭代，但涉及限界上下文的调整会让这一成本变得非常高甚至可能带来致命的线上事故。

4.4 限界上下文中的元素

一谈到限界上下文很多人第一时间想到的是它主要包含了领域模型，是领域模型的容器。事实上也的确如此，这是限界上下文的主要作用之一。但仅仅只有领域模型是无法创建出一个可以服务于用户的软件的：您需要提供一个漂亮且功能强大的界面供用户使用；您需要对业务执行过程中产生的数据进行存储；您需要对领域模型进行调度，让它们按顺序及各自的责任完成某一项业务；对于需要多个上下文协作的场景，每一个参与者都可实现对外的交互等，这些都是限界上下文应具备的能力。一般来说，每一个单独的上下文都应该可以实现基本的自治，虽然无法掌控跨多个服务的业务流程，但在其控制范围内的任务应该能够独立且自主完成。

既然我们要求限界上下文自治，那它就应该对业务逻辑处理、独立部署、对外交互、数据存取以及数据展现等需求负责。那么一个合格的上下文应当包含哪些元素以及应当具备哪些能力呢？图 4.6 对此进行了总结。

4.4.1 领域模型

领域模型一般特指实体、值对象、领域服务等元素，除此之外还包括业务用例分析模型、限界上下文元数据（用于描述上下文责任、建设团队等内容的信息）等。不过这些元素中占比比较大还得首推领域模型，毕竟业务能力需要靠它们来体现，研发人员日常打交道最多的也是领域模型。

4.4.2 用例控制能力

用于对业务用例执行流程进行控制的对象一般可称之为应用服务。如果您常年混

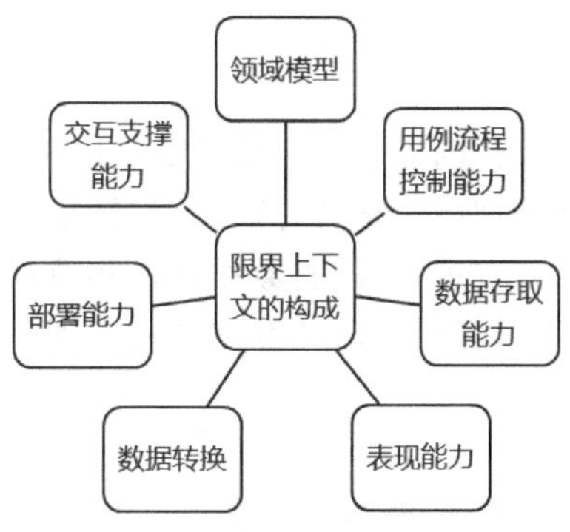

图 4.6 限界上下文的构成要素和应具备的能力

迹于 Java 技术圈应该会很熟悉“service”这个组件，它既为应用服务，也是软件工程中号称“控制类”的东西。其主要责任是用于控制业务用例的走向，一般不会承担具体的业务逻辑。当然，上述是 DDD 对于应用服务的要求，基于事务脚本[1]方式实现业务时还是需要将业务逻辑写在它里面的。

既然谈到了控制类，笔者想纠正一下很多人对 DDD 的误区，即只有使用原著中那种四层架构或后续推出的六边形架构才算是实践 DDD 的正确姿势。实际并非如此，如果您所处理的业务很简单且一般以 CRUD[2] 为主，比如常见的数据字典、角色管理、权限管理等，采用事务脚本的编程模式是比较适合的；只有涉及复杂业务比如本书案例中的“订购管理业务”时才会使用那种四层架构甚至是更为复杂的“事件源架构”或“命令查询分离架构”。微服务架构的系统中通常会包含很多个限界上下文，我们需要根据业务复杂度找到适合的架构模式和编程模式去实现它们而不应该不加以选择地都采用面向对象的方式，任何一种选择都是有成本的尽管您可能不太关心。

4.4.3 数据存取能力

存取通常是指领域模型的持久化或反持久化，正常情况一个具备自治能力的限界上下文应该可以独立地完成数据存取的任务。笔者曾经见过一个系统的设计方案：作者将业务逻辑处理的组件和存取数据的组件分别设计成了两个独立的限界上下文，这就意味着每一个业务用例在执行时都需要两个上下文共同参与才行。笔者个人并不推荐这种架构，因为从自治的角度来看用于执行业务逻辑的上下文已经无法独立工作了，与存取数据的上下文之间有着较强的耦合。虽然理想情况下我们期望业务逻辑的调整不会影响到持久化，但现实的情况是：变化往往是垂直的，业务发生逻辑变化后，业务模型和数据模型都会受到影响，将这种变化限制在同一个限界上下文内要比多个上下文同时联动更好。

4.4.4 表现能力

表现能力是指限界上下文有责任把内部生成的数据包装成可被消费者理解的格式。这些数据不仅仅可在软件界面上被显示，还可以在上下文之间进行交换。

---

1 以面向过程的方式来组织业务的实现，可通俗地理解为面向过程编程。

2 基于数据的增删改查来实现业务逻辑。

4.4.5 数据转换

数据转换指代的是“防腐层”的能力。一般来说，上下文去使用生产者提供的数据之前还需要将其适配成自己可理解的格式，这个数据转换的过程即是“防腐层”的职责，它应该是限界上下文的一部分。可以看到：数据转换和数据表现是两个相反的能力，前者让别人的数据被自己理解；后者让自己的数据被别人理解。

4.4.6 部署能力

当限界上下文是以服务的形式来实现的时候，可部署的能力体现得会比较明显。限界上下文的最基本设计要求是高内聚、低耦合。高内聚特性自不必说，低耦合是指它可以独立扩展和独立部署，在微服务架构下这个能力的诉求尤其明显。虽然限界上下文的表现形式有多种，但主流还是以服务或类库为主。

4.4.7 交互支撑能力

交互支撑能力是指限界上下文应能支持与其他上下文进行交互。试想一个微服务架构的应用无法实现服务间的交互会出现什么情况。传统的单体风格应用一般不会考虑这样的问题，因为单体服务的消费者只有前端页面甚至于前后两端都位于同一个部署单元中，并不需要远程交互。到了微服务时代这一切就产生了变化，每一个服务的消费者不仅仅是前端还可能是另外的服务。即便是前端也不会是像过去一样种类单一，除传统的网站之外还可能包含 APP、移动端网站等。且出于解耦的目的，前端与后端分离部署已经成为主流。这就使得微服务架构下每一个服务（此处的服务代指限界上下文）都应该具备将业务能力暴露出去的能力。幸运的是当前有很多的通信协议如 RPC、HTTP、MQ 等被使用，并不需要技术人员关心通信细节。

除了上面提及的各类能力和元素，限界上下文中可能还会包含熔断处理、限流、链路跟踪等组件。但总的来看实现起来难度并不是很大，毕竟市场上已经有太多的现成方案供选择了。真实的项目中，工程师还是应当把精力主要放到业务的实现上，这才是核心。

4.5 限界上下文的来源

既然限界上下文很重要，那到底应该如何对其进行识别呢？总不能仅凭着一句“靠经验”就想蒙混书前的读者。在这里，笔者给出了两个主要方式供参考：基于子域和基于非功能性需求。总的来说，限界上下文的识别虽然有据可循但仍然具有很强的主观性，也就是说经验其实也很重要。

软件系统建设的复杂性不仅体现在功能上，很多的非功能性需求也会对系统的架构、设计思路乃至软件的实现方式产生很大的影响，比较典型的场景是“分布式缓存组件”的引入。传统的关系型数据库已经异常强大了，但它却无法适用高负荷查询的场景。为了提升系统的性能人们开始大量地使用缓存技术，难道他们不知道这样会为运维带来巨大压力吗？不知道缓存的引入大大增加了系统复杂度吗？不知道缓存和数据库有可能出现不一致吗？答案是肯定的，但为了满足非功能性的需求这些代价是不得不付出的。现今的业务动辄数千上万的并发量要求甚至会让非功能性需求的优先级高于功能性的。比如“双 11”活动期间，部分互联网电商平台会选择关闭退款、订单评论等功能，以牺牲功能的方式来换取系统的高可用性和高性能。

回到限界上下文设计中来，除了使用某些固定的指导方法之外还需要考虑技术之外的东西，比如团队或组织的结构、安全性要求、扩展性要求乃至工程师的技术差别等都会是识别限界上下文的重要参考。这一部分才是学习过程中最大的难题，因为没有规则可能够依赖的只能是架构师对于业务的理解、IT 技术的理解以及过往的经验。还未开始笔者就摆出了困难，目的并不是想让读者望而却步，而是期望通过一种深入浅出的方式让读者加深对限界上下文的理解并在实际应用中避免陷入到教条主义当中。包括笔者给出的答案，最多也只能是一种参考，不能完全去依赖。

接下来让我们正式开始这一部分的学习。如无特别说明，会默认以服务的形式来实现限界上下文。此外，笔者写作过程中也会用到“服务”一词，指代的也是限界上下文。

4.5.1 基于子域

基于子域的分析成果进行限界上下文的识别是最为简单的一种方式，通过两者之间的一一映射即可完成，映射规则如图 4.7 所示。每一个子域对应着一个限界上下文，简单而且直观。如果您当前建设的系统规模较小、一般为内网部署且用户量不大，这种方式自然是首选。几乎不用费什么力气即可完成限界上下文的识别也就是问题空间到解决方案空间的过渡，团队可快速进入到开发阶段。

此外，我们在前文中曾着重说明过：进行微服务应用设计时，需要依据业务去定义服务而不是技术。而基于子域去推导限界上下文正是这一思想的具体实现。图 4.8 展示了销售管理平台的限界上下文设计结果。为方便说明，本图对上一章的子域设计输出进行了简化，仅重点说明如何将“订购子域”中的业务映射成限界上下文。

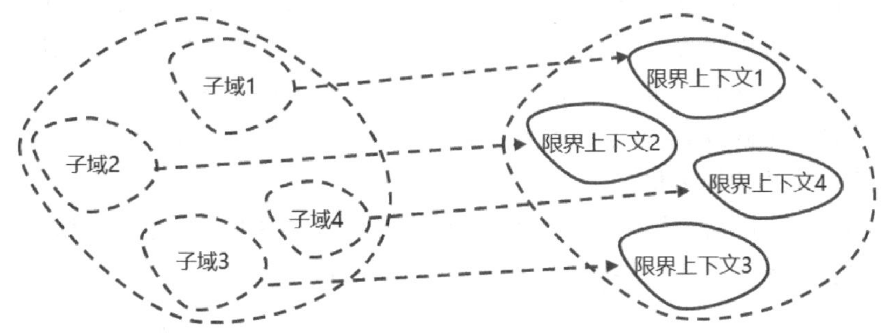

图 4.7　通过让子域与限界上下文一一对应的方式来完成上下文的识别

图 4.8 右侧图中的每一个实线圆形为一个独立的微服务。实际上，子域与限界上下文的一一映射是一种比较理想的方式，现实中有太多的原因造成您不得不使用其他

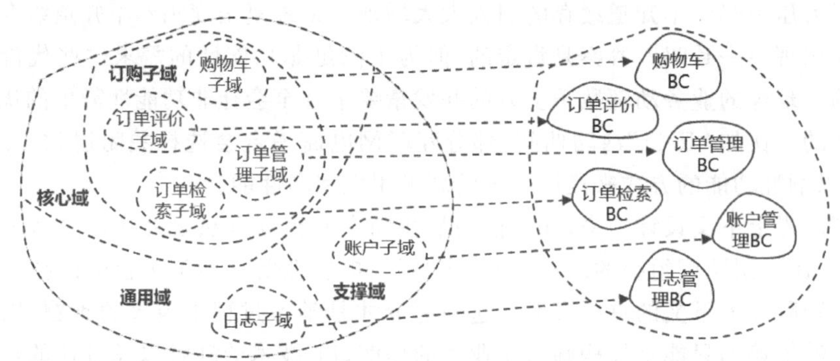

图 4.8　简化版销售管理平台中的子域与限界上下文的映射

的方案。下一节我们会多举一些相关的案例，这些才是现实中最为常见的情况。

4.5.2　基于非功能性需求

企业在进行软件建设的时候除了需要对常规性的功能性需求进行考虑之外还有许多的非功能性需求，这类需求非常重要但却常常被人忽略。笔者认为它才是造成软件架构不停更新换代的最大动力和最根本原因。比如数据安全性，几乎所有的人都知道它很重要但开发过程中几乎没人会去重视，工程师的关注点永远都是要如何快速完成某一个功能的开发，直到最终出了事故又开始手忙脚乱。可是针对非功能性需求的处理并不是一朝一夕就能完成的，有可能涉及系统架构的调整，这时再着急也没有办法。

同样的道理也适用于系统运行性能、可扩展性和可维护性方面，日常并不会被过分的关注，出了问题反而又难以解决。此外，这些指标本身又比较抽象，怎样评估一个系统是高扩展的每个人心中可能都有自己的标准。实际上，人们在评估一个软件好坏的时候大多数基于的都不是功能。比如手机上使用的网上银行 APP，无论里面提供什么样的功能对于用户来说都是理所当然的。可是一旦出现响应缓慢或完全不响应的情况，人们的第一想法就是“什么破系统……”基本上就把这个软件给否了。

非功能性需求不仅能够决定着人们对软件的评价，也对软件的整体架构有着非常大的影响。读者可以考虑一下为什么微服务架构能流行起来？是因为功能性需求来驱动的吗？笔者相信您的答案一定是否定的。回归到本节的主题，限界上下文设计中的重点之一就是关于软件架构的，自然也会被非功能性需求所限制、所影响，有的时候甚至会决定着整体的架构风格。

当然，非功能性的需求是方方面面的，不可能全部枚举出来。笔者总结了一部分有代表性的内容供您去参考，这些内容对设计限界上下文的影响最大，是最应被我们关注的。

1. 团队结构影响

微服务风格架构的典型特征是一个系统由多个子服务构成，与单体比较起来似乎也仅仅是服务数量上的差别，当然，这些都是表面的，本质区别在于业务的处理方式。

可如果您想让系统正常、高效工作,所需要的花销要比单体架构多得多。比如服务器的维护、日志的汇聚、调用链路的追踪和服务的部署等,都需要进行仔细的分析才行。那么这就带来了一个问题,即如何达到团队资源的配比平衡,您需要拿出一部分人来专门做这些与运维相关事情。当然,运维工作仅仅是一方面,开发人员、测试人员等也需要达到平衡才行。总的原则是:必须让团队结构与服务结构相互匹配。

请读者考虑这样一个案例。系统设计阶段,研发团队按照DDD设计准则得出了子域与限界上下文的设计结论,并且大家都认为使用微服务更好。但由于团队资源匮乏无法做到细粒度分工,到了实施阶段只能作出牺牲,也就是只能采用单体的方式来落地系统,如图4.9所示。右侧图中的大实线图表示系统边界,小实线图表示包。从表面上这是一种倒退,似乎前面的一切工作都是多余的。实则不然,设计良好的限界上下文具体是以服务的形式落地还是单体的形式(即所有的限界上下文都以包的形式进行实现,落于同一个服务中)区别仅仅在实现方式上。以单体形式落地时,虽然限界上下文无法实现单独的部署,但其高内聚和低耦合特性并没有被破坏。当团队资源充足起来的时候只需要花费很小的代价即可实现系统微服务化改造,所有的问题都是当前的。

忽略团队结构而一味将重点放在技术层面是很多团队容易犯的错误。微服务架构与单体相比的确有着更多的优势,通过很多企业的成功案例中也得到了证明。但事物总有两面性,微服务虽然优点很多但缺点也很明显。比如工作量问题,单体时代不用考虑的事情现在都得处理。最麻烦的是由于这些工作没有体现在某个功能上,往往得不到重视也很难被算到劳动量里。假如服务器永远不会宕机、网络永远稳定、软件永远没有bug,那自然不用考虑那么多在分布式环境下需要考虑的问题。但事实与假设是完全相反的,由于微服务需要跨进程、跨网络完成某项业务,使得很多不稳定的因素被引入到了系统当中,此时就需要企业投入更多的资源去解决这些问题。我们甚至可以这么认为:服务越多需要的人力资源也会越多,毕竟并不是所有的企业都有谷歌、亚马逊这种公司的实力,解决问题最简单的方式还是加人。虽然从理论的角度我们都知道应该怎样、不应该怎样,但理想与现实是有距离的。向现实低头并不丢人,整日大谈特谈理论才让人觉得可笑。

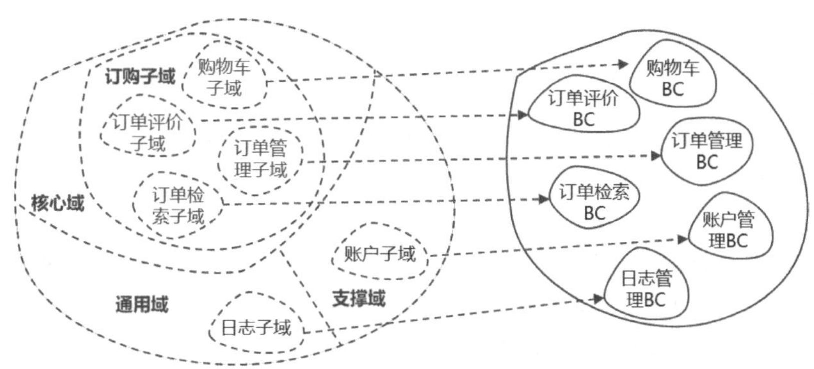

图4.9 将多个子域映射到一个单体系统中

笔者的此番说法并不是推崇单体而否认微服务的优势，只是期望读者在实践微服务的时候要考虑团队的结构，莫要眼中只有好的一面。此外，笔者个人认为：除非是团队资源的确有限不得不使用单体架构，可能的话尽量还应该去选择微服务。人员不足的时候您可以考虑进行一些服务合并的操作，粗化服务的粒度，也比使用单体有着更足的后劲。对于图 4.9 所示的案例，通过把日志管理和其他的业务分开形成如图 4.10 所示的架构。优化后的架构由单体变成了两个服务，虽然订单业务与账户管理业务有明显的边界但仍然被放在了一起，总的来说他们的关系还是要比和日志管理近得多。我知道很多人反对这种小单体式的架构，但这是一种妥协，毕竟资源不足是一个客观事实。只要单体内部遵守了限界上下文的设计规范，后续在进行拆分的时候困难也并不大。再说了，总比一个大单体强吧？

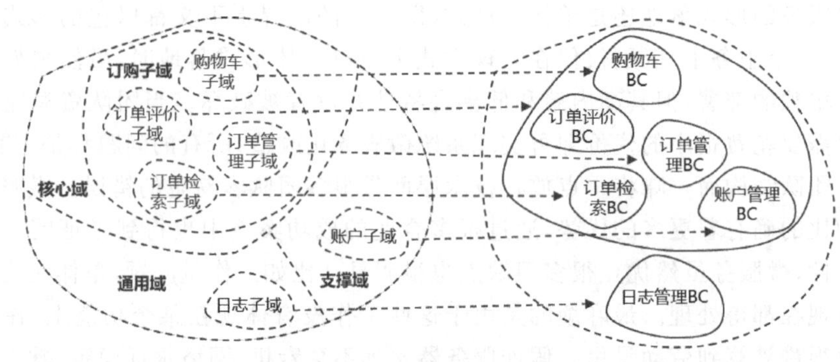

图 4.10　优化后的系统架构

抛开团队结构，现实中人们也很喜欢根据团队成员的地理位置来划分限界上下文即使团队成员都归属同一个部门。您当然可以站在道德的制高点去指责这种行为的不妥当、草率、未根据业务去划分等。但就笔者的经验来看，所谓“存在即合理”。团队是由人组成的，理想情况下我们当然期望所有的人都可以实事求是的态度进行工作，但现实才是我们必须面对的。人性中的一些弱点比如自私、团队政治等会让本该是理所当然的事情变得超出预想。所以按位置进行分治并不全是坏事儿，毕竟能省去很多沟通的成本。

最佳实践

系统建设过程中应最大化减少跨部门的沟通和协作，同一个服务最好只由一个部门或团队来负责。

按地理位置对限界上下文进行划分是一种比较极端的做法，客观来讲并不推荐。不过如果系统建设的参与人来自多个部门甚至是跨公司的，对于这种情况笔者是持赞同态度的，即使可能会破坏业务的完整性。

2. 流量要求影响

虽然同一个应用当中会包含很多的功能，但并不是所有的功能都有着相同的使用频率。比如我们经常使用的微信:聊天功能的使用率一定会大于历史消息搜索;对朋友圈进行评论的使用率一般会大于发朋友圈的频率。此外,同一个功能在不同的时期使用率也不一样,比如红包功能,在农历新年期间的使用频次肯定要比平常大得多。为了均衡资源的使用,部署的时候最好能将访问量大的业务多部署几个实例,小的则少部署一些。使用这种按需部署的原则不仅可以节约服务器等资源也不会影响到系统的扩展性。请读者考虑这样一个问题:如果某一个服务内的业务内聚程度已经很高了,也就是限界上下文的设计是合理的,但其中某些粒度更细的功能在使用频率出现了不平衡,这时应如何处理呢?

此时您可以考虑使用两种方案:一是对这个服务进行拆分;二是以访问量最大的功能为标准进行部署。方案二最为简单,不过相信大部分有责任感、有追求的团队会考虑使用前者。方案一需要您对设计好的限界上下文按流量需求进行二次拆分。这一过程可能很简单,只是把工程一分为二即可;也可能很复杂,因为待分开的两个部分可能会有共同的逻辑依赖,需要在代码的层次上把这些内容剥离出去。被拆分出的部分可能会以类库的形式存在也可能是一个或多个单独的服务。总的来说需要投入不少额外的工作,甚至会影响系统的稳定性。

以销售管理平台中的订单管理限界上下文为例,其包含了价格计算与订单管理(提交订单、取消等)两类主要业务。就这两类业务的使用频率笔者在前文中也进行过简单的说明,总的结论包括两点:第一,价格计算与订单管理有业务逻辑上的交集;第二,价格计算的使用频率要远远大于订单管理。如果系统规模有限、用户量有限,流量差距对系统造成的影响并不会很大。可是对于大型的电商平台比如京东,用户数量会使得这两类业务的使用频率出现巨大的差距。因为它们在逻辑上有交集,将它们放置在同一个限界上下文中的设计其实是非常合理的。但出于性能上的要求和节约资源的目的我们必须将这两个功能进行拆分,分开后的结果如图 4.11 所示。可以看到,此时业务的内聚性已经被破坏,所以我们还要想办法去解决这一问题。可选的方式是把二者共同的业务逻辑抽取到一个公共的服务中或建立一个通用的类库。具体使用何种方式笔者不再进行细化说明,您需要根据项目结构进行选择。

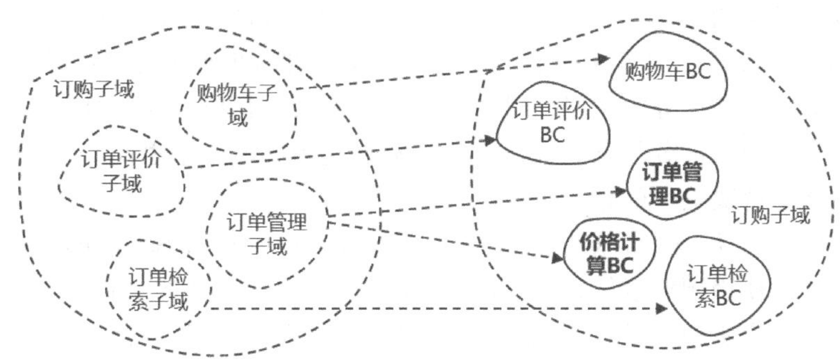

图 4.11　出于流量的原因对本该属于同一个限界上下文的功能进行拆分

3. 业务演进影响

随着业务的演进,限界上下文中某一些非重点功能可能会发展成为核心业务。如果仍放在原上下文中一会造成现有服务体量的增长;二是会使得业务内聚性不足,因为某些业务之间已经出现了清晰的边界。以“账户子域”为例,系统的建设早期只需要对用户账号的一些基本信息如用户名、邮件、状态、积分等进行管理。随着业务的发展企业推出了积分扩展计划,增加积分的策略变得更加多样。不仅下单可以有积分可拿,参与评论、晒单、登录等都可根据特定规则获取到不同分值的积分。积分是宝贵且有价值的,客户可以使用它们获取订购优惠、运输优惠或换取特定的商品等。此时,针对积分的处理逻辑已经变得非常复杂,这就意味着系统的设计方案也要进行调整才能完成与业务的匹配。您可以考虑对账户子域和对应的限界上下文同时进行拆分,使积分业务形成独立的一部分,如图 4.12 所示。

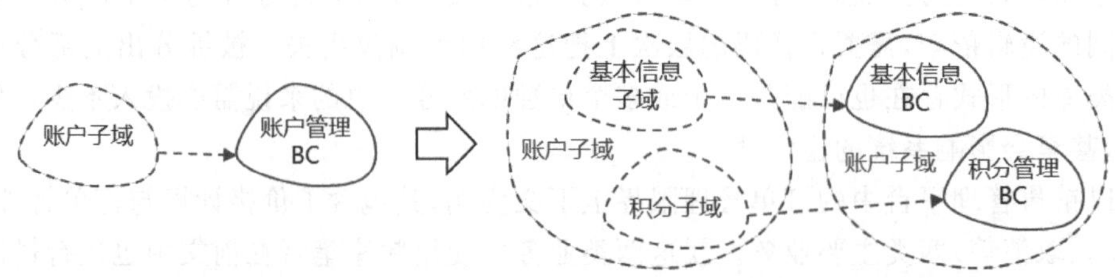

图 4.12 将积分业务从账户子域中拆分出去(使之形成独立的子域和限界上下文)

随着业务发展形成新的子域和限界上下文是一种非常普遍的情况。相应的,也会有移除业务的情况,也就是人们经常说的业务下线。总之,不存在一成不变的架构,也不存在一成不变的设计方案。业务会产生变化,子域和限界上下文也需要跟上变化的节奏,只有这样才能让系统时刻保持最优设计的状态。

4. 性能及特殊业务要求影响

流量和性能其实是两个类似的词,前者我们已经进行过说明,此小节我们主要讲性能需求对服务架构的影响,而当服务架构出现变化时也会反映到限界上下文的设计上面。这一要求的影响包含了两个方面:一是为满足性能需求或针对某些特殊业务使用了一些特别的架构模式,因模式的使用让限界上下文结构出现了变化;二是由于系统基础设施无法有效支撑业务的发展而引发的限界上下文的调整。对于性能的处理,前面的内容中我们使用了拆分的方式进行优化。本节我们要换一个思路,介绍如何通过特定的架构模式来解决这一问题。

DDD 中有一个很有名的架构模式称之为事件溯源(Event Sourcing,简称 ES),这一模式会大量地使用领域事件,通过事件来驱动领域模型属性的变化。由于事件的处理一般都会采用异步的方式,所以这种架构的吞吐率很高且很少有大事务存在。传统的架构中,我们一般会将领域模型的最终状态存储在数据库中,并不会去记录领域模型状态的变化轨迹。而 ES 架构的系统正相反,其只会存储领域模型所经历的事件信息。由于事件可以驱动模型属性的变更,所以通过这些事件就可以知道领域模型的变化轨迹。使用事件的重放机制可以获取到领域模型的最新状态,也能达到传统架构软件只存储领域模型最终状态的效果。又由于事件是不可变的,对其存储的时候只会在数据库中插入数据而不会出现变更或删除的情况,这会使得数据库的处理性能很高,很少出现事务阻塞的情况。此外,如果关系型数据库处理效率不满足需求也可以考虑使用键值结构的数据库来存储事件,比如您可以通过如 HBase 这种用于处理海量数据的技术来解决事件存储问题,性能要比使用关系型数据库高效得多。通过笔者的介绍可以看到:基于 ES 架构的系统可以很好应对高性能、高数据量上的要求。

不过事情也并不是像您想象般美好。ES 设计模式的确可以高效解决数据写的问题,但却无法很好地应对查询业务。因为数据库中记录的全是领域模型的事件,而查询业务更关注的是模型的最终状态。对于单条对象的查询还可以通过重放事件来解决,如果查询的是列表呢?难道循环每一条记录进行事件的重放吗?如果需要跨表查询时应怎么办呢?针对有过滤条件的查询又如何进行处理?为解决这些问题,最好的方式是引入一个新的数据库专门用于存储领域模型的最终状态以支持查询,也就是所谓的“读库”。

不过事情开始变得麻烦起来,有两个问题需要去解决:第一,如何将写库的数据同步到读库中;第二,如何把查询能力放开供前端或其他服务消费。先解决第二个问题,我们可以建立一个专门处理查询请求的服务,简称为“查询服务”。这样第一个问题也可迎刃而解:每当有新的领域事件出现的时候,我们可以让查询服务同时对事件进行消费用以更新读库数据的状态。虽然读库中的领域模型状态信息可能与实际情况存在差异,但要看具体的原因。如果仅仅是由于更新延迟所造成的数据不一致则不必过于担心,正常情况下延迟的时间会很短暂,基本能达到准实时。

基于上述解决方案,会出现一个子域对应两个限界上下文的情况:其中一个用于处理查询请求、一个用于处理命令型请求,这种命令与查询分别处理的架构模式便是我们在前面中提到的 CQRS 架构。写服务中使用的事件溯源解决方案更准确说应该是一种设计模式,与 CQRS 并不相同。虽然二者并不一定是成对出现的,但使用 ES 后一般会搭配 CQRS 架构。

CQRS 和 ES 是技术特性影响限界上下文结构的典型案例,不过本质上还是由于非功能性需求导致。还好这类架构都是局部的,只会针对某些特别的业务,如果通盘采用的话那维护成本与开发成本真不是一般的高。除了性能需求会使用到 CQRS+ES 之外,一些事关运营管理、安全要求和法律法规的业务场景也会用到。例如销售管理平台中的账务子域内所涉及的一个重要对象:账本,其记录了用户的余额信息。涉及钱这种重要的数据,我们应当记录它的每一次变更以用于后续的数据稽核、用户咨询和审计等。此时使用 CQRS+ES 会比较合适(注:并非唯一解决方案),但这一架构模式的引入也会导致账本限界上下文被拆分为两个,如图 4.13 所示。

另外一种引发限界上下文变动的原因是底层的基础设施已无法有效地对业务进行支撑。例如账户子域在系统初期阶段包含了基础信息管理和收藏(管理用户收藏的商品信息)两个功能,它们位于同一个限界上下文中并使用了关系型数据库对应用数据进

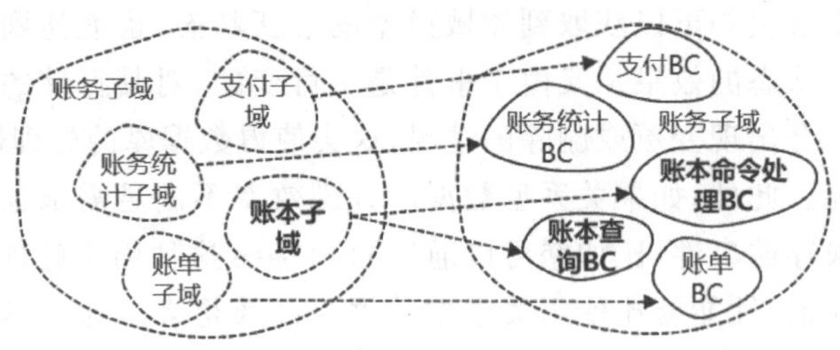

图 4.13 技术导致账本限界上下文结构产生变化

行存储。随着时间的推移会出现一种特别的情况:账户数据量与收藏的商品的数据量比例严重不平衡,后者数据量的暴增致使账户基础信息管理功能也受到严重影响。这种情况下,优化查询代码及更换更好的数据库服务器可解决燃眉之急但并非长久之计,最有效的方式还是应当将两个功能拆分到不同的限界上文中,如图 4.14 所示。被拆出去的收藏业务形成一个独立的限界上下文,我们可以据其数据量、访问频度等信息使用更合适的数据持久化设施比如可以处理海量数据的分布式数据库来代替原关系型数据库来解决性能问题。

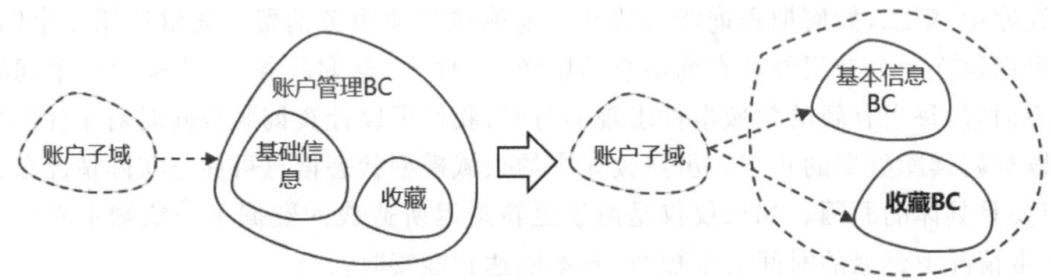

图 4.14 为解决基础设施性能问题而对账户管理限界上下文进行拆分

5. 安全性需求影响

如今,各国家、企业都已认识到数据安全的重要性。大则影响国家的经济命脉;小则可让个人经济利益受到损害。因此,很多企业在进行系统建设时将对安全性的把控推到了一个前所未有的高度,而不是再像过去一样仅仅从功能的角度去判别系统的完善性。安全性要求已变成促进限界上下文产生变化的另一个重要因素,最典型的场景是对于账户信息的存储。由于它包含了很多的敏感信息如手机号、邮件、身份证号等,存储的时候就需要动用不同的策略,比如我们可以将这些敏感信息从原数据库中拆分出来单独放到另外的数据库中或者是不同的内网网段中。底层设施变动自然也可能会引发限界上下文的调整,如图 4.15 所示。

以上的案例所展示的子域与限界上下文的关系基本都是一对一或一对多。针对多对一的情况,笔者还想多做一些补充。虽然团队资源会导致出现这种情况,但对于企业而言可能还会因为某些原因无法对一些遗留系统进行立即下线的处理,又没有精力对它们进行改造,只能将其留下继续提供服务。不过读者并不需要对此产生焦虑,将遗留系统作为一种黑盒般的存在即可,至于属于哪个子域影响也不大。

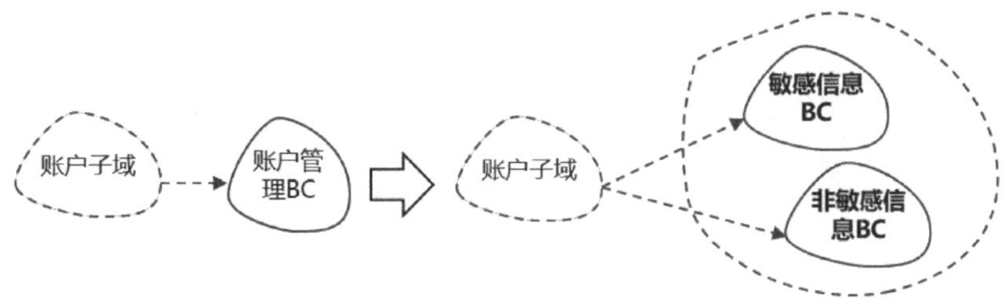

图 4.15 安全性需求导致账户管理限界上下文被拆分

这一节当中笔者花了大量的时间来讨论各种限界上下文的来源。现实中还会有很多的情况会导致限界上下文的增加、删除或产生变动,比如技术迭代、管理关系变更等,无论哪种情况都需要时刻保持上下文的设计能够满足这些非功能性需求。子域和限界上下文的设计都属于软件建设过程中的战略性工作,也就是笔者前面所提到的战略性编程。战术出点小问题并不会对全局产生影响,但战略性错误则有可能是致命的。

4.6 案 例

这一节我们再把"销售管理平台"和"青鸟消息"两个案例搬出来,相对完整地展示一下限界上下文的设计结果并对一些未讲到的内容进行补遗。

为方便我们的演示,图 4.16 和图 4.17 所示的两个限界上下文仅对订购子域和商品子域两项业务中的部分内容进行了展开。真实系统中的限界上下文的数量可能数十上百,不太可能在一整张图上图出来,所以笔者采用了分层设计的方式,以顶层业务为维度一个一个进行细化,也就是说图 4.16 和图 4.17 都是对顶层业务的细化,属于第二层级。细心的读者应该注意到了在限界上下文之间有一些直线相连接,表示二者有集成关系。但具体的关系是什么样的以及如何进行集成并未进行说明,笔者会在后续的内容中对其做详细解释。

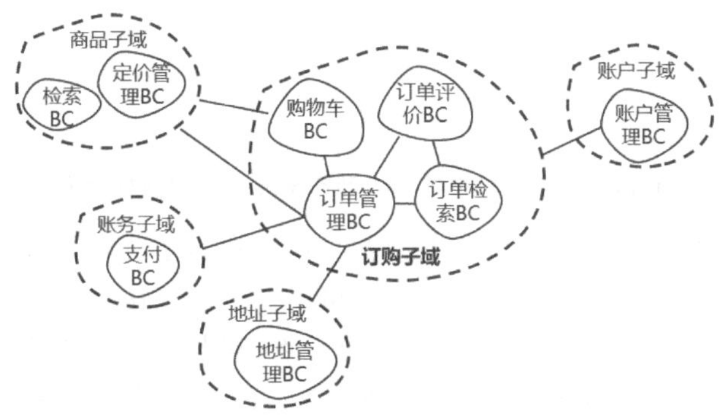

图 4.16 销售管理平台中的订购子域及对应的限界上下文

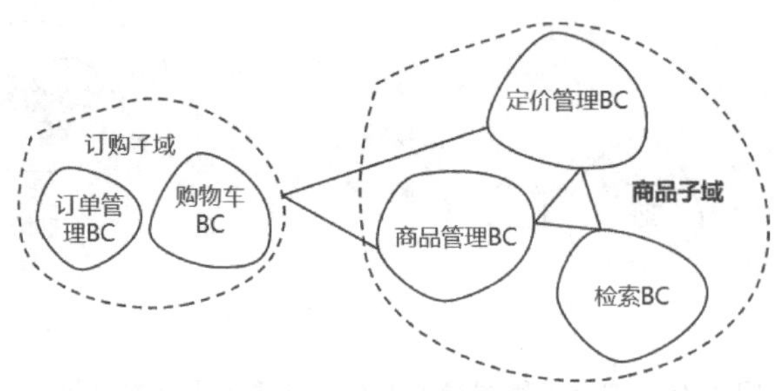

图 4.17　销售管理平台中的商品子域及其对应的限界上下文

基于同样的方式，图 4.18 和图 4.19 展示了青鸟通信软件中通信和个人动态两项业务的限界上下文。

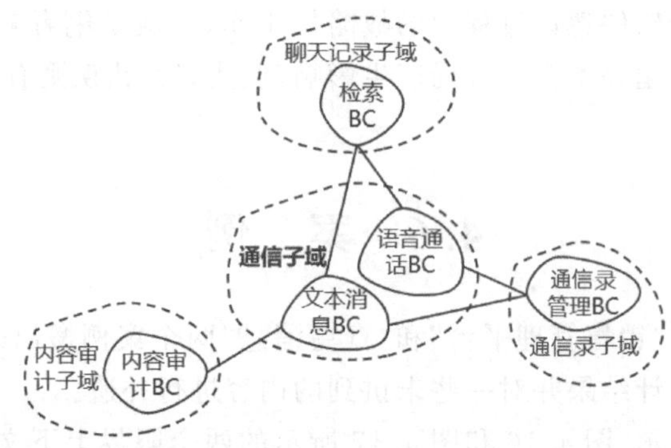

图 4.18　青鸟消息中的通信子域对应的限界上下文

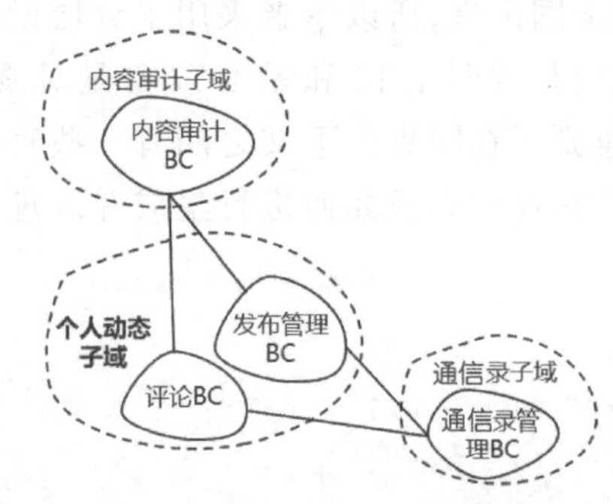

图 4.19　青鸟消息中的个人动态子域对应的限界上下文

有关限界上下文的识别方式我们在前文中已经进行了详细的介绍，本节所举的案例也都是基于前文的结论。有兴趣的读者也可以把正在开发的软件或曾经参与建设的软件拿出来做一些练习。另外，请您务必注意一点：笔者所展示的案例仅仅是软件设计说明书的一部分且只对重要内容进行了截取，并不具备很强的实用价值。真实项目中为了能更有效的说明问题，您还需要做更多的工作让团队了解您的设计思路。比如可能会画一些顶层设计图用以帮助读者了解每一个限界上下文在整个系统中所处的位置以及它是从什么业务推导出来了。当然,注释也不能少,这样才能让文档更具价值、才能让团队的每一个成员都了解系统的详细构成是什么样的。

笔者在前文中曾经说过:考虑问题时应站在一个更高的维度才不会被各种细节纠缠住造成无法看清事物本质的情况。那么是否有工具能够帮助我们以这种方式去思考问题呢?限界上下文设计说明和子域设计说明就是两个重要的参考。有学者甚至认为团队应该把这两类材料打印成大图并张贴在办公室中,虽然这一方式略显夸张但足以说明它们的重要性。笔者也曾在工作中接触过一些工程师,工作时只关心具体的问题细节而无法使用更为宏观的方式去考虑问题,造成设计出的软件经常会出现这样或那样的问题,常被人形容为"考虑事情不周"。实际上,总站在低维度考虑问题是不可能把事情想周到的。引起事物发生变化的原因有来自其内部的内因还有更为重要的、来自外部的外因,当思维方式过于狭隘时对于外因的了解是没有推动作用的。亲爱的读者,如果您想提升自己的格局并期望自己能在软件设计这一职业生涯中走得更远,请务必注意分析问题时所站的位置是否有一定的高度。

4.7 限界上下文的粒度与规模

基于 DDD 的指导来建设系统时会将目标应用拆分成多个限界上下文,这种情况针对限界上下文粒度的控制就必须在设计时进行把握。虽然我们已经遵守了"基于业务推导上下文"的原则,但如果子域设计时出现了拆分粒度过细或过粗的情况,此时要怎么去解决呢?毕竟这是一个很主观的过程,并没有特别明确的规范供参考。再说,真实环境那么复杂,总会出现这样或那样的意外,变数会非常多。对于这一问题,笔者建议架构师或设计师使用一些更为灵活的工作方式。虽然我们需要遵守基于子域推导限界上下文的原则,但我们也可以使用限界上下文去反向验证子域的设计,以确定粒度是否合适。以笔者个人的经验来看:限界上下文的粒度不宜过细,尤其是在研发资源及运维资源都有限时。开发出一个可以工作的系统有时要比追求理论上的"最优设计"更有意义。将子域拆分得太细对于系统的开发和运维工作所带来的帮助很时候都是负面的;粒度粗一点则要好很多,最起码后续可以再拆分。反之,如果想把限界上下文进行合并,那付出的代价可是很可观的。

如果想要找到评估一个限界上下文粒度是否合适的标准,笔者更愿意用一个词概括:收益。通过对限界上下文结构进行不断的调整,只要您的团队能从中获取到最大的收益即可认为"划分正确"。软件建设过程就是一个投资的过程,不论您采用什么样的指导方法、多么先进的技术总会有着各种各样的利弊,但只要收益值对于团队而言能够达到最大化就意味着总体的设计策略是合适的。限界上下文粒度不合适时对收益的影响其实是巨大的,最显著的表现是:需求响应慢、开发效率低、难以验证、排查问题困难等。如果您的系统出现了这样的问题,应立刻警觉起来,持续下去的话只会让问题变得更糟。

对于限界上下文的开发和维护工作最好都交由同一个团队，尽量避免跨团队、甚至是跨部门的协作。那么一个限界上下文对应的团队人员的数量要多少合适呢？

亚马逊CEO杰夫·贝索斯(Jeff Bezos)曾提出一个著名的“两个比萨原则”，他认为团队的人数越多效率越低，需要对数量进行控制。多少人适合呢？两个比萨应能喂饱团队的所有成员。可惜的是他没有说比萨的尺寸并且笔者也没去过美国，并不知道是否有一个约定俗成的大小作为标准，这个原则里似乎没有给出具体的量化信息。不过也有一些研究表明：团队的人数不应该超过10人，以4～6人为宜。看来吴承恩为唐僧去西天取经的团队设定为5个人(包括白龙马)并不是没有依据的，的确可以发挥团队的最大效率。读者在这里需要注意一下：我们所说的团队人员数量不是指代参与系统建设的所有人员的数量。现如今一个系统动辄数以千计的功能，如果真的只让4～6人干那得干到猴年马月，这里的数量是指小团队的人数或者说建设一个限界上下文所需要的人数。

退一万步，即使项目组是由成百上千的人员构成的，也应该按各自的责任进行划小，并且每一个小团队都应包含开发、测试、项目经理等角色。有些企业喜欢按职责分，比如研发一个团队、测试一个团队。对于大型系统来说，使用这种划分方式的团队在工作效率上的表现并不是很好，几乎所有的工作都需要跨团队协作才能完成，会带来各种沟通、利益等问题甚至是相互推诿。如果都是本地团队或许还好一点，一旦涉及异地团队时“团队墙”就会变得非常厚重。

建设一个限界上下文所需要的人力资源最多为一个小型团队的人数也就是4～6人，如果超过这个人数说明您可能需要检查一下限界上下文设计的是否过大、是否需要进行拆分。当然，您也不用担心工作量不饱和的问题，一个团队并非只会负责一个限界上下文的建设。笔者在这里想强调的是：每一个限界上下文都应该只由一个团队来负责。

以人员数量来衡量限界上下文规模的上限是一种很好的选择，也就是说您在设计限界上下文的时候要保障现有团队的人员数量能够承担得建设的责任，否则就说明上下文的规模不太合适。当然，这一规律并不是绝对的，并不排除有那种规模的确非常大的限界上下文。那么问题来了：既然没有标准来衡量限界上下文的规模上限，是否有对规模下限的衡量标准呢？毕竟太细可不是什么好事儿，且不说研发和运维的资源投入量，上线一个需求可能需要多个限界上下文同时进行变更，这会使得系统受影响的范围变得很大，风险自然也会跟着升高。不过很可惜，并没有这样的标准。想要让团队得到最高的收益，最有效的方式是让实践去检验设计的结果，慢慢调整到最佳状态即可。

总之，针对限界上下文的设计粒度我们没有也无法给出一个可量化的评估标准，但笔者仍然想要强调三个问题。

(1) 子域会影响限界上下文的粒度。虽然子域的设计过程存在很强的主观因素，但严重跑偏的情况的确不多。只要不走极端，大部分情况下对于粒度的控制都能达到一个比较合适的状态。

(2) 项目建设初期不要把限界上下文的粒度控制得太细，粗一点反而能得到更好的效果。

(3) 这是很考验设计师经验的工作。实践中最好不要让所有的工程师都去参与子域或限界上下文的设计,尽量都交由对业务了解度比较深的架构师或资深工程师来完成。虽说"众人拾柴火焰高",但这一规律并不适合战略设计类工作,这个说两句、那个说两句还是很影响工作效率的。

谈过了限界上下文的粒度我们再聊一下如何从技术角度去限制一个限界上下文的规模。在此之前让我们先看看一个限界上下文的规模最大和最小都能达到什么程度,如图 4.20 所示。

由图 4.20 我们可以看得出来:限界上下文最大可以是一个系统本身,单体架构就是最鲜明的案例。不过这样的定义其实也不太准确,如果建设时采用了 DDD 的指导,限界上下文在单体架构中的实现方式其实是"包",并非系统本身;对于未使用 DDD 或开发过程相对混乱的系统,一般来说它自身就是一个限界上下文。除此之外,限界上下文的实现方式有可能是模块、包或服务,但最小只能是"聚合"。聚合是一组不可拆分的领域模型,在逻辑上构成一个整体,后面学习战术部分的内容时我们会对其进行详细说明。

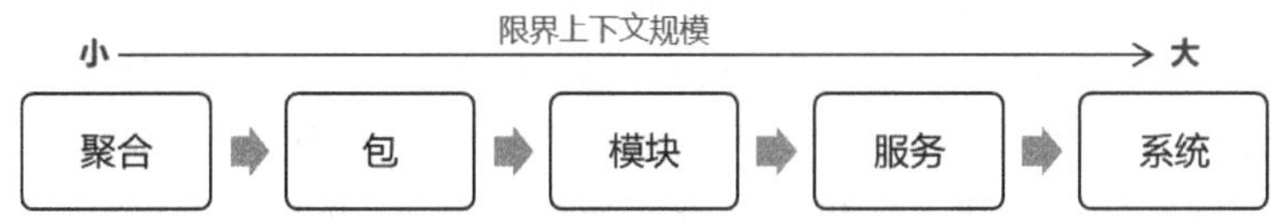

图 4.20 限界上下文规模大小程度的变化范围

前文中我们曾经提及过:只要遵守 DDD 的设计准则,即便是单体系统也可以很简单拆分成微服务。聚合作为最小的限界上下文单位正好可以论证这一观点。第一,聚合自成一体,和它紧密相关的元素都已经被放到了聚合之内;不相关的就表示它们之间是一种弱联系,已放到了聚合之外。第二,聚合本身具有着很强的独立性和自治性,外部的任何变化都不会影响到它的稳定,除非业务发生了改变;第三,聚合的独立性意味着它并不会特别依赖某个特定的服务。换言之,不论您将它放到服务1中或服务2中,影响都不是很大。对于具备这样特性的对象,是不是很容易从某个服务里拆出去呢?

4.8 限界上下文间的通信

DDD 中的各种概念时时刻刻都体现出一种面向对象的精神,包括限界上下文。它有自己的行为也有自己的属性,在系统的体系中也不是孤立存在的,需要与其他上下文产生关联也就是所谓的通信。此外,当系统中的限界上下文数量很多且许多业务流程的打通工作需要通过团队协作来完成的时候,由于别人并不完全了解您所负责的上下文的边界，一个不经意间的修改就可能会造成彼此间的边界变得模糊，最终增加了限界上下文间的耦合性。所以就需要有一种机制来帮助我们表达上下文的边界、责任及它们彼此间的通信方式。对此，DDD 中引入了限界上下文映射图(Context Map)的概念，通过使用这个图可以帮助团队成员快速了解项目结构以及集成方式，图 4.21 展示了它的一般样式。

同子域设计文档与限界上下文设计文档一样，限界上下文映射图也是一个需要被团队时刻维护的重要文档。图 4.21 中有"U"表示上游(Upstream)，也就是服务的提供方；"D"表示下游(Downstream)，为服务的消费方。真实的项目中，大部分限界上下文之间是互为生产者与消费者的，画图的时候可以使用双向箭头来表示这种关系且不需要使用"U"或"D"进行标识。

此外，图中还标识了每一个限界上下文所关注的主要业务及负责建设和维护的责任团队或责任人。根据实践的经验，笔者认为这些信息的重要程度非常高，具体原因有三。

(1) 理想情况下每一个限界上下文应当只能由一个团队负责建设及维护，一旦出现跨团队开发的情况就需要对当前限界上下文的规模进行重新评估以判断其规模是否合适、是否应该进行拆分。虽然现实情况多变，但这仍是一个值得遵守的规范。

(2) 当系统规模变得非常庞大时，我们需要明确每一个服务的责任人以帮助提升运营工作的效率。当客户对系统的运行结果产生质疑或发现 bug 的时候，只需要提供故障点信息运营团队即可快速定位到服务对应的责任人，从故障点开始一层一层进行排查。因为责任明确，运营团队不会像无头苍蝇一样各处拉人来处理问题。笔者个人对此有过切身的感受，为了排查一个小问题有的时候会同时拉数十人参与，实在是一个巨大的资源浪费。

(3) 通过明确每一个限界上下文所关注的重点业务可以帮助设计师判断实现新需求时应该将对应的代码放到哪里更合适。此外，也能够让团队清晰地了解每一个服务的责任，避免在建设过程中产生业务内聚性被破坏的情况。

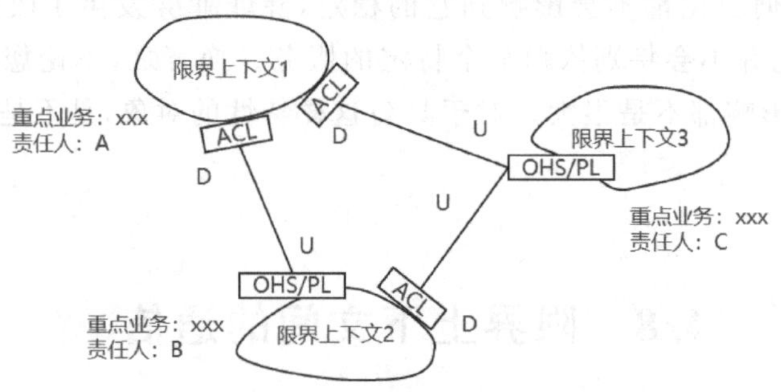

图 4.21　限界上下文映射图基本结构

4.8.1 限界上下文的集成方式

限界上下文映射图的重点在于对上下文的集成方式进行了标识。Eric 的原书中列举出了 9 种用于集成限界上下文的方式,但笔者并不想再将它们都一一列举出来,只想分析其中的一些重点比如共享内核、客户/供应商等使用频率比较高的方式。至于发布语言或开放主机服务则完全可以依赖现成的工具来帮助您去解决,常用的开发框架如 Spring Boot、Dubbo 等都提供了对应的能力,根本不需要工程师分心去考虑这些内容,笔者会在后面的内容中对此大概提及一下但不会作过多的论述。

1. 共享内核(Shared Kernel)

如果某一业务模型或业务流程可能会在多个限界上文中进行重复地定义或实现,我们可以将能够被共享的内容剥离出来形成独立的一部分,这便是共享内核。

客户端在使用这些可被共享的内容的时候只需进行简单的集成即可,这样可大大减少业务重复建设的成本。这一方式乍一听似乎很美好,包括笔者个人在初次学习 DDD 的时候也认为这种模式简直妙不可言。试想一下:将核心的业务模型封装成类库的形式,无论哪个服务想要使用只需要简单引用一下即可;此外,新增或变更操作也很方便,只需要一个地方进行更改即可全局生效。看到这些共享内核的优点不知道您是否心动了?很可惜,这些都是理论上的,真实的项目中几乎很少会去这样使用,除非是一些基础类库。

共享内核的优点我们不做过多解释,地球人谁都知道,我们只重点看它的缺陷。

第一,上一段所说的那些美好都是我们主观的臆想,是建立在领域模型能够长时间保持不变的前提下的。而现实的情况是:领域模型的变化频率很高,正常情况下需要对其进行不断的重构和微调。虽然内核提供者改一改即可全局生效,但使用者受不了,尤其是使用者为多个团队的时候,可能需要经过一个很长的周期才能确认变更方案,非常影响工作效率。

第二,打包共享内核的时候要打包哪些组件呢?仅业务模型还是要包括其关联的所有组件比如数据模型、数据访问组件等?不包含的话只能让客户端都重新写一次去进行适配;包含的话就需要客户端考虑自身服务的情况,尤其是技术上的,比如能否支持模型的持久化等,实际用起来并不如想象般方便。

第三,当存在多客户端的时候,考虑一下如果被共享的模型需要为其中的一个使用端增减一些方法或属性时要怎么进行处理呢?您当然可以对共享内核的内容进行修改,但这番作法已经让共享内核的意义尽失。随着时间的推移您可能在其中添加了很多的个性化内容,完全是为了适应客户端而做的妥协,这时内核就会变得非常臃肿,非常难以维护。当然,您也可以使用一些特别的技术手段比如继承机制来将个性化的内容放在使用侧进行处理,这种做法也的确能解决问题但仍然会让共享内核的意义遭到破坏。我们说的"共享"是指共享业务内涵,当业务内涵放在了使用端的时候也就意味着无法共享了。

第四,共享内核的维护责任应交由哪个团队更为合适?只交由一个团队负责进行维护还是由使用方共同维护？统一的团队虽然好一点，但需要团队对所有被共享的内容都十分了解才行；多团队维护的风险要高很多，大家都各自为战很容易让代码产生冲突。

第五，属性完全相等的领域模型在不同的限界上下文中其业务含义可能是完全不一样的。所以客户端在使用之前还需要花费时间去了解共享内核中的业务模型的含义，还不如直接在自己所负责的限界上下文内根据业务及通用语言创建合适的业务模型方便，即使有设计不合适之处所影响的也不过是当前的限界上下文，不会对其他人产生影响。

第六，共享内核其实与限界上下文的概念是冲突的，其中后者强调了领域模型必须有范围约束；而前者的出现又打破了这种约束。使用这种不自然的设计非常有可能为后面的工作带来意想不到的麻烦。

总的来说，如果没有强烈的需求笔者不建议使用这种模式。系统建设前期也许看不出什么问题，伴随着时间的推移业务会出现各种变化，据其推导出来的业务模型也不可能独善其身。这些变化往往会造成共享内核的地位变得“弃之可惜、食之无味”，团队不得不花费大力气去进行持续维护，与付出的代价相比团队所得到的收益几乎可以忽略不计。

那么是不是不能使用共享内核模式呢？答案当然是否定。将一些变化频率较低的、与专业关联度不高的模型放到其中是合适的，尤其是通用域中的内容。比如描述地址的类型 Address、表示金钱的类 Money、表示生命周期的类型 LifeCycle 等。另外，当使用共享内核的限界上下文也就是共享内核的客户端是由同一个团队负责建设或维护的时候，共享内核模式是可行的，至少不会有那么高的沟通成本。否则，请慎用！

总之，使用共享内核的主要目的是减少代码重复并提升模型的复用度，出发点是好的，但这些优点在现实中很容易被过多的缺点遮盖。

2. 客户/供应商(Customer/Supplier)

两个系统间存在依赖关系，由上游系统完成模型的构建和部署并交付给下游系统使用。上述便是对“客户/供应商”的定义，不过通俗来讲，其实就是指服务生产者和消费者这种关系。这种集成方式可以说是最为常见的，可以是单向也可以是双向的。微服务开发框架为解决服务间复杂的集成关系引入了专门的组件来进行支撑，比如 Netflix 的 Eureka、阿里巴巴的 Nacos、HashiCorp 的 Consul 等。一般只需要一些简单的配置即可在项目中使用，消费另一个服务的方式就和调用本服务内的方法一样，不需要工程师关注通信的细节。此外，对于生产者多实例部署的情况，一些工具如 Feign 还可以很轻松地实现客户端负载均衡，简直不能再简单。

基于这种集成方式还有一些额外的要求比如安全性、单位时间内调用量等需要提前确认好，以免事后才发现问题，彼时的修改难度会变得非常高。

3. 防腐层(Anticorruption Layer，简称 AL)

防腐层几乎是每一个限界上下文都应具备的一个能力，除非它不与其他限界上下文进行交互,比如单体系统。这一能力一般会放到下游也就是服务消费者里,负责将外部的输入转换成自己所能识别的格式。当然,对于错误的处理也是其主要责任之一。这里的外部输入有可能是通过 HTTP 调用返回的 JSON 格式的数据,也有可能是通过 Web Service 返回的 XML 格式的信息。防腐层的主要责任便是将这些格式的字符串转换成当前服务可以识别的信息,一般为强类型比如数据传输对象(Data Transfer Object,简称 DTO),当然也可根据需要转换成基本类型如 Integer、Float 或集合类型 Map、List 等。

一些远程调用工具比如 Feign、Retrofit 可以把这一项工作做到极致,直接将返回的原始格式转换成强类型的对象。即便这样也不代表可以省略防腐层,毕竟远程服务所返回的信息一般是通用的,并不总是面向某一个特定的服务或消费者,通用性才是生产要更关注的问题。例如销售管理平台中的提交订单业务,实现时会调用账户服务限界上下文来获取账户信息,后者一般会返回全量的数据如 ID、姓名、邮箱、状态、积分等。但这些信息对于提交订单场景有点过多了,它可能只需要 ID 与姓名来构造客户模型即可,其余的数据对它并没有价值。同样还是这个接口,在被前端服务使用时其所返回的信息则可能都是有用的,需要被全部显示出来。让服务提供者去进行适配恐怕不太合适,它处理不了那么多的个性化需求。所以只能在消费者中进行过滤处理,而将一工作交由防腐层来做最适合不过,否则只能放到应用服务中处理,会让代码看起来很臃肿。

防腐层的客户端通常应用服务或领域服务,它们会将防腐层转换后的信息包装成领域模型来供自己使用。下列代码展示了提交订单业务用例的片段:

```
@Service
public class OrderApplicationService {
    @Resource
    private AccountAdapter accountAdapter;

    public void submit(OrderVO orderInfo) {
        AccountVO accountVO = this.accountAdapter.queryAccount(accountId);
        Customer customer = new Customer(accountVO.getAccountId(), accountVO.getName
());
        Orderorder = OrderFactory.INSTANCE.create(orderInfo, customer);
        //代码省略...
    }
}
@Service
public class AccountAdapter {
    @Resource
    private HttpClient httpClient;

    public AccountVO queryAccount(String accountId) {
```

```
        String response = this.httpClient.queryAccount(accountId);
        AccountVO accountVO = JsonUtil.fromString(response, AccountVO.class);
        return accountVO;
    }
}
```

构建客户领域模型 Customer 实例所需要的信息来自账户服务，而具体的构建责任则由订单应用服务 OrderApplicationService 来完成。当然，您也可以专门为此建立一个新的服务。方法 getCustomer()通过调用账户信息防腐层 AccountAdapter 来获取必要的信息并完成 Customer 对象的创建，后者在执行过程中会对账户服务传过来的数据进行过滤并转换成 AccountVO 类型的对象。

防腐层实际上是一个很抽象的称呼，实现时一般会将它们统一放到某一个模块或文件夹中。起名字的时候很多工程师喜欢如下后缀："xxxConvertor""xxxAdapter""xxxTranslator"等。对于名称并没有太严格的规范，建议团队使用统一的命名规范即可。

4. 开放主机(Open Host Service，简称 OHS)和发布语言(Published Language，简称 PL)

之所以将两者放在一起介绍主要是因为它们通常会成对出现。开放主机表示您使用什么样的协议来将某个限界上下文的能力暴露出去。请注意：微服务架构下，限界上下文之间需要通过网络来实现彼此间的通信，所以这里的协议是指远程过程调用(Remote Procedure Call，简称 RPC)协议。就协议有关的技术我们有太多的选择了，太偏门的或企业内部私有协议不提，即便是主流的 RPC 协议就可以列举出很多，比如：Thrift(Fackbook/Apache)、Dubbo(阿里巴巴/Apache)、gRPC(Google)、.NET Remoting(微软)、Motan1/2(新浪)等。当然，还有 REST，虽然说它不是一种协议但依然被认为和 RPC 一样是两种主要的远程调用方式之一。

这方面的技术选型与企业的文化背景有很大的关系。比如新浪公司，人家有自己的协议一定会优先在企业内部进行广泛的使用。而对于没有创建自己私有协议能力的公司则完全可以使用上述开源协议，技术门槛很低且大部分情况下会有现成的框架或工具类库来作支撑。一般来说 RPC 协议性能要比 REST 好很多，所以可以在企业内部使用；而 REST 底层协议(基于 HTTP 网络协议)标准化程度够高，作为对外接口更好。不过这些仅仅是推荐而已，假如您的系统流量不大即使在内部使用 REST 效果也很好，至少跨部门做系统集成时更方便。

我们再大致聊一下发布语言，其表示上下文交互时所使用的数据格式。常见的格式有二进制、文本等，而文本又可以为 XML 或 JSON 等。同开放主机一样，对于数据格式的处理工程师有很多现成的工具可用，无须过度担心太多的技术细节。比如您的系统中使用了 Spring Boot 框架，当想要将当前限界上下文的能力暴露出去时，只需要引入少许依赖并在接口上加一些简单的注解就解决了，这就是技术进步所带来的工作效率的提升。

限界上下文的集成技术在当今已经非常成熟，对于大部分工程师来说甚至是可以忽略的，因为几乎所有的问题都可以通过现成的工具进行解决。举个例子：人们发现服务间彼此调用时必须首先知道对方的地址才行，试想一下如果服务提供方实例数量很多且地址经常变化时会为集成带来什么样的问题？于是就有些企业或团队专门推出了用于服务注册发现的框架如 Eureka、Nacos、Consul 等，基于这些框架您就不需要再考虑服务提供方的具体地址问题，当然也不用惧怕地址变更或某个生产者服务实例下线的情况。虽然我们再也不需要为解决这些问题投入太多的精力，但就如何定义上下文间的关系仍然是需要花时间考虑的。做为研发人员的我们都知道对象间需要尽量做到解耦，能不产生关联则不产生。这一原则在限界上下文中仍然适用且应重点考虑，如果不需要进行彼此的集成当然最好；没有选择的时候也应尽量减少交互的复杂度以避免生产者变更时对消费者产生太大的影响。

4.8.2 限界上下文映射案例

理论介绍过后又到了请出我们的老朋友销售管理平台与青鸟消息的时候，下列所有的例子均基于这两个系统。图 4.22 展示了订购子域包含的四个限界上下文是如何进行彼此集成的以及订单管理上下文与账户管理上下文的集成方式。

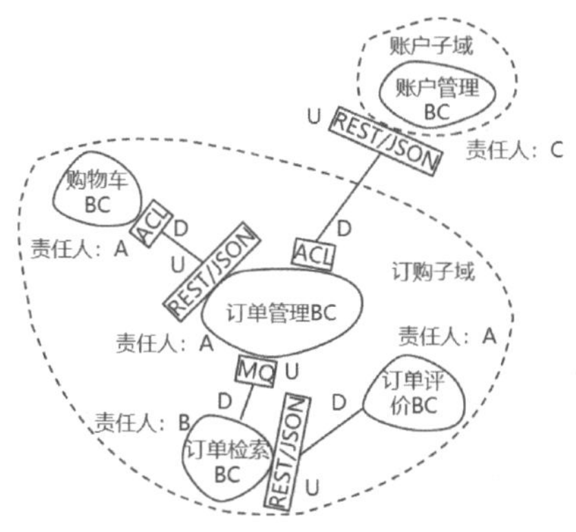

图 4.22　订购子域限界上下文集成示例

大概解释一下，用户将产品加入购物车后会调用提交订单接口生成订单信息，所以订单管理上下文作为服务提供方提供了提交订单接口用以完成上述业务。评价订单的过程中会获取订单详情信息，出于性能的考虑此查询操作会调用订单检索服务来实现。提交订单过程会获取账户的详情，因此订单管理上下文需要与账户管理限界上下文进行集成。

从图 4.22 中我们可以看到订购子域中四个限界上下文间的调用关系、通信协议及各自的角色。其中订单管理限界上下文和订单检索上下文之间的集成方式较为特殊，出于性能和稳定性考虑，订单管理服务会通过消息队列把每条订单的详细信息同步到检索服务中，后者再根据需要对数据进行加工、过滤并存入到 Elastic Search(简称 ES)里。而另外三组由于只需要简单集成，所以使用了 REST 的方式。

青鸟消息中的通信子域限界上下文映射图如图 4.23 所示。其中文本消息和语音通话两个上下文与通信录上下文使用了 REST/JSON 的方式进行了集成;而在和内容审计上下文和聊天记录管理上下文集成时则使用了 MQ 的方式。对于后者,之所以采用这样的集成方式主要还是出于性能上的考虑。以文本消息上下文和内容审计上下文的关系为例,当用户量巨大时每一秒都会有数以万计甚至更多的消息被发送出去,而我们要求每一条消息都应该被审计才可以。使用消息队列可以在消息发送至接收方之前进行一次拦截,并在其中对内容进行检查。当然,您也可以考虑使用其他更为成熟的方案,但应该没有人会选择使用 REST 进行集成,仅建立网络连接的工作就可能会把服务器拖死。

就限界上下文的映射相信读者通过两个案例已经能够大致了解了其作用与用法。上述两个实例中我们把集成关系精确到了上下文的级别,这是一种较为宏观的关联关系,精细度略显不足。为了说明问题您还可以做进一步的细化,比如应用服务级。以提交订单为例:业务执行过程中需要查询账户服务信息以用于构建客户对象,这一过程会涉及两个限界上下文间的交互,前面已经做过展示,但在此基础之上我们希望还能再做更多的细化说明。请参考图 4.24,看一下是如何实现这一目的的。不过这种粒度的图最好慎用,否则制图工作就会占用很多的时间。

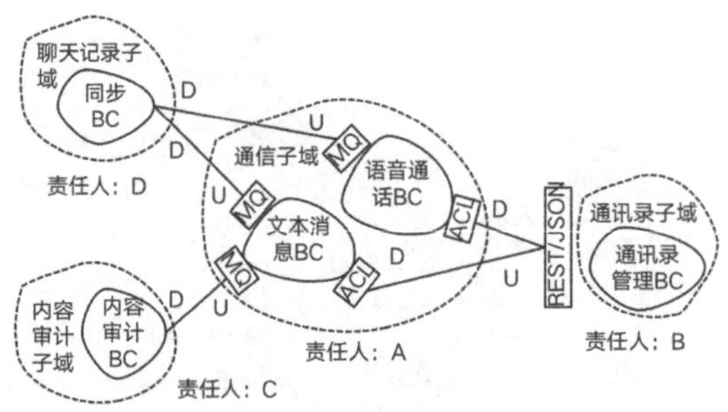

图 4.23　通信子域限界上下文集成示例

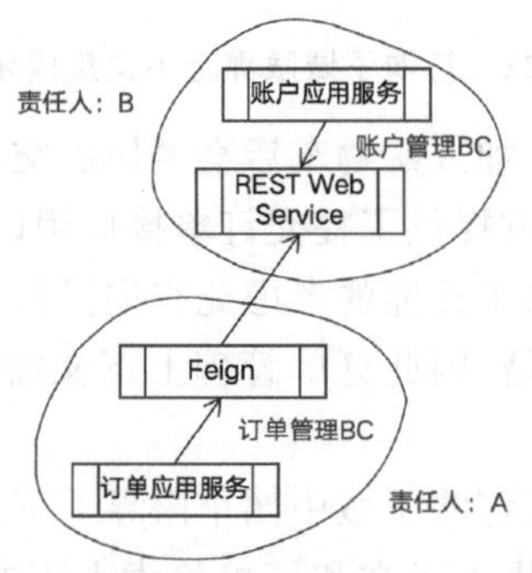

图 4.24　订单应用服务与账户应用服务的集成

实践中您还可以根据自己的需要添加其他用于说明性的信息,这一方面并没有固定的要求。所谓的"软件建模",其主要目的就是为了把某一问题说明更加透彻,所以只要信息有价值并不仅局限于我们案例中的内容。另外需要着重说明的一点是:我们画了这么多图,根本目的是解释限界上下文中那些重要的理论和概念。实践中您应该只对复杂业务的集成进行配图,把精力放到业务的理解上而不要沦为画图的工具人。图的目的是加深读者的理解,涉及一些简单的业务问题或团队内部约定俗成的概念、规范等真的不需要费那个工夫,您应该让团队只做有意义的事情而不是流于形式。

最佳实践

建模的目的是解释复杂的业务逻辑或用于展示高价值的战略信息,需适可而止。

另外,我们在案例中展示的图都是局部的,虽然能起到一定的作用但对于团队成员就整体系统结构的理解帮助性还存在不足,我们应该创建一些全局性的视图把所有上下文和它们间的主要关联关系枚举出来。图可能很大,但通过省略一些细节还是可以做到的。图 4.25 和图 4.26 分别展示了销售管理平台和青鸟消息两个系统的限界上下文全局视图。

本书为方便演示,使用了简单的图块来展示限界上下文之间的映射关系,真实项目中并不需要局限于这一形式。您可以使用文字、表格甚至是在一块白板上手写下来,唯一的要求是能够被共享,也就是可以让团队中所有的人看到、了解到。纵然限界上下文映射图有千般意义,仅就"可以让团队成员了解系统结构及每一个限界上下文的边界"这一项就值得拥有。

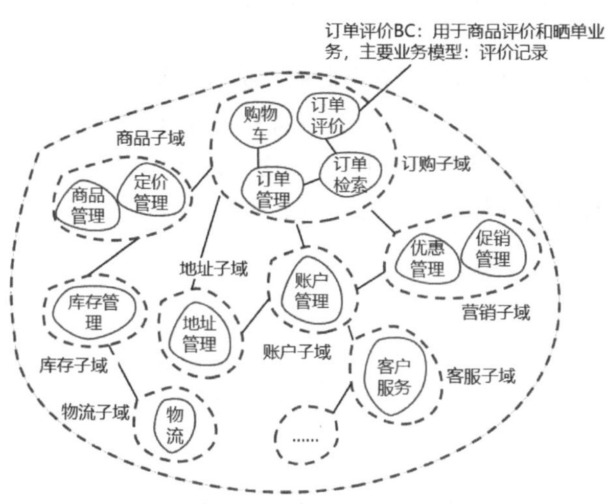

图 4.25 销售管理平台限界上下文全局映射图

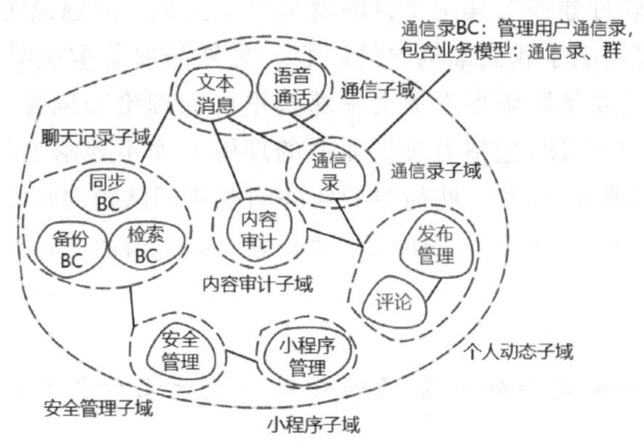

图 4.26　青鸟消息限界上下文全局映射图

4.9　再谈隔离

笔者曾在前面的章节中无数次地提及隔离这个概念，如果 DDD 中的概念有重要程度优先级，那么隔离与内聚等元素的重要程度无疑是最高的。优秀的隔离会产生高内聚效果，这个内聚可以是业务层面、服务层面也可能是代码层面。相反，劣质的隔离策略会给团队带来无尽的麻烦。系统会面临开发缓慢、运行效率差、耦合严重等各种问题。另外，隔离并不是要求"闭关锁国"，被隔离的对象之间当然需要通信，但应当去除不必要的关联且通信方式越轻便越好。也就是说每个被隔离的对象应该足够独立，彼此间相互影响的范围越小越好，这样才能避免出现系统崩盘的情况发生。

学习过了子域，您应当已经知道它会对业务进行分割形成业务上的边界；学习过了限界上下文你应当了解到这是一种物理上的隔离，它把代码进行了分割并使之形成一个个可被独立部署的服务或至少是一个目录，这就意味着限界上下文之间应具备物理边界。那么是否还有其他的隔离措施呢？请参看图 4.27。

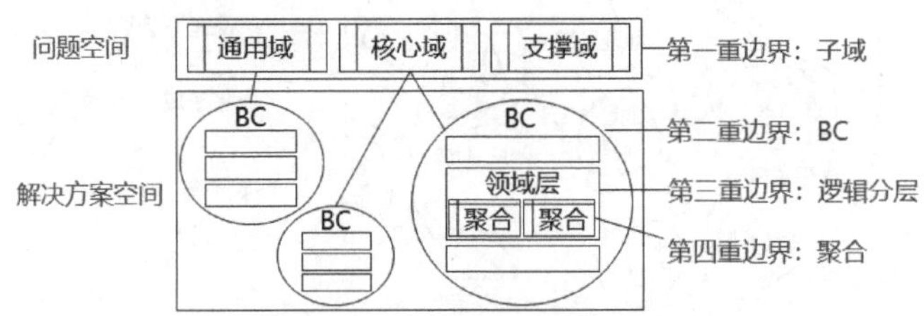

图 4.27　DDD 中的隔离层次

隔离方式除了子域、限界上下文之外还包括逻辑分层和聚合。首先要谈的是分层，它是限界上下文内最重要的隔离手段。虽然限界上下文可自成一体，但其内部也有很多类组件分别用于完成不同的任务。例如 DAO 专门用于处理数据的持久化与反持久化;领域模型用于处理业务逻辑;应用服务专门用于组织业务流程等。人们把这些专门用于处理某一方面事情的组件按责任放到不同的分组中,分组的形式可以是包、名称空间也可以是类库。不过人们比较喜欢称呼它们为“分层”,所谓的“分层”其实就是按组件的责任所做的一个逻辑或物理上的分组。这样的做法体现了责任单一、能力复用的思想,好比是项目组中有人负责需求、有人负责开发、有人负责测试等,每个人的责任都不同,大家通过协作来完成系统的建设。回归正文,分层的引入起到了责任隔离的作用,而且是对核心类责任的隔离,我们将其作为第三重具备物理特性的边界。第四层隔离是聚合,发生在分层的内部。使用面向对象的分析方法会形成很多散碎的领域模型,如果不进行组织它就会变成一盘散沙。聚合的责任就在于此,它把散碎的领域模型组织起来使之成为一个逻辑上的整体。聚合中的元素并不是通过文件或文件夹进行组织的,所以它是一个逻辑上的边界。

讲至此处,相信会解决您心中存在很久的一个疑问:很多人都说 DDD 很强大,主要体现在哪里?隔离的概念相信可以完美解答这个问题。就笔者个人理解,DDD 战术部分中的实体也好、值对象也好、各类架构模式也好,这些都是小道。真正的大道是通过对子域与限界上下文的学习来理解“隔离”这个概念。对此您可能不太理解,那就让我给您来推衍一下,结果请参看图 4.28。

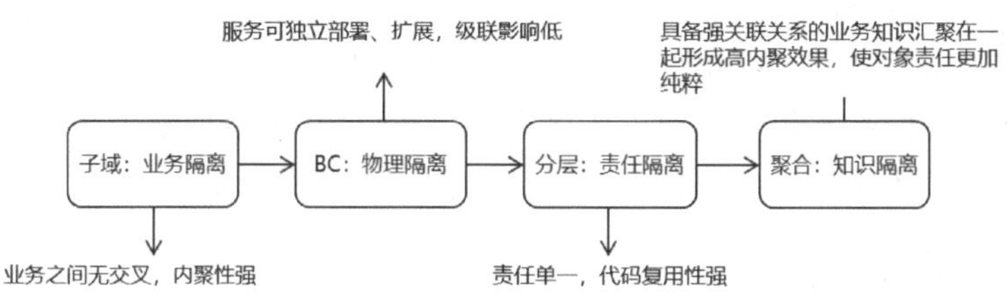

图 4.28 隔离的意义

通过技术角度来评价软件质量好坏的标准可能会有很多,总结一下不外乎易维护、好扩展、bug 率低、运行性能高等。再做进一步精化后可总结为两个词“高内聚”、“低耦合”,基本上只要做到这两点我们上述的目标可以轻易达到。那么问题来了:要如何达到“高内聚、低耦合”的要求呢?答:从业务的角度就开始使用隔离策略,一直延伸到代码层面。我们前面的内容虽然看起来很多,其实主要是在学习如何应用隔离策略实现业务之间和服务之间的“高内聚、低耦合”。很显然,策略应用得好隔离性自然就高,隔离性高的各部件之间就能做到互不干扰、彼此独立,需要时可通过使用非常简单的手段即可实现快速集成。学习 DDD 是有帮助的,它会纠正您思考问题的方式:您会意识到基于战略思考的重要性,不会在任何时候都将注意力放到各类细节上,尤其是战术细节;您会学会使用辩证的态度来看待各种问题;您会将事物的运动观运用在生活中的方方面面上;您会在开发或设计时格外注意封装、隔离等手段的使用。

软件战略设计阶段,我们首先要考虑业务的逻辑隔离,再据此推演物理隔离方案。当您可以熟练地把这两项设计工作结合起来后,基本上对于 DDD 的掌握就已经有了一定的“火候”了,面临复杂业务的时候基本上能做到举重若轻。到那个时候,一切困难在您面前都“不是事儿”。

实际上，区区“隔离特性”四个字在DDD中的意义十分重大，贯穿了DDD理论体系的始终。笔者好想再多花一些精力对这一方面内容做更加详尽的解释与描述，奈何写到此处有些词穷。毕竟有些东西虽然可以言传但还需要读者去学习意会。其实，这一特性不仅是在DDD里，在IT技术这一更大的体系中也被体现得淋漓尽致。比如网络七层协议中每一层都与彼此在责任上进行了隔离；操作系统中包含了用户态和核心态，对操作进行了隔离；电脑上运行的软件通过进程进行隔离等，这样的例子数不胜数。期望书前的读者在设计时注意对这一特性的把握，您一定会从中受益的。

4.10 限界上下文中的业务模型

讲过限界上下文后就会开始DDD第二部分战术的学习，但我猜测大部分读者还是会感到心里空空的，仿佛有些内容还没有讲解到。是的，您的感觉是正确的。我们前面写的所有内容都集中在如何识别限界上下文以及如何确定它们之间的集成方式上，并没有涉及业务建模。咱们写的可是“领域驱动设计”，可到了现在眼看战略部分就要结束了貌似还没有谈到与领域模型相关内容。到了战术部分，我们学习的主要目标是设计模型，那些是与技术紧密相关的。如果按这个思路学习下去肯定会跳过业务建模这一过程，这是我们都不想看到的。所以在这一节里，让笔者把缺失的内容进行一下完善，参考案例我们还是会搬出销售管理平台和青鸟消息两个系统。

4.10.1 软件建模

前文我们曾说过“限界上下文限制了领域模型的作用范围，让某一个模型只在一个限界上下文中使用”。如果内涵相同的领域模型同时出现在多个限界上下文中就预示着您需要再分析一下领域模型或限界上下文的设计是否有不当的情况。当然，名字这种表面的东西是可以重复的，比如“商品”，在订单管理和商品管理上下文中都可以叫这个名字，但表达的业务含义并不一样：前者表示已经销售出的物品；后者表示可以被贩卖的物品。可以看到，限界上下文的作用除了表达系统的构成之外还是各类领域对象的容器，那么领域对象又是从哪里来的呢？答：通过抽象现实世界、归纳现实世界来获得，这即是人们常说的“业务建模”。当然，业务建模的工作并不仅限于对领域对象进行识别，对各类业务流程的分析工作也属于业务建模的一部分。

当您仔细去分析某个业务或某个功能的时候，就会发现无论其多么复杂也可以被分解为四类事物，如图4.29示。建模的关键其实就在于掌握住：什么“人”在什么样的“规则”下做什么“事情”以及做这个事情时涉及的“物体”是什么，把这四类元素关联起来后就完成了软件的建模。这是一个“万金油”式的规则，无论什么样的行业、什么样的业务您都可以尝试往这上面套。

建模的过程中我们通常会得到如图4.30所示的三类模型。虽然这三类模型各自的含义不同，但它们代表着设计过程中的全部。某一个业务从提出来到最终落于软件上并不是一蹴而就的，而是需要经历一系列的分析过程。每一个过程中都会有不同种类的模型作为输出的结果，伴随着这一过程的结束软件的建模工作也就完成了。那么问题来了，这三类模型的作用到底是什么呢？它们分别又代表了什么？

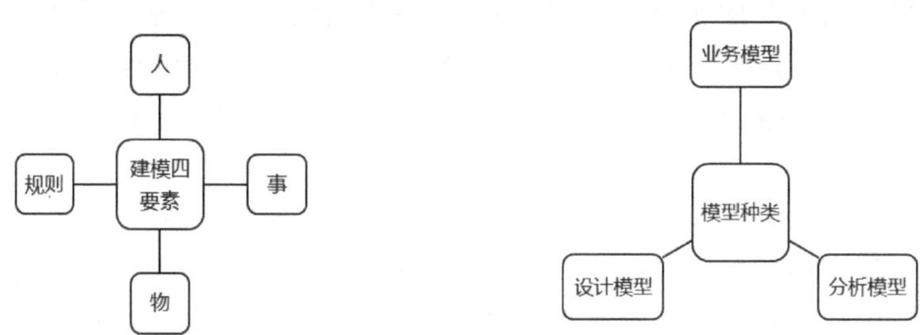

图 4.29　软件建模四要素　　图 4.30　软件建模过程中所获得的三类模型

1. 业务模型

通过对现实世界的抽象我们可以获取到业务模型。这一环节通常不会考虑使用什么样的技术或编程语言，您甚至可以认为业务模型只是对客观事物的表达，与具体技术完全没有关系。设计师在业务建模阶段所要做的只是将目标业务抽象成有关联的人、事、物和规则四类对象。让我们尝试以“用户提交订单”业务为例进行业务建模，图 4.31 展示了建模后的结果。可以看到：我们提取了构成模型的四个要素并把他们进行关联便形成了业务模型。同样的，“订单支付”“商品下上架”等业务也可以按这个思路去套用规则来提取业务模型。

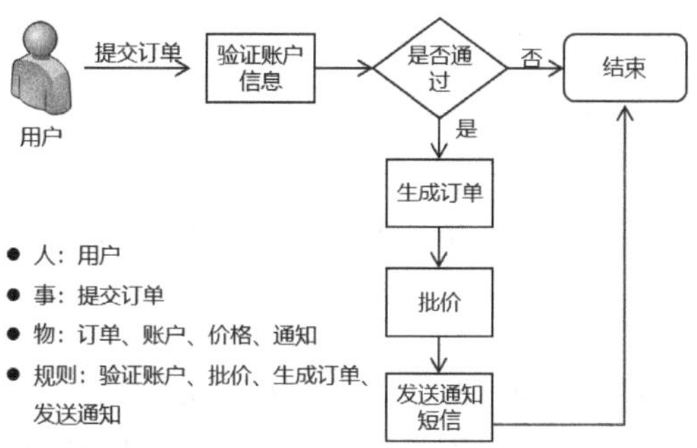

图 4.31　用户提交订单业务模型

表达业务模型的方式有多种，您可以使用用例图、流程图、活动图、时序图、文字等一切可以将某个业务描述清楚的介质。当然，图不同使用的目的也不同。比如您可以使用类图表示领域模型、使用时序图表示动态的流程、使用用例图来识别业务用例等，所谓“术业有专攻”就是这个意思。另外还有一种观点认为“使用文字才是王道，图只不过是补充”。笔者比较赞成这个观点，只有文字表达不清楚的时候才应该考虑使用图形来进行补充性的说明。

业务建模工作的开展并不是杂乱无序的,您可以像子域分析一样一层一层地开展(子域设计实际上就是业务建模的一部分)。也就是先识别核心业务流程,再对每个业务流程中的重点业务进行细分。不过为了减少文档相关的工作并让设计工作更有效率,您并不需要对所有业务都一一展开,有些类似的流程也不需要重复建模。比如商家为了拓展市场推出了 VIP 服务的业务,支持为客户指定专门的服务人员,后者可根据客户的需求、喜好推荐合适的商品甚至是代客下单。这一业务中也包含了提交订单的过程,与用户自己提交区别并不是很大,那么我们在建模的时候就不需要建立两个模型了。

既然可以按层次开展业务建模工作,那具体要怎么做呢?图 4.32 展示了销售管理平台的一个顶级核心业务——用户购物。该流程展示了购物中所包含的若干环节:商品浏览、提交订单、库存备货和物流送货单,我们将这一业务模型定级为:一级。确定好一级模型后我们可以从中选择一个重点项进行细化,比如提交订单也就是图 4.31 所展示的业务模型,我们将其定义为:二级。这个过程可以持续下去,比如对生成订单再做细化形成三级模型。这就是所谓的分层建模,所得的结果中会有少量的一级模型、中量的二级模型、大量的三级模型及更细粒度的四级或五级模型……不过这一过程也要有个度,一般会止于某一个具体的用例而不能无休止进行下去,和子域划分一样也应有一个极限。

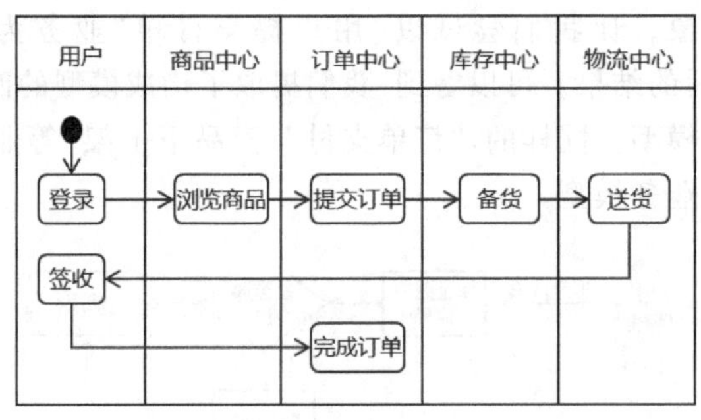

图 4.32 销售管理平台顶级核心业务

2. 分析模型

所谓的分析模型其实是一种过渡。业务模型只是对现实世界的一种反映和抽象,虽然它如实地表达了现实世界但并不是所有的概念都可以被计算机实现的。比如业务模型中的“人”通常就不会被转化到设计模型中,因为他是有生命的,而从业务模型转换到设计模型的过程中通常会把有生命的物体“干掉”。仔细想想其实也很合理,如果把用户对象也进行建模,那设计工作就变得“简单”了,提交订单、支付、充值、评论等系统中几乎所有的动作都可以被认为是用户的,让用户对象全部承担即可。真要是这样我们就不需要再做什么设计了,本书到此也结束了,因为只需要一个用户对象即可,它是万能的。当然,这些只是玩笑。简单说,分析模型中内容可以被计算机所理解并且完成了业务模型的过渡。需要注意的是:工程师在进行设计模型建模时需要基于分析模型来考虑类、方法和用例的实现,并不是业务模型。

作为对比,让我们看一下同样的"用户提交订单"业务转换成分析模型是什么样的,这回我们使用时序图来表示这个业务过程,参看图 4.33。将本图与前面图 4.31 比较可以看到:虽然针对的是相同的业务但所表达的内容并不完全一样。分析模型中已经开始体现出了技术特性,这一点从构成模型的四要素角度也可看出端倪。

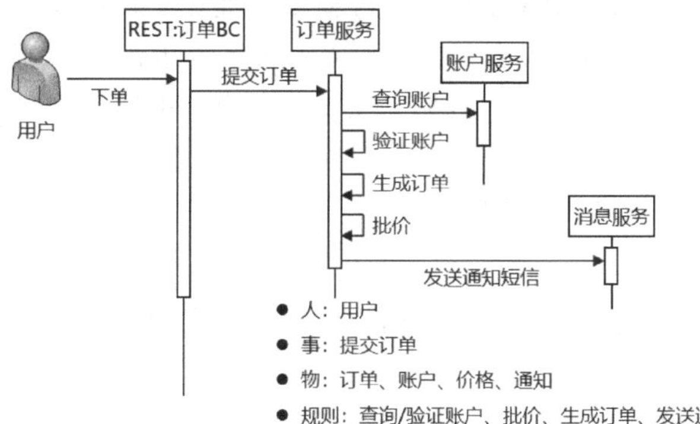

图 4.33 用户提交订单分析模型

在分析模型中,"人"指的是客户,和业务模型指代的是相同的对象。实际上,笔者在设计图 4.31 的时候故意使用"用户"这一术语来代表人,更专业的做法是使用"参与者"来代替"用户",此作法仅是为了让读者更易理解;"事"仍然指代提交订单这个业务,但我们标识出了这是哪个对象的能力,后面的设计模型建模阶段中工程师可以据此定义具体的模型;"物"则是指订单、账户、通知等,和业务模型中的"物"很类似,不过分析模型中的"物"有一个特殊的名称"领域模型",本书中曾无数次提及的东西指的就是这个对象[1]。您可能会问:"订单"在分析模型中是领域模型,那在业务模型中是什么呢?答:"业务对象",也是一个专属名称,因为它表示的客观的事物,和分析模型中的"物"在本质上是不一样的;"规则"在分析模型中用于控制流程的走向,一般会在应用服务中进行实现,本例中的应用服务是"订单服务"对象,也就是工程师口中的"Service"。

业务模型用来描述客观的事物和流程,您在建模的时候需要将自己置身于客观世界中并忽略计算机的存在,以一个类似记者的身份去描述业务的真实情况。分析模型则体现了能被计算机实现的部分,毕竟并不是业务中所有的内容都可以在软件中实现的。这是两类模型的最大不同,您在使用的时候要注意区别。写到此处相信有读者会产生疑问:图 4.33 并没有体现出分析模型和业务模型的不同啊?只是表达形式发生了变化。实则不然,我们在分析模型中已经开始体现技术特性,比如各类服务等,这些都是与业务无关的。另外,读者可考虑这样的一个业务场景:客服专员解答客户的咨询,一般情况下这一工作只能靠真人来解决(虽然很多企业引入智能客服,但短时间内无法代替真人)。业务建模时我们会将"解答疑问"这一活动体现在模型中,但不会放到分析

1 后续在讲解战术内容时,笔者会使用领域模型来称呼设计模型,请读者了解。

模型里，因为系统无法实现。

分析模型和限界上下文很类似（实际上，限界上下文就是分析模型的一部分），都是问题空间转换到解决方案空间的产物，所以人们在软件设计过程中在这一部分上投入的精力最多。前面我们已经花了大量的时间来探讨限界上下文，但仍然感觉缺少了一些关键信息，这一部分缺少的信息其实就是对于各种业务所建立的分析模型。另外一个需要注意的问题是：分析模型需要根据业务模型去推导，和 DDD 中限界上下文可由子域进行推导的道理一样，并不是严格上的一对一关系。还有一点，提炼业务模型的时候笔者曾推荐使用按层级的方式进行，那么经由业务模型推导出的分析模型也应当呈现出层级关系，二者之间应该是可以产生映射的。除非条件不允许，正常情况下最好不要去尝试打破这种关系以免产生阅读障碍。

3. 设计模型

设计模型是工程师最熟悉的东西，我们经常使用的类图、时序图、流程图几乎都是设计模型。实际上，我们可以使用这些图表示三种模型中的任意一种，比如您可以使用类图来表示业务对象及它们之间的关联关系，这种用法就是业务模型；如果用在分析模型中表达的就是领域模型。以订单与订单项为例，同样使用类图去表示二者间的关系，业务模型与设计模型并不一样，如图 4.34 所示。业务模型侧重于表达业务对象的概念及彼此间的关系，如一对一、一对多、多对多等，使用类图表示时一般不会标识方法或属性信息；设计模型则相对要细得多，除了标识出属性和方法之外还需要表达关联关系是下列关系中的哪一种：实现、继承、关联、组合和依赖。将业务模型和设计模型混用的现象非常频繁，造成很多人都傻傻不知道自己面前的图到底表达的是什么含义。所谓“塞翁失马，焉知非福”，这种乱象反而推动产生了一种约定俗成的规则，即：使用类图、时序图表达设计模型；使用活动图、用例图表达业务模型，事情反而变得简单了。

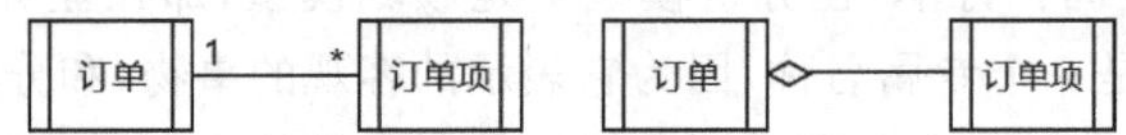

图 4.34　使用业务模型（左）与设计模型（右）表达订单与订单项的关系

让我们回归到设计模型的概念中，它主要的作用是用于表达技术层面上的细节。仍然以提交订单业务为例，让我们看一看设计模型现在长成什么样了。这一次我们使用类图来建模设计模型，具体如图 4.35 所示。实际上，本例使用类图进行建模并不合适，因为业务模型与分析模型使用的流程图与时序图所表达的是一种动态的概念，表达了业务的走向；而类图是静态的，仅用于表示模型的结构和关联关系，体现不出流程的概念。如果使用时序图来表示设计模型的话，就需要将类名、方法名等体现在图中，比分析模型更加细腻。

回归正文，使用类图的方式来表达设计模型的时候，工程师的工作就变得“有据可循”了：图中有什么样的类，代码中就要有对应的内容且不论是类名称、属性和方法等都必须与类图一致。简单来说，设计模型存在的最大价值是能够对开发工作进行指导。在敏捷开发尚未流行的年代，将设计与开发工作分开是一种非常普遍的情况，因为设计

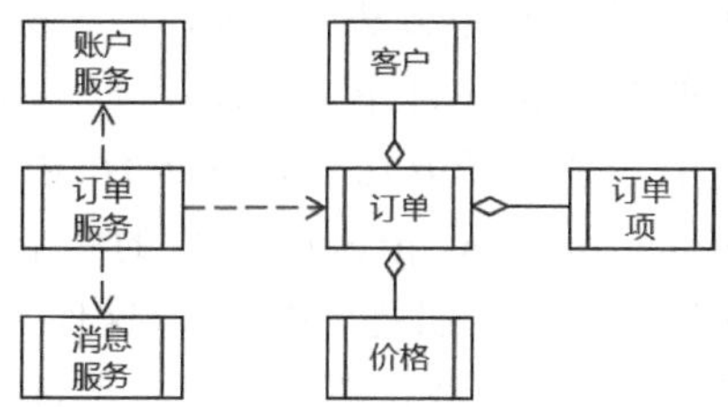

图 4.35　用户提交订单流程中的设计模型

模型一旦出来余下的工作就是编码了，顺便还能练习一下键盘指法。所以很多程序员会自嘲为"码农"，因为开发工作就是"照本宣科"，熟悉编程语法就行。时代在变革，敏捷开发已经被众多工程师所认可，再加上企业为适应市场的快速发展不得不缩短软件的迭代周期，这种设计与开发分开的做法已经落伍甚至被人们摒弃了(除非您开发的是火箭导航、登月导航这类质量要求极高的软件)，尤其是在互联网应用中。所以，每一个程序员都应该是一个合格的软件设计师，这样才能实现自我价值和职业规划，很多时候并不是企业淘汰了您而是您放弃了变成更好的自己的机会。

笔者本计划使用模型四要素来解释设计模型，但图 4.35 属于静态模型不太方便表达，只好再额外设计出一张时序图来表达用户提交订单业务的实现细节，如图 4.36 所示。

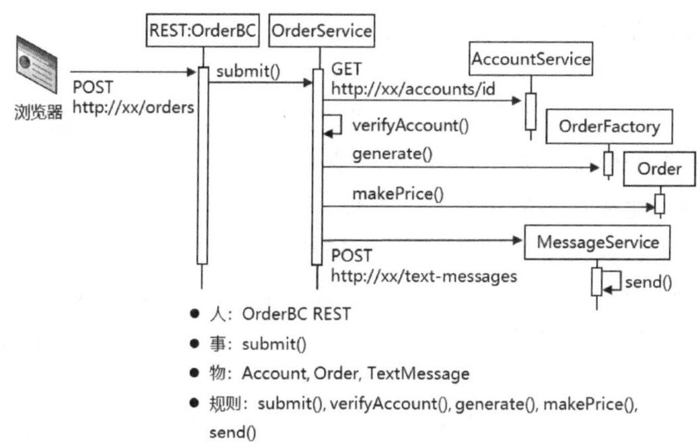

图 4.36　使用时序图表达提交订单业务

图 4.36 所表达的设计模型中到底哪些元素表达了建模四要素中的"人""事""物"和"规则"呢？相对于业务模型和分析模型，设计模型中的四要素可能会因人而异，笔者在此说一下个人的理解，也仅代表个人观点。首先谈一下"人"的概念，就是发起某件事情的主人公，本案例中的"人"是订单限界上下文所包含的 REST 接口。它并不是一个"活着"的东西，因为在设计模型这个层面我们一般不会给有生命的物体建模，具体原因前面已做过说明。REST 接口是提交订单这个业务的客户端或发起人，尽管它可能也会有自己的客户比如浏览器或另外的服务，但我们只考虑直接客户；"事"相对简单，就

是 OrderService 应用服务中的提交订单方法 submit()。“物”是指操作的目标，也就是涉及的领域模型，本案例中的“物”指代订单 Order、账户 Account、消息 Message 等模型；“规则”是 submit()方法中一系列子方法调用的组合，限定了业务走向。有读者可能会问：那服务 AccountService 和 MessageService 中的两个调用算什么？其实您也可以将这两个操作理解为“事”，只不过它们是 submit()这件大事中的小事，或者更确切地说是账户服务和消息服务中的“事”，我们不需要对它做过多的细化。

如果我是读者可能会对“规则”这一对象感到困惑，让笔者来仔细解释一下。所谓的“规则”其实并不指某一个方法或某一个领域模型，它是一种很抽象的东西。仍然以提交订单业务为例，想要实现这个场景您必须得先对操作步骤进行组织，也就是考虑一共有哪几步，应当先干什么后干什么。这些即为规则，确切地说，其表示的是控制（这是个名词）或限制（这也是个名称）。那么订单对象 Order 中的 makePrice()方法的实现逻辑算是什么？它才是真正的规则吧？为什么没在图 4.36 里标识出来。是的，您的理解是正确的。Order 作为领域模型，它内部的实现逻辑绝对是最正宗的规则，笔者之所以未在图中标识是因为粒度的原因。

图 4.36 表达的是“提交订单”这一层级的业务，所以我们只考虑提交过程中所涉及的步骤（即：规则），至于 makePrice()内的逻辑那是下一层级的，其具体实现并不是本层中的规则。换句话说：如果您想对 makePrice()业务的实现进行建模，该方法中的业务逻辑就会变成规则了。当然，“人”“事”这些内容也会产生相应的变化。简单来说，如果我们将提交订单业务定义为二级模型，那 makePrice()业务就是三级模型，我们不应该把三级模型的细节放到二级模型上，反之亦然。

经过前面的介绍相信您应该对设计模型的概念有了一个感性的认识了，让我们再来谈一下设计模型的粒度。对于业务模型，它可以很大，比如那些顶级的业务流程，这样的流程还可以细化成许多的子业务。但设计模型则不同，它是有规模限制的，否则很容易沦为一种噱头。以类图为例，这是一种描述静态事物的模型，一般只在业务模型上面使用（不包含 Service、DTO、DAO 等）。类图的最大的粒度是以限界上下文为限，也就是您所画的类图最多以服务为边界，不可再大。笔者也曾见过那种以整个系统为单位的巨型类图，且不说画这个图要花费多少时间，即便从实用价值的角度来看似乎也不是很高，很容易让读者产生阅读恐惧。相比于类图的边界，时序图的粒度要小得多，一般是一个时序图对应一个业务用例也就是用户的一次操作，再粗就没有太大的意义了。

有些读者可能会听说过“动态建模”与“静态建模”的概念。所谓的动、静其实是指模型图的类别，前面我们曾经说过这二者的区别，所以提出来这两个概念是因为笔者想将自己在业务建模上的建模经验与您分享。方便起见我们这里只以设计模型为例，否则会让事情变得复杂。重申一下建模的前提：业务要有一定的复杂度，并不需要对一些简单的 CRUD 类用例进行建模。把握住这个重要前提之后，笔者来谈一下个人在此项工作上的经验，基本上可归结为三点。

(1) 笔者在建模时一般只会使用两类图形：类图和时序图。使用类图来表达业务模型及其相互之间的关系，且一般只对类中的重点方法或属性进行标识并不会事无巨细地全都罗列出来;使用时序图对控制类(应用服务)中的方法建模,重点描述各种操作步骤、方法名称和调用关系,细节如返回值和参数等则一般是能省则省。这种动静相结合的建模方式几乎可以适应大部分场景。

(2) 除非极特别情况,动态与静态模型一般都是在纸上以手画的方式来实现,很少使用那些专业的画图软件如 Visio 等。之所以这样做是因为建模过程是一个大脑飞快运转的过程,偶有灵感就需要立刻且快速的记录下来;如果发现设计中有不合理的地方则直接划掉重新设计,这一过程速度至关重要。建模是一个需要高度集中精力的工作,付出最多的是大脑而不是手,所以我们得让手跟上大脑的思考速度才行。使用专业的制图软件的确可以把图画得漂漂亮亮、板板正正,但您的主要精力大部分都放在了画图的工作上而非思考,除非使用电子笔否则并不推荐这种方式。而且,这类设计模型漂亮与否并不重要,我们看重的是结果。

(3) 完成作图之后还有最重要的一步要走,即走查。首先需要把需求总结成业务用例,个人习惯以 Word 方式;第二步则遍历每一个业务用例,对时序图进行走查;第三步仍然还是循环每一个业务用例,这一步是对类图进行走查。当然,您也可以把第二、三步交叉进行,先动后静,依个人习惯即可。走查工作是建模中极为重要的一个环节也是最容易被忽略的一环,我们在进行子域设计的时候也有这样的环节,两者的意义大体是相同的,简单来说就是验证您所建立的模型能否支撑得住需求。

前面我们就三类模型举了不少的例子,不知道您是否注意过一个细节,即模型及其关联的行为的命名在三类模型中是一致的。虽然设计模型中我们使用了英文,但译成中文后与业务模型也是相同的。这是建模工作中需要格外注意的一点,务必要保证通用语言不被破坏。

三类模型中,一般业务模型稳定性最好,数量也最少;分析模型与业务模型关联性较高,虽然也有一定的数量但很多时候会被团队所忽略,直接从业务模型过渡到设计模型,所以这两类模型尤其是前者最具保存价值。至于设计模型,虽能指导开发但缺点也不少:首先是数量多,建模时会占用较多的时间;其次是设计模型的变化非常频繁,增减属性或方法都会造成设计模型发生变化,用于维护的工作量不是一般的大。所以在实践中一般不会对其进行长期保留,包括笔者本人基本上也是用之即弃。

误用设计模型的情况非常普遍,笔者曾在很多项目中见到过团队只管画但从不会对其进行维护。这种文档不仅不会起到指导意义反而还会误导新人。笔者在本书的开篇中曾强调过“软件设计师不应该被教条所限制”,学会对于文档的取舍便是在这方面很明显的一个体现。我们应当把精力放到如何让代码成为会说话的文档上而不是想方设法折磨程序员去维护一些没有价值的文档。

就软件建模涉及的三类模型我们已经讲了很多,但仍然只是一些皮毛而已。从业务模型到分析模型再到设计模型,这一系列建模流程涉及的知识并不是笔者几句话就能概括的,需要进行专门的学习才行。建议读者买一些 UML 建模相关的书籍进行针对性的学习,毕竟本书的焦点在于对 DDD 理论的解读及如何使用 DDD 的方法论来指导系统的建设。虽然笔者在后面会花费大量的时间来介绍各类领域模型及它们如何在技术上进行落地，但这些知识也仅仅能对应到设计模型上，进行全面的、体系化的学习才更有意义。最后再重复提示一下读者：建模工作只应针对复杂业务场景，不建议事无巨细全部体现出来，除非您是因为某些特殊原因需要故意水一些文字。还有一点，使用图形建模时笔者建议使用 UML，虽然种类很多（大概 8 种）但常用的也就是有限的那两种，比如：类图、时序图等，学起来门槛并不是很高，而且也不一定要严格遵守 UML 中的各类规范，只要团队内部能看明白即可。

最佳实践

建模工作的重点是文字，图形仅是一种补充。

4.10.2 限界上下文与模型的集成

本节的主标题是限界上下文，可是笔者却花了大量的时间去解释软件建模的知识，这一作法并没有跑题，因为大部分的建模工作都是以限界上下文为基础的。之所以说是“大部分”是因为有一些业务模型会更超然一些，本来就不以技术作为建模的参考，能够脱离限界上下文的限制也很正常，但总的来说还是少数派。对 DDD 有过了解的读者应该会知道实体、值对象等概念，这些是设计模型，您是否有考虑过它们是从何而来的吗？看过前面的内容之后相信这一问题并不难回答：根据业务模型和分析模型推导出来的。既然设计模型会被限界上下文“限制”住，那么它当然也可以限制住大部分的业务模型和分析模型，也就是说如果可以的话尽量给所有的模型（注意：业务模型是个例外）都划定一个边界，这样才更有指导意义。虽然您可能会在软件建设过程中设计出各种各样的模型，但不要让它们成为“脱缰的野马”四处乱窜，而是要与限界上下文结合起来。

回看一下前面我们讲解的内容，您会发现虽然限界上下文如此重要但在图上也仅仅是一个实线的圆圈，这样的图不是“略显”粗糙而是“过于”粗糙了。当然，这样的图仍然具有很高的战略价值，但并不是设计的终点，您还可以根据自己的需要做进一步的细化。此处就要看您的使用目的了：如果将其作为分析模型可以考虑把领域模型放进去；如果作为设计模型放的自然就是实体、聚合等。为加深读者的理解，让我们尝试对“订单管理”这一限界上下文进行细化，目标是分析模型。

首先我们先大致说一下“订单管理”要包含的主要业务用例有哪些，这些是分析模型的前提。

- 用户可将购物车中的商品一次性提交并生成一个订单。
- 用户可以对订单进行支付。虽然支付流程中有一大部分业务会由支付服务来实现，但订单管理服务是操作的入口。
- 订单未支付时，用户可以将其取消掉。
- 商品一旦被签收，订单就会被设置为“已完成”。

了解了订单管理服务的主要能力之后让我们根据以上需求建立一份分析模型图，

以类图的形式来展示本服务中的领域模型,具体细节如图 4.37 所示(注:图中只标识了重点模型)。

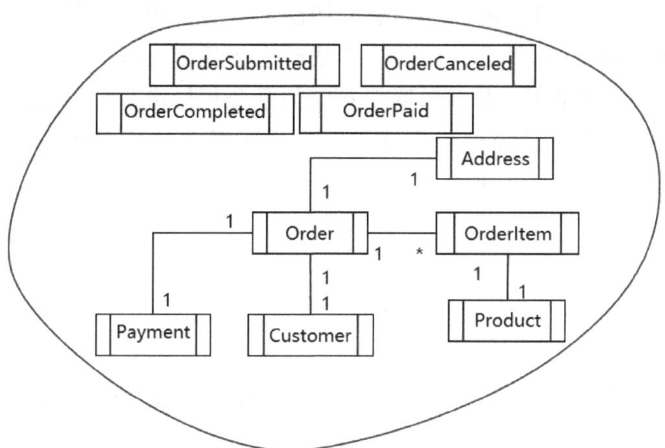

图 4.37 订单管理限界上下文中的分析模型

上述四个用例中都提及了订单领域模型,它自然是本案例的主角,与之关联的除了我们常常提及的订单项(OrderItem)、客户(Customer)等领域模型之外还会包含支付信息(Payment)、收货地址信息(Address)等。除此之外,还有一些领域事件也是领域模型的一部分,比如订单提交成功后会产生一个"订单提交事件(OrderSubmitted)";订单取消后会产生一个"订单取消事件(OrderCanceled)"等,订单管理服务应当将它们都放到在自己的掌控范围之内。

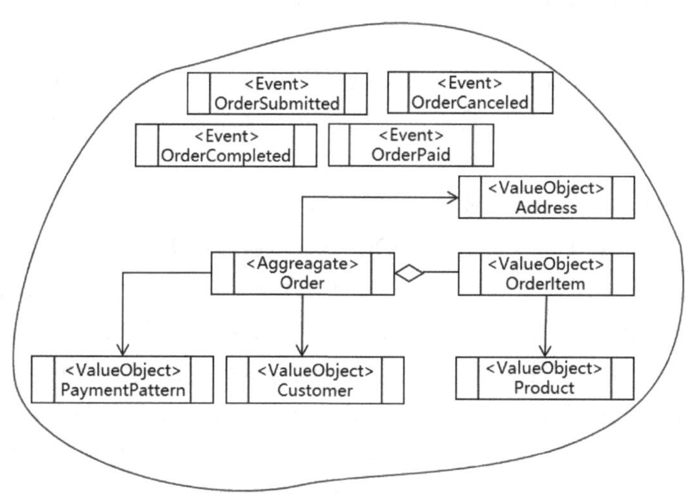

图 4.38 订单管理限界上下文中的设计模型

同样是这个案例,我们还可以以限界上下文为基础建立一份设计模型,如图 4.38 所示(注:图中只标识了重点模型)。案例中我们使用了类图,当然您也可以使用时序图来表达动态的流程,只是画图的时候不一定要以笔者所使用的形式,毕竟配图的目的是让读者可以轻松地了解作者的意图而不是显酷。

至此,有关建模相关的知识已经讲解完毕。领域模型、分析模型和设计模型是建模工作中的三驾马车,应用得好可以成为您或团队的一大助力。实际上,子域设计所做的工作就是在进行业务建模,只是它更关注于战略上的规划,并不会对每个业务的细节给予特别多关注。同样的道理,限界上下文对应的是分析模型、而后文战术部分中要讲解的内容自然对应的就是设计模型了。这三类模型所囊括的范围和内容都非常的大,并不局限于子域、限界上下文设计等。

总 结

本章中我们首先解释了通用语言的概念,作为沟通介质它应当被作为一种团队语言被系统建设参与者共同使用。当业务术语变得繁杂时我们可以采取一些手段来将业务术语分组使之具备清晰的、唯一的含义,实现这一目标的方式便是引入通用语言。通用语言使得团队沟通时不需再花费额外的精力对彼此口中的术语进行翻译;基于通用语言所挖掘出的领域模型自然也具备概念明确的特性,这是它的最大价值。

通用语言以及依赖通用语言推导出来的领域模型只有在某一边界之内才具备含义唯一的效果,这个边界即为限界上下文。它不仅是通用语言、领域模型的容器,也在物理上确认了系统中服务的构成,是从问题空间迈入解决方案空间的第一步也是最重要的一步。从它开始人们不再纸上谈兵而是真正地进入到了系统设计阶段。作为DDD指导体系中最核心的元素,限界上下文所涉及的概念是最多的。团队需要考虑如何识别它,尽管基于子域是一种常用的手段但众多的非功能性需求也在很大程度上制约着限界上下文的结构;团队需要考虑如何实现它们间的彼此集成,尽管技术上的阻碍已经变得很小但如何设计如高内聚、低耦合的限界上下文是需要设计师在实践中不断的去磨砺的。

限界上下文在DDD的崇高地位毋庸置疑,它上承子域让业务有了落地之本;下接各类战术概念,不论是架构模式还是DDD中各类技术实现都是以限界上下文为依托的。此外,限界上下文还是开展建模工作的主战场,尤其是分析模型与设计模型。尽管很多业务的实现是跨服务的,比如提交订单就涉及商品服务和账务服务,但这种顶级业务流程的构成仍然需要以限界上下文为基础,说它是应用系统中的根基并不为过。

本章结束后我们就会正式迈入DDD战术指导部分中,读者在学习的时候请务必要把握住将限界上下文作为核心这一要点,牢记所有的概念都是在它的基础上开展的。进入了微服务时代,应用系统已经变成了虚拟的概念,服务(限界上下文)才是实打实的东西,所谓“打蛇打七寸”,您只要抓住了关键环节就能让自己在建设过程中不跑偏。

第二部分　知行合一——战术实践

DDD战略指导的最大意义是培养团队的战略意识，即需要站在一个更高的位置去思考问题、去观察和规划系统，而不是一上来就直接陷入到各类技术的细节中。这个道理就和打仗一样，首先指明方向再考虑如何打，战略一旦出现错误再优秀的战术也不会逆转劣势。当您去翻看历史书的时候，会发现类似的案例比比皆是。所以本书开篇即讲战略也是期望读者尤其是程序员朋友应该在这一部分上多投入一些精力，避免本末倒置。

进入到第二部分后，我们的学习重点会转向到战术，也就是从技术的角度来讲解软件设计中的各类细节，上至系统架构下至每一类领域模型或各种设计模式都会是本部分中的重点。客观来讲，DDD的战略部分虽然最为关键但在真实项目中的实践度并不高甚至很多时候是被忽略的。尤其是很多的企业和团队打着DDD的旗帜实际上只用到了战术部分的内容（即：DDD Lite），毕竟那是可以看得见摸得着的东西。他们并不害怕出现战略问题，因为可以使用硬件或人力去扛，首先能满足需求是最重要的。这一思想乍一看有一定的道理但禁不住推敲，重技术的工作方式的确可以在短时间见到成效，但随着时间的推移团队会越来越力不从心，这一道理我们在第一章中也曾经进行过详细说明。

有关案例的使用，如果无特别说明的话笔者会基于DDD四层架构（参看图5.10）来展示从第五章开始的所有代码案例以方便读者理解。另外，笔者还需要对一个重要词汇进行解释，即业务用例。虽然与系统用例有着本质的区别，但在本书中您可以将二者等同看待。狭义上的系统用例是指：用户与系统的一次交互，对应的是应用服务中的公有方法。正常情况下，一个业务用例可能会对应多个系统用例，不过为了简单起见我们默认一个业务用例只对应一个系统用例，如有特殊情况笔者会进行明确说明。

第5章 中流砥柱——系统架构(Architecture)

传统的单体风格架构应用,整个系统会使用相对统一的架构模式。当团队想使用事件驱动架构(Event - Driven Architecture,简称 EDA)的时候可能会需要在系统中引入消息队列中间件,这种引用是系统级的,消息队列一旦出现问题受影响的将会是整个系统。DDD 中以限界上下文为基,采用微服务风格的架构时每一个限界上下文都对应着一个服务,而且每一个服务都可以根据需要使用适合于自己的架构模式。虽然对于工程师而言需要学习的知识变多,但反过来也可以吃到由于使用了合适的系统架构而带来的红利。

本章我们会对一些不同风格的架构模式进行介绍,包括其应用范围及优缺点。不过架构很容易产生欺骗性,乍一看感觉都非常好,跃跃欲试,结果忽略了它们的适用性。这种感受在笔者初学 DDD 时非常的强烈,即便现在成熟了很多也仍然会有控制不住的冲动。可能还是因为我们对于技术太过于痴迷了而忽略了技术之外的那些比技术更重要的东西,比如软件质量、可维护性、安全性、系统性能等。所以在架构选择过程中要对这些因素进行综合考虑而不能仅站在个人利益或兴趣的角度,那是对个人和团队的不负责。此外,虽然技术选型是架构师的责任但作为开发工程师如果能有自己的思考的话,那就意味着自己的职业生涯寿命会更长。

在技术的层面上,笔者认为架构是服务的骨架,其能够从大方向上决定该服务的整体特色。合适的选型对于后续的研发工作、运维工作都是有利的,能够做到事半功倍。笔者接触过的工程师也不少,但大部分都只了解分层架构、只知道面向过程编程。虽然把事情做精是个好事儿,但如果多学习一些与架构有关的知识会让自己在设计过程中多一些选择。时代在变迁,对于技术有深度、有广度的程序员才是未来的选择。

5.1 对象与服务

在对各类架构模式进行学习之前我们需要做一下统一语言的操作,其实就是建立通用语言。笔者注意到软件开发过程中有很多术语的含义存在混淆的情况,提前进行一下规范能够避免学习中产生误解。不过术语千千万,我们不可能全部涵盖,所以这一节只讲两个重点:对象(模型)与服务。

软件开发的过程中我们会遇到各种各样的对象,这些模型有的用于承载数据如数据传输对象(Data Transfer Object,简称 DTO)、视图对象(View Object,简称 VO[1])等;有些对象虽有属性但其重点是操作,如应用服务、DAO、REST Controller 等。在我们进一步学习架构之前需要把这些概念明确化以避免讨论过程中出现歧义。方便起见,笔者将这些模型分成两类:关注属性的模型和关注行为的模型,前者称之为"对象"(请读者注意与 Java 中的"对象"做好区分,后者表示实例化后的类与我们此处所讲的对象并不相同);后者称之为"服务"。

5.1.1 对　象

笔者将常见的对象分为四类,如表 5.1 所示。这四类对象虽然常见但也容易被混用,造成很多读者在概念上产生混淆。

表 5.1　软件开发中常见的对象

对象种类	说　明
DTO	数据传输对象一般是数据的载体或者容器,它仅包含属性和用于属性访问的 getter/setter 方法,甚至有些时候将属性置为公有并去掉 getter/setter 也不会产生什么问题。有些框架要求 DTO 必须提供用于访问属性方法,保险起见很多工程师在日常使用的时候都会习惯性地加上。不过现在的开发 IDE 都比较强大,基本上一键即可生成。 数据传输对象一般用于分层间和服务间传输数据。通过把数据封装在一起可避免频繁地发起传输数据请求,能极大提高应用的性能。当然,代码看起来也会比较漂亮。 笔者有个问题想考一考读者:通过名称我们可看 DTO 是数据的载体,那么在使用 MQ 作为服务间交换信息的介质时,消息对象是不是也算是一种 DTO 呢?
VO	VO 的真实含义笔者在前文中解释过,普遍意义上的 VO 主要用于封装需要在展示层上使用的数据。也请读者带着这样一个问题去学习后面的内容:微服务中展示层可以是 REST Controller,那么从应用层传出的数据此时是不是可称之为 VO 呢?
BO	业务对象(Business Object,简称 BO),也有人称其为领域对象(Domain Object,简称 DO)或领域模型(Domain Model)。BO 对象同时承载了属性和方法,主要用于完成某项特定的业务。后文中讲到的实体、值对象等就是指这种对象。
PO	数据持久化对象(Persistent Object,简称 PO),待持久化的数据的载体,通常会和数据库表一一映射。

可以看到,在我们的意识中本来很熟悉的对象也有很多的名称。所以网络上对此有很多的争论,就笔者个人而言认为大可不必。术语往往与企业和团队的文化有很大的关系,以 PO 为例,笔者比较倾向于称之为数据实体(Data Entity)并且也让团队内部都这样称呼,能够形成一种约定就足够了,不必过多地纠结名称。人都会有一种从众心理,因为大家都是这么叫所以新加入的成员也会使用同样的称呼,而且这种约定会一直

1　真正意义上的 VO 指的是 Value Object,这类对象的具体使用方式同 DDD 中的值对象类似,例如属性不可进行变更。但在我们国内的开发环境中,大家所认为的 VO 是指视图对象,所以笔者也沿用此叫法。

传承下去不论团队成员是否产生更迭。所以，本书对于上述提到的各类对象的名称也进行了统一的规范，如图 5.1 所示。

首先，我们为数据对象更名为“Data Entity”，对应于表 5.1 中的 PO；第二，我们删除了 DTO 的叫法并用 VO 代替之。所以这么做是因为 DTO 这种称呼过于泛泛，消息队列中的消息本质上也是一种 DTO，但人们给了它一个专属的名称“Message”；Data Entity 也是一种 DTO，用于传送需要持久化或被反持久化后的数据；所以我们也为用于分层之间或服务之间传输数据的对象起一个专有名称“VO”，选择这个名字并不是因为笔者的一时兴起而是有更深层次的原因。

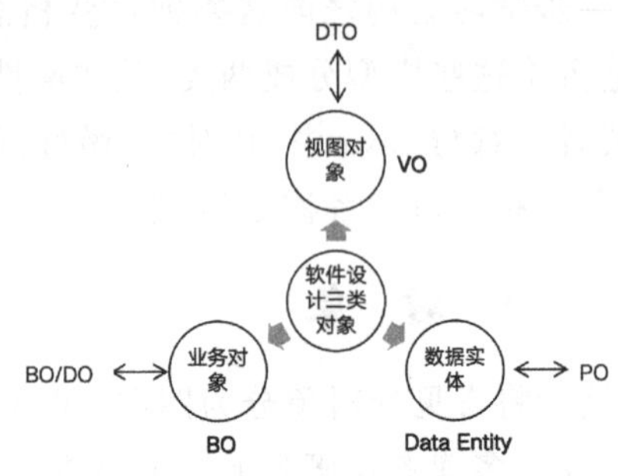

图 5.1 软件设计中的三类对象

在深入解释前我们先了解一下数据库视图的作用，简单来说它就是一个虚拟表，是对真实数据的反映。视图就像是一个窗口，外部通过它来了解数据库中感兴趣的数据，这些数据可能来源于一张表也可能是多张表。视图的数据可以被安全使用，因为它的数据完全由视图提供者控制且是只读的，什么样的数据可被使用、什么样的数据必须隐藏这些完全可控。在微服务架构中，服务之间需要大量的交换数据。从数据生产者角度来看，它可自主地控制输出数据的内容和格式，哪些数据能够被其他服务看到、哪些需要隐藏或加工，生产者应该能够完全主导；从数据使用者的角度来看，服务生产者就像一个黑盒，外部并不知道它是如何工作的，只能通过它传出来的数据做一些简单的“窥探”。因此，这些数据就成了外部了解生产者服务的唯一窗口。数据库视图承载的数据是数据库真实信息的反映，微服务的输出数据也是微服务真实状态的写照，二者虽然来源不同但有着异曲同工之妙，所以我们将用于服务间交换数据的载体命名为视图对象。不过视图对象的应用范围可大可小，大到服务小到包之间都可以使用视图对象来传递信息。

我们也可以从另外一个角度了解视图对象。当您和陌生人交流时，对方给您的第一印象就可以被理解为是他的一个视图，包含的信息是有限度的。即使有一天和他发展成为最要好的朋友，您能够看到的也还是一个视图，不可能得到对方所有的真实信息。可以看到，视图其实就是对某个对象的描述，而用于传输这些描述性信息的对象就是视图对象。

从某种意义上看，视图对象的应用范围其实是变大了。过去它只表示承载着要在页面上进行显示的信息的容器，现在则还承担着服务间和分层间数据交换载体的作用。如果您的确不适应使用 VO 这一叫法，后文中如出现 VO 时只需要将其理解为 DTO 即可。此外，后续内容中我们都会使用英文缩写来称呼这些对象而不再使用中文以免产生歧义。

BO 对象其实是一种统称，DDD 对其进行了进一步的细化。后续我们会直接使用更为专业的叫法,如:实体、值对象,除特殊情况之外不再使用 BO 这一称呼。有关 BO 对象的使用,笔者发现真实项目中对其误用、混用的情况非常多,后文中笔者会对此做重点说明。

5.1.2 服 务

在认识了三类对象后让我们再一起了解一下服务。相对于 VO、BO 这些概念服务要简单得多,而且它们也都有专属的名称,如图 5.2 所示。

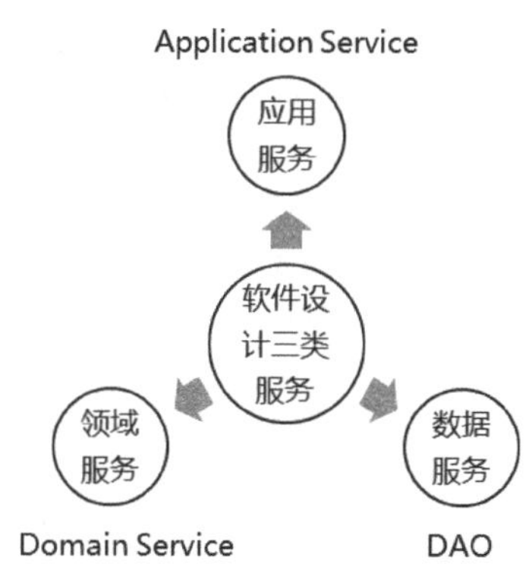

图 5.2 软件开发中的三类服务

“对象关注数据、服务关注行为”。所谓“关注行为”是指这类模型的主要责任是提供操作上的支持,并不关注其内部属性甚至很多时候它们是没有属性的,即便有也是为了引用另外的操作。下列代码展示了应用服务对于提交订单业务的实现:

```
@Service
public class OrderApplicationService {
    @Resource
    private AccountApplicationService accountService;
    @Resource
    private OrderRepository orderRepository;

    public void submit(OrderVO orderInfo) {
        Customer customer = this.accountService.getCustomer(orderInfo.getAccountId());
        Order order = OrderFactory.INSTANCE.create(orderInfo, customer);
        this.orderRepository.insert(order);
        //代码省略
    }
}
```

虽然应用服务 OrderApplicationService 包含了两个属性,但它们存在的意义是为了包装另一些操作,为实现 submit()方法提供能力上的支撑。

三类服务的区别见表 5.2 所列。也许有读者会对称呼 DAO 为数据服务有些异议,对此您可以尝试从这个对象的本质意义角度进行分析。DAO 的主要责任是提供数据访问能力,行为是第一要关注的事项,非常符合我们对于服务的定义,所以称其为数据服务是合理的。不过为了方便起见,笔者在本书中仍然会沿用 DAO 这一叫法。

实际上,开发过程中我们遇到的服务种类并不仅仅只有这三种,还会包含一些工具类、转换类、资源库(一类专门用于对领域模型进行持久化和反持久化的组件)、REST/RPC 服务等,统统都可以称之为服务。但它们的作用有限且不一定被使用,例如后面我们讲解的传统三层架构就不会包含资源库服务(Repository);一些单体应用也可能没有 REST/RPC 服务。图 5.2 中列举的三个服务则不同,它们几乎无处不在,虽然三层架构中不会涉及领域服务,但人家在 DDD 中是骨干。

表 5.2　软件开发中的三类服务

服务名称	说　明
应用服务	Application Service,简称 Service。专用于组织或实现业务逻辑,具体责任与编程模式相关。如果使用事务脚本编程,应用服务会同时承担组织业务和实现业务两方面的责任。应用服务可使用基础设施中的任何能力如日志操作、远程服务调用、数据库操作等。
领域服务	领域服务(Domain Service)属于领域层中的元素,当某些业务方法无合适的宿主对象或需要跨多个业务模型完成某项业务时会使用到领域服务。领域服务的使用限制与领域层中的其他组件相同,例如不能反向依赖应用服务或基础设施层中的组件。
数据服务	数据服务即 DAO,专用于操作各类数据库或缓存如 MySQL、MongoDB、Redis 等。

除了领域服务,其他两类服务的实例都可以被容器框架如 Spring 进行管理。又由于服务中的属性属于“陪练型选手”,所以对于服务实例的创建可以应用单例(Singleton)模式,不过要注意并发问题,毕竟服务中是可以嵌入属性的。

5.2　分层架构

系统分层架构模式已经被很多工程师所熟悉并能在开发过程中熟练使用。简单来说,所谓的“分层”是指在源代码中把责任类似的组件都划分到同一模块或同一子项目中,并通过一定的技术手段把这些分层组织起来来完成某一项业务的实现。由于各层的责任相对单一、纯粹,基于分层的代码组织结构更易于维护。这种方式类似于生产流水线,每一个环节只做相同的事情。例如组装汽车,有的环节负责加装外壳、有的环节只负责安装轮子,各环节相互协作、互不干扰,工作效率要远远大于“混着干”。当然,就分层软件的运行效率来看一般会稍微低于不分层的,毕竟函数调用也是有损耗的。不过对比分层所带来的优势这些消耗可以忽略不计。

学习软件架构离不开案例,所以笔者会以订单管理业务为示例来作为每一类架构的辅助说明。通过对比的方式向您展示实现订单业务时所用到的各类对象和服务在不同的架构中所处的位置是什么。此外,有一些 DDD 的概念我们可能会提前进行引用,如资源库。针对这种情况,您只需要知道该组件的大致作用即可,并不需要特别关注实现细节,这些内容笔者都会在后面的章节中进行详细介绍。

5.2.1 经典三层架构

提到分层就不能绕过经典的三层架构(3-tier architecture),是在单体时代非常流行的一种架构风格,它会将整个应用程序分为三层:表示层(User Interface,简称UI)、业务逻辑层(Business Logic Layer,简称BLL)和数据访问层(Data Access Layer,简称DAL),如图5.3所示。

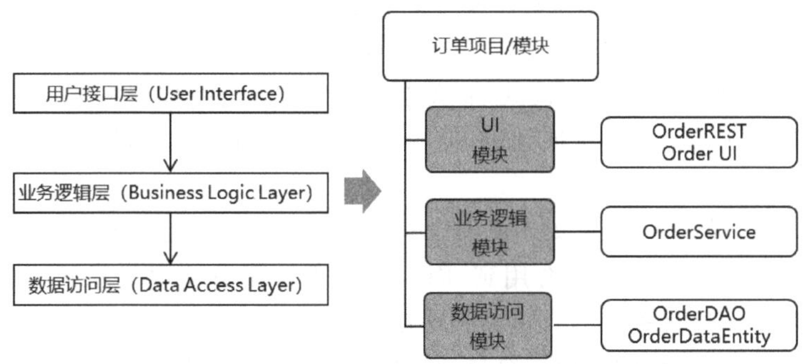

图5.3 传统三层架构及订单组件所属位置

笔者在入行软件行业之初以写C#为主,每一次编写数据库操作相关代码的时候都要把建立连接、执行命令、关闭连接等代码复制一次,当看到分层架构的时候几乎惊为天人,没想到代码还能这样写。虽然十几年的光阴一晃而过,即使到现在,三层架构仍是一种非常主流的架构模式,是面向过程开发的代表。虽然一些能力较强的团队或个人也会基于三层架构使用面向对象编程但这一方式并未成为主流,基本还是以面向过程为主。此外,企业或团队文化不同造成开发风格有很大的差异,您可能会发现有一些项目会引入更多的层,不过大多数都是一些能力的扩展,从本质上来看仍属于三层范围。包括DDD原书中介绍的经典分层架构实际上也是在三层架构的基础之上做的一种扩展,它将BLL进行分割,使其变成应用服务层和领域层。在微服务架构的系统中,UI层也有一些变化,不再局限于软件界面也包括REST Controller或RPC Controller,它们是BLL层的直接客户端,用于把服务自身的能力暴露出去。

三层架构的核心在BLL层,其编程模式一般会采用面向过程,所以人们还给了它一个更为专业的名称:事务脚本,即实现时按业务用例的步骤进行代码编排。事务脚本模式的核心是各类函数或方法而非领域对象,所以对于工程师的要求门槛很低,成为了大部分人的入门首选。不过这种模式的缺点也很明显:一是代码复用度很低,即使少量的变化也需要进行代码的重写;二是可维护性不高,当业务特别复杂时代码量会呈爆炸式增长,很容易出现牵一发而动全局的情况。虽然不愿意承认,但这种模式的使用度非常非常高,之所以能够成为很多工程师的最爱可能还是因为它足够直观与简单吧。不过仔细品味一下也很不是滋味,我们使用着强大的面向对象语言却只会编写面向过程的代码,着实让人感到可惜。

很多入门年头较长的工程师都看不上三层架构，觉得只有初级选手才会使用它。以笔者个人的理解这当中应该存在着一定的误区：首先，我们不能因为三层架构有这么多的缺点就一票否决；第二，这个架构如此经典、被使用得如此广泛，显然是有着它自己的特色的。所以，设计师在使用它之前要仔细分析一下它到底能适应什么样的业务场景。如果您面对的业务足够简单且以 CURD 操作为主，笔者强烈推荐使用这种模式。相反，您可能需要考虑使用 DDD 推荐的分层或更为先进的六边形架构。

三层架构除了简单之外，对工程师的要求也没那么高。所以您在投入资源的时候可以使用一些技术能力相对平平的人员，除节源之外还能让工程师在项目中得到培养。DDD 推荐使用一种四层的架构模式，后文中我们会对其进行详细讲解。这一模式虽然优点突出但开发效率低也是很明显的，使用时应仅限于业务复杂的场景，否则就是一种资源的浪费。

实际上，架构模式不存在“好”与“坏”之分，只有适合和不适合的区别。比如“数据字典”业务，几乎所有的系统都会用到，因为业务逻辑简单使用三层架构就会比较好。笔者个人即便工作这么多年而且可以熟练使用面向对象编程，但在工作中也经常使用三层架构，因为很多时候的确使用简单的架构就可以解决问题了，此等情况下又何必舍近求远使用那些复杂的架构模式呢？

三层架构模式看似简单却很考验开发者的功底。在没有强力的规范对开发工作进行约束的情况之下会让代码的维护工作变得异常困难。笔者亲身经历的一些项目中，就发现了很多工程师把业务代码写到 UI 层或者不限制 BLL 层中方法的长度，成百上千行的代码让人看起来眼花缭乱，常常看了后面忘了前面。就具体的编程规范笔者不想做过多的说明，有兴趣读者可在网络上自行查询相关知识或者看一些代码重构相关的书籍。笔者更想从层间访问限制的角度和如何组织代码的角度给出一些相对明确的规范供读者参考。这些规范或许无法从根本上改变代码的质量，如方法过长、命名模糊等，但它可以让代码更有条理，方便后续的维护、扩展甚至是服务的拆分。

请您回看一下图 5.3，箭头表示调用关系。相信您应该看到了笔者只使用了从上到下的箭头，这是一种约束，表示下层不能反向调用上层的能力。另外一点，当上层只能调用紧邻的下层的能力时，我们将这种模式称为严格分层架构（Strict Layers Architecture）；与之相对的则是松散分层架构（Relaxed Layers Architecture），它允许上方层访问任意的下方层。既然我们在图中没有标识可出跨层调用就表示不推荐使用松散分层架构。在使用三层架构时也请您严格遵循这种规范，它可以保障代码在宏观上是有条理的，不会出现胡乱引用的情况。这一规范同样适用于单体架构或一个服务中多个模块共存的情况，比如订单模块与账户模块属于同一个项目，使用三层架构时也要保证跨模块调用时的约束，如图 5.4 所示。

可以看到：不同模块间的 BLL 层组件可以相互访问，但不能绕过彼此的 BLL 层而直接访问其下层的元素。当某一天需要将订单与账户分开成两项服务的时候，只需要改变一下被访问者的 BLL 层实现即可。以图 5.4 所示为例，通过把账户模块中 BLL 调用 DAO 的实现方式转换成调用远程服务即可快速实现服务的拆分。此种方式对于

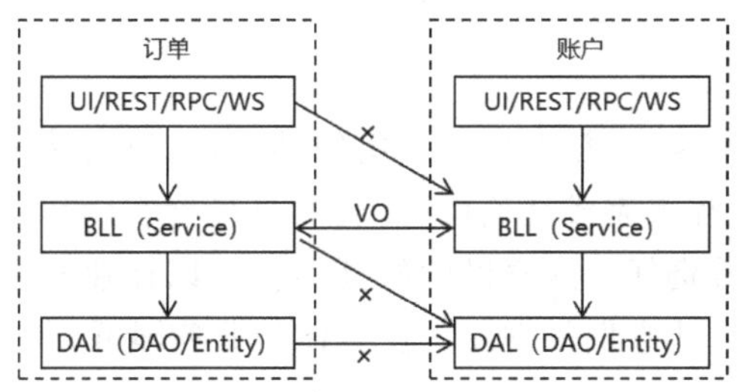

图 5.4 三层架构服务的调用约束

订单模块而言几乎没有什么影响，因为它只依赖于账户模块 BLL 组件的接口，并不关心具体的实现逻辑是什么。又由于我们限制了 BLL 之间只能通过 VO 进行交互，而 VO 仅仅是数据的载体不关联业务逻辑，又进一步减少了模块之间的耦合性。

类似的约束还有 UI 层不能跨模块访问另一模块的 BLL 组件，但您可以让自己模块内的 BLL 进行请求转发，这样做的目的也是为了减少耦合性的发生。实际上，这些约束都并非技术问题而是一种开发规范，所以可操作性非常高。如果您所开发的系统以三层架构为主的话，强烈建议将这些约束在团队内部进行推广。

除访问限制之外，BLL 层代码的编写也需要具备一定的规范。相信您不会否认这样的一个事实，即代码量和业务的复杂度是一个正比的关系。一旦没有约束就会让代码变得非常的混乱、非常难以维护。一些代码检查工具或可缓解这种情况，但很多时候还是需要靠着人力去解决，这是任何工具都代替不了的。对此，笔者就如何设计 BLL 层内业务用例的代码给出了一些建议：

```
public class ApplicationService {
    @Transaction()
    public void useCase() {
        try {
                this.subProcess1();
                boolean result = this.subProcess2();
                if (result) {
                    this.subProcess3(result);
                } else {
                    this.subProcess4();
                }
                this.subProcess5();
        } catch(Exception e) {
            this.subProcess6(e);
        }
    }

    private void subProcess1() {
        //代码省略...
```

```
    }
}
```

上述代码中的 useCase()方法是业务用例的入口，但它并没有实现具体的业务而是通过组织不同的子流程来完成某项任务，起的是指挥官的作用。除此之外它还承担着异常处理、事务管理等责任。这样做的好处不仅可以让业务在实现时有条理可言也可解放出每一个子流程，让它们只需要关注具体的业务即可，专门会有人来负责组织性的工作。因为三层架构以面向过程编程为主，所以在组织代码的时候您可以把子流程如上述案例中的 subProcess1()，subProcess2()等实现为 Service 类内的私有方法，这样的编程方式也能对代码起到一定的保护作用。

上述组织代码的方式参考了单一责任原则(Single Responsibility Principle，简称 SRP)，也就是让每一个方法都只关注于某一方面的责任。比如 useCase()负责组织业务，其他 sub * ()方法负责实现业务。虽然 SRP 源于面向对象五个基本原则(SOLID)，但思想是可以通用的。

5.2.2 DDD 四层架构

DDD 四层架构脱胎于经典三层架构，如图 5.5 所示。它将 BLL 分为两部分：应用层和领域层[1]，主要承担执行业务逻辑的组织和执行工作。DAL 层不复存在，其内包含的所有组件如 DAO、数据实体(Data Entity)等统统归属为基础设施层。您使用的那些框架或工具如 MyBatis、消息队列客户端等也归属于这一层。

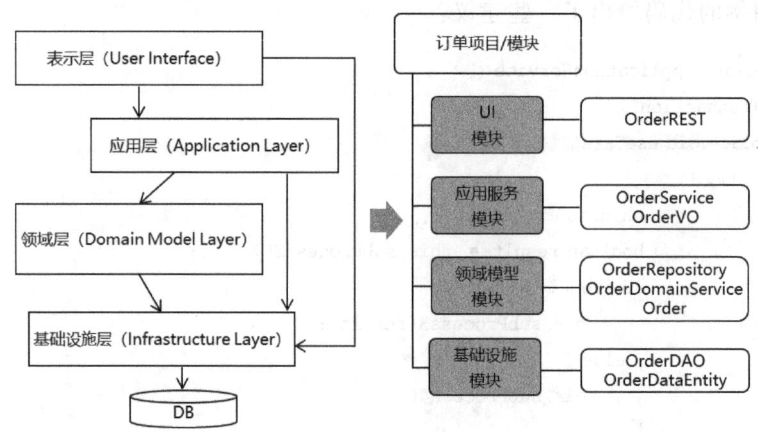

图 5.5 DDD 四层架构

除层数有变化之外，DDD 对于各层的责任也进行了明确，具体如表 5.3 所示。这种显式的约束能明显降低开发难度，这就是规范所带来的积极效应，至少程序员不会把各种组件的责任都掺杂在一起或者把本该放在领域模型中的业务逻辑全都写到应用层

1 领域层包含了名为 Order 的对象，此为领域模型。

使四层退化为三层。不过有一点也要注意，采用四层架构的应用仅适用于复杂的业务且开发难度要比三层高得多。通常情况下，四层架构使用了面向对象开发模式，您需要首先学会定义并抽象出领域模型，再借助于领域模型来完成业务逻辑的实现，这一系列过程中有非常多的事项需要注意。一般来说，基于对象开发时工作难度大部分都集中在了建模上面，对于无相关经验的工程师来说还是有一定的挑战的。类似于“空间换时间”原理，人们通过增加开发难度的方式来换取系统扩展性和维护性的增强，虽然这一说法多少有些“骇人听闻”，但使用简单、粗暴的手法的确很难开发出易维护和易扩展的代码，或者准确地说：对于人和团队的要求非常高。所以设计师的决策很重要，只有使用合适的架构才能达到开发速度、开发难度和应用质量三方面的平衡。

表 5.3　DDD 四层架构中各层的作用

层名	说　明
表示层	负责接收用户的请求并将请求传达至应用层来完成某一项任务；也用于将应用层的输出转换至用户需要的格式供显示或消费。这里的用户可以是使用软件的人也可以是某一个系统。在微服务架构下，这一层的主要责任包括为外部服务提供远程服务接口、转换输入、输出数据等
应用层	应用层主要包含了应用服务，其每个公有接口方法都对应了一个业务用例，通过指挥领域模型来完成特定的业务流程。这一层属于控制层，它组织业务流程的走向但并不会去实现业务规则，具体的逻辑会由领域模型或领域服务来完成。通常情况下，这一层会很简单、轻薄，不应当包含任何业务逻辑 另外，不应让应用层对于基础设施有着太多的依赖，有需要时可以在应用层中声明接口，将具体实现放到基础设施层中。通过依赖注入(Dependency Injection，简称 DI)的方式将具体 实例注入到应用层里
领域层	这一层处于项目的核心位置，会依赖于基础设施层。它定义了各类领域模型如实体、聚合、值对象，也定义了资源库或接口、业务异常、领域事件等对象。通常情况下，领域层会很厚重，限界上下文中所有识别出的领域模型都应该在这一层中进行定义。设计领域层内各类对象的时候，要注意其纯粹性。原则上，除基础编程框架之外(如 Spring)这一层不应该依赖于任何框架
基础设施层	在基础设施层中，您可以使用各种各样的技术或框架如消息队列客户端、数据持久化框架、文件处理工具等为系统提供公共的、相对基础的能力 相对于其他三层，这一层的能力较杂。正如其名，它实现的是相对更底层一点的能力，绝不可以包含业务逻辑在其中

关于表 5.3 中的内容请读者注意一点：它们仅适用于四层架构，当架构产生变化后各层的责任也可能会发生变更。比如后面要介绍的六边形架构，它会要求领域层不能对任何其他层产生依赖，这就使得您不可以将资源库的实现放到领域层中。

在分层架构相关的内容讲解完毕之前，笔者觉得有必要对一些基本知识做一番介绍。笔者个人在学习 DDD 时曾遇到过这些问题，所以不希望您再遭遇类似的情况。

很多习惯使用 Java 的读者对于分层的概念可能会感到有些迷惑，不知道它到底指的是什么。他们比较习惯于使用图 5.6 所示的方式来组织代码，这一方式比较强调

“包”的作用,即使用包来表示业务模块或限界上下文,这时的分层概念就被模糊化了。从图 5.6 中也能够看到:包 2 包含了 UI、应用服务等几个子包,这种方式很容易让人有一种错觉,即:分层=包或包=分层。

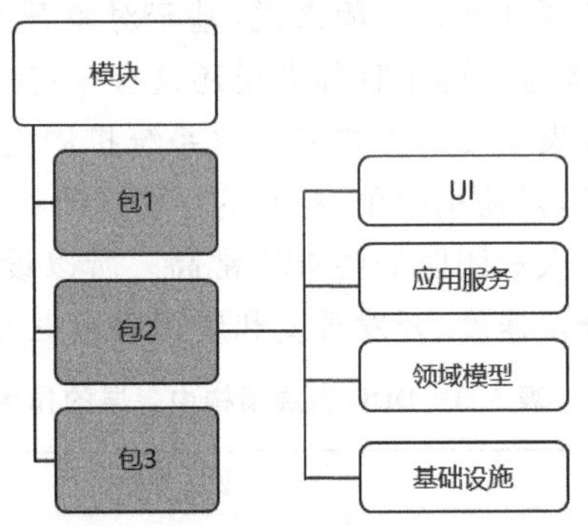

图 5.6 Java 项目中以包的方式来组织代码

又由于 Java 语言无法严格控制包间的互访,比如您无法限制住 Domain 和 Service 两个包内的类相互调用对方的方法,这种相对自由的开发方式就会让工程师感受不到前面我们讨论的所谓“访问限制”的效果。虽然您也可以使用一些 Java 中的关键字来对调用进行限制,但能力其实很有限。分层最大的作用其实是隔离效果,而使用包的方式来组织代码能够产生的隔离效果并不佳。

实际上,真正的“层”并不是指包而是指项目(.NET 解决方案中的 Project)或模块(即 Java 工程中的 Module),参考图 5.7。正常情况下,层应该可以被编译成可执行的应用或类库。以 Java 为例 ,编译后的层通常是一个 JAR 文件。很多架构都会要求层间的依赖关系必须是单向的,而只有以模块的形式实现分层的时候才能达到这一目的。您能想象两个 Module 相互依赖吗? 恐怕编译步骤都无法通过。

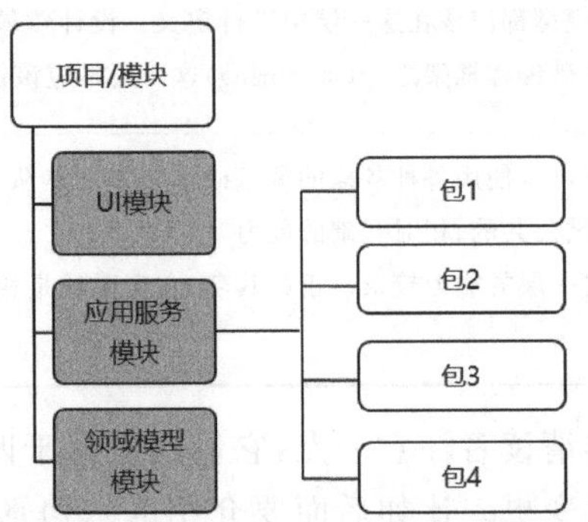

图 5.7 Java 工程中以模块(Module)的方式来组织代码

DDD 四层架构模式中,领域层会对基础设施层产生依赖,这就意味着您可以在领域层内使用基础设施层的能力。实际上,也的确需要这种能力。例如资源库 Repository 在实现时就需要调用基础设施层中的 DAO 组件来实现对领域模型的序列化与反序列化。不过四层架构模式缺点也比较明显,按理来说领域层只应负责处理业务逻辑才对,它才是架构中的核心,不应该让其依赖于其他的层。但四层架构方案并没有达成这一目的,有违我们心目中那种理想的设计。那么有没有什么手段能够解决领域层对基础设施层的依赖呢?比如在基础设施层中完成资源库的实现。但这一做法会让基础设施层对领域层产生一种反向的依赖(资源库接口会以领域模型作为参数),如图5.8所示。通过图5.5可知:分层架构的基本特征是上层单向依赖于下层,将资源库的实现放到基础设施层就会对分层架构产生破坏,这是不允许的。

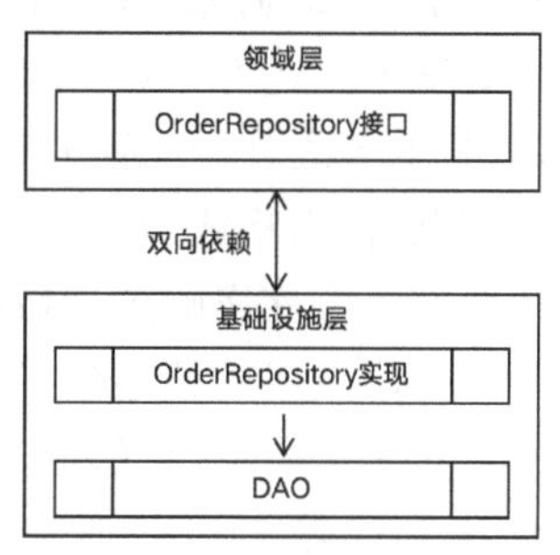

图5.8 存在反向依赖的四层架构

既然我们选择了分层架构,那就要遵循分层架构的设计原则 ,这是最基本的要求。对于前文中所提及的“应以领域为核心”的问题,有一种相对理想的处理方式,即在应用层中实现领域层中定义的资源库接口,这种方式可以消除反向依赖,如图5.9所示。这一措施还有另外一个好处——去除了领域层对基础设施层的依赖,形成了一个以领域层为核心的优化版四层架构。

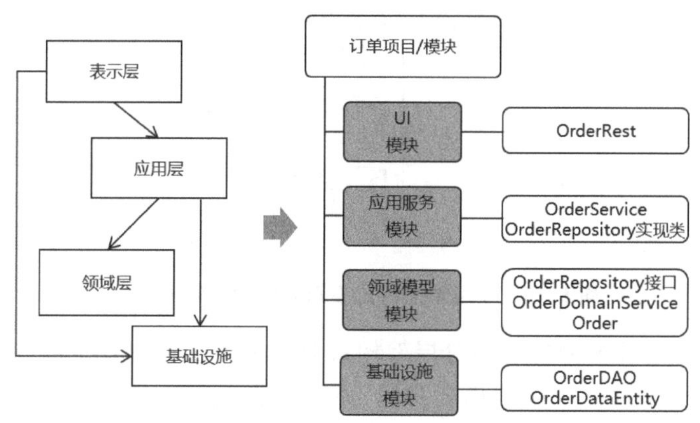

图5.9 在应用层中实现领域层定义的资源库接口
(取消反向依赖的同时还可形成以领域层为核心的四层架构)

请读者考虑一个问题:为什么我们一定要让领域层变成项目中的核心呢?笔者的答案很简单:因为一切的变化都是由领域引起的,我们期望让领域去驱动基础设施而不是反着来。以增加数据表字段为例,引发这一变化的一定是因为业务出现了变动,否则为什么要去修改数据库呢?此外,现实中的业务对象也不会对技术或其他设施产生依赖,转换成代码之后仍然要保持这一思想。如果对此您还不能够理解,请脑补一下测试的场景:因为领域模型不依赖于任何其他的组件,一旦代码编写完成就可以进行测试了。否则呢?您需要等待数据库就位,您需要等待其他中间件做好配置等,您需要等待的事情太多了，可是别无选择，不把这些事情处理好的话可能连服务都启动不了，更不要说进行测试了。还有一点：我们需要有一个稳定的业务内核，这里的稳定并不是指不能修改，而是业务之外的东西修改之后不应该影响到业务。比如输入请求中增加或删除了一些信息、输出格式发生了变化、业务用例控制流程出现了变更等，甚至于对中间件进行改变都不应该影响到领域层中的元素。

想要保住领域层的核心位置，就不应该让其对外部因素产生太多的依赖。净化领域层的方式其实很简单，总的原则是：编写领域层中的代码时，无论是实体还是值对象都最好只让其依赖于当前所使用的开发语言如 Java（JDK）或 C#（.NET Framework），不要引用任何与框架和基础设施相关的元素，哪怕是 Spring 这类框架，您要假设自己在使用简单文本编辑器编写代码。少量的对于如各种日期、字符串工具类、基础开发框架等依赖是允许的，但应仅限于此。评价领域层代码是否纯粹的标准是：将您编写的代码复制到另外的使用了不同框架的项目后不需要修改或只需少量的修改就可以被直接使用。

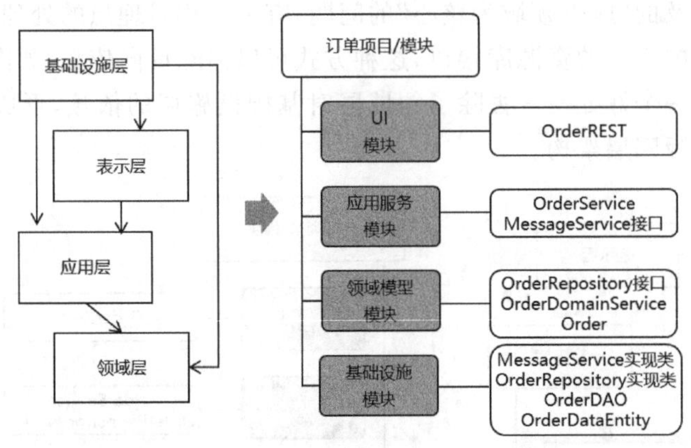

图 5.10　使用依赖倒置原则调整后的分层框架

到目前为止，一个相对完善的分层架构就此形成了。不过有些地方还是让人感觉不太舒服：一是为了遵守分层的规则我们不得不把 Repository 的实现放到了应用层，让这一层的责任变得很重；二是 Repository 的主要责任是为领域模型的持久化提供支持，需要与存储中间件进行交互，将其放到基础设施层是最合适的，那么是否有办法去改善一下问题呢？我们的目标是让项目既不会牺牲应用层的责任又可以去除由 Repository 所产生的反向依赖，同时还不会破坏领域层的核心位置。最简单、粗暴的方式就是索性把基础设施层调整为最上层并让其实现所有其他层定义的接口，使用时只需将接口实例注入到目标位置即可。以应用层为例，我们只需要在其中定义与基础设施沟通的接口，实现部分则全部放置到基础设施层中。应用层有需要时可直接调用接口的能力，并不需要关心具体实现方式是什么，因为接口对应的实例可以通过工具注入到应用服务中。

此方案的实现基于依赖倒置原则（Dependency Inversion Principle，简称 DIP），它

不仅解决了依赖问题还让领域层始终处于系统的核心位置,通过使用 Spring 框架提供的依赖注入(Dependency Injection,简称 DI)能力让目标的实现变得尤为简便,如图 5.10 所示。

图 5.10 中,右侧图内引入了一个新的接口:MessageService,表示消息服务。订单管理业务在实现时会涉及消息的使用,比如订单自动取消后需要给客户发送通知短信。

通过调整基础设施层的顺序并让其实现各层定义的接口[1]即可解决前面提及的各类问题。可以看到,这种架构模式使得基础设施层对应用层和其他各层都产生了单方向的依赖,与图 5.5 所示的架构还是有着很大的区别的。不过这样调整之后,所有的分层之间都只存在单向的依赖关系且保住了领域层的核心位置,遵循了分层架构的基本设计原则。下列代码展示了取消订单业务在应用服务中的实现:

```
@Service
public class OrderApplicationService {
    public void cancel(Long id) {
        Order order = this.orderRepository.findBy(id);
        OrderCanceled event = order.cancel();
        //代码省略...
        this.messageService.post(event);
    }
}
```

有读者可能会感觉上述案例代码在不考虑领域模型的情况下和三层架构的编程模式是类似的。这些其实只是一种表象,关键之处在于 MessageService 和 OrderRepository 的实现。以前者为例,大部分人都可能会将消息服务的实现放到应用服务中而不是领域层,即使有也大概率是无意识的。而采用依赖倒置的分层架构之后,会将无意识的操作变成有意识的,这才是它与三层架构的最大不同。

再次提示一下:分层的概念您需要以 Module 的概念去理解。而关于依赖,您可简单地将其理解为 Maven 中的"Dependency"。假如您是以包的形式来规划各类组件(单体应用中这种方式尤为常见)时可考虑使用如图 5.11 所示的方式进行代码组织,只是这种形式很容易失去依赖约束。此时对于人的要求应优先提到日程上来,最好的解决办法便是在组内强制实施编程规范。

最佳实践

基于依赖注入的应用架构一般会使用到容器类框架,Java 世界中 Spring 是当之无愧的王者。

---

1 一般情况下不需要为应用服务定义接口,所以此处的接口特指需要与基础设施沟通的组件。

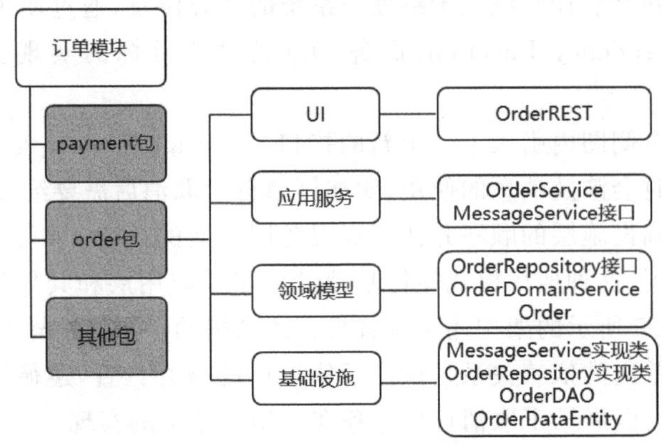

图 5.11　基于包的形式实现依赖倒置架构

5.3　洋葱架构与六边形架构

5.3.1　认识洋葱架构

经过几轮对四层架构的调整我们得到了一个最终如图 5.10 所示的架构，它的显著特点是：有一个完全独立的、不依赖于任何其他层的领域层；用于协调业务流程的应用层只会对领域层产生依赖，不再依赖基础设施，相当于这一层的稳定性得到了巩固；基础设施层处在了最高层，为其他各层提供相对基础的能力。对于图 5.10 展示的架构其实还可以使用另外一种形式去表达，如图 5.12。笔者之所以一直在使用分层的形式作图其实是想向您展示传统分层架构的不足以及调整的思路，这样您才会知道为什么传统分层架构无法很好地适配以领域模型为中心的设计，主要原因就在于其会让分层之间产生相对严重的耦合且各分层责任不够单一。不过有一点读者需要明确，即：三层分层架构还是很优秀的，并未落伍，或者唯一的不足是无法处理复杂的业务吧。

书归正文，请您再仔细观察一下图 5.12，它的中心是领域层，往外依次是应用层和基础设施层（注：基础设施层一般会包含表示层，尤其是微服务风格的应用）。由于样子看起来像个洋葱，所以人们给了它一个很形象的名称：洋葱架构（Onion Architecture）。它的特点是：以领域层为核心，其外所有的层都要服务于它；外层可以依赖于任意内层但反之则不可。笔者个人在使用这个架构的时候会更加严格，尤其是对领域模型的使用，它的主场只应在应用服务中，绝不会再将其泄漏到 REST Controller 或其他 UI 组件里。虽然基础设施会依赖领域模型，但只是为了资源库 Repository 的实现所做的妥协，笔者在开发过程中会严格遵循“基础设施层中不会执行任何业务逻辑”这一设计原则。不过严格来讲，洋葱架构其实是后面我们要讲解的六边形架构的一个别名，虽然不推荐但也可以用图 5.10 所示的分层架构去落地。如果您在网上或其他资料上再看到

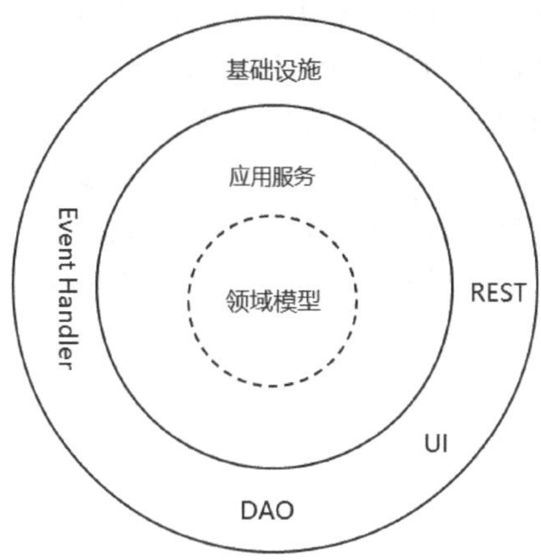

图 5.12 洋葱架构(它是依赖倒置分层架构的另外一种表现形式)

这一架构,不出意外应该指代的是六边形,这一点请读者注意。

洋葱架构的优势除了可以驱动设计师要以领域为核心之外,其在测试上的优势也是一个很大的亮点,您可以在数据库、消息队列等各类基础设施就位之前便开始进行领域模型的设计与业务逻辑的测试,相关的案例前文也曾提及。至于说“在基础设施发生变更时不会影响到领域”这一特色对于研发人员而言虽然是个亮点,但想办法保持基础设施(此处的基础设施一般指底层中间件,如数据库)的稳定在软件建设的整个生命周期里也是一个很重要的工作。除非有特别的需要,一般不应该对基础设施进行频繁的变更。今天看到有新的数据库产品就不加考虑也引入到项目中来;明天看到一个口号中充满各种优点的缓存组件也要想尽各种办法把现有的方案替换掉等最终导致软件建设变成了炫技的舞台,这并不是一个有责任感的架构师或工程师所应有的态度。

让我们再回到测试的话题上来。因为领域模型不依赖于任何其他基础设施,这就意味着只要完成代码的编写即可开始测试的工作。虽然这一工作通常以单元测试的方式来完成,但方式并不固定,您也可以随着测试随着开发,使用一种称之为测试驱动开发(Test - Driven Development,简称 TDD)的方法由测试来推动开发工作的进行。正是由于洋葱架构的使用让应用天然就具备了可测试性与易测试性,使开发人员从中受益良多,不必非得等到数据库表设计好了、网络连通了、各类基础设施可正常工作了才开始进行 debug 和测试的工作。且不说其他,仅就数据库设计方面的工作就可能节省很多的时间。基于传统三层架构开发的应用往往都是先设计表结构再据此进行代码编写的工作,开发过程中如果发现数据结构不匹配业务时就需要反过来先去修改表结构再去变更代码。有时候为了修改一个字段,工程师不得不从前至后把所有有关联的代码都走查一次。可以确定的是:修改越频繁开发效率越低下,最可怕的是那些代码可能已经经历过几轮测试了。使用洋葱架构则可以很好地避免这个问题:工程师一般会先设计和测试领域模型,只有领域模型可以完整地支撑业务之后才去考虑数据库的设计。这时业务逻辑已经验证,工程师只需要让数据结构适配上领域模型即可,大部分情况下可一次成型。

笔者曾设计过一个订购优惠的业务，其中编码和测试的工作是在一个用于个人学习的项目中完成的，这样可避免对项目代码产生影响。虽然基于新的 git 分支也可以完成此项工作，但项目启动速度很慢，让我这个急性子的人颇感不爽。待开发工作完成且通过单元测试之后，笔者直接将源代码包括测试全部复制到真正的项目中，令人惊喜的是复制之后几乎不需要对代码进行修改便可直接被使用。当时的项目使用了一个洋葱架构的变种，虽然并未严格遵循理论上的设计规范但领域模型是可以做到不依赖于其他组件的，仅就此一点就让笔者觉得这一架构的先进性绝不是一种噱头，能够被大部分设计师所偏爱尤其是在微服务中，绝对是一种必然。

基于依赖倒置原则去实现四层架构的时候，会产生一个以领域模型为核心的架构模式，我们称其为“洋葱架构”。这一结论相信读者应该是认同的，但有一个问题笔者需要澄清，即应用洋葱架构的应用并不一定要有领域模型，如果您的业务以 CRUD 为主也可以使用这个架构的。简单来说：使用洋葱架构时如果有领域模型，就必须以领域模型为主；反之要以应用服务为核心。那问题来了，没有领域模型的洋葱架构应该怎么去实现呢？三点基本设计原则：

（1）在应用服务中定义数据模型。

（2）在应用服务中定义 DAO 接口。这一点要注意：有领域模型时，DAO 的定义位置在基础设施中。

（3）有需要时将 DAO 接口注入到应用服务中。

其他设计原则如“应用服务中定义与基础设施沟通的接口”仍然保持不变。代码组织示意图如图 5.13 所示。

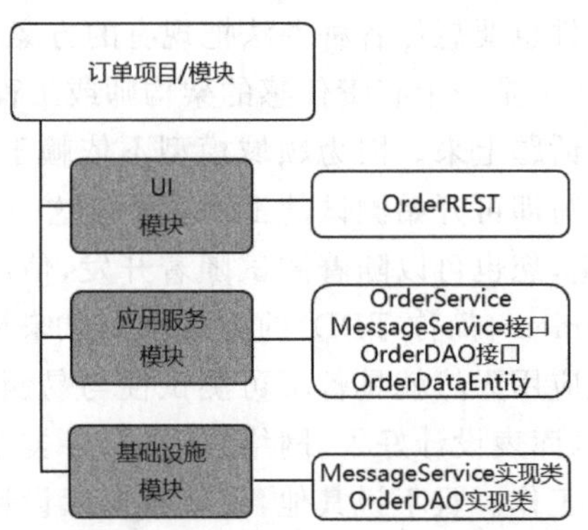

图 5.13　无领域模型时，洋葱架构项目的代码组织形式

软件开发过程中笔者建议尽量去遵循一个称之为命令查询分离（Command Query Separation，简称 CQS）的设计模式（请读者注意与 CQRS 的区别）。命令是指一切会影响数据状态的操作，比如提交订单操作会在数据库中生成一条新的记录；取消订单操作会变更订单记录字段的值，命令型操作一般无返回值。查询操作则属于无副作用的，它们不会影响数据的状态但一般会有返回值。所谓的 CQS 是指编写代码的时候要把这两类方法分开，避免同一个方法又作查询又作命令。当然也存在一些特殊的情况：堆栈的弹出栈顶元素方法 pop(),此操作会改变内部数据状态,同时还会将栈顶元素作为返回值返回。CQS 是一种值得遵守的且极具价值的设计模式,对于代码的阅读和系统的维护工作能够起到很积极的作用。

之所以提及 CQS 是因为它会对服务的架构产生影响。表面上看它是一种方法级或类级的设计模式,但因为命令方法与查询方法在实现上方式存在着很大的差异,使得我们在架构设计时可以为它们选用不同的架构模式。命令类方法在实现过程中会调动领域模型来完成各种任务,使用洋葱架构是完美的;而对于查询类方法则并不太合适,使用领域模型反而会增加代码编写的难度。想象一下查询操作通常都会关心什么?大概是:如何快速地完成某一项查询;如何对查询结果进行合并或加工等,既然不涉及业务逻辑的变更自然也用不到领域模型,那么也就没有必要使用洋葱架构了。

实际上,领域模型天然不适合于表现数据,它的职责是实现某项业务规则,用它作为查询结果不仅低效(构建领域模型时使用的是完整加载模式,保障对象完整性才是第一要素)使用起来也很烦琐。毕竟领域模型的结构通常都会很复杂,强行去适配查询业务会让模型的责任变得过于沉重,非常不利于维护。查询操作的返回值最好由其他的对象如 VO 来承担,人家才是专业的。书归正文,既然查询业务不涉及领域模型,那么是不是意味着用于查询的操作在架构上只需要两层即可?我们可以让基础设施层负责提供与数据库、缓存等中间件交互的能力;让应用服务改变一下自身的职责,针对查询型业务只负责对查询出的数据进行二次加工,如合并、过滤、脱敏、增减字段等。基于上述理论,我们把洋葱架构在实现上做一下区分,如图 5.14 所示。

用于查询业务的架构在依赖关系上与标准的洋葱架构是一致的,所以您在使用过程中并不需要为应对查询而去调整依赖关系。另外,如果您的命令型业务架构包含了四个分层的话那查询业务架构就使用三层,去除了领域层。应用服务在代码结构上也很简单,查询接口(DAO)由基础设施层负责实现,经 Spring 注入到应用服务中即可,余下的工作自然就是数据的合并、清洗、再加工等内容。不过涉及的细节并不止于此,待讲解应用服务时笔者会对此进行详细说明。

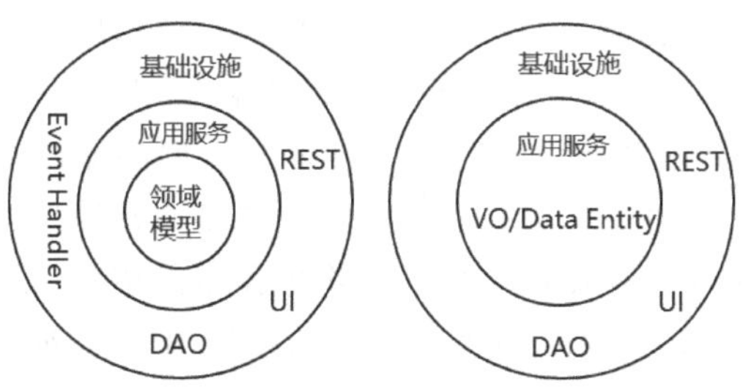

图 5.14 基于 CQS 模式的洋葱架构。命令业务架构(左),查询业务架构(右)

一般而言,查询业务请求的数量会远大于命令型业务,所以简化查询业务系统架构之后也能够让开发速度有很大的提升。客观而言,CQS 并不是一种架构模式,它是在既有架构的基础上针对于查询业务在代码设计上的一种简化,简单来说就是去掉一层,并没有从根本上改变架构模式。

5.3.2 认识六边形架构

如果您曾经阅读过 DDD 相关的文章或书籍，应该会听说过一些非常有名的架构模式，如六边形架构(Hexagonal Architecture)、干净架构(The Clean Architecture)等，虽然名称不一样、画出的图示也彼此有别，但就笔者个人理解，它们的核心理念是一致的：以领域模型为核心，无论数据库、用户界面、底层存储发生了什么样的变化都不应影响到处于核心位置的领域模型，驱动核心变化的只有一条途径，即：业务规则产生了变化。六边形架构和洋葱架构是同一个概念的两种不同叫法，也可以以分层的方式来对代码进行组织。当然，这只是一种实现六边形加构的方式(一种不推荐的方式)而已，思想上它并不像传统分层那样强调责任分工，其看重的是极简的依赖关系和最大化松耦合，它要求低层组件要依赖于高层组件且低层组件变化后不应该影响到高层组件。那么谁为低层呢？数据库、文件、消息服务等技术色彩浓厚的元素；谁为高层呢？领域模型、应用服务等。越是低层变化越频繁，变化越频繁系统就会越不稳定，而我们并不想看到低层的一点点变化影响到高层。

笔者需要多花一点笔墨在六边形架构上以让您对它多一些了解，原因很简单：微服务时代它被广泛使用，尽管在很多情况下只是使用了六边形架构的一些变种。

这一架构模式又名：端口与适配器(Ports & Adapters)，如图 5.15 所示。整体来看，六边形架构分为内外两个部分和左右两个部分。内外是指大小两个六边形，处于内部的小六边形为应用程序，是业务用例的集合，所有的业务规则都由它来负责处理，是服务的核心；处于外部的六边形则包含了各类端口和适配器用于将各类的外部输入转换成应用程序可以理解的内部输入，当然也可以将应用程序的执行结果转换成各种形式的输出。左右两部分则比较简单：左侧表示外部系统或用户对服务的输入，我们将其称为“前端”；右侧表示服务的输出，我们将其称为“后端”[1]。

端口与适配器的概念让很多读者理解起来比较困难，您可以简单地将它们的组合理解成是对应用程序能力的增强。应用程序的主要责任是管理和执行业务流程，通常情况下不应当再让其承担其他的工作。但作为软件，它应具备接受输入与输出的能力或至少其中的一种，否则它就是一个没有价值的存在。用于接受输入与输入的接口即为端口，如图 5.15 中的“服务接口”，它是一种输入类型的端口，是应用程序提供出来的、对业务用例进行封装的接口。基本上，这种封装是非常简单的，对应到代码一般就是应用服务中的公有方法。存储接口是一种输出类型的接口，是数据输出行为的一种抽象。比如资源库接口 IRepository、数据库访问接口 IDAO，都是输出类端口，应用程序只会关心端口的能力并不会在意它具体是如何工作的。可以看到，输入端口是应用程序公开的接口，是被适配器所用的；输出端口是应用程序访问外部系统的方式，是由应用程序去调用的。它们都是由应用程序定义的，在使用方式上是被动和主动的关系。

1　不过输出是一种泛泛的概念，您可以理解为请求的输出，包括数据序列化反序列化，外部服务调用等能力都会由这一组件来完成。

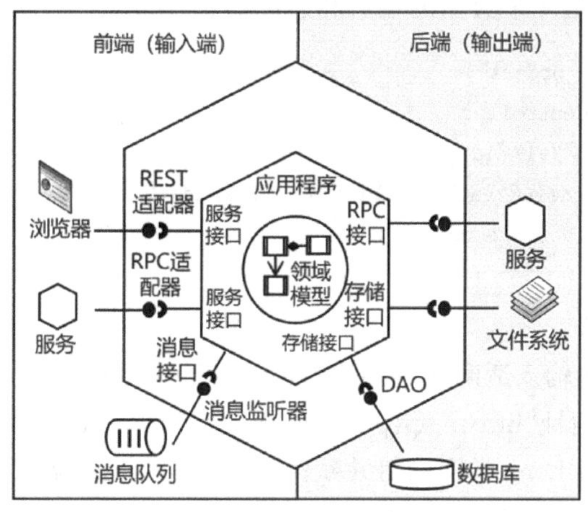

图 5.15 六边形架构

了解了端口我们再去解释一下适配器的概念。当应用程序成为服务提供者时，它需要面对各种各样的消费者。这些消费者在请求应用程序提供服务的时候也许使用了RPC协议、也许使用了HTTP、SOAP抑或是消息队列等，此等情况下您不可能为了适配请求而去修改应用程序，那样岂不是等于作茧自缚？所以适配器的概念就明确了，您不是有多种请求方式吗？那我们就针对每一种请求方式都设计一个对应的工具去解析它，这个工具便可称之为适配器，每个适配器都能够完成请求的解析并将请求内容转换成应用程序可理解的格式。

适配器分为两类：输入适配器和输出适配器。输入适配器用于对外部的输入进行解析，例如，图5.15中的REST适配器。其实就是我们借助Spring Web MVC框架编写的控制器类(Controller)，那个您熟悉的，只需要标识HTTP请求的方式(POST、GET等)、参数位置(Header、Body等)等信息即可工作的Controller。当然，Spring对于请求的解析已经在后台帮您完成了，您需要做的其实只剩下对输入数据的格式和请求方式进行限定。输出适配器自然就是指用于把应用程序执行后的输出进行存储或转发的组件，常用的有DAO、消息队列客户端、远程方法调用工具等。

适配器理念的引入使得我们不再害怕请求的多样性，每多一种新的请求方式只需追加一个适配器即可，即使新加的适配器有bug也不会对其他的产生影响。这是对于服务输入的适配，对于服务输出也适用同样的策略，无论输出对象是数据库、文件还是消息队列，每一类都可以搭配上对应的适配器。它们的作用明确且单一，能够在不影响应用程序的前提下独立地实现扩展，并且这一变化对于应用程序而言是不被感知的。另外一点，应用程序也不用关心输入与输出适配器的具体实现方式是什么，它只需要做好自己的本职工作即可。上一章中我们曾经讲解过防腐层的知识，适配器本质上算是一类特殊的防腐层，可被应用于限界上下文间的集成。

读者请不要被概念所吓倒，可能您当前所从事的项目当中尤其是微服务架构的应用已经引入了端口与适配器的概念，只是并未意识到或者并不知悉有这样的名词术语。

下列代码所展示的便是一个典型的端口和适配器：

```
@RequestMapping("/orders")
public class OrderController {
    @PostMapping("/v1/{id}/cancel")
    public void cancel(@PathVariable("id")Long id) {
        this.orderService.cancel(id);
    }
}
```

OrderController 为输入适配器，它可以解析外部使用 HTTP 方式对应用的请求。例如当客户端使用如下地址"http://ip:port/orders/v1/123/cancel"调用应用时，适配器会将 URL 中的"123"转换为 Long 类型的值并赋值给参数 id。紧接着再调用输入端口来完成业务请求的处理，这里的输入端口为 OrderApplicationService 中的 cancel()方法。

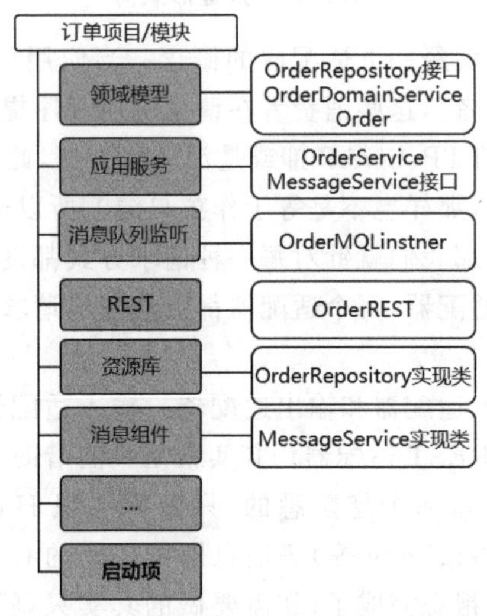

图 5.16　六边形架构项目的构成

虽然理论上您可以使用分层的方式落地六边形架构的服务，但这并不是一种推荐的方式，甚至于您应该摒弃分层的思想，要把应用程序、各类适配器想象成组件，或者更技术一点：类库。图 5.16 展示了六边形架构项目的构成。

由图 5.16 可以看出来，基于六边形的实现已经不再有分层的概念了，所有的内容全是组件。当某一天有新的能力需要加入的时候，比如对 gRPC 的支持，您只需要新建一个用于处理 gRPC 的模块到项目中即可。至于依赖问题，通过在 Maven 进行简单配置就解决了。不过有一个问题需要读者多加注意，即六边形架构的实现比较依赖于 IoC 技术。还好 Spring 框架的使用几乎已经成了构建企业级应用的一种标准，否则实现起来肯定是难上加难的。

很多时候，由于企业文化、团队技术能力水平等原因使得六边形架构被使用时并未严格遵守其架构规范，出现了很多的变种。不过读者不必对此产生任何忧虑，也不用强迫自己追求完美,适合自己的才是最好的。很多时候,变种的六边形架构对于研发人员来说更加友好、门槛更低。以图5.15为例,我们可以看到六边形架构有一个由领域模型构成的核心,在使用面向对象开发模式的时候自然没什么问题,大多数情况下能够达到架构的要求,但并不是所有的团队都可以或有能力使用面向对象编程的。虽然大家都明白事务脚本模式有着这样或那样的各种问题,但仍然被很多企业与团队广泛地使用,原因就在于它足够简单与直白。对于业务足够简单的场景我们一般不会引入领域模型,一切操作都以数据模型为主,这等情况下难道就不能使用六边形架构了吗?答案当然是否定的,原因有三:

(1) 团队虽然没有使用严格定义的六边形架构,但在开发过程中通过使用容器框架如 Spring 依然可以做到让应用程序依赖抽象而非细节。

(2) 六边形架构中,领域模型的使用仅仅是一种选择而非标准,业务才是技术选型的参考。当我们面对的业务足够简单时使用领域模型基本上就是一种浪费。

(3) 依赖编程技术的发展,很多原本需要考虑实现细节的东西已经被框架完美解决,即使基础设施有些许变动对于业务的影响也不会太大,这一点不正是设计工作所追求的吗?这种情况下为什么去强迫自己一定要严格遵从理论说明呢?

从笔者个人的角度来看,六边形架构体现的其实是一种组件化的编程思想,您完全可以根据团队或企业的实际情况选择不同的实现方式。

微服务应用中,六边形架构的使用已经变得非常广泛了,甚至有学者认为微服务就应该以六边形架构为基。对此笔者也持肯定的态度,因为实现微服务时的一些要求如:需要跨服务实现业务、服务输出和输出方式多样、每个服务中的业务应高度内聚等让六边形架构更能发挥出其优势。但是在使用的时候要注意业务特性、团队结构等内容,切记不可以盲目使用,也不可以陷入到教条中。本书虽未展示,但相信您多多少少都会在其他的书籍或文章中读到关于六边形架构(也可能是洋葱架构)的各种妙处,笔者对此建议如下:在您看到它的各类优点的同时务必不要忽略其缺点,错误的选择对于项目来说有可能是致命的。理论毕竟只是理论,现实中充满了各种变数,比如很多文章在讨论六边形架构时说它"可以让应用的运行独立于底层设施,如数据库、消息队列等"。但真正想要实现这个目标,您需要在开发过程中严格遵守各类条条框框的规范。但人是一种感性的且主观性很强的生物,他们做的一切决定都不一定是完全理性的,更何况很多时候还需要向各类现实条件进行妥协。所以我们应该想办法去拉近与目标的距离而不是无论如何都要实现它,这才是做设计、做软件建设所应有的态度。

5.4 命令查询责任分离(CQRS)

5.4.1 认识 CQRS

前面我们曾提及过一种设计模式:CQS,它的使用范围通常是在一个服务的内部。

但 CQRS 则是不同的，它是一种架构上的概念，由 Greg Young 于 2010 年提出。传统概念上的应用一般会把查询型方法和命令型方法集成在一起，查询方法负责把数据从持久化设施中读取出来，而命令方法则用于将数据写入到持久化设施中。对于这两类方法而言，无论是应用架构、开发技术栈还是使用到的基础设施几乎都是一样的，毕竟命令与查询方法都从属于同一个服务。虽然 CQS 设计思想能够将查询业务进行简化，但并不是质的变化。CQRS 对这一情况进行了彻底的改革，它将传统应用所使用的读写模型一分为二，形成在技术上和架构上都独立的命令服务和查询服务，如图 5.17 所示。

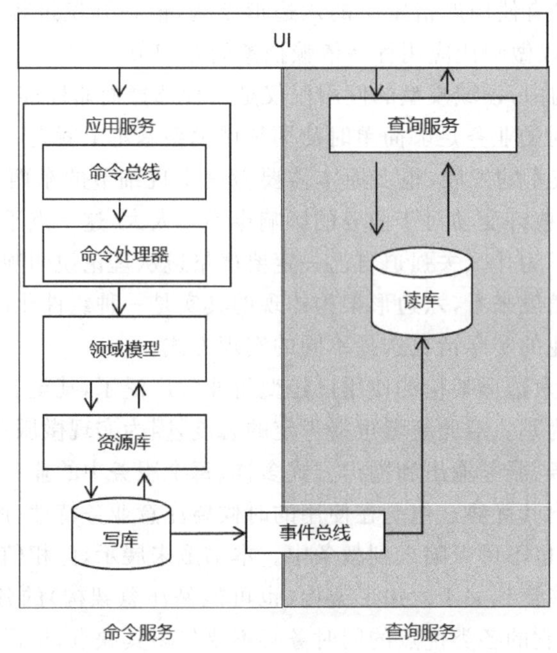

图 5.17　命令查询责任分离架构

通过前面的学习我们都知道：如果业务关注点不同，建设时应当将它们放到不同的限界上下文当中，这种分离是基于业务的。使用 CQRS 架构的应用虽然根据操作类型被分为命令服务和查询服务，但它们在业务上仍属于同一个子域，这一点读者要注意。这并不是业务对技术的妥协，而是为了满足某些非功能性的需求，例如运行性能、并发请求量等。应用 CQRS 的前提必须是由于业务上的需要，否则请不要轻易使用，毕竟引用新的架构会为研发人员、运维人员带来更多的挑战与工作量。

根据图 5.17 所示，原本为一体的服务被拆分成两个独立的服务：命令服务（左侧）与查询服务（右侧）。不同于单个服务，CQRS 架构的应用在数据处理方面由三步组成：

（1）命令服务中的请求经应用服务进入到领域层进行处理，最终的输出被资源库存储到写库中。

（2）命令服务将数据的变更通过消息队列通知到查询服务，后者得到通知后根据不同的消息类型将此次的变更更新至读库中。

(3) 客户端发起的查询请求会由右侧的查询服务进行处理，通过在查询服务中建立与读库的连接来执行查询业务并将执行结果返回至客户端。

采用CQRS架构后，命令服务和查询服务可以使用不同的架构来实现。命令服务涉及复杂的业务逻辑，可使用六边形架构并结合DDD中的各类战术编程模式来完成业务的处理；查询服务不涉及数据修改且业务简单，可使用传统三层架构。除架构可进行独立的选型之外，CQRS对于应用性能的提升也是非常明显的。为了提升查询效率，您可以使用一切可用的优化措施如缓存、更合适的存储设施等而不必担心数据会被意外修改，也不用担心为了满足查询业务而让架构的完整性遭到破坏。此外，由于命令服务很多时候只负责数据的写入而不用考虑写入结果的查询，这就给了开发人员一个更为广阔的操作空间，让他们可以玩出很多的“花样”。

以应对高并发的写入请求为例，工程师可以使用异步命令处理机制来代替原来的同步处理。图5.17所示的命令服务里所引入的“命令总线”组件能够为异步操作提供支持，大致处理流程为：服务收到请求后首先做基本的信息验证(验证过程一般只涉及较少的IO操作，如数据库查询、网络服务调用等)，只要信息在完整性方面符合要求则将其发送到命令总线中并将响应结果(注意，此时的响应结果并不是业务用例的执行结果)返回给客户端，避免请求线程一直占用服务器资源。

命令总线一般会使用消息队列作为底层支撑，而对于消息队列的作用相信笔者不用再做过多的解释了吧？可以看到，命令总线的引入不仅能将业务处理流程拆分为接收请求和处理请求两步，其作为请求缓冲池也能使得命令处理器可根据自身的能力来处理请求而不必担心因为请求过多造成服务崩溃。当然，基于命令总线的异步处理对于用户的体验也会产生一些影响，尤其是服务的响应结果，并不代表真实的处理结果。以验证为例，由于命令处理器只是对外部请求做了最基本的数据完整性和规范性检验，涉及更为严谨的验证因为牵涉到IO操作而被放到了命令处理程序中。又由于命令处理是一种异步行为，所以很可能会出现验证未通过的情况。最麻烦的是对于这种验证失败一般是无法及时通知到客户的，只能经由短信、邮件等方式进行补偿。

虽然结果不是很令人满意，不过客观来讲：解决高并发问题本身也没有特别完美的方案。最简单也是最直接的方式便是选择扩容，可以是服务器扩容、也可以是补充服务实例数量或者二者兼备，要不然就像阿里巴巴一样投入大量的资源去专门解决高流量业务问题。这些方式需要企业投入大量的资金，否则只能选择牺牲一些东西比如用户体验。“鱼和熊掌无法兼得”，只能根据具体业务场景和企业综合实力来进行决策。

由图5.17可知：所谓的“读”和“写”其实是一种业务上的概念并不是指数据库的读或写，写库亦可以根据业务的要求同时提供读的能力。相对地，读库的限制要严格得多，除了数据同步服务之外不允许客户端发起修改数据的请求。也就是说查询服务不得将变更数据的接口提供给客户端使用，写缓存也不可以。笔者曾主持过一个项目的设计，使用的便是图5.17所示的架构。写库虽然可读可写，但读的操作仅限于领域模型的反序列化，并不会暴露给客户去使用；读库则只用于提供复杂数据的查询，如多表连接等。应用层面上自然也是包含了两个服务，不过两个服务的负载并不相同，其中读服务的请求量大约是写服务的百倍左右。系统运营过程当中也出现过数据同步不及时的情况，但大部分情况都是由于网络抖动造成，发生的概率与引发的问题都比较小甚至可以忽略不计。

此项目使用 CQRS 架构的目的是解决核心业务系统的并发请求问题，那是一段让笔者难忘的日子。由于早期设计不合理和代码质量等各类问题使得每天上午业务高峰时段数据库必然挂掉，我们的运维人员每天 10 点“整装待发”为清理 MySQL 数据库的 SQL 执行线程工作做准备。领导的压力且不说，各类手工工作便使人不胜其烦。采用 CQRS 架构后，系统连续三年稳定运行直至有新的服务将其取代。有读者可能会担心改造成本问题，笔者以“过来人”的身份客观评价一下：即便是技术能力一般的团队也是可以接受的。当然，成本高不高还是在于人怎么去做，如果您一开始就想设计成本书或其他文章上展示的那种高大上的架构而且是基于已有大量业务的系统进行调整，真的有可能会出“人命”的。如果您像笔者一样：最初进行调整时仅将 MySQL 改造成一主两从的架构，使用数据库自身的同步机制完成读库与写库的同步而非如图 5.17 所示的事件机制；随后再使用消息机制把部分数据转移到 MongoDB 中，从物理上来减少 MySQL 的压力。改造工作是逐步进行的，不仅能快速解决前期系统的不稳定问题，也为可持续性的质量保障提供了扩展空间。总成本也许不低，但分摊下来后却是可以被轻易接受的。

当然，笔者拆分的并不仅仅是底层的数据库，应用也被拆分成了两个。写到此处有读者可能会对 CQRS 架构产生怀疑：当前很多先进的分布式数据库已经能够从底层上支持读写分离了，还有必要再使用 CQRS 架构吗？以笔者个人的观点来看答案是肯定的，具体原因如下：

(1) 命令与查询两类业务的流量不一样，如果系统本身的请求流量非常高，使用 CQRS 架构可以节省很多的部署和运维资源。通过拆分，您可以按照自己想要的服务实例数量比例如 1:10 来部署命令与查询服务；否则您只能依据“木桶定律”[1]来制定部署策略。

(2) 如果写服务使用了一些特别的设计模式，例如后面我们将要讲解的“事件溯源”。将读、写合并在一起会大大降低代码的可维护性。

5.4.2 CQRS 的实现

CQRS 在设计上并不坚持使用两个或多个不同的数据库，它的中心思想是指：应用程序在责任上进行分离。在单数据库的情况下，命令与查询服务可以访问相同的表也可以是不同的；在主从数据库的情况下，命令服务负责往主库上写而查询服务则通常只会通过从库来进行查询。更复杂的情况是命令与查询服务分别使用不同种类的数据库

1 一只水桶能装多少水取决于它最短的那块木板，由美国管理学家彼得提出。此处引申的含义是：服务需要部署多少实例取决于服务中性能最低的那个功能。

或者不同数量的数据库。种类不同的概念相对好理解一点,数量不同是指两个服务同时连接的同类数据库的数量差异。命令服务相对要简单一些,一般情况下不允许同一个服务同时连接多个同类数据库如 MySQL。这一限制对于微服务架构的应用要更严格一些,不过同时连接 SQL 与 NoSQL 的情况倒是比较常见的。而读服务则几乎没有这些限制,您可以把多个数据源合并在一起来实现数据的集成以用于支撑报表、复杂查询等业务。

无论查询服务与命令服务使用的是单数据库、主从、抑或是多数据库、异构数据库,在使用 CQRS 的时候都需要考虑数据的同步问题,底层中间件的构成不同也就意味着同步的成本不同。其中单数据库和主从结构相对要简单一些,而多数据库与异构数据库则是最麻烦的。对于数据同步的方式,当前有很多技术可供选择:您可以选择数据库自身支持的同步机制,也可以使用基于消息的同步机制或者是一些现成的产品,其中后两者比较适合于命令与查询服务使用异构数据库的情况。

图 5.17 中使用事件实现写库与读库同步的方式便是基于消息的同步机制。当命令服务中的业务用例执行成功后会发布一个事件到消息队列,其中包含了本次变更所涉及的全部内容。事件消费者位于查询服务中,可唯一也可多个,接收到消息之后会对查询库进行修改,这也是变更查询库的唯一方式。基于消息的同步机制扩展性很强,可完全解偶底层数据库的相互依赖(基于主从关系的数据库具备强依赖性),但相对来说也要麻烦很多。不仅需要编写消息消费代码还要考虑消息队列的可用性、消息丢失、同步延迟等问题。这不仅会考验研发人员的能力还考验了架构师是否能做出一个不偏不倚的决策。

根据笔者个人的观点:数据同步的操作中最需要投入精力的地方是对同步延迟的处理。您当然可以使用同步更新的机制,也就是通过双写操作同时更新写库与读库。这种方案虽然能解决延迟问题但对于命令服务的吞吐影响比较大,是一种可选方案但不是首选,比较好的方式是采用基于消息队列的异步同步。如果延迟较大,您可以通过优化消息队列的架构与配置比如应用 MQ 集群、增加消费者数量等手段来减少延迟的时间,总体的优势要比使用同步方式明显得多,除非业务上的确需要严格的强数据一致性。

有一种称之为事件溯源的设计模式,它会把聚合所经历的事件(类似于变更日志)全部写到数据库中,而不像传统的做法那样只在数据库内存储业务数据的最终态且一般不记录数据的变化过程。有关事件溯源的具体机制笔者会在后面章节中进行详细说明,不过有一点是显而易见的,即使用事件源模式之后数据库中存储的便是领域对象所经历的一个个事件,这样的数据根本无法应对查询需求。此时就是应用 CQRS 架构的最佳时机:我们可以让查询服务去订阅命令服务所生成的事件,之后再完成读库的更新。请读者注意一点:此时读库和写库的数据结构完全不一样,其中写库存储的是事件;而读库存储的是领域对象的最终状态,所有的查询必须通过查询服务来完成。

许多曾了解过 CQRS 架构的读者往往会对其产生一种错误的认识,认为采用这一架构之后命令服务一定要使用事件溯源才行。其实不然,二者的关系如下:使用 CQRS

并不意味着一定要使用事件溯源模式，但使用事件源架构后一般会搭配 CQRS。

CQRS 架构是对传统分层架构、六边形架构及事件源模式的一种补充。通过在架构的级别上实施读写分离可以极大地增加系统的弹性，尤其适用于 Web 类型的应用。不过有一点也是很明显的，即这一形式的服务拆分有着显而易见的优点和缺点。

缺点方面，工作量会增加很多尤其体现在运维方面。看似服务只是由一变成二，但部署的实例数量则并非如此。虽然大多数时候命令服务与查询服务可以共享一些基础设施如消息队列，但涉及两个服务专用的组件如数据库等，则需要进行单独的配置和运维。系统上线之后大量的压力会转移到运维身上，最终使得运维成本的上升。

优点方面也很明显。首先体现在部署方面，您可以根据需要对读和写两个服务使用不同的部署方式，可以很轻松地实现弹性扩容。第二点体现在应对业务需求的挑战方面，命令服务一般会使用关系型数据库作为存储中间件，应对写的需求无论是在性能上还是易用性上问题都不大，再加上关系型数据库有着很完善的事务支持，可以很好地满足数据在完整性和一致性的要求；但关系型数据库对于查询的支持则显得捉襟见肘，尤其是在应对模糊查询、高并发读取和复杂查询等场景的时候呈明显的疲软状态。通过将命令与查询分离则可以避免这种情况，您完全可以根据不同的需求使用不同的数据库。比如为满足模糊查询要求，您可以让查询服务使用 Elasticsearch 作为其数据源[1]；为满足高并发访问要求您可以使用 Redis 作为缓存，技术选型方面完全可以做到按需。

将命令与查询进行分离还有一个好处，即节省开发成本、提升建设速度，如同使用 CQS 模式所带来的益处大体是相同的。如果书前的读者有过开发的经验一定知道编写命令型业务非常麻烦，需要做参数验证、事务管理、异常处理以及考虑业务在执行后所引发的负面作用有哪些……，复杂得很！相对于命令操作，查询则要简单得多。首先它是无副作用的，执行一次与执行一万次的效果是一样的，就算有 bug 也不会出现数据不正确、数据不完整等问题；其次是在编程方式上，传统分层架构＋面向过程编程几乎可以满足一切需求，对于工程师和团队没有那么高的技术门槛。

总体来看，CQRS 架构在实施难度及系统可维护性方面处于中等地位，比较适合于高并发、查询复杂及与事件源模式集成的场景。有些工程师觉得采用 CQRS 架构后会迫使程序员必须区分用于处理查询和命令的两类模型，但笔者并不认为这会增加开发的难度。区分两类模型与架构并没有直接的关系，难道不使用这个架构就可以把两类模型混在一起吗？实际情况正相反，采用 CQRS 架构之后反而会让承担查询和命令业务的模型在责任上和作用上更加纯粹，从笔者个人的经验来看开发起来其实是更顺手的。真正需要让人担心的其实是如何保障数据在命令服务与查询服务之间的同步以及使用此架构之后为运维工作所带来的诸多问题。

1　Elasticsearch 使用的是在分词基础上的精确查询，并非关系数据库中的那种模糊。

5.5 事件驱动架构(EDA)

5.5.1 认识 EDA

基于 CQRS 架构的应用由查询服务和命令服务两部分组成，它们的划分方式是基于业务操作的类型，划分后的两个服务仍属于同一个业务领域。虽然在实现时将一个子域内的内容都放到同一个服务内有助于避免业务内聚性遭到破坏[1]，但为了支持非功能性需求我们不得不做出一些妥协。EDA 与 CQRS 在实现上有一些相似，它也会把系统分为两个部分：事件生产者服务与事件消费者服务，二者之间使用领域事件（Domain Event）进行通信，如图 5.18 所示。

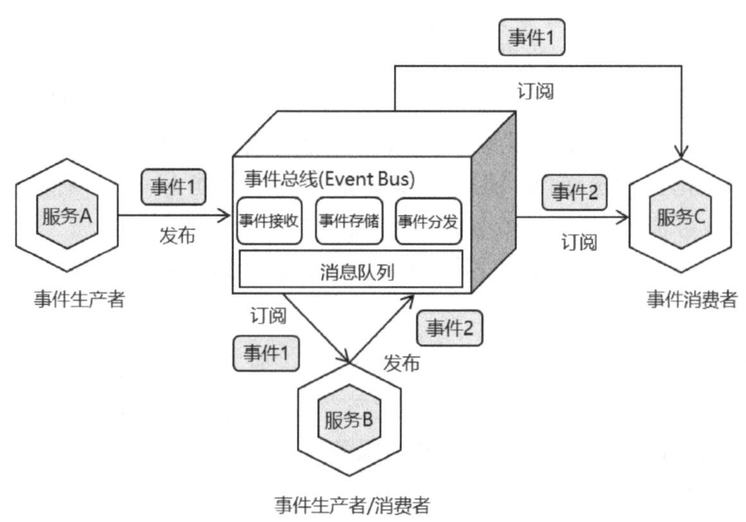

图 5.18 EDA 架构

EDA 架构的核心要素是事件与事件总线，前者用于表示领域内所发生的事情；后者用于在服务或模块之间传递事件。有关事件的内容后面会进行细讲，我们先大概介绍一下事件总线到底是什么。请读者考虑一下：当某个事件被生成后，后续的工作有哪些呢？答案很简单：传递给事件处理器进行处理以驱动业务的走向，这是 EDA 架构的一个主要特征。有关系事件的传递，虽然可使用同步调用的方式将其推送给事件接收人或者将事件写入到某个持久化设施如数据库中，由消费者轮询进行消费，但这两类方式问题都比较大，最通用的做法还是使用消息机制。实际上，消息机制与同步调用在本质上是一样的，都是用于信息的交换，只不过实现方式有差异而已。消息机制最大的优

1　其实也没遭到多大的破坏，毕竟业务的内聚性是由命令型业务来决定的

势是能够减小服务间的耦合度，虽然会额外引入一些运维的工作，但可以让系统整体的扩展性和容错性得到很大的增强，是一种对系统进行隔离和解耦的有效手段。

试想一下这样的场景：使用同步调用的方式来实现服务间的通信，如果服务提供者无法响应会出现什么情况呢？如果网络出现抖动又会对系统带来什么样的影响？如果生产者接口出现变动了呢？针对这三种情况，消费者恐怕会变成最大的受害者。基于EDA的系统则能在很大程度上缓解这一问题，具体原因有二：

(1) 事件生产者与消费者并不了解对方的存在，因为消息组件可以起解耦的作用。

(2) 基于消息的事件能够被消息中间件进行缓存，可规避网络抖动所带来的各类问题；即使事件消费者出于某种原因宕机，消息队列中的事件也可进行长时间保存直至消费者恢复后重新开始消费。

当然，EDA的优势并不止于此：当系统请求量过高时，可将请求转换为事件并缓存在消息队列中，事件消费者根据自身的能力去处理这些事件以避免被流量冲垮；当面对长事务型业务时，可以将大事务分解成多个规模小且资源消耗量低的子事务并借助EDA的编程思想来驱动事务的完成，从而避免大而长的事务所引发的长时间资源占用及高失败率等问题。

上述所提及的这些内容全部都是EDA的特色与优点。如果说CQRS架构对于系统来说是一种优化上的选择，那EDA则具备成为标准的能力——一种在微服务架构的应用中驱动业务流程、处理长事务、提升系统吞吐量的标准。

了解过EDA的优点之后我们再说一下它与CQRS的区别，体现为如下几点：

1. 架构区别

CQRS架构的应用中，命令服务与查询服务一般会作为单独的服务形式存在。EDA在划分上则与之有着天壤之别，事件生产者与消费者可能是同一个服务内部的实体或业务模块，也可能是两个或多个不同的服务。

2. 概念区别

CQRS属于纯粹的软件架构，EDA虽然包含架构二字但笔者更倾向于认为它是一种设计模式或设计思想。您完全可以在单体服务内使用事件来驱动业务的走向，与具体的架构关系并不是很大。

3. 应用范围区别

CQRS将业务分为查询和命令两类，能够涵盖系统中的全部业务。EDA实施的目标只能是命令型业务，只有领域模型出现了变化才可能诞生出事件，而查询并不会引发领域模型发生变化。

4. 分割目标的区别

CQRS分割的是业务操作类型，即：命令还是查询，且针对的是某个子域。EDA分割的业务流程，业务上可以跨子域，技术上可以跨限界上下文。

5.5.2 EDA 案例

我们反复的提及了一个词:领域事件,那么它到底是什么东西呢?想要了解它需要从两个角度进行着手。

1. 业务维度

领域事件是对通用语言的建模。业务专家也许会说“用户提交订单后需要发送一个短信通知”“订单支付后,用户的账户增加 10 积分”“账户扣款失败后需要触发一个业务告警”等话语,这些是业务需求的一部分。工程师在建模时一般都比较喜欢为名词建立对应的领域模型如订单、通知、账户、积分、业务告警等。当然,他们也会关注需求中的动词术语并将它们作为领域对象的方法如提交订单、发送短信通知、支付、增加积分、扣款等。可以看到,无论是名词抑或是动词都可作为通用语言的一部分而存在。

所谓的“事件”从语义上看表示发生了某件事情,属于过去时,这也是为什么我们在给事件起英文名的时候往往都会使用英文的过去时如 OrderSubmitted、OrderPaid 等。回看一下前文需求,其中也包含了一些属于过去时的动作:提交订单后、支付后、扣款后,而领域事件就是对这些已发生动作的建模。又由于这些事件都发生在某个领域内,所以称之为“领域事件”。相对于只对名称与动词进行建模,关注于需求中的事件会让我们提取出的模型更丰富、表现力更强、能够更好地反映出通用语言。

2. 技术维度

技术上,领域事件是一种通过消息队列进行传递的消息(少数情况下也可能是同步调用中的参数),与普通的消息一般无二,只是这些消息被我们人为地赋予了业务概念。类似的概念还有领域命令,本质上也是消息。

基于事件的交互有着和消息一样的问题:客户端无法立即知道事件处理的结果,这一问题对于用户的体验还是有一定的影响的,前面我们也曾就此进行过说明。所以在使用之前要做好足够的分析,哪些操作必须返回给用户明确的处理结果,哪些可以延迟处理等。此外,为提升用户体验,您也可以使用一些“欺骗”手法。以用户提交订单为例,程序上可以先进行基本验证并在成功后发布一个“验证通过”的事件,该事件的消费者在收到事件后做严格的验证并生成订单。事件处理属于系统后端的任务,但在前端您可以将“提交订单成功”这一消息显示给用户。尽管可能会在严格验证阶段出现失败,但至少给用户的体验是友好的。当然,这种方式只是一种小把戏,适用于后台任务执行成功率很高的应用。

我们已经花费了大量的笔墨去说明 EDA 的各种特点和优势,但尚未对这一概念进行解释。名称中的 D(Driven)表示“被驱动”,是一个被动语态;E 自然就是代表事件(Event)。根据字意去解释 EDA 时,可以简单地描述为“被事件所驱动架构”。那么事件驱动的是什么东西呢?答案很简单:业务流程,简单来说,就是根据业务中发生的事件来驱动业务流程的走向。这也从侧面说明了一个问题,即事件生产者只需要把自己的责任做好并将对应的事件发布出去即可,它并不需要关心事件是被谁订阅的。而事件订阅者在接收到事件之后会根据当前事件类型完成对应的业务操作，并根据业务规则结束当前的流程或发布一个新的事件，使流程进入到另一个阶段当中。可以看到，这一过程当中并没有一个所谓的“事务协调者”来对流程的走向进行控制，而是通过事件来驱动的。所以，EDA 架构中事件消费者才是主角，在完成业务的同时也隐含着流程控制器的作用。

基于事件驱动的应用，要求工程师在设计过程中不能只对名称或动词进行建模，还应重点关注各类事件。让我们以订单支付业务为例展示一下 EDA 编程思想是如何落地的，具体业务流程如图 5.19 所示（为简化业务，这里的支付仅指用户通过账本余额付款，余额不足时支付会失败）。当用户发起支付流程后，系统会将请求发给订单服务以开始当前的业务用例。首先进行的操作是对支付信息进行验证，通过之后开始支付的流程并调用支付服务的能力将账本中与支付金额对等的余额进行锁定。锁定业务执行成功之后会再进行：变更订单状态为支付完成、锁定库存和发送支付成功邮件三个操作。

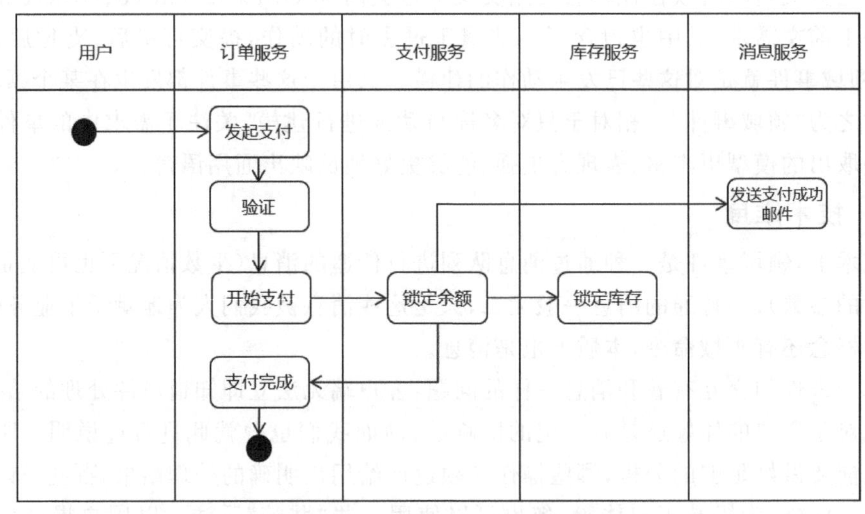

图 5.19　订单支付业务流程

首先让我们先看一下如何使用传统请求-响应编程模型去实现这个业务的，图 5.20（为方便演示，笔者省略了条件判断相关的内容）展示了这一过程。

基于传统编程模式来实现订单支付业务时，所有子任务的调度如验证、锁定余额等都集中在订单服务中进行实现，代码示例如下：

```
@Service
public class OrderApplicationService {
    public void pay(Long orderId, Money amount) {
        Order order = this.orderRepository.findBy(orderId);
        if (! order.canPay()) {
            throw new PaymentException();
        }
```

```
        order.pay(amount);//订单变为支付完成
        this.remotePaymentService.lock(amount);//锁定账本余额
        this.remoteInventoryService.lock(order.getSaleItems());//锁定库存
        this.remoteMessageService.mail(orderId);//发送支付成功邮件
        this.orderRepository.save(order);//保存订单状态
    }
}
```

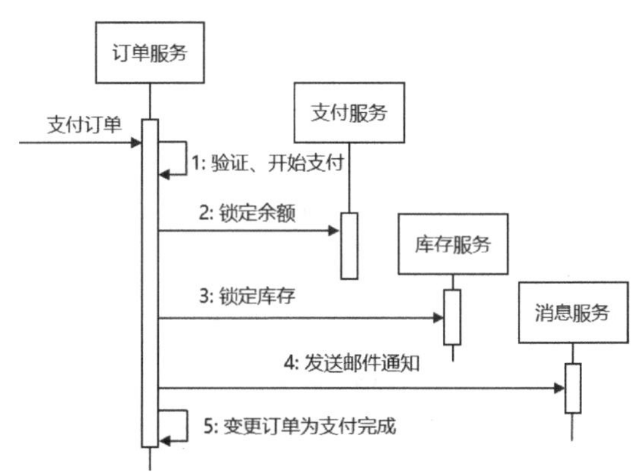

图 5.20 基于传统的请求-响应编程模式来实现订单支付业务

对于大多数程序员而言还是比较习惯于基于命令的方式来实现业务，毕竟从初学编程开始老师所教导的就是更为直观的请求/响应式编程：发起请求→执行请求→返回执行结果。转换到 EDA 后所面临的困难不仅包括新架构模式的学习、建模方式的转变还包含了编程思维模式的变化，尤其是后两者才是最难的。图 5.21 展示了使用 EDA 架构后的订单支付流程实现方式。

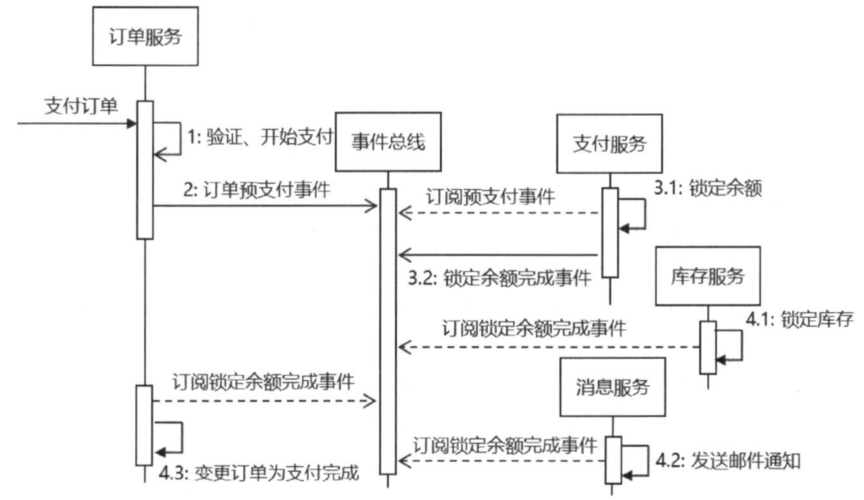

图 5.21 基于 EDA 架构的编程模型来实现订单支付业务

如图 5.20 所示，“预支付完成事件”会被支付服务所订阅，它在完成余额锁定操作后发布了一个新的事件“锁定余额完成”，其他服务包括库存服务、消息服务和订单服务会订阅这个事件并完成各自的操作，代码如下：

```
@Service
public class OrderApplicationService {
    public void pay(Long orderId, Money amount) {
        Order order = this.orderRepository.findBy(orderId);
        if (! order.canPay()) {
            throw new PaymentException();
        }
        //订单状态为支付中
        OrderPrePaid event = order.pay(amount);
        this.eventBus.post(event);
    }

    public void handle(BalanceLocked event) {
        Order order = this.orderRepository.findBy(orderId);
        order.finishPayment();
    }
}

@Service
public class PaymentApplicationService {
    public void handle(OrderPrePaid event) {
        AccountBook accountBook = this.accountBook.findBy(event.getAccountId());
        BalanceLocked event = accountBook.lock(event.getPaidAmount());
        this.eventBus.post(event);
    }
}
@Service
public class InventoryApplicationService {
    public void handle(BalanceLocked event) {
        for (SaleItem saleItem : event.getSaleItems()) {
            Inventory inventory = this.inventoryRepository.findBy(saleItem.getId(),
saleItem.getQuantity());
            inventory.lock();
        }
    }
}
@Service
public class MessageApplicationService {
```

```
    public void handle(BalanceLocked event) {
        MailContent content = this.constructMail(event);
        this.mailService.send(content, event.getAccountId());
    }
}
```

上述代码中涉及了四个应用层服务：OrderApplicationService、PaymentApplicationService、InventoryApplicationService 和 MessageApplicationService，这些应用服务从属于图 5.19 所示的四个微服务，它们分别订阅了相关的事件来完成各自的业务逻辑处理。

通过对比图 5.20 和图 5.21 您会发现二者的区别还是很大的：传统编程模式有一个明显的流程控制器进行各子流程的调度，即 pay()方法；而采用了 EDA 架构后，订单提交后的一系列操作改由事件来驱动完成，并没有流程控制器的概念。另外一点，通过案例也能印证笔者在前面所提及的一个 EDA 的优势，即可解决服务耦合问题。如图 5.21 所示，参与业务的四个服务并不需要了解彼此，大家都与事件总线交互即可。对于大部分工程师来说，基于事件的编程技术不是最大的障碍，主要的困难还是在于设计思维的转换。笔者也曾接触过一些程序员，在使用事件驱动编程之初还能按照规范行事，做着做着就会不知不觉地换成了请求/响应式这种传统的编程模式。想要实现在两者之间灵活地切换不仅需要思想上的改造还应该不断地练习才行。

请读者再次回看一下图 5.20 并考虑如下两个问题：

(1) 锁定库存和发送邮件通知两个操作当前是串行的，效率并不高，是否可以并行处理呢？

(2) 假如锁定库存操作需要 30 s，发送邮件通知需要 5 s，那提交订单这个用例会出现什么情况呢？

让我们分别回答一下两个问题。对于第一个问题，请读者不要将这个业务想得过于复杂比如锁定失败是否需要发送邮件等，我们假设每一个子过程都可以正确执行。所以这个问题的答案很明显：可以同步。笔者之所以提出两个问题，是因为我们期望支付业务执行时，其所属服务的性能和吞吐都能尽量达到最优，而并行处理无疑是一种比较好的改善手段。既然如此，让任务并行执行不外乎使用两种方式：基于多线程和消息队列。多线程模式很明显会增加开发难度，一不小心就可能会由于线程太多造成服务崩盘。还有一点，这种方式解决不了耦合问题，订单服务需要知道库存服务和消息服务的一切信息才能实现接口调用，而耦合所引发的各类问题自然不用笔者再做过多说明，相信您比我了解得更多。消息队列的表现则要好得多，使用订阅的方式即可实现任务的并行执行。又一个 EDA 架构的优势体现出来了：由于一个事件可被多个消费者消费，这就意味着基于 EDA 的系统天然具备并行处理任务的能力。

对于第二个问题，当然也可以基于多线程来实现，但这是一种饮鸩止渴的方案。假如我们再将用例所涉及的操作扩充一点：订单提交后还需要记录订购日志、启动订购流程监控(如果订单长时间未完成则需要对运维人员进行预警)、推送订购信息至推荐系统、增加用户积分、清空购物车……,设想一下如果使用同步的方式实现当前用例会出现什么结果?代码很好编写,恐怕上线后的运营才是噩梦的开始。请求量稍微一多就会把服务器的资源耗尽,使用多线程也是一样。EDA 对于解决这类问题非常擅长,系统耦合方面自不必提,通过消息队列解决即可。业务执行时间过长也不再是个问题,库存服务和通知服务在处理业务时并不需要订单服务进行等待,事件一旦发布成功即可返回响应给客户端,不会让订单服务中的线程长时间得不到释放,就算锁定库存和发送邮件比较耗时也不会影响到订单服务。可以看到,使用事件之后,客户发起请求到收到响应的总耗时仅为"验证"和"开始支付"这两个步骤所占用的时间总和,其他步骤如"锁定余额"并不会占用本次事务的时间。

我们在本节开始的时候便说了 EDA 的种种优势,上述案例更是直接证明了此结论。不过论证过程并未结束,让我们再看看基于 EDA 的应用是如何解决实务问题的。请读者考虑这样一个需求:如果用户提交订单时选择了自动支付,提交成功后程序会自动发起支付的请求;否则发送提示用户支付的短信,业务流程如图 5.22 所示。

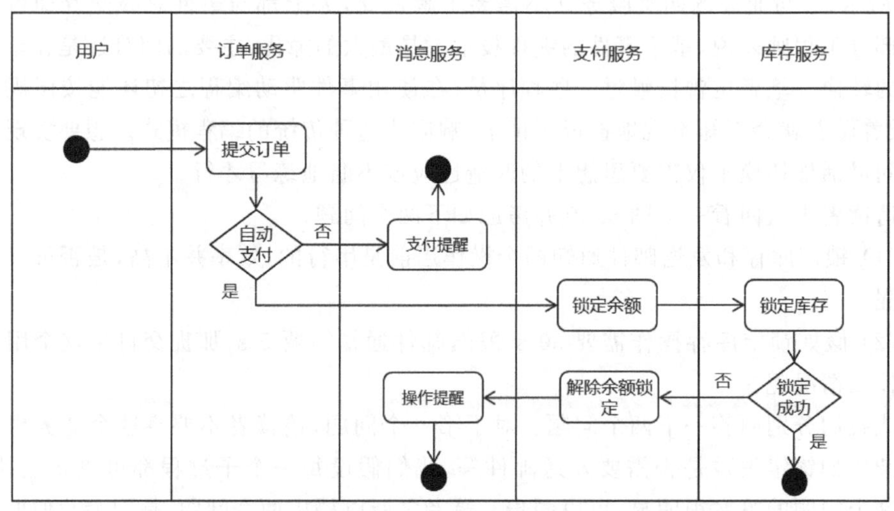

图 5.22　用户提交订单时增加自动支付流程

让我们着重考虑一下选择了自动支付后的业务流程:提交订单、锁定余额和锁定库存是一组串行操作,这三个活动共同组成了提交订单的业务,属于长事务型业务。既然是事务,就意味着只有它们三个都执行成功才能完成当前流程,否则就需要对已成功的部分进行回滚。比如用户提交订单时库存出现了不足,就会造成余额锁定成功但锁定库存失败的情况发生,此时我们需要把账户中针对本次订购锁定的款项做解锁操作才行。至于后续的操作,您可以选择告知用户无库存也可考虑取消订单,出于简化案例的目的我们不需要考虑这些场景。

传统单体架构下想要实现此操作您可以选择数据库本地事务,也可以使用 2PC (Two Phase Commitment Protocol)或 3PC(Three Phase Commitment Protocol)这类全局事务。不过有一点要注意:使用全局事务的前提一般是同一个应用连接多个数据库。想要在微服务架构的系统中实现事务，您只能选择分布式事务，可选择的方案也有很多，如：TCC(Try－Confirm/Cancel)、Saga[1]、可信任消息队列最终一致性等，也可以使用一些现成的框架如阿里巴巴的分布式事务框架Seata。这其中的Saga是一种在微服务架构下推荐使用的分布式事务解决方案，其不仅解决了TCC对业务代码入侵较强的问题，最重要的一点是它可以基于EDA进行快速地落地，在解决事务问题的同时还具备事件驱动架构的各类优点。有关使用Saga的各类细节笔者会在专门的章节中进行详细说明。

对于上述案例中各步骤都执行成功的场景，使用Saga改造后的业务流程如图5.23所示。业务上，我们将提交订单流程作为一个大事务来看待，其中涉及了三个子事务：提交订单，锁定余额和锁定库存；技术上，我们引入了一个称之为Saga的组件来控制业务流程的走向。它会订阅订单提交业务流程中出现的所有事件，接收到事件后Saga会根据业务规则通知特定的事务参与者开始执行自己的事务。在这个业务场景中，Saga不仅可用于解决事务问题也承担了指挥官的作用来实现业务的调度。

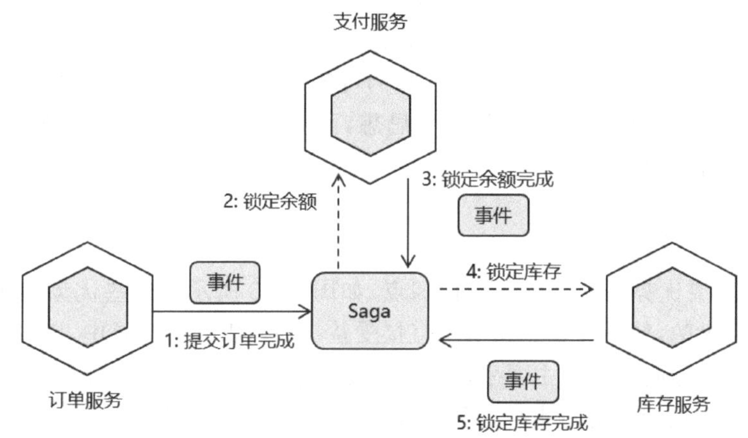

图5.23 基于Saga的订单提交业务(注：本图省略了消息服务涉及的业务)

当上述三个子事务未能成功执行时，需要对业务进行补偿，让我们来看一下Saga是如何实现补偿操作的。以锁定库存为例：出现锁定操作失败时库存服务会发布一个“锁定库存失败”事件，这一步用于实施业务补偿。Saga订阅后会通知账户服务将冻结的余额进行解冻，后者执行成功后发布“解除余额锁定完成”事件。此事件仍然由Saga订阅，它会根据规则执行后续的操作。细节如图5.24所示。本案例中的补偿操作是对账户余额进行解冻，您也考虑使用其他的补偿方式，比如重试库存锁定等，具体需要根据业务规则而定。

可以看到，基于Saga来解决事务问题时会让它成为业务调度的总指挥。引入中心

1 1987年普林斯顿大学的Hector Garcia－Molina和Kenneth Salem发表了一篇Paper Sagas，讲述的是如何处理长活事务(long lived transaction)。

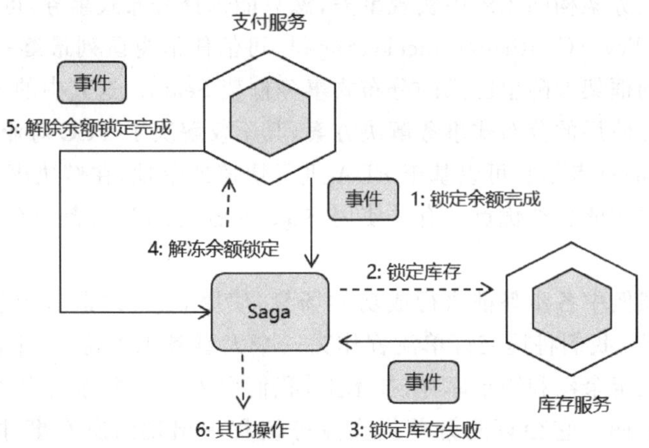

图 5.24 基于 Saga 实现锁定库存失败的业务补偿流程

化 Saga 组件的目的是让事务的执行流程更加清晰，但这并不是实现 Saga 的唯一方式，您也可以直接让事务的参与者如库存服务、支付服务订阅发布用于补偿的事件。虽然我们没有讲解 Saga 的实现细节，但通过案例可知：它是可以基于事件驱动来实现。所以，笔者个人倾向于将 EDA 定义为编程思想，而具体的实现方式则是多种多样的，基于事件的 Saga 便是其中的一种。

5.5.3 EDA 的特色

EDA 的主要优势总结下来可包括四点，如图 5.25 所示。这些优势对于研发人员来说是确实可见的，能够让程序员从中直接受益。在微服务的世界中，以事件为媒介几乎已经成为了服务间交互的主要手段或者说是标准，受到很多架构师和程序员的青睐。此外，基于 EDA 的应用通过事件总线连接各服务或模块，当我们需要进行扩展时只需要简单地将扩展点接入到事件总线即可，完全不会对其他服务产生影响。

尽管 EDA 有着这样或那样的优势，但我们也不可对于它的不足和劣势视而不见，这不符合正确看待某一事物应持有的态度，所以阅读此书时请您随时随刻心中默念："我要中庸，我要中庸……"。书归正文，有关 EDA 的不足可总结为如下几点：

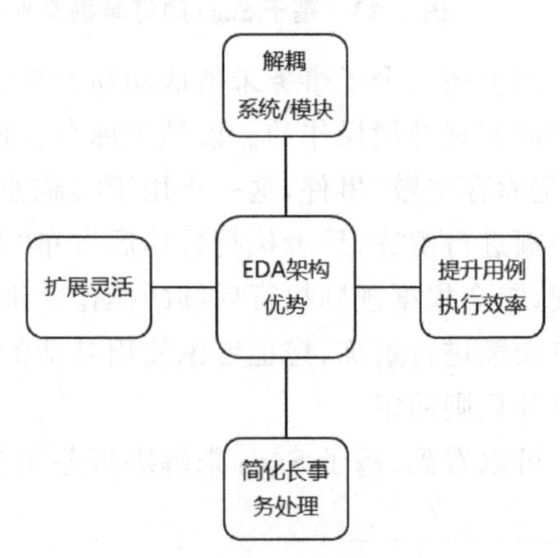

图 5.25 EDA 的特色及优势

1. 复 杂

这里的复杂一方面是技术上的，这个很好解决，我们可以把复杂的内容进行封装。如何使用事件机制去解决复杂的业务才更值得我们去关注。对于一些简单的业务，可能仅有一两个事件，不会给工程师带来太大的困扰;一些复杂的业务流程很可能会包含十几个事件及多个事件参与者,应该由谁发布什么事件、某一个事件应该由谁去订阅、同一个事件有几个消费者等,都需要工程师在开发前作好设计,要不然就会把自己绕进去。

笔者个人有过类似的教训。多年前为解决一个长事务型业务而引入了EDA,不过由于设计时没有留下文档使得后期代码维护的困难度大大增长。事件的处理一般是以异步的方式进行的,不像RPC调用那样直观,只需在代码中扫一眼便可知道服务提供者是谁。没有文档的话,几乎很难知道事件的处理流程到底是什么,尤其是事件数量和事务参与者都比较多的时候。虽然有一些框架如Seata能够提供出显示的流程图,但使用成本也不低,并不是任何团队或企业都可以承担的。

2. 最终一致性导致用户体验受影响

基于EDA的应用使用的是最终一致性(Eventual Consistency)来解决事务问题。所谓的最终一致性是指:分散在不同节点中的数据在事务执行过程中会出现短暂不一致的情况,但经过一定时间后最终都可以达到符合业务定义的一致性状态。这种方案会对用户的体验产生影响,前文中对此也进行了说明。另外就是在进行长事务处理的时候,最终一致性会导致用户看到事务部分执行的结果。比如锁定库存失败后可能会出现用户收到了无库存的短信提醒但账户余额还处于冻结状态,虽然这个情况持续的时间会很短但对于用户来说还是产生了困扰。

3. 需要对消息可靠性进行保障

既然事件驱动架构的应用需要使用到消息队列,您就需要保障消息能够被正确地投递给订阅者,也就是消息不能丢失。一般来说,保障消息不丢失的手段大致可分为三类,分别是:发送时不丢失、消息服务器宕机时数据不丢失和消费失败时不丢失,其中对于发送时不丢失处理难度最大。仍以提交订单业务为例,很有可能会出现订单数据存储成功但发布事件“订单提交完成”失败的情况,具体如何解决有兴趣的读者可以去找一些相关的参考资料。

有一点请读者务必注意,即消息不丢失其实是相对的,还需要参考业务的特性。如果您不加以判断地使用各种措施来保障消息不丢很可能会面临着投入高、收益少的问题,有的时候还会影响到消息中间件的工作性能。例如笔者曾设计过一个业务预警系统,当时使用的是内存型消息队列来缓存告警信息。它的问题很明显:服务重启后所有缓存的消息就会丢失。但相对于大型的分布式消息队列其优势也很明显:不需要安装任何中间件、不需要额外的服务器、不需要运维人员的投入、可快速实现需求等。当然,真正帮助决策的还是业务的特性:业务预警的内容重复率比较高,虽然告警内容很多但引发的原因可能只有一个,所以即使丢失一些影响也不大。

4. 需要关注事件处理的幂等性

事件的幂等处理是指当消费者在处理重复的消息时不会出现副作用。比如针对订单提交后发送支付短信提醒这一需求,我们可以使用事件的方式来通知消息服务发送短信提醒。消息服务作为事件的消费者,不应该因为事件的重复接收就多次发给用户同一条短信,这样很容易引发投诉。事实上,分布式环境下消息重复消费的场景非常普遍,解决手段也多种多样,请读者自行找一些相关的材料进行学习。

可以看到,基于 EDA 的应用关键在于领域事件的识别,这一工作考验的是设计师的经验与思维方式。尤其需要在业务分析阶段重点关注需求中涉及的“……完成后”“……成功/失败后”“处理……后”等这类信息,有时它们是显示的,有时则隐含在需求中。提取事件之后还需要在设计阶段确认事件的发布者、订阅者以及应用这些事件的流程都有哪些。请读者务必注意:无论是分析阶段抑或是设计阶段都很忌讳孤立地看待某个事件,必须和应用场景结合在一起才行。有文章建议以事件风暴(Event Storming)的形式对业务进行分析、对事件进行识别。笔者个人觉得这种方式与企业和团队的文化相关,并不是普适的,实践中可根据自己所处环境的具体情况找到适合自己的方法。

前面我们曾多次提及了一个特别的组件:事件总线。概念上很好理解,它是对“发布/订阅”这种处理消息方式的一种封装,面向的对象是事件而非意义过于泛泛的消息。事件总线至少应提供如下三类基本功能:

- 事件接收:接收来自领域模型产生的事件并发布到事件总线中。
- 事件存储:对接收到的事件进行存储,保障事件不丢失。
- 事件分发:将事件分发至正确的事件处理程序。

您当然还可以在此基础上增加更多的能力:如事务支持功能,用于保障消息的不丢失;如事件监控功能,用于对无主事件进行预警;如消息过滤功能,用于对特定结构的消息进行过滤处理;如配置管理功能,用于对事件总线进行个性化的设定。这些功能虽然在很多情况下属于锦上添花,但可以大大增加事件总线的易用性和可维护性。另外一点,一般常用的消息队列中间件如 RabbitMQ、RocketMQ 都已经对基本的功能提供了支持,除非有特殊的要求,现有的功能已经能够满足大部分的需要了。如果条件允许,您也可以使用一些现成的事件总线产品如阿里云或 Amazon 的 EventBridge,一些工具类框架如 Google 的 Guava 也提供了简单的事件总线功能。

笔者个人在真实的项目中很喜欢使用领域事件。一方面是由于其可以有效地解决长事务问题;另外一方面,它对于解决系统耦合问题帮助很大,毕竟需求总是不停地变化的,基于事件的编程能让系统的扩展变得简单起来。此外,在遇到某个事务需要更新多个聚合的时候也少不了使用它。作为笔者强烈推荐使用的一种软件设计模式,建议您多花一些时间对其细加研究,不论您当前从事的项目是单体还是微服务,这都是一种普适性很强的设计思路。

5.6 事件溯源(Event Sourcing)

假如您的客户提出了这样一个需求:需要追踪每一个账号信息的变更情况。这一诉求乍一听貌似很简单,我们只需要记录操作日志就可以了。简单来说,就是每一次对账号的修改都记录一条操作日志,内容可能为:XXX 于 XXX 时间修改了账户信息,参数为:XXX。复杂一点的话也可以考虑把修改前的数据也记录下来形成对比。这种方式简单且直观,能够适用于大部分场景,包括笔者个人在开发一些功能的时候也经常使用这种方式。操作日志信息可以以某个信息为关键字如本案例中的账户 ID,查询的时候只需要输入关键字就能把它关联的日志信息全部获取到。但更现实的情况是:账号信息的变动并不一定都是通过"编辑"功能造成的,很多类操作如冻结、解冻、重置密码、注销等会让账户产生变化。上述操作属于显示的,记录日志相对比较简单一些。令人难受的是还有一些隐式的操作如:积分增减、级别调整等同样会造成账户信息的变更。这些操作的触发时机并不是由于人为的主动修改,而是源于其他业务的变化所引起的级联变动。前文中我们常举的案例"提交订单后账户增加 10 积分"就是一个比较典型的场景。

总之,如果想要把操作日志记录完整您就得在账户涉及的所有命令型方法中加上日志操作相关的代码。即便如此,这些日志在使用起来也比较麻烦,毕竟只是一些格式很灵活的文本,在进行审计相关的工作时可能需要人工一点点去对比或不得不花费精力去专门研发一个审计工具。

此外,传统设计方式中数据库里存储的信息都是某一个对象的最终状态,比如账户积分为 100,表示的是此账户的最终积分状态值。那么这个积分是怎么来的呢?用户有过哪些活动使得这个积分变成了当前的值?用户有没有消费过呢?是否有通过一些非法途径对积分进行过恶意的篡改?这些问题在使用传统设计模式时是无法得到回答的。使用操作日志吗?如果我想对全量的账户做一次稽核要怎么处理呢?如果稽核任务是周期性的呢?

软件设计大家 Martin Fowler 对于上述问题给出了一个答案:事件溯源(简称 ES)。如果说 EDA 是一种技术上的概念,那么 ES 则兼具业务与技术两种。技术上,它是一种数据持久化的方案,通过记录对象经历过的事件来代替传统上的面向状态的存储;业务上,它能够通过事件来追溯对象变化的原因和源头。那为什么要通过事件而不是命令、消息、请求呢?这是因为事件表示"已经发生的动作",是一种既定的事实,是不可变的。比如我昨天晚上读了一本书,这便是一个已经发生的事件,并不会因为我的主观想法让这个事实发生改变。另外,事件本身可以记录很多的信息如发生的时间、地点、内容等,它可以很形象地表达通用语言。

既然事件可表达的内容是如此的丰富,那我们可以使用它来追溯什么的源头呢?这个问题的答案相信您可以脱口而出:领域对象,可以使用事件来记录发生在领域对象上的各类动作而不是仅仅记录领域对象的最终状态,相当于把对象的每一次变化都记录在案。如果您对此还不够了解,就让笔者多做一些解释。

事件溯源的哲学原理其实很简单:世间万事万物的变化都是因为某一事件的发生。四季产生变化是因为地球转动了,人感受到饥饿是因为肠胃运动了……对于领域对象而言我们是否可以这样理解:既然事件也可以触发对象产生变化,那么对于一个新生的对象,是不是只要把某些事件应用它身上就可以得到它的状态变化结果呢?如果您对此无异议请尝试理解如下的案例：某个领域对象从创建后一共发生了 3 次（包括创建事件本身）不同的事件 E1、E2 和 E3，这三个事件被程序记录到了数据库中，如图 5.26 所示。当我们想要得到这个对象的最新状态时只需要把这三个事件按发生的时间顺序取出来并应用到领域对象上即可。由于对象的状态变化是可以由事件触发的，当我们将三个事件应用到它身上后就会引发它产生三次状态变化，经历了这些变化之后其实就是它的最终状态。

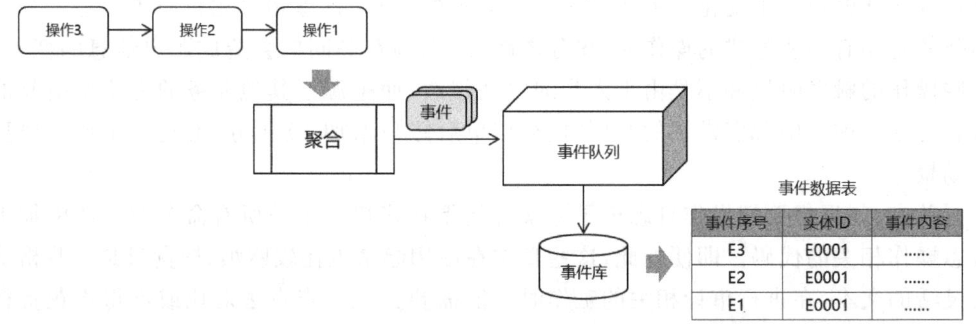

图 5.26 事件数据表记录了领域对象所经历的事件

根据前面内容相信您可以了解到：基于 ES 的编程模型和 EDA 其实有很多类似之处，出发点都是以事件为媒介而驱动对象状态的变化，只不过前者的目标是某个领域对象，而后者更倾向于大的业务流程。另外也可以想象得到，ES 编程模型和传统的基于命令的模型还是很不一样的：

```
@Service
public class OrderApplicationService {
    @Resource
    private EventStore eventStore;

    public void pay(Long orderId, Money cost) {
        List<Event> events = this.eventStore.load(orderId);
        Order order = new Order(orderId, events);
        order.pay(cost);
        this.eventStore.append(orderId, order.getEvents());
    }
}

public Order extends EntityModel {
    private List<Event> events = new ArrayList<>();
    private OrderStatus status;
    private Payment payment;

    public Order(Long id, List<Event> events) {
```

```
        super(id);
        this.dispatch(events); //循环事件并调用对应的 apply 方法
        this.events.clear(); //清除已加载的事件
    }

    public void pay(Money cost) {
        if (this.status != OrderStatus.PAYMENT_PENDING) {
            throw new PaymentException();
        }
        this.apply(new OrderPaid(this.getId(), cost));
    }

    void apply(OrderPaid event) {
        this.events.add(event);
        this.status = OrderStatus.PAID;
        this.payment = new Payment(event.getCost());
    }
}
```

上述代码中，支付方法 pay()是一个命令型方法，它被调用后只会做一些逻辑的判断而不会修改订单对象的状态。当支付操作符合业务约束时，会在判断后发布一个表示“订单已经支付”的领域事件 OrderPaid，否则使用异常的方式来结束当前业务。事件 OrderPaid 由实体自己订阅并在事件处理方法 apply(OrderPaid event)中修改当前对象的状态。而在传统方式中，我们通常会在调用 pay()方法时进行状态的修改：

```
public void pay(Money cost) {
    if (this.status != OrderStatus.PAYMENT_PENDING) {
        throw new PaymentException();
    }
    this.status = OrderStatus.PAID;
    this.payment = new Payment(event.getCost());
}
```

图 5.27 展示了聚合状态值变更的方式：基于事件，也就是只有在聚合上应用事件的时候才能让它的状态产生变更。请读者注意一下，所谓的“应用”是指领域模型提供以事件作为参数的方法如 apply(...)[1]。这里面包含了两点重要的信息：一是领域模型可能会包含多个名为 apply()但参数类型不一样的方法；二是领域模型需要为所有的可能引发状态变更的事件提供对应的 apply()方法否则会出现事件无法消费的情况。此外，在 apply()方法中建议不要抛异常，这样会造成批量应用事件时任务中断，所有的条件判断都应该在应用事件之前。这一点也符合事件的特性，既然事件能够发

1 使用事件源时，习惯上将应用事件的方法命名为 apply()，您也可以使用另外的名称。

生就意味着重放的时候也不应该报错。

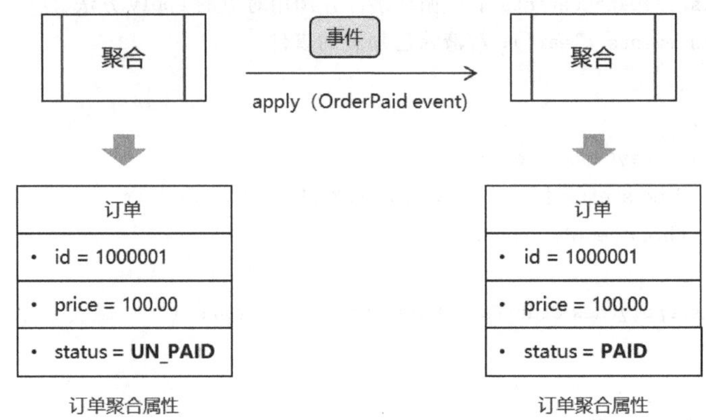

图 5.27　通过事件来变更聚合的状态值

我们再回过头来看一下 Order 对象是如何构造的：根据订单 ID 查询所有相关的事件并在构造函数中循环重放即可。与传统编程模式是不是非常不同？不过您也不必担心性能问题，比如某个对象可能会经历成千上万个事件，如果把这些事件全部重放一次的话会造成构造对象速度变慢。对此，聪明的架构师们想出了很多的解决办法，其中最有名的方案称之为"事件快照"。顾名思义，可以为每一定数量的事件建立一个快照，重放事件的时候首先处理快照再重放快照后发生的事件。

使用 ES 设计模式后，领域对象的设计方式通常会颠覆程序员的认知，或许这才是真正的事件驱动编程。然而，开发方式的变化与设计思维变化相比根本就微不足道，可以说是颠覆性的。另外，使用 ES 之后应用的架构也与传统的方式不同，如图 5.28 所示。

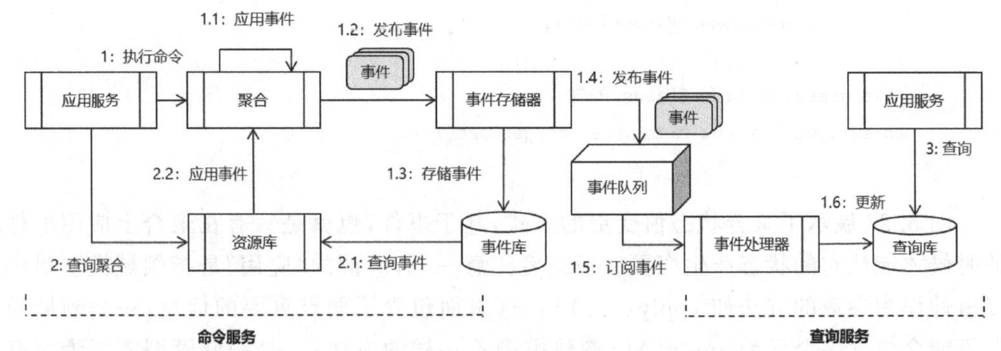

图 5.28　基于 ES 设计模型的系统架构及业务处理顺序

图 5.28 中，步骤 1 展示了存储领域事件的流程。在命令服务侧的聚合上执行业务操作后会首先将事件应用于聚合上并将事件交由事件存储器进行执行化。基于 ES 的应用由于只存储了事件信息所以无法应对复杂的查询，通常还会伴随有 CQRS 架构的

使用,那么就会涉及读库更新的工作。图 5.28 中的事件存储器完成事件存储后会将本次存储的事件发往事件队列,由感兴趣的服务进行订阅。其中之一即为查询服务的事件处理器,收到事件后由它负责完成对查询库的更新。

领域模型发布的每一个事件都必须按照时间顺序存储到数据库中。数据库可有多种选型,可以是关系型如 MySQL、SQL Server,也可以是非关系型数据库如 HBase、MongoDB,具体要视您的业务规模及团队的总体技术水平而定。不论是哪种产品,在服务器性能和组件类型一致的情况下基于事件源的应用都要比基于传统编程模型的应用在命令型业务上执行的速度要快很多,更加适合高并发的业务系统。究其根源,主要是由于事件的特性造成应用所产出的数据模型在使用方式上与传统应用有着天壤之别。

传统开发模型存储领域对象的最终状态,每次聚合变更时都会覆盖之前的信息;ES 开发模型只存储了领域模型所经历的事件,每次聚合变更时只会增加新的事件,不会对已经存在的事件进行变更或删除,这是二者在数据层面上的最大区别。DDD 中强调数据模型应由领域模型进行推导,虽然两种模型分属不同的领域但前者往往会受到后者的影响,这种影响在 ES 的开发模式中尤其明显,图 5.29 展示了事件数据模型的特性。

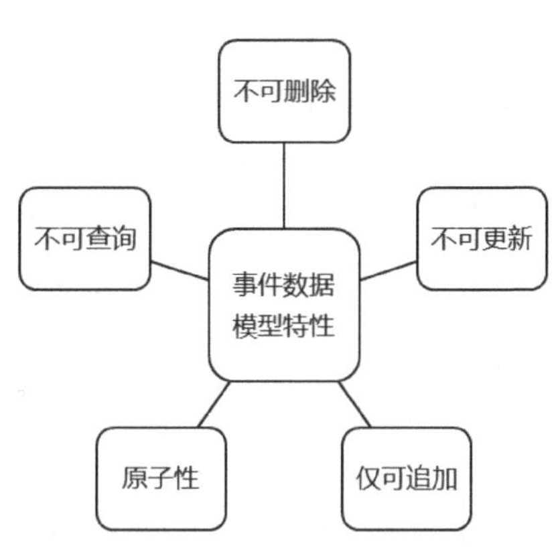

图 5.29　事件数据模型的特性

事件数据模型的五个特性源于事件的规则与性质,让我们做一下对比:

1. 不可删除

领域上的事件是一种既定的事实,发生后便不可被否定,这就意味着它们一旦被成功地持久化就不可以被删除。

2. 不可更新

这一特性同不可删除,事件表示过去发生的事情,既然我们不能改变过去那也不能对数据库中的事件进行变更。

3. 仅可追加

对于领域模型而言事件表示是的它们身上已经执行过的活动,而随着时间的推移只会不断增加新的事件。所以对于存储事件的命令而言,最常用的操作可能是 insert into ...(My SQL)。

4. 原子性

事件是一个具备原子特性的对象且不可以被分割。对应到数据模型后也应该以一个整体来看待它,不可以只存取其中的一部分信息。

5. 不可查询

对于一个领域对象而言,在不考虑事件快照的情况下只有把与之关联的事件全部重放一次才能让其达到最新的状态。这就意味着您不能单纯的去查询某一条或某一段事件记录,这些记录并没有实际的意义。当然,您可以以第一个事件为起点重放其后的任意连续事件,能够得到领域模型在这个时间段内的最终状态。出于审计目的是可以这样做的,但不能随机重放或截取任意时间段内的事件进行重放。

通过事件数据模型的特性可知:用于数据操作的 CURD 四类命令,U 和 D 已经不适用于事件数据的操作,而 R 的使用也受到了限制。前文中我们曾提及 ES 编程模型具备更高的吞吐,原因就在于此。没有更新的操作就不会产生事务竞争,数据库可以在无锁的状态下对数据进行快速操作。此外,对事件进行持久化时一般还会使用消息队列进行缓冲,进一步减少了事务的执行时间。此双重的措施造就了 ES 的高性能。

如果您计划使用关系型数据来存储事件,可考虑使用表 5.4 所示的表结构。为减少数据量对事件表带来的查询和存储压力,笔者建议为每一类聚合都建立一张单独的表来存储其关联的事件而不是所有的事件都放到同一张表中。

表 5.4　事件数据结构

列名	说　明
event_id	事件 ID,主键
event_name	事件名称如 OrderCreated、OrderPaid、OrderCanceled 等
entity_id	实体 ID,记录了当前事件属于哪个实体
event_data	事件内容,一般存储为 JSON 格式
occurred_on	事件生成的日期
event_class_type	事件的类型信息,对应到 Java 中事件类的 Class 名称。应用程序会使用此信息反序列化 event_data 列的数据到具体的事件对象。
post_by	事件源头,即由哪个服务发布的事件
entity_class_type	聚合类型名称,标识当前事件会被哪个聚合进行处理。如果事件按聚合分表存储,此字段可省略
version	版本信息,一般是整形类型,每次事件结构产生变化此值都要增加

了解过事件数据模型的特性后我们再谈一下聚合的查询。图 5.28 中的步骤 2 展示了最基本的流程:应用服务中首先声明一个聚合的实例,再通过资源库拉取该聚合关联的所有事件并按发生日期的升序逐一把事件应用在构建出的聚合对象上面,待所有的事件应用完成后即可得到状态为最新值的聚合。不过我们查询出聚合并不是为了让其去实现查询型业务,这些是查询服务的责任。对聚合反序列化的目的是实现命令型业务用例,具体细节我们会在聚合一章中进行详细说明。

相对于传统编程模型,ES 比较适用于流量非常高的业务或需要对领域模型的变更进行追踪的场景,不过其应用时的复杂性也是不能忽略的。以数据存储为例,传统开发模型生成的数据比较直观，很适合于开发调试及系统上线后的运营、运维。虽然数据的客户并非是人，但不否认，很多时候的确是需要人眼去识别数据的。尽管 ES 模式承诺您它具备这样或那样的特色，使用的时候还是要非常的小心才行，否则不仅解决不了问题，反而会引出更多的其他问题，出现矫枉过正的情况。笔者总结了一份使用 ES 时需要注意的事项供您参考。

6. 系统运维变得复杂

如果数据库中存储的是聚合的最终状态，修改数据便可直接影响到领域模型。对于由 bug 导致的数据问题，运维人员可以通过使用 SQL 脚本直接对数据进行快速的修复。但当存储的数据是事件的时候，事件体格式可能是二进制也可能是 JSON 格式的字符串，此时想要处理错误数据就没有那么简单了，技术上的实现难度比较大。这种情况下如果想要解决数据问题，最好的方式是增加一个新的用于修复数据的事件到应用中，通过在聚合上应用事件来实现写库与读库的数据更新。可以看到，基于 ES 的应用想要进行数据修复类的工作必须要有开发的配合才行，这种情况打破了以运维为主、开发为辅的工作模式，总的来说工作复杂度变高了。

7. 修改可能引发意料之外的问题

日常工作当中，研发人员会不停地对代码进行修改，这些修改大到业务规则的变更小到为类中增加属性、方法或变更命名等。对于传统编程模型来说这种修改都是显性的，开发人员一般能够做到级联变更。比如实体中增加了一个属性，他们一般也会考虑到数据实体上的变化。但在使用了 ES 模式后，一些在人们心中认为决不会出现问题的修改很可能会出现问题。比如事件重命名 ，原名为 Event1，数据库中的事件数据所包含的名称(表 5.4 中的 event_class_type 列)也为此值。如果研发人员将名称改成 E-vent2 并忘记了变更数据库中的值，就会出现事件无法反序列化或聚合无法应用事件的情况。类似情况还包括在实体中增加属性，您需要走查实体的全部代码确保应用事件的时候新加的属性也会被处理。虽然不全，但笔者仍然列举了一些典型的会影响事件处理的情况：删除事件类型、聚合重命名、删除聚合、聚合属性变更(删除、重命名、变更类型)等。

8. 消息幂等处理

幂等处理是一个老生常谈的问题，只要是涉及消息队列的使用基本上都应该进行考虑，希望读者对此加以重视。

9. 事件版本变更

聚合属性变化的同时也会造成事件所包含的信息产生变化，为了标识事件的每一次变更我们在事件中引用了 version 字段，事件变化一次其值加 1。聚合必须具备处理所有版本的事件的能力，既然事件本身不可变就只能由聚合来实现兼容，也就是需要在聚合中对不同版本的事件进行分别处理。在事件版本较少时一般也不会出现太多的问题，可一旦版本增多，聚合内的代码就会变得非常混乱；就会有太多的 if... else...。解决这个问题的方案是使用向上转换(Upcasting)策略，也就是在每次从事件存储库加载事件时都将低版本的事件转换为高版本事件，这样的话聚合在对事件进行处理时就可以忽略事件版本信息了。这种方式还有一个好处：版本处理责任和聚合的责任分开，符合单一责任策略。

理论上，ES 也属于 EDA 风格的编程模型，但不像 EDA 那样强调服务协作、服务解耦和解决长事务问题。它关注的事件粒度是聚合级别的，且引入 ES 的初衷是要在业务上提供一种能力来对聚合的变更进行追踪和溯源，由聚合生成的事件更多的是被应用在聚合自己身上以实现其状态的变更进而达到追踪的目的。相信细心的读者已经发现了 ES 编程模式的一个显著特点：执行命令时不会对聚合的属性作任何修改，应用事件时才会真正地实现属性的变更，流程如图 5.30 所示，真正地体现了事件驱动的思想。

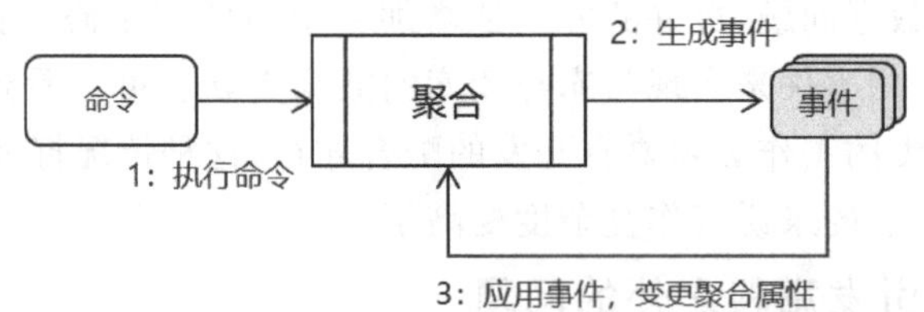

图 5.30 基于 ES 编程模式时，聚合执行命令的流程

ES 作为 DDD 的补充从概念提出到现在将近 20 余年，这些年间很多著名的架构师如 Mathias Verraes、Martin Fowler 等都为其实现提供了设计策略、实践案例；基于 Java 语言的 DDD 编程框架 Axon 甚至提供了完善的基础能力作为支撑。可是我们能够见到的成熟案例却非常少，精通此方面的人才数量则更不必提了，深层次的原因是什么呢？

以笔者个人的分析来看，使用 ES 需要考虑的问题真的是非常多，它会让软件设计的复杂度以及入门门槛升高一个量级，对于绝大部团队来说都不太适用，尤其是那些总体技术水平不足、工作不够规范、人员变更频繁团队。另外一点，基于 ES 的代码很不容易被理解，打破了传统的且相对固化的编程思维，即使团队中存在部分有能力的工程师能够实施 ES 模式，但谁敢保证人员不变化？新人上来时能够快速上手吗？答案一般是否定的，仅仅是对概念的理解恐怕都要花费很长的时间更别提实践了。

如果仅仅是为了满足审计的目的其实并不建议使用 ES，我们还是有很多可替代方案的。比如账本对象，如果想要记录其变动可以使用流水机制，即：为每一次的交易（充值或消费）生成一条流水。笔者个人认为 ES 模式比较适用于业务流量大且同时需要严格审计且业务复杂的场景，如果您想要在真实的项目中应用 ES，首先要考虑的是有没有替代方案，不要在头脑不够冷静时做决策。另外一点，它并不是一种顶级设计方案，只应针对有需要的业务并保持小规模使用。应用时也不建议从零开始编写代码实现 ES，应该找一些现成的、相对较成熟的开发脚手架进行支撑以避免因考虑不周而出现这样或那样的问题。

5.7 事务与数据一致性

前面我们大概介绍了五类软件架构或设计模式，除了各自的特色之外相信您也发现了一个规律：想要提升系统的运行效率或实现服务间的解耦，最好的方式是借助于消息队列（一般是分布式消息队列），典型案例如 EDA。但在引入消息队列之后实现数据一致性的方式也产生了变化。当然，这一变化其实与消息队列并没有太多的直接关系，微服务架构的应用普遍都会面临这一问题。

传统单体应用在使用事务时一般会基于底层数据库所提供的事务，关系型数据库在这一方面表现尤为突出。因此，开发单体应用时工程师一般不需要因为数据一般性而烦恼，尤其是采用了关系型数据库的时候。实际上，微服务架构的应用如果没有跨服务级事务也不需要特别考虑数据一致性问题，但这一架构的特性就意味着无法绕过这个问题。

既然提到了数据库的事务，就不能对它的四个特性避而不谈，即原子性（Atomicity）、一致性（Consistency）、隔离性（Isolation）和持久性（Durability），简称为 ACID。四个属性的具体含义请读者自行查询相关的资料，笔者只想强调一点：ACID 四个数据库事务的特性与具体的产品无关，这是理论上的概念，具体实现程度要看产品特性。一般来说，关系型数据库支持得最好，基本上可同时支持这四个特性；与之相比，NoSQL 数据库就差一点，主要是这两类数据库所追求的目标不一样。而且，即便是同一种产品也不一定都同时支持这四个特性。以 MySQL 为例，当其使用 MyISAM 作为数据库引擎的时候连事务都无法支持，更不要提四个特性了。为简化说明，后文我们在使用 ACID 表示事务的时候，如无特别说明指代的便是关系型数据库的事务。虽然事务的四个能力表面上看起来非常诱人，但想要全部支持的话也是有代价的，比如读写性能就会被牺牲，所以关系型数据并不适用于大并发量或流量很高的系统。

到了微服务的时代，原本存在于同一个数据库中的数据会被分成多个库。此时本地事务已经失效，它不能跨库实现。2PC 和 3PC 方案也不太合适，它们的使用条件一般是一个服务连接多个数据源的情况，可是微服务架构的应用很少这么做，一库一服务是最起码的设计原则。于是分布式事务开始有了用武之地，具体的种类前文中已提及不再赘述。分布式事务对于数据一致性的处理因其种类不同处理方式也不尽相同，但大多数以最终一致性为主，典型的如 Saga、TCC 等。阿里巴巴的 Seata 框架所提供的 AT 模式虽然是一种创新，但本质上也是基于最终一致性来实现的。之所以大家放弃本地事务的强一致性而选择最终一致性，性能因素算是原因之一；另外一个重要原因是分布式系统的 CAP 特性。

所谓的 CAP 是指在一个分布式系统中，Consistency（一致性）、Availability（可用性）和 Partition tolerance（分区容错性）不能同时成立。传统单体应用中，模块间的通信是在进程之内完成的；而分布式系统中各服务之间的交互则是基于网络的进程间通信来实现的。但网络是不稳定、不可靠的，一旦出现中断或抖动就会使得服务间不能进行连通，也就是出现了网络的分区。在这种情况之下，您需要在 A 和 C 之间进行选择，也就是决策优先保障服务的可用性(A)还是数据一致性(B)。这个选择题其实很简单，大家还是比较青睐可用性，所以弱化 C 而保障 A 成为了一种主流选择。

解释过 CAP 原理，相信您此时可以理解为什么在微服务中要优先使用最终一致性了。强一致性要求非常可靠的网络连接，这是一个很难实现的目标。最终一致性虽然会让数据存在短暂不一致性的情况，但最终还是会变成目标状态。虽然用户体验差了一点，但总比系统频繁报错强吧？

本地事务完全实现了 ACID 四个特性并且追求强一致性，因此又被称为“刚性事务”；最终一致性没那么强的要求但人们又不愿意认为它很弱，所以便被称为“柔性事务”。分布式环境下，针对事务的特性可总结为三点：基本可用(Basically Available)、柔性可用(Soft state)和最终一致性(Eventual consistency)。将三个特性的首字母取来是“BASE”，在英文中有“碱”的意思；而 ACID 在英文中是“酸”的意思。所以在设计过程中我们应该追求“酸”与“碱”的平衡：服务内部使用酸性事务，服务之间则使用碱性事务。DDD 为了提升系统的吞吐，保存或更新多个聚合的时候也推荐使用最终一致性，把这个思想发挥到了极致。

虽然最终一致性在微服务应用中是首选，但不代表在开发过程中可以不假思考地使用。最大的原因就在于“数据存在短暂不一致性”这个定义当中没有给“短暂”一个明确的说明。到底多久才算是“短暂”？参考对象是什么？几百毫秒很快但相对于 CPU 的时钟周期它是一个很久的时间；几个小时并不算短可相对于宇宙的年龄它简直可以忽略不计。

笔者之所以提出这个问题是因为在使用最终一致性时有可能会带来业务风险。例如这样一个需求：用户首次下单享受 5 折。判断首单的标准是“是否有已经支付的订单”，也就是在提交新订单前需要查询一下当前账户下是否存在“已支付”或“已完结”的订单。订单支付的业务流程我们在前文中已经进行过说明，即先冻结账户余额再变更订单状态为已支付。这一过程在使用 EDA 时会有消息延迟的情况，尤其是业务量非常大的时候。此时如果单纯地使用最终一致性就会导致用户在其真正的首单状态变成“已支付”前连续提交多笔订单的情况，这样他就可以多次享受 5 折了。上述案例中所示的业务场景比较极端，在现实中或许只有很小的概率出现，但并不代表完全没有，尤其是对业务考虑不周全的时候。所以此时就需要在设计阶段做好充分的分析，避免由于使用了最终一致性而带来各种业务隐患。

数据一致性在理解上很容易让人产生误会，尤其是对于非技术出身的领域专家、需求或产品经理。他们会过度关注“短暂不一致性”这个问题，他们会觉得“短暂”一词不可量化，让人难以控制。作为软件工程师的我们当然也希望能有手段满足 CAP 的全部特性，奈何客观现实就是如此，我们只能在 AP 与 CP 间进行抉择。此时就需要发挥您的智慧去使用非技术术语来解释这一技术上的概念，让他们不必担心最终一致性所带来的各种问题，即使有也并非常态，相信大部分人都是能够接受的。

分布式架构下，最终一致性是一种适应性很强的解决方案。虽然我们承认网络分区的存在，但企业级应用大部分都是在内网中进行部署的，网络稳定性其实还是非常高的，只是作为技术人员的我们在态度上要严谨，尤其不能对风险做任何假设。对于数据同步的延迟问题，软件架构、各种技术性的解决方案仅是一个方面，另外一方面需要加强运维团队的建设。对网络、服务器负荷、消息队列的吞吐等重要指标做好监控和预警，尽量将风险扼杀在摇篮里，这也是微服务时代必须要重点投入资源的地方。

5.8 代码结构

介绍完 DDD(严格来讲，这些架构与 DDD 并无直接的关系)常使用的各类架构之后，让我们再一起看一看代码结构是什么样的，也就是如何进行代码的组织工作。传统三层结构相对比较简单，所以笔者会以图 5.15 所示的六边形架构为参考对代码结构进行说明。不过由于六边形架构的特殊性，对于很多工程师来说是比较陌生的，所以笔者进行了一些改变。简单来说，就是以分层的方式来实现六边形架构，其中分层架构参考的是图 5.10。

实际上，对于六边形架构而言使用分层的方式来组织代码并不是很合适。因为除了应用程序中的应用服务和领域模型还能体现出分层的概念之外，不再存在基础设施和用户接口的概念了，它们的实现方式全部都是适配器。换句话，六边形架构取消了基础设施和用户接口两个分层，取而代之的适配器，而每一个适配器都是一个独立的模块。另一方面，很多工程师又比较习惯于使用分层的方式来组织代码，这便给读者的讲解带来了挑战。经过一番思想斗争之后，笔者决定向工程师的使用习惯倾斜。所以，虽然后面的内容是基于六边形架构，但仍然使用分层的方式来对代码进行组织。如果您已可以熟练使用 DDD，可以的话最好按标准的方式来实现六边形架构，笔者这一作法是一种妥协。表 5.5 展示了如何使用分层的方式来实现六边形架构，再次提醒一下读者：本小节的内容参照的是表 5.5 而并非标准六边形架构。

表 5.5 使用分层方式实现六边形架构的方式

组　件	分层架构	六边形架构	说　明
领域层	领域层	领域模型	关系不变
应用服务层	应用服务层	应用服务	关系不变
基础设施层	基础设施层	各类输出适配器	所有的输出适配器都被放置到基础设施层中进行实现。标准方式实现时，可将适配器实现为单独的模块。
用户接口	用户接口	各类输入适配器	所有的输入适配器都被放置到用户接口层进行实现。标准方式实现时，可将适配器实现为单独的模块。

5.8.1 组织项目

让我们先介绍一下如何站在相对宏观的角度去进行代码的组织。学习 DDD 的时候我们以子域为开端，基于子域我们设计出了限界上下文，这两部分共同构成了 DDD 战略设计的全部。同样地，您也可以使用子域去规划代码。相信没有哪个团队会把整个应用涉及的所有服务的代码都放在同一个项目中除非应用规模非常小，否则一定会乱套。所以，对代码进行有效组织十分有必要，最好能设定一个规范来供团队使用。

开发 Java 的 IDE(假设您也同笔者一样，使用了 IntelliJ IDEA 作为开发 IDE)中，盛放代码的最大容器一般被称为“项目(Project)”，也有人喜欢称其为“工程”。所谓的“项目”就是指您通过开发工具所能打开的最大代码集合。通常情况，一个项目会包含多个模块，每个模块又可以包含更多的子模块，图 5.31 展示了项目的基本结构。模块被编译后会形成一个可运行的程序或类库，也就是人们常说的“JAR 包”。而项目一般只是作为模块的容器角色而存在，起到组织代码的作用，并不会形成可运行的程序。就图 5.31 所示的系统与项目间的关系，请读者务必注意一点：系统只是一种逻辑表达，项目才是组织源代码的最基本形式。

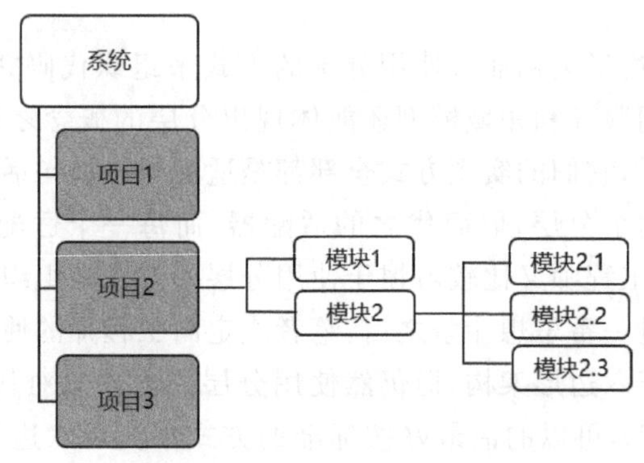

图 5.31 系统与项目的关系以及项目的代码结构

对于项目的识别，笔者建议以顶级子域为单位(参考第三章图 3.4)，为每一个顶级子域都建立一个对应的项目，项目的命名可以直接借鉴子域的名称。如商品子域对应的项目为 goods、订购子域对应的项目名为 order、账户子域对应的项目名为 account 等。项目识别出来后就开始识别一级模块，一级模块所对应的部分是限界上下文(服务)。以订购子域为例，其对应的限界上下文包括：购物车、订单评价、订单管理和订单检索(参考第四章图 4.8)，那么订单项目就包含了四个一级模块。一级模块设计完成后我们开始着手设计二级模块，二级模块的概念相对简单，每一个对应一个分层。到此为止，我们完成了项目和模块的识别，形成了如图 5.32 所示的结果。虽然开发工具可能对于模块的嵌套深度没有太多的限制，但笔者建议两级已经足够了，再多就会让人产生混乱。

根据顶层子域去组织代码会让开发工作更有条件，对于大型系统尤其有效。虽然

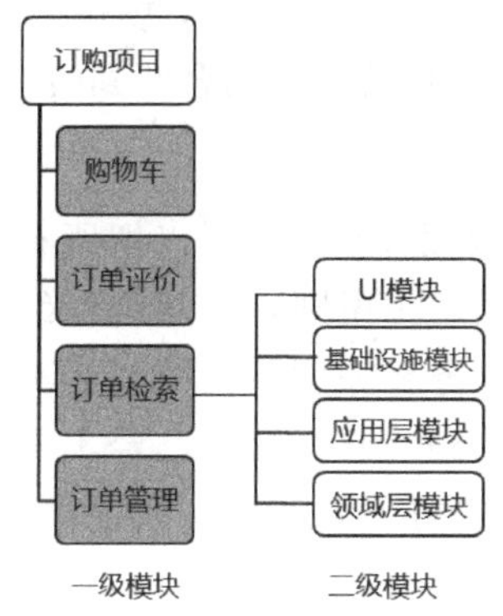

图 5.32 项目和模块的识别结果

(其中顶级子域对应项目、一级模块对应限界上下文、二级模块对应分层)

会形成很多的项目,但由于每个项目关注的业务目标明确,所以很方便企业以项目为单位来组织团队进行建设。前文中我们强调过:每一个限界上下文尽量由一个团队来负责,那么在按项目的方式组织代码的时候就会出现多个团队同时在一个项目中开发的情况,很容易增加代码冲突的概率。比如某个团队的开发人员通过 git 签入了一份无法编译的代码,另一个团队在编译时就会出错。实际上,如果项目团队组织合理,比如要求项目的负责团队必须来自同一部门,日常工作中再辅以一定的规范,很多问题是可以避免的。另外,顶层子域中的业务通常都具备较强的关联性,彼此间交互非常频繁。所以在基于子域构建项目的时候,可以将很多通用的能力设计成能够被共享的组件或类库,这一做法可减少很多的重复性代码。

虽然上述提及的代码组织方式比较适用于大型系统,但放到中、小型系统上也并非问题,只是要注意对项目数量的控制。此外,针对于项目粒度的评估并没有一个明确的标准,企业文化、团队文化甚至是项目负责人的认知不同都会形成不同的代码组织模式,但不论怎么做,有一些问题还是应该在工作中多加注意的。

1. 团队组织

不建议同一个项目中的代码由跨部门或公司的团队共同开发、维护。虽然不愿意承认,但“团队墙”是一个永远绕不开的问题。当无法绕开这个问题的时候,大家出于“亲兄弟明算账”的目的将工作责任明确、透明化对于系统的建设是有益的,总比工作边界不清晰要好得多。这种方式会大大增加沟通成本,尤其是团队不够团结的情况下,受影响的最终还是企业的利益。

2. 代码规模

代码组织不好时会出现项目规模过大或粒度过细的情况。前一种情况带来的最大问题就是代码冲突率升高且编译缓慢。规模大意味着参与开发的人更多,每个人都有自己的开发风格;每个人对于代码管理工具的使用方式也有着自己的认知和使用习惯,随着时间的推移,项目代码冲突问题会越来越明显。相反地,如果代码组织粒度太细,对于代码的管理和开发工作又带来了很多困难。一个需求的建设需要跨不同的项目,程序员不得不在多个开发窗口中来回“串场”,想想就感觉可怕。再加上各种分支的切换,谁能保证不会一时迷糊把未测试的代码合并到线上分支?

3. 跨业务组织项目

对于一些中、小型的系统来说,您完全可以把所有的代码都放到一个项目中,好管理也比较直观。但对于大型系统来说则要注意组织细节,虽然您不一定使用笔者给出的方式但也尽量不要把一些业务相关度不高的代码都放到同一个项目中,比如将订单和监控两个子域相关的代码放到一起。缺点已经不需要笔者做过多的解释了,感觉这是对于人的认知的一种挑战,最好不要试图在系统建设这种严肃的场合彰显个性。

5.8.2 服务中的代码模型

完成代码在宏观上的组织工作后,就需要开始考虑如何组织一个服务内的代码了,本节包括后续的示例笔者都会以六边形架构为参考。您还记得前面在介绍项目结构时笔者说过哪一部分对应的是服务吗?是的,一级模块。在对服务内的代码进行组织时,要以“层”为单位推导模块信息,这一工作总计分为两步。

(1) 设计分层:确认有哪些分层,各自的责任及彼此间的依赖关系分别是什么。注意:这里的分层是指应用层、领域层等概念。此外,还包括适配器,在六边形架构中应该是单独的一个模块,但笔者将其与基础设施或用户接口放到了同一层中。

(2) 确定分层中所包含的内容:即一个分层中要包含哪些内容,某一个对象应放到哪一个层中更合适。确定好分层也就意味着模块信息已经确认,通常情况下是一个分层对应一个二级模块。

有关各分层的责任前文中我们已经做过基本的介绍,后文我们会对其进行详细说明。除了核心能力层之外,开发过程中我们通常还会用到一些通用的能力和对象,大致可分为两类:第一类为文件处理、日期工具类等这些与业务关联度很低的工具类对象,最好将它们封装成独立的类库以实现共享;另一类是 VO、枚举值类对象,您当然可以让每一个服务中都包含一份,从理论的角度来看这种方式仿佛更为合理,但在实践中会造成很多的重复代码。例如当订单服务以 REST+JSON 的形式调用账户服务的“查询账户详情”接口时,账户服务会将 AccountVO 类型的信息序列化为 JSON,订单服务则需要将 JSON 反序列为 AccountVO。交互的双方只有都包含 AccountVO 的定义时才能完成这一数据交换的过程。您可以简单把 AccountVO 的代码在各自的服务中都声明一份,它们的代码完全一样。如果业务不发生变化这种方式问题自然不大,一旦账户出现变动涉及 AccountVO 的修改您就得改两次。如果有更多的服务用到了它,那修改的地方也会相应的增加。对此,您可以将 VO 作为单独的一个模块从各服务中剥离出去并构建为独立的类库,各服务有需要时直接引用即可,如图 5.33 所示。当然,如果跨项目使用则没有更好的办法了,只能让每一个项目都按需复制一份。一般来说,工具类对象可跨项目使用,但与业务相关的组件则不建议这样做,这类对象变化频率太快,修改时的影响面会很大。

上文中我们提到了代码的复制,很多研发人员听到“复制”一词就开始嗤之以鼻,觉

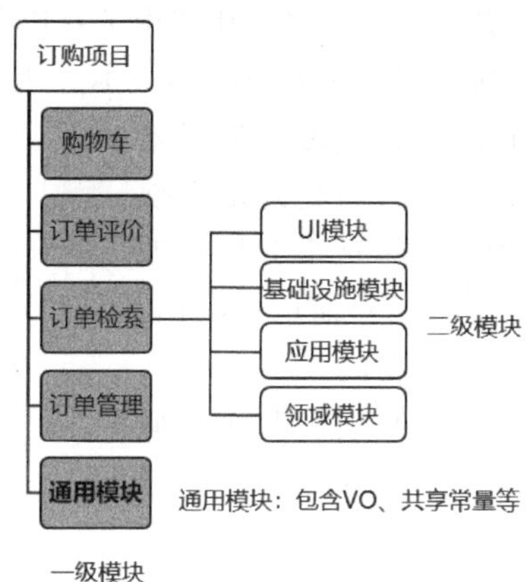

图 5.33 项目中增加可被共享的通用模块
(内部可包含 VO、共享常量等。该模块以类库的形式被其他模块进行引用)

得只有低级程序员才会干复制、粘贴的游戏。其实不然,复制代码的行为在真实的项目中发生的频率很高,而且并不是所有的复制都不好,您需要区分复制的是什么。业务逻辑代码肯定不能复制,有重复时可以将重复的部分封装为方法甚至是单独的类。而对于 VO、Data Entity 这类对象的复制则是可以大大提升工作效率的,毕竟它们只是数据的载体。例外的情况还包括业务流程组织代码,比如业务用例 1 需要以“A－B－C”的形式来组织业务,业务用例 2 需要以“A－B－C－D”的形式来组织业务,其中的 A、B、C、D 为子流程。编写这两个业务用例的代码的时候是可以使用复制的方式的,并没有违背“不可复制业务规则代码”的约束。

回归正文。确认好分层后我们还需要为每一层所包含的内容进行定义,由图 5.10 所示的内容可知:每一个服务都会包含基础设施层、用户表示层(真实项目中一般也会将输入适配器放置于其中)、应用层和领域层四个分层,下一小节笔者会以图形的方式展示一下各层所包含的主要内容。另外需要着重说明的一点是:笔者对领域模型的活动范围进行了严格的限制,不允许它们泄漏到用户表示层中去,所以删除了这一层对领域层的依赖。这一作法从表面上看限制比较大,但经验告诉我们这是非常有必要的,否则您将会看到工程师在 UI 层中使用领域对象去处理业务。

1. 用户表示层(User Interface,简称 UI)

提到“用户表示层”人们第一时间想到的是用户页面,这是一种相对狭义的定义,在传统的三层应用中您或许还可以这么理解。到了微服务架构的应用中,由于用户界面也被设计成了单独的服务,这就意味着已经不存在通常意义上的“用户表示层”的说法了,本质上都是服务,彼此之间需要通过远程接口调用来进行访问。这种情况下,用户表示层所表示的含义就发生了变化,除用于给用户提供交互界面之外,它的主要作用还包括“表现服务”,即:将服务的能力暴露出去供其他服务所使用,它会作为第一交互界面接收来自用户的请求。同样发生变化的还有“用户”这一角色,单体时代主要是指人,微服务时代的用户更多的是指另外的服务。可以看到,广义上的用户表示层不再局限于用户界面，它的范围变得更广了。而服务在使用了六边形架构后，已经完全不存在用户表示层的概念了，全部被抽象成了输入适配器。不过笔者还是定义了这样的一个分层，您可将其称之为 Controller，各类输入适配器如 REST Controller 以及对输入进行处理的防腐层组件都被放到了这一层中，虽然这个分层也叫用户表示层，但仅仅是适配器的容器而已，与真正的用户表示层所表达的概念并不相同。

用户表示层中不允许使用领域模型，无论它的输入形式是什么都需要将输入转换成 VO[1] 并传入到应用层中。这一层的组件相对较少，具体如图 5.34 所示。

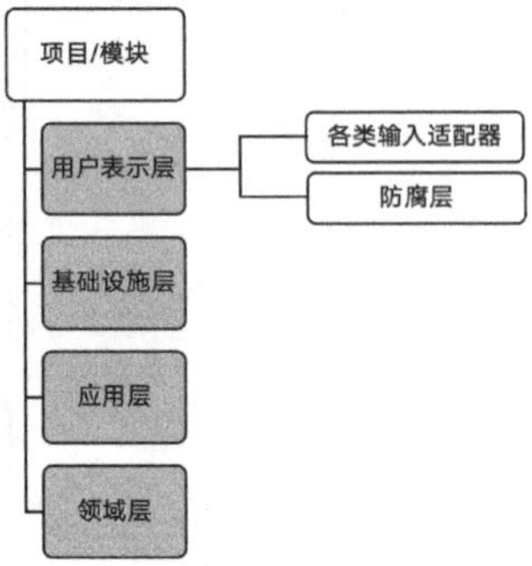

项目/模块
用户表示层
各类输入适配器
防腐层
基础设施层
应用层
领域层

图 5.34 用户表示层的主要构成

2. 基础设施层（Infrastructure）

基础设施层的主要作用是为其他各层提供通用的技术服务。同用户表示层一样，六边形架构的应用中已经不再有基础设施层的概念，所以笔者也模仿 UI 层的实现建立了一个虚拟的基础设施层，其会作为输出适配器的容器。这就意味着实现领域模型持久化、发送邮件/短信、发布领域事件/命令等功能的组件都会在这一层中进行实现。我们耳熟能详的对象如 DAO、资源库的实现、Data Entity 等都属于基础设施层内的元素。

您可能需要关注一下 DAO 和 Data Entity，这是一个广义上的定义，所有用于数据访问的对象都可称之为 DAO，与具体数据库无关、与是否是关系型数据也无关。如果您的项目中同时使用了 Redis、MongoDB 和 MySQL，那就需要建立三类 DAO。Data Entity 也是如此，关系型数据库中的每一张表、视图、每一个级联查询的结果要有对应的 Data Entity；MongoDB 中的每一个集合也要有对应的 Data Entity。有一些团队喜欢将 DAO 和 Data Entity 定义到单独的一个层（模块）中，同时还存在着一个称之为基础设施的层（模块），这一方式其实问题并不大。所谓“基础设施层”是一种逻辑上的定义，实现时并不强制所有的组件全放到同一个模块中，这样会让模块规模膨胀得很大，后续很难维护。

基础设施层中有一个特别有意思的组件：消息队列客户端，它能提供的能力包括消息发送和消息监听。虽然都是消息队列相关的功能但它们却属于不同的分层：消息发送属于基础设施层；消息监听属于用户表示层。当然了，涉及消息队列的基本配置如 IP 地址、端口号、用户名和密码等肯定是要配置在基础设施层中的，这属于基本的常识。那么为什么发送与监听属于不同的层呢？听起来让人感到非常费解。读者有此疑问实属正常，毕竟这种说法多少有点颠覆认知。想要理解它您需要从六边形架构的角度去考虑，这样就会明朗得多。这个架构强调应用程序外围是各种适配器，主要包含两类：输入适配器和输出适配器。输入适配器的作用是解析外部请求并转换成应用程序

---

1 本书中使用 VO，具体原因前文中已进行说明，有些团队可能会称其为 DTO，只是叫法的不同。

能理解的方式,那么问题来了,应用程序指的是什么?其实就是应用层。由图5.10可知:消息队列监听器属于典型的输入适配器,它接收来自消息队列的输入并将消息转换成如VO,之后再调用应用层的服务完成某一个业务用例。既然是用户输入的接收点,消息监听自然就属于用户表示层了。

反观消息发送组件,严格来讲它其实属于应用层的能力,只是由于需要与基础设施沟通,所以这一能力的实现被放到了基础设施层中。发送消息实际上是应用程序对业务处理结果的输出,六边形架构中所有输出适配器的作用都是如此。输出的形式除了包括对另外服务的远程调用之外,也包括我们经常使用的将数据存储到数据库、缓存、文件中等。输出处理一般会涉及系统底层中间件的访问,所以它们的实现归类为基础设施层是合理的。

另外一个需要放到基础设施层中的东西是配置文件,毕竟实现基础能力的组件都在这一层中,配置文件放在此处也比较合适。日常开发中,我们经常需要读取配置文件中的信息,那么这个能力的实现要放到哪里呢?假如您使用的是Spring Boot,可以采用两种方式实现。方式一将读取配置的能力直接放到应用层中:

```
@ConfigurationProperties(prefix = "keys")
@Component
public class KeysConfig {
    private String publicKey;
    private String secretKey;
}
```

方式二严格遵守了分层规范:在应用层中声明接口,在基础设施层去实现,代码如下:

```
//应用层中声明接口
public class IKeysConfig {
    String getPublicKey();
    String getSecretKey();
}

//基础设施层中实现应用层中的接口
@ConfigurationProperties(prefix = "keys")
@Component
public classKeysConfig implements IKeysConfig {
    private String publicKey;
    private String secretKey;

    public String getPublicKey() {
        return this.publicKey;
    }
```

```
    public String getSecretKey() {
        return this.secretKey;
    }
}
```

其实这两种方案没什么本质上的区别。虽然方案二显得更为正规，但它在基础设施层中的实现真的没干什么具体的工作，配置信息的读取全是依赖于 Spring Boot 框架。如果让笔者去选择，肯定是方案一，最起码能少写很多的代码。当然，这只是一句玩笑话，笔者是这样理解基础设施的：基础能力的认定要以业务为导向。回顾一下我们介绍过的那些属于基础设施层的组件：DAO、消息发送组件、文件处理组件等，都是由于业务上的需要才诞生的或者说是服务于业务的。而一些更为基础的、通用的能力，比如开发框架、日期工具类等其实不应该算是严格意义上的基础设施，否则它的范围就有点太大了。正常情况下，基础设施层要依赖于应用层，可是我们经常会在应用服务上加上@Service 关键字以示其是被 Spring 管理的服务对象，这一作法本身也是正确的。如果将 Spring 也认为是基础设施的话，那此处就出现了应用层依赖基础设施层的情况，与理论完全相悖。所以，对于基础设施的理解应以业务为参考，并不是只要与基础能力有关就算作是基础设施。考虑一下为什么 DAO 是基础设施？因为它处理的业务数据，与业务的关联性很高。同样的道理，文件的处理也是，面向的目标必须是业务数据。此外，有关领域模型如实体和值对象的实现方式，笔者曾多次强调“应保持领域模型的纯粹性，实现时不能依赖于 Spring 等开发框架”。这一限制的原因并非源于 Spring 属于基础设施，而是由于实体、值对象等组件根本不需要使用 Spring 的能力，勉强用的话会让设计出的模型不伦不类。

至此为止，我们已经对基础设施层中的主要组件进行了介绍，图 5.35 对这些内容进行了总结。

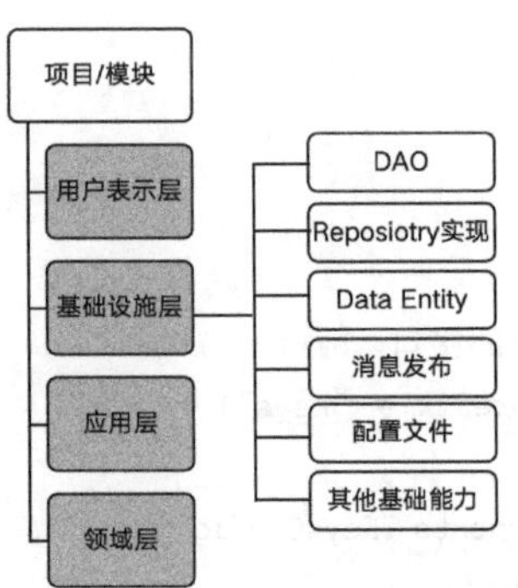

图 5.35　基础设施层的主要构成

3. 应用层(Application)

应用层的主要构成是应用服务，应用服务中的每一个公有方法都表示一个业务用例，所以这一层也可称为“应用服务层”。前文中我们着重强调过“不允许领域层中的对象渗透到用户表示层中去”,所以应用服务的输入、输出或为简单类型或为 VO,否则就会造成领域模型的外泄。应用服务的公有接口即为六边形架构中的端口,它的客户端是用户表示层或另外的应用服务,同时它也是领域层的客户端,处于三者内的中间位置。

应用服务听其名会给人一种“角色与位置十分重要”的感觉。作用自不必说,DDD 战术内容中的每一类对象作用都很大。但它却并不负责业务逻辑的处理,它在系统中的角色是业务流程的指挥官,负责协调领域模型和基础设施能力共同完成某一个业务。当然,应用服务并不是应用层中的全部,还有两类对象的作用也十分重要。

第一个要出场的是“基础设施连接器”,这是笔者自定义的一个名字,因为的确不知道该如何称呼它们更好。我们经常会在业务处理完成后再调用一些底层的能力来支撑业务用例的实现,比如发送一些通知或者消息。按照一般的作法,在应用服务内直接调用基础设施层中的能力即可实现这一需求。但六边形架构的主要特色是基础设施依赖于应用层,不应当有反向依赖的情况出现,所以一般作法是行不通的。想要实现这样的需求且还不能破坏依赖关系,最简单的方式是将声明与实现分开,使用时将实现注入到引用接口的位置即可。声明与实现分开就意味着您只需要在应用层内声明要用到的基础设施能力接口,仅仅是声明,至于实现则并不需要它做过多的考虑。这样做以后,业务用例如果需要使用基础设施的能力只要通过接口调用即可实现,而且还没有破坏组件间的依赖关系。这类与基础设施沟通的接口即为“基础设施连接器”,是应用层中的一个重要组成部分。

第二个要出场的对象是领域对象构造器。微服务架构下,实例化领域对象的数据往往来源于另外的服务。比如订单中的客户对象,其信息来源于账户服务。虽然构建对象的责任在于工厂或领域模型自身的构造函数,但涉及其他服务的调用、调用结果的解析就不是它们能解决的了。所以,对于一些构造过程非常复杂的领域模型,尤其是实例化时所需要的数据需要跨服务获取的时候,可以考虑将这一过程放到应用服务中。

应用层中的主要对象基本以上述三类为主,图 5.36 对此进行了总结。

4. 领域层(Domain)

顾名思义,领域层一定是领域模型的舞台。这一分层中包含的内容较多,所以人们常说要有一个厚厚的领域层。从元素的数量上来看它包含的肯定是最多的,如果您曾经有接触过 DDD 一定会知道一些比较有名的概念如实体、值对象、领域服务等,都属于这一层中的一员。此外,还有一些不那么知名但也很容易被忽略的对象也属于领域层,请听笔者细细道来。

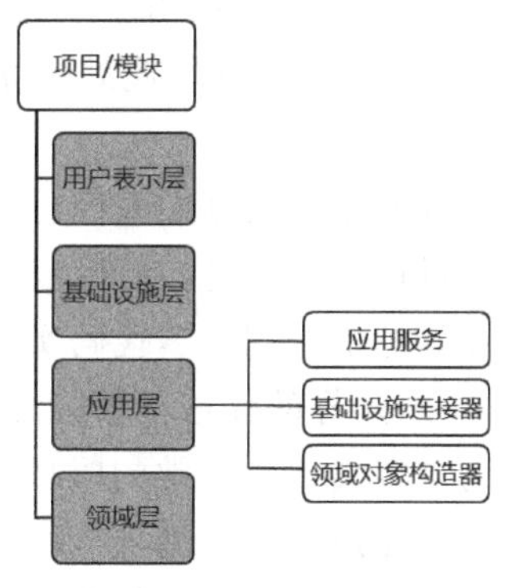

图 5.36　应用层的主要构成

(1) 业务异常

是的，您没有听错，业务异常也属于领域层。这一答案让您感到惊讶也实属正常，毕竟一听到异常大家第一时间想到的是它应该属于基础设施层或应用层的东西，甚至还有一大部分工程师并不知道它到底属于哪一层。实际并非如此，业务异常表达了通用语言，根正苗红，非领域层莫属，比如有这样一个需求：自动支付订单时，如果账户余额冻结失败则发送一条支付提醒短信给用户并结束支付流程。那么在代码上要怎么表达“余额冻结失败”呢？您当然可以使用布尔类型，但错误原因要怎么去表达呢？您的回答可能是新创建一个对象作为操作结果，里面包含了是否成功的标识符及失败时的原因。从技术的角度，很多问题的确可以找到解决方案，但这些方案很不自然，使得通用语言从业务转换到技术的时候失真了。在讲领域事件的时候我们曾说过：需要将业务中已经发生的事情建模成事件，这样不仅会丰富领域模型也能让领域模型的能力得到充分发挥，能够更加充分地、细腻地去表达业务。异常和事件的意义一样，只是它关注的是业务中的分支流程——异常业务逻辑的处理。一个相对正规的业务需求除了要考虑正常的执行条件和执行结果之外，也应当对非正常的情况做好说明，这些都是通用语言的一部分，最好不要交由程序员放飞自我地自由发挥。业务异常的作用在此刻恰恰能体现出来，它在丰富建模手段和细化业务说明的同时也能够有效地避免业务内涵丢失。虽然说我们无可避免地会在业务转换到技术的过程中丢失一些元素，但还是应尽量去保留，为异常建模正是减少失真的一个手段。

异常并不只是错误，它们并不是相等的。所谓“错误”一般是指程序运行时遭遇到的硬件错误、操作系统异常、Java 虚拟机错误等，这些错误无法被应用捕捉，程序也无法从错误中恢复；而异常是对业务行为的一种描述，应用没有按既定的规定运行或未达到正常运行的条件即为遭遇到了异常。异常是可以被应用捕获的，可依赖业务规则来决策是否需要从异常中恢复原业务流程或转至另外的分支流程。由异常的含义可知：我们可以使用异常来表达程序运行条件未达到的情况。仍然以前面的支付需求为例，按正常的情况，如果用户余额冻结成功则会进入到冻结库存并开始物流业务流程的环节。但由于未能达到既定的运行条件，即余额冻结成功，使得应用不得不提前终止。所以，此处使用异常来表达这种非正常的运行条件的确是最为合理的。

从异常的工作机制中我们可以知道：它除了表达“业务流程的执行条件或结果未达到预定的目标”之外还能控制流程的走向。比如前面业务中的“余额冻结失败则发送一条支付提醒短信给用户”，代码实现时，可将发送短信的方法写到捕获到余额冻结失败异常的地方，这样的作法不仅能更自然表达业务还可以快速结束当前流程。

使用自定义业务异常的时候我们通常会让其继承 JDK 中的异常类 Exception 并覆盖所有的构造函数。抛异常的时候也应将错误消息尽量详细地放到异常中，尤其是原始异常。这一作法能够帮助您在系统上线后对出现的问题进行分析，不过一定要记得将它们都输出到日志文件中。另外一点，作为最佳实践，笔者建议您尽量为自定义异常起一个见名知意的好名字，很多时候要比往其中塞入非常多的错误信息更有效。异常的真谛不是其包含了多少错误信息而是名字，比如下面的代码：

```
@Service
public class OrderApplicationService {
    public CommandHandlingResult cancel(Long id) {
        try {
            Order order = this.orderRepository.findBy(id);
            order.cancel();
        } catch(OrderHasCompletedException e) {
            logger.error(e.getMessage(), e);
            return CommandHandlingResult.failed(e.getMessage);
        }
    }
}
```

上述为取消订单的代码片段，如果程序运行过程中出现了 OrderHasCompletedException 类型的异常，您能猜测到是什么原因引发的吗？

最后一个使用业务异常的注意事项是如何对异常进行捕获，最好不要直接使用“catch(...)”这种代码来捕获所有的异常，这一做法会让您失去原始异常的信息。比较好的方式是先捕获子类异常再捕获父类异常：

```
public CommandHandlingResult cancel(Long id) {
    try {
        Order order = this.orderRepository.findBy(id);
        if (order == null) {
            throw new NoOrderException();
        }
        order.cancel();
        //代码省略...
    } catch(NoOrderException | OrderHasCompletedException e) {
        logger.error(e.getMessage(), e);
        return CommandHandlingResult.failed(e.getMessage);
    } catch(Exception e) {
        logger.error(e.getMessage(), e);
        return CommandHandlingResult.failed();
    }
}
```

上述代码中 NoOrderException 和 OrderHasCompletedException 是 Exception 的子类，都属于业务异常。我们在代码中先去捕获它们最后才是它们的父类，这样不仅不会丢失原始异常信息还能保证所有的异常都会被捕获到从而避免异常逃逸的情况出现。

（2）领域事件与领域命令

领域事件在前面已经做过介绍，那么领域命令是什么东西呢？从技术的角度来看它们两个是一致的，本质上都是消息，只是被赋予了业务特性，表 5.6 展示了二者的不同。

从语义上来讲，命令被发出去后应该有一个响应结果，就像您调用一个 REST 接口一样，期望得到响应结果，但在真实的项目中以异步的情况居多。比如基于 CQRS 架构的应用，为了提升处理效率同时避免业务高峰期请求将服务冲垮，会将命令发送到消息队列中，虽然也会得到一些响应结果，但这个结果并不是真实的处理结果。

事件与命令同业务异常一样都属于领域层这个大家庭中的一员，可以更细致去表达业务。笔者个人建议您在建模过程中要重点关注这三方面的内容，有时仅仅是一小点的突破就会让本来很棘手和复杂的业务拨云见日变得有条理。

（3）资源库接口

有关资源库的内容我们在后面章节中会进行详细说明，此处您只需要知道它的主要责任是用于聚合的序列化和反序列化。因为它所具备的能力是由业务来驱动的，所以声明放置放在领域层中比较合适。另外，因为涉及与持久化设施的沟通，所以我们将资源库的实现放到了基础设施层中，只有这样才能实现领域层与基础设施层的解耦。资源库接口扮演的另一个角色是六边形架构中的输出端口，至于输出到哪里以及怎么输出就不是领域层所关心的了。尽管领域模型决策着数据模型的结构，但它并不会关注持久化的细节，它的主责还是在实现业务规则。

表 5.6　命令与事件的对比

区别点	事　件	命　令
业务含义	过去发生事情，表达了一种既定的事实	表达了做某件事情的意愿，具备主动性
消费者	事件被发布后并不知道谁是消费者，会以一种广播的形式被发出，任何感兴趣的人都可以去接受	命令的发送者一般会知道命令的响应者
受众数量	0 或多个	1 个
响应速度	事件具有延迟性，并不期望发布后可被立即处理	命令代表当下，期望接收者立即处理
响应性	不需要对事件进行响应	一般期望命令接收者在处理完成后给出响应结果，但在分布式环境下往往是异步的
是否可拒绝	事件表示已经发生的事实，订阅者在处理时不应该去否认事件。处理事件时可能会发生一些错误，但这个错误只与事件处理者自身的情况有关系，与事件的生产无关，不应该让事件生产者去撤销事件	当命令中的信息缺失或者业务限制未能正确处理命令时，接收者可以拒绝处理

续表 5.6

区别点	事 件	命 令
顺序性	事件一般会在业务上及时间上具备严格的顺序,比如订单被支付的事件不会也不应该发生在提交订单事件之前	命令并无顺序限制,很多时候是可以按任意顺序触发的,因为在无效时它可以被拒绝,所以并不会破坏业务流程
是否可变更	否	当由于命令中的数据无效被接收者打回时,我们可以将数据进行修正并重新发送

领域层中的内容相对于其他层更多,也让这一层显得更为厚重,图 5.37 对其进行了总结。另外,建议您在编写领域层中各类组件的代码的时候,尽量不要使用太多的基础编程框架的能力。一些常见的工具类如字符串工具类、日期工具类倒是还好,最好不要对 Spring 这种巨型框架产生太多的依赖。笔者也见过一些工程师将资源库接口注入到领域服务中,尽管技术上可行但仍然建议尽量保持领域模型的纯粹。如果您在执行某个业务时需要领域模型配合,请在应用服务中完成构建。

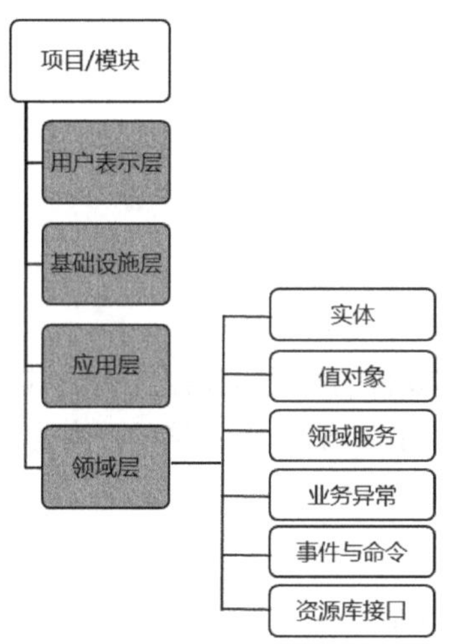

图 5.37 领域层的主要构成

5.8.3 实 践

讲解完各层的代码结构后,让我们就层间依赖、服务启动和分层内代码结构三方面内容谈论一下如何进行实践。本节案例仍然以六边形架构为例,看一看其是如何落地的。需要注意的是:本节所示内容仅展示骨架部分,具体细节读者可在实践中根据项目和需求的实际情况自行设定,毕竟在骨架确定的情况下也不太可能出现大混乱的情况。

1. 依赖

前面图 5.15 展示了六边形架构的逻辑示意图,乍一看虽然很复杂但使用分层(请您务必注意:此处的分层所指代的是模块)的方式对代码进行组织时还是比较简单和直观的。就各类组件需要放到哪一层前文中我们已经做过详述,唯一缺少的是如何设定依赖关系,虽然图 5.10 对此进行了说明,但在项目中要如何实现呢?请听笔者细细道来。在继续阅读前请读者务必注意对于依赖关系的限制:依赖只能是单向的,不允许双向依赖。

图 5.38 展示了各层之间的依赖关系,箭头所指方向为被依赖方,如应用层会依赖于领域层。如无特殊情况,请读者尽量遵守图 5.38 所示的依赖关系。确认好各层间的相互关系后我们需要考虑如何实现这种关系。.NET 中相对比较简单,您可以在 Visual Studio 中通过项目属性增加依赖即可。而在 Java 界,使用 Maven 管理组件已经成为了一种主流,所以我们的介绍也基于此。仍然以应用层与领域层的关系为例,领域层是被依赖的组件,所以您只需要为其配置好基本服务信息即可。Maven 配置片段如下所示:

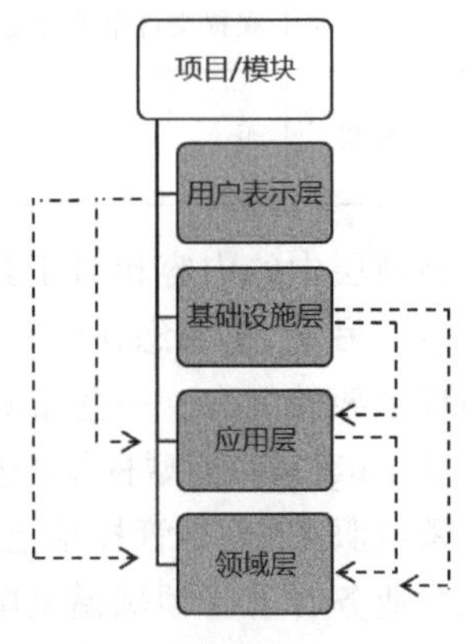

图 5.38 层间的依赖关系

```
<project>
    <groupId>ddd</groupId>
    <artifactId>domain-model</artifactId>
    <packaging>pom</packaging>
    <version>1.0.0.0</version>
</project>
```

在应用层的配置中您需要配置两方面信息:一是其自身的服务信息,依赖于它的层如基础设施层会对其进行引用;二是它所依赖的层如领域层的信息。Maven 配置片段如下所示:

```
<project>
    <groupId>ddd</groupId>
    <artifactId>application-service</artifactId>
    <packaging>pom</packaging>
    <version>1.0.0.0</version>

    <dependencies>
        <dependency>
            <groupId>ddd</groupId>
            <artifactId>domain-model</artifactId>
            <version>1.0.0.0</version>
        </dependency>
    </dependencies>
</project>
```

到此,我们已经完成了依赖的配置工作,其他层也可如法炮制。如图 5.38 所示,基础设施层会依赖于应用层与领域层,您只需要在其 Maven 配置文件的 dependencies 结点中分别加入这两项服务的信息即可。

图 5.38 中有一个特殊的依赖,即用户表示层依赖于基础设施层。正常的分层架构应该是基础设施依赖于用户表示层,为什么会出现这样的变化呢? 两方面原因:

(1) 应用采用的是六边形架构,通过分层的方式实现后,基础设施层与用户接口层变成了一个虚拟的概念,与真正分层的含义并不相同。

(2) 方便服务启动。笔者想让用户接口层同时承担服务启动的责任,毕竟 REST 适配器被包含在这一层里。如果不加上依赖,编译后的基础设施层就不会被包含到启动单元中,服务运行不起来。当然,您也可以做一个专门的服务启动模块,这样的话就可以把用户表示层对基础设施层的依赖取消掉了。

2. 服务启动

设置好各层间的依赖关系后让我们再一起考虑一下如何设置服务的启动项。这个问题其实比较简单,前面我们已经给出了答案。如图 5.39 所示,只需简单地将用户表示层设定为启动项即可。如果您使用的是 Spring Boot,在这一层中加入用于启动服务的主函数就解决了服务的启动问题。

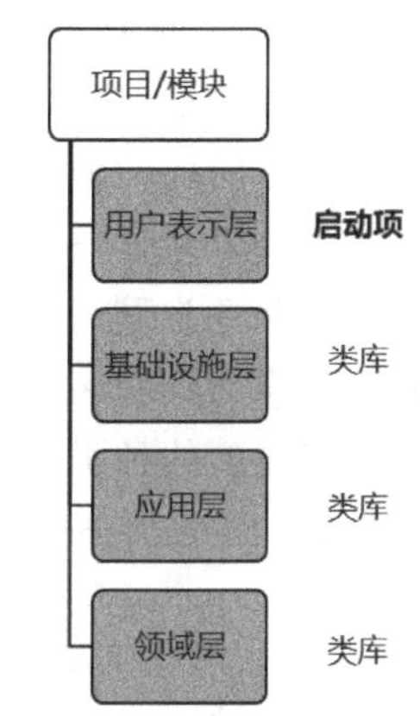

图 5.39 服务中各层的实现方式

3. 分层内的代码组织

我们都知道,DDD 中使用限界上下文对领域模型的业务含义进行了限制以避免其责任不明确从而加大代码的扩展难度及各类耦合性的发生。但限界上下文的规模仍然过大,还需要找到一种粒度更细的方式对各类模型的使用范围进行控制以避免在限界上下文的内部出现模型混乱的情况。这一方式我们称其为业务模块,也就是说您可以使用业务模块来对各类对象如领域模型、服务进行分组并进行细粒度的控制。在限界上下文体量比较大或是单体的情况下,业务模块是一种非常有效的对代码进行控制的手段。前面我们也曾提及“模块”一词,图 5.31 也就此概念进行了展示,但彼处的模块与当前讨论的“模块”概念并不相同,请读者务必作好区分。前面所提模块是一种技术概念,强调的是代码的组织形式,是代码的容器;此处的模块更强调业务特性,反映的是通用语言。前文中所展示的模块概念其实仅仅是 Java 上的概念,语言不同叫法也不同。比如在.NET 中,项目的一般称呼是“解决方案”;模块的称呼是“项目”。但对于业务模块,与开发语言并无关系。

业务模块中包含了“业务”二字,所以它的主要作用便是用于对领域模型进行分组和控制以方便代码的管理,使之更有组织性。但它的作用范围并不只限于模型层,实际上,您可以在每一个层中都使用此机制对代码进行分组。比如在基础设施层,您可以将订单和支付相关的数据模型分别放到不同的业务模块里。尽管如此,后续的内容我们还是会以领域层为例以强调模块的重大价值。

至此,相信您已经了解了业务模块的作用,我们再谈一谈它的实现方式。物理上,它一般是以文件夹或目录的形式存在。但各编程语言也为其赋予了特定的叫法,比如 Java 中称之为包;.NET 中为名称空间。此外,有一些单体服务也会使用包或名称空间作为限界上下文来使用,所以我们可以这样理解:业务模块是包或名称空间,但包或名称空间不一定是业务模块。尽管如此,您在使用模块的时候还是应注意其业务特性而非单纯的将其视为一个个的文件夹。为什么要这样说呢?业务模块的最大作用是把业务上具备高内聚特性的组件集成起来,其不仅体现了业务特性并且还是通用语言的一部分。虽然工程师在开发中经常使用这一技术,但往往给予的重视度并不够,所以经常会出现本该属于同一模块的代码被分到了多个模块中或本该被分割的代码却又被放在了一起。很多工程师比较看重实体或值对象,但模块的地位其实不应比实体或值对象低。恰恰相反,它应比各类领域模型更早出现在代码中才对,以框架的形式规定了每一个领域模型的位置。

对于业务模块的命名,概念上讲当然要以通用语言为准,只是这一说法过于模糊。实践中您可以以聚合(一组具备高内聚性的领域模型的组合)作为顶级业务模块的命名。以订单业务为例,我们可以建立一个名为 order(真实项目中,请务必将服务名称和分层名称也作为模块名的一部分,如:order. model. order)的顶级模块,在顶级模块内再根据领域模型的种类来对代码进行组织,如图 5.40 所示。此外,我们还可以再建立一个名为 payment 的模块用以作为订单支付相关业务的模块。

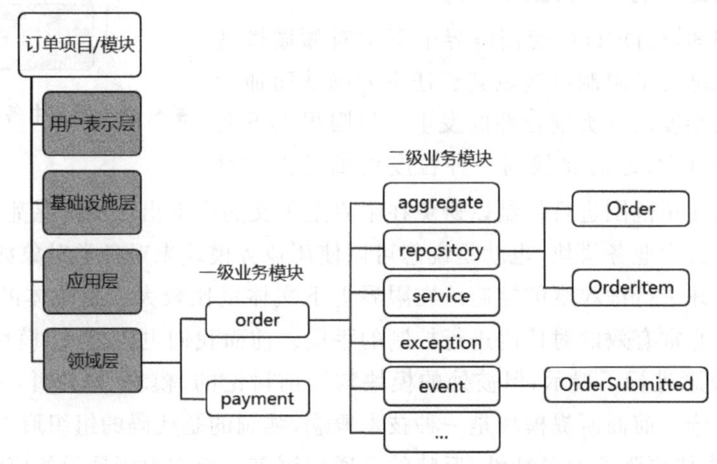

图 5.40 使用聚合作为业务模块的命名

由图 5.40 可知,模块并不是只有一层的,它可以以嵌套的方式出现。只要方便代码组织对于嵌套的使用并没有过多的限制。当然,您也不要使用太深的嵌套层次,一般两层已经足够了。另外需要提及的一个注意点是:模块属于业务模型的一部分,您在使用的时候也要注意其能够随时与业务保持同步,尤其是命名的变化。

笔者经历过一些项目后发现很多工程师喜欢以领域模型的类型作为模块名,如

图5.41所示。笔者个人并不赞成这一作法,原因有二:

(1) 模块命名无法有效体现通用语言。

(2) 无法细粒度地对模型的作用范围进行控制,部分需要进行访问控制的对象不得不作出技术上的妥协。

假如是单体架构,这种组织代码的方式肯定会把工程师搞晕的,他们或许会根据自己的直觉将领域模型随处安放。当然了,您可以使用子模块的形式解决上述问题,比如在模块 aggregate 中分别建立 order、payment 两个子模块。但如果涉及服务拆分呢?几乎每一个模块都要动,风险还是比较高的。

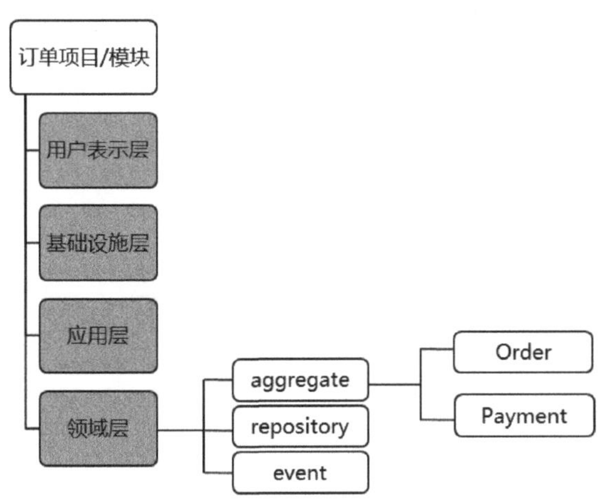

图 5.41 使用领域模型类别进行代码的组织

模块与限界上下文在目的上有许多类似的地方:前者强调的是限界上下文内部对象的组织,将内聚性较高的业务模型进行分组;后者强调业务在大的边界上的划分。但实践中经常会出现业务边界模糊的情况,在无法确认是以业务模块还是限界上下文对业务进行划分时您可以优先使用前者,最起码的好处是可以快速实现当前的业务需求且不用过多考虑部署、服务集成等相关的问题,随着对业务理解度的加深您可以再对其进行拆分,有了各种开发规范的加持相信也不会占用太多的时间。

总 结

本章主要讲解了服务架构相关的知识点。首先我们介绍了对象与服务的概念,服务的开发过程其实就是围绕着它们在转,只是它们各自所关注的内容有很大的区别:对象一般以承载数据为主,服务更关注于行为。当然,实体和值对象要相对特殊一点,它更关注于行为。

之后我们介绍了一些当前较为流行的架构或编程模式,包括:传统分层、洋葱与六边形架构、CQRS架构、EDA和事件溯源模式。实施这些架构或模式时您需要以限界上下文为基准，每一个限界上下文都会因为其聚焦的业务不同而使用不同的架构，也就是说不存在全局架构的概念。就像“领域驱动设计”这个名字所要表达的意思一样，子域识别、架构设计、领域模型设计都应该以业务为准而非技术或其他。

最后我们从项目的角度讲解了如何实现六边形架构。当然，为了照顾大多数读者的技术水准，笔者使用了一种折中的方式来实现六边形架构，即：分层。不过读者也要注意：这种方式会使用户表示层和基础设施层的含义发生变化，它们变成了输入和输出适配器的容器，与其真正的含义并不相同。

本章知识点较多，请读者在学习时一定要加入自己的思考，确保每一个概念在头脑中都是清晰的、可理解的。尤其是服务架构相关的内容，它是服务的中流砥柱，值得反复阅读。

第 6 章　举世无双——实体(Entity)

DDD 中对于编程方式的选择并没有严格的要求。事务脚本也好、面向对象也罢，只要适合当前的业务场景就是最好的。针对业务简单的限界上下文，事务脚本是个不错的选择，代码足够直观且开发效率突出。对于业务复杂的场景则更推荐使用面向对象编程，虽然对于大部分工程师来说这种方式开发难度更高且需要做比事务脚本更多的工作，但它在易扩展性和易维护性方面的卓越表现还是值得拥有的。所谓“两害相较取其轻”，您既想开发速度足够高，又想让系统易于扩展，貌似世上并没有这等好事儿。笔者个人经历过很多的项目，所得到的普遍规律是：当业务具备一定复杂度后，开发速度很快的系统在维护性上的表现都很差，“烂代码”遍布于系统的各个角落。想要开发出易维护和易扩展的软件，采用面向对象编程是一个很好的选择，要不然为什么这个思想能历久弥新？但这一方式牵扯到了很多的概念，掌握不好的话不仅无法成为助力，反而会让代码更加难以理解。从本章开始，我们聚焦于面向对象编程思想，看看 DDD 是如何实践的。

很多人接触 DDD 是从实体开始的，相对于子域、限制上下文等抽象的概念，大部分工程师觉得还是看实体、值对象等更有意思，最起码它们是看得见、摸得着且最容易被模仿、最容易被实践的东西，但这种学习方式最易遭遇瓶颈。DDD 中，限界上下文是超一等公民，它限制了领域模型的范围。当我们越过它去直接设计领域模型的时候，会在不知不觉中让这些模型变得不可控，比如它们可能会承担一些本不该属于它的责任。此外，每一个限界上下文都只会聚集于某一项业务，当您忽略了这些业务目标而直接进行领域模型的设计时会很容易抓不到重点，也就是设计出的模型无法反映出业务的本质。这一做法所带来的隐患是什么呢？一旦出现业务规则变更您就需要大量改写代码，无法从面向对象编程中获利。

不过我们并不觉得先学习实体、值对象等与技术相关的知识有太大的问题，虽然设计出的领域模型精确度会出现偏差，但可以在迭代中进行调整。能够将实体等概念引入到代码中，最起码不会让业务逻辑散落得到处都是；最起码代码的维护性能有一定的提高。当然，实现这些的前提是实体、值对象的设计规范需要被遵守，否则建议仍使用事务脚本。

6.1　认识实体

本章我们重点介绍实体，一个重要程度非常高的领域模型。在进入正式学习之前请让笔者带您看一看非面向对象的代码结构是什么样的。事实上,当您应用面向对象编程达到了一定熟练度后,基本上将代码扫一眼就知道其采用的是什么样的编程模式了,并不需要深入了解太多的细节。图 6.1 展示了使用事务脚本和面向对象编程两种方式在代码结构上的区别。

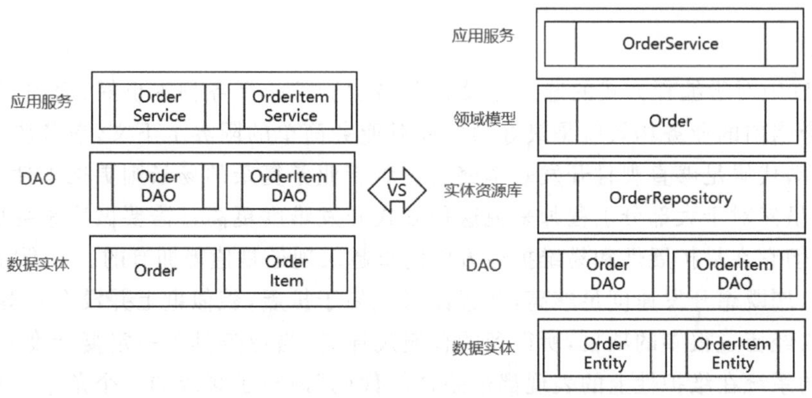

图 6.1　事务脚本(左)与面向对象编程(右)在代码结构上的区别

可以看到,事务脚本以表为中心,各种操作全落于数据模型上,针对每一个数据模型都有与之对应的应用服务如 OrderService、OrderItemService;而面向对象编程则强调了领域模型的核心地位,它的设计不会参考数据模型。以订单为例,虽然在数据的层面分为 OrderEntity 和 OrderItemEntity,但上升到业务层后则统一成一个领域模型 Order 和一个应用服务 OrderService。当然,数量的变化是表面的,研发人员在设计、开发过程中必须学会转换思想,将精力从面向数据表转换到面向领域模型上,所有业务用例的执行都应围绕着领域模型去展开。

对于实体的定义,乍一听理解起来有些困难:一种领域模型,它的定义并非来自于属性而是一连串的连续事件和标识。说它是领域模型这个很好理解,"一连串的连续事件"是什么意思?"标识"又是什么东西呢?让我们分别对其进行解释。

所谓"一连串的连续事件"是指实体会由于某些事件(此处的事件是指活动、行为、动作等,并不是指领域事件)而产生变化,这些变化会体现在它的属性上,可不管怎么变化其本质是不变的。比如说"人"这个实体,体重属性会随着减肥、吃东西事件而产生变化;面貌属性会随着年龄增长而变化。可无论怎么变,这个人在本质上仍然还是他。那么这里的"本质"是什么?业务内涵。简单来说就是无论他经历了什么事件,无论他的属性产生了怎样的变化,他所代表的仍然还是同一个人,不会变成狗或另外的人,也不会变成其他的物体。您可能会觉得笔者谈论"本质"时所用的语言略显粗糙,但所谓"话糙理不糙",这里揭示了使用实体时要遵循的一个重要原则:调用实体上的任何方法时都不能破坏其内在的约束,不能让它的业务本质发生变化。举一个例子,您设计出了两个领域模型:客户和账户,它们在名字上很相似,但无论怎么像它们也不是一个东西,您在客户对象上无论调用什么方法也不应该让它变成账户,否则就意味着您的设计出现了严重的问题或对实体概念的认识尚有不足。

既然实体的属性会产生变化而且变化频率并不低，那必须有一种机制能够实现实体的追踪，即使它变得“面目全非”我们仍然可以根据某些关键信息找到它。这个关键信息有个正式的名称：标识符。以“人”这个实体为例，他的属性比如外观和年龄在发生变化之后可能连最熟悉他的人都认不出来，此时便是标识符发挥作用的时刻，您只要根据它进行定位即可，而且保证定位到的那个人就是您认识的那个“他”。标识符的作用正如其名：用于唯一标识一个实体或对象。现实中，“人”这个实体一般会有身份证号，它可以作为标识符用；每一笔订单都有唯一的订单号，也可以作为标识符用。另外，既然能用于追踪，那标识符一定是实体的必须属性且应在实体对象的整个生命周期中保持不变，极端情况下实体可能没有属性，但也必须有标识符信息。

最佳实践

实体的生命周期中，无论在其上做任何操作都不应该改变它的业务本质。

6.1.1 贫血模型与充血模型

实体有方法有属性，那么是不是有方法有属性的模型就可称之为实体呢？答案必然是否定的。实体是面向对象设计中的概念，使用时应该将其设计为充血模型(Rich Model)，也就是除了包含常规的用于访问内部属性的方法之外还应包含丰富的业务逻辑行为，将行为与属性绑定在了一起。充血模型在使用上较为复杂，您需要时刻关注对象的内在关系及约束有没有被破坏，在设计上并没有什么模式可言。与之相对的则是贫血模型(Anemic Model)[1]，这类模型仅包含属性和用于设置和访问属性的方法(即setter/getter，也可称之为属性访问器)，基本不包含业务方法。Martin Fowler称其为面向对象设计的反模式，因为它在实现过程中将数据与处理流程割裂开来，使之成为了一种数据的容器，不适合用它去表达领域模型。

虽然贫血模型也可以作为领域模型但我们不应该使用它来实现面向对象设计。而且，它的出现有时候还可能是一种提醒的信号。比如在设计过程中发现很多的领域模型没有或只有少量的业务方法，那我们可能就需要考虑一下是否模型设计有误或者当前业务是不是更适合使用事务脚本的开发方式。笔者也曾见一些项目中使用贫血模型来表示领域模型，感觉很不伦不类。它在应用中似乎只是起到了一个占位符的位置，也就是把数据模型中的数据复制给它，应用服务操作之后再复制回数据模型。还有一些项目在使用领域模型时让其直接继承于数据模型，您可以任意地调用setter方法来修改它的属性。这些全都是伪领域模型的典范，不仅仅是不推荐而是应该加以反对。

领域模型由业务对象推导而出，是现实中的对象在软件中的倒影。这句话表明了一个什么道理呢？它透露出了在进行领域模型设计时所要遵循的一个重要原则：领域

---

1 https://www.martinfowler.com/bliki/AnemicDomainModel.html。

模型应能反映出业务对象的各种内在关系及行为，也就是业务本质。想要实现这些并不是简简单单使用属性＋属性访问器就能达到的，充血模型才是王道。继续讲解前，让我们先一起看一下如下两段代码示例：

```
public class AnemicOrder {  //贫血模型的订单
    private Money price;
    private Date createdDate;
    private OrderStatus status;

    public void setPrice(Money price) {
        this.price = price;
    }

    public Money getPrice() {
        return this.price;
    }

    public void SetCreatedDate(Date createdDate) {
        this.createdDate = createdDate;
    }

    public Date getCreatedDate() {
        return this.createdDate;
    }
    //代码省略...
}
```

```
public class Order { //充血模型的订单
    private Money price;
    private Date createdDate;
    private OrderStatus status;

    public void modifyPrice(Money price) {
        if (this.status != OrderStatus.PAYMENT_PENDING) {
            throw new InvalidOrderStatusException();
        }
        this.price = price;
    }

    public Money getPrice() {
        return this.price;
    }
```

```
    public Date getCreatedDate() {
        return this.createdDate;
    }
    //代码省略...
}
```

让我们先脱离代码思考一下订单这个领域对象的业务规则，简单说，有两点：

(1) 它在生成后便有了一个不可变的“建立日期”属性，无论后续的操作是什么这个属性都不应该被改变。

(2) 修改订单价格的前提是它必须处于待支付的状态，取消或已经支付的都不可以。

当然，还有许多其他的业务规则，但出于简化问题的目的我们仅以上述两点为例。依据这些规则让我们再回看一下贫血模型 AnemicOrder，模型上没有任何限制，你可以修改它的一切信息，相当于没有规则存在，单纯的从代码的角度去看也根本无法体现出订单这个业务对象的特性；反观充血模型 Order 则不同，它反映了领域对象的特性，即使只通过阅读代码我们也可以反推出领域对象的各种特征。

一个简单的实例就可以让您认识到贫血模型作为领域模型时有多么不足。实际上，无论是实体还是后面要讲到的值对象，它们应该包含哪些属性、哪些方法并不是简简单单根据数据库结构便可以得出的。您需要根据通用语言去设计领域模型，反过来也可以依据领域模型中所包含的各种信息来验证通用语言，两者是一种相互反映的关系。在敏捷开发的时代，相信没有哪个团队能有足够的资源去维护或愿意维护粒度非常细的设计文档，那就让代码成为一种会说话的工具，将它与通用语言合二为一。要达成这些目标，都不是贫血模型能做到的。

有工程师在设计领域模型的时候喜欢先设定各种属性然后借用于 IDE 的强大功能生成 setter/getter 方法，这种方式适用于各种贫血模型如 VO、Data Entity，不应该在领域模型上也这么做，最起码并不是所有的属性都可以使用 setter 来赋值的。

最佳实践

使用充血模型去表示领域模型而非贫血模型。

贫血模型并不是没有价值，对于逻辑简单的业务场景和用于查询的业务场景来说使用贫血模型绰绰有余。它的直观性和低学习曲线可以很轻易地被人们接受，只是它不适合做领域模型。这一点，读者还是要注意的，笔者强调它的缺点并不代表要去否定它。充血模型虽然强大但用起来比较复杂，您需要仔细将其与领域对象做对比来进行属性、方法和关联关系的设计。此外，真实项目中很多实体的结构非常复杂，一层套用一层，想要理解起来还是有一定难度的。

在讲解实体的章节中介绍贫血、充血模型似乎与主题产生了冲突，但这是学习实体设计的前提。随着学习的深入，您会发现使用实体时会有着各种各样的约束，比如要有标识符、使用标识符进行对比等。但具备这些特征的模型并不一定是合格的实体，您可能把它设计成了贫血模型。

总之，实体包括后面要讲的值对象，并不是简单的方法与属性的组合，在开发过程中也不能只单纯地从技术角度去理解它、使用它。想要用好充血模型需要首先进行思想上的转变，在此笔者有一个小技巧供您参考：先设计行为、再设计属性。习惯于围绕着数据模型开发的工程师总是先进行数据表的设计，之后才开始编写业务逻辑，这种方式以数据模型为核心是理所当然的。转型到面向领域对象开发之后，这个习惯往往被不知不觉地保留了下来，使得设计出的领域模型变成了贫血模型。而先设计行为的方式则可以“强迫”优先考虑模型中要包含的方法，再依据该方法执行时需要的数据推算出属性。这样设计出的领域模型会包含丰富的行为，虽然未必完全正确，但至少不会是贫血模型。

6.1.2 实体的标识符

前文中在谈论实体概念的时候提及到了“标识符”的概念，人们一般喜欢称其为ID。但不论称呼是什么，作为区分实体的主要参考，它应该在同一类实体中是唯一的。所谓的同一类实体比如订单实体、账户实体，所有的订单实体都不应该有重复的标识符；同样的道理也适用于账户。但订单与账号之间并没有严格的限制，也就是说很有可能出现某个订单与账户具备相同标识符的情况。这种情况影响其实也不大，毕竟谁也不可能拿订单与账户进行比较，两者完全是风马牛不相及的关系。

标识符的表现形式可以是一连串的字符串或者数字，简单的情况下也可能是1、2、3……这种整型类型。但无论是哪种，都需要保障其唯一性和不变性，只有这样才能唯一定位一个实体。真实世界中，每一个人都可被认为是一个实体，有些人如同卵双胞胎在长相上几乎完全一样，一般不熟悉他们的人是无法区分的。辨别他们的方式可能是身份证号、户口本编号但绝对不会是年龄、性别、姓名等。此等情形映射到技术世界中也是类似的，两个不同的账户实体可能会使用相同的账户名、类型甚至是联系方式，但他们本质上并不是同一个实体。我们不使用实体属性作为区别实体的参考，还有一个原因是属性可能是重复的。

使用标识符可以唯一确认和定位一个实体也可以用于区分同类其他实体，它可以具备业务含义也可以不具备，这一方面并没有强制的要求。以订单为例，其中的编号信息可以作为标识符，当我们将其作为与别人如客服或商家沟通的介质时，它表示的就是订单，具备业务含义。同样的道理，账户信息中的手机号一般也是唯一的，它可以用于实名认证、联系方式等场景，在作为标识符的同时也具备了业务含义。如果是商品信息呢？它的标识符的作用可能会比较单一，仅仅是标识用途而已，此时业务含义就不那么明确了。

作为实体的必须属性，它的生成时机非常重要，使用不好会让您在开发过程中畏手畏脚，甚至需要向技术妥协。标识符的生成时机一般有两种：实体构建时与实体持久化之后,这两种方式后面我们会进行详细说明。笔者在实践中两种方式都曾使用过,最终得出的结论是:使用前者的效果更佳,不推荐使用另外其他方式。

最佳实践

在构建实体的同时便为其生成标识符信息。

---

1. 标识符生成方式

(1) 实体构建时生成标识符

这种方式是指在创建实体实例的时候便设置好标识符信息。比如您可以使用标识符生成器生成一个值并在实体的构造函数中将其赋给实例的标识符属性。在深入讨论这种方式之前我们需要首先说明一下数据库表的主键与实体标识符的关系。二者其实并没有直接的联系,实体标识符是与业务相关的信息而数据库表主键则是技术相关的,不过实践中为了方便,人们喜欢将实体的标识符同时作为表的主键。有了这样的认识相信您应该更能理解实体持久化之前生成标识符应该是最为可取的方式,因为数据库表的主键源于实体的标识符,且实体在其持久化之前已经参与了业务处理,这个过程中很可能还会用到标识符。

构造实体时生成标识符的方式使得工程师编写代码时的可操作空间变大,如下代码所示:

```
@Service
public class OrderApplicationService {
    public void submit(OrderVO orderInfo) {
        Order order = OrderFactory.INSTANCE.create(orderInfo, IDGenerator.next());
        OrderSubmitted event = order.submit();
        this.eventBus.post(event);
    }
}
public class Order {
    private Long id;
    public OrderSubmitted submit() {
        this.status = OrderStatus.PAYMENT_PENDING;
        return new OrderSubmitted(this.id);
    }
}
```

构建 Order 对象时我们会使用标识符生成器 IDGenerator 获取标识符信息并将其赋给 Order 的属性 id。订单提交方法 submit()在执行完成后会返回订单提交事件 OrderSubmitted,这个事件对象需要使用到订单的 id 作为其构成的一部分。我们可以联想一下:如果订单对象的 id 值不存在时会出现什么情况呢?恐怕事件是无法生成的。您只能将生成事件的代码写到应用服务中且必须等待实体持久化成功之后,因为标识符信息是由持久化组件返回的,那样的代码可以想象,一定不会像示例那样优雅。

(2) 实体持久化之后生成标识符

这种方式一般是指借助于数据的自增 ID 能力在插入实体的时候生成标识符信息,也就是将数据库表的主键作为实体的标识符。这种方式使用起来虽然简单但很别扭,按理我们应该根据实体标识符去映射数据库表的主键,但现在的方式却是反着来的,首先便违背了领域模型设计的基本原则"模型驱动技术"。另外一点则体现在代码设计上,一般来说,持久化实体时并不需要任何返回值,但如果不将标识符进行返回的话则有可能会影响业务用例的执行。请您考虑这样的一个场景:业务用例包含两个子流程,其中子流程 2 执行时会使用到子流程 1 中返回的实体标识符信息。想要解决这一问题,您就得变更资源库接口的定义以及实现:

```
@Repository
public class OrderRepositoryImpl extends OrderRepository {
    //需要在订单实体持久化后将对应的订单表 id 值返回以作为实体的标识符
    public Long insert(Order order) {
        OrderDataEntity entity = this.of(order);
        return this.orderDao.insert(entity);
    }
}
```

使用延迟生成标识符的方式应尽量在真实项目中避免,它严重依赖于数据库的能力且有悖领域驱动设计的原则。

既然标识符信息如此的重要,在真实项目中要怎么去获得呢? 当前可用的方案很多,在细化说明之前让我们一起看一下标识符应具备的特性有哪些,如下列所示:

- 唯一性:标识符的最基本特征,不论部署的服务实例有多少个,在为同一类型领域对象生成标识符时都应该都保证其全局的唯一。以订单服务为例,为提升服务的可用性和吞吐量我们通常会部署多个订单服务的实例。不论哪一个服务,构建订单对象时所使用的标识符值都不应与其他服务使用的值出现重复。
- 可用性:当我们依赖外部服务提供标识符信息时,提供服务的组件或应用在任何时刻都应该可以提供正确的数据。
- 有序性:尽管我们并不要求标识符一定要有序,但在真实项目中使用时最好能让其具备顺序性。这样的话,当我们将实体标识符同时作为数据库表主键时能有助于提升数据的插入或查询性能。
- 高效性:标识符的生成速度要足够快,这样才能满足高并发的业务场景。

讲解完标识的基本特性后让我们再一起了解一下当前常用的标识符解决方案都有哪些,针对每一种方案我们还需要再看一看其是否可以符合标识符的四个基本特性。

2. 标识符生成方案

(1) 数据库自增长 ID

利用数据库来生成标识符是最为简单的一种方案,几乎不用任何特殊的配置。以 MySQL 为例,您只需要将标识符列设置为"AUTO_INCREMENT"即可。这种方案常用于延迟生成标识符的情况，尽管 MySQL 中也提供了预生成标识符的解决方案，但效果并不是很理想(使用 last_insert_id 函数，不过限制较多)，所以在规模较大的系统中几乎很少使用本方案。另外，如果数据量较大需要使用分表、分库时则本方案无效，会出现标识符重复的情况。本方案的另一个问题是比较依赖于数据库的稳定性，试想数据库宕机会出现什么情况呢？新建实体时如果无法获取到标识符信息，就意味着服务不可用了。虽然可使用数据库主从机制去缓解可用性问题，但又会引入数据不一致的情况，也就是由于主从同步不一致，在由主库切换到从库后最新的自增长 ID 值没有及时同步过来，最终引发标识符重复的问题。这一方案在有序性方面问题不大，但可用性、高效性和唯一性三个方面略显不足，需要通过如部署多套数据库实例的方式去解决，成本不低。

(2) 数据库号码段

此种方式也是利用数据库来生成标识符，它的原理非常简单：在某一个表中记录标识符的最大值，应用服务从数据库中获取标识符的时候通常会获取到一批数据。比如当前标识符的最大值为 10，应用服务请求获取后会将最大值变成 20，从 10～19 的这十个数字会被临时存储到应用服务的内存中。每当服务需要使用 ID 的时候优先从自己的内存中获取，如果用尽的话则再从数据库获取另外的 10 个，每一次尝试从数据库获取标识符的请求都会修改标识符最大值。在微服务架构下，最好构建一个专门用于管理标识符信息的服务，每次需要使用标识符时都去调用此服务来获取新的标识符。当然，您也可以使用本地 SDK 的方式。也就是专门设计一套用于获取标识符的工具并引入到服务中，如何处理缓存、何时获取新的标识符等操作都由标识符工具自行控制，客户代码直接使用即可，不需要关心太多的细节。

通过使用数据库的悲观锁机制来控制最大 ID 值的修改，顺序性、高效性与唯一性还是有保障的。可用性问题可通过部署多个数据库实例来解决。相对于自增长 ID 方式，本方案对于数据库的压力较小。另外，这一方案存在着很多的变种，不过总的原则是不变的。

(3) UUID(Universally Unique IDentifier)

生成 UUID 时需要使用到本机网卡的 MAC 地址、纳秒级时间等数据，在不需要使用任何数据源或标识符管理服务的情况下即可由应用服务自行生成全球唯一的数据，而且速度极快。不过 UUID 也有一些问题不能被忽略。首先是其长度问题。每一个 UUID 长 128 位(16 个字节)，由 32 个 16 进制数值组成，再加上用于分隔的 4 个“-”，每一个 UUID 的长度就变成了 36。作为实体标识符问题并不大，但如果作为数据库的主键则存储成本就太高了。UUID 的另一个致命缺点是无序，现代数据库一般会使用 B＋树作为主键索引，因此对数据插入的性能影响比较大。

UUID 作为无规则的字符串，无法显现出任何业务含义。好的一方面是竞争对手无法根据它获取您的一些商业机密，比如有些 Web 页面的 URL 中会包含标识符信息，如果标识符连续程度过高会很容易被破解；坏的方面就是很不利于运营、运维及售后的工作，毕竟从它上面看不出一丝和业务有帮助的信息。笔者曾经历过一个项目，使用

UUID作为公文对象的标识符，其中公文查询的接口暴露给同级公司使用。结果对方的开发人员在代码中开启多线程并每次新建UUID来查询公文详情，结果可想而知，作为服务提供者的我们每天都要处理服务运行缓慢的问题。加之当时监控手段较弱，很长时间都不知道为什么服务总有性能问题。这些还仅是兄弟单位的无意之举造成的，试想如果恶意用户也使用这种方式来查询您的服务会出现什么情况？往往会打一个措手不及。对于此类情况可能有读者会考虑使用布隆过滤器(Bloom Filter)，的确能解决恶意攻击的问题但处理方式比较复杂。

虽然UUID有这样或那样的缺点，但并不是一无是处。当您的系统并发请求量不高且团队技术能力及资源有限时，它仍然是一种很有效的解决方案，最起码不必操心可用性、高效性或唯一性问题。由于系统流量低，在数据查询或插入上并不会表现出明显的性能问题，即使出现通过使用相对高配置的服务器也可以快速解决问题。

(4) 利用中间件生成

您可以利用Redis、MongoDB、Zookeeper等中间件来生成标识符。这些方案总的来看都可以解决重复性、高效性、可用性和有序性问题。不过Zookeeper可能是个例外，它并不适合高并发的场景。基于中间件生成标识符时您需要在可用性上投入更多的精力，以个人经验来看这笔投入的成本其实很高的。

(5) 雪花算法(Snowflake)

雪花算法是Twitter开源的分布式ID生成算法，具体原理超出本书范围我们不予介绍，其总的思想是使用一个64位(bit)的长整型(Long)数作为分布式环境下的唯一ID。雪花算法效率很高，理论上每秒可生成数百万个不重复的ID，能够在保障标识符唯一性和有序性的同时还不需要依赖于复杂的第三方类库、服务或中间件。

使用雪花算法有两种方式：一是在您的服务中直接引用算法；二是将雪花算法部署为服务，消费者每次需要使用标识符时可直接调用标识符服务来获取。第一种方式比较适用于流量较低的系统，使用时您可以在配置文件中通过随机数的方式生成WorkerID来构造雪花算法的实例(注意是单实例)，每次需要标识符时可直接调用算法实例来获取。这种方式听起来似乎非常不专业，但每一个雪花算法实例一秒内可以得到上百万个不重复ID，基本上可以满足大部分应用了，毕竟并不是所有的企业都有阿里巴巴、美团等巨型互联网公司的业务量。第二种方式相对来说更好一点，比较适合高并发、高流量的业务场景，不过需要考虑成本问题，毕竟服务也需要有专门的人去维护才行。此外，雪花算法本身也存在一些缺陷，建议读者在使用前多找一些参考资料进行了解。

笔者个人在使用的时候将算法与服务集成在了一起，也就是前文中的方式一。项目运行几年从未遇到过重复ID的情况，毕竟业务量在那呢。其实中途也曾考虑过建设一个分布式的ID生成服务，但由于资源限制最终计划也就搁浅了。客观来讲，其实也没有这个必要，做这个事情的目的有的时候并不是业务需要而是想炫技，这里面私心的成分占比较大。建议读者在使用此算法时请务必以业务量为参考，再综合考虑团队资源问题、运维问题等开销，最后再决定使用哪种方式更优，适合的才是最好的。

(6) 使用开源解决方案

标识符问题不仅仅是我们遇到的问题,大部分团队和企业都需要面对。即使不使用实体,数据库主键也需要,毕竟自生成 ID 的方式很多时候是不太合适的。比如订单的编号,单纯地使用 1、2、3 这种连续号码似乎就太不专业了。其实,对于大型互联网公司来说他们的选择更少,毕竟业务量在那里摆着呢。每天可能会有上亿的标识符被使用,这种情况下使用 UUID 或数据库自增长 ID 肯定不行。所以他们会专门投入资源去研究自己的分布式 ID 服务,例如:滴滴打车的 Tinyid、美团的 Leaf、百度的 UidGenerator 等。

开源分布式方案对于有一定规模的企业和团队而言是非常适合的。首先、不需要考虑标识符可用性、有序性、高效性或唯一性四个问题,开源解决方案可以轻松实现这一目标,且是经过检验的。以可用性为例,上述提及的三个解决方案原生就支持高可用,不需要客户做任何定制化的开发;其次、开源方案属于开箱即用型的,虽然会占用些许人力及硬件资源,但大部分企业是可以负担得起的。

(7) 业务信息组合方式

业务组合方式也是一种经常使用的生成标识符的方式。例如笔者早期经历的一个项目,需要为每一笔采购的办公用品记录生成流水编号,编号的格式为时间戳+办公用品类型两类信息的组合。我们还可以假想另外一个案例:为每一笔订单生成标识符,可选的方式为:时间戳+用户 ID 部分值+用户所属地区编码。从唯一性、有序性和可用性方面来看基本问题不大,比较适合于流量不高的业务场景。如果系统的请求量比较高且特别注重用户体验,使用这种方式则就显得力不从心了。

这一小节我们共介绍了 7 种主要的标识符生成方案,每一种都有自己适合的场景。比如数据库自增长 ID 方案,看似能力较弱但在团队技术能力及资源配比不足的情况下也是一种相对适宜的方案;开源方案虽然强大,但不太适合小型团队或者业务量小的应用。不过在分布式系统环境下,标识符的生成一般还是会委托给独立部署的分布式 ID 生成服务,每次需要时直接以远程调用的方式从 ID 服务获取或使用定制的客户端工具从服务端批量获取标识符信息(一个或一组)。这种方式几乎可以忽略业务流量限制,毕竟我们将标识符生成的工作单独部署为服务就是为了解决这一问题。

3. 如何获取标识符

很明显,生成标识符属于基础设施组件的能力,那么在开发过程中要如何使用这种能力呢?常用的方式有两种,第一种方式是在需要使用标识符的地方通过调用某个应用服务的接口来生成:

```
@Service
public class OrderApplicationService {
    @Resource
    private IdGenerator idGenerator;

    public void submit(OrderVO orderInfo) {
```

```
        Long newId = idGenerator.next();
        Order order = OrderFactory.INSTANCE.create(orderInfo, newId);
        OrderSubmitted event = order.submit();
        //代码省略...
        this.eventBus.post(event);
    }
}

public interface IdGenerator {
    Long next();
}
```

上述为应用层代码片段，接口 IdGenerator 的实现在基础设施层：

```
@Service
public class IdGeneratorImpl implements IdGenerator {
    @Resource
    private IdClient idClient;

    public Long next() {
        return this.idClient.next();
    }
}
```

类 IdGeneratorImpl 实现了接口 IdGenerator，其内部会调用 IdClient 类型的对象来生成一个新的标识符。IdClient 为标识符生成服务的客户端，至于服务端的实现可以是雪花算法也可能是基于开源的分布式 ID 服务。真实项目中，并不会每一次调用 next()就发起一次远程调用，而是每一次请求都会返回多个标识符，这些标识符需要在本地进行缓存，用尽之后再获取另外一批，这一点请读者注意。

另外一种用于获取的标识符的方式是在资源库 Repository 中定义方法：

```
public interface DomainRepository<TId, TEntity>{
    TId newId();
}

public interface OrderRepository extends DomainRepository<Long, Order>{
    void insert(Order order);
}
```

我们将 newId()作为获取新标识符的方法，其定义于资源库接口 DomainRepository 中。这样的话，无论是订单资源库 OrderRepository 还是账户资源库 AccountRepository，都会具备获取标识符的能力。资源库的实现也在基础设施层，实现方式同前文中的 IdGeneratorImpl，不再赘述。使用时只需要调用对应的资源库接口即可：

```java
@Service
public class OrderApplicationService {
    @Resource
    private OrderRepository orderRepository;

    public void submit(OrderVO orderInfo) {
        Long newId = orderRepository.newId();
        Order order = OrderFactory.INSTANCE.create(orderInfo, newId);
        //代码省略...
    }
}
```

将获取标识符的接口定义在资源库中比较好，一是我们将标识符视为一种领域模型(值对象)或资源，使用资源库进行获取在操作方式上显得很自然；二是在实现时可针对每一种不同的领域模型实现不同的标识符生成机制。例如对于订单对象，由于提交订单业务量巨大可使用基于雪花算法的分布式ID服务来提供标识符；而对于事件的标识则可使用UUID。对于标识符生成器的使用方式，笔者还是想多强调一句：您在使用的时候不要只想着哪个方案有多好多好，事物都有两面性，越是强大的东西代表需要投入的精力越多，必须基于业务流量和资源配比进行综合考虑才行。

4. 标识符的类型

对于标识符的类型，并没有特别严格的要求，您可以使用基本类型如Long、String，也可以将其定义为值对象类型。无论哪一种形式，都必须实现标识符比较的功能。如果您使用的是Java语言，可让自定义的标识符类型去实现Comparable接口，相当于将比较的功能形成为一种约束。将标识符设计为自定义类型(一般是值对象，能够支持其不变化性特征)之后，标识符的可操作空间会变得更大，尤其是当您的标识符是由多个业务字段的组合来生成的时候 。另外，您还可以在自定义的标识类型中去实现标识符格式化、比较等方法，让标识符对象也具备丰富的可操作性，这一点是使用基本类型达不到的。

我们演示一种自定义标识符类型的实现方式供您参考，这一方案比较适合于小流量的业务系统：

```java
public abstract class TimestampIdentifierBase <T extends TimestampIdentifierBase >
        implements Comparable <T >{
    private Long timestamp = new Date().getTime();

    public Long getTimestamp() {
        return timestamp;
    }
}
public class OrderId extends TimestampIdentifierBase <OrderId >{
```

```
        private Long id;
        public OrderId(Long accountId) {
            this.id = this.format(accountId);
        }

        @Override
        public int hashCode() {
            return Objects.hash(id);
        }

        @Override
        public boolean equals(Object obj) {
            if (this == obj) {
                return true;
            }
            if (obj == null || getClass() != obj.getClass()) {
                return false;
            }
            OrderId target = (OrderId)obj;
            return this.id.compareTo(target.id) == 0;
        }

        @Override
        public int compareTo(OrderId target) {
            if (target == null) {
                return 1;
            }
            return this.id.compareTo(target.id);
        }

        private Long format(Long accountId) {
            String formatted = String.format("%s%s", this.getTimestamp(), accountId.to-
String().substring(0, 4));
            return Long.parseLong(formatted);
        }
    }
```

上述代码中，TimestampIdentifierBase 是基于时间戳的标识符的基类。定义中要求扩展 Comparable 接口，这样可以强制要求标识符能够进行彼此间的比较操作。属性 timestamp 表示时间戳的值，是标识符信息的一部分。OrderId 是 TimestampIdentifierBase 的一种具体实现，用于表示订单实体标识符。其属性 id 为标识符的最终形式，它的组成方式是：时间戳信息（13 位）+ 账户 ID 后四位。对于上述代码您还需要注意三点问题：

(1) equals()方法的实现方式：基于属性 id 进行比较。本案例中，id 是基于时间戳和账户 ID 的组合来生成的复合值，不涉及其他的组成，所以只需要对 id 进行比较即可。如果您使用的标识符由两个或多个属性构成，在比较的时候要将每一个属性都对比到才行，只有全部相等时才算标识符相等。

(2) hashCode()的实现方式：首先您不要忘记实现这个方法；其次它的实现依然要基于属性 id；第三要考虑多个属性构成标识符的情况。

(3) id 属性的变更：虽然示例代码中没有给出，但您在使用 id 属性的时候也要注意不能给它提供可能修改其值的任何方法。

6.1.3 实体的比较

对于实体而言，使用标识符便可以唯一确定一个特定的对象。所以实体的比较功能实现起来其实很简单：只需要比较其内的标识符对象即可：

```
public abstract class EntityModel <TID extends TimestampIdentifierBase>{
    private TID id;

    public EntityModel(TID id) {
        this.id = id;
    }

    @Override
    public boolean equals(Object target) {
        if (this == target) {
            return true;
        }
        if (target == null || getClass() != target.getClass()) {
            return false;
        }
        EntityModel<?> that = (EntityModel<?>) target;
        return Objects.equals(id, that.id);
    }

    @Override
    public int hashCode() {
        return this.id.hashCode();
    }
}
```

EntityModel 是所有实体的基类，我们对 equals()和 hashCode()方法进行了实现以避免在每一个子类中都去实现一次。另外，由于标识符为 TimestampIdentifierBase 类型且已经实现了比较的功能，所以我们在实现实体比较的时候只需要委托标识符来代理就行，不需要将比较的代码重写。这种方式让实体的责任更为纯粹，是单一原则的最佳实践。

上述代码中，我们将 EntityModel 中的标识符类型限制为 TimestampIdentifierBase。如果某些实体需要使用基本类型比如 Long 的时候反而不太好办，所以我们可以做一些优化使其扩展性更强：

```
public abstract class EntityModel <TID extends Comparable >{
    private TID id;

    @Override
    public boolean equals(Object target) {
        if (this == target) {
            return true;
        }
        if (target == null || getClass() != target.getClass()) {
            return false;
        }
        EntityModel <?>that = (EntityModel <?>) target;
        return this.id.compareTo(that.id) == 0;
    }
}
```

通过限制 TID 继承于 Comparable 接口，任何支持这个接口的对象如 Long、String 都可以作为标识符。TimestampIdentifierBase 自然也没有问题，它已经实现 Comparable 接口。

6.1.4 实体的特征

讲解完标识符概念之后让我们对实体的特性做一下总结，如图 6.2 所示。

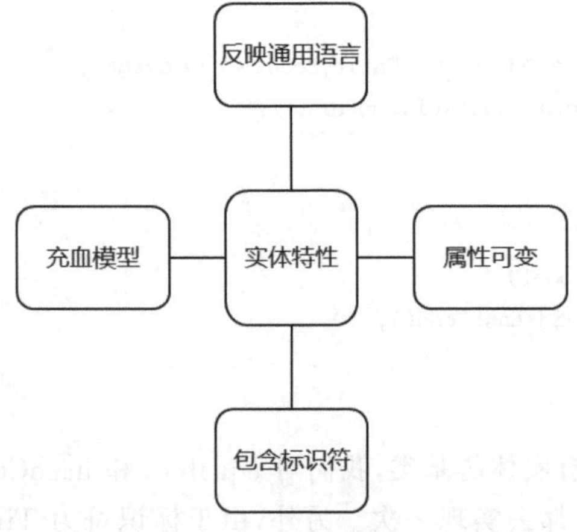

图 6.2 实体的特征

反映通用语言、充血模型、包含标识符、属性可变是实体的四个基本特征，它们必须同时成立才能被称为实体。后面我们还会讲到一些其他的领域模型比如值对象、领域服务，虽然它们都属于领域层但因为或多或少都不能满足上述四个条件，比如值对象无标识符、领域服务不可变(领域服务一般不包含属性，所以也谈不上变化与否)；事件虽然有标识符但因为不可变且非充血模型，因此它们都不能被称为实体。

想要正确识别实体并非易事，比较常用的方式是首先以名词方式选择出候选实体，再依据实体的特性作进一步判断。相对于值对象、领域服务来说，实体在通用语言中通常要以名词来表示，一般来说还是很容易被找到。只是我们在分析过程中可能会找到许多的名词，从中找到实体是比较难的。笔者依据个人经验总结了三点指导供您参考，可帮助您判断领域模型是否为实体。友情提示一点：总的识别原则要基于实体的四个特征，这是重要的前提。

1. 实体一般不依赖于其他的对象而存在

实体一般能够不依赖于其他实体而独立存在。我们常见的实体如账户、订单、商品等它们并不需要相互依赖，没有订单时账户就不能存在吗？恐怕说不过去。以账户信息为例，它所包含的积分信息可被其他限界上下文如营销管理服务(用于处理优惠、优惠券等业务)查询到，也可以被某一个 UI 页面如积分汇总所使用。那么我们可否认为积分是一个实体呢？很显然，答案是否定的。要想得到积分信息您首先需要获取到账户对象，也就是说只有通过账户才能得到积分信息。另一方面，积分对象的生命周期严格依赖于账户实体，如果账户对象消亡了那其所包含的积分对象自然也不复存在。积分对象很明显要依赖于账户对象，那么它不能被定义为实体。类似的情况还包括被人们用烂了的案例：订单与订单项，从生命周期上来看订单项要依赖于订单，前者不存在时订单项也就不再具有任何价值，所以它一般也不会被定义为实体。

写到此处笔者又想到了另一个经常被使用的案例：论坛的文章与评论。相信很多读者第一想法是文章对象为实体而评论不是，因为它的生命周期要依赖于文章对象。而正确答案是：两个对象都是实体。原因很简单：我们所谓的相互独立是指业务上或对象本质上，并不是以技术或用户界面为参考。没错，当我们把文章删除后评论的确也没了，但它只是被隐藏了，您无法再通过文章对其进行定位，这是一种出于用户体验考虑而做出的设计。类似的情况还包括账户冻结后不再显示它发过的文章，难道就因此认定文章不是实体了吗？我们应该从业务的角度去思考文章与评论的关系：修改文章的标题或内容对评论有影响吗？增加新的评论以及评论被修改时对文章有影响吗？聪明的您心里应该有答案的。也许有读者会反驳：文章中包含了一个属性“评论数量”，说明评论的变化会对文章有影响。实际上，文章对象并不包含评论数量属性，您在页面上看到的数据仅仅是对评论数量的查询统计或汇总，并不是从文章的属性中获取的信息。二者的确有联系，即评论包含了文章的引用(一般是标识符)，是一种较弱的关联关系。文章和评论的关系和订单与订单项的关系完全不一样，以订单的金额为例，它是由订单项计算的，订单项产生任何变化都会直接影响到订单的属性，二者之间是具备强关联的，相互依赖度非常高。另外一点，订单与订单项在通用语言上是一种构成与被构成的关系，而文章与评论之间并不存在这样的设定。

2. 实体可以被追踪

所谓“被追踪”您可以理解为它能够被其他的对象所引用，而引用它的对象可能与其处于同一个限界上下文之中，也可能属于另外的限界上下文。后续我们会讲到另一个重要的领域模型：值对象，它一般属于实体的一部分，不可被共享，也不能绕过它所属的对象被直接追踪到。实体则并不一样，它的标识符可被另外的领域模型引用，通过这个标识符您可以直接定位到具体的实体对象。所以，如果您发现某一个对象需要被另外的对象以标识符的方式引用时，那么它大概率可被建模成实体。

另外一点，追踪某一个对象的目的一定不能只是单纯地为了完成某一项查询操作，而是可以让它为完成某一个命令型业务用例提供能力上的支撑。让我们举一个新的案例：营销子域中的优惠活动。优惠活动除包含活动标题、有效日期等属性之外还会包含一组特别重要的信息：优惠策略。所谓的优惠策略是指产生优惠的条件，比如只有购买电子产品时才能享受 8 折价格。优惠活动的类图如图 6.3 所示。

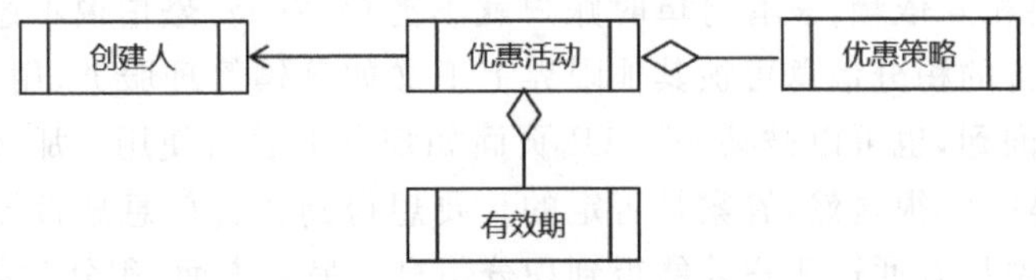

图 6.3　优惠活动设计类图

系统页面上提供了优惠策略查看的功能，也就是说策略可以被定位，尽管是通过优惠活动进行导航来实现的。但通过优惠活动导航到优惠策略并不代表策略对象不能被定义为实体，前文中我们讨论的文章与评论的案例当中，评论也是经由文章来导向的，所以不能够简单地通过导航行为来判断领域模型的类型。我们真正需要考虑的是只依靠优惠策略能否完成某一项业务操作。继续讲解之前，请您先忽略优惠活动与优惠策略在生命周期上的关系。

获取到优惠策略后我们可以做什么操作呢？置无效？从业务语义上来看貌似没有这种说法，人们一般都会说“将某个活动置为无效”，不会详细到某个具体的策略上。增加或修改优惠策略？只能算是修改优惠活动场景中的一部分，一般很少形成单独的用例。可以看出来：查询优惠策略的功能仅仅是为了满足查询这一目的，无对应的业务用例，所以我们不会把它设计为实体。此外，优惠策略信息仅仅在页面上进行了引用，或许用“显示“一词更为合理，所以不能算是严格意义上的领域对象间的引用，称其为实体肯定是不合适的。

反过来让我们再看一下优惠活动，它可以被另外的实体如订单所引用，表示订单参与的优惠活动是什么。一些命令型业务用例如优惠活动置无效、匹配优惠规则等也是围绕着它来展开的，作为实体必然是当之无愧的。

如果我们用订单与订单项作为案例相信您会更加容易理解，只是我们需要从反向推导一下为什么订单项不适合作为实体。第一点，仍然是语义上的理解，订购活动相关的操作如取消、支付、完成订单等都是以订单为维度的，符合通用语言的定义；第二点，前文我们曾说过，订单与订单项是一种强关联关系，将订单项设计为实体会有什么影响呢？这就意味着您可以在订单项级别上进行跟踪，您可以绕过订单来直接操作它。试想一下如果修改了订单项的价格会出现什么问题呢？很明显，无法反映到订单对象上。当然了，有些读者可能会说：可以同时把订单查询出来并更新价格信息。技术上的确能够解决，但这岂不是成了事务脚本式编程？那还不如直接在数据模型上进行操作更加直接。

3. 突出业务重点

一般来说，实体会作为业务中的重点对象而存在，也就是在需求讨论过程中作为实体的领域对象总会被领域专家反复提及。另外，涉及某一业务细节的时候也总是以实体为入口点的。比如人们在讨论取消订单或支付订单业务时，都会首先确定操作的对象是订单，相信没人会说“取消订单项”“对订单项进行支付”。严格来讲，这里的订单所反映的应该是聚合的概念，不过聚合根一定是实体。总之，当您在设计过程中发现存在这一类“戏份”很重的业务对象的时候，一般都可以将它们定义为实体。

对于实体的识别，上述三点为笔者个人经验的总结，但我相信每一位设计师都有着自己的总结以及独特的见解。设计类工作主观性很强，上述三点也可能仅适用于笔者个人而非人人适用，但希望读者以此为引进行更为全面的总结并形成体系，这样才能成长的更快。另外，笔者建议 DDD 新手在参考上述内容时不要考虑三点的顺序问题，可以“混搭”使用也可以加入您觉得比较优秀的参考。

实体设计完毕后您还需要做一些走查类的工作，尽量确保设计的结果更接近业务本质。可以看到，通过对领域对象建模形成了实体类型，而实体又是实体类型实例化的结果。既然实体根源于领域对象，那么通过它一定可以找到其在领域中的映射，否则实体的概念一定不会成立，这是检验实体的一种最有效的方法。另外您还可以通过逆向思维的方式进行检查，也是把实体变成非实体如值对象后会有什么样的结果，还能否为业务尤其是命令型业务提供支撑。以笔者个人的经验来看，实体识别过程相对比较简单，最起码在数据库层面的上操作也有助于实体的确定。比如根据主键 ID 查询数据的操作，一般只有针对实体时才会有此要求。最难的其实是值对象，它很容易被设计成实体。另外，有一些工程师因为习惯了事务脚本式编程，很容易将实体设计为贫血模型，这也是使用实体时最容易犯错的地方。总的来看，多实践、多积累理论知识是学习实体的最佳方式。

6.2 实体的行为

实体的行为在技术上一般是指类的非静态方法，设计时必须要基于通用语言。一般来说，我们不会认为 getter/setter 这种属性访问器是实体的行为。而且，对它们的使用要倍加小心才行。尤其是 setter 方法，几乎是使用实体的大忌，即使有一般也不会被设计为公有，那是事务脚本才玩儿的把戏。从业务语义上看，行为是指实体能干什么事情，您可以将每一个实体作为有生命的对象来看待。设计师扮演着上帝的角色，他创造出的各种领域模型都应该有生命才行，应该可以像人一样做出各种动作。不过面向对象的世界和现实世界并不完全一样，真实世界中取消订单、支付订单的动作是由人来发起，那按理应该把这两个方法放到人的身上更合适，但在面向对象的世界里我们并不会这样做，具体原因有二：

（1）我们视领域模型是有生命的，就好像孩子们看的动画片一样：动物会说话、植物会吃东西，它们也可以有各种类人的行为。

（2）对象的行为是指它所能够完成的各种功能或职责，比如订单能够完成取消、支付的功能；账户能够完成冻结、注册的功能。

虽然这一小节我们主讲实体的行为，但行为并不是实体所特有的，值对象、领域服务上也都存在。所以，后续再讨论行为的时候特指这种广义上的定义，不局限于实体。

对象的行为一般包括两类：查询和命令，其中查询相对简单我们不多费口舌，笔者想要在这里重点说明一下命令型操作。这类操作会涉及模型属性的变更和修改，而谈及到修改操作，可以使用两种方式来实现：一是直接修改对象的属性，也就是局部修改；二是对对象的属性做全量替换。很明显，通过实体的定义可以看出来其使用的是第一种方式。第二种方式强调了整体性的概念，值对象的变更使用的便是此种方式。虽然实体也讲究整体性且二者的意义大致也相同，但所表达的业务概念则有着天壤之别，所以操作上出现不同也实属正常。

理论上，对象的行为可以修改其任意属性，但并不代表我们就可因此放飞自我，不对行为的合法性作任何控制。实际上，这也是我们在为领域模型设计方法时要重点考虑的一个问题：怎样保障对象方法执行后不会破坏对象内在规则的完整性，也即类不变性条件（Class Invariant），简单来说，就是对象是否合法、是否违背了业务规则。以账户实体为例，其包含了积分属性，这个值会由于用户购买、领券、消费等行为发生增加或减少的变化，但无论其怎么变也不能为负数，否则就破坏了这个实体的内在规则，这便是所谓的“不变性条件”。基于同样的道理我们还能列举出更多的案例：订单总金额永远等于订单项金额的汇总；订单取消后其包含的支付金额信息不能有值；单链表对象，移除所有元素后其 size 属性必须为 0 等。

类不变性条件的形成是在对象构造时，您可以通过构造函数也可以使用工厂，相关细节后面我们会进行详细说明。但真正去维护这个条件的是对象的方法，因为也只有方法才有可能引发属性值的变更。当您在进行实体方法设计和实现时，除了保障业务规则的正确执行之外还需要着重考虑不变性条件不被破坏。不过，从另一个角度来看这也是面向对象编程的强大之处：它具备保障领域对象不变性条件的手段，否则仅依赖于 setter/getter 这种属性访问器是无法提供有效保障的。

为领域模型设计方法并不是一项简单的工作，依赖于设计师的经验。为其分配方法过多时，实体会显得特别臃肿，承担许多本不该属于它的责任；分配方法过少时又变成了贫血模型。所以我们必须拿捏住这个度，笔者总结了一些实践经验供您来看参考，如图 6.4 所示。

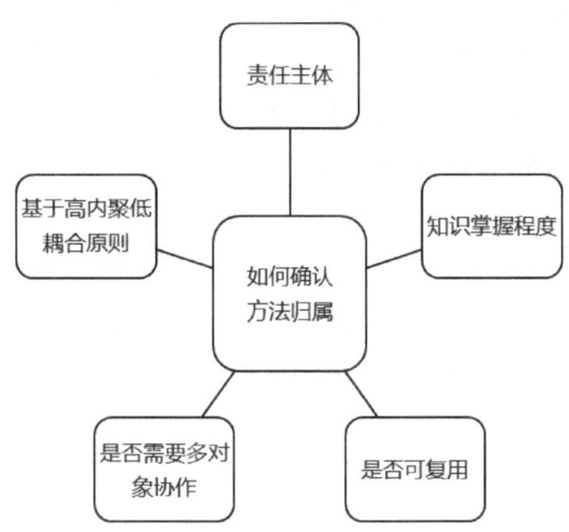

图 6.4 领域对象方法归属设计实践

6.2.1 责任主体

前面我们说过:对象的行为并不是指由谁来触发就放到谁的身上,而是通过由谁来完成来判断。比如取消订单,触发这个动作的可能是客户也可能是系统的定时任务,但我们并不会把该方法放到客户对象或定时任务上,而是作为订单对象的一个方法来设计。所以当我们面对需求中的动词时,要考虑应该由谁来完成这个动作。例如账户的升级、降级、冻结;商品下架、价格变更;订单支付、完结等,第一时间我们便能确认责任的主体分别是账户、商品和订单三个实体。那么在对实体进行设计的时候,会优先将这些主体明确的方法安置在对应的领域模型上。依据责任主体原则,虽然我们能够完成大部分方法归属的确认但您还是需要把其他的原则再走查一遍,尤其是对于 OOP 新手,双重确认方法的设计是否有误。

6.2.2 知识掌握程度

当执行一个业务方法的时候,通过判定哪个类包含了完成这个动作所需要的大部分知识即可确认方法的主体,所以这一原则又被称为信息专家模式(Information Expert)。比如订单的支付,因为订单中包含了支付行为所需要的大部分信息,如:待支付价格、状态等,所以应将该方法放到订单对象上。需要注意一点是使用这一原则时不能违反基本的架构设计原则,比如领域对象的存储,虽然对象本身包含了几乎所有需要存储的信息(数据库层面有时为提升查询性能会故意引入一些冗余列,这些被额外引入的数据并不是待持久化对象的属性),但也不应该让其承担存储的责任。

信息专家模式在面向对象开发时应用非常广泛,可间接反映出单一责任原则。前文中我们在讲解实体标识符的时候,曾将其建模为值对象类型并将用于实体比较的方法如 equals()、compareTo()等代理给标识符对象进行实现,这是应用信息专家模式的一个经典案例。

对象创建时也经常使用信息专家模式，尤其是对象间存在包含关系时，我们一般会把被包含对象的创建责任放到容器类对象上。以订单和订单项为例，由于订单包含了订单项，所以将创建订单项的方法放到订单上更为合适。这一设计模式虽然未形成规范，但口耳相传度非常高，建议读者有机会尝试一下。

6.2.3 是否可复用

当您发现某些方法的复用程度很高时则可以考虑将其放至领域模型父类或某个公共类中。一般来说，与业务相关度高的方法最好被提到相关联的父类中；无关或关系性较低的方法要放到公共类中。比如，所有的实体都需要实现用于判等的方法 equals()，这种情况下我们可以将其放到所有实体的基类中。类似于日期格式化、字符串判空等这些业务关联度较低的方法一般都会放到工具类中，工具类即为公共类。

6.2.4 是否需要多对象协作

所谓“多对象协作”是指某一个业务行为需要由多个领域对象共同参与才能完成。一般来说，这样的方法放到哪个对象上都不太合适，容易产生强耦合。此等场景下最好能建立一个用于控制的类，让它指挥业务参与者来完成这个业务。说到这里相信有一定基础的读者应该明白了，这不就是说的“领域服务”吗？答案正确！遇到这类场景一般引入领域服务都错不了，有点“万金油”的味道。

6.2.5 基于高内聚、低耦合原则

内聚性要求是指领域模型所包含的属性与方法要与当前领域模型所扮演的角色紧密相关。也就是说您为什么要建立这样一个领域模型呢？您想让这个模型做什么事情？它代表的是领域中的哪个对象呢？后面在为它添加属性与方法的时候必须围绕着这三个问题而展开。比如账户模型，它关心的是账户的状态、等级、积分等业务，是领域中账户对象的映射，为其设计属性和操作时都应该围绕着它所关注的核心业务以及它所代表的领域对象。此时如果您给它增加一些相关度很低的属性如账户余额、充值记录等就非常不合适了，这些明显是账本对象所关注的内容。同样的道理，您可以为账户模型添加注销、变更密码等方法，但将充值的方法也放到其上面就不太合理了。因此，方法设计不当时会使领域模型的内聚性降低，让其承担了很多与其所关注的业务不相关的工作，这样会出现代码难以维护、难以复用等诸多问题。您要明白一点：模型虽然有属性和方法，但属性是可以通过方法来推导出来的，反之则不可。当您为某个模型添加太多的不合理方法时必然会造成很多低内聚模型出现。

谈完内聚性我们再说一下耦合。毫不夸张地说，耦合问题绝对是软件中的“万恶之源”。被依赖的元素产生变化的时候造成依赖者也受到波及，试想一下当这种耦合现象在系统中大面积出现的时候会出现什么结果？所以人们在系统架构层面上引入了微服务架构，在服务层面上引入了如六边形等软件设计架构，在代码中使用各类设计模式，

最终目标都是为了降低耦合程度，增加系统的稳定性和易维护性。我们还可以把这一工作做得更细致，在类方法设计时也将避免耦合性提升一个高度，让软件有一个好的起点。读者可能会有些意外：我们本来在谈领域模型的方法设计，怎么又绕到这些高、大、上的问题上了呢？原因很简单，这也是考虑方法归属的一个重要参考。比如有这样的一个需求：订单包含原价和优惠价，优惠价的表现形式一般为满减，如满 100 减 20。我们需要把这个价格信息分摊到每一个订单项上，这就意味着每次订单项有变化都需要重新计算分摊信息，代码如下所示：

```
public class Order {
    private Money total;
    private Money discount;
    private List<OrderItem> items;
    public void addItem(Long productId, int quantity, Money unitPirce) {
        Money cost = unitPirce.mult(quantity);
        this.total = this.total.add(cost)
        Money sharedPrice = cost.divide(this.total).mult(this.discount);
        OrderItem item = new OrderItem(productId, quantity, cost, sharedPrice);

        this.items.add(item);
    }
}
```

上述代码中，Order 类的方法 addItem()会新建订单项对象，而经过一系列计算后的信息则被用于初始化订单项[1]。让我们先忽略信息专家模式，考虑一下如果将 addItem()放到客户对象上是否合适呢？技术上当然可以实现，但客户对象会与订单项同时产生了耦合，至少它需要知道订单项创建过程的一切细节。假如某一天需求产生了变化，我们要在原价与优惠价的基础上新增加一个自定义价格，这种情况下不仅订单项的构造方法要变化，因为我们将 addItem()方法放到了客户类上，所以客户相关的代码也不得不陪着修改，这便是耦合引发的问题，方法设计不正确时会让代码变得很难维护。也许有读者会觉得怎么可能会有人犯这样低级的错误，很明显应该把 addItem()放到订单类中。自然，对于这个案例的确很容易分辨，但业务多种多样，必然有那种不容易辨别的情况，笔者只是想借助于一些简单的案例让读者学会举一反三，避免在真实系统中给自己“挖坑”。

6.3 实体的构造函数

谈及构造函数，很多读者可能会有一种嗤之以鼻的感觉，这谁不会？是的，从技术

1 代码仅用于演示的目的，真实项目中会将 Order 中的两个价格信息 total、discount 建立成一个值对象。

的角度来看构造函数用起来的确很简单，大部分情况下有没有其实也无关紧要。笔者想强调的是对于领域模型构造函数的使用。在这个前提之下您再考虑考虑如何正确地使用构造函数。

实际上，对于构造函数的认识大部分程序员都是从技术的角度来看的，很多人包括笔者个人最初对于它的印象也是无感的，大致的态度可总结为四点，如图 6.5 所示。

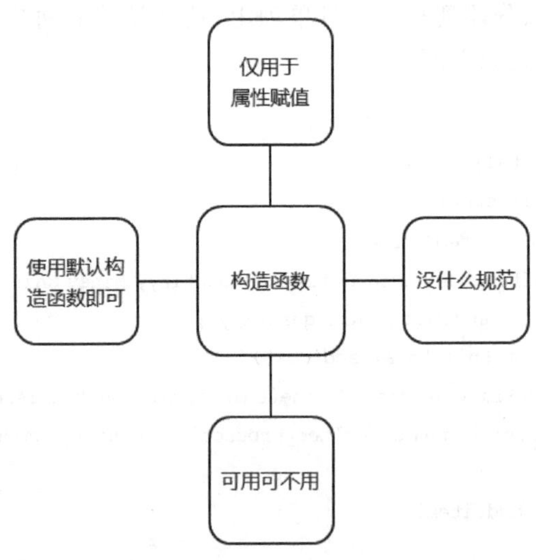

图 6.5　人们对于构函数的认识

客观来讲，相对于其他的我们要在设计中考虑的诸多问题，构造函数的存在感的确太弱了，不仅过于细节而且还偏向技术性。但它绝对不仅仅只是一种用于属性初始化的工具，使用的时候有很多的细节需要进行考虑。总的原则为：您需要保证对象被构造后可以满足类不变性条件。对于如何使用构造函数，笔者根据个人的使用经验总结了如下六点，如图 6.6 所示。

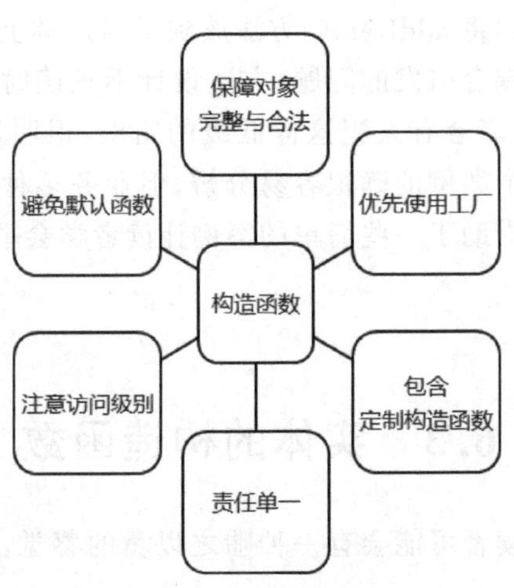

图 6.6　如何正确使用实体构造函数

6.3.1 保障对象完整与合法

对象完整与合法是两个不同的概念。完整是指您在使用构造函数初始化领域模型(本节所讲构造函数的使用原则并不局限于实体,也包括值对象、事件等)的时候需要保障每一个属性都被赋值(包括默认值的情况);合法性是指实体被构造后应符合类不变性条件,也就是构造出的对象应该是有效的、合法的,不需要二次加工就可以被正常使用的。

使用构造函数初始化对象中的所有属性意味着您必须要有一个这样的构造函数,其参数可以实现初始化所有的属性,以订单模型为例,共包含了五个属性信息:

```
public class Order {
    private Long id; //标识符
    private Customer customer; //客户信息
    private Money price; //价格
    private OrderStatus status; //状态
    private Boolean needFapiao; //是否需要发票
}
```

根据 Order 类的定义,我们需要定义一个包含了五个参数的构造函数才能实现为每一个属性进行初始化:

```
public class Order {
    public Order(Long id, Customer customer, Money price, OrderStatus status,
Boolean needFapiao) {
        this.id = id;
        this.customer = customer;
        this.price = price;
        this.status = status;
        this.needFapiao = needFapiao;
    }
}
```

上述代码中我们为每一个属性都进行了初始化,但并没有对对象的合法性进行保障,比如很可能会出现 id、price 等属性为空(null)的情况,后续对这些属性进行操作时就会出现 NPE 问题。想要解决上述问题,您可以在初始化过程中对构造函数的参数进行验证:

```
public class Order {
    public Order(Long id, Customer customer, Money price, OrderStatus status,
Boolean needFapiao) {
        if (id == null || id.compareTo(0L) <0) {
            throw new IllegalArgumentException("id"); //抛出异常
```

```
            }
            this.id = id;
            if (customer == null) {
                throw new IllegalArgumentException("customer"); //抛出异常
            }
            this.customer = customer;
            this.price = price;
            if (this.price == null) {
                this.price = Money.of(0);
            }
            this.status = status;
            if (this.status == null) {
                this.status = OrderStatus.PAYMENT_PENDING;
            }
            this.needFapiao = needFapiao;
            if (this.needFapiao == null) {
                this.needFapiao = false;
            }
        }
    }
```

在上述代码中我们可以看到两处抛出异常的情况：一是 id 属性为空或小于 0；二是 customer 属性为空。有一些书籍中建议把参数检验的过程下沉到 setter 中：

```
    public class Order {
        public Order(Long id, Customer customer, Money price, OrderStatus status, Boolean
needFapiao) {
            this.setId(id);
            this.setCustomer(customer);
            //代码省略...
        }

        private void setId(Long id) {
            if (id == null || id.compareTo(0L) <0) {
                throw new IllegalArgumentException("id"); //抛出异常
            }
            this.id = id;
        }

        private void setCustomer(Customer customer) {
            if (customer == null) {
                throw new IllegalArgumentException("customer"); //抛出异常
            }
            this.customer = customer;
```

```
        }
    }
```

这不失为一个非常好的代码优化方式,至少对于可读性提升了很多。不过您在使用这种方式的时候务必要注意 setter 方法的访问级别,如无意外应为 private。

让我们再回到前面的构造函数示例中,看一下其是如何对除了 id 和 customer 之外的三个属性进行处理的,可简单地概括为一句话:如果传入的参数为空则赋予一个默认值。此时的构造函数看似比较合理,而且也能构造出合法的对象,但暗含的问题也比较多。当订单对象是在用户提交新订单的业务场景中构建出来的时候,上述代码并无大碍;如果反序列化时也使用此构造函数就会出现问题。比如由于一些特殊情况,一笔已经支付的订单数据遭到了意外破坏,状态信息丢失了。此时仍然使用上述构造函数会出现什么情况?可以实例化出一个状态为待支付(OrderStatus. PAYMENT_PENDING)的订单对象并且不会报错,但实际情况是这个订单其实已经支付过了。按常理,既然数据受损就不应该构造出对象才对,可如果您强制使用抛异常的方式进行处理又会让构造函数使用起来比较麻烦,毕竟很多时候的确是可以通过默认值的方式来实现属性赋值的。

对于如何解决这个问题笔者先留下一个悬念,后续内容会对此进行解答。让我们再回看一下构造函数的代码,实在太复杂了。这才仅仅是五个属性,如果是十个或十五个,恐怕构造函数的可读性就会变得非常差。解决这个问题的办法是使用工厂,具体细节笔者也会在后文进行说明。另外一个您需要注意的是:我们在构造函数中完成了所有属性的初始化,使用的时候只需要通过"new"关键字调用此构造函数即可完成对象的实例化,仅需一行代码。之所以把"一行"两个字做重点说明是想提醒您,对于对象的实例化最忌讳二段构造,如下代码所示:

```
public class Order {
    public Order(Long id, Customer customer, Money price, Status status, Boolean needFa-
piao) {
        this.id = id;
        this.customer = customer;
        this.price = price;
        this.status = status;
        this.needFapiao = needFapiao;
    }

    public void init() {
        //代码省略...
        if (this.status == null) {
            this.status = OrderStatus.PAYMENT_PENDING;
        }
        this.needFapiao = needFapiao;
        if (this.needFapiao == null) {
```

```
this.needFapiao = false;
        }
    }
}
```

让我们先抛开对象反序列化的问题，仅考虑对象的实例化过程。想要正确构造一个 Order 对象，您需要按如下方式编写代码：

```
@Service
public class OrderApplicationService {
    public void submit(OrderVO orderInfo) {
        Customer customer = Customer.newInstance(orderInfo);
        Order order = new Order(IdGenerator.next(), customer, ...);
        order.init();
        //代码省略...
    }
}
```

如果 Order 类是由程序员甲编写的，OrderApplicationService 中的方法也由甲来实现，那问题自然不大，作为代码的作者，他自然知道在 Order 构造后需要调用 init()方法进行初始化。可如果其他的程序员也想要构建 Order 实例，他会知道需要调用一次 init()方法进行初始化吗？当然，通过阅读代码可能会了解，难道每次使用别人设计的类都需要对源代码进行阅读和了解吗？那样的话开发成本恐怕有点太高了。上述代码其实已经算是不错的了，有些工程师设计构造函数时可能只会为一些重点属性设计参数，其他的仍然需要二次构造或通过 setter 进行手动初始化：

```
public class Order {
    public Order(Long id,Customer customer) {
        this.id = id;
        this.customer = customer;
    }

    public void init( Boolean needFapiao, ...) {
        this.needFapiao = needFapiao;
        if (this.needFapiao == null) {
            this.needFapiao = false;
        }
        //代码省略...
    }
}
```

这样的代码使用起来才是噩梦，除了开发者本人恐怕任何人去用的时候都不知道怎么才能构建出一个合法的对象，除非阅读源码。

6.3.2 优先使用工厂

使用工厂的目的是把对象构造的责任委托给第三方对象，这样领域对象就可以专心地做各种与业务相关的事情了。这种方式还有另外一些好处，包括可在对象的初始化过程中加入足够的验证；将序列化与反序列化过程分开；让代码可读性更高等。可以看到，不论是使用工厂还是构造函数都可以达到类实例化的目的，那应该怎样进行选择呢？请参看下面表6.1。

有关工厂的概念我们会在后面的章节中进行专门的学习，此处仅作简要说明。对于上述内容，相信很多读者会对最后一条产生疑问：不是说不允许二段构造吗？怎么还有这种情况？首先解释一下不允许二段构造的条件：特指客户（一般是其他的程序员）在实例化对象时应只使用一行代码即可完成。而对于对象实例化的过程是有可能出现二段构造的情况的，比如我们需要在领域模型实例化后对这个对象进行验证，包括单一属性、属性组合、内部值对象等。为了减轻对象的责任，您可能会把验证的逻辑放到另外一个类上，这时就会有二阶段构造的情况出现：

```
public class Order {
    private OrderStatus status; //状态
    private Payment payment;
    //代码省略...
}

public final class OrderValidator extends Order {
    public OrderValidator(...) {
        //构造函数省略...
    }

    public void validate() {
        if (this.getStatus() == OrderStatus.PAYMENT_PENDING
                                || this.getStatus() == OrderStatus.CANCLED) {
            if (this.getPayment().getTotal() != null) {
                throw new OrderValidationException(...);
            }
        }
        //代码省略...
    }
}

@Service
public class OrderRepositoryImpl extends OrderRepository {
    @Resource
    private OrderDAO orderDao;
```

```
        public Order findBy(Long id) throws OrderValidationException {
            OrderDataEntity entity = this.orderDao.findBy(id);
            Order order = new OrderValidator(entity.getId(), ...);
            order.validate();
            return order;
        }
    }
```

用于验证的类 OrderValidator 继承于订单类 Order，而 validate()方法则实现了具体的验证逻辑。在订单资源库 OrderRepositoryImpl 的 findBy()方法中，我们构建对象后又进行了验证操作，此为典型的二段构造，因为验证其实也是构造过程的一部分。这样的情况下可以优先考虑使用工厂，将创建与验证进行封装，这样客户在使用的时候也就不用再考虑构建细节了。另外，OrderValidator 的构造函数为 public，将其暴露给外部调用具有一定的危险性，也这是使用工厂的另外一个理由。

表 6.1　构造函数与工厂的选择

条　件	构造函数	工　厂	说　明
参数数量	不超过五个	大于五个	当参数数量过多时，意味着构造函数及验证都会比较复杂，此时可优先考虑使用工厂
参数复杂度	简单类型	复杂值类型	如果构造过程比较复杂且需要实例化许多值对象的时候，即使参数数量不多也应该优先使用工厂，以避免领域模型承担过重的责任
默认值设置	无	有	如果初始化对象的过程涉及默认值处理且数量较少，可考虑使用构造函数否则请选择工厂
验证	简单验证	复杂验证	所谓简单的验证是指参数值范围、是否为空这类判断。复杂验证是指除了简单验证外还包含关联属性的检查，比如支付金额与订单状态：订单未支付时不应该有支付金额的信息
二段构建	无	有	如果存在两段构建的情况必须使用工厂进行封装

6.3.3　包含定制构造函数

最极端的情况下，实体可以没有任何属性但也会包含标识符信息，所以至少要有一个构造函数可接受标识符作为参数。假如某个领域模型包含了十个属性，笔者仍然建议写一个能够为十个属性进行初始化的构造函数。这一建议其实与表 6.1 中有关构造函数参数数量的内容并不冲突，多参数的构造函数可以有但不代表要让用户去使用，我们可以限制它的客户只能是工厂类：

```
public class Order {
```

```
        protected Order(Long id, Customer customer, Money price, OrderStatus status,
                        Boolean needFapiao, Payment payment, Date createdDate,
Channel channel) {
            this.id = id;
            //代码省略...
        }
    }
    public class OrderFactory extends Order {
        public Order create(OrderVO orderInfo) throws OrderValidationException {
            if (orderInfo == null) {
                throw new OrderValidationException(...);
            }

            Customer customer = new Customer(orderInfo.getAccountId(), orderInfo.getName
());
            Money price = Money.of(orderInfo.getPrice());
            //代码省略...
            Order order = new OrderValidator(orderInfo.getId(), customer, price, ...);
            order.validate();

            return order;
        }
    }
```

Order 类的构造函数包含了八个参数，但我们并不想让客户去直接使用它，所以将它的访问级别设置为 protected。子类 OrderFactory 承担了订单实例创建的功能，由于它继承于 Order 所以可以使用这个构造函数来进行对象的初始化。您并不需要担心验证问题，方法 create()中已经把这一方面的工作做得很完整了。所以，虽然 Order 的构造函数参数比较多，但其实只有赋值而已。

最佳实践

为每一个领域模型都增加一个用于初始化全部属性的构造函数，它是可以与工厂共存的。

---

1. 责任单一

单一责任原则曾被我们无数次的提起，涉及构造函数也是一样的。如果我们给构造函数定义一个责任的话，那笔者认为是实体初始化。验证也好、组织创建逻辑也好都不应该是它的责任。相信在前文中的代码示例中您也看到了笔者的做法，在实践中也请读者注意构造函数的使用，尽量简单、明了，不要把不该它做的事情也都放到它身上。

2. 注意访问级别

以 Java 为例，常见的访问级别不外乎四种：public、protected、package 和 private。如果为对象的构造配套了工厂，一般我们都会将构造函数的访问级别设置为后面三种。这是编程中的一个小细节，之所以提出来是因为笔者看到过很多企业级应用的代码，即使已经有了对应的工厂工程师也会将构造函数设为 public 访问级。别人在实例化对象时都会优先使用构造函数，因为除了作者本人几乎没人知道还存在着一个用于实例化的工厂。

3. 避免默认构造函数

以实体为例，至少有一个标识符属性存在，那么默认构造函数就不可以使用。因为使用它构造出的对象百分百是一个不合法的，既然有风险就索性直接将其扼杀在摇篮里。

有关于构造函数的使用是值得花时间去研究的，我们不仅要保障对象构造后一定是有效的，还要尽量提升对象构造方法的易用性，当您看到别人很开心地使用您所设计的东西时相信成就感也是满满的。另外，与实体有关的内容我们并没有讲完，还涉及两个部分的内容，包括：实体实践和面向对象编程的脚手架设计，下一节我们主要对第一部分内容进行展开；第二部分我们会在讲解完值对象后进行单独说明。

6.4 实体设计实践

6.4.1 设计约束

前文中我们谈到了很多关于实体的理论知识，包含如何使用标识符、如何使用构造函数等。本节中我们对这些内容进行一下总结，以帮助书前的您在实践中少走一些弯路。图 6.2 就如何有效地设计实体作了一些粗略的展示，可以看到，想要设计出高质量的实体需要关注很多的细节，不能再像 CRUD 式编程那样简单、粗暴。您可能会怪笔者过于啰嗦。究其根源可能是因为走的弯路太多了，既然打算写一本介绍 DDD 知识的书籍，那就索性一次性写明白了。实例化实体对象的时候我们不希望有二阶段构造的情况出现，因为会让对象的构造过程变得复杂。同样，笔者也不希望您在看过此书后还要在网上或其他同类书上把同样的内容再学习一次，毕竟时间是宝贵的。

书归正文，可能还有一些读者会质疑：如此关注实体的设计究竟为哪般？原因有：

1. 简化实体的使用

软件开发工作是一个团体协作的过程，研发甲设计的东西很可能会被研发乙或丙去使用。作为客户，每个人都希望在使用别人设计的东西的时候要尽量简单、明了，最好不要出现为了使用对方的东西自己不得不深入到代码中去了解每一个细节的情况，这样的做法无疑加大了工作的成本开销。很多工程师在面对这种情况的时候大多数会选择重新写一套,那么这个成本应该由谁来买单呢?研发是冤枉的,他们也想写出让人心醉的代码,但在项目经理、产品经理、客户的压迫之下也只能给出让人心碎的代码。当然,这些都是题外话,作为工程师的我们要秉承着服务的态度,在保障代码正确性的同时也要让它好用。

2. 提升代码的扩展性

项目中如果选择使用实体就意味着设计师想要采用面向对象编程,这一编程方式对人的挑战是不小的,但能够换来扩展性和可复用性很强的代码。既然您决定选择了这个方向,那就要为达到目的做出努力。本来面向对象编程难度就大,结果用的时候又整出一堆"四不像"出来,不仅没有增加系统的扩展性反而增加了更高的开发难度,每天就像赌博一样期望系统别出现 bug。既然如此,还不如使用事务脚本的方式,虽然扩展性差了点意思,但好在足够直观。

3. 实体的地位比较核心

能够作为实体的领域模型一般来说其地位都会比较核心。前文中笔者所列举的一些常用实体如:订单、账户、商品,您看哪一个不是业务中的中流砥柱?如果这些起到支撑作用的领域模型在设计上出现问题,那影响的可能是整个服务或者系统,所以在这些重点元素上多投入一些精力是值得的。

既然实体如此的重要,在实践中应该怎么去使用它呢?除了构造函数之外还有其他的注意事项吗?请您参看图 6.7 所示。

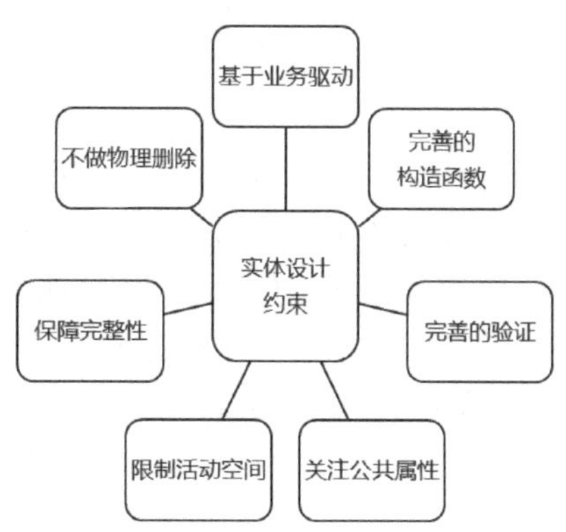

图 6.7 实体设计时所要遵循的约束条件

让笔者和您一起对图 6.7 所展示的内容做一下梳理,有些知识点可能会与前面介绍过的内容产生耦合,笔者在说明的时候会一句话带过。

4. 基于业务驱动

实体具备的属性以及其能够完成的工作必须能够与业务对齐。根据业务需求,我们能够知道实体可以完成什么样的工作,反之亦然。但仅做到这一点并不够,您可能还需要重点关注实体不能干什么。比如工程师会不经意间将 Order 实体的创建日期属性 createdDate 暴露给外部修改,这就是设计与业务未能对齐的典型表现。

5. 完善的构造函数

完善的构造函数是指每一个实体要有一个能够为所有属性进行初始化的构造函数，具体原因前文中已经说明，此处不再赘述。

6. 完善的验证

实体在执行自己的任务之前，您需要保证它是合法的。最简单的方式当然就是验证，基本验证包括属性值是否为 null、数值范围是否正确等；复杂的情况则包括对实体的整体不变性条件进行验证、对组合属性进行检查。不论实现验证的方式是什么，只有对象合法时才允许执行其上面的业务操作。对对象进行验证的场景包括两类：对象构造完成后和对象执行命令型方法前。

7. 关注公共属性

想要简化实体、值对象等领域模型的使用，理想的方式是构建一些基类，将公共的属性或方法全提取到基类中，能够避免每次使用时都不得不把公共能力重复编写一次。以实体中的 equals()方法为例，不注意的会很容易出错，将其放到领域模型基类中进行实现则会让事情变得简单很多。后续笔者会专门花一点时间讲解这一方面的内容。

8. 限制活动空间

实体的活动空间很小，涉及业务处理的时候应只限于应用层和领域层自身；涉及实体的序列化与反序列化时则只限于基础设施层。这些需要人去保障，并没有技术上的手段对此进行限制。以方法调用为例，无法限制住工程师不在基础设施层调用领域模型的某个方法。那么为什么笔者会把“限制活动空间”这一点单独提出来呢？是因为笔者曾经见过一些工程师为图方便直接将实体序列化为 JSON 格式的数据，之后再通过消息队列输送给了另外的服务。这种方式有几方面的问题：①领域模型被泄漏到服务外部，它里面的数据很多情况下可能是保密的，这一做法为数据安全带来了风险；②消息应该以简单结构为主，实体通常由各类对象组成，其内部的关系是立体化，很难被不知道业务细节的消费者理解；③反序列化过程复杂且容易失败，消费者只有构建一个和原实体完全一样的结构或至少是个子集才能够将字符串转换为目标类型。否则只能将其转换为弱类型如 Map，这种基于字符串的操作很容易出错，而且源模型格式变化后也需要消息接收方同步进行调整。

9. 保障完整性

这一内容仍然指的是实体的构造过程，您必须保障构造出的对象是合法的，不论是基于外部输入的构造还是对领域模型进行反序列化。

10. 不做物理删除

实体对象只要被创建且进行了持久化，就表示其曾经来过这个世界上，除极特殊情况之外一般不会对其进行物理删除。其实就和真实世界中的人一样，虽然去世了但不代表其未曾来过这个世界，或多或少都会有一些他的踪迹存在。把这一情况放到代码的世界中仍然有效，某一对象的生命周期结束仅表示它不再活跃，不再参与业务活动，但我们不能否认它曾经有效过的这一客观事实。以账户为例，它的主人在不需要使用的时候很可能会选择将其注销掉，但它的痕迹并没有完全消失。它提交的订单、充值的记录、参与的各类优惠活动仍然存在。后续我们还可以使用这些记录做很多的工作，比如数据审计、稽核等。

有些系统会提供类似删除操作的业务，比如删除订单、删除文章等。在数据的层面上进行操作时最好是将目标记录设置为某一个特殊的状态，而不是使用如 delete 命令将其从物理介质上删除。后面我们在讲解领域模型公共类相关内容的时候，您会发现笔者会为每一个实体都设置一个称之为 isValid 的公共属性，当其等于 1 时表示当前实体对象是活跃的；否则为逻辑删除的状态。

6.4.2 实体存取

实体的存储基本上遵守了图 6.8 所示的流程：在应用服务中创建或反序列化实体，执行完业务操作后通过资源库组件对实体进行存储。准确来说，上述流程针对的应该是聚合，不过聚合当中的聚合根也是实体，所以请读者不要过于纠结细节，说明流程更为重要。下列代码展示了这一过程：

```
public class OrderApplicationService {
    @Transactional(rollbackFor = Exception.class)
    public void cancel(Long id) {
        Order order = this.orderRepository.findBy(id);
        OrderCanceled event = order.cancel();
        this.orderRepository.update(order);
        //代码省略...
    }
}
```

OrderRepository 为资源库组件，使用它进行订单实体的持久化和反持久化。具体细节笔者会在后面进行详细说明。

图 6.8 实体存储流程

另外，存储实体时需要注意一个重要问题即事务的管理，您要保障每一次对实体的更新都开启了数据库的事务功能。当然，如果您使用的是非关系型数据库，则可能需要在这一方面多做一些考虑，要保障不能出现实体的一部分更新成功，另一部分更新失败的情况。有关事务的处理，您可以使用编程框架如 Spring 提供的现成的功能，也可以考虑使用工作单元设计模式，具体细节我们会在学习聚合时进行说明。当然，事务的管理方式很多，只是此二类比较主流而已。

实体的查询工作相对比较简单，是存储操作的反向过程，代码的实现也需要在 Repository 中进行。上例中，我们为 OrderRepository 定义了名为 findBy()的方法，其主要责任便是根据实体的标识符完成实体的反序列化操作，代码示例如下所示：

```
@Repository
public class OrderRepositoryImpl extends OrderRepository {
    public Order findBy(Long id) {
        OrderDataEntity orderDataEntity = this.orderDAO.getById(id);
        List<OrderItemDataEntity> orderItemDataEntities = this.orderItemDAO.select-
ByOrderId(id);

        return OrderFactory.INSTANCE.create(orderDataEntity, orderItemDataEntities);
    }
}
```

在对实体进行存储或查询的时候需要遵循一个称之为持久化透明(Persistence Ignorance)的原则。简单来说，就是我们在使用领域模型的时候应该让其专心负责业务逻辑的处理，持久化相关的事情对领域模型来说应该是透明的。笔者认为这里的“透明”有两个意思：

(1) 领域模型中不应该有任何持久化相关的方法。

(2) 透明对于工程师来说也是生效的。

第一条好理解一些，那么如何去理解第二项呢？工程师在编写业务层代码的时候应只考虑业务的实现，至于如何将领域模型从持久化设施中取出来或存进去，他在此阶段并不需要关心。

早些年的时候有一种称之为“横向开发”的工作模式，所谓的“横向”是指以分层架构的责任(当时三层分层架构是主流)作为工作分配的标准。有些工程师只负责前端开发；有些只负责 DAO；另一些则只负责业务代码编写。后来又出现了全栈的概念，也就是让程序员从头到尾完全负责一个功能的设计和实现，也称之为纵向开发。现在相对主流的方式是纵、横相结合，其中前端与后端是横向的；每一端的实现又是纵向的。书归正文，您可以以横向编程的模式去理解持久化透明理论：工程师甲只负责业务逻辑开发，通过使用接口完成领域模型的存储或查询，至于接口是如何实现的他并不需要关心。

持久化透明原则除了能让开发人员精力聚焦之外还能大大简化测试的工作。前面章节中我们在讲解系统架构的时候着重提到了六边形架构，这一架构能够让领域模型独立地工作而不依赖于其他组件如基础设施是否就绪等。也就是说我们在架构这一层面上已经天然地具备了支持持久化透明的能力，那么就没理由在开发过程中将这一优势破坏掉。这就意味着您不应该在实体中引入用于持久化的组件如 DAO，而是始终面向资源库，让它承担一切与持久化相关的责任。

让我们再回归到上述查询示例的代码中，方法 findBy()在技术上的作用自不必提，您需要再深入考虑一下它在业务上的作用是什么？也就是说我们按标识符查询出订单实体后可以使用它为哪些业务用例提供支撑呢？答案可能有很多种：取消订单、支付订单、修改订单价格等。可以看到，这些业务场景全都会变成更实体的状态。这就给我们在设计实体查询的方法时提出了一个范围限制，不能没有目标地想怎么查询就怎么查询。查询实体即为实体反序列化的过程，必须保障实体是完整的，比如您不能只查订单相关的属性而不查询订单项，否则构造过程都无法通过。这也间接说明了实体查询是一个成本很高的操作，应谨慎使用。上述代码案例中的查询只涉及了两张表，如果是多张表呢？没有办法，只能全部都查询一次。

最佳实践

对领域模型进行反序列化时，在保证其所有属性被正确赋值的同时对象自身也处于合法状态中。

一些ORM(Object Relational Mapping)框架如Entity Framework、Hibernate、MyBatis等，在经过简单配置后便能够支持对实体的自动化存取。其中前两者基本上是可以全自动化实现的，开发人员一般不需要编写SQL语句便能够达到持久化透明的效果。不过很多的实体结构都非常复杂，一个对象套着一个对象，实现实体到数据表映射的配置也是一个比较麻烦的事情。另外，也不建议将这些框架中包含的关键字放到领域模型上，这样会造成领域模型的代码变得复杂且不易测试和移植。MyBatis相对自由一点，虽然需要开发人员去编写SQL但定制化程度很高。笔者在使用的时候一般会以数据模型作为操作目标，并不会直接对领域模型进行存储。相信读者在前文的代码案例也看到了这一作法：在Repository内部首先将领域模型转换为数据模型进而再使用DAO进行存储。

需要澄清一下，笔者个人并不是有意要推荐哪种框架，而是想要着重说明持久化透明对于领域模型的重要性。开发软件时我们要讲究责任明确，既然领域模型的责任是用于支持业务逻辑的实现那就不要再让它考虑自身存储相关的事情；同理，既然数据模型用于表示持久化，那它也不应该承担与业务有关的责任。

6.5 额外的礼物——对象间的关系

真实世界中的万事万物都不是孤立存在的，彼此间会产生联系也会产生相互作用，正是由于这些联系与相互作用才推动着整个世界的运转。因此，当现实世界中的对象以及它们间的关联关系转换到技术层面后，除对象自身之外我们也要注重对它们彼此间关系的把握，否则会让对象被孤立，无法为业务的运转提供有效的支撑。很多时候，只有精确把握住这些关联信息您才能更容易地挖掘出业务的本质并构建出稳定的领域模型。

建模过程中，人们喜欢以UML类图的方式来表示领域模型以及它们间的各种关系。如果您出身计算机专业，对于类图中的各类概念或许会了解比较深；而对于非此专业的人来说则可能会稍显陌生。可是类图对于描述对象及彼此间的关联关系是如此的方便，笔者觉得即使是非 IT 专业的领域专家或产品经理也有必要进行学习，这样可以帮助您将自己的想法更加精确地传达给软件工程师。

此外，UML 类图所包含的知识还是比较多的，尽管有着现成的标准但人们在使用的时候一般会较为随意，使得画出的类图使用动机不明确，白白浪费了很多宝贵的时间。以类间的关系为例，一般会包括：继承、实现、组合、聚合等一堆内容，它们的含义到底是什么？怎么去使用？实践中需要做到什么程度才是合适的？画出的图别人是否可以理解？这些问题看似都不大但却比较影响工作效率。画得太细会占用很多的研发时间；画得太粗会使得模型参考价值不大，很难把握住此中的平衡。对此，笔者就 UML 类图的使用经验做一些分享，重点解释一下类间的关联关系以及如何在真实项目中应用，现实中您亦可根据笔者的总结按需调整使用，不需要完全照抄。

有读者可能会对此产生疑问：UML 涉及的图众多，为什么要选择类图进行介绍呢？为什么不是顺序图或泳道图？原因其实很简单：类图最容易出现使用不当的问题。建模过程当中使用频率最高的两种图是：类图和时序图，其中时序图比较简单，也很容易被人所理解。类图则不一样，各种各样的画法都有。以最简单的接口为例，有的用圆圈表示接口，有的用方块图表示；关联关系也是一样，有时用空心菱形、有时用实心菱形；很容易让人产生迷惑。当然，对于如何画类图并非是本小节的重点，笔者更想展示的是如何确定领域模型之间的关联关系，这是领域模型设计过程中比较重要的工作。

6.5.1 类图的作用

很多工程师喜欢使用类图表示设计模型，这的确也是最常见的使用类图的方式。除此之外您其实也可以使用它来标识业务对象从而形成业务模型，对此前文已进行过说明。类图属于静态建模方法之一，它主要的作用是帮助工程师识别领域模型及它们彼此间的关系。依据类图工程师可在代码中建立对应的类或接口以及类方法和属性等内容，由此产生了一种非常有名的工作方式：由设计师提供类图，由研发人员进行代码实现。这是一种非常理想化的工作模式，如果您工作的系统主要用于火箭导航、卫星控制等重要程度极高且易变性较低的领域或可以采用；如果是一般的企业应用或互联网应用，仍然使用这种方式很可能会引起用户或前端业务人员不满。讲这些话并不是故意恶心读者，而是这种方式真的不适合需求快速变化的应用，搞不好您的类图还没设计完需求已经变化好几版了。此外，设计师与研发工程师所站的角度并不相同：设计师根据自己的想象画类图，几乎不接触代码；研发工程师虽是代码的密接人员但他们并不一定会完全了解设计师的初衷和意图。最终的结果可想而知：软件的实现结果与设计师的想法南辕北辙，最终一定会让业务人员很不满意。

对于复杂场景下的业务，使用类图表示设计模型有着比较好的指导意义，能够帮助工程师对业务分析过程中所识别出的领域模型进行标识与记录。依据设计好的类图，工程师便可以了解到领域模型的基本构成并据此完成代码的编写；也可以借类图反推设计方案，检查其是否可以支持目标业务。虽然它的优点对于人的诱惑很大，但在实践中并不建议使用专业的制图软件作图；也不建议把所有的属性和方法都事无巨细地全标识出来，这些工作会占用太多的设计时间且指导作用并不大。优秀的设计师应该可以战斗在开发第一线进行代码的编写而不是孤傲地坐在象牙塔中笑看开发人员猜测自己的设计意图，只有这样才能将设计更有效地转换为可工作的软件。

使用类图的主要意义在于其可对业务用例中各类显示或隐式(需求中未明确标识或说明的业务对象)的领域模型及它们的关联关系进行标识，从而帮助研发人员判断仅使用类图中所包含的元素是否可以完成对某一个业务的支撑。注意，笔者强调了"业务用例"四个字，就是提醒您不要有事儿没事儿都把服务或系统中的类图全画出来，指导作用赶不上投入的成本。有些设计师甚至会把整个系统中的类图全都画在一张图上，存在这种情况的原因是这些设计师一般不用参与一线代码开发，不画点东西出来实在是彰显不出自己的工作量。正确使用类图的姿势是：类图作为设计参考使用时最好以业务用例为基本维度，且应只针对复杂业务场景，此时才能将它的价值最大化；专门为数据字典、角色与权限等这种简单业务去画个类图作用着实不大。当然，如有特别需要您也可以考虑画一个限界上下文级别的类图，不过这样的图所包含的元素多且杂，请务必慎用。当然，对于复杂的业务用例仅使用类图建模的确稍显不足，此时您可辅以时序图这种动态建模的手段，采用动、静相结合的方式可解决大部分问题。另外，借用类图也能帮助工程师快速编写代码，但相对于其对业务的走查支撑，这一作用只能算是小道了。

6.5.2 类间的关系

类间的关系比较多，想要做到完全理解还是需要花费一定的时间的。本小节就带着您对这些关系做一下简单的梳理。

1. 继　承

我们认为继承是最容易理解的一种关系，但应用起来却是最麻烦、最复杂的。让我们先看一下继承关系在类图中的长相：其被表示为一个空心的箭头，箭头方向指向基类(也称为父类、超类)；尾巴方向自然就为子类了。对于业务本质相同而操作或属性存在差异的多个类，一般可使用继承的方式进行表示。涉及继承必然存在一个或多个基类的情况，但继承关系在一些新型的语言如 Java、C＃ 中被限定为单继承；类似 C＋＋这类语言则要强大得多，可支持多继承，图 6.9 展示了继承关系的样式。

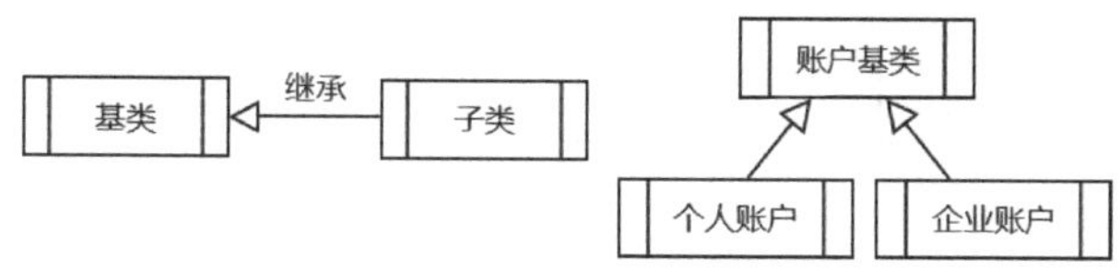

图 6.9　类的继承关系及案例

对于理解继承关系您可以借助于"is－a"表达式，is 前的主语是子类，a 后面的词是父类。以图 6.9 为例,账户类是基类,其包含两个子类:个人账户与企业账户。“is－a”表达的含义为:个人账号与企业账号是账户。因为二者的业务本质都是账户且它们都有一些通用的属性如联系人、状态、是否实名等。与此同时,它们各自还有一些特殊属性。比如企业账号有法人、企业地址、子账号等信息;个人账号有身份证号码、邮箱等信息。操作方面,对于企业账号的冻结除了要把企业账号自身置为冻结状态之外,其关联的子账号也需要同时被冻结;而个人账号的冻结逻辑则要简单得多,只需要对本账号操作即可。所以,此处使用继承关系是合适的。

在代码中使用继承关系时要注意下面两个事项:一是基类的构造函数在大多数情况下应该是 protected;二是子类与基类之间要存在扩展的关系,尤其是方法上的扩展,比属性更加重要。如果扩展关系不存在,恐怕将对象间的关系定义为继承并不恰当。实际上,继承的本质主要体现在行为上,对于没有行为的扩展,用与不用继承其实关系并不大,这一点读者在使用时要格外注意。

继承关系的复杂性在实体和值对象的维度上有一定的体现,但最麻烦的处理其实是在应用服务和资源库这一层面上。以资源库为例,它的主要作用是对聚合进行存、取。当存在继承关系时,通过资源库查出来的领域模型到底应该是哪个具体类呢?以账户为例,资源库根据标识符查出的对象类型会有两种选择:个人账户或企业账户,要如何对它们进行区分呢?类型不同,能够进行的操作也是不同的,使用过程中还可能涉及类型判断及类型转换等诸多问题,在实践中还是比较难以把握的,后文我们会对此进行专门讲解。

2. 实　现

实现关系使用虚线空心箭头表示 ,箭头方向指向接口,箭尾方向连接实现类。实现表示“can－do”的关系,can 前面的主语为实现类,do 后面的宾语是接口。以图 6.10 为例:Validatable 接口中包含了一个用于验证的方法 validate(),DomainModel 实现了此接口,表示它可以做(can－do)验证或具备验证的功能。我们通常会使用这种关系来实现方法的复用并为实现类赋予更多的能力,不过有的设计师喜欢在代码中疯狂地使用接口,其实大可不必。分析过程中如果发现方法不存在复用的情况或复用率极低,最好避免使用接口以免陷入过度设计的境地。继承与实现很容易被混淆,但我们可以使用一种比较粗暴的方式去区分二者:如果把接口去掉,实现类是可以正常工作的,且符合对象不变条件;如果把基类去掉,子类可能都无法正确构造了。

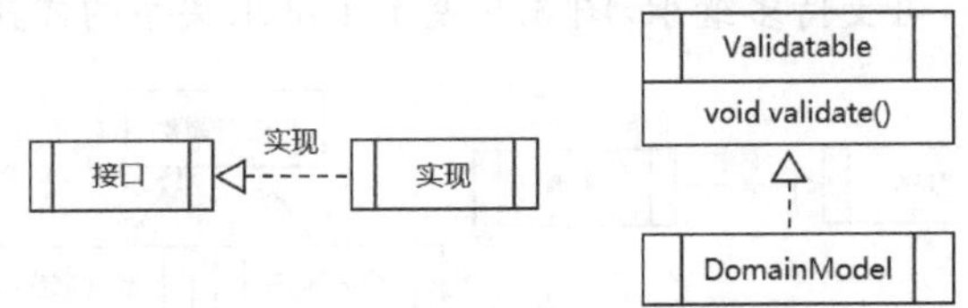

图 6.10　类与捂口间的实现关系及案例

3. 关 联

关联表示两个对象在概念上存在联系。通过关联关系，一个对象可以请求另一个对象完成某一项工作。当然，也可以从一个对象直接导航到另外一个对象。关联关系使用实线箭头表示，箭头所指的方向为被关联的对象，以图6.11所示图形为例：客户及账户都是被关联的对象，代码中它们会以属性的形式存在于另一个类中。关联通常情况下双向的，也就是从哪个类出发都可以导航到另外一个类，但是在设计过程中要切断这种双向关联，只能保持单向的联系。

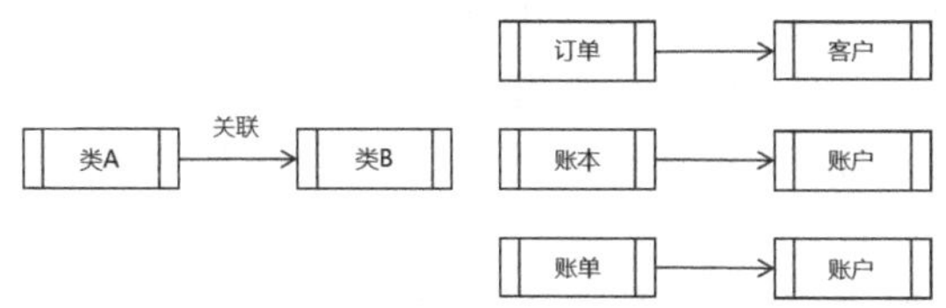

图6.11 类间的关联关系及案例

从代码实现的角度来看，关联和后面我们要讲的组合非常相似，都是被关联或组合的对象会作为另一个对象的属性。想要正确理解它们的区别应从语义的角度出发，最简单的区分方式是看两者之间是否有整体和部分的关系。一般情况下，存在关联关系的对象都是可以独立存在的，它们的生命周期彼此并无直接的关联，也不存在整体和部分的关系；另外，被关联的对象一般是可以被共享的，比如账户可以同时与账单、账本两个类产生关联，组合则不可以，被组合的对象只能属于同一个对象。DDD中，聚合间的关联关系价值非常高，必须通过标识符来实现彼此的关联，有点类似于数据库中的外键，不过画类图时仍然使用如图6.11所示的方式。

4. 组 合

UML中有组合与聚合两个概念，但我们并不需要刻意对它们进行区分，直接使用组合即可。从语义上来看，它表明两个对象在概念上存在整体与部分的关系，被组合的对象一般会以内嵌对象的形式存在于组合它的对象中。图6.12展示了组合关系的画法，空心菱形所指向的对象为整体的部分，另一侧为被组合的对象。谈到组合关系，最典型的案例自然是订单与订单项；类似的还包括账单与账单项、商品与价格策略等都是典型的组合关系。

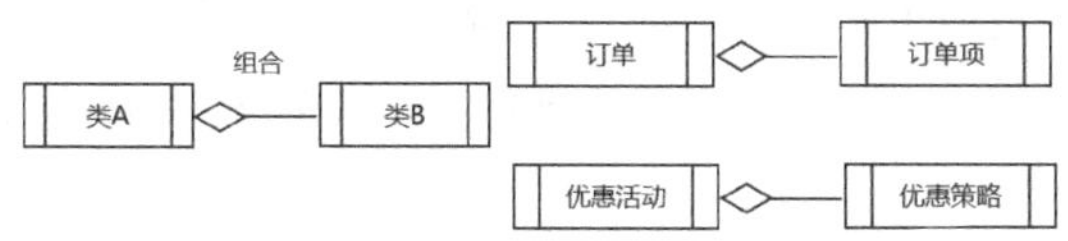

图6.12 类的组合关系及案例

一般来说，被组合的对象都没有自己独立的生命周期，它们要依赖于组合它们的对象。另外，不像关联关系，被组合的对象永远不会被共享，它只属于整体对象一个人。假如整体对象已经消亡，那部分对象也不应再继续存在，呈现出游离状态的部分对象是严格禁止的。此外，它们的创建和删除一般也要由整体对象来负责，甚至可以说是完全依赖于整体的。前文中我们曾说过：组合与关联在代码上的表现是一样的，处于被动关系的类（被组合、被关联）会作为另一方的属性。话虽如此，二者在技术上的处理方式并不相同。以订单和订单项为例，删除操作需要将二者一同消灭掉；而对于订单所关联的账户，除特殊情况之外相信没有任何企业会允许您删除订单后也同时把其关联的账户对象一并删除掉。

5. 依　赖

图 6.13 展示了依赖关系的画法，使用虚线箭头将两个类彼此关联在一起，其中箭头指向的类为被依赖的一方。依赖关系有时候又被会称为供应商-客户关系，因为客户能力不足，需要借用于供应商（被依赖的对象）来提供额外的帮助，所以称之为依赖正是源于此。相对于其他四种关系，依赖关系是最弱的，通常情况下是临时的。代码中，被依赖的对象通常以参数、方法内的临时变量或方法返回值的形式存在，并不会成为依赖方的属性。相信您已经知道：设计模型中不能存在双向的关联，但这个约束并不会影响到存在依赖关系的对象，甚至自己依赖自己的情况也时有发生。原因很简单：依赖关系很弱，造成的耦合影响很低。

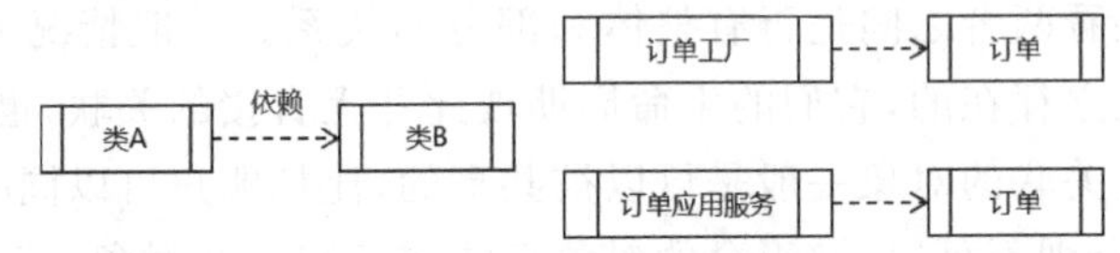

图 6.13　类的依赖关系及案例

6.5.3　类图的粒度

当项目形成一定规模之后，会涉及非常多的文档。且不必说各种业务模型、需求说明，即便是数量不多的类图也可能需要研发人员花很多时间去理解，对于时间即金钱的研发团队而言，每一分钟都是十分宝贵的。所以我们应该对文档的粒度进行控制，尤其是设计模型，能让结果被团队内部人员理解即可。前文中我们将类间的关系进行了梳理，余下的内容让我们再聊一聊如何有效的使用类图。

1. 画图速度要快

对于这一问题笔者在前文中也曾进行过说明。总而言之，建议使用手画的方式进行类设计，可以通过白板也可以使用一张草纸，要能把头脑中的想法快速反映到设计图中。

2. 内容简要

使用类图时另一个要遵守的原则是：内容应当简单、明了，能将问题说明清楚即可。标准的类图需要画出属性、方法、关联方式、访问级别等，甚至还会涉及特别复杂的约束、注释等内容。只要您不是为了通过类图来生成代码，其实没必要做得这么细。除了十分重要的信息，无论是方法、属性还是注释都是能省则省的。设计模型变化速度很快,画得太细且还没有专人进行维护的话,只会造成资源的浪费。不过有一点笔者倒是不建议省略,即类间的关系,属于核心且重要的信息。

3. 方便走查

类图的最大价值是其能够体现出的领域模型的结构和彼此间的关联关系,这些信息可以帮助我们走查和验证需求,检查领域中的业务对象与类图中的设计模型是否可以一一映射;验证动态建模(如时序图)过程中所涉及的领域对象是否能在类图中找到对应。

总　结

本章我们主要介绍了实体相关的内容。首先我们对其基本概念及本质进行了说明,实体与业务对象存在严格的对应关系,是业务模型在技术中的映射。想要在代码中还原出丰富、多彩的业务对象,只有通过充分利用充血模型才能避免转换过程中出现太多的失真。贫血模型虽然不适合于实体,但仍有其发挥光和热的空间,尤其是在简单业务场景里。

第二部分的主要关注点在标识符,是实体的最重要属性。笔者就标识符的含义及当下人们常用的生成标识符的方案进行了简单的总结。看似简单的东西想要使用好其实并不容易,团队需要根据自身的技术能力及业务的流量选择合适的标识符方案,坚决避免盲目选择。

第三、四两部分内容中,笔者着重介绍了实体的行为。行为与领域模型的能力直接挂钩,能够将其放到正确的类上是一个充满挑战性的工作。除了依赖设计师的经验之外,笔者也给出了一些设计原则供参考。所有的行为当中,构造函数作用较为特殊,主要用于对象的实例化。这是一个经常被人们忽略的内容,但越是细微的东西越能体现出设计者的实力。正确地使用构造函数不仅为实体的构造过程提供了简化之道,也能够保障实例化后的领域模型是合法、有效的。

第五节作为实体之外的内容,笔者主要介绍了类图的画法及正确的使用方式。它不仅能够帮助我们对业务用例进行走查,也可以成为工程师编写代码的参考,是软件设计工作中的一大助力。

下一章我们会重点学习另外一类领域模型:值对象。这一概念看似简单,但却需要读者投入一定的精力才能完全了解其存在的意义。此外,从数量上而言它要比实体多得多,是值得您在其上进行投资的。

第 7 章　股肱之臣——值对象(Value Object)

DDD 中的值对象是与实体齐名的另外一类领域模型。如果说实体可以自成一体，有着独立的生命周期，那么值对象则只能依附于其他的领域模型才能生存。被依附的对象可以是另一个值对象，也可以是实体。在植物界当中，有一类植物必须依赖于其他的植物才能生存，人们称这类植物为寄生植物。值对象有点像寄生植物，它无法以流离态的形式存在，只能与其他对象共生共灭。很多工程师经常在设计过程中为某一个模型到底应该建模为实体还是值对象而烦恼，包括笔者个人在初学 DDD 的时候也是如此。其实大可不必，您只需要知道：值对象一般被用于修饰其他的对象，经常会以其他对象的属性形式存在，就足以应对大部分场景了。

7.1　认识值对象

7.1.1　值对象的含义及作用

值对象的名称中包含“值”这个字，说明它强调的是“值”这个信息而不是对象本身，那么“值”这个字表达的含义是什么呢？笔者个人对它的解读是“特征值”，用于描述对象的某个属性。DDD 中，常使用值对象来度量或者描述其他领域模型。常见的值对象类型包括：数字、字符串、日期、枚举、实体标识符以及代码中创建的更为复杂的自定义类型。如果说实体能够代表某一个业务对象，那值对象则仅用于表示业务对象的某一个属性。

日常开发当中，我们应尽量使用值对象来简化程序设计。前面我们对实体进行了细讲，不过想要用好还是有一定的复杂度的，您需要考虑标识符、验证、类不变性、存取等各种问题。值对象用起来要简单得多：它是只读的，不会出现属性被修改的情况；它不需要标识符；它跟随着实体一同进行存取；它不需要有对应的资源库组件等，您没理由不优先使用它。好消息是：在系统的开发过程中值对象数量占比很高，以笔者个人的经验来看至少能达到 70%，而且这个值只高不低。它的引入能大大简化代码的阅读和维护难度，让代码看起来非常的优雅。笔者经常“拷问”同事这样一个问题：非待支付状态的订单不允许进行支付操作，怎样编写代码才能让实现看起来更漂亮、更优雅？他们写出的代码是这样的：

```
public class Order {
    private OrderStatus status;
```

```
    public void pay(Money cost) {
        if (this.status != OrderStatus.PAYMENT_PENDING) {
            throw new PaymentException();
        }
        this.status = OrderStatus.PAID;
    }
}
```

上述代码中规中矩,将 Order 实体实现为充血模型并让其实现支付的逻辑,基本挑不出什么问题,不过从侧面也表明了代码的作者对于 OOP 还不是很熟练。通过分析业务逻辑可知:订单是否可以支付是由订单的状态来决策的,也就是说订单状态对象自身是有能力知道订单是否可以进行支付的,它已经包含了实现这一逻辑的所有知识,那么可否将“是否可支付”这一判定条件的实现放到订单状态对象中呢?答案自然是可以的,修改后的代码如下所示:

```
public class Order {
    private OrderStatus status;

    public void pay(Money cost) {
        if (! this.status.canPay()) {
            throw new PaymentException();
        }
        this.status = OrderStatus.PAID;
        //代码省略...
    }
}

public enum OrderStatus {
    UN_KNOWN(0),
    PAYMENT_PENDING(1),
    //其他状态值及方法省略...

    public boolean canPay() {
        if (this == OrderStatus.PAYMENT_PENDING) {
            return true;
        }
        return false;
    }
}
```

上述代码示例中,我们基于信息专家模式将 canPay()方法放到了 OrderStatus 枚举类中(枚举也可认为是一种值对象类型),该方法用于判定订单是否可以支付。现在您再回味一下优化后的代码，是不是更具面向对象的精神？我们应该将正确的事情交由正确的领域对象来做，对于值对象也是如此，它可以有行为，也能够为其所属的对象分担责任。将所有行为的实现都放到某一个对象上并不是一种很好的设计，很容易出现“朱门酒肉臭，路有冻死骨”的情况，即有的对象需要承担非常多的责任，而有的对象在责任上又显得过于贫瘠，除了属性访问器之外几乎没有其他的行为。值对象虽然在实现上与实体有很大的区别，但本质上它也是一种领域模型，应该使用充血模型表示才对。

或许 OrderStatus 中的 canPay()方法逻辑过于简单，使得读者并没有在它身上看出值对象的强大之处，也没有有效地体现出值对象是如何为其所属的实体“减负”的，让我们看一下这样的需求：订单支付前需要对优惠价格比例进行判断，当比例大于 0.9 时不需要进行审批；小于等于 0.9 且大于 0.8 时需要一级审批；小于等于 0.8 时需要二级审批。实现这一逻辑的最简单方式是在订单实体中直接编写判断代码：

```
public class Order {
    private Money total;
    private Money discount;

    public int getApprovalLevel() {
        Double ratio = this.discount.divide(this.total);
        if (ratio >0.9D) {
            return 0;
        }
        //代码省略...
    }
}
```

通过分析发现：订单中包含的两个价格信息“优惠价 discount”与“原价 total”所表达的其实都是订单的价格属性，也就是说它们两个共同描绘了“订单价格”这一特性，具备非常明显的整体性概念，所以将它们二合一建模为值对象似乎更合适，示例代码如下：

```
public Order {
    private Price price;

    public int getApprovalLevel() {
        return this.price.getApprovalLevel();
    }
}

public class Price {
    private Money total;
    private Money discount;
```

```
    public int getApprovalLevel() {
        Double ratio = this.discount.divide(this.total);
        if (ratio >0.9D) {
            return 0;
        }
        if (ratio < =  0.9D && ratio >0.8D) {
            return 1;
        }
        return 2;
    }
    //代码省略...
}
```

不仅如此，我们还变更了 getApprovalLevel()方法的实现方式，将由 Order 的实现改为由值对象 Price 进行代理。是不是感觉这样的代码显得非常“专业”了?

实际上，值对象的强大要超过您的想象。笔者也曾见过很多工程师将值对象仅仅作为属性的容器来用，也就是将某个类中多个分散的属性合并成为一个更大的类型以实现属性的封装，例如前面案例中的 Price 类型。这一作法本身问题并不大，毕竟值对象的容器作用占比还是很大的。但您还需要把值对象的高度再提一提，它虽然要依附于其他类型如实体，但不代表其地位很低;也不代表它不能够承担任何业务责任。实体的设计需要依据通用语言，这一原则放在值对象上仍然适用。之所以很多设计师在使用值对象的时候遭遇到了很多的困难，主要的原因在于:通用语言对于实体的反映在大部分情况下都是显性的，您可以据其轻易推导出来实体;而对于值对象来说，隐性的反映要多一点，甚至于很多时候根本就没有出现在通用语言当中，需要设计师去推敲才行。读者并不需要对此感到惊讶，通用语言也是人设计的，不可能十全十美。

最佳实践

将值对象当作充血模型来看待，它与实体一样有着丰富的、多样的领域行为。

其实不论是实体还是值对象，在领域中的位置都应该是一样的。之所以需要将它们进行区分，主要原因在于客观世界中的事物在某一范围之内一般只会具备实体与值对象两类领域模型的特性之一，很少会将它们的特征全部融于一身。让我们仔细分析一下真实世界，您会发现:有的东西只能用于构成或修饰其他物品，有的东西则能自成一体，有着自己的生命周期和唯一性标识。以汽车为例，它自身可成为一个整体，也有与其他汽车进行区分的关键信息(例如车架编号)。另一方面，它又是由多个不同的对象构成的，如方向盘、发动机、车轮等，这些对象在汽车构成这个概念范围之内并没有独立的生命周期，需要依附于汽车对象而存在。而想要让汽车正常的工作只依靠它本身是不行的，必须要构成它的各个对象相互协作才可以。面向对象的精粹就是让每一个

对象都各司其职，协同将工作做好。

区分值对象和实体对象对于初学者来说是一项极具挑战性的工作，是学习 DDD 的一大绊脚石。有的时候您会发现一个模型可以使用值对象去实现，但站在实体的角度去分析发现似乎作为实体也可行。仍然以订单项为例，假如用户购买了一支笔及两个同样规格的本子共计花费 100 元；但由于优惠活动的缘故，订单的最终优惠价和支付金额都是 70 元；那么问题来了：我们需要知道最终优惠价格和支付金额分摊到这三样商品上的结果，这样才能方便后续生成账单信息以及数据稽核的工作，怎样去实现这一目标呢？我们可以专门建立一个用于记录分摊信息的模型 Share，细节不多论，但可以想象得到的是每一个这样的对象都需要与订单项产生关联。而想要实现这一目的自然要在订单项中引入标识符信息，否则它无法被关联到 Share 对象。那是不是意味着此时的订单项应该被设计成实体呢？可是订单项并不能被共享，它构成订单且依附订单，这分明又是值对象的典型特征。可以看到，类似这种问题对于初学者甚至有一定基础的工程师来说都是一个不小的挑战。

另外还有一个问题不可忽视：习惯于 CURD 开发方式的程序员在建模过程当中会不经意间将领域模型等同于数据模型来看待，使得本该使用值对象的地方变成了实体对象。我们仍然以订单与订单项为例，其中订单为实体，订单项为值对象。存储时我们会将这两个对象的信息分别放到不同的表（关系型数据库）中，那么这就意味着订单项表必然有一个主键列，转换成领域模型后订单项自然也就包含了这个主键信息作为标识符，所以很多工程师便依此认定订单项是实体。这一错误很多初学者都会犯，笔者解释一下出现这一问题的根本原因是什么。

首先，订单项表的主键列的确是存在的，但这是数据库层面上的一个技术要求，尤其是对于关系型数据库而言，为每一张表都设计一个主键列在大多数团队中都是以规范的形式存在的。而订单项对象是一个业务中的概念，它有没有标识符不是由技术来决定的，必须交由业务来决策。当您需要对某一对象进行全局追踪的时候就需要为其分配一个唯一的标识符，相应地，技术层面对此也不是十分关心，因为这是业务上的概念。所以很多工程师在概念上就没有搞清楚两者的区别，最终也自然会造成无法确定领域模型类别的情况。其实您可以换一个思路：以 MongoDB 作为存储领域模型的基础设施，或许能避免技术对设计产生干扰。由于我们将订单与订单项的数据全放到了同一个文档记录中而非分表存储，订单项自然也就不再具备主键列的概念，反序列化后的订单项对象也就不包含标识符属性了。

第二，“转换成领域模型后订单项自然也就包含了这个主键信息作为标识符”这一思路也有着不小的问题。数据表有主键列并不代表反序列化成领域对象后该列的值就会成为对象的标识符，这一说法并不能成立。构建对象的过程是由工程师来控制的，他完全可以把主键的值忽略掉。您需要了解这样一个事实：领域模型与数据模型表达的是不同的概念，虽然可以相互转换但并不是严格的一一映射。领域模型中的属性可能仅存于内存当中，是在领域对象实例化后被计算出来的，并不需要进行持久化。同样的道理，数据模型中的字段信息也不会与领域模型的属性一一对应。比如为了提升查询性能，我们可能会在数据表上加上冗余的外键列，这些列转换为领域模型时一般是做丢弃处理的。

总而言之，想要正确地认识值对象必须坚持业务为导向，在设计过程中划清技术与业务的边界，这样才能少走一些弯路。

7.1.2 值对象示例

在深入讲解值对象的特征之前让我们首先看一个订单实体的案例，其包含了很多不同的属性。为方便讲解，我们将每一个属性的名称都换成了中文，伪代码如下所示：

```
public class Order {
    private String 编号;
    private String 收件人姓名;
    private String 收件人电话;
    private String 收件人所在区;
    private String 收件人所在街道;
    private String 收件人的门牌号;
    private Money 总价;
    private Money 优惠价;
    private Integer 支付方式;
    private BigDecimal 支付金额;
}
```

上述代码中，我们使用编号属性作为订单实体的标识符。Order 的所有属性均使用了基本类型，从对象完整性的角度来看其实问题并不大，毕竟订单相关的属性都已经具备，并没有丢失任何信息。但我们认为这是一个比较差的设计。原因很简单：部分属性彼此间的联系非常紧密，比如收件人相关的信息、价格相关的一些信息等，理应将它们视为一个概念整体才对，而不是一个个原子的属性。从技术角度来看，属性的拆分或合并区别并不大。当我们想要对订单进行存储时，可能需要 10 列才能将其全部属性信息保存完整。无论您怎么去调整订单实体的结构，只要不是加减属性最终都是需要 10 列。所以我们应当站在业务的角度来分析以上设计的不足之处，笔者总结了三点：

(1) 面向对象分析的典型特征是我们需要从对象的角度来看待事物。以人体为例，身体是一个对象。身体上包含了四肢、五脏、六腑，每一部分都能成为一个独立的对象，为什么要这样设计呢？因为各对象功能不同、责任不同。我们想要的效果是每一个对象都能够发挥出自己的光和热，承担起该它承担的责任，而不是将所有的工作全交由某一个特定的对象来完成。而在上述代码中，我们看不到这样的效果。相互联系密切、本应该复合在一起形成为对象的信息被拆分开看待，这已经不是面向对象而是面向数据了。

(2) 订单实体会变成一个具备超能力的对象或者超级类。毕竟所有的属性类型都为基本类型，已经承担不了任何与业务有关的责任了，只能由订单一人来扛。可是面向对象的世界当中不存在能者多劳的情况，应该绝对的公平才对。该谁干的事情就应该交给谁干，并不是由于实体是概念上的主体就应该承担一切工作。我们曾着重提过这一点：实体与值对象在地位上是平等的，只是分工不同而已，并不存在高低之分。

(3) 业务处理会变得复杂。当我们想要改变收件人相关的信息时，您需要保证信息修改后订单整体仍然是有效的，比如修改收件人 A 的电话信息时，必须保证修改后的电话的确是收件人 A 的，只有这样才不会违反类不变性条件。这句话听起来其实比较荒谬，为什么修改收件人信息时要保证"订单"仍然有效呢？按理应该是收件人信息仍然有效才对。理论上的确应该如此，但上述的设计当中收件人信息全都是订单实体的原子属性，并没有成为独立的对象，所以只能要求订单来进行保障了。

针对以上的种种不足，我们需要进行设计上的优化，优化后的代码如下：

```
public class Order {
    private String 编号；
    private Receiver 收件人信息；
    private Price 价格信息；
    private Payment 支付信息；
}

public class Receiver {
    private Contact 收件人联系信息；
    private Address 收件人地址信息；
}

public class Contact {
    private String 收件人姓名；
    private String 收件人电话；
}

public class Address {
    private String 收件人所在小区；
    private String 收件人所在街道；
    private String 收件人的门牌号；
}

public class Payment {
    private PaymentPattern 支付方式；
    private Money 支付金额；
}

public class Price {
    private Money 总价；
    private Money 优惠价；
}
```

```
public enum PaymentPattern {
    UN_KNOWN(0),
    CASH(1),
    //代码省略...
}
```

相对于第一个案例,优化后的版本类变多了,不过责任反而更加明确了,至少我们能够在 Order 类中看出通用语言的影子。仅就代码的风格来看,是不是这一份设计显得更加"专业"?当然,我们还是应该从面向对象的角度来看一下最新的方案是否已经解决了前一份设计中的各类不足。忘了多提一句:最新的代码中除了 Order 类,其他的类中都不存在针对属性的 setter 方法,这一做法让我们无法单独对它们内部的属性进行变更,要改也只能是整体替换,从而能够避免"收件人为 A,但收件人电话却是 B 的"的情况发生,大大简化了 Contact 类的实现。另外一点需要提前说明:笔者举这个例子主要是为了说明值对象的概念及如何使用它们,真实业务中我们可能会将收件人有关的信息建模为实体。

上述代码中我们引入了几个新的类:Receiver、Contact、Address、Payment、Price、PaymentPattern,它们就是所谓的值对象(确切地说应该是值对象类型)。当然,类似 Money 这种类型的属性也是值对象,只是担心代码过多而进行了省略。插一句题外的内容,笔者早期看了许多的书,有具体的技术如 Web Service 也有类似面向对象设计、软件架构设计原理等理论色彩较浓的书籍。前者相对容易理解一点,毕竟可以写一些代码进行实践;而后者就太抽象了,大部分都不懂。让我印象最深刻的事情是曾经看到过这样一个案例:作者将客户相关属性从订单类中抽取到了一个新的类中,当时的感受是:为什么要单独设计一个客户类?难道这就是面向对象吗?这么抽取有什么好处吗?这一疑问持续了多年,也曾问过很多的同事,但没有人能给予一个合理的回答。以当时笔者的观点,会比较认可 Order 类的第一个版本,具体原因可能与自己的见识及当时使用的开发模式相关。不过随着经验的积累,当前已经习惯了使用版本二的设计方式,也许这就是成长吧。

回归正文,值对象的引入让我们的代码看起来不仅优雅,扩展性也要比没有值对象时强很多。仍然以收件人信息 Receiver 为例 ,当我们想要对其进行修改时,所有变更相关的代码都会集中在 Receiver 或更低一层的 Address、Contact 中,不会对 Order 产生影响或影响度很低。而且,您也不需要对代码进行全盘核查,只针对发生变更的类即可。

虽然大部分情况下我们可以使用编程语言的基本类型来代替值对象类型,但使用自定义的类型扩展性会更好,毕竟值对象自身也会完成一些特定的业务责任。比如我们可能会使用 LocalDate 类型来修饰客户领域模型 Customer 的出生日期属性,而且在大部分情况下 LocalDate 也是够用的。假如有这样的一个需求:当客户是成年人时才能购买某些商品比如酒类,使用 LocalDate 表示出生日期时只能将判断逻辑放到 Customer 类中。可是这个规则的实现其实只与出生日期有关,如果能交由出生日期对象完成该逻辑的实现要好很多，也比较符合信息专家原则。此等情况下，我们可以考虑将出生日期建立成值对象即可完美支撑这一需求：

```
public class Birthday {
    private LocalDate birthday;

    public boolean isAdult() {
        return ChronoUnit.YEARS.between(this.birthday, LocalDate.now()) > = 18;
    }
}
```

随着对值对象使用经验的加深，您会发现它简直妙不可言，您可能会在内心中发出感叹：这才是真正的面向对象设计。它能够让工程师在软件设计及开发工作中找到一种难以名状的愉悦感；能够让您体验到思考的快乐。很多程序员会自嘲为“码农”，就是因为日常工作中少了一些思考，只有机械式编写代码。值对象的引入是一个好的契机，不需要太多的代价就可以让您享受到面向对象编程的乐趣。它不像实体，实现起来比较麻烦，有时可能还需要基础设施的支持才能运转起来。只要您的项目中引入了领域模型就可以练习值对象的使用，熟练后再过渡到实体、聚合等，不一定一上来就拿难度非常大的领域模型开始练习，并不利于 DDD 的学习。

另外需要说明的是：设计之初可能无法识别出全部的值对象，此时可先使用基础类型代替。随着对业务了解度的加深以及对开发过程中细节的挖掘，可以再回过头去进行改造。大部分值对象对外是不可见或只读的，除了类似 Money 这种通用性非常强的类型，但毕竟是少数。所以很多的调整工作都可以集中在实体内部，外部几乎感受不到任何变化。测试方面，因为领域模型的测试不依赖于基础设施，甚至都不需要 Spring 这种 IoC 框架的参与，所以启动过程几乎是秒级的，很快即可完成调整后的代码的测试。

7.1.3 值对象的作用范围

您可以将值对象作为参数、类属性、局部变量或方法返回值，与一般的基础类型在用法上一般无二。其实，基础类型也是一种值对象类型，只是它们比较基础无法实现对业务规则的支撑。当然，也有一些相对强大的语言比如 C＃，您可以给 String 这种类增加扩展方法，不过能做的也有限。而且，十分不建议这样设计值对象，前文我们展示了表示生日的值对象类型 Birthday，里面包含了 isAdult()方法用于判断是否是成年人。如果通过类方法扩展机制把这一方法加到 Date 类里，就会让人感到非常困惑。

部分值对象的类型是可以在系统或服务内共享的，最典型的要算是 Money 类型，只要涉及描述货币金额的场景几乎都可以去使用它。还有一些通用性不太强的类型比如前文案例中的 OrderStatus，可能只会被订购子域、账务子域和物流子域共用。这种有一定通用性的类型在使用时限制一般都不大，跨服务使用也属正常操作。不过也有一类相对特别的值对象类型，它们的作用范围只会局限于实体的内部，决不允许暴露到实体之外，查询操作也不行。您还记得我们举过一个优惠活动的案例吗？模型代码片段如下所示：

```
//优惠活动
public class Promotion {
    private Long id;
    private Long number;
    private LifeCycle lifeCycle;
    private List <DiscountStrategy > strategies;
    private DiscountPattern discountPattern;
    //代码省略...
}

//生命周期
public class LifeCycle {
    private Date begin;
    private Date end;
    //代码省略...
}

//优惠策略
public class DiscountStrategy {
    private String condition;
    private String target;
    //代码省略...
}

//优惠模式
public class DiscountPattern {
    private PatternType patternType;
    private BigDecimal value;
}
```

类 Promotion 表示优惠活动实体类型，其中的 LifeCycle 是一个值对象类型，表示活动的开始和结束日期。当我们需要根据日期来判断一个活动是否有效的时候，可以把判断逻辑放到这个值对象当中。另外一个值对象类型 DiscountStrategy 表示优惠的策略或者说条件，比如“购买的商品为办公用品且渠道为手机 APP 时，……”这一需求所描述的内容即为优惠策略。DiscountPattern 是第三个值对象类型，描述了优惠的方式，如 80%折扣(patternType 为百分比，value 为 0.8)。这些类型的名称源于通用语言，所以我们将其全部体现到代码中。可以看到，优惠活动涉及的所有类型当中只有 LiefCycle 类型可能被共享，比如可以让它去修饰商品的贩卖周期、账户积分的有效期等信息；其他两个值对象类型都只能在 Promotion 内部被使用，几乎没有被共享的场景。实际上，大部分值对象类型都只会属于某一些特定的聚合，能够被共享的反而是少数。

另外，细心的读者应该会发现代码中还有第四个值对象 PatternType，虽然定义方式是枚举，但与其他三个类型并没有本质上的区别，仅仅是表现形式不同而已，并不影响它是否为值对象类型。并且，将值对象类型定义为枚举相当于限制了它的值的范围，很多时候要比类更方便。

最佳实践

如果有可能，尽量使用枚举作为值对象的类型而非自定义类型。

依据通用语言我们可以识别出 DiscountStrategy、DiscountPattern 等值对象类型，由于通用语言的存在，所以并不需要工程师花费太多的时间即可完成模型的设计，总的来看设计难度并不大。如果您对设计工作有一定的经验，工作进展会非常快。然而，领域模型的识别并不总会是一帆风顺的，有时候会有一些隐式的领域概念，这些概念虽然重要但并不会在需求中直观地体现出来。让我们再看一下通用语言是如何描述优惠活动的：优惠活动定义了用户购买商品时所能享受到的优惠，它由生效日期和一组优惠策略构成。其中每一个策略都定义了使用优惠时的限制条件……。对比一下我们的代码与通用语言，发现二者基本是可以匹配的，但请不要高兴得太早，这里面有一个隐性的概念没有在代码中体现出来，让我们再阅读一下这句话"它由生效日期和一组优惠策略构成……"。是的，通用语言中提到了"组"的概念，但我们没有将其识别出来。或者更准确地说：我们识别出来了，但代码实现时使用的是 List，尽管技术上可以实现组的作用，但能力上呈现出明显的不足，至少其无法承担与业务相关的责任。所以我们提出了一个称之为"优惠策略组"的概念来对代码进行优化，优化后的代码如下所示：

```
public class Promotion {
    private Long number;
    private LifeCycle lifeCycle;
    private DiscountStrategyGroup strategyGroup;
    private DiscountPattern discountPattern;
    //代码省略...
}

public class DiscountStrategyGroup {
    private List<DiscountStrategy> strategies;
    //代码省略...
}
```

我们将 Promotion 中的属性 strategies 替换成了值对象 strategyGroup，类型也由 List 变成了新引入的类型 DiscountStrategyGroup。写到此处，可能会有读者质疑笔者是否陷入了教条主义当中，辛辛苦苦引入一个类只是为了强行与通用语言进行匹配，这一做法是否用力过度？没关系，能有这样的想法说明您真的思考了，笔者感到很欣慰。请您跟着我的思路再多考虑一些优惠活动的应用场景：用户提交订单时会首先调用营销服务的优惠活动验证接口，后者会根据客户的订购信息返回匹配上的优惠基础数据、优惠模式及优惠值等信息。所谓的验证其实就是检验客户的订购信息是否满足优惠的生效条件，只有条件符合时我们才会认为客户可以享受此优惠活动。那么匹配方法应该是哪个模型的行为呢？优惠策略，它描述了优惠的匹配条件。不过方法入口应该是Promotion，毕竟优惠策略属于优惠活动的内部属性，不应该绕过优惠活动被直接访问。下列代码在优惠策略中增加了检验优惠规则是否匹配的方法：

```
public class DiscountStrategy {
    private String condition;
    private String target;

    public boolean match(OrderVO orderInfo) {
        if (Objects.equals(orderInfo.query(this.condition), this.target)) {
            return true;
        }
        return false;
    }
}
```

方法 match()实现了优惠条件匹配逻辑，方便起见我们只做简单的实现。我们还需要在 Promotion 中增加一个 match()方法，它会调用循环每一个优惠策略的 match()方法完成规则匹配。让我们考虑一下优惠活动 Promotion 是如何实现 match()方法的，对此，我们给出了两套设计方案。让我们首先看一下方案一，不使用优惠策略组 DiscountStrategyGroup 时的代码实现方案：

```
public class Promotion {
    private List <DiscountStrategy > strategies;
    private DiscountPattern discountPattern;

    public MatchedResult match(OrderVO orderInfo)  {
        for (DiscountStrategy strategy : this.strategies) {
            if (! strategy.match(orderInfo)) {
                return MatchedResult.failed();
            }
        }
        return new MatchedResult(this.discountPattern);
    }
    //代码省略...
}
```

Promotion 中的 match()方法会循环每一个优惠策略进行规则匹配，一旦出现未匹配的情况则认为当前订购的内容不符合优惠活动的限制条件，匹配不成功。反之，则将 MatchedResult[1] 类型的对象返回给客户端。

让我们再看看方案二，也就是使用了优惠策略组 DiscountStrategyGroup 后的实现：

```
public class Promotion {
    private DiscountStrategyGroup strategyGroup;
    private DiscountPattern discountPattern;

    public MatchedResult match(OrderVO orderInfo)  {
        MatchedResult result = this.strategyGroup.match(orderInfo);
        if (! result.isSucceed()) {
            return result;
        }
        return new MatchedResult(this.discountPattern);
    }
   //代码省略...
}

public class DiscountStrategyGroup {
    private List <DiscountStrategy >strategies;

    public MatchedResult match(OrderVO orderInfo)  {
        for (DiscountStrategy strategy : this.strategies) {
            if (! strategy.match(orderInfo)) {
                return MatchedResult.failed();
            }
        }
        return MatchedResult.succeed();
    }
    //代码省略...
}
```

Promotion 中 match()方法的实现不再由它自己完成而是交由 DiscountStrategy-Group 来进行代理，这一做法不仅进一步解放了 Promotion 的责任还为后续的扩展留下了口子。例如，当需要检测优惠策略是否存在冲突[2]时，也可以将这一检测的工作交由它来做：

```
public class Promotion {
```

1　又出现了一个新的值对象类型，不过会在应用服务中加工成 VO 对象，对此请不要担心。

2　冲突是指活动不同但优惠策略相同的情况，例如优惠活动 A 和 B 所设置的条件分别为：提交订单的渠道为手机 App 时可享受 8 折优惠；提交订单的渠道为手机 App 时可享受 5 折优惠。

```
    private DiscountStrategyGroup strategyGroup;

    public boolean conflictsWith(List<Promotion> others) {
        for (Promotion other : others) {
            if (this.strategyGroup.conflictsWith(other.getStrategyGroup())) {
                return true;
            }
        }
        return false;
    }
}
```

可以看到,DiscountStrategyGroup 对象的引入不仅提升了系统的扩展性,也让各领域模型的责任更加单一、更加专注。不过在此之前,您需要将其识别出来才行,否则一切都是空话。优惠策略组 DiscountStrategyGroup 是典型的隐式模型,虽然在通用语言中进行了提及但很难被注意到。还好这类模型大多数都是值对象而且作用范围一般只局限于其他领域模型的内部,即使提取不到一般也不会影响到大局。

对值对象有了感性的认识之后,请您随同我移步下一小节了解一下值对象的特征。这些特征可以帮助您快速识别值对象,提升设计工作的效率。

7.2 值对象的特征

前面我们已经多多少少谈及了一些值对象的特征,本小节我们对这些特性做一下详细的说明与解释。图 7.1 对值对象的典型特征进行了总结,后面我们会对这些内容逐一展开进行学习。实践中您也可以参考这些特征来帮助您快速区分领域模型的种类。DDD 理论中推荐使用值对象进行建模,随着设计经验的增加您会惊喜地发现自己所设计出的东西的确大比例使用了值对象,能够与理论对齐。这也是检验设计的一种比较好的方式,当您发现值对象的数量小于实体数量的时候可能的确需要对当前的设计成果做一下走查。可以这么说,类似 Eric Evans 这种设计大家的理论绝对都是经过检验的,发现与其理论相悖时大部分情况下都可能是我们自己在设计时出现了问题或对于理论的解读有不当之处。

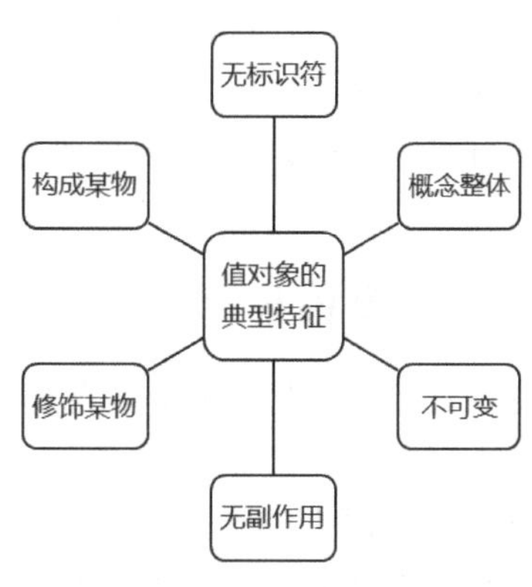

图 7.1 值对象的典型特征

7.2.1 无标识符

确切的说应该是值对象无对外的标识符。就值对象本身而言，大部分情况下它们都是为了修饰某个对象或简单构成了某个对象，我们的确不需要使用标识符来区分它们。但这样的情况并不是绝对的，实现中的业务复杂多样，对值对象进行比较的情况并不罕见。虽说可以通过比较全属性来对它们进行区别，但这一方式比较繁琐，当值对象的属性比较多且有嵌套值对象或值对象列表时，比较过程就会变得非常麻烦，此时引入一个仅供内部使用的标识符更有利于代码的编写。因此也就衍生出另外一种常用的设计模式，即：给值对象一个仅在某一聚合内部使用的标识符，可以是一个简单的 UUID，只要能在聚合范围内起到区分作用即可。值对象标识符的作用有限，不像实体标识符那么复杂，也不具备任何业务含义。不过实际使用时务必要注意其作用范围，不可超出聚合的范围之外，即使有外部引用也应该是临时性的。

为值对象分配内部标识符属于比较特殊的情况，通常是为了方便对值对象进行比较。比如您可以给订单项加上标识符用于彼此间进行对比，适用于修改订单项、删除订单项的场景。而对于上述案例中的值对象类型如 DiscountStrategy、DiscountStrategyGroup 而言，为其分配标识符并没有太多的意义。正规的比较值对象的方式是全属性比较，这一点读者务必要注意一下。

最佳实践

比较值对象的时候，要通过对比属性的方式来实现且每一个属性都应该被比较到。

另外，值对象的标识符与实体的并不一样。前者可能会变化，毕竟作用范围只是聚合之内且大部分情况下都是临时的，它的目的是对值对象产生区分，所以产生变化也很正常。而实体的标识符是全局唯一的，会被另外的聚合使用，所以必须要保证其不可变。

7.2.2 修饰某物

值对象通常情况下不会独自存在，创建它的主要目的是用于度量或描述另一个领域模型。比如订单状态、账户类型、用户实名结果等，分别用于修饰订单和账户两个实体。当然，它也可以去修饰另一个值对象，比如 Money 中的 Currency 描述了货币的种类。我们在建模的时候经常会通过名词来识别领域模型，这种方式能识别出大部分的显性模型。起度量和修饰作用的值对象往往是一种隐式模型，所以并不容易被捕捉到，这一点在建模时要倍加注意。另外，修饰作用属于值对象的特性，在代码结构上仍然表现为对象的属性。

7.2.3 构成某物

值类型经常作为某一事物的子部件，成为构成某一物品的部分而存在。这一特征理解起来也比较简单,比如订单项是构成订单的部件;优惠策略构成了优惠活动;如果您使用过工作流,其包含的工作节点一般来说也会被建模为值对象,多个工作节点构成了工作流对象。真实世界中,四肢和脏腑构成了人;CPU 和主板构成了电脑。这些组成其他对象的对象一般情况下都可以被建模成值对象,您如果想要定位某一个部分对象只能通过整体对象进行导航。换言之,值对象无法像实体一样被全局追踪,只能通过整体来进行定位。

使用 UML 表示构成关系的时候,一般会使用组合图标。这种关系从侧面说明了一个问题,即:值对象是不能被共享的。比如订单项只能属于某一个订单;CPU 在某一时刻只能属于某一台电脑。构成关系虽然看起来简单,不过实践中有些情况是带有迷惑性的。例如公司与部门的关系,大部分人第一反应想到的是部门组成公司,应该将部门设计为值对象类型。想要正确地分析这种关系依赖于您当前所面对的业务特性,不过大部分情况下都应该把部门建模为实体对象。原因很简单:企业内部的活动大多数都是以部门为维度展开的或者说至少需要以部门为基。例如人员管理,每个员工都需要持有一个部门标识符;部门收支管理,每一笔流水都要有关联的部门信息。那么什么时候有可能将部门建设为值对象呢?存在集团与分公司的情况时。如果集团需要了解每一个分公司的基本信息如名称、地址和组织结构时,可以考虑把部门设计为值对象。因为站在集团的角度来看并不需要区分分公司内的各部门,大部分情况下只需要知道有哪些部门就行了,可能名称才是最重要的信息。

7.2.4 概念整体

在使用类实现值对象类型的时候,通常我们会让其包含多个属性。从技术的角度来看,其中的每一个属性都有着自己的类型和值,是完全相互独立的。可是我们不能站在这样的角度来看待值对象,无论其内部包含多少个属性我们都应以整体的观点来看待它。比如前面代码案例中被频繁使用过的值对象类型 Money,它包含了货币值以及货币类型两个信息,这两个信息合并在一起共同描绘了订单的价格信息。把其中任意一个属性拿出来都意味着无法完整的表达价格,比如订单价格 100,那么这个 100 表示的是哪一种货币呢?人民币还是美元?有读者可能会觉得笔者有点太较真儿了,直接使用 BigDecimal 来表示钱也没有问题啊?是的,很多工程师的确会使用这个类型去表示钱而且也没有出错,原因很简单:我们开发的系统大部分都在国内使用,涉及不到多币种问题,所以我们会约定俗成地将货币类型默认为人民币并将这种约定强加到了应用系统中。当需要在界面上显示订单金额时,前端开发人员直接将单位写死成“元”,这个结果并不是由领域模型提供的,而是人为的。一般来说,只要不涉及多币种问题,使用 BigDecimal 表示货币问题也不大。不过读者应该做到心中有数,最好还是建立一个自定义类型去表示货币信息,最起码涉及货币的数学运算时还能将实现逻辑放到货币类型上。

实际上,使用多个元素来共同修饰某一个事物的情况在现实中非常普遍:人的体重是由值和单位构成;平面坐标由 x、y 两个属性构成;空间坐标由 x、y、z 三个属性构成等。不论构成这些对象的属性有几个，我们必须将它们作为一个整体来看待，不可进行拆分。值对象本身虽然具备了很多特性，当我们以概念整体的角度去理解它的时候，会发现“整体性”才是最本质的，它决定了其他的特性。考虑一下为什么对值对象进行比较的时候要求所有属性值都相等才行？因为值对象是个整体的概念，要想整体相等，部分全部相等是前提。

阅读过前面内容的读者会注意到：笔者很喜欢将现实世界中的事物与技术上的内容进行对比并依据前者的基本特征来推导各种原理。其实，这是面向对象分析与设计的一大特色。请读者认真考虑一下：领域中业务对象的本质到底是什么呢？它绝对不是真实事物的严格映射，确切说是一种抽象。真实事物所包含的属性可能要更多，以人为例，基本属性包括：姓名、年龄、身高、体重等，但是这些属性需要完整地映射到领域中吗？假如您面向的领域是电商平台，可能会关注顾客的姓名或年龄，但绝对不会对他们的身高或体重感兴趣。所以我们进行面向对象分析的时候应当学习建立一种抽象观，在分析中以领域为界抓住客观事物的本质，只有这样才能让抽象后的模型可以如实地反映出真实的事物。这也是为什么笔者总是要依据现实来推导抽象，因为后者源于前者。前者所具备的特性也要根据领域的要求反映到技术中，要不然业务的本质很容易在这一转换过程中失真或变质。

插入了一段有关面向对象设计的内容之后，让我们回归正文对值对象的整体特性再多做一些解释。通过讲解，相信书前的读者已经知晓了我们应当将值对象看作是一个整体的概念，它是一种以多维属性来描述某一个事物的方式。作为值对象的最重要特征，它在技术上的表现形式是什么呢？什么样的事物才能被视为一个整体？图 7.2 对此进行了概括。

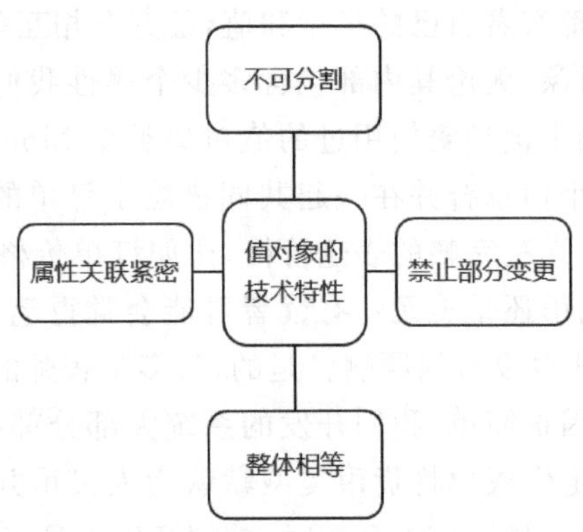

图 7.2　值对象整体特性在技术上的表现

1. 不可分割

我们在设计值对象类型的时候故意将多个信息合并为一个整体。既然初衷是合，那么在后续的任何操作中都不应该出现可能造成信息分裂的情况，否则即为非法操作。

2. 禁止部分变更

值对象是一个整体的概念，要改就必须从整体上进行变更，不能只更改它的某一个属性。您可以把值对象想象成Java中的String类型数据，虽然内部数据结构为字符数组，但不能只对某个字符进行变更。前文中我们曾经展示过值对象类型Contact的代码，其表示联系人信息。当我们以构造函数的方式去实例化对象时：new Contact("甲", "123")，如果参数在构造前经过验证那就意味着实例化后的对象是合法的，也就是说客户甲的正确联系电话就是“123”。试想如果允许修改Contact单个属性时会出现什么情况？比如把联系电话变成“000”，此时的值对象还合法吗？恐怕很难保证。虽然您可以在每次修改属性时进行足够的验证，但会让值对象的使用变得复杂起来，违反了引入值对象的初衷。

3. 整体相等

有关值对象的判等原则，前文中我们曾对此进行过说明，不过并没有展示过代码。让我们以Money值对象类型为例，看看它的判等逻辑是如何实现的：

```
public class Money {
    private final BigDecimal amount; //货币值
    private final Currency currency; //货币单位类型

    @Override
    public boolean equals(Object target) {
        if (this == target) {
            return true;
        }
        if (target == null || this.getClass() != target.getClass()) {
            return false;
        }
        Money that = (Money)target;
        //代码省略...
        return that.amount.equals(that.amount) && this.currency == that.currency;
    }

    @Override
    public int hashCode() {
        return Objects.hash(this.amount, this.currency.toString())
    }
    //代码省略...
}
public enum Currency {
    CNY(1),
    JPY(2),
    USD(3);
```

```
    //代码省略...
}
```

4. 属性关联紧密

使用值对象的时候，您必须要保障其内部的属性在关联性上要足够紧密才行。不能把不相关的属性进行强行合并，比如合并订单的支付信息和价格信息：

```
public class Price {
    private Money 总价;
    private Money 优惠价;
    private PaymentPattern 支付方式;
    private Money 支付金额;
}
```

虽然四个属性都与金额有关联，但此时的 Price 作为一个整体性的概念却无法反映出通用语言，甚至于它所表达的内容都是模糊的，这样的设计应该尽量避免。值对象除了能够以多维度的信息去描述一个对象之外也要能体现出属性间的强内聚性，也就是说只有关联性很强的信息才能被合并在一起。这一过程应该是很自然的，能够在通用语言的层面体现出来才行，最忌为了合而合的行为，那样的代码充满了坏味道(Code Smell)。考虑一下平面坐标对象，想要描述这一客观的事物需要两个属性：x 和 y，试想如果再强加一个属性合适吗？技术实现上倒是无所谓，问题是如果这么做的话技术就已经无法如实地反映业务了。

了解过值对象的整体特性在技术上的表现之后，我们再补充一些其他的细节。读者莫要责怪笔者太过啰嗦，您只有把握住值对象的整体特性才能领悟值对象的精髓。

第一个要说明的问题是值对象的命名。涉及命名，其实包含了两部分内容：值对象类型的命名和实例化后的对象的命名。类型命名相对简单一点，只要能够表达出领域概念即可。对象的命名要在编写代码时多注意一下，有的时候类型名与对象名称并不一定完全一样。以 Address 为例，实例化后对象名称为 address，能够表达的含义还是比较明确的；而对于 Money 类型，如果实例化的对象名也叫 money 在某些情况下就不太合适了，您应该参考通用语言对其命名。例如账本实体包含了余额属性，命名时可采用下列示例所使用的方式：

```
public class AccountBook {
    private Long id;
    private Money balance;
}
```

我们使用 balance 表示余额对象而非 money 或其他，通过名称我们即可知道它所表示的业务含义是什么。此外，余额[1]的概念通常会包括两个信息：余额的值和货币类

1 如果读者对通用语言不理解，此处的余额就是一个典型的案例。

型,所以此处使用 Money 进行修饰是合理的。读者在实践过程中务必要注意对象类型与实例名称上的区别,代码是给人看的,随意的命名会让代码变得难以维护。

7.2.5 不可变

值对象的实例化可通过构造函数来完成,这样的构造方式最为简单、最为直观。一般来说,值对象的属性不会太多,4～6 个几乎已经到达了上限,所以不需要引入专门的工厂服务。不过,您需要在构造函数中对各属性的合法性进行判定,只有这样才能保证构建出的对象是有效的。这一作法其实也可以简化值对象的使用,因为其属性一经赋值就不会发生变化,这就意味着使用时您不需要做任何合法性的判断,这一方式能够大大提升代码的可读性。当然,您也可以在调用值对象的构造函数之前对其参数进行验证,效果是一样的。

值对象被创建后便不能进行改变,也就是无法对其属性进行修改,所以大部分的值对象都不会有公共的 setter 方法。当然,您可以通过反射机制强行对属性值进行修改,但反射是技术范畴的内容,而值对象的不可变特性是业务上的要求,二者并不冲突。值对象的不可变特性让类不变性条件的保障变得简单,只要保证对象构造时信息是正确的即可,不用担心后续的操作会让对象变得不合法。

另外,谈到不可变对象有没有让您想到 Java 中的一个特别重要的类型 String? 一些看似会修改其值的方法如 replace()、toLowerCase()、split()等事实上并没有对原对象的值进行修改,下列代码展示了字符串类 subString()方法的代码片段:

```
public String substring(int beginIndex, int endIndex) {
    //代码省略...
    int subLen = endIndex - beginIndex;
    return ((beginIndex == 0) && (endIndex == value.length)) ? this : new String(value,
beginIndex, subLen);
}
```

上述代码中,value 是字符串类内部的一个字符数组。可以看到,substring()方法实现的时候,其返回值是一个新的字符串对象,而不是对 value 修改后的结果。

为什么笔者要把字符串类的 substring()方法源码展示出来呢? 是因为在设计值对象上的方法时您可以采用和字符串操作同样的思路。比如前面案例中的 Money 值对象类型,两个 Money 类型的值对象是可以相加或相减的,让我们一起看一下相加操作的代码是如何实现的:

```
public Money add(final Money target) {
    //代码省略...
    BigDecimal total = this.amount.add(target.amount);
    return new Money(total, this.unit);
}
```

add()方法实现了 Money 类型值对象的相加操作。该方法的返回值构建了一个新的 Money 类型的对象,其中 amount 字段的值为两个 Money 对象中的 amount 属性值的和。可以看到,无论是加数还是被加数,它们的值都不会在调用 add()方法后出现任何变化。

除了加、减、乘、除等操作外,Money 类上其他可能修改值的操作如设置精度、转换货币类型等都可以使用这样的思路去实现。写到此处可能有读者会问:系统中总会有修改值对象部分值的情况,这时要怎么处理呢?其实也很简单,您只需要把原值对象整体替换掉即可。7.1.1 中我们曾展示过描述订单价格的值对象类型 Price 相关的代码,其内部包含了两个属性:总价 total 和优惠价格 discount。在业务的执行过程中会出现只修改某一个价格属性的情况,比如订单优惠价出现变更的时候。订单实体包含了对订单优惠价进行修改的方法,代码如下所示:

```
public Order {
    private Price price;
    public void changeDiscount(Money discount) {
        //代码省略...
        this.price = new Price(this.price.getTotal(), discount);
    }
}
```

changeDiscount()实现了修改优惠价格的逻辑。不知道您是否注意订单属性 price 的变更方式:我们声明了一个新的 Price 类型的对象将原对象进行了整体的替换。由于我们只想修改优惠价格而非总价,所以在编写代码“new Price(...)”时使用了原价格对象的总价信息。有读者可能会认为这样做简直多此一举,直接在 Price 对象中增加 setter 方法并通过它来修改属性不是很简单吗?和现在这种整体替换的操作结果是一样的。这种想法在技术上的确是可行的,但很不利于代码的扩展、维护及后面的正常使用。假如业务规则要求两个价格信息必须遵从这样的限制:优惠价格必须要比总价低,在此条件下让我们分别看看使用整体替换与使用 setter 修改的区别,您亲自看看哪种方法简单:

```
//通过构造函数初始化价格对象,属性有变动时只能通过整体替换的形式来完成修改
public class Price {
    private Money total;
    private Money discount;

    public Price(Money total, Money discount) {
        //代码省略...
        if (total.compareTo(discount) <0) {
            throw new IllegalArgumentException();
        }
        this.total = total;
        this.discount = discount;
```

```
        }
    }

    //允许通过 setter 修改属性
    public class Price {
        private Money total;
        private Money discount;

        public Price(Money total, Money discount) {
            //代码省略...
        }

        public void setTotal(Money total) {
            if (total.compareTo(this.discount) <0) {
                throw new IllegalArgumentException();
            }
            this.total = total;
        }

        public void setDiscount(Money discount) {
            if (total.compareTo(this.discount) <0) {
                throw new IllegalArgumentException();
            }
            this.discount = discount;
        }
    }
```

这两种方法孰好孰差一目了然，使用 setter 时用于判断的业务规则代码写了两次。您当然可以将其封装成一个方法，但如果属性不是两个而是多个呢？如果属性间的关联关系更复杂呢？此外，您还需要在修改属性前做各种合法性验证，试想一下如果将 discount 设置为 null 会出现什么情况？值对象的使用变得如此烦琐，它还是值对象吗？

因为值对象都是不可变对象，所以即使出现值对象引用值对象的情况也不会产生任何问题。但如果出现了值对象引用实体的情况时要怎么处理呢？值对象虽然不可变，但如果将实体作为其属性就会让事情变得不可控。解决这一问题的方式很简单，回忆一下前面我们在讲解实体对象时说过它们都有一个永远不会发生变化的属性：标识符。没错，如果真的出现值对象引用实体对象的时候请使用实体的标识符作为值对象的属性而不是将实体对象本身放到值对象里面。实际上，值对象引用实体的情况非常普遍。考虑一下在订单实体中加入客户信息的场景，你可能会按如下的方式去设计客户信息值对象类型：

```
public class Customer {
    private String accountId;
```

```
    private String name;
    //码省略...
}
```

Customer 中的 accountId 是账户实体的标识符，来自于另外一个服务，而我们在值对象类型中对其进行了引用。不过确切地说，应该是 accountId 构成了 Customer 而不是 Customer 引用了 accountId。虽然技术上的实现方式都一样但业务含义并不相同。

7.2.6 无副作用

无副作用一般是指对象中的方法在执行过程中不会修改对象自身的状态，这种函数一般也称作无副作用函数。如果您经常使用 Java 中的 Stream，会发现它提供的方法大部分都是无副作用的，比如 filter()、toMap()等。当然，也有一些可能会引发对象内部值变化的方法如 forEach()，但按照使用 Stream()的惯例不应该在此操作中修改元素的值，所以并非 forEach()方法本身有问题而是工程师的使用不当。使用无副作用函数的优势有很多，例如它不会让对象变得不合法；开发者不用担心、也不用处理各类并发问题；不会由于意外的修改引入难以查找的 bug 等。

之所以提到无副作用函数是因为在设计值对象的时候要确保所有的方法都是无副作用的。尽管它内部可能存在改变值对象属性的方法但不应该让外部去使用，这类函数一般会用在对象初始化过程中，过了这一阶段也就失去了价值。前文中我们曾提到过一个设计原则，即：应尽量使用值对象。最主要的原因是它可以简化代码的开发工作。设计实体时要特别关注类的不变性条件不会因为各类操作被破坏掉，所以您需要考虑“某动作执行后对当前对象的影响有哪些”，“调用某个方法后是否会让对象处于不合法的状态”等问题。使用值对象时则没必要产生这样的困扰，所有的方法都是无副作用的，无论调用多少次都不会产生问题。

7.3 值对象的构造

在讲解实体的时候，笔者特意谈到了构造函数。相关的规则放到值对象上仍然适用，尤其是要准备一个用于为所有的属性进行初始化的构造函数，对于值对象而言可以说是必需的。实体与值对象的初始化方式并不相同，实体对象结构复杂，其初始化过程必然不会简单，所以我们可能会特别建立一个工厂服务来专门用于实体的构造；值对象结构简单，一般来说直接使用构造函数即可解决战斗。毕竟值对象的属性都比较少，再使用专门的工厂的话就显得有点大材小用了。另外一点，您在使用值对象构造函数时务必要注意对每一个属性的合法性进行判断以及属性组合的判断，虽然大多数情况下我们可能在调用值对象的构造函数之前已经进行了足够的检查，但出于安全性的考虑在构造函数中进行一些简单的属性验证也是有必要的。另外一种情况是值对象可能会包含另一个值对象，此时您可以让每一个对象都只负责自己的创建和合法性检查，也可以将这一责任交给整体对象去负责。下列代码展示了订单收件人 Receiver 对象的构造过程：

```
public class Order {
    private String id;
    private Receiver receiver;
    //其他属性省略...
}

public class Receiver {
    private Contact contact;
    private Address address;

    public Receiver(Contact contact, Address address) {
        if (contact == null) {
            throw new IllegalArgumentException("contact");
        }
        if (address == null) {
            throw new IllegalArgumentException("address");
        }
    }
}

public class Contact {
    private String name;
    private String phone;

    public Contact(String name, String phone) {
        if (StringUtils.nullOrEmpty(name)) {
            throw new IllegalArgumentException("name");
        }
        if (StringUtils.nullOrEmpty(phone)) {
            throw new IllegalArgumentException("phone");
        }
    }
}

public class Address {
    //代码省略...
}
```

上述代码案例中，值对象都是各自为战的，自己负责自己的验证和创建。当我们想构建 Receiver 对象的时候需要将其包含的两个值对象属性 contact 和 address 首先在外部构造好并传入到 Receiver 对象的构造函数中。而在构造 Order 实例的时候,最好将构建工作交由一个单独的工厂服务来负责,在工厂内部将 Order 使用到的所有值对象构造出来,这样在实例化 Receiver 的时候就不需要使用太复杂的判断了。

另外一种比较好的构建值对象的方式是由整体值对象负责创建它所包含的其他值对象。为什么说这一方式更好呢?您还记得上一章我们在谈论类的组合关系时提到过应该由整体对象创建部分对象这一原则吗?放到值对象身上最合适不过,因为值对象之间一般都是组合关系,所以使用这一原则比较自然。以前面的案例为例,收件人 Receiver 是由联系方式 Contact 和地址 Address 组成的;而 Address 又是由小区、街道等信息组成的,所以可以让 Receiver 对象负责它所包含的其他值对象的初始化。修改后的代码如下所示:

```
public class Receiver {
    private Contact contact;
    private Address address;

    public Receiver(ReceiverVO receiverInfo) {
        this.validate(receiverInfo);
        this.contact = new Contact(receiver.getName(), receiver.getPhone());
        this.address = new Address(receiver.getStreet(), ...);
    }

    private boolean validate(ReceiverVO receiver) {
        if (receiver == null) {
            throw new IllegalArgumentException("receiver");
        }
        if (StringUtils.nullOrEmpty(receiver.getName())) {
            throw new IllegalArgumentException("name");
        }
        if (StringUtils.nullOrEmpty(receiver.getStreet())) {
            throw new IllegalArgumentException("street");
        }
    }
}

public class ReceiverVO {
    private String name;
    private String phone;
    private String street;
    //代码省略...
}
```

上述代码中,Receiver 构造函数接收一个 ReceiverVO 类型的参数,里面为数据库或服务外部传进来的收件人基本信息。构造过程分为两步:第一步对 ReceiverVO 所包含的信息进行验证;第二步根据输入参数进行 contact 和 address 两个属性的初始化。笔者个人比较喜欢这种验证方式,因为我不想在每一个值对象的内部都加入太多的用于判断的代码,对于非同享的值对象类型来说,统一构建和验证是一个很不错的方式。

值对象的构造函数参数类型可以是 VO、基本类型,部分情况下也有可能是另外一个值对象类型。不过笔者也曾经见过有些工程师会将实体对象作为参数传入到值对象的构造函数中,他的意图很简单:由于构造值对象时需要使用到某个实体的属性,那就索性将整个实体对象传入到值对象的方法中,免得传太多的参数让代码看起来臃肿。客观来讲,这个出发点是正确的,但它不应该将实体当作 DTO 来用,两类对象的责任并不相同。另外,让值对象方法依赖实体就意味着值对象需要了解实体的内部结构或至少需要知道它内部属性信息的含义,这样就增加了对象间的关联复杂度,毕竟低耦合才是我们的目标。所以比较好的方式应该是:您应当只将值对象需要用到的信息传给它而非整个实体,没必要为了图开发上的省事而增加了对象的耦合。

第五章讲解项目结构的时候笔者曾给出一个设计建议,即提供一个可被所有项目共享的模块,里面包含了各种 VO、常量等。其中有一方面的内容我们没有提及,就是本章的主角:值对象类型。前文代码中我们频繁地引用了 Money 类型,它的作用范围很广,甚至可以被多个服务所使用。当遇到这类标准化程度较高的值对象类型的时候您可以考虑将它们放到一个更为通用的模块中,这样就不需要重复定义了。另外还有一些值对象类型,它们也会被共享但共享程度并不像 Money 那么高,比如账本流水的类型(充值或消费)被使用的范围仅局限账务子域;订单状态仅限于订购子域。这样的类型放到共享模块中是个比较好的方案,而且笔者个人通常也会这样做。

可以看到,同样是被共享,但共享的范围也不一样。对此情况,笔者建议将这些可被共享的值对象类型按共享程度提取到 DDD 开发基本框架中以及每个项目的共享模块中,也就是按共享的级别使用不同的共享方式。不过,这种方法只有在开发过程标准化程度非常高的团队中才适用。真实项目中有时为了换取进度,一些可被多个子域共享的值对象类型如“用户类型”很可能只是被工程师定义在了账户管理服务中,当需要在订单管理服务中使用时只能把代码复制一份出来到目标项目或模块。这一方式虽然看起来不太正规,但绝对是普遍度最高的。

我们可以将值对象的类型分为标准类型和非标准类型两类。所谓“非标准”是指它的取值范围没有限制,比如我们使用过的 Price 类型,它的属性取值可以是任意大于等于 0 的浮点数。对于这种类型,一般的实现方式是将它们设计为类(Class);标准类型是指它的取值范围比较固定,比如订单的状态仅限于:待支付、已支付、已取消、已完成;账户类型仅限于:个人账户、企业账户,对于这一类类型我们可以将其实现为枚举。笔者个人非常推荐通过枚举来实现值对象类型,它不仅能够限制住值对象的取值范围,也支持在枚举中自由地增加业务方法。此外,枚举类型的可共享程度一般都会比较高,可以将它们的定义放到项目的公共模块中。

7.4 值对象的存取

“存取”这一词用的并不是很贴切，准确来说并不存在单独用于对值对象进行持久化的组件。通过前面的章节相信您已经了解了值对象的使用场景，其主要用于对另外的对象进行修饰或构成了另外的对象。DDD 中，持久化领域模型的基本单位是聚合，所以值对象的存储一般是伴随着聚合的持久化来完成的。这一节主要讲解持久化值对象的形式，图 7.3 对其进行了总结。实际执行持久化工作的组件为资源库，后面章节中我们会对其进行详解。

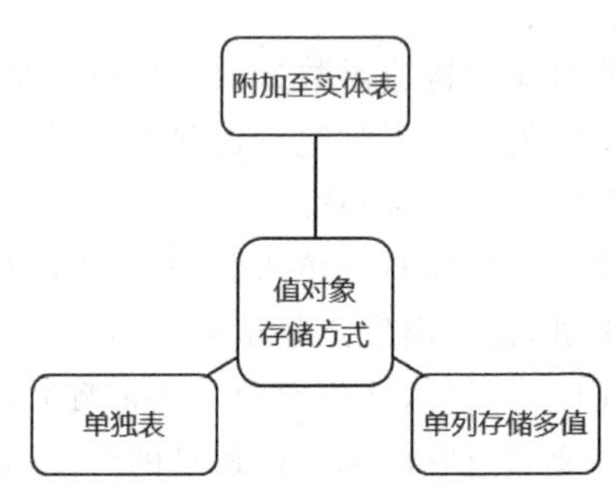

图 7.3 存储值对象的三种方式

7.4.1 附加到实体表

将值对象的属性值附加到实体对象表中是最常见的一种对值对象进行持久化的形式，实现方式也最为直观。以我们使用过的订单实体为例，其包含了状态值对象，存储的时候只需要将状态的值作为订单表的一个字段即可，如图 7.4 所示。

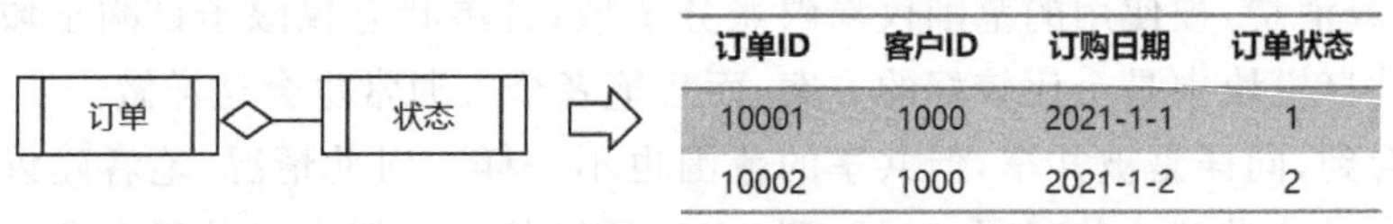

订单ID	客户ID	订购日期	订单状态
10001	1000	2021-1-1	1
10002	1000	2021-1-2	2

图 7.4 将订单状态值对象作为订单表的字段

上例子中订单状态只有一个属性，如果值对象包含多个字段的时候要怎么去处理呢？想要对这个问题做出精确的回答还是有一定的难度的，因为要看目标值对象到底包含了多少个属性以及值对象的复杂度如何。还是以订单为例，它的价格信息由总价与优惠价组成，每一个价格又包含了两个属性（金额值及货币单位），所以在存储的时候就需要 4 个字段。假如我们忽略货币类型的话，则需要两个字段，那么将它们和订单信息放在同一张表中也完全不是问题。订单的收件人信息包含了五个属性，将它们放到另外一张单独的表中就比较合适了。毕竟在软件设计当中对于数据库表字段的数量还是有着严格要求的，保持 20 个左右或更少是一种非常好的选择。虽然说大部分关系型数据库对于单表字段数量的限制都允许超过 1000 个，但这只是一种理论值，没有哪个企业和团队会容忍一个表超过 100 个字段。类似于 MySQL 这种数据库除了对字段的数量进行了限制之外，字段长度总和（除了 Text、BLOB 之外各字段长度之和）也是有上限的，InnoDB 数据库引擎大概是 8K 左右，并不是随心所欲设计的。况且，字段太多对于性能的影响也是致命的，早期可能体现不出来，随着系统运行时间的增长这一副作用便会慢慢出现并变得越来越明显，而且非常难以处理。回归到值对象的话题，存储收件人信息这种包含比较多属性的值对象的时候，使用单独表的方式更为合适，为订单信息的持久化留下了更多扩展的空间。试想一下，如果将它们和订单涉及的字段都放到同一张表中会出现什么结果，可能一下子就占用了20个字段。后面需要为订单实体增加新属性的时候，订单表也需要进行相应修改，最终就会造成列越来越多，性能问题就会变得越来越突出。

7.4.2 单列存储多值

单列存储多值的模式是指将值对象的属性全部映射到数据库表(一般为实体表)的某一个列上。字段类型一般会选择 varchar，存储时的格式常采用 JSON 格式，这种方式占用空间较小且对人来说也比较友好。MySQL 5.7 开始支持 JSON 类型的数据，能够支持对 JSON 中的字段进行检索。

将值对象的全部属性都存储到同一个列中会大大提升开发的效率，比如订单实体中的收件人信息，如果每一个属性都独占一个列则总共需要5个列，对于表的扩展影响较大。而且，收件人信息的属性数量并非长久不变的，随着需求的变更可能会变成6个或更多，难道每一次都去修改数据表的结构吗？如果您的数据存在被其他系统如业务报表、数据仓库等共享的情况，对数据库表字段的每一次变更都需要进行通盘的考虑而不是只局限于当前生产数据的系统当中。而使用单列进行存储的时候，只需要在持久化时将待存储的值对象通过 JSON 工具序列化成一个字符串即可，操作非常简便。以收件人 Receiver 信息为例，基于 JSON 格式存储的数据结构如下：

```
{
    "contact": {
        "name": "Mark",
        "phone": "234456 - xxx"
    },
    "address": {
        "district": "haidian",
        "street": "zhong guanchun east",
        "houseNumber": "201"
    }
}
```

虽然数据库中的数据使用方不是人而是程序，但直观的数据对于系统的运营、运维工作帮助很大，并且还能够帮助研发人员快速定位问题，这就是为什么我们要优先使用 JSON 格式而非二进制。后者虽然节省了空间，但对于人来说不太友好。

事物总有两面性，虽然使用单列存储值对象在技术上的实现非常容易，但对于查询的支撑并不是很友好，尤其是当需要对值对象的某个字段进行过滤时。并不是所有的关系型数据库都可以像 MySQL 5.7 及后续版本那样支持 JSON 查询的能力。只有当您可以确认值对象不会用作查询条件且数据长度适中时，使用单列存储才会是一个不错的选择。

就单列进行值对象的存储，笔者曾见过一个用于演示的案例，其使用 BLOB(Binary Large Object)作为数据表字段的类型。这种类型存储的数据格式是二进制，一般用于在数据库中存储图片、音频等(脚注：对于企业级应用而言，不应该将多媒体数据存储到数据库中)，并不适用于文本，所以不建议读者使用这样的类型。

单列存储多值的情况比较适用于事件的存储，而且此种方式还不会带来性能及扩展性的影响，具体原因有：

(1) 事件本不需要被查询，这种操作在业务上没有意义。

(2) 事件不会变更、删除，因此不会产生锁争抢的情况。

7.4.3 单独表

使用单独的表存储值对象也是一种比较常见的情况，尤其是当实体与值对象存在一对多关系的时候。虽然这种情况下您也可以使用单列存储，但几乎很少有团队会这样干。最起码您无法评估所谓的“一对多”到底能对应多少，试想一个订单包含 1 000 个订单项时会出现什么情况？难道将它们都存储到同一个列中吗？恐怕性能会变得很糟糕。

将订单与订单项的数据分开存储是使用单表存储值对象的经典案例，图 7.5 展示了订单及订单项表的数据结构。

订单表

订单ID	客户ID	订购日期	订单状态
10001	1000	2021-1-1	1
10002	1000	2021-1-2	2

订单项表

ID	数量	订单ID	商品ID	价格
80001	2	10001	P001	100.00
80002	1	10001	P002	32.10
80003	4	10001	P003	88.00
80004	1	10002	P004	3.00

图 7.5 订单及订单项表的数据结构，持久化时将订单项的信息放至单独的表中

读者应该看到了订单项表中存在一个 ID 列，是该表的主键。这是数据库设计上的约束，并不是订单项的标识符。那么问题来了：既然订单项表的 ID 不是标识符，要怎么生成呢？其实和实体的标识符类似，可以是数据库自增长 ID、UUID，也可以使用分布式标识符服务来生成。如果您的确需要为值对象增加一个用于区分彼此的标识符，最好使用预生成的方式；否则，可以在存储值对象的时候进行生成或索性交由数据库自行处理。无论哪种方式，都要注意标识符的作用范围，尽量在聚合的边界之内。

将实体对象与值对象分开存储有时会遇到一些比较有意思的问题，让我们一起看一下这样的需求：订单未支付之前客户可以对其配置进行修改，业务场景包括三种：①删除已有订单项；②变更产品的购买数量；③增加新的订单项。在深入讨论这个案例之前我们需要对订单项的使用做一些限制，即：同一个订单当中，不允许将相同的商品放在不同的订单项里。比如客户买了 2 本相同的书籍，应该将它们放到同一个订单项中且数量是2,不应该产生两个订单项。

此案例中,我们将订单项与订单信息分开存储,相信您对此不会有疑义,数据表结构可参考图7.5。让我们先看一下增加订单项的代码是如何实现的:

```
public class Order {
    private List<OrderItem> items;

    public void addItem(String productId, int quantity, Money unitPirce) {
        Money cost = unitPirce.mult(quantity);
        OrderItem item = new OrderItem(productId, quantity, cost);
        this.items.add(item);
        //代码省略...
    }
}
```

代码很简单,方法addItem()接收的参数是商品标识符、订购数量和价格,其内部生成了订单项OrderItem实例并被加入到订单项列表items中。读者可参考图7.5对订单项表的数据形式进行一下脑补,我们不在此多浪费时间。现在让我们重点看一下删除订单项的业务是如何实现的,这是我们要解决的第一个需求:

```
public class Order {
    private List<OrderItem> items;

    public void removeItem(String productId) {
        items.removeIf(e ->Objects.equals(e.getProductId(), productId));
        //代码省略...
    }
}
```

订单实体中,我们根据商品ID把订单项中的数据进行了删除处理。由于订单项属于订单的一部分,所以它所产生的任何变化都会反映到订单上。这就意味着对订单项进行删除操作之后,我们需要对其对应的订单实体进行更新。DDD中一般会使用资源库组件来完成这一功能,让我们看一下它的代码片段:

```
@Repository
public class OrderRepositoryImpl extends OrderRepository {
    public void update(Order order) {
        //对订单与订单项信息进行全面更新,代码省略...
    }
}
```

我们将整个订单对象作为参数传递到资源库中后,方法update()会对订单与订单项的全部字段进行更新。那么问题来了:在订单类中我们可以根据商品ID轻易地找到待删除的订单项,那要怎么在数据库中找到对应的订单项数据呢?通过技术的手段可以轻易解决这个问题，比如您可以把当前订单关联的订单项查询出来并通过对比商品ID的方式找到需要被删除的数据。完成对比后，您可以使用更新或删除命令对待删除的订单项增加删除标记或直接做物理删除。

如果是面向过程的开发模式且删除订单项的操作可成为一个独立的业务用例，那问题反而变得简单了。我们只需要根据客户传入到服务中的商品ID或订单项ID即可轻松完成删除的操作。很可惜，我们选择了面向对象编程，且现实中一般很少将删除订单项的操作视为一个单独的业务用例，比较可能被采用的方式是将待删除、待变更和新增加的订单项信息一股脑全部传入到服务中，在同一个事务内完成全部操作。这样集成操作订单项的方式不仅用户体验更好，也能有效减少网络传输数据的负担及频繁调用后台服务所产生的压力。我们暂时先将如何实现删除业务这一问题挂起来，首先看看如何处理这类更为复杂的情况，如果其能够得到很好的解决的话那订单项删除的业务也就不再是问题了，毕竟它只是这种复杂情况的一个子集。

第一，我们先确认一下集成操作订单项业务用例的细节。很明显，将其作为一个独立的用例是可行的。只需要在订单应用服务中添加一个对应的接口即可，与其他业务用例相比本用例并没有特别之处。领域模型方面，由于使用的是充血模型，所以需要由订单实体提供对应的方法以实现对此用例的支撑。对于资源库的实现，您可以针对当前用例建立一个专门的接口，也可以直接使用用于更新订单实体的接口。

第二，需要确认的问题是客户传递给后端服务的参数格式。既然各类操作都混在一起，那我们索性就将订单关联的所有订单项信息查询出来并全部吐给前端(不包括订单项ID)并要求客户对订单项进行操作时要在此数据的基础上进行。订单项基本数据结构如下所示：

```
[
    {"productId":"P001", "quantity":2, "cost":100.00},
    {"productId":"P002", "quantity":1, "cost":32.10},
    {"productId":"P003", "quantity":4, "cost":88.00}
]
```

我们对前端的要求很简单：删除的订单项不要传给后端，只传变更和新增加的。假如我们想删除商品ID为p001的订单项、p002的订购数量由1变成11、p003订单项保持不变、新增加p004的产品5个，那么传给后端服务的参数将变为如下所示的格式(为方便说明问题，我们只展示订单项的结构，其他参数如订单ID等在此省略)：

```
[
    {"productId":"P002", "quantity":11, "unitPirce":32.10},
    {"productId":"P003", "quantity":4, "unitPirce":88.00},
    {"productId":"P004", "quantity":5, "unitPirce":20.00},
]
```

虽然问题变得复杂了，但这才是比较接近于真实情况案例。让我们考虑一下修改订单项业务用例的代码应如何实现：首先根据订单ID把订单实体及其中的订单项信息全部加载出来;遍历新订单项信息,以商品ID为依据与已存在的订单项信息进行对比:不存在的视为被删除,否则变更订单项数量为参数中所传的值,最后将新增加的订单项信息加入到订单实体中,代码如下所示:

```
public class Order {
    private List < OrderItem > items;
    public void modifyItems(List < OrderItemVO > newItems) {
        for (OrderItem orderItem : this.items) {
            OrderItemVO newItem = newItems.stream()
                .filter(e ->Objects.equals(e.getProductId(), orderltem.getProductId()))
                .findFirst()
                .orElse(null);
            if (newItem != null) {
                Money cost = newItem.getUnitPrice() * newItem.getQuantity();
                orderItem = new OrderItem(newItem.getProductId(), newItem.getQuantity
(), cost);
            } else {
                //标记 orderItem 为被删除状态
            }
        }
        //循环新订单项参数 newItems,如果商品 ID 未出现在 this.items 中则表示为新增加的
订单项,代码省略...
    }
}
```

我们在订单实体中增加了新的方法 modifyItems()用于完成对修改订单项用例的支撑。现在的业务情况变得复杂了,那么资源库的接口会有变化吗?虽然您可以选择定制化一个新的接口,但笔者觉得使用现存的 update()接口也可解决问题,没必要再增加一个新的接口了。如果订单涉及的表很多,比如笔者当前工作的系统,一次订单数据的插入需要关联十几张表,那么做到精细化的更新是有必要的,能够减少事务的规模以及提升系统的吞吐率。不论您使用哪种方案,待解决的问题主要还是集中在如何对订单项的数据表进行处理,因为这一业务场景同时涉及了删除、更新和插入三类操作。其实,这类问题也是引入值对象后要经常面对的,毕竟您不能再像传统编程方式一样直接操作实体中的值对象,况且它连标识符也没有或者只有能在内部使用的标识符。如果前面的案例再简化一点,比如只允许对订单项做编辑,问题也会变得简单很多,您可以依据订单项的内部标识符或商品ID对数据表进行更新。不过既然有了问题那就去解决,我们也不能、也无法选择逃避。

上述案例中,我们同时对订单项进行了多种操作,所以现在的问题就在于如何快速且有效地在资源库中实现订单及订单项的更新。可选择的方案有两种,如图7.6所示。

持久化方式一相对要复杂一点,您需要把数据库中存在的数据拿出来与最新的订单项进行比较,基本流程和订单实体中的方法 modifyItems()类似,我们不再对代码进

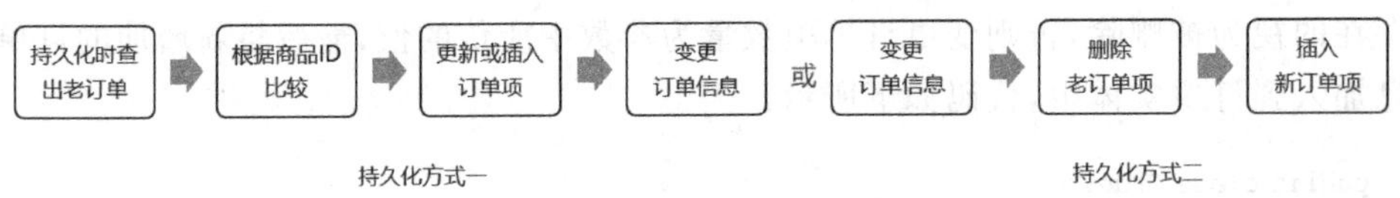

图 7.6 对订单项进行更新的两种方式

行展示。方式二相对来说比较粗暴，但却是处理值对象比较快捷的一种方式，代码示例如下：

```
@Repository
public class OrderRepositoryImpl extends OrderRepository {
    public void insert(Order order) {
        OrderDataEntity orderDataEntity = this.of(order);
        this.orderDAO.update(orderDataEntity);

        List<OrderItemDataEntity> orderItemDataEntities = this.of(orderDataEntity, order);
        this.orderItemDAO.deleteByOrderId(order.getId());
        this.orderItemDAO.insert(orderItemDataEntities);
    }
}
```

有读者可能会担心删除订单项成功但插入出现失败的情况，这一层顾虑大可不必，因为我们在讲解实体存储的时候特意对此进行了说明，必须通过事务来保障不会出现实体中部分数据存储成功的情况。回顾前面的代码，您会发现其实订单实体中的方法modifyItems()也可以使用这种方式进行处理。根本不用进行比较，只需要把现有的订单项删除，并以参数为准重新构造新的订单项即可：

```
public class Order {
    private List<OrderItem> items;

    public void modifyItems(List<OrderItemVO> newItems) {
        this.items.clear();
        for (OrderItemVO newItem : newItems) {
            Money cost = newItem.getUnitPrice().mult(newItem.getQuantity());
            OrderItem orderItem = new OrderItem(newItem.getProductId(), newItem.getQuantity(), cost);
            this.items.add(orderItem);
        }
    }
}
```

当实体与值对象存在一对多关联关系的时候，将值对象数据存储到单独的一个表中是一种比较常用的持久化方式。尽管如此,并不意味着在处理一对一的关系时不可以使用单表。这一方式虽然麻烦了一点,但扩展性比较好,后续的可操作空间也比较大。判断值对象是否应该与其关联的实体存放到一张表中有时会比较依赖于设计者的经验,虽然很多读者最不喜"经验"这个词,期望能有更为规范的东西供参考。奈何现实就是这样的"无情",设计性的工作的确比较依赖于人的见识。不过,笔者仍然提供了一些个人在这方面的经验供您参考。

1. 查询频率

对于大部分应用而言,查询数据的使用频率要远远大于写入数据的使用率。一般来说,应用中的查询操作都是围绕着关键领域对象展开的,比如订单、账户等。这些关键的业务对象一般会被建模为实体,在实体的查询过程中会将其关联的值对象信息一并带出来,不过应该带哪些则完全是由业务来确定的。以订单为例,无论查询的是订单列表还是订单详情,其状态信息、客户信息、价格信息等几乎都是必需的,也就是说在查询的业务场景中它们的使用频率非常高,这种情况下将它们与订单数据放在同一张表中要更好,最起码能减少跨数据表操作。而对于收件人信息,大部分情况下是在查询订单详情的场景中才会使用到,将其放在另外一张表中会比较合适,您可以按需去取用。

值得注意的是:尽管笔者强调可依据查询频率来确定值对象的存储方式,但仅仅作为一种参考。当值对象数据体量很大时,最好的方式还是使用单列或单表进行存储。

2. 值对象所占字段数量

有关值对象信息所占用的字段数量前文中已经进行过说明,此处不再进行赘述。总的原则是如果字段数量不多于3个时与实体放在一起是比较合适的。不过有一点您需要注意,即:值对象占用字段的多少与值对象的属性数量并不是完全相等的,或者说大部分情况下都是不相等的。期望这一言论没有让您感到惊讶,因为领域与技术本来就是不对等的。以枚举类型的值对象为例,订单实体中的订单状态、下单渠道、支付渠道、配送方式、发票类型等等都是以枚举的形式进行定义的。前面我们曾经展示过表示订单状态的值对象类型 OrderStatus 的定义方式:

```
public enum OrderStatus {
    UN_KNOWN(0),
    PAYMENT_PENDING(1),
    PAID(2),
    //其他状态值及方法省略...
}
```

上述代码仅仅是案例所需,真实系统中我们一般会这样去设计:

```
public enum OrderStatus {
    UN_KNOWN(0, "未知", false),
    PAYMENT_PENDING(1, "未支付", true),
    PAID(2, "已支付", false),
```

```
    CANCELED(3, "取消", false);
    //其他状态值及方法省略...
}
```

除了表示枚举值的 status 属性之外还加入了另外两个信息：description 和 cancelable，分别表示每一个状态值的描述信息以及订单在这个状态下是否可以被取消。虽然订单状态值对象包含了三个属性，但持久化后我们却只会把 status 存到了数据库中，您可参看图 7.4。有些读者可能不太理解加入这两个字段有什么意义，是不是多余的呢？让笔者给您做一下简单的说明。

首先，解释一下 cancelable 的作用。相信您应该支持这一说法，即：值对象可以承担业务责任。很多时候将具体业务的实现放到它身上要比放在实体上面更合适，比如取消订单操作：我们先要对订单的状态进行判断，只有判断通过后才能执行具体的取消流程。在这一场景中，您可以将状态判断的操作放到订单状态值对象上，这样设计出的代码会很优雅：

```
public class Order {
    private OrderStatus status;
    //其他属性省略...

    public void cancel(){
        if (! this.status.cancelable()) {
            throw new CancelationException();
        }
        this.status = OrderStatus.CANCELED;
    }
}

public enum OrderStatus {
    private boolean cancelable;
    //代码省略...
    public boolean cancelable(){
        return this.cancelable;
    }
}
```

甚至，您还可以做得更极致一点，让 OrderStatus 承担具体的业务实现：

```
public class Order {
    private OrderStatus status;
    //代码省略...

    public void cancel() throws CancelationException {
        this.status.cancel();
```

```
    }
}
public enum OrderStatus {
    //代码省略...
    private boolean cancelable;

    public void cancel() throws CancelationException {
        if (! this.cancelable) {
            throw new CancelationException();
        }
        this.status = OrderStatus.CANCELED;
    }
}
```

属性 description 用于为客户端提供订单状态说明。以笔者个人的经验来看:将这类可枚举值所代表的含义在后端加工好并吐给使用者更好,后者如果是前端服务,只需要负责显示即可,枚举值应该如何翻译以及具体的含义是什么并不需要它操心。仍然以订单状态为例,如果我们只将表示状态的数值返回给前端的话,针对每个值所代表的中文说明只能在前端中通过“if……else”的方式进行处理。当枚举出现变化后,比如增加了新的值,那前端也需要一并进行更改,耦合非常严重,最还好是交由后端翻译好,很多时候可能连文档都省了。description 属性的作用就在于此,可以使用它来对查询出的订单状态数据进行二次加工以方便客户端使用,下列代码展示了查询订单列表的代码片段:

```
@Service
public class OrderApplicationService {
    @Resource
    private OrderDao orderDao;

    public List<OrderVO>query(QueryOrderCriteria criteria) {
        List<OrderDataEntity>orders = this.orderDao.selectPage(criteria);
        List<OrderVO>result = this.of(orders);

        for (OrderVO order : result) {
            OrderStatus status = OrderStatus.getByValue(order.getStatus());
            order.setStatusDescription(status.getDescription())
        }
        //代码省略...
    }
}
public enum OrderStatus {
    public static OrderStatus getByValue(Integer status) {
```

```
        //代码省略...
        for (OrderStatus value : OrderStatus.values()) {
            if (value == status) {
                return value;
            }
        }
        return OrderStatus.UNKNOWN;
    }
}
```

视图模型用于将后端的数据传递给用户页面供显示，当然，也可能是其他的服务。有些工程师喜欢将数据模型或领域模型直接传到服务外面供客户去使用，这一方式并不可取，有可能会造成敏感数据泄露。我们现在可以想象一下 OrderVO 的代码样式了，它包含了两个用于表示状态的信息，其中一个是状态的数值；另外一个则是状态所对应的描述，代码示例如下所示：

```
public class OrderVO {
    private Integer status;
    private String statusDescription;
   //代码省略...
}
```

通过案例您可以看到：值对象的属性数量与持久化时的字段数量并不一致，持久化时需要对目标值对象进行转义操作。为了能够让领域模型支持多样性的业务，我们可能会为其增加很多个属性，包括一些只会存在于内存当中的信息，但并不是所有的信息都需要进行持久化。总的原则是：对存储后的信息进行反序列化后必须能够推导出未被存储的信息。仍以订单状态为例，虽然我们只存储了状态值，但通过该值可以构造出完整的订单状态对象。另外两个属性 cancelable 和 description 只需存储于内存当中即可，它们存在的目的是支撑业务操作而非存储。

虽然基于字段数量来决策值对象的存储方式是一种很不错的参考，但您仍然需要对性能问题做一些衡量。考虑一下当把值对象数据单分到另外一个表中时是否会影响数据的写入或查询性能，以及数据库表设计可否满足范式规范。

3. 值对象的规模

值对象的规模是指它在数据方面的体量，有的时候它可能只有一个属性但数据量却非常可观，比如非常长的字符串。将它们与实体信息存储在同一张表中时，如果不做好查询控制的话非常容易引发性能问题。笔者在工作中经常发现一些程序员喜欢使用“select * from ...”这类 SQL 语句，即使使用列名代替“*”也会在查询时将所有的列都不加以选择地查询出来，这些操作大概率会变成性能瓶颈。当值对象的数据体量非常大的时候，解决这一问题的方式主要有两种：一是将这类值对象的信息存储到另外一张单独的表中，与实体信息分开，查询时按需使用即可；二是将其存储到另外的库中，比如非关系型数据库。这一方式能从根本上解决数据库数据量爆炸的问题,同时也不会对实体表产生影响,不过要想办法做好事务的管理。

有读者可能会问:假如我存储的数据量不会超过数据库列宽限制同时按需对大字段进行查询,是不是就可以把它和实体放在同一张表中了?毕竟新增加一张表还是有一定的工作量的,后面在使用的时候还要面临着关联查询的低性能问题。话虽如此,但影响查询效率的除了数据行数之外还包括表所占用的物理空间大小,当数据总量到达了一定量级的时候这一问题就会变得非常明显,有兴趣的读者可找一些数据库优化相关的文章进行学习。另外一点就是您无法保证工程师是否会使用"select * from ..."这种语句,除非每次上线前都进行严格的审核。

上述内容主要针对关系型数据库,如果条件允许您可以考虑使用非关系数据库,对于大并发的读操作支持非常好。以 MongoDB 为例,持久化时您只需要将实体及其联系的值对象存储到一个文档中即可,只要能保障单个实体涉及的数据总量不超过 MongoDB 单文档大小的限制就行,使用时根本不必再考虑到底使用单列还是单表这种在关系型数据库上才会面临的问题。但它对于事务和复杂查询的支撑比较有限,您在使用的时候要考虑到这些问题。万事万物都有各自的特点,最好能做到三思而后行。

讲完了值对象存储相关的内容之后,让我们再看看如何对其进行反序列化操作。值对象作为实体的一部分,其应该随着所属实体被共同构建出来,不允许出现绕过实体构造值对象的情况。不过对于纯粹的查询型业务,您可以绕过这一限制,值对象也好、实体也好,它们在查询中的表现形式都只是数据,完全可以单独地使用。

另外一方面,从数据的角度来看实体与值对象,它们之间并不存在整体与部分的关系,这是业务上的表达。表与表之间的关系是完全平等的,不存在谁构成谁的情况。如果说值对象的存储需要依据经验并且有着很多技巧的话,查询操作则没有那么多需要考虑的东西,足够快就可以了。毕竟查询操作不涉及数据的变更,速度才是第一要考虑的事情。笔者个人在对实体与值对象进行操作时一向比较严肃,尤其是命令型方法,内部会做很多的验证。但对于查询则要宽容得多,只要不违反最基本的开发规范就行。假如您负责团队管理的工作并且队伍中有一些初级或刚入职的新人工程师,不妨让他们先从查询的业务开始熟悉系统,以此为切入口来积累开发经验,质量即便差一些一般也不太影响大局。

7.5 值对象案例

至此为止,我们已经解释完了值对象相关的概念。在 DDD 学习的路上,区分值对象与实体是一个让人很纠结的事情,为此笔者特意准备了一些常见的实例供您参考。

7.5.1 商品及价格策略

图 7.7 展示了商品和价格策略的关系。商品我们都比较了解,能够被买卖的物品

都可被称为商品，那么价格策略又是什么意思呢？简单来说就是为商品制定的不同销售价格，区分的维度因为企业不同会有多种方式，包括客户类型、销售地区、国家等。以热带水果为例，我们可以为北方和南方的市场制定不同的价格，其中南方离产地较近，那它的价格就定得低一点；北方离得远，价格可以定得高一些。这里并不涉及区域歧视，荔枝从广东运到北京这一路上的开销并不低，加一点价格是很正常的。

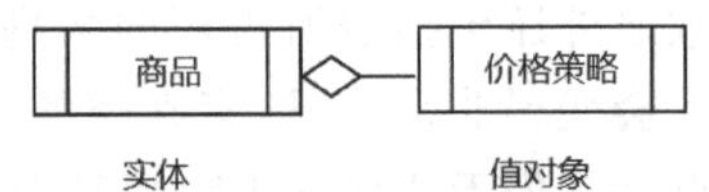

图 7.7　商品与价格策略的关系及二者所属的类型

让我们分析一下商品与价格策略的模型类型分别是什么。商品比较简单，可独立存在且能够被追踪，属实体无疑；价格策略的类型则要从两个角度进行分析。从商品的角度来看，没有价格的物品不能称之为商品而只能是库存，所以它构成了商品且是商品的一部分；从价格策略的角度来看，一个策略对象只能属于一个实体，它不能被共享。试想一下，如果汽车与苹果使用了同一个价格策略对象会出现什么效果？估计前者会瞬间被抢空，对于消费者来说这才是真正的福利。所以，价格策略应为值对象，与商品是多对一的关系，存储时一般要分成两个表。

有些读者可能不太懂商品和产品的区别，您可以想象一下这样的业务场景：张三是一个商店的老板，每一周要对货物进行补充。当货物到店后，他首先要做的是贴上价牌然后才会开始对其进行销售，贴价牌这个动作便是产品变成商品的时机。也就是说货物在没有价格之前都是产品（有些企业中会称其为库存）；有了价格后就变成了商品，只有商品才能够被贩卖。所以前文中我们强调了价格策略对于商品的作用，主要原因就在于此，因为没有价格策略的物品是不能被称为商品的。

您还记得前面我们在示例代码中是如何计算订单项价格的吗？

```
public class Order {
    public void addItem(String productId, int quantity, Money unitPirce) {
        Money cost = unitPirce.mult(quantity);
        OrderItem item = new OrderItem(productId, quantity, cost);
        //代码省略...
    }
}
```

单价信息 unitPrice 是由外部传入到订单实体中的，这里的外部是指商品服务，而真正的来源其实就是商品的价格策略。正常情况下我们应该根据商品标识符及其他订购信息在提交订单时将价格策略从商品服务中查询出来，不应该直接使用前端传入进来的数据，这一做法风险会比较高。

考虑一下如果将价格策略建模为实体会出现什么情况？很有可能会误导设计师的设计。他们可能会通过引用标识符的方式来设计订单项，也就是说只让订单项关联价格策略的 ID，而不会同时将价格信息从商品服务中复制过来。这样的设计会导致当商品价格策略被修改后,订单价格也会被同时影响到。当然,有些企业会通过价格策略副本的方式来规避这一问题,也就是每次修改价格时都不会在现有的价格策略上进行操作而是生成一条新的策略,原有策略做失效处理。不过这一方式并不是为了处理价格策略设计不当的问题,而是为了处理安全、审计及业务回溯等需求。毕竟涉及钱,副本的方式比较保险一些。

7.5.2 商品与评论

商品自不必说,肯定是个实体。笔者在前面章节中曾举过“文章与评论”的例子,二者都被建模为实体。商品的评论其实与文章的评论类似,设计为实体是比较合适的。老规矩,让我们从两个方面进行分析。站在商品的角度,有没有评论都不影响它正常工作,比较符合实体的特征;站在评论的角度,它有着独立的生命周期,与产品之间仅仅是一种引用关系。虽然它在表现上一般是不可变的对象但并不能据此就把它设计为值对象,可不可变是由业务来确定的,就和订单的提交日期不可变一样,是一种业务上的限定。总之,二者都不符合值对象的特性,所以应建模为实体,如图7.8所示。

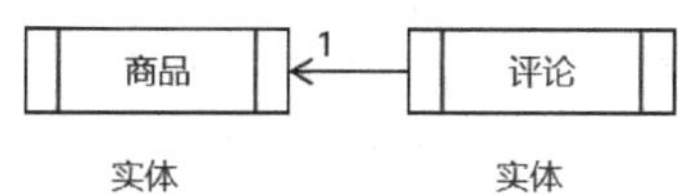

图7.8 产品与评论的关系及二者所属的类型

7.5.3 订单与收货地址

前面案例中我们将收货地址信息设计为值对象,这样的做法只是出于演示的目的,正常情况下应该将其建模为实体更合适。一般来说,我们会在系统中专门设计一个地址管理的功能,属于支撑域。客户可以同时设置多个用于收货的地址信息,当然,订单中的收货地址必须是唯一的。如果您是淘宝的用户的话,会发现它专门提供了一个地址管理的功能,您可以在里面录入很多不同的地址,也可以随时对这些地址信息进行个性。使用这些功能时,与是否有订单完全没有关系,难不成客户不买东西还不让他配置自己的收货地址信息了?可以看到,地址业务对象有着自己独立的生命周期,将其视为实体是正确的,如图7.9所示。

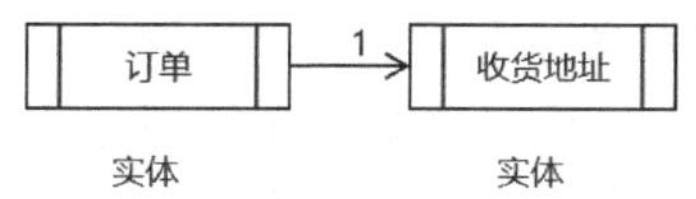

图7.9 订单与收货地址的关系及二者所属的类型

7.5.4 账本与流水

账本的概念我们在前文中曾进行过介绍,其用于存储用户余额等信息,每次消费的时候可以直接从账本中进行扣款。每一次账本的变动包括:充值、提现、消费、退款等都会生成一条流水信息,这些信息可用于后续的对账或数据审计。每一个账本都应该有唯一的标识,所以它是实体。流水对象相对也比较独立,它只是引用了账本的信息,并不会依附于账本,所以设计为实体是合适的,如图 7.10 所示。

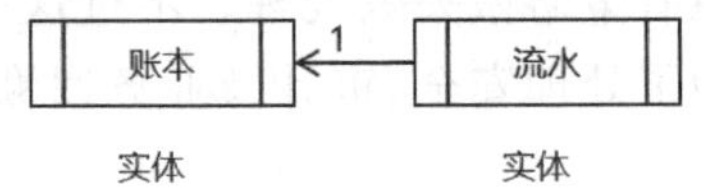

图 7.10 账本与流水的关系及二者所属的类型

其实,对于流水和第二个案例中的评论对象来说,将它们设计为实体并不太合适。二者几乎不会包含业务方法,勉强建模为实体也会呈现出贫血模型的特征。如果让笔者来进行设计的话,会优先考虑使用事务脚本的方式来实现,只需要围绕着数据模型进行开发就足够了,没有引入领域模型的必要。

7.5.5 角色与权限

角色与权限是一个老生常谈的问题,您可以在网上找到大量的案例,不过大多数案例都是以讨论数据模型为主,所以让我们站在领域模型的角度来看一看它们间的关系到底是什么,图 7.11 展示了答案。相对于之前的例子,本案例稍微复杂一点。在进行详细说明之前我们需要先确认一个重要的问题,即角色与权限都属于实体,对这一结论相信您不会有任何疑问吧?它们二者都有着自己的独立生命周期,实在是不符合值对象的特征。

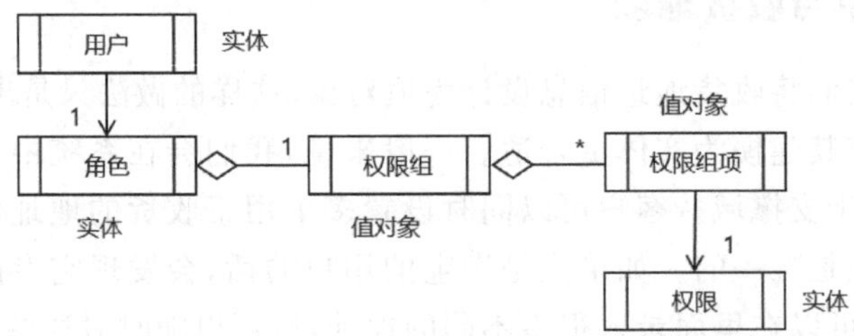

图 7.11 角色与权限的关系及二者所属的类型

为简化说明,我们规定用户与角色之间的关系为一对一,也就是说一个用户只能拥有一个角色,否则案例会变得复杂,有碍解释。日常在谈论角色与权限的时候,首先给我们的印象是“两者是多对多的关系”。客观来讲,这种理解并没有问题,从业务的角度来看它们的确就是这种关系。关系型数据库在处理这种关系时通常会加入一个关联表,每一行都会包含角色表的外键和权限表的外键。领域模型在处理这种关系时则非常不同,一般不允许多对多关系的存在,必须将多对多变成一对多,至于消除哪一方的“多”就要看业务的需要了。实际上,您在编写代码的时候可以让权限类和角色类都包含一个对方的标识符列表,也就是说技术上可以实现多对多的关系。但这样的设计耦合性非常严重,会对扩展带来很大的阻碍,一般没有哪个设计师会这样做。或者去除角色中对权限引用,或者去除权限对于角色的引入,您只能选择保留一方。真实业务中,通过角色查找权限的使用率要比根据权限查询角色高得多得多,所以上述案例中我们选择在角色中包含权限列表。

那么权限组与权限组项又是什么东西呢?企业应用系统中通常会有一个权限组的概念,管理员把经常组合分配的权限放置到一个小组中,当需要为角色设置权限时就不需要一个一个在页面上进行选择了,而是以组为单位批量进行处理,这是一种为提升工作效率而开发的功能,实现时系统会把权限组及其关联的权限列表存储到两张表中。而我们当前案例中的权限组与应用系统中的权限组概念并不同,它是权限组项的容器,主要责任是对权限组项进行管理,如添加、删除等。权限组项则关联了具体的权限,或者说引用了权限的标志符,二者之间是一对一的关系。有读者可能会觉得这种设计是不是有些过度,没必要这么复杂吧?那就让我们看看不这样做会如何。最直观的做法是在角色中加一个由权限标识符构成的列表,如下代码所示:

```
public class Role {
    private Set<String>permissions;

    public void addPermission(String permissionId) {
        this.permissions.add(permissionId);
    }

    public boolean hasPermission(String[] permissionIds) {
        for (String permissionId : permissionIds) {
            if (! this.permissions.contains(permissionId)) {
                return false;
            }
        }
        return true;
    }
}
```

案例代码中,我们将权限管理相关的代码写在了角色类里。从表面上看并没有什么特别的问题,但违反了最基本的设计原则,即单一责任原则,这种与权限管理有关的责任应该交由一个专门的对象来负责,写在角色中会让其承担的责任过重。它所关注的重点应该是与角色这个业务对象有关的工作,例如角色置无效、角色比较等。将权限管理相关的接口放在角色类上是正确的,只不过具体的实现应该由其他的对象来完成。另外,使用基本类型表示权限列表时限制了业务的扩展,假如业务规则要求记录每一个权限被分配到角色中的日期,当前的设计是无法完成这一需求的,因为我们使用的是 Set<String>来表示某一个角色包含的所有权限信息,没办法也没有地方去记录分配日期。最后一个问题,通用语言中描述了“角色要包含一组权限列表”,我们在设计的时候也要把“一组权限列表”作为一个整体来看待。而不是仅仅根据字面上的意思使用 Set 表示列表,使用 String 表示每一个权限信息。这种设计凸显了技术但弱化了业务,应加以纠正。

软件设计讲究为扩展留下余地还能同时不陷入过度设计的境地，上述代码所示案例很明显没有留下扩展的空间，一旦需求产生变化，代码也需要跟着做比较大的调整。

为解决上面提到的各种问题，图 7.11 所示中引入了权限组对象专门用于帮助角色对象对其关联的权限信息进行管理。而针对权限信息，我们又引入了一个新的类型"权限组项"而不再使用简单的 String 类型。设计变化之后，相应的代码也需要进行调整，代码所下所示：

```
public class Role {
    private PermissionGroup group;
    //代码省略...
}

public class PermissionGroup {
    private List <PermissionGroupItem > items;

    public void addPermission(String permissionId) {
        this.items.add(new PermissionGroupItem(permissionId, new Date()));
    }
    //代码省略...
}

public class PermissionGroupItem {
    private String permissionId;
    private Date assignedDate;
    //代码省略...
}
```

PermissionGroup 和 PermissionGroupItem 属于典型的隐式模型，很不容易被识别出来。其需要依赖角色实体且没有独立的生命周期，设计为值对象更为合理。如果读者对本案例不太理解或依靠自己的经验无法推断出和笔者类似的设计，那么直接使用最初的设计问题也不大。虽然可能会面对需求变更时所引发的代码调整风险，但这是积累设计经验同时让自己更快成长的一种不错的方式。下次再面对类似业务的时候您就不会再走弯路而直达目标了，慢慢您就会发现其实设计的工作是有模式可循的。另外，我们在前文中曾展示了订单与订单项的代码，当时使用了比较直观的设计方案，即让订单实体直接包含一个订单项的列表。这样做的主要目的是方便笔者讲解，实践中您也可以考虑引入一个新的值对象类型如 OrderItemGroup，把订单项包装起来，要比直接使用基本列表 List 好得多。

最佳实践

设计过程当中应给予隐式模型足够的重视，它的引入可提升领域模型的内聚性，让模型的职责更单一。

本小节中我们列举了5个比较简单的案例,期望您可以从中收获一些设计的技巧。总的来看,学习值对象所要掌握的知识与实体几乎相当,虽然它们都是领域模型但所表达的内容并不相同。下一节我们主要讲解如何编写一些简单的、用于支撑基于领域模型开发的小类库。毕竟所有的领域模型尤其是实体类型都会包含一些公共的属性如标识符,如果每个实体都写一次的话就太浪费时间了。

7.6 额外的礼物——领域模型基础类库

当下,人们在建设软件时都喜欢用一些框架以简化开发的工作,这种方式能够让工程师将工作重点聚焦在业务代码的编写上而不是花费大量的精力去处理基础设施相关的内容。以数据库的事务使用为例,Spring框架支持注解级事务,您只需要在方法上添加上一些简单的代码就能够开启事务管理了,不必关心具体细节是如何实现的。实践领域驱动设计的战术也是一样的道理,如果能有一些类似开发脚手架的东西供我们使用的话就会让项目建设的工作事半功倍。本小节我们尝试编写一个基于领域模型开发的小类库,笔者强调“小”的概念是因为它所提供的功能仅可以满足您基本的开发需要。如果想要实践更高级的技术比如事件溯源,您可能需要寻找一些更为庞大且成熟的框架进行支撑才行,例如Axon。

7.6.1 领域模型基类

第一个需要设计的类是领域模型基类,不论是值对象还是实体都属于领域模型,所以我们需要为它们指定一个共同的基类。这样做的好处是当需要为领域模型增加通用能力或属性的时候,只需要将它们放到这个公共的基类中即可,所有的领域模型便会同时拥有这些能力。另外,这种设计充分利用了面向对象编程中的继承特性,在增加代码扩展性的同时还可以缩小修改代码对系统产生的影响。领域模型公共基类代码如下所示:

```
public abstract class DomainModel {


}
```

是的,您没有看错。仅仅是一个空的类,里面没有任何的代码。它虽然只起到了占位符的作用,但在某一时刻可能会成为一个重要的扩展点。后续我们在讲解领域模型验证时,笔者会向您展示如何利用公共类来实现快速扩展。

认识了领域模型基类后我们首先看一下值对象的基类,在笔者展示代码之前您能想象到它应该包含哪些可被所有的值对象使用的公共方法或属性吗?肯定不是hashCode()和equals(),这些本是Object类的方法。以equals()方法为例,想要实现值对象的比较您需要知道其有哪些属性,就目前来说这些都是未知的,所以在值对象父类中无法提供具体的实现。有读者可能会想到使用反射技术在运行时提取出子类中的属性信息进行比较，这样的话就可以将 equals()方法的实现放到父类中了。客观来讲，利用技术解决复杂问题不失为一个好办法，不过反射的性能令人担忧，笔者建议按需使用。

除这些方法之外是否还有其他的需要在值对象基类中实现的方法呢？想不到的话就让我们先暂时放下这个问题，暂时先设计一个无方法和属性的值对象基类：

```
public abstract class ValueModel extends DomainModel {
}
```

下面要开始设计实体对象的基类了，相对于值对象它要复杂得多，至少要包含标识符、版本等信息，代码如下所示：

```
public abstract class EntityModel <TID extends Comparable> extends DomainModel {
    private TID id;
    private int version;
    private EntityStatus entityStatus;
    private LocalDateTime createdDate = LocalDateTime.now();

    protected EntityModel(TID id, int version, EntityStatus entityStatus,
                          LocalDateTime createdDate) {
        this.id = id;
        this.version = version;
        this.entityStatus = entityStatus;
        this.createdDate = createdDate;
    }
    //代码省略...
}
```

EntityModel 是所有实体类型的基类，由于内容较多，所以笔者一段段地进行解释。id 属性表示实体标识符，在第六章中我们已进行过说明，此处不再赘述。version 表示领域模型的版本，用于支持乐观锁的实现。严格来说，乐观锁其实不能称之为锁，仅仅是在持久化之前通过将其与数据库中的数据进行对比以判断业务执行期间该实体是否被其他服务或线程变更过(每一次实体修改后，version 的值会加 1)，并不会对当前的执行线程产生任何阻塞，所以比较适合在并发度不高的场景中使用。不过有一点您需要注意，即："并发度不高"并不意味着没有并发，所以引入乐观锁是很有必要的。有一些设计师认为所有的实体在持久化前都应该进行冲突检测，笔者个人也认同这个观点。

属性 entityStatus 表示实体的活跃状态。前文我们在讨论实体的生命周期的时候曾提及过这一问题，除非是运维或某些极特殊场景的需要，一般不允许对实体作物理删除。功能上虽然会有删除某个实体的情况，但一般都是将实体设置为一种无效的状态，引入属性 entityStatus 的目的就在于此。类型 EntityStatus 的代码如下所示：

```
public enum EntityStatus {
    ACTIVE(1, "活越"),
    INACTIVE(99, "已删除");
}
```

属性 createdDate 的含义比较简单,表示每一个实体的建立日期,这个日期可以用于对实体进行简单的溯源。《阿里巴巴 Java 开发手册》中规定每一个表都应该包含 id、gmt_create, gmt_modified 三个字段。其中 id 表示表的主键,另外两个字段分别表示数据的建立日期和修改日期。我们在实体中只包含了建立日期,修改日期最好在基础设施层面上(如资源库)进行实现,将其作为实体的一部分并不太合适,因为无法找到与之对应的通用语言。

看过实体的属性之后我们再一起看看实体的公共方法都有哪些。第6章中我们曾经讲解过 hashCode()和 equals()两个方法,此处不再赘述,我们只讨论其他的方法:

```
public abstract class EntityModel <TID extends Comparable >extends DomainModel {
    public void disable() {
        this.entityStatus = EntityStatus.INACTIVE;
    }

    public void enable() {
        this.entityStatus = EntityStatus.ACTIVE;
    }

    public boolean modifiable() {
        return this.entityStatus == EntityStatus.ACTIVE
    }

    public LocalDateTime getCreatedDate() {
        return createdDate;
    }
    //代码省略...
}
```

disable()和 enable()两个方法主要用于操作实体的存活状态,虽然逻辑比较简单,但笔者想要让您注意的是命名及实现方式,最起码不能通过 setter 去实现。很多研发人员其实不是特别重视这些细节,但命名工作往往会体现出开发者的基本水平;另外一点,也是最重要的,命名能体现出通用语言,后者在 DDD 中的作用相信不用笔者再做太多的解释了。

有关方法的命名,笔者想多做一些说明。个人的经验是:服务层和领域层的方法应该体现出领域术语,也就是通用语言;基础设施层要体现出技术术语。比如 DAO 层的查询方法,您可以考虑使用“select * ()”这样的命名,以 select 作为查询型方法的前缀;到了服务层最好更名为“query * ()”的模式,尽管它可能只是对 DAO 进行了转发,但从命名上可以体现出通用语言。getter 和 setter 两个方法的命名也有规范，通常是用于对 POJO(Plain Ordinary Java Object)对象的属性进行封装。在领域模型上通常只会使用 getter，setter 需要使用能反映出通用语言的名称来代替。

回归正文，再看一下 getCreatedDate()方法的实现。其用于返回实体的创建日期属性 createdDate，没有对应的 setter 方法或可以修改创建日期的方法。唯一能给这个属性赋值的地方是构造函数，具体原因读者可参考第 6 章的实体构造函数部分。

与领域模型相关的基类已经介绍完毕，类图如图 7.12 所示。这些类目前几乎没什么特别的能力，只是起到了占位符的作用，并不足以支撑我们日常的使用，还需要给它们增加一些特殊的能力才会使其更具实用价值，而这个特别的能力就是：验证。第 6 章我们曾介绍过一种针对实体的验证方式，即通过将验证逻辑放到实体的子类中以实现验证与业务逻辑分离的目的，让实体的责任更加纯粹。这种方式的问题也比较明显：一是需要建立非常多的类，增加了类型管理的难度；二是如果为值对象类型建立子类的话会让其变得复杂。本节我们介绍一种新的验证模式，代码稍微有点复杂，但笔者会尽量地简化说明。

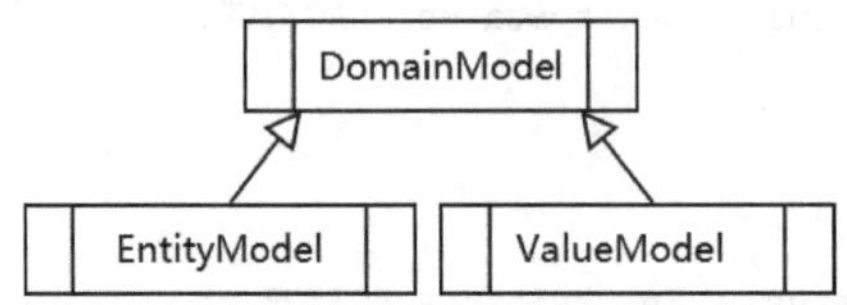

图 7.12 领域模型基类的总体结构

7.6.2 领域模型验证能力

验证的操作在我们现实的生活中非常普遍，找工作时需要先进行面试以检验候选人的能力是否可以胜任当前的工作；寻觅人生中另外一半的时候需要对对方的综合条件如经济情况、学历、家庭背景进行检查。有些工程师写代码从不验证，笔者个人觉得此中的原因有：

(1) 意识不够，过于相信前端或外部服务所提供的数据。

(2) 个人缺少主动思考的能力。

(3) 团队规范工作做得不到位。

实际上，验证这个事情说简单也的确不难，不就是对输入的数据或类的属性值进行判断吗？单纯的从数据的角度来看的确如此。可如果真的想把这件事情做好、做全面，并不是如想象般容易，很多工程师即便工作了多年也无法处理好验证的事情。您会看到他的代码中充斥着大量的“if... else”判断，非常难以阅读。不过代码虽然看起来不太整洁，但总比没有验证强，因为还有一大部分工程师过度地相信数据库或外部服务传入的数据，几乎不做验证的。

我们曾多次提及“类不变性”的概念，想要让构建出的对象达到这个条件首先要具备的意识是：外部输入不可信任，也就是说您完全不能依赖用户界面或数据库这些来自于服务外部的数据,不要对它们做任何假设。甚至,我们可以更严格一点,同一个项目内来内自不同包的数据都是不能信任的。想要解决好这一问题,最好的方式就是"验证",对一切来自于外部的数据在使用前进行检验。为此,笔者个人创造了两个特别的名词:内验和外验。针对于领域模型自身的验证我们可以称之为"内验",顾名思义就是对领域模型自身属性的验证;涉及对外部请求的校验,比如提交订单前需要验证订单信息结构是否正确、必要信息是否有值……等,这类需要在领域模型之外进行的验证我们称之为"外验"。两者实现的方式并不一样,我们个人在实现内验时将验证规则写到了领域模型内部;而外验的规则一般会放在领域服务中。

显然,所有的领域模型不论是实体还是值对象都应该被验证,将其做为一种通用的能力放到前面的基础类库中会比较好,这样的话工程师就不必重复地造轮子了。书归正文,让我们开始领域模型的验证之旅。

1. 内验基础类库

我们将要讨论的验证方式使用了可称之为规约(Specification)的设计模式,简单来说,就是将实体需要满足的规则提炼出来形成规约。验证时我们只需要把每一条规约走查一遍即可,一旦出现不符合的情况即可认为是验证失败。对于验证失败的处理方式有很两种:一是立即中断当前的业务用例并将验证结果抛给客户端,这一方式可称之为即时验证;另外一种方式是将规约的验证结果记录下来,待完成全部的检查后再将结果发送给客户端,这一方式可称之为延迟验证。本书使用了后一种,这样对于用户的体验更好。

既然谈到了验证,那验证的目标应该是什么呢?实体还是值对象抑或是两者都包含?我们希望编写一个可以对所有的领域模型进行验证的工具,那目标自然是将它们两者都包含进去了。除此之外,让我们再思考另外一个问题:对于一个领域模型而言,怎样才能算是合规呢?谁会持有这一方面的知识?前面我们曾提及过一种用于帮助决策"类方法"的原则:信息专家,依此理论,领域模型自己就应该知道它当前的状态是否合法。可是如果我们把验证的方法放到领域模型中又进一步加重了它的责任,违背了单一责任原则。所以我们就折中一下:让领域模型仅包含验证规则,这些规则既可用于单一属性的验证也可用于组合属性。至于触发验证的时机、验证方式以及选择即时验证还是延迟验证等问题,我们将它们从具体的领域模型中抽取出去,放到模型的外部或抽象类中。

基本思想明确后,让我们开始第一步的工作。既然验证的对象是领域模型,那我们就需要想办法让领域模型可以支持被验证。方式其实很简单,"支持验证"意味着可以做(can－do)某件事,正好符合接口的使用场景,所以我们只需要引入一个接口让领域模型去实现就可以了。还记得前文中我们引入了一个类叫作 DomainModel 吗?它是所有领域模型的基类。只要它实现了验证接口,实体和值对象就会同时具备可验证的能力了。接口 Validatable 用于支持领域模型的验证,代码如下所示:

```
public interface Validatable {
```

```
    ValidationResult validate();
}

public class ValidationResult {
    private Boolean isSuccess;
    private String message;

    public static ValidationResult succeed() {
        return new ValidationResult(true, null);
    }
    public static ValidationResult failed(String message) {
        return new ValidationResult(false, message);
    }
}
```

既然使用规约模式，我们就需要把所有的规约管理起来，只有这样才能在使用的时候实现快速定位。可以想象得到：每一个领域模型都会对应多个规约，那么最简单的方式自然就是建立一个独立的映射表，其中键是领域模型的类型；而值则是规约列表。这种方式虽然直观但还需要花费额外的精力进行维护，随着领域模型越来越多，规约数量也会呈直线上升的状态，管理和维护的工作恐怕会成为一种负担。既然这么麻烦我们索性就让每一个领域模型去管理自己的规约，而且把这一工作深深地埋藏在领域模型的基类中也不会给开发人员造成困扰。目标确定后就开始进行编码，不过将规约的管理工作放到 DomainModel 中显然不太合适，所以我们引入了一个新的抽象类 ValidatableBase，如下所示：

```
abstract class ValidatableBase implements Validatable {
    final public ValidationResult validate() {
        RuleManager ruleManager = new RuleManager(this);
        this.addRule(ruleManager);
        return ruleManager.validate();
    }

    protected void addRule(RuleManager ruleManager){

    }
}
```

validate()方法实现了验证，或者更准确一点：触发了验证，具体的执行会由 RuleManager 来代理。通过名称您可能不知道它是做什么的，其实就是规约管理器，只不过由于规约的英文名称 Specification 字母太多，所以我们就将其简化为 Rule。本节后面代码示例中，如无特殊情况我们都会使用这个单词表示规约。

addRule()方法看起来有点奇怪，它是做什么的呢？见名知意，其实就是用于把规约放到管理器中。领域模型应当包含哪些验证规则此刻我们并不知道,所以只能先暂时占个位置,有需要时只要在具体的领域模型中对此方法进行重写即可。addRule()的设计使用了模板方法设计模式,只是此时看起来还不是十分的直观。

再来看一下 ValidatableBase 的设计:笔者将其设计成了一个抽象类,那它的子类会是谁呢?答案几乎可以呼之欲出了:DomainModel,虽然没有直接实现验证接口 Validatable,但通过继承的方式相当于间接地进行了实现。前文中的 DomainModel 只是一个空的抽象类,仅仅起到了占位符的作用,有了验证抽象类后让我们再看看它变成了什么样子,如下所示:

```
public abstract class DomainModel extends ValidatableBase {


}
```

现在的 DomainModel 有了一个亲人,不仅不再孤单,还具备了可验证的能力,可谓一箭双雕。

经过一番的努力,让我们再看一看当前领域模型的结构有了哪些变化,如图 7.13 所示。

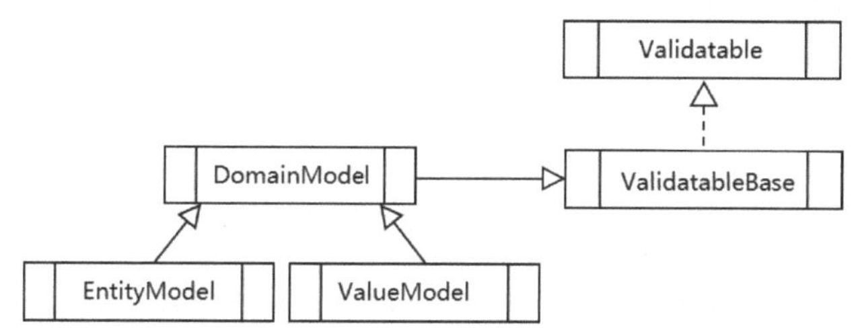

图 7.13 变化后的领域模型类结构图

我知道此刻的您会比较好奇验证逻辑到底是怎么实现的,那些代码的细节其实全都藏匿在 RuleManager 类中,我们后面会进行详细说明。此时 ,您还是先控制一下自己的好奇心,先看看具体的领域模型是如何使用规约的,有了感性认识之后我们再回过头来学习验证实现相关的细节。

```
public class Order extends EntityModel <Long >{
    private OrderStatus status;
    private Price price;

    @Override
    protected void addRule(RuleManager ruleManager) {
        super.addRule(ruleManager);
        ruleManager.addRule(new ObjectNotNullRule("status", this.status, "无效的状
态"));
        ruleManager.addRule(new NotEqualsRule("status", this.status, OrderStatus.UN-
KNOWN, "订单状态未知"));
```

```
            ruleManager.addRule(new EmbeddedObjectRule("price", this.price));
        }
    }
```

订单实体覆盖了 addRule()方法，所有与订单实体相关的验证规则都会被加到规约管理器中。您再回想一下我们前面提到过的模板方法设计模式（Template Method），相信此处应该体现得比较明显了。ObjectNotNullRule、NotEqualsRule 是我们预先设计好的规约类，您只需要直接使用即可。当然，您也可以实现自定义的规约，有关这一方面的细节后面我们会进行说明。通过名称相信您也可以知道每一个规约类的含义，比如 ObjectNotNullRule，表示对象不能为 null，用在 status 属性上就表示它的值不能为空。EmbeddedObjectRule 表示嵌入对象规约，案例中我们将其应用在了价格属性 price 的上面，表示这个属性的验证会由它自己进行负责，在此处只是触发了验证而已。那么为什么要采用这样的设计呢？原因很简单：price 是值对象，作为领域模型它是具备自验证能力的，将验证的事情交由它自己自己进行代理是合理的。下列代码展示了值对象类型 Price 是如何使用规约的：

```
    public class Price extends ValueModel {
        private Money total;
        private Money discount;

        @Override
        protected void addRule(RuleManager ruleManager) {
            super.addRule(ruleManager);
            ruleManager.addRule(new ObjectNotNullRule("total", this.total, "无原价信息"));
            ruleManager.addRule(new GERule("total", this.total, Money.of(0), "原价要大于等于 0"));
            //代码省略...
        }
    }
```

可以看到，Price 值对象类型内部包含了能够实现自我验证的逻辑，这样可以解放 Order 实体的责任，最起码它不需要深入到每一个值对象内部来了解它的结构是什么。当然，原则上来说实体有责任负责它自身以及它包含的所有的值对象的验证，但不代表具体的实现也要交给它，这又涉及对象责任分配的问题，读者可回看一下 6.2 节。尽管如此，触发验证的动作应该还是交由实体才对（准确来说应该是在聚合根上触发验证），毕竟很多值对象在实体外部都是不可见的。讲到此处笔者额外提一句：前文中我们反复提及了如何对实体进行反序列化，其中最重要的一点是“必须一次性把它的所有属性都加载出来，不允许有部分加载的情况”。相信您现在已经明白了这一要求的原因了吧？虽然每个设计师都会有自己习惯的、用于对领域模型进行验证的方式，但想要验证工作不出现纰漏的话最起码目标对象的属性信息要完整才对，否则这一工作是无法展开的。

截止到目前,除了一些细节之外我们基本上已经实现了领域模型的验证框架。此刻又到了读者发挥想象力的时候,请您考虑一下实体验证的工作流程应该是什么样的呢？另外,想要解释这个问题的话我们需要引入一个新的案例,前面的案例略微有些简单,不利于我们的说明,请读者基于如下代码进行考虑：

```
public class Order extends EntityModel<Long>{
    private OrderStatus status;
    private Receiver receiver;

    @Override
    protected void addRule(RuleManager ruleManager) {
        super.addRule(ruleManager);
        ruleManager.addRule(new ObjectNotNullRule("status", this.status, "无效的状态"));
        ruleManager.addRule(new EmbeddedObjectRule("receiver", this.receiver));
    }
}

public class Receiver extends ValueModel {
    private Contact contact;

    @Override
    protected void addRule(RuleManager ruleManager) {
        super.addRule(ruleManager);
        ruleManager.addRule(new EmbeddedObjectRule("contact", this.contact));
    }
}

public class Contact extends ValueModel {
    private String name;
    //代码省略...

    @Override
    protected void addRule(RuleManager ruleManager) {
        super.addRule(ruleManager);
        ruleManager.addRule(new StringNotEmptyRule("name", this.name, "无收件人姓名"));
    }
}
```

本案例中一共包含了两层嵌套:Order 包含 Receiver、Receiver 包含 Contact,具体每个类型的含义前面中已作过说明。当 Order 上的验证动作被触发时会先执行 Order

这一层的验证,一旦发现有嵌入的对象需要进行验证时则会首先触发目标对象的 validate()方法,待完成后再返回到 Order 中执行其他属性的验证逻辑,具体流程如图 7.14 所示。由于我们尚未对验证的细节进行讲解,所以此时您可能会对此流程产生迷惑,不过验证的流程大致是这样的。因为实体和值对象都实现了接口 Validatable,所以这种分层式的验证方式在实现上会比较简单。如果您学习过数据结构的话,会发现这一流程的实现方式有点类似于树的深度遍历算法。

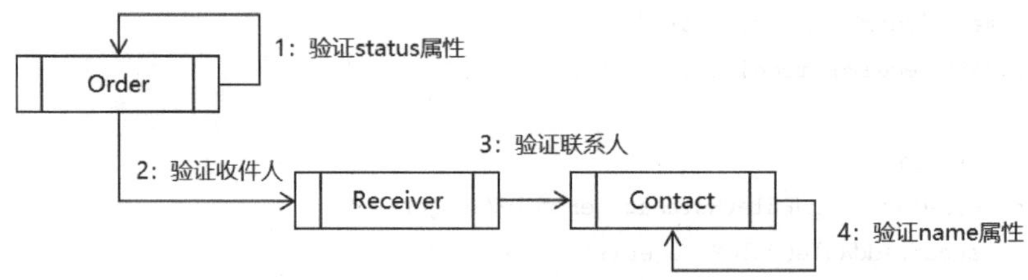

图 7.14 Order 实体验证流程

了解了领域模型的验证流程后让我们深入到具体的细节中去学习一下如何实现延迟验证。前面我们曾留下一个关于 RuleManager 的伏笔,它不仅是管理规约的主体同时也是验证逻辑的实际执行者。当实体上的验证动作被触发后,会由它来组织规约完成验证的功能。代码略显复杂,所以我们仍然是一段一段地进行分析。首先看一下它的内部构成是什么样的:

```
public class RuleManager implements Validatable {
    private DomainModel owner;
    private List<Rule>rules = new ArrayList<Rule>();

    public void addRule(Rule rule) {
        if (rule != null) {
            rules.add(rule);
        }
    }

    public RuleManager(DomainModel owner) {
        this.owner = owner;
    }
}
```

RuleManager 中的 owner 属性表示验证规约归属于哪个领域模型。虽然我们设计的领域模型基类 DomainModel 没有任何属性与方法,但它并非一无是处,此时它的占位符作用就体现了出来。rules 是规约的容器,为了减少并发问题我们将其设置为对象属性而非类属性。有强迫症的读者可能会担忧内存占用问题,但比起使用锁,这些空间上的花费简直不值一提。再说了,现在很多技术不都是打着以空间换时间的旗帜的吗?比如您最常用的 Hash 表、缓存等。

有关Rule的内容，前文中我们只是提到了它表示的是验证规约，相关的细节并没有进行说明。但此刻并不是介绍它的好时机，待我们将RuleManager讲完后再对其进行解释。细心的读者可能发现了上述代码中的RuleManager也实现了Validatable接口，这就意味着我们需要对validate()方法进行实现。实际上，这一方法的实现逻辑才是本类中的核心。代码如下所示：

```
public class RuleManager implements Validatable {
    public ValidationResult validate() {
        CompositeValidateResult result = new CompositeValidateResult();
        for (Rule rule : this.rules) {
            //针对嵌入式对象的验证
            if (rule instanceof EmbeddedObjectRule) {
                EmbeddedObjectRule embeddedObjectRule = (EmbeddedObjectRule)rule;

                ValidationResult r = embeddedObjectRule.getTarget().validate();
                if (! r.isSuccess()) {
                        Collection<ValidationResult>validationResults =
                        ((CompositeValidateResult)r).getSubValidationResults();
                    for (ValidationResult subResult : validationResults) {
                        result.addValidationResult(new ValidationResult(false,
                            subResult.getMessage()));
                    }
                }
                continue;
            }
            //针对简单规则的验证
            ValidationResult validationResult = rule.validate();
            if (! validationResult.isSuccess()) {
                    RuleBase ruleBase = (RuleBase)rule;
                    ErrorMessage error = new ErrorMessage(ruleBase.getNameOfTarget(),
                        ruleBase.getCustomErrorMessage(), this.owner);
                    result.addValidationResult(new ValidationResult(false, error.toS-
tring()));
            }
        }
        return result;
    }
}
```

案例中使用了CompositeValidateResult类型的对象作为返回值，前文中我们曾介绍过ValidationResult类，那这个新的类是什么意思呢？其实都是表示验证结果，只是它将多个验证结果复合成了一个。由于每个规约都会产生一个验证结果，而无论是实体还是值对象都会复合很多的规约，所以我们需要使用一些手段将这些验证结果综合在一起。当然喽，您也可以直接使用 List，只是我们最终需要对所有的验证结果进行加工，使用自定义类型的方式更有利于实现这一目标。CompositeValidateResult 的实现使用了设计模式中的装饰模式(Decorator)，代码如下所示：

```
public class CompositeValidateResult extends ValidationResult {
    private List <ValidationResult >subValidationResults = new ArrayList <>();

    @Override
    public Boolean isSuccess() {
        return this.subValidationResults.size() == 0;
    }

    public void addValidationResult(ValidationResult validationResult){
        if(validationResult != null){
            this.subValidationResults.add(validationResult);
        }
    }

    public Collection <ValidationResult >getSubValidationResults(){
        return Collections.unmodifiableCollection(this.subValidationResults);
    }

    @Override
    public String getMessage() {
        StringBuffer errorMessages = new StringBuffer();
        for (ValidationResult validationResult : this.subValidationResults) {
            if (validationResult instanceof CompositeValidateResult) {
                errorMessages.append(validationResult.getMessage());
            } else {
                errorMessages.append(validationResult.getMessage());
                errorMessages.append(GlobalConstants.DEFAULT_ERROR_MESSAGE_SEPERA-
TOR);
            }
        }
        return errorMessages.toString();
    }
}
```

属性 subValidationResults 包含了所有规约的验证结果，addValidationResult()方法则用于将结果加入到其中，两个方法都比较简单，笔者不做过多的说明。最妙的是我们覆盖了 isSuccess()和 getMessage()两个方法，这是采用装饰模式才会具备的特色。当我们需要获取最终验证结果的时候只需要调用这两个方法即可，不论实际的对象类型是 CompositeValidateResult 还是 ValidateResult。

让我们再回到 RuleManager 的 validate()方法中，主要的逻辑包含两部分，我们通过注释进行了分离。第一部分是对嵌入式对象规约 EmbeddedObjectRule 的处理，简单来说就是首先触发目标对象的验证方法 validate()，再将验证结果加到方法的返回值中，也就是下面这段让人比较费解的代码：

```
public ValidationResult validate() {
    for (Rule rule : this.rules) {
        if (rule instanceof EmbeddedObjectRule) {
            EmbeddedObjectRule embeddedObjectRule = (EmbeddedObjectRule)rule;
            ValidationResult r = embeddedObjectRule.getTarget().validate();
            //代码省略...
        }
    }
}
```

它的主要作用是先找到嵌入的对象(注：被嵌入的对象是领域模型)，也就是这一部分"embeddedObjectRule.getTarget()"，然后再调用目标对象的 validate()方法来触发验证。虽然我们没有对 EmbeddedObjectRule 规约进行解释，但通过前面的代码片段相信你可以获取两个重要信息：一是它的返回值类型是 CompositeValidateResult；二是它肯定包含了被验证的对象的引用。前一个信息比较好理解，后者是怎么实现的呢？如果您不愿意往前翻看代码的话请参看如下片段：

```
protected void addRule(RuleManager ruleManager) {
    ruleManager.addRule(new EmbeddedObjectRule("price", this.price));
    //代码省略...
}
```

请重点关注第二个参数。通过把待验证对象的引用作为参数传入到 EmbeddedObjectRule 中就完美地解决了嵌入对象的验证问题。

RuleManager 类 validate()方法的第二部分，主要是对目标对象中简单类型或枚举类型属性所对应的规约如 ObjectNotNullRule 的验证方法进行触发以及验证结果的处理，代码比较简单我们不再做过多的解释。不过有一点值得注意，即：我们只会将验证失败的结果加入到验证结果中。

我们引入了这么多新类型进来，此时领域模型的结构已经变得比之前复杂很多了，继续对规约进行讲解之前我们先停下脚步对前面的内容做一下回顾。截止到目前为止，所有的领域模型无论是值对象还是实体都已经能够支持自我验证了，被验证的目标可以是它们内部的简单类型属性也可以是嵌入式的对象；此外，我们也对所有规约的验证结果进行了合并，这样的话在为客户端提供验证结果时便有了一个统一的格式。图 7.15 展示了当下领域模型的最新结构。

对讲解过的内容做过简单温习之后我们开始介绍验证规约。再次强调一下：为简单起见笔者了使用英文 Rule 表示规约而非 Specification。首先要介绍的自然是规约的

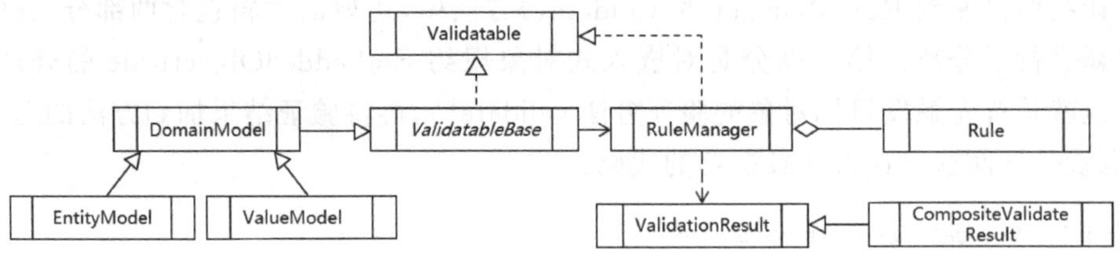

图 7.15 变化后的领域模型类结构图

接口，如下代码所示：

```
public interface Rule extends Validatable {
    Rule and(Rule rule);
    Rule or(Rule rule);
}
```

又见到了我们的老朋友接口 Validatable，现在已经有多少个类和接口实现或承继它了？DomainModel、RuleManager、ValidatableBase 等，这才是能者多劳的典范。除了 validate()方法之外，我们在 Rule 接口中另外定义了两个方法：and()、or()，这样的话便可以实现规约间的逻辑运算了。

了解了验证规约接口的定义之后让我们再一起看看有哪些类实现了它以及是如何实现的。前文代码中我们曾经展示了一些预定义的规约，如 StringNotEmptyRule 等，不过现实中的验证规则多种多样，除了预定义的规约之外还应该提供一些抽象类，以方便客户实现自定义的规约。第一个要介绍的类为 RuleBase，是所有归约的基类。老规矩，对于复杂的类我们仍然采用分段分析的方式，下列代码片段展示了它的基本结构：

```
public abstract class RuleBase <TTarget > implements Rule {
    private TTarget target;
    private String nameOfTarget;
    private String customErrorMessage = GlobalConstants.EMPTY_STRING;

    protected RuleBase(String nameOfTarget, TTarget target){
        this(nameOfTarget, target, new String());
    }

    protected RuleBase(String nameOfTarget, TTarget target, String errorMessage) {
        this.setTarget(target);
        this.setNameOfTarget(nameOfTarget);
        this.setCustomErrorMessage(errorMessage)
    }
}
```

代码比较简单，target 表示待验证的对象，可以是基本类型也可以是值对象类型；nameOfTarget 和 customErrorMessage 分别表示待验证的属性名称和验证失败后的提示消息，两个信息都用于提示的作用。有读者可能会觉得 nameOfTarget 多余，因为可以通过 target 推导出来。正常情况下自然没有问题，但当属性值为空时处理起来会比较麻烦。此外，笔者也不太想使用反射的方式，比较妨碍对代码进行解释。不过真实项目中您可以不用在意这些限制，方便使用也是设计类库时要重点考虑的事情。另外两个方法分别是构造函数，读者可以翻看前面的代码案例来了解客户端是如何使用这些构造函数的。

基本结构信息了解之后我们再看看其他方法是如何实现的，代码如下所示：

```
public abstract class RuleBase<TTarget> implements Rule {
    public String getCustomErrorMessage() {
        if (StringUtils.isEmpty(customErrorMessage)){
            return getDefaultErrorMessage();
        }
        return this.customErrorMessage;
    }

    protected abstract String getDefaultErrorMessage();

    @Override
    public Rule and(Rule rule) {
        return new AndRule(this, (RuleBase)rule);
    }

    @Override
    public Rule or(Rule rule) {
        return new OrRule(this, (RuleBase)rule);
    }
}
```

getCustomErrorMessage()方法用于返回验证失败时的提示信息。本案例是规约的简化版本，实际使用时您可以根据自己的需要把错误信息加工成您喜欢的格式，当然，要保证格式统一、规范且符合企业规范。getDefaultErrorMessage()的作用是返回缺省的提示信息，如果实例化规约时没有指定验证错误提示则返回缺省值。and()和or()方法的实现交由了两个预定义的规约 AndRule 和 OrRule。如果您还想自定义其他的逻辑运算如：in、not、between 等，可以参考笔者对于这两个类的设计。不过“择日不如撞日”，既然我们已经讲到了逻辑运算规约，那就索性展示一下应如何进行实现，读者也可以从中学习一些分析相关的技巧。

为方便起见，我们只以 AndRule 为例进行说明，它表示的是逻辑与(AND)，相当于 Java 中的“&&”。操作符两端的条件只有同时为 true 时结果才能为 true。很明显，逻辑与操作符是一个二元操作符，也就是说它的两端都应该各有一个元素才行。我们经常使用的加、减、乘、除、逻辑或、等于、比较等都属于典型的二元运算。既然如此，设计

AndRule这类用于逻辑运算的规约时也应该让其包含两个元素，分别代表左元与右元。核心代码如下所示：

```
public abstract class LogicalRule extends RuleBase {
    private RuleBase x;
    private RuleBase y;

    protected LogicalRule(RuleBase x, RuleBase y, String errorMessage) {
        super(GlobalConstants.EMPTY_STRING, null, errorMessage);
        this.x = x;
        this.y = y;
    }
    //代码省略...
}

class AndRule extendsLogicalRule {
    public AndRule(RuleBase x, RuleBase y, String errorMessage) {
        super(x, y, errorMessage);
    }

    @Override
    public ValidationResult validate() {
        boolean result = this.getX().validate().isSuccess()
            && this.getY().validate().isSuccess();
        return new ValidationResult(result, null);
    }
}
```

逻辑与和逻辑或都属于逻辑运算，出于复用的目的，笔者为它们引入了一个共同的基类LogicalRule。它的代码很简单，两个关键属性x、y分别表示左元与右元。AndRule类从LogicalRule继承并重写了validate()方法，不过核心代码其实只有一句，即：通过“&&”运算符将左元与右元的验证结果进行逻辑与。OrRule的代码我们就不再进行展示了，相信聪明的您能够很快的搞定。可以看到，RuleBase中的逻辑运算只是对逻辑型规约做了简单的封装并没有真正地实现验证逻辑，真正的执行者是AndRule或者OrRule这类对象。

讲解完逻辑运算之后，我们再看一看案例中的StringNotEmptyRule规约是如何实现的：

```
public class StringNotEmptyRule extends RuleBase<Object>{
    @Override
    protected String getDefaultErrorMessage() {
        return String.format("%s为空对象", this.getNameOfTarget());
    }
```

```
    @Override
    public ValidationResult validate() {
        if (StringUtils.isEmpty(this.getTarget())) {
            return ValidationResult.failed(getCustomErrorMessage());
        }
        return ValidationResult.succeed();
    }
}
```

这一规约的主要目的是用于判断字符串是否为 null 或空字符串。实现的逻辑也比较简单,仅需要调用字符串工具类对目标值进行判断即可。

在诸多的预定义规约中笔者认为还有两类值得介绍:一是用于进行比较的规约如大于、小于等;另外一种是自定义规约,其能够允许客户自行编写判断逻辑,让我们分别对它们做一下简单的介绍。

第一个入场的自然是用于比较的规约,展示具体代码前请您考虑一下:Java 中要如何做才能保障对象是可以比较的呢?是的,答案很简单:只需要目标对象实现 Comparable 接口即可,讲解实体标识符时我们曾经介绍过它。用于比较的规约不同于逻辑运算,后者只是对规约进行了封装,而前者是需要实现比较算法的,否则规约会无法进行工作。不过算法的逻辑也比较简单,只需要对 compareTo()方法的返回值进行判定就能够同时实现大于、小于和等于的比较。我们的目标是针对每一种比较方式如大于、小于等都提供一个对应的规约而非将 compareTo()方法直接抛给用户去使用,这样做的好处是:通过规约的名称可以反映出通用语言。另外一方面,用于比较的规约都有着共同的结构,即:内部都包含了一个待比较的目标对象。所以我们设计了一个比较型规约基类,在其中将待比较的目标对象作为类的属性,而实际的比较算法会放到具体类中进行实现。说得有一些抽象,先上代码:

```
abstract class ComparableRule extends RuleBase <Comparable> {
    protected Comparable toCompare;

    protected ComparableRule(String nameOfTarget, Comparable source,
        Comparable toCompare, String errorMessage) {
        super(nameOfTarget, source, errorMessage);
        this.toCompare = toCompare;
    }

    @Override
    public ValidationResult validate() {
        return compareCore();
    }
```

```
    protected abstract ValidationResult compareCore();
}
```

ComparableRule 类表示用于比较的规约，其中的属性 toCompare 表示待比较的对象，再加上 RuleBase 中 target 属性正好形成了比较运算的左元与右元。我们再看看 validate()方法的实现，它调用了本类中声明的 compareCore()方法，这就意味着您需要在子类中实现具体的比较算法逻辑，再一次使用了模板方法模式。我们以"大于"规约为例，看一下它是如何实现的：

```
public class GreaterThanRule extends ComparableRule {
    public GreaterThanRule(String nameOfTarget, Comparable source,
        Comparable toCompare, String errorMessage) {
        super(nameOfTarget, source, toCompare, errorMessage);
    }

    @Override
    protected ValidationResult compareCore() {
        int result = this.getTarget().compareTo(this.toCompare);
        return new ValidationResult(result >0, null);
    }
}
```

是不是非常简单？以上述代码为参考相信您也可以轻易地实现小于或等于的规约。不过笔者认为最有意思的应该是"大于等于"或"小于等于"这类规约的实现，可能您的第一想法仍然是通过调用 compareTo()方法来实现，技术上没有任何问题，不过人们在开发时比较讲究代码的复用，所以请您看看笔者是如何实现大于等于规约的：

```
public class GERule extends ComparableRule {
    @Override
    protected ValidationResult compareCore() {
        ComparableRule equalRule = new EqualsRule(this.getNameOfTarget(),
            this.getTarget(), this.toCompare);
        ComparableRule greaterThanRule = new GreaterThanRule(this.getNameOfTarget(),
            this.getTarget(), this.toCompare);

        boolean result = equalRule.validate().isSuccess()
            || greaterThanRule.validate().isSuccess();
        return new ValidationResult(result, null);
    }
}
```

既然已经实现了大于和等于两个规约，那么大于等于规约只需要对上述两个规约进行复用就可以了。有读者可能会认为这样做多此一举，声明了更多的对象不说，实现起来也并不简洁。是的，仅站在本案例的角度来看这样做的确没有省下多少事儿，但笔者想要强调的是“复用”的思想。尤其是业务逻辑的复用,哪怕只有一行,很多时候也能大大减少修改代码对系统所产生的影响。

前面的案例中我们并没有展示如何使用比较型规约,其实和 StringNotEmptyRule 的使用方式类似,只是构造参数多少的问题。这请读者参看如下代码:

```
public class Contact extends ValueModel {
    private String name;

    @Override
    protected void addRule(RuleManager ruleManager) {
        super.addRule(ruleManager);
        ruleManager.addRule(new ObjectNotNullRule("name", this.name, "无收件人姓名"));
        ruleManager.addRule(new LERule("name", this.name.length(), 32, "收件人姓名过长"));
    }
}
```

介绍完用于比较的规约,第二个入场的便是自定义规约。那么为什么笔者要特意引入这样的一个类型呢?相信细心的您已经发现了:前面我们介绍的规则只能用于单个属性的检验。而真实的场景中,要验证的场景可能非常复杂,比如多个属性的联合验证,这种情况之下我们应该允许客户进行定制化规则的编写。下面代码展示了自定义规约的实现:

```
public class CustomActionRule extends RuleBase {
    private CustomAction customAction;

    public CustomActionRule(String nameOfTarget, CustomAction customAction) {
        super(nameOfTarget, null, GlobalConstants.EMPTY_STRING);
        this.customAction = customAction;
    }

    @Override
    public ValidationResult validate() {
        return this.customAction.validate();
    }

    public static abstract class CustomAction<T> implements Validatable {
        private T target;
    }
}
```

CustomActionRule 为自定义规约,我们在其内部声明了一个静态的抽象类 CustomAction，其实现了接口 Validatable 但没有实现 validate()方法，因为我们会将该方法的实现交给具体类。其他代码足够简单，我们不做过多的解释，下面的代码展示了如何去使用自定义规约：

```
public class Order extends EntityModel<Long>{
    private OrderStatus status;
    private Date finishedDate;

    @Override
    protected void addRule(RuleManager ruleManager) {
        super.addRule(ruleManager);
        ruleManager.addRule(new CustomActionRule(null, new CustomActionRule.CustomAc-
tion<Void>(null) {
            @Override
            public ValidationResult validate() {
                return integrationValidation();
            }
        }));
    }

    private ValidationResult integrationValidation() {
        if (this.status == OrderStatus.FINISHED) {
            if (this.finishedDate == null) {
                return ValidationResult.failed();
            }
        }
        //其他方法省略...
        return ValidationResult.succeed();
    }
}
```

如果您使用的是 Java 8 或者更新的版本，可以考虑以 Lambda 表达式的方式来代替匿名类，这样的代码看起来会更加简洁，很多时候只需要一条语句即可解决复杂的验证逻辑。书归正文，让我们看一下如何对订单实体的属性做联合验证的。业务规则如下：当订单的状态为已经完成时，完成日期属性 finishedDate 必须不能为 null。本案例中，我们在 CustomActionRule 的匿名类中调用了 Order 内声明的私有方法 integrationValidation()来实现具体的验证逻辑。如果这种方式让您觉得订单实体的责任不够单一，您可以将其实现在子类中甚至是单独的应用服务中。前者的好处是您可以方便地获取到订单实体的属性值；如果选择后者的话，您最好将领域服务与订单实体放在同一个包中并且将 getter 至少设置为 package 级别才能访问到 Order 的属性值。

有关规约的内容至此已经告一段落，虽然内容有点多但实现逻辑都比较简单。除了案例中我们展示的规约之外，笔者还预设计了一些使用频率比较高的规约类型如：正则表达式规约、in、between 等,这些预定义的类型都被放置到了开发类库中,随用随取。另外,如果您需要自定义规约的话,可以考虑让自定义类型去继承抽象类 RuleBase,能够节省很多开发时间。

最后,为帮助您理解规约体系的结构,笔者将主要的规约类形成了类图,如图 7.16 所示。

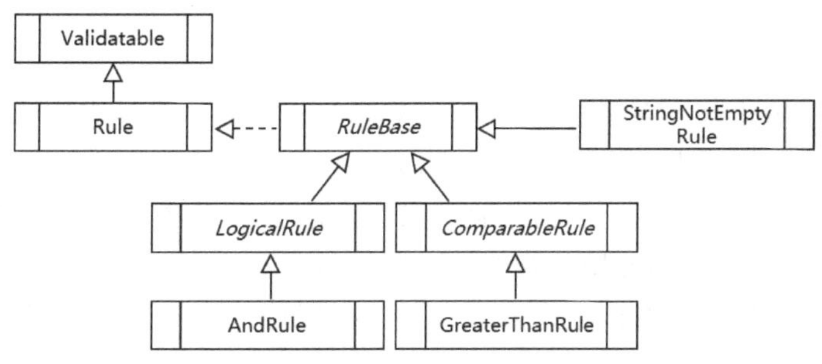

图 7.16 规约核心类类图

现实中使用规约时,为避免某个属性由于失误没有被验证到,笔者建议每设计完一个领域模型或者引入新的属性之后,首先去检查方法 addRule()的实现。这种检查包含两个层次:一是属性是否合规;二是整体对象是否合规,确保没问题后再进行业务代码的编写。实例化领域模型的数据一般来源于三个地方:数据库、用户输入以及其他服务的输入。这些信息并不可靠,如果不能将验证工作做到位很有可能会在某些特殊场景下出现运行时问题,比如 NPE、脏数据等。当然,验证并不能完全避免问题,但却可以大大减少问题发生的概率,在上面进行一些投资绝对是有益的。

2. 验证触发的时机

基于前文所讲的验证思路您会发现:无论是实体还是值对象都具备了一个公有的验证方法 validate()。理论上来说,您可以随时随地地去调用这个方法。可以在执行业务方法之前、领域模型实例化后甚至是每一次对属性的值进行修改的时候。如果不对此加以限制的话,您就会发现代码中到处都充斥着 validate()方法的调用,极大地影响了代码的整洁度。更致命的问题还不在于此,如果这份代码被另外的工程师接手的话,尽管他很想把这些受到污染的代码进行调整但经验会告诉他:不要轻易变动,有可能会错过该有的验证。所以,确认触发验证的时机很重要,最好的方式是通过规范的形式来告知工程师如何对领域模型进行验证。

就触发领域模型验证的时机,笔者给出的答案很简单:对象构造完成时。构造对象的方式包括使用构造函数和使用工厂服务两类,您可在对象实例化之后调用其上的 validate()方法来检验目标对象是否合规,如果出现失败的话可以通过抛出异常的方式来中断当前业务。不合法的对象就好似是一个畸形儿,不应该被创造出来,勉强使用的话也只会为系统带来极大的负面影响。既然构建失败了就索性通知用户或触发业务告警,不必再兜兜转转地强行去尝试完成业务。如果您经常使用 Microsoft Office,就会发现当文件受到严重破坏且无法被打开时软件会直接弹出错误提示,它不会显示乱码或其他不可理解的内容给用户。类似的情况也会出现在一些电子游戏中,当存档受损时游戏并不会强行对数据进行加载,因为这样做的话很有可能会对游戏本体产生破坏。

最佳实践

当构造出的领域对象不合法时可采用抛出异常的方式将业务及时中断以避免产生更多的错误。

在介绍实体构建这一方面内容的时候,笔者曾建议实体设计者应当提供出一个仅使用一行代码即可构建出合法对象的方法,无论其实现方式是构造函数还是工厂服务。有这个原则在先就大大地简化了对象验证工作的开展,因为前文已经强调过:您需要在对象构建完成后、供客户端使用前触发验证逻辑,这就意味着您只需要把 validate()方法的调用植入到实体的构造函数中或工厂服务内即可。将验证的过程封装起来之后,后续客户在实体上的任何操作就不需要再调用验证方法了。

或许您会担心只在构建后进行验证是否太过草率,在对此进行解释之前请您考虑这样两个问题:何时会创建实体(准确地说应该是聚合)?为什么一定要在实体构造完成后进行验证?针对第一个问题,总结下来不外乎两种:一是根据外部传入的数据构建新的实体;二是根据数据库中的信息反序列化实体。对于第一种情况,相信大部分读者能够理解引入验证的必要性,毕竟我们不能限制客户的输入。那么对于第二个场景应该怎么去理解呢?就实体而言,只要其能够被构建出来就一定是合法的,落入到数据库之后再进行反序列化时按理也不应该出现非法的情况,此时使用验证还有意义吗?理想情况下的确如此,但更为现实的情况是数据一旦落库就变得不可控:它可能被人为地修改、可能出现部分数据损坏的情况、可能只保存了一部分数据……。分布式环境之下,什么特别的情况都有可能会发生,充分的验证是非常有必要的。有了这样的解释,相信第二个问题已经很好回答了:因为构建实体的数据不可控。

回答过上述两个问题之后,我们再解释一下为什么对象被成功创建后便不需要再调用它所包含的验证方法了。难道我们真的可以"为所欲为"地进行任何方法的调用了吗?难道在持久化阶段或者说在提交数据库事务前也不需要进行二次验证了吗?是的,请相信您的眼睛,笔者并没有对此胡言乱语。也许您会觉得荒唐,觉得这样写代码太过随意,万一调用某个方法时将对象置成了不合法的状态,持久化阶段岂不会出现问题?我理解您的这种担心,但有一个前提笔者可能没有提前进行说明,即不允许任何方法调用后让对象变成非法状态,也就是说实体对象一旦被成功构建就需要让其一直处于合法状态,这样的话就不会出现您所担心的情况了。同时也解释了为什么笔者一直在强调"触发验证的时机"这一问题,就是为了保障领域对象在处理业务逻辑时一定要处于合法的状态之中。那么要如何实现这一目标呢?让我们先看一下下面的案例:

```
public class Account extends EntityModel <Long >{
    private RealName realName;
```

```
        public void changeRealName (string name, string idCard) throws RealNameModifica-
tionException {
            if (StringUtils.nullOrEmpty(idCard)) {
                throw new IllegalArgumentException("idCard");
            }
            if (this.status == AccountStatus.FREEZEN) {
                throw new RealNameModificationException();
            }
            this.realName = new RealName(name, idCard);
            //代码省略...
        }
    }
```

上述代码用于变更账户的实名信息。可以看到:变更属性 realName 之前我们做了许多的判断,比如 idCard 参数是否有值、账户的状态是否未被冻结等(注:出于简化代码的目的笔者省略了一部分内容,实际的项目代码可能要包含更多的验证逻辑),只有验证条件都通过后才会真正地执行变更操作。这种编程风格是不是让您觉得非常麻烦? 而且代码看起来也不太整洁。不过关系并不大,您可以把验证的逻辑抽取到另外的方法中。当然了,也可以先对属性进行变更操作并在完成后主动调用 validate()方法:

```
public class Account extends EntityModel <Long >{
    public void changeRealName(string name, string idCard) {
        this.realName = new RealName(name, idCard);
        //代码省略...
        this.validate();
    }
}
```

上述的方式看起来比较简单,但笔者并不推荐,具体原因有三:

(1) 您可能会忘记调用 validate()方法。

(2) 调用验证方法前有可能会先执行其他业务逻辑,如果使用到 realName 的话就会面临发生错误的风险。

(3) validate()方法会出现滥用的情况。

另外,也有读者认为既然使用领域模型的地点是在应用服务或领域服务中,那么只要在使用领域对象之前做好验证就可以了,没有必要在领域模型的方法中加入用于验证的逻辑。这种方式也不好:首先、您会将领域模型的使用绑定在某一个特殊的业务用例中,一旦出现变化就需要把验证逻辑重写一次;第二、领域模型不够自治,会严重依赖于外部条件。

总的来看,如果希望对象的合法状态能够持续下去就需要在操作属性之前对输入参数进行足够的判断。推荐的方式是把验证逻辑放到实体内部而非其他的地方,毕竟验证也是业务逻辑的一部分。只要这一步做得足够好，您真的可以对领域对象“为所欲为”了。

最佳实践

无论以何种形式实例化领域模型对象，都应该在构建完成后进行验证处理。

前文中我们强调了触发对象验证的时机，一句话可总结为：对象实例化之后，客户使用之前。不过，在一些特殊的情况之下，对象的创建可能发生在某个领域模型的方法之内，这时您可以考虑将验证的工作取消掉。前文案例中我们展示过订单项 OrderItem 对象的创建过程，如下代码片段：

```
public class Order {
    public void addItem(String productId, int quantity, Money unitPirce) {
        //代码省略...
        OrderItem item = new OrderItem(productId, quantity, cost);
        //代码省略...
    }
}
```

请读者考虑一下有必要在构建 OrderItem 对象后再调用它的 validate()方法吗？笔者的答案是否定的。既然订单能够创建订单项，就意味着它是这方面的知识专家，它知道怎样才能创建出合法的订单项对象，此时再调用验证方法就属于多余的操作了，可省略掉。

除了基于领域模型的验证之外，有一种观点认为可以将验证的工作交由数据库来进行代理。虽然大部分情况下是可行的，但数据库能做的工作毕竟有限，它可以做的判断不外乎是：数据是否不为 null、数据类型是否正确等这类基本验证，涉及对象的整体验证则无能为力。此外，类似“数据长度是否超限”的判断只能在持久化阶段通过抛异常的方式来通知调用方，正确的方式应该是在数据入库之前通过代码进行检查，这样做不仅效率更高，对于错误的提示也会比较友好。另外，也有一些设计师喜欢对验证“层层加码”，不仅在代码的层面上进行各类检查，还会在数据库表上加上种种约束。笔者个人并不赞成这一方式，虽然看起来显得很严谨但换来的却是极差的运行效率。考虑这样一个问题：如果验证的逻辑在领域对象上已经通过但存储时失败了，应该以谁的验证结果为准呢？笔者认为：既然数据库的主要作用是为领域对象的存取提供支持，那数据的合理性就应该由领域层对象进行保障，数据库只需要无条件地投赞成票就足够了，不要再将验证的责任交给它。当然，笔者的意思并不是说完全不在数据表上实施检查或约束，而是要尽量地弱化这一过程，尽量通过代码对入库前的数据进行验证。

客观来讲，在数据库上增加简单的验证是可行的，不过要切记一点：您不能因为数据库上已经增加了验证就因此省略了对领域模型的检验，二者面向的对象并不相同。数据库层面的验证面向的是数据，方式比较单一；领域模型验证面向的是业务，逻辑复杂且要求更加严格。当然,尽管我们一直在强调用领域模型的重要程度但并不意味着基础设施层的内容就变得可有可无甚至是低一等的存在,两者应该是一个相互成全的过程。比如,您明明知道 null 列对于数据空间的占用及索引的使用有着负面的影响,在设计时就应该尽量为可能为 null 的数据指定一个默认值,消除 null 列存在的可能。

本书提供的对象内验机制仅仅是验证对象合法性的手段之一。所谓"条条大路通罗马",实践中其实有多种验证的方式甚至是开源框架可供使用,如果条件允许您甚至可以自行编写适合于自己和团队的验证框架。不过这些仅仅是手段,您所要关注的重点应该是思想——时刻保障类不变条件不被破坏的思想。另外多说一句,如果您曾经接触过 DDD 应该会知道:其要求以聚合作为最基本的业务单元、存储单元和事务单元(后文中笔者会对此进行详细说明),其实还应该多加一条:验证单元。所以我们再次强调一下:上述所说的验证应以聚合为单位而非某一个实体或值对象。由于实体可代表聚合且我们已经对其进行了讲解,所以笔者在前面的内容一直在使用实体去说明问题。书归正文,实践中您需要多去思考对象的合法性,虽然说不太可能一下子都想全面,但要时刻保持验证的意识,这样的代码安全性才会更高、发生意外的情况才会更少。

总　结

本章中我们主要学习了值对象相关的知识。作为使用率最高的领域模型,它没有独立的生命周期且一般只会作为其他对象的附庸而存在,随着被附庸的对象一起出生、消亡。值对象的一大特色是它不能被共享,不能被所属聚合之外的其他对象长期引用。看似能力较弱,实则潜力巨大,应用得好会让您的设计更具弹性,扩展性会更好。

了解过值对象的特征之后我们讲解了如何对值对象进行存储。除了其可以作为实体表的字段之外,还可能以独立的表的形式存在。当实体与值对象存在一对多的关系时,我们一般都会将值对象存储到单独的表中,不过如果数据库使用的是 NoSQL 的话,这一常用方案就可能会被推翻。另外一方面,虽然有时候值对象数据只占用了一个列,但出于数据库性能的考虑,我们也可能会将其拆分到一个单独的表中。具体如何抉择,需要设计师发挥自己的智慧以及经验。

很多工程师常常为会区分实体与值对象而烦恼,实则大可不必,这几乎是每一位设计师都会遇到的问题。所以,为加深您对值对象的理解,我们引入了几个比较常见的案例供君参考。尽管所有的业务都是假设的,但其提供的分析思路是有价值的、是值得借鉴的。

最后一节,笔者介绍了如何设计一个轻易级的领域模型类库来简化代码上的实现。其中最重要的内容是"验证",为此我们引入了一个基于规约的简单验证框架。尽管对于验证的工作您可能有着自己的思考以及习惯的工具,但始终维持领域模型合法性这一思想要比工具更具价值。

下一节,我们开始介绍 DDD 战术模式中的另外一个重要元素:聚合,这一概念笔者曾多次提及,其重要性自然不言而喻,请您追随笔者的脚步开始新的旅程。

第 8 章　独立自主——聚合(Aggregate)

领域驱动设计战术部分最为关键的一个概念即是本章的主角：聚合，表面上看似简单，但想要真正地理解透彻还是有一定难度的。它不像实体、值对象，您可以看得见、摸得着，聚合是一个虚拟的概念，代码上并没有哪个类或对象叫作聚合。DDD 战略部分我们曾着重介绍了两个重要的内容：子域和限界上下文，前者的主要作用是对业务进行分类、分组；后者表示的则是一个个可被部署的服务或模块。可以看到，子域的概念相对要抽象很多，所以我们才认为它是一种概念模型。限界上下文则更具物理特性，能够被人们真实地感受得到。

聚合和子域在性质上有些相似，它表示的是一种虚拟的范围或者约束，作用的目标为实体与值对象。探索聚合相关的知识是本章的主要内容，笔者将会带领您从聚合的性质、使用方式、注意事项等几个角度对其作深入的学习。过程中我们也会穿插一些案例，期望您在学习过本章之后能对这一相对抽象的概念了然于胸。

8.1　认识聚合

第四章中我们花了大量笔墨来介绍隔离，而聚合则是最细粒度的隔离级别，在其上面还包括分层、限界上下文等隔离机制。那么聚合到底是什么东西呢？我们应该怎么去理解这个概念？它到底能帮助我们做哪些事情？想要正确回答这些问题似乎并不容易。主要原因就在于其在表现形式上不够明确、直观，您可以设计出一个聚合但没办法在代码中将其表现出来。人们能看到的似乎只有实体与值对象，而聚合更加强调边界特性，也因此给人们的理解带来了困难。有一些 DDD 开发框架例如 Axon 会要求您在聚合根中增加一些特别的标识，例如表示标识符概念的@AggregateIdentifier。它针对的是聚合根，后者在表现形式上是个实体。那么聚合的本质到底是什么呢？笔者的答案很简单：聚合根及其包含的所有各类对象加在一起便构成了聚合的概念。准确来说，聚合是边界和聚合根的复合体。边界是一种逻辑上的定义，它表达了范围的概念，规定了在此范围之内应该包含哪些对象。而聚合根则是聚合的表现形式，它代表了聚合并且是聚合中唯一可对外交互的对象，一般会以实体的形式存在。可以看到，聚合可以对领域模型的活动范围进行限制，同时也为客户操作领域模型实施了约束。

即使笔者不说相信您也会知道聚合一定有着这样或那样的好处，否则也不会作为核心要素引入到 DDD 中来。在介绍其各种特征之前笔者觉得有必要说明一下使用它的目的，同时也让我们一起考虑一下：不使用聚合会出现什么情况。

8.1.1 使用聚合的原因

就使用聚合的原因笔者共总结了四点,如图8.1所示,让我们逐一对其进行分析。

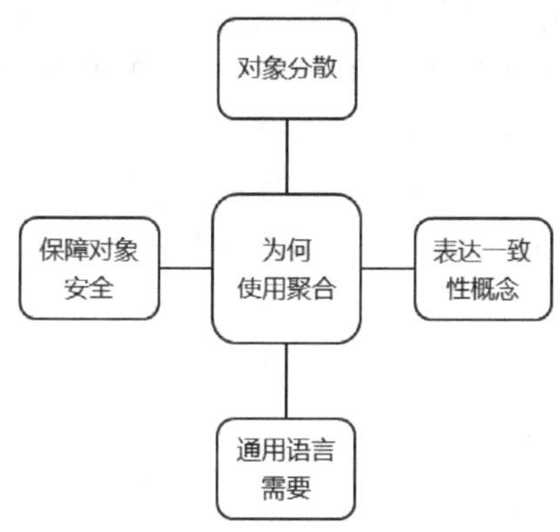

图8.1 使用聚合的原因

1. 对象分散

设计过程中我们会产生很多离散的模型,这些模型之间虽然有联系但密切程度并不一样。一个订单会包含多个订单项,这是组合关系,属强关联;一个订单会对应一个账户,这是关联关系,关联强度要弱一点。有时,我们需要将多个对象划到同一个组中并以整体的视角来看待它们;有时则必须将他们分开以便使用更为精确的方式去表达领域概念。当您将一组对象视为整体时,就意味着它们应该属于相同的工作单元,需要同时存储、更新或者是删除。

订单与订单项之间的这种组合关系意味着我们应该将其视为一个整体,但这并非是一种强制的要求。基于事务脚本的设计就是将它们分开处理的,也许当前很多正在运行的系统也是如此,对象间的关系或许比订单与订单项这种简单的组合更加复杂,照样可以正确地运行。那么引入聚合的概念有什么好处呢?为什么要把离散的模型强制组合在一起?笔者觉得这种设计更为自然、更符合事物的客观规律。同人们处理现实中的各类事件一样,秋收冬藏并不是一个强制的要求,您可以尝试去打破,但也要有勇气去承担一定的后果。

实际上,对象间的关联关系并不存在什么强制性的约束,本质上都是分散的,尤其从技术的角度来看。我们所看到的各种联系不论是继承、组合、关联还是引用都是一种人为的定义,只有站在某一特定的角度来看(例如面向对象)才会有效。之所以我们不愿意刻意去打破这些关系反而还去增加一些更为强力的约束,比如聚合的使用,主要原因就在于:人们发现在解决复杂问题时使用面向对象的方式更好,这是顺从客观规律的结果。打破这种规律所造成的后果就是系统越来越难以维护,投入与产出不再成正比,这并不是人们乐意看到的结果。

引入聚合的一个重要作用就是把一组内聚度很高的对象组合在一起,让他们密切合作来完成某一项任务。对比于现实世界中的事物，有些东西一旦分离就不能再正常地工作。CPU 和主板只有组装在一起才能形成一个完整的计算机；引擎和轮子组装在一起才能被称为合格的汽车。聚合的目的就是让代码与现实世界的事物映射得更好：既然真实世界中有些东西密不可分，那我们就想办法让代码世界中的对象也聚合在一起。当我们真的能做到让两个世界中的对象形成完美映射，就意味着您已经抓住了事物的本质，开发出的软件肯定会有着较强的抗变性。

可以看到，聚合是对限界上下文封装特性的一种扩展。后者在概念上和物理上限制了领域模型的作用范围；而前者则是一种更细粒度的限制。聚合范围内的所有对象构成了一个整体的概念，对外统一提供业务能力。从外部来看，仿佛只有一个对象在工作，而实际上，聚合内部的对象各司其职、相互协调，共同完成了对业务的支撑。

2. 表达一致性概念

谈及到一致性人们经常会想到事务一致性，例如：强一致性、最终一致性等概念。对于领域模型的设计来说仅仅有事务并不够，您还需要时刻保持业务规则和业务概念的一致性。这一概念要如何解释呢？请先看一下如下代码：

```
public class Order {
    private Money total;
    private List<OrderItem> items;

    public void addItem(Long productId, int quantity, Money unitPirce) {
        Money cost = unitPirce.mult(quantity);
        this.total = this.total.add(cost);
        OrderItem item = new OrderItem(productId, quantity, cost);
        //代码省略...
    }
}
```

前面我们曾举过一个类似的例子：订单的总价格 total 应等于所有订单项的价格之和，这就是最简单的业务规则一致性，也可以称之为类不变条件。后续不论您对订单项做什么样的操作：增加、删除或变更，这一不变条件都是固定的且不允许被打破。上述代码隐式地体现了聚合的概念，您可将其称之为：订单聚合。它包含了订单实体 Order，订单项 OrderItem 等多个业务概念，聚合根是 Order。可以看到：这种设计方式能够将有强关联关系的对象聚合在一起，将业务规则的一致性始终保持在聚合的内部。甚至可以这么认为：正是因为有了聚合，才使得工程师可以很轻易地去维护这种一致性。如果您不能理解这个概念，可以想象一下把订单与订单项分开会出现什么样的情况，例如下面的代码：

```
@Service
public class OrderApplicationService {
    public void addItem(Long orderId, Long productId, int quantity, Money unitPirce) {
```

```
            OrderEntity order = this.orderDao.findBy(orderId);

            Money cost = unitPirce.mult(quantity);
            OrderItem item = new OrderItem(orderId, productId, quantity, cost);
            this.orderItemDao.insert(item);

            order.changeTotal(order.getTotal().add(cost));
            this.orderDao.update(order);
        }
    }
```

上述代码以事务脚本的方式实现了增加订单项的业务用例，也保持了“订单的总价格 total 等于所有订单项的价格之和”这一原则。那么现在的不变性规则是由谁来维护的呢？应用服务。相对于订单聚合，使用应用服务来保持类不变性条件扩大了业务规则的活动范围，从领域模型中分散到了外部，如果不加以控制，可能分散得到处都是。想想为什么很多系统维护起来非常麻烦？原罪就在于业务规则太过发散。原则上，我们应当保持对象的高内聚，也就是业务规则的内聚、领域对象属性的内聚和方法的内聚。不过以当前的设计来看，没有谁能给予这样的保障，所以只能由应用服务能者多劳了。如果业务规则简单且规模较小的话，使用这一设计方式问题其实并不大，但现实世界复杂多样，一个业务用例不可能只需要两个对象(表)以及有限的几个规则就能实现的。针对于复杂的业务场景，试想如果把为数众多的业务规则和参与对象全部交由应用服务进行管理会出现什么样的结果？这样的代码不就是传说中的“大泥球(Big Ball of Mud)”[1]吗？

笔者觉得：聚合的最强大之处就是保持了业务规则的高度内聚和高度统一，它能够将规则的活动空间控制在某一个具体的范围之内以达到细粒度管理的目的。无论聚合内的对象怎么变化，始终能够保障业务规则一致性不被破坏。表面上看，聚合似乎是一种控制手段，但笔者更愿意将其作为思想来看待。

当然，除了业务一致性之外，聚合也需要对事务的一致性进行保障。仔细想一下也是合情合理，有了业务规则的一致性在先，事务一致性是必然的。毕竟我们已经使用了聚合在业务层面上保障了业务规则的正确、有效和一致，那无论如何也不应该在技术层面让数据一致性得不到保障，否则前面的工作就算是白干了。因此，聚合也代表着事务单元，它需要保障其管辖范围内的所有对象在持久化时能够被同一个事务进行管理。如果您使用 NoSQL 作为持久化聚合的介质的话，因其无法提供有效的事务能力，最好将整个聚合的数据都放置在一起，避免只将聚合内的部分数据进行了持久化。以 MongoDB 为例，可以把聚合的数据全都放在同一个文档中。

1　源于 UIUC 两位计算机科学家 Brian Foot 和 Joseph Yoder 的声讨檄文《Big ball of mud》，原文地址：http://laputan.org/mud/mud.html#BigBallOfMud。

3. 通用语言需要

不论是研发人员还是业务人员，在使用通用语言进行沟通的时候，所提及的业务对象一般指的都是某个聚合，这是一种很自然的沟通及表达习惯。您可以回忆一下与业务专家沟通时所使用的言语，除非涉及细节的讨论，大部分情况下都在使用聚合进行交流，比如订单、账户、商品、账单等。以订单为例，交流的双方都会默认对方口中的订单包含了订单所涉及的全部内容如订单项、收货信息、价格信息等，并不是特指订单这个实体。

本质上，聚合的概念源于通用语言，它表示的是具备整体特性的一组对象的集合。既然通用语言中涉及这样的一个类似集合的东西，我们在建模的时候也需要将其表达出来，这便是聚合。通用语言中的“整体特性”和“对象集合”只是一种概念上的表达，而聚合也恰恰具备了这一特征，它表达的也仅仅是一种范围上的概念，并非物理的。如果硬要将通用语言中的对象集合概念与技术上的领域模型进行映射，那么聚合根就可以代表聚合，不过此刻我们尚未对这一概念进行说明。

4. 保障对象安全

领域模型设计过程当中会产生很多不同种类的对象，尤其是值对象类型，数量非常庞大。虽然对象很多，但并不代表它们能够被任意地访问或修改，否则很有可能会对业务一致性产生破坏。此外，有一部分对象是不能被访问的，甚至都不应该让聚合外部的对象感受到它们的存在，比如前文中我们说过的隐式对象，通用语言中都没有进行明确提及，我们更不应该将它们暴露到外部环境中。聚合的一大作用便是规定了对象的活动范围，或者用“保护”一词更为贴切，它能够将某些对象保护起来不被访问到。当然，这一过程中聚合根所起到的作用会比较大，毕竟它代表了聚合，外部想要操作聚合内的对象都必须经由它来进行把关。

对象安全性的保障是模型设计工作中需要被重点关注的问题，由于不被人重视所以很容易让代码中隐藏着隐患，比如下面这一段：

```
public class Order extends EntityModel<Long>{
    private List<OrderItem>items;

    public List<OrderItem>getItems() {
        return this.items;
    }
    //代码省略...
}
```

外部通过调用 getItems()方法便可以获取到订单中的订单项列表，由于列表并非只读，所以客户可以随意地对其中的订单项进行修改，可怕的是这种修改还会造成业务一致性被破坏。比如增加一个新的订单项到列表中，此时订单的总价并不等于订单项价格之和。从表面上看，我们提供一个用于查询订单项列表的接口无可厚非，甚至可能是必需的。问题是案例中所示的 getItems()方法存在着隐患,它能让用户绕过聚合根去修改其内部的属性,也就是说聚合的保护作用没有发挥出来,不注意的话很有可能会产生问题。这还是我们使用了聚合后的结果,多少还有一层限制。试想如果使用事务脚本的方式会如何?由于操作的是数据,所以很多业务上的约束都可以被轻易绕过,尽管工程师可能是无心的。

您看到了,即便使用聚合也不代表被保护的对象一定是安全的,设计师仍要加十万分的小心来保障聚合内对象的安全性。上述代码的优化其实很简单,仅仅加一些简单的限制就能够避免潜在的问题发生:

```
public class Order extends EntityModel<Long>{
    private List<OrderItem> items;

    public List<OrderItem> getItems() {
        return Collections.unmodifiableList(this.items);
    }
    //代码省略...
}
```

此时调用 getItems()方法才是安全的,这一保障源于两个方面:一是客户不能往只读列表中添加或删除订单项;二是订单项自身是值对象,属性无法被修改。

8.1.2 聚合示例

展示聚合案例之前请读者务必在心中保持这样一个概念:聚合是一种逻辑上的表达,落于代码时会以聚合根的形式存在。聚合根通常为实体,而其他部件则一般是值对象,极少出现实体的情况。

1. 审批单示例

第一个要展示的案例是审批单。业务背景其实很简单:想象一下,您提交了一份休假审批单,然后由上级领导一层层地进行审批。每审批通过一个环节流程就会往前推进一步直到所有的审批都完成;审批拒绝则可根据业务策略选择直接将单子打回至提交人或前一个审批环节,十分类似于我们经常使用的工作流系统。图 8.2 对审批单聚合进行了展示。

图 8.2 中的虚线标识了聚合的范围,其包含的所有对象如审批环节组、审批人等都属于这个聚合。审批单对象是聚合根,被笔者以粗体进行了标识。可以看到,我们在为聚合命名时使用的其实就是聚合根的名称,目的是以此来映射通用语言,这是人们最常使用的一种方式。账户对象不属于聚合的范围,它本身也是个聚合,有着自己独立的生命周期和业务一致性规则。

这个案例比较简单,唯一理解起来稍微有些麻烦的是审批人与审批环节的关系。笔者为了方便系统地拓展,让一个审批环节能够同时包含多个审批人,所以在它们中间加了一个审批人组对象作为过渡。不过在实际的使用过程中,一个环节通常只会包含一个审批人。这一做法只是为了扩展需要而留下的口子,仅限于领域模型之上,数据库并没有因此受到影响,我们采用的仍然是每个审批环节对应一个审批人的设计。这样的操作意味着什么?领域层与基础设施层已经无法相互匹配了。不过您也不要将这一问题看得太重,数据层面其实很好处理。即使有一天出现了一个审批环节多个审批人的情况,也不会影响到业务,只需要在基础设施层进行调整即可,变更成本很低。此外,还有一个问题需要读者注意:审批环节组、审批人组两个值对象并不会被持久化到数据库中,作为隐式模型,它们只在领域层有意义。

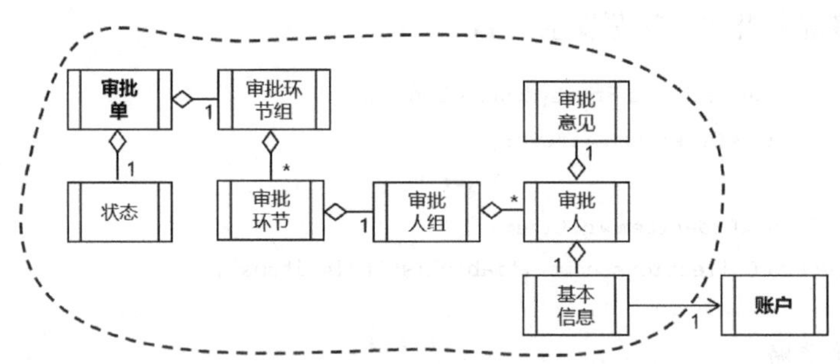

图 8.2　审批单聚合

有了类图作为参考,审批单聚合的代码编写工作也就不再是什么难事儿。笔者列出了一些核心片段,如下所示:

```
//审批单聚合根
public class ApprovalForm extends EntityModel <Long>{
    private title;
    private ApprovalFormStatus status;
    private ApprovalNodeGroup group;
}
//审批环节组
public class ApprovalNodeGroup extends ValueModel {
    private List <ApprovalNode> nodes;
}
//审批环节
public class ApprovalNode extends ValueModel {
    private ApprovalNode privious;
    private ApprovalNode next;
    private ApproverGroup group;
}
//审批人
public class Approver extends ValueModel {
    private Advice advice;
    private BasicInfo basic;
}
```

```
//审批意见
public class Advice extends ValueModel {
    private boolean passed;
    private String reason;
}
```

由于结构比较简单,笔者省略了一些类型如 ApproverGroup、ApprovalFormStatus 等。另外,相信您也注意到了:除了审批单 ApprovalForm 为实体外,其他的部件都被设计成了值对象类型。实际上,大部分的聚合都是这样的一种结构,经常是一个实体包含多个值对象。还有一点,如果想要在数据库的层面也支持一个审批环节对应多个审批人的情况,您还需要为类型 ApprovalNode 增加一个仅供内部使用的标识符,只有这样才能区分每个审批人所属的环节。

2. 电商系统中的账户示例

第二个要介绍的是账户聚合。很多读者搞不太清楚用户与账户的关系。前者主要表达的是人或机构的信息,如名称、地址、联系方式等;后者是使用系统的主体。以个人银行业务为例,用户一般表示人或顾客的概念,存储的是顾客的基本信息。当他办理了一张银行卡或存折的时候就会生成一个新的账户,记录的信息一般会包括账户编号、余额、密码等,与用户信息存在着很明显的不同。当我们去银行办理存款业务时,表面上看处理的是用户的业务其实是账户的;当我们去电商网站购物时,真正发生交易的主体是账户并不是用户。以笔者个人为例,可能会在同一个邮箱系统中注册两个不同的账户,但用户都指向的是我一个。所以用户与账户的关系通常是一对多的。

理清了这一层关系之后,让我们看一下电商系统中的账户聚合长什么样子,如图 8.3 所示。

相对于审批单的案例,这一示例要相对复杂一点。账户不仅是聚合也是聚合根,其范围之内包含了状态、有效期、基本信息等值对象。除账户聚合之外,图 8.3 中还包含了另外两个聚合。变更记录聚合表达了账户信息的每一次变化,其关联了账户聚合。用户聚合所要表达的业务含义前文已经进行过说明,我们不再赘述。不过您注意一下它和账户的关系,是账户实体关联用户而不是用户关联账户,这一点很重要。所以使用这样的设计原因有二:

(1) 一个用户会关联多个账户,所以应该让多的一方去关联少的一方。

(2) 客户使用系统时通常会通过账户导航到用户,使用频率要比反方向导航高很多。

读者以后在处理多对多关系的时候也可以使用此种设计思路,将导航信息放到使用频率高的起点对象中。

有一个小技巧和您分享一下。我们在使用类图来表示类间的关联关系时不一定要把被关联的对象全部都画出来。您完全可以使用类属性的方式来表示整体对象和被组合对象间的关系,这样画出的类图会更加简洁。以账户和有效期、状态的关系为例,可使用图 8.4 的方式去表达。

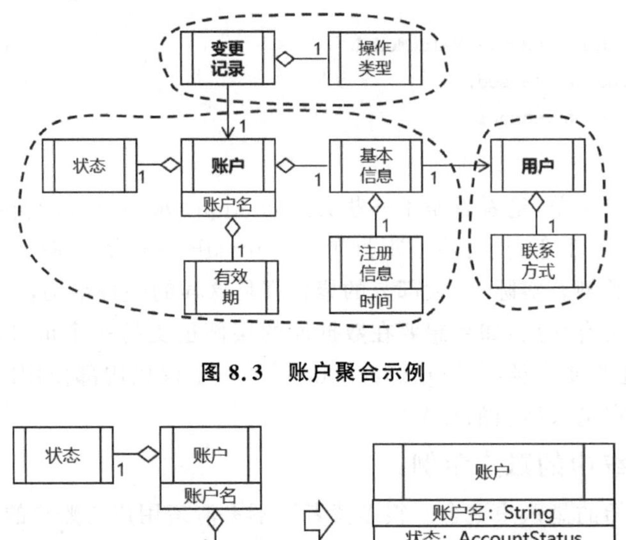

图 8.3　账户聚合示例

图 8.4　使用属性表示法来表示账户与账户状态、有效期对象间的关系

那我们应该什么时候使用属性表示法呢？总结起来有如下三点：

- 被组合对象是基本类型时，如：String、Integer 等。
- 被组合的对象类型属于通用类型，如：Money。
- 被组合的对象类型结构比较简单，如订单状态、订单类型。

只有我们想要重点描述某一类型时才会将它们在类图中画出来。比如订单项，其结构比较复杂，有资格在类图中占据一席之地；另外还有一些隐式对象如我们前面提及过的权限组、优惠策略组、规约组等，这些放在类图中可以有效地帮助读者理解设计者的意图。不过这些并非强制，还是要看设计师自己的使用习惯，只要“别人看得懂”即可。

账户聚合的代码片段如下所示：

```
//账户聚合根
public class Accountextends EntityModel <Long >{
    private String name;
    private LifeCycle lifeCycle;
    private BasicInfo basicInfo;
}
//有效期
public class LifeCycle extends ValueModel {
    private Date begin;
    private Date end;
}
```

```
//基本信息
public class BasicInfo extends ValueModel {
    private String userid;
    private String alias;
}

//账户变更记录聚合根
public class AccountChangeLog extends EntityModel<Long>{
    private String accountId;
    private OperationType operationType;
}
//操作类型
public enum OperationType {
    FREEZE, //冻结
    UPDATE; //变更
}
```

3. 订单示例

按理我们应该介绍一些新的业务，总把订单搬出来有一些糊弄事儿的嫌疑。不过笔者有一些设计技巧想要在此进行分享，而这些内容并未在前面中出现过，使用熟悉的业务能够帮助读者理解作者的意图。请您先收起质疑，我们详细道来。

图 8.5 展示了订单聚合的结构。有关这一业务的案例已在无数的文章中出现过了，所以我们不想对其作过多的解释。笔者此处想要重点介绍的是“客户信息”这个值对象，其包含了账户 ID、客户姓名、电话等基本信息。这些信息的来源是账户服务，其中账户对象也是一个聚合。正常来说，我们只需要在客户信息中关联客户的标识符就行了；订单聚合持久化到数据库之后，也只需在订单表中增加表示客户 ID 的列即可，为什么非要把客户相关的信息如姓名等复制一份放到订单聚合中呢？万一客户修改了自己的电话，为了保持数据一致性岂不是也要同时把订单中的电话信息一同进行更新？

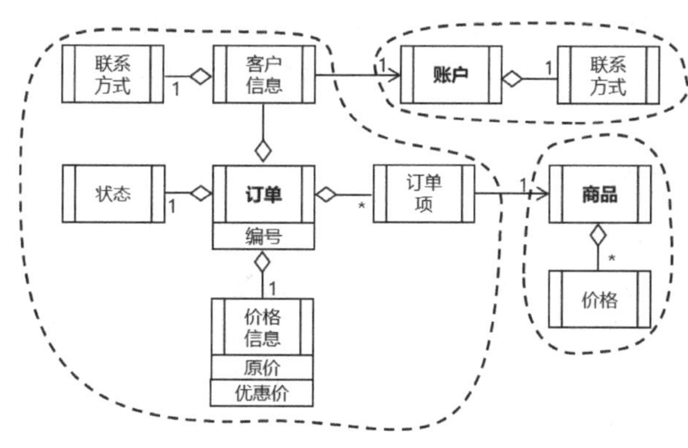

图 8.5　订单聚合示例

实际上，这是一种经常被使用的设计技巧。我们就是不想让客户在修改自己的信息时影响到订单，所以才特意制作了一份客户信息的副本到订单对象中。订单信息只要一提交成功就相当于制定了一份客户与商家间的契约，不论客户信息后面怎么去变动，契约中的内容都不允许被影响。比如您以张三的名义提交了一份订单，那这个订单的客户名称信息在此刻就会被固化下来，形成一种事实。虽然您可能会将自己的名字改成李四，但至少在提交订单时所使用的名字就是张三。

单纯以电商系统为例，很多情况下您都需要使用这种数据副本的设计技巧。比如商品的价格、订单中的收货人信息等。微服务架构下，当需要制成副本的信息体量很小时，将其复制到目标服务里是一种比较简便的方式。请您脑补一下生成订单时需要使用到的账户信息总量，体量并不大，所以我们选择将它们从账户服务中复制到订单服务中。如果需要复制的信息量很大，比如商品的详情描述，不仅有文字还包含了很多的图片，此时您可以只让订单关联商品的标识符。每当需要对商品详情进行变更时，可建立一份商品的副本并使用新的标识符，这样也可做到商品变更时不影响到历史订单。

订单聚合的代码笔者在前面的案例中曾多次进行过展示，为避免重复，在此我们只对其内的客户信息做一下说明：

```
//客户信息值对象类型
public class Customer extends ValueModel {
    private String accountId;
    private String name;
    private Contact contact;
}
//联系方式
public classContact extends ValueModel {
    private String phone;
    private String email;
}
```

您还记得订单收件人 Receiver 值对象的代码吗？里面用到的联系方式类型 Contact 和上述代码中的 Contact 其实是同一个，既然表达的内容一样就没有理由再重复设计了。

4. 医疗处方案例

第四个要介绍的案例是医疗处方。客观来讲，笔者并未有过医疗系统的研发经验，但总会有身体不舒服的时候，所以医疗处方还是见过的，那就让我们以这个对象为参照尝试做一下设计。虽然脱离了业务谈设计属于纸上谈兵，不过也没见过哪些书籍的作者会先花上大量的时间去讲解业务细节再来讨论技术。所以我们只以通用性业务为例，涉及特别的点可在项目中进行调整与适配。

所谓"医疗处方"其实就是指医生所开的药方，收银员会以此为依据进行收费；药房会以此为病人提供药品；患者也可依此确定服用每种药物的频率和用量，这些内容是处方的主体信息。除此之外,其还包含了患者的基本信息、就诊信息、医院信息、费用信息、医生信息等。可以看到,其包含的内容还是比较多的,不过为方便讲解我们只画出基本的元素,如图 8.6 所示。

图 8.6 中展示了三个聚合:处方、医疗档案和药品。其中处方聚合是本案的主角,让我们对其做一下详细的介绍。

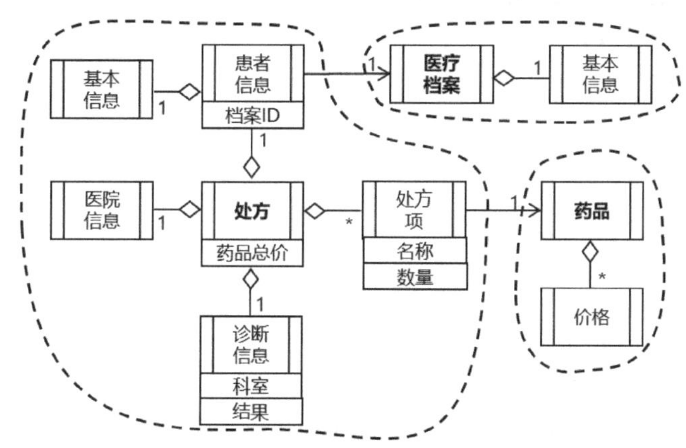

图 8.6　医疗处方聚合

处方项对象记录了药品信息,有点类似于订单项,处方与其是一对多的关系。药品信息包含了药品的名称、价格、数量、用法和用量等信息,其中药品名称和价格直接以副本的形式从药品服务中复制过来。诊断信息包含了科室、诊断结果等,比较简单,我们将其设计为值对象。稍显麻烦一些的是患者基本信息,它来源于患者的档案,设计时可通过档案标识符进行关联,也可以通过副本的形式将所需要的数据复制一份到处方聚合中。这两种方式所产生的结果是不同的,前面的内容中对此已做过说明。假如笔者是这一模型的设计者的话会优先考虑使用方式二的方式来实现,具体原因有二:

(1) 处方代表了一种事实,不论患者档案如何变化也不应该影响到处方中的信息,想要在技术上实现这一点使用信息副本的方式最为简便。

(2) 虽然医疗处方对于医院财务、药房和患者都有不同的作用,但有一点没有提及,即:它可以作为一种诊疗档案的形式而存在。某病人 20 岁在医院曾看过病,10 年后再去查看处方时,患者年龄信息不应该变为 30,因为他就是 20 岁时问诊的。您还可以从另外一个角度去理解:假如没有计算机而只能手工写处方时,医生在处方中写下的患者信息是否会随着时间产生变化呢?相信您的答案和笔者一定是相同的。

有了前面案例作基础,医疗处方聚合的代码在理解上应该不会很难。笔者个人的设计结果如下所示:

```
//处方聚合根
public class Prescription extends EntityModel<Long>{
    private Money price;
    private List<PrescriptionItem> items;
```

```
        private Diagnosis diagnosis;
        private Hospital hospital;
        private Patient patient;
    }
    //诊断信息
    public class Diagnosis extends ValueModel {
        private String result;
        private Date date;
        private Department department;
    }
    //诊断科室
    public class Department extends ValueModel {
        private String name;
        private String id;
    }
    //处方项
    public class PrescriptionItem extends ValueModel {
        private String medicineName;
        private Money price;
        private int quantity;
        //代码省略...
    }
    //医院信息
    public class Hospital extends ValueModel {
        private Long number;
        private String name;
    }
    //患者信息
    public class Patient extends ValueModel {
        private String name;
        private int age;
        private String id;
        //代码省略...
    }
```

代码数量比较多,所以笔者只列举出一些核心代码供参考。相信您已经看到了:代码的编写工作其实已经变得非常简单了(所以只会敲代码的程序员价值不高),聚合设计的难点在于对它的识别、规模控制和方法的设计。有关方法的归属问题我们在实体部分中已经进行过总结,后续的内容会围绕着前两点展开。

我们列举了 4 个聚合的案例供读者参考,期望您在阅读后对聚合的基本概念和结构已经有了一个感性的认识,请跟随笔者移步到下一小节:聚合的规模。

8.2 聚合的规模

相信读者根据前面的内容已经了解了聚合的大致情况。其实它和限界上下文有着异曲同工之妙,都为领域模型设定了一个活动范围。那么这个范围到底设置为多大才是合适的呢?以限界上下文为例,设置过大的话微服务就变成了微单体;过小同一业务会被拆分到多个服务中,这两种情况都会使得限界上下文变得不够内聚。聚合所面临的困境是一样的,大的聚合无论在性能上还是容错上都不够健壮;过小又会打破业务一致性规则。所以,聚合的范围控制并没有什么特别的规范可供参考,这是一个创造性的过程,很依赖于设计师的经验。

我们先看一个特别经典的案例:角色与权限管理,很多 DDD 初学者在遇到这一业务时都会犯错误,类图如图 8.7 所示。

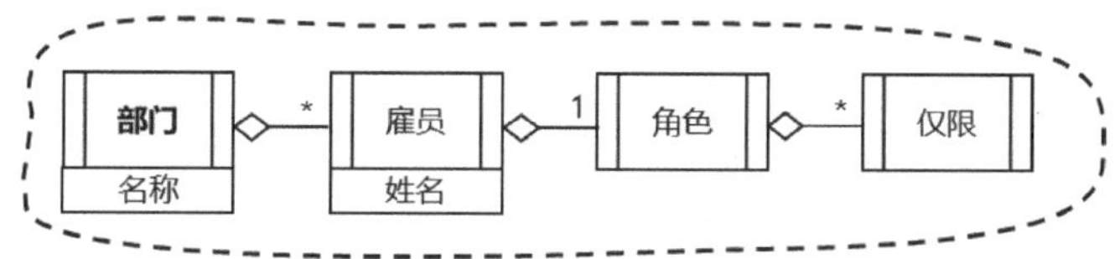

图 8.7 角色与权限管理设计类图

"部门包含雇员、雇员具备多个角色、每个角色包含多个权限",很多设计师在初次面对这个业务时都会有这样的第一印象。可能是出于先入为主的原因,他们会在代码中定义一个部门聚合,其中包含了图 8.7 中的所有对象,聚合根是部门实体。客观来讲,这一设计的确非常自然,真实世界中这几个对象间的关联关系也的确是这种一层层的包含关系,很符合经典面向对象的设计方式。相应地,依据类图所设计的代码也比较容易理解:

```
public class Department extends EntityModel <Long >{
    private String name;
    private List <Employee >employees;
}
public class Employee {
    private String name;
    private List <Role >roles;
}
public class Role {
    private List <Permission >permissions;
}
public class Permission {
    private String name;
}
```

让我们一起考虑下这样的设计存在什么问题。从业务的角度来看问题并不大，它真实反映了真实业务对象间的关系。此外，对象导航机制也比较健全，可以很好地支持通过部门查询员工、通过员工查询角色等需求。对于开发人员来说，这是一种福利。对象被设计得非常易用，能够大大提升开发的速度。然而，评论一个系统的好坏不能站在程序员的角度，应以用户的体验为参考才对。想象一下当系统去加载一个部门对象的时候会出现什么问题？除了与其关联比较紧密的信息如名称之外，还需要加载所有的员工信息。以此类推，加载员工信息时需要加载角色信息、加载角色信息时需要加载所有关联的权限信息。这是一个递归的过程，包含的嵌套对象越多递归的层次就会越深，其性能之低是很明显的。那么这一设计对于用户的影响是什么呢？或许最直观的感受就是“慢”。为解决这个问题人们引入了属性懒加载机制：

```
public class Department extends EntityModel<Long>{
    private String name;
    private List<Employee> employees;
    private EmployeeDao employeeDao;

    public List<Employee> getEmployees() {
        if (this.employees == null) {
            List<EmployeeDataEntity> entities =
            this.employeeDao.queryByDepartment(this.id);
            this.employees = this.of(entities);
        }
        return this.employees;
    }
}
```

首先，您需要想办法把 DAO 组件注入到领域模型中，这一做法虽然不会对系统的架构产生破坏，但设计出的领域模型不伦不类，最起码从通用语言的角度您无法解释属性 employeeDao 的业务含义。第二，属性只有被需要时才会被加载到对象中，这一做法会使得类不变条件得不到保障。想象一下订单聚合使用懒加载的方式去加载订单项对象时会出现什么情况呢？初始化订单对象的时候订单项列表没有值，如何验证“订单的总价等于订单项的价格之和”这一规则呢？

让我们再考虑一下图 8.7 所示设计的运行成本，系统加载部门对象可能仅仅是为了修正它的一些基本信息如名称，但却不得不加载一大串的信息，而这些信息根本就没有参与到修改部门名称的业务用例当中来，很多的工作都是无用功，造成了很大的计算和网络资源浪费。试想如果整个系统都这么设计的话会出现什么结果？企业虽然为系统投入了很多的软、硬件资源，但这些投入的资源会有一大部分被浪费掉，相信没有哪个企业愿意接受这样的结果。可以看到，设计不当所引发的危害不仅仅是用户的体验，还会牵涉到运营成本等问题。

前面我们只讨论了大聚合对于查询性能的影响，对于存储所产生的影响也不容小觑。熟悉关系型数据库的读者都知道：没有冲突的事务是可以并行运行的，否则只能串行化彼此等待才可以。所以，当事务的规模变得很大时，与其他事务的冲突率就会增加，造成本可以并行运行的事务不得不排队才行。此外，大事务的运行时间与其规模成正比，所以也会导致事务的等待时间变长。这两方面的负面作用会使得数据库服务器的吞吐量降低，底座出了问题受影响最大的肯定是用户，而最终的受害者会落于企业上面。

大聚合所引发的问题除了体现在数据存、取之外还包括另外一种麻烦的情况：业务并发。以图 8.7 为例让我们考虑这样一个场景：销售经理张三拥有“销售管理”的角色，当其对自己的密码信息进行变更的同一时刻，系统管理员修改了“销售管理”角色的名称，将其变成了“售前管理”。想象一下，当系统管理员与张三的提交发生在同一时刻时会出现什么情况呢？

按理修改雇员信息时不应该影响到角色或权限的变更才对，但由于雇员对象中包含了这两个对象，在对其持久化时也必须对这二者进行存储。因此会有两种情况发生：

(1) 系统使用了乐观锁机制对并发操作进行检查，所以张三或管理员的提交会有一方失败。

(2) 系统无并发控制，当管理员的提交动作在先时，张三虽然只是对其个人信息进行了变更，但同时也会影响到角色信息，所以会覆盖掉管理员的修改。

针对第一种情况，假如我们面临的业务场景不是角色与权限而是一些高协作类的业务比如共享文档系统，那么大家在提交文档变更时就可能需要比拼手速了，要不然后提交人的失败率会非常高。而对于第二种情况，我们只能接受这样的结果，这是不良设计所引发的问题。不过细想一下也的确很荒谬，张三与系统管理员的操作可以说是风马牛不相及，居然会出现相互影响的情况，这样的系统不用也罢。

可以看到，聚合的规模越大所引发的业务冲突率越高，所带来的直接影响便是用户的体验不好。可能我们举的案例过于简单，无法明显体现出大聚合的劣势，毕竟同时修改员工信息与角色信息的概率太小了。而且，就算有了冲突大不了再重新来过一次，系统的使用者并不会对此有多强烈的不满。不过我们可以将类似的情况搬移到冲突率高的业务场景中，想象一下频繁报“修改冲突”的错误会对用户造成多大面积的心理阴影呢？

下面让我们一起看一下如何对图 8.7 所示的设计进行优化。方便起见，我们对代码结构进行了简化，想要了解相对完整的代码，可参考前面内容。设计优化后的代码如下所示：

```
public class Department extends EntityModel <Long >{
    private String name;
}
publicclass Employee extends EntityModel <Long >{
    private String name;
```

```
        private Long departmentId;
        private List<Long>roleIds;
    }
    public class Role extends EntityModel<Long>{
        private List<Long>permissionIds;
    }
    public class Permission extends EntityModel<Long>{
        private String name;
    }
```

优化后的代码变化很明显，涉及的四个领域模型都被建模成了实体，形成了独立的聚合。它们彼此间的关联方式也产生了很明显的变化：雇员对象仅仅关联了部门的 ID 信息和角色 ID 信息，原来的组合关系被删除；角色不再包含权限对象列表，取而代之的是权限 ID。试想一下当系统加载部门信息时会出现什么情况？基本上只需要查询部门表即可，大大减少了需要加载的对象的数量，也就意味着系统的运行效率得到了很大的提升。另外，对雇员信息进行变更时所影响的内容也仅限于雇员对象本身，不再像前面的设计那样还需要对角色和权限两个对象进行同步修改，进而引发很多不必要的风险。还有一点，这样的优化也会让数据库的事务规模出现大幅度的缩减，其所带来的效果应不需要笔者多言了。

原来的大聚合被拆得粉碎，此时的四个模型自成一体，有着独立的生命周期，彼此间也不会相互影响。这样的变更会让代码的编写工作变得麻烦一些，以查询雇员的权限信息为例，优化之前工程师可能会这样使用如下的编码方式：

```
public class Department {
    public boolean hasPermission(Long employeeId, Long roleId, Long permissionId) {
        return this.employees.getBy(employeeId).getBy(roleId).contains(permissionId);
    }
}
```

优化之后您就不能再使用这样的方式来编写代码了，虽然失去了对象的导航性但换来的却是系统性能的巨大提升，相比之下明显是利大于弊的。另外，优化后的设计并没有将对象间的关联关系破坏掉，只是采用了一种相互柔和的实现方式。这一思路是正确的，对象间的关系本就是客观存在的，不应该由于优化等原因将它们完全废弃或中断掉，设计师应该尊重事实才行。纵观优化前后的设计，您会发现针对关联关系的分析其实问题并不大，问题的原罪在于实现关联的方式不正确，最终造成了整体设计的不当。后面内容当中，我们会对聚合间的关联方式及如何处理对象的导航问题进行详细说明。

可以看到，过大的聚合对于系统来说是有百害而无一利的，那么我们应该怎么控制它的规模呢？笔者认为可从三个角度来进行考虑，如图 8.8 所示。

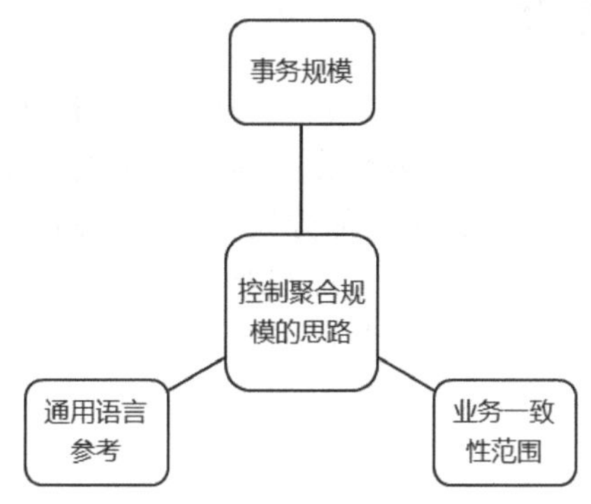

图 8.8 控制聚合规模的思路

8.2.1 事务规模

有关聚合的存储,前文中我们也有过简单的介绍。简单来说:同一聚合内的对象必须要在强事务控制之下进行持久化。所以您在进行聚合设计的时候要充分考虑一下:变更聚合中的元素时是否有必要必须处在同一个事务中。设计不当对于系统的影响,尤其是性能方面的有可能是致命的。

8.2.2 业务一致性范围

聚合内的对象联系非常紧密,从业务对象的角度来看应可形成一个概念上的整体。如果某些对象不属于聚合的范围,将其加入之后给人的印象会比较突兀。这一说法有点玄学的味道,不过事实的确如此。以订单聚合为例,将订单评论对象放至其中会有什么感觉呢?从对象的本质角度来看,它们所体现的业务内涵并不一样,强行合并在一起会有一种模型内聚度很低的感觉。另外一点,我们将订单与订单项放在一起是因为它们之间的关系足够密切,比如订单的总价应等于订单项价格之和。可是订单评论与订单之间并没有这样的关系,二者都有着独立的生命周期,虽有关联关系,但很弱。

我们不断地谈及业务一致性的概念,前面也对其进行了解释。您也可以以一种更为朴素的方式去理解这一概念,即对象间是否会产生直接的相互影响。对于那些没有直接影响的对象,通常不会将它们放置在同一个聚合之内。订单与账户为两个不同的聚合,修改二者中的任意一个时都不会对另外一个产生影响,所以不应该作为同一个聚合;同理,对图 8.7 所示案例中的雇员对象信息进行修改时,也不会影响到部门或角色对象,将它们都视为独立的聚合才是正确的。

另外,我们还频繁地提及了“整体”这一概念。朴素地来讲,整体就意味着不可分割;而强行对其进行分割的话就会造成整体部分无法工作。计算机是一个整体,把 CPU 从中拆除后就会使得计算机无法工作。所以,如果您无法理解这一概念的话,也可以尝试从这种朴素的角度去对其进行解读。从设计经验上来看,存在组合关系的对象一定是个整体,根本不需要工程师费大力气去分析。

8.2.3 通用语言参考

您应当依据通用语言在聚合范围之内设置最小数量的对象。所谓的“小”并不是通过数字来衡量的，而是“必要性”。领域模型是对客观事物的抽象，后者属性众多，但在某个领域范围之内我们只会关心其中的部分属性，所以在设计聚合时也应当只将这些必需的信息放置到其管辖范围之内，对于那些非必要的则尽量摒弃掉，这样才有机会让聚合“瘦身”。当然，您也不能把本应该是同一个聚合内的元素拆分得七零八落，这样会让聚合无法体现出整体的概念，也是一种不当的设计。

8.3 聚合的特征

对聚合有了初步认识后，我们再来看一下聚合应该具备哪些特征。读者可依据这些特征来规范自己在开发过程中使用聚合的方式，避免设计出的聚合过大、过小甚至出现其他使用不当的情况。与此同时，这些参考也会帮助您识别出业务中的聚合，这是基于聚合编程的第一步，也是最重要的一步。另外，笔者在此需要多提一句：聚合的发现与设计过程其实也是一种创建的过程，虽然有理论指导供参考但更多的还是要依赖设计师的经验与思考，不建议被各种条条框框所限制。书归正文，有关系聚合的特征，请读者参看图 8.9。

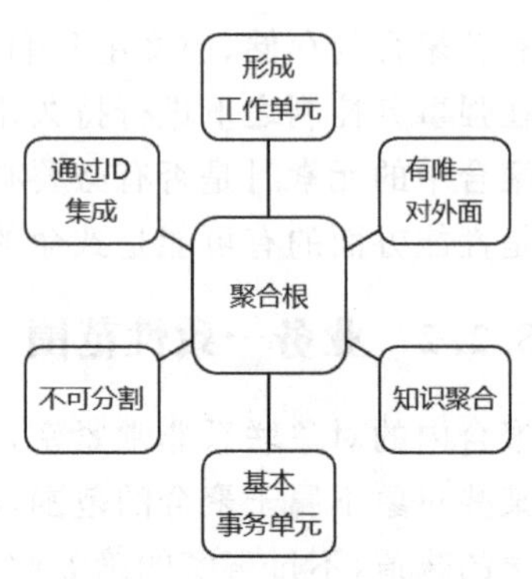

图 8.9 聚合的特征

8.3.1 形成工作单元

通过前面对聚合的介绍相信您已经看出来了，聚合的本质是对业务上紧密相关的对象进行分组并形成一个个可独立工作的单元，这样您就不用在面对海量的对象时而感到忧愁了。聚合的引入加强了领域模型的内聚性，它内部的所有对象都会以某一特定的业务本质为核心，不相关的对象会被搁置在聚合之外。本书开章讲到了软件复杂度的问题，其中的主要原因就是源于业务间的相互缠绕及复杂的关联关系，子域与限界上下文可以解决这些问题，但它们是宏观上的手段。我们应该把事情做得更为彻底，在代码层面也应尽量减少对象间的关联。聚合的使用恰恰能在微观上解决对象缠绕问题，或者更准确地说应该是“减少”。因此，尽管聚合的引入提升了开发难度但却为降低软件复杂度提供了手段与支撑。

有关工作单元的内容我们在前文中也曾多次强调，您在日常工作中使用聚合的时候务必要注意规则的遵守，保障每一个聚合都可形成独立的验证单元、事务单元和存储单元。

8.3.2 有唯一对外面

无论聚合的规模多么大它也只有一个聚合根。聚合根是聚合中的唯一对外面，它管理及协调着聚合内部的对象共同完成某一件事情。所有外部的请求必须通过聚合根进行接收，至于其内部是如何协作的并不需要客户端去考虑，否则也就失去了聚合的意义。聚合根无法保障整个聚合是合理的，但它可以起到维护聚合合理的作用，究其原因正是由于它可以对不合法的请求进行拦截，避免让领域对象陷入到不合法的状态中。虽然聚合可以对其内部的对象进行隐藏与保护，但不代表它对这些对象完全享有独占权，很多时候也需要将其内部的对象提供出去供聚合外部的对象去使用，例如订单聚合所提供的"查询订单项列表"的方法，订单项本属于聚合内部的值对象，但仍然可以在订单聚合之外被使用。不过在使用的时候要注意遵守以下规范：

(1) 外部客户端在使用聚合内的对象时不可对其进行修改操作，您应该以只读的方式将聚合内的对象暴露出去。

(2) 外部仅能临时使用聚合内的对象而不可将其永久收藏。比如您可以在应用服务中引用订单的价格、订单项、客户等信息来实现某一业务或去构建某一个对象，但不应该把这们放置到另外的聚合内部。下面的代码展示了在应用服务中使用订单价格对象来决策是否需要在提交订单前修改订单的优惠价格：

```
@Service
publicclass OrderApplicationService {
    public void submit(OrderVO orderInfo, String accountId) {
        AccountVO accountInfo = this.accountClient.queryById(accountId);

        TransactionAccount account = TransactionAccountAdapter.INSTANCE.create(ac-
countInfo);
        Order order = OrderFactory.INSTANCE.create(orderInfo, account);
        //订单价格大于10000的企业渠道订单，自动享受5折优惠
        if (order.getPrice().getTotal().compareTo(10000) >0
            && account.isEnterpriseChannel()) {
            order.changeDiscountRate(0.5F);
        }
        order.submit();
        //代码省略...
    }
}
```

代码比较简单，笔者不进行过多的解释。有读者可能会说：不对啊，前文中有一个案例所使用的 Contact 类型的对象，其属性信息不就是来源于账户的吗？不是也作为了订单的一部分被永久引用吗？从技术的角度来看的确如此，订单中的联系人信息确实是从账户信息中复制过来的，不过它们根本就不是同一个对象。在账户限界上下文

中，联系方式是账户基本信息的一部分，是账户聚合的属性；到了订单限界上下文中，其所标识的是订单所有人的联系信息，它的作用是与订购相关的。您可以这样理解：我们只不过是在构造订单聚合中的 Contact 对象时使用到了账户服务内的数据而已，Contact 对象中的联系方式与账户聚合中的联系方式所表达的意思并不相同。

再回归到聚合根的问题。作为聚合中的唯一对外面，意味着所有对聚合的操作都必须以聚合根为起点，都不可以绕过聚合根。因此，您在设计当中要注意对聚合根的保护，除通用语言和业务要求之外不要将任何无意义的方法放在上面，很有可能在不经意之间让聚合遭到破坏。

8.3.3 知识聚合

从技术的角度来看聚合，其只是将一些关系密切的对象组合在一起，不过这些仅仅是一种表面上的形式，本质上的聚合其实是对知识的汇聚。这里所谓的"知识"主要是指业务内涵，能够聚合在一起的对象一定都是为了适配某一个特定的业务的，换言之：它们应该有着共同的业务目标。以订单聚合为例，订单项、客户信息、价格信息等对象一起共同构建了商家与客户间的订购契约，聚合内的所有对象都是为了维护这一契约而存在的。为什么我们不把账户、产品放到订单聚合中？根本原因就在于它们与订单聚合的业务目标并不一致，甚至相差很远，将它们放在一起会让设计显得很蹩脚。尽管大部分情况下聚合是比较好识别的，但总有一些模棱两可的情况存在。此时，你可以以业务目标为参考来抉择是否应该将某个对象设计为聚合的一部分。如果无特别的把握，可考虑先做分开处理，至少不会对系统的性能产生影响。

8.3.4 基本事务单元

聚合内的对象是密切相关的，"密切相关"一词听起来比较抽象，那要怎么去理解它呢？我们刚刚完成了基于业务目标的解释，所以这次让我们尝试站在技术的角度来对其进行解读。简单来说，一组密切相关的对象可能会被同时修改、存储或删除。而如果想要保障操作的成功，最简单的方式是使用数据库所提供的事务机制。不过为了避免事务范围不可控，我们应该将其限定在某一个聚合上面，也就是说一个事务只能处理一个聚合。因此，聚合内的对象不仅构成了基本的业务单元，也构成了基本的事务单元。

相信我们已经达成了一种共识，即：聚合内部的对象应使用事务来保障数据一致性，那么不同的聚合之间要如何保持一致性呢？毕竟这种场景还是比较常见的，例如，前文中的"提交订单成功后账户增加 10 积分"案例，这一业务用例同时影响了订单与账户两个聚合。肯定不能使用同一个数据库事务进行数据一致性保障，那样的话会让事务的范围变得很大，会拉低系统的性能指标。我们设计小聚合的目的之一便是为了解决由于大事务而引发的各类问题，如果还使用数据库事务来实现多个聚合一致性的话则和使用大聚合没有区别。所以，我们的答案很简单：使用最终一致性来保障多个聚合的一致性。相关的技术很多，后续我们会进行详细说明。

8.3.5　不可分割

并不是随意找一些对象放在一起就能够形成聚合,这只能算是一种松散的组合。这种组合没什么太多的凝聚力,形成不了那种你中有我、我中有你的关系。聚合中的元素共同构成了一个不可分割的整体,它们一起被存储、加载并相互协调来完成某一件事情。类似于一张桌子,台面用于放置东西;四支腿用于支撑。二者放在一起才能完成一张桌子所能完成的功能。订单与订单项也是同理,订单标识了价格、订购关系;订单项标明了所购买的产品。将它们分开的话,哪一个对象都会变得不完整。虽然前面我们也曾给出过“将聚合拆分开也可以开发出可以工作的软件”的言论,但那是面向过程编程的做法,无法高效处理复杂场景下的业务,同时也为后续系统的维护带来了很多的困难。因此,在识别聚合的时候要注意观察目标对象的整体性特性,如果发现有些内容与聚合搭配起来显得不太协调那可能意味着这些元素是多余的,不应该将其放在聚合的范围之内。同理,如果发现聚合不完整也要随时进行调整,将缺失的元素进行及时补全,能够形成聚合的对象一定是不可分割的。

然而,出于非功能性需求的需要,我们在设计聚合的时候也可能出于因为某些特别的原因比如性能,会选择把聚合进行拆分。比如人类的染色体中,每一个X染色体会包含超过1亿的碱基对。从业务的角度来看,染色体与碱基对应该属于同一个聚合,但如果强行将它们放在一起的话不仅对内存使用量是个挑战,恐怕想要快速的完成持久化也是很难实现的。

8.3.6　通过标识符集成

聚合并不是孤立的,它仍然有可能与其他聚合产生关联关系。经典面向对象会选择使用内嵌对象的方式进行关联,比如让部门对象去包含雇员对象。而DDD理论中,聚合间的关联关系只能通过使用聚合根的标识符来进行维护。虽然会牺牲一些对象间的导航性,但这种方式不仅保留了聚合间的联系还降低了关联的复杂度。不知读者是否有注意到,聚合之间建立关联的方式有点类似于关系型数据库表之间的关联方式,只不过前者是通过聚合根的标识符;而后者要通过外键。这也间接地说明了一个问题:聚合根的类型一定是个实体,它有全局唯一的标识符,只有这样才能被其他的聚合所引用。

可以看到,使用聚合根标识符来实现聚合间的关联不仅有效地解决了领域模型的关联问题还能够大大缩小聚合的规模。实体的标识符一般是字符串或基本类型,比起对象的嵌入,其所占用的空间几乎可忽略不计。最重要的是您在构建聚合实例的时候,其他聚合的标识符仅仅是一个简单属性而已,与其他业务属性并没有什么本质上的区别,可极大地简化实例化聚合的过程。反序列化时,我们也只需要把这个标识符属性同其他属性一同从持久化介质中读取进来即可,并不需要为了加载被关联的聚合对象而不得不进行多次查询。解决对象导航问题的手段也很简单,只需要在业务用例执行之前将所需要的聚合对象全部取出来即可,不要通过导航的方式来获取另外的聚合。笔者个人认为这种方式才是真正的面向对象编程,要比从一个对象直接导航到另一个对象的方式好得多。后者只是方便了工程师的开发,对于系统的性能非常的不友好。

聚合的特性看似很多,总结起来不外乎三点:整体性、通过聚合根进行对外交互及聚合间通过聚合根标识符进行关联,如图 8.10 所示。不知道读者看到这幅图时有何感想?笔者个人所联想到的是人体内或动物体内的神经元。每个神经元都可被看成是一个独立的聚合,具备整体特性且内部结构对外不可见。神经元之间通过突触产生连接,我们可将“突触”看作聚合的标识符。基于这些连接进一步形成了神经网络,借助于神经网络的帮助,我们可以感知这个世界,可以考虑问题。所以,从另外一个角度去观察软件,您会发现它们其实也是有生命的,而支撑其生命的基石则是一个个聚合实例化后的对象。

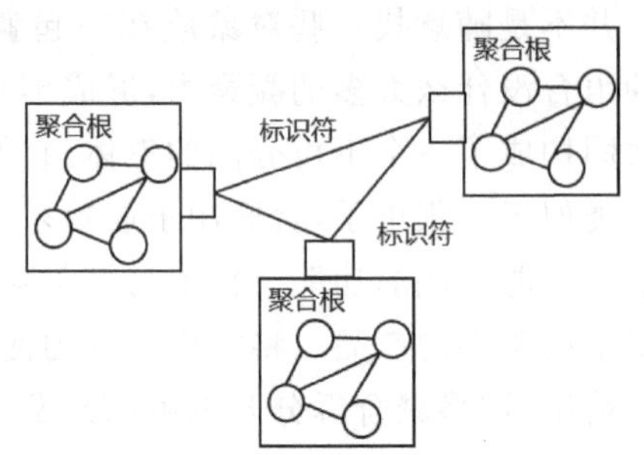

图 8.10　聚合特性的总结

有关聚合的作用,笔者曾做过深度的思考。结合自身的设计经验,笔者发现这一概念的引入大大地简化了开发的工作,并让系统变得更易于维护。纵然理论中的聚合有千般好处,但都不如这一作用更加实在。原因其实也很简单:聚合并不是一个对象,而是一组对象的组合。一旦两个聚合产生了关联,就意味着彼此内部的对象之间也有了联系,尽管是间接的。试想没有聚合会是什么样子?无数个对象形成了一种网状的关联关系,这种复杂性会让人心生畏惧。而使用了聚合之后,相当于把对象间的关联变成了对象组之间的关联,大大地减少了关联的数量。很明显,这样的系统更好维护,对工程师更有利。

8.4　聚合的事务处理

涉及事务的话题,讨论的前提是底层数据库组件要具备支持事务的能力。一般来说,关系型数据库能够给予事务非常好的支持,是这类数据库的重要特色之一。如果您使用的是 NoSQL,则需要考虑使用一些特别的手段或机制来解决事务问题。NoSQL 的特点很突出,它解决了关系型数据库的各类短板,比如数据量、存取速度等,但也因此会牺牲一部分能力作为代价,其中事务管理便是多数非关系型数据库优先舍弃的功能之一。因此,本节内容的前提是我们假定您使用的是关系型数据库,非关系型数据库相关的内容不在我们讨论的范围之内。

想要在代码中开启数据库事务,您可以使用如下三种主要的方式:

- 使用基础开发框架如 Spring 提供的事务能力。
- 在 SQL 语句中开启事务相关的命令。
- 使用工作单元设计模式。

为方便讲解，我们在案例中优先使用方式一。方式二已经很少见，既然有框架的支撑，没有理由再使用这种原始的开发方式。方式三相对复杂一点，我们会在后面的章节中进行详细说明。前文中我们曾强调过“一个事务只能更新一个聚合”，正常情况下，您应该在开发过程中遵守这一要求。不过万事无绝对，有时候业务上会要求系统必须做到强一致性，此时我们只能打破这一原则。不过读者并不需要对此产生太多的烦恼，即使是系统架构这种重要程度极高的东西都需要遵循业务要求，何况事务这种相对细节的内容。系统最终还是要服务于业务的，不可被教条所束缚。

笔者个人比较恋旧，所以使用的例子还是基于那个“提交订单成功后账户增加10积分”的需求。我们先看看第一段代码是如何实现的：

```
@Service
public class OrderApplicationService {
    @Transactional
    public void submit(OrderVO orderInfo, String accountId) {
        AccountVO accountInfo = this.accountClient.queryById(accountId);
        TransactionAccount account = TransactionAccountAdapter.INSTANCE.create(ac-
countInfo);

        Order order = OrderFactory.INSTANCE.create(orderInfo, account);
        order.submit();
        this.orderRepository.insert(order);

        this.accountApplicationService.increaseCredit(10);
        //代码省略...
    }
}
```

这段代码有两个明显的问题：第一、它比较适合于单体应用，面对微服务架构的系统时无能为力。虽然以注解@Transactional的方式开启了事务，但事务不能跨服务或数据库；第二、它在同一个事务中更新了两个聚合根，违反了使用聚合的最基本原则。除非您的系统架构比较老、维护难度高同时资源非常有限，实在无法对系统进行额外的扩容，哪怕是安装一个消息队列，这种情况之下上述方案是可行的。有读者可能会觉得不可思议，安装一个分布式消息队列并不是很难，需要的服务器资源也并不多，正常的开发团队怎么可能没这样的能力？仅从技术的角度来看也的确如此，但问题是您不能只考虑正常情况下消息队列的使用，您需要考虑其在出现异常时能否实现快速的恢复；您需要考虑消息丢失、重复等诸多问题。表面上看是只引入了一个组件，但在其上面的付出却不容小觑。

8.4.1 全局事务

对于上述案例我们是否可以使用2PC或3PC这种全局事务呢？分布式环境之下

它的确可以解决事务问题，该技术甚至于一度被认为是解决分布事务的终极大招。只可惜现实比较骨感，全局事务带来的第一个问题就是性能很差，不适合于业务流量很大的系统。最致命的是由全局事务引发的问题非常难以处理，运营成本极高。另外一点，尽管不愿意承认我们也不能否认一些事实，即：在分布式环境中，网络是不稳定的、网络是有延迟的、带宽是有限的、网络是不安全的……，全局事务追求的是数据强一致性，可是又解决不了我们提到的各类网络问题，所以这一技术在单服务、多数据库的情况下比较常见，微服务环境下使用的并不多。

另外，如果您打算追求数据的强一致性，以笔者个人的经验来看最好是进行服务的合并或者使用一些和全局事务类似的分布式事务解决方案，比如阿里巴巴的 Seata 框架。其中的 AT 模式通过拦截 SQL 生成 Undo Log 和 Redo Log，虽然本质上它使用了最终一致性，但能达到与 2PC 类似的效果且不会由于长时间占用本地事务而造成数据库吞吐量的降低。那么假如我们已经在系统中引入了 Seata，是否可以使用 AT 模式同时更新多个聚合呢？答案是肯定的，但前提是在业务上有这样的硬性要求且事务参与者的执行时间要非常短才行，否则很有可能会拉低系统的总体吞吐量甚至是数据库的频繁回滚。比如订单提交事务需要 2 s，增加积分服务需要 2 min，此等场景下使用 AT 模式显然是不合适的。另外要注意的点是事务参与者都使用了关系型数据库，如果有一方使用了 NoSQL 则显然也不太合适。

基于 CAP 理论我们都知道：想要在分布式环境下实现 ACID 这种刚性事务是比较困难的，或者说您可能需要牺牲其他方面的内容比如系统的可用性。所以，如果您的应用计划使用微服务架构，最首先要接受的事实是：数据的一致性和系统的可用性不可能同时得到满足。这也是为什么当前大部分的电商平台、娱乐网站甚至是公司内部的一些系统都以 AP 为目标，适当地减弱了数据的一致性。因此，在分布式环境下使用事务时人们都比较倾向于最终一致性，毕竟在系统整体的表现上人们都已经选择了可用性优先，那么再使用补偿型的事务也无可厚非。另外再额外说多一句：追求了数据一致性并不意味着要牺牲系统可用性，反之亦然，仅仅是相对弱化而已，所以更需要我们想办法尽量多地加强被弱化的内容。理论上来讲，只要可用性没有到达百分之百就意味着系统会出现不可用的情况，不过这仅仅是一种理论上的参考。如果您的系统能够达到 99.999%这种程度的可用性的时候，用户几乎感觉不到系统的中断，可以等同于百分之百可用。

CAP 理论的出现结束了人们尝试使用 2PC 或 3PC 这类基于 XA 协议的强类型事务去解决分布式环境下的事务问题，人们开始转换研究方向，也因此出现了一大批不同的分布式事务解决方案，这是我们下一小节要讲述的内容。

总而言之，针对于上述案例所涉及的问题，全局事务并不是一个很好的解决方案，与其选择它还不如将业务进行合并。

8.4.2 分布式事务

客观来讲，全局事务并不能算是严格意义上的分布式事务，它们所追求的目标并不一致。前者属于刚性事务,要求数据强一致性;后者一般会选择最终一致性,这一方案受到网络问题的影响较小,虽然用户体验会略微受到一些影响,但基本上可以忽略不计或使用其他的技术方案予以规避。此外,最终一致性方案通常都会将一个大事务分成多个更小的子事务,这种方式不仅增加了系统的吞吐量,也能够避免同一个事务更新多个聚合时所带来的诸多问题。本节我们会对几种常用的分布式事务进行说明,不过具体的技术细节超出了本书的范围,您可以找一些更具针对性的资料进行学习。

1. TCC 事务

第一个要介绍的事务处理机制是 TCC。其概念其实很简单:在业务代码的层次让每一个事务参与者都去实现三个接口:Try、Cancel、Confirm。Try:让事务参与者尝试执行业务,完成后立即提交事务不做任何等待与锁定。不过由于整个业务并没有完成,所以处于“Try”阶段的数据会呈现出一种中间的状态。以电商购物业务为例,常见的操作是下单后对库存进行扣减。采用 TCC 之后,库存服务的“Try”操作会将可用库存数减 1,冻结的库存数加 1,使用“冻结”作为业务数据的中间态而不是直接对库存进行扣减。“Confirm”:让事务参与者执行业务确认,对应到本案例中则是把冻结的库存减 1 或释放掉。“Cancel”:当某个事务参与者的“Try”操作失败后执行回滚操作,上例中则是库存数加 1,冻结的库数减 1。虽然基本原理比较简单,但实际在使用 TCC 事务的时候有很多的限制,比如“Confirm”操作不能失败、必须支持幂等操作等。

通过对 TCC 的解释,相信您能想象得到这个机制其实挺麻烦的,除了实现三个接口之外还需要考虑各种异常的场景如“空回滚”“悬挂”等问题。想要在项目中使用,最好还是选择一些相对成熟的框架作为辅助,例如,前文中提及的 Seata,其可以对 TCC 提供很好的支持。另外,读者还需要注意另外一个问题,即 TCC 对业务的入侵会比较强,增加了系统开发复杂度,除非真的没有选择,否则不建议在没有框架的支撑下强行去使用。

本质上,TCC 使用的是最终一致性方案。因为没有锁定的问题,所以很少会造成由于事务范围扩大而引发的各类冲突问题,针对更新多个聚合的业务场景可考虑使用。相对于前面提及的 AT 模式,TCC 是一种业务上实现事务的方式,因此可实现对 NoSQL 数据库的支持,不过仍要注意事务的规模及执行时间,尤其是长事务。

2. 基于消息队列

我个人觉得基于消息队列的事务是最为简单的一种实现分布式事务的方案,基本上经过一些简单的配置就可以实现,也不需要引入第三方的框架进行辅助。前文中我们介绍的 Seata 框架虽然可以支持 TCC、AT 等模式,但需要额外部署一套 Seata 服务,增加了不小的运维负担。使用消息队列虽然相对简单一些,但有很多的细节问题需要注意,比如下面这段代码:

```
@Service
public class OrderApplicationService {
    @Transactional
```

```
        public void submit(OrderVO orderInfo, String accountId) {
            //代码省略...
            Order order = OrderFactory.INSTANCE.create(orderInfo, account);
            OrderSubmitted event = order.submit();

            this.orderRepository.insert(order);
            this.eventBus.post(event);
        }
    }
```

账户服务会订阅 OrderSubmitted 类型的事件以实现增加积分的功能，那么问题来了：如果订单插入成功但消息发送失败会出现什么情况？虽然我们在 submit()方法上开启了事务，但并不适用于消息队列。对于严谨度不高的系统或许可以考虑采用这种方式，即便出了问题影响也不会很大。毕竟我们需要考虑成本与收益的平衡，好钢应该用在刀刃上，系统越完美，需要投入的资源越多。不过出于选择之外，我们应该知道如何避免案例中提及的问题。

上述实现的主要问题在于消息发送失败后我们无法找到发送记录供重发所用，简单来说就是消息丢了。既然如此，我们可以把消息的内容连同业务数据在同一个事务内保存到数据库中，这一机制有个专有的名称：本地消息表。如果业务数据保存成功的话就意味着消息记录也被成功地进行了持久化，当出现发送消息失败的情况时，程序可以在数据库中找到对应的消息记录进行重复操作。修正后的代码如下：

```
@Service
public class OrderApplicationService {
    @Transactional
    public void submit(OrderVO orderInfo, String accountId) {
        //代码省略...
        OrderSubmitted event = order.submit();

        this.orderRepository.insert(order);
        this.eventRepository.insert(event);

        this.eventBus.post(event);
    }
}
```

最关键的一步完成后下面的工作就变得简单了。如果您使用的是 Rabbit MQ，可以通过发送端的 Confirm 机制在消息被成功地路由到消息队列服务器后将消息记录从“未发送”状态置为“已送达”状态。对于网络或消息队列服务器宕机等问题造成迟迟未能对消息的状态进行更新的情况，则可以通过开启一个定时任务将“未发送”状态的消息进行重发操作。消息一旦到达消息服务器便可通过持久化机制将其保存到磁盘上。对于消费端，监听到消息后即可执行本地事务。如果执行成功的话就意味着当前阶段的事务已经完成,您可以选择开启下一阶段的事务或结束整个事务;否则,可以使用类似的机制发送一个表示回滚的消息来撤销已经完成的事务。

本地消息表机制是使用消息队列式事务的前提,原理比较简单,要处理的核心问题是如何保障消息的不丢失。如果您使用的消息队列是 Rocket MQ,非常幸运,此时您可借用产品自身的能力来防止消息丢失及事务的处理。具体机制很简单:在执行本地事务前首先发送一个试探型的消息到消息队列服务器以确认应用能否正常连接到它。如果发送成功则由消息队列服务器回调消息生产者来执行本地事务,后者如果执行成功,消息就会被投递到消费者一侧。其间如果有异常情况发生,比如生产者本地事务执行失败、网络出现中断等,消息队列服务器还会不断地调用生产者所提供的事务状态回查接口来决策对消息进行回滚操作还是提交操作(是否把消息路由到消费者)。消息一旦被成功地送达至消费者,后续的操作就交由消费者来全权负责了。

无论是使用本地消息表还是消息队列产品提供的事务机制,如果业务要求很高的话,基于消息队列的分布式事务也会变得不简单,无论是代码复杂度还是开发周期都呈明显的上升趋势。不过好消息是其在性能上的表现上可以说是闪闪发光的,不会出现由于锁的使用而造成系统性能和吞吐量降低的情况。此外,如果团队资源有限无法对消息不丢失提供有效的保障,您也可以考虑借用监控和日志的手段在出现消息丢失时进行人工干预,这样不仅可以简化业务代码的实现逻辑,同时也减少了故障影响的范围,属于一种折中方案。不过很多人一听到“人工干预”四个字就会觉得很不舒服,觉得工作方式特别落后。在不考虑成本时有这样的想法无可厚非,奈何现实并不允许我们过于理想化,所以还是要以务实为主。

总结一下,使用基于消息队列的分布式事务来更新多个聚合是一种比较理想的方式,不仅代码简单,性能上也有着不俗的表现,能够适用于流量较大的业务。不足之处是需要解决消息丢失的问题,具体如何取舍需要在业务需求与成本之间找到平衡。

3. Saga

谈到 Saga 的概念就不得不提一个经常被人们提及的问题:长事务处理。笔者所理解的“长”有两层含义:一是表示事务执行的时间长,会导致资源被长期锁定;二是表示事务的流程长、参考者众多,无法有效地处理服务的交互及业务补偿等问题。Saga 概念的提出为解决这一问题提供了理论指导,具体原理超出了本书内容范围,建议读者找一些相关的资料进行了解。

Saga 一般分为两种:协同式(Choreography)和编排式(Orchestration),总的思想都是将一个大的长事务分成多个更小的子事务并采用分而治之的手段对它们进行逐一的破解。协同式 Saga 由具体的事务参与者来推动业务流程的运转包括正向业务和补偿业务。您可以将这一方式想象成接力,处理正向业务时会由前一个事务参与者将对应的子事务处理请求按长事务所规定的顺序传达至后面的事务参与者手中;补偿业务则是反向的流程。编排式 Saga 引入了事务管理器的概念,由它代替事务参与者来指挥业务的流转,读者可参考图 5.19。下一节笔者会尝试设计一个简单的编排式 Saga 供读者参考,虽然不能与成熟的框架如 Seata、ServiceComb Saga、Axon 等进行比较,但笔者期望以此为引子，能让您对 Saga 及其设计思想有一个感性的认识。另外，有关 Saga 的案例我们已经在第五章中进行了说明，此处不再重复赘述。

实际上，Saga 也可以基于消息队列进行实现，不过这些都是表面上的，它所表达的思想才更弥足珍贵，强烈建议您多花一些时间去进行学习。笔者个人觉得：微服务架构之下使用这一模式来实现分布式事务要比 TCC 及 XA 方案有更好的弹性，可以说是一种首选甚至是规范。当然，任何事务都有两面性，纵然 Saga 有千般的好，其所带来的副作用也不容小觑，您在日常使用的时候至少需要考虑下列四个问题：

(1) 灵活性低。你需要详细考虑每一个正向业务和反向业务的处理步骤。流程固化后再去进行调整的话就会比较麻烦，至少需要把整个流程进行一次完整的走查才行，如果业务流程状态众多，走查的工作也会很耗费精力。此外，当业务发生了变化需要加入或移除处理结点的时候，还需要注意对是否会对未完成的事务产生影响。

(2) 借助消息队列来实现 Saga 时，如果消息结构产生了变化，很有可能需要对多个事务参与者进行调整。这一操作会使得变更影响范围增大，必须进行充分的测试才行。

(3) 实现成本高。对标 Seata 中那种可独立部署的 Saga 管理器的实现方式固然很好，可是需要花费很多的精力和成本，如无特别的限制最好还是使用现成的框架。

(4) 隔离性与原子性差。针对于前一个问题，需要您通过一些技术上的手段如判断事务的当前状态来解决；Saga 基于最终一致性，所以对于原子性问题并没有特别好的方案。

既然我们推荐在分布式环境中使用 Saga 作为事务的解决方案，让它为更新多个聚合提供支撑自然没有问题。但实际上，更新多个聚合与是否是分布式应用并没有直接的关系，即使是在单体应用中也不推荐使用一个事务来更新多个聚合。此时您也可以将 Saga 引入到系统中，性能上的表现非常突出。

8.5　额外的礼物——简单 Saga 实现

有关 Saga 的种类笔者在前文中已经进行过说明，本节我们以编排式模式为例设计一个基于消息队列的简化版本 Saga 处理器。不同于 Seata 框架中那种可独立部署的 Saga 服务，我们所编写的处理器会和事务参与者服务集成在一起，以事件驱动业务流程的转动。当然，这样的设计并非固定的，如果资源充足的话您也可以将 Saga 服务做独立部署。功能方面，不支持通过手画流程图的方式实现流程设置，因为我们的目标是将 Saga 作为一种设计模式（不是框架）来使用，类似于您经常使用的“工厂”“策略”等，重点学习它的思想。简单版本的优势就是足够简单，出于方便讲解的目的笔者并未在其中引入太多的复杂功能来解决如消息丢失、隔离控制、失败重试等，不过实际使用时需要对这些内容进行考虑。另外一点，Saga 本质上是一种设计思想，具体的实现方式相信每一位设计师都有着不同的思路，也会为 Saga 处理器赋予不同的名称，所以请读者不必对此产生纠结。

编排型 Saga 的核心是流程编排器,由它指挥并决策业务的流向,类似于人体中的大脑。相对于协同式,使用编排器来控制业务流程会让整个业务的走向看起来更加清晰。当需要对流程进行变更或扩展的时候,您可以根据编排器中的设置轻易找到切入点,这是协同式 Saga 无法达到的。另外一点需要着重说明的是:如果您计划在项目中使用 Saga 来处理复杂事务的话,除非使用了成熟的框架,否则笔者强烈建议您将业务流程以文档的方式记录下来且要随着业务的变更而进行持续维护。基于消息队列的 Saga 会让您不知道一个事件发布后会被哪个服务订阅,不知道订阅者的话就相当于无法厘清业务的走向,最终会让代码变得难以维护。可以看到,虽然消息队列能实现服务间的解耦但也会让业务流程变得不够清晰,很容易让人产生困惑。笔者曾在某个曾经参与过的项目中专门花费了大量时间去梳理每一个 Topic(基于 Rabbit MQ)所对应的消息生产者与消费者分别是哪个服务或对象,就是由于 Topic 数量众多,已经对运营工作产生了非常大的负面影响。

8.5.1 编排式 Saga 设计思想

图 8.11 展示了编排式 Saga 的设计思路,您需要重点关注下列六个事项:

(1) 事务参与者并不一定会扮演事务发起者的角色。Saga 使用了事件驱动的设计模式,它会在接收到某一个事件之后才开始事务的处理,而这个事件的发布者很有可能不会参与当前的事务。

(2) 事务发起者可能来自于不同的服务也可能全部位于同一个服务的内部,这一方面并没有特别的限制。事件编排器也是如此,您可以选择独立部署一套服务也可以将其与事务参与者部署在一起。

(3) Saga 流程编排器遵循了固定的工作模式:接受领域事件并发布领域命令。也就是说它只接受领域事件作为输入,对事件进行处理后或者生成领域命令作为输出或结束事务流程。由于驱动流程变化的只能是事件,所以它属于比较典型的事件驱动模型。

(4) 事务参与者从命令总线订阅领域命令并启动执行本地事务,执行完毕后发布领域事件至事件总线。Saga 订阅领域事件,处理完成后可发布领域命令至命令总线。Saga 发布的命令只能有一个订阅者,这是一个硬性的规定;事务参与者发布的事件一般情况下只会由 Saga 流程编排器进行处理,这一要求是可以灵活处理的,我们并不会对事件消费者的数量进行限制。交互操作上,事务参与者与 Saga 编排器的交互都应该基于消息的方式来实现最大程度的解耦,不允许交互双方使用 RPC 或 HTTP 的方式互访,也不允许事务参与者们绕过 Saga 进行交互。当然,这些限制仅适用于笔者给出的案例。编排式 Saga 的核心是事务编排器,其和事务参与者的交互方式并无特别的限制,但事务参与者之间的交互是有着严格的要求的,即:它们彼此不可以在事务执行期间进行与当前事务有关的直接交互,这样的话会让事务脱离 Saga 的管控而陷入混乱当中,系统间耦合度也会大大增高。

(5) Saga 编排器的实现分为 Saga 应用服务和 Saga 聚合两个部分，同业务上的领域模型设计思路类似。本质上来讲，Saga 编排器其实就是一种地道的领域模型，它是事务流程建模后的结果。工作方式上，所有的领域命令都是由 Saga 聚合处理事件之后生成的，由于涉及与基础设施的交互，所以这些命令必须交给对应的 Saga 应用服务来进行发布。

(6) Saga 编排器聚合一般会有一个状态信息作为其属性，该属性标识了业务流程或事务的当前进展。处理完事件后其状态会发生变化并可能生成新的领域命令，在命令被发布之前，需要对 Saga 编排器聚合及新生成的领域命令进行同时持久化(如果使用了 No SQL，最好将 Saga 编排器与命令信息合并在一起进行保存)，简单来说就是要使用本地消息表的方式来保障命令不丢失。当然，保障消息不丢失的手段并不局限于此，只是笔者使用了这种方式而已。如果事务流程出现了中断，我们可以把数据库中保存的命令取出来重新发布到命令总线中，这样就可以将中断的事务恢复起来。请读者同时考虑这样一个问题：为什么我们不对事件进行存储呢？答案很简单：事件不是 Saga 编排器的一部分，也不是由它生成的，所以其保存责任需要放到事务参与者一侧。

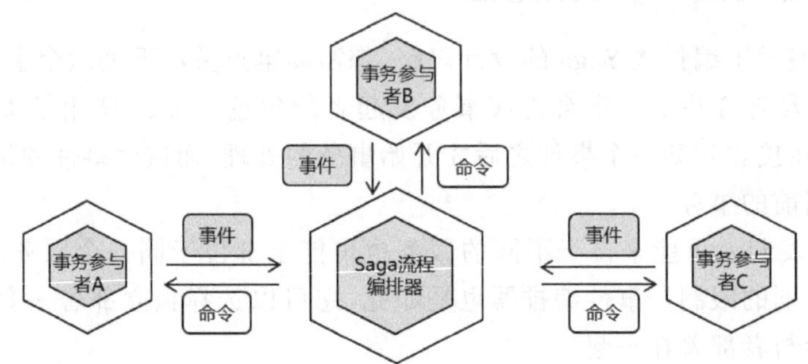

图 8.11　编排式 Saga 设计思路

有读者或许对于事务发起者这一角色不太理解。以前文中的"成功提交订单后用户增加 10 积分"业务为例，订单提交即意味着事务启动，所以订单应用服务中的 submit()方法即为事务发起方法；其所在的应用服务便是事务发起者，并且它还参与了事务的执行。当然，您也可以将事务的发起完全交由 Saga 编排器进行控制。仍以上述业务为例，您可以在提交订单前进行请求的验证，一旦验证成功就发布"提交订单验证通过"事件至事件总线并让 Saga 编排器进行订阅来正式开始新的事务。

8.5.2　代码实现

本节我们将展示三方面的代码：命令总线、事件总线及 Saga 处理器。前两者是对消息队列客户端的封装，基于 Rabbit MQ 实现。后者则是我们本节中的核心：Saga 流程编排器。

1. 命令分发

使用命令总线的目的是在 Saga 编排器与事务参与者之间传递领域命令。而且，我们还期望所有的领域命令都放置到同一个队列中,而不是为每个命令都指定一个不同的 Topic,这一做法会给运维的工作带来很多负担。如果您的业务中长事务数量众多,需要开启大量类型不同的 Saga 编排器实例,可以考虑为每一类事务都建立一个专用的命令总线实例;否则仅使用一个公共的命令总线问题也不大,但要注意命令的名称不要出现重复的情况。当然,这一原则也同样适用于后续我们要介绍的事件总线。

请读者注意一点:使用 Topic 类型的 Exchange 有可能会导致命令丢失,必须使用 Fanout 取而代之。前文中我们曾介绍过“支付订单并锁定账户余额和库存”的业务,让笔者以此为例,看一下使用 Topic 类型的 Exchange 会出现什么问题。假设消息的 Topic 名称为“order. command. bus”,这一业务相关的所有命令都会被发送至这个队列里,不过消息消费者并不相同:锁定余额命令 FreezeBalance 会被账务服务订阅;锁定库存命令 FreezeStock 会被库存服务订阅。在使用了 Topic 类型的 Exchange 之后,消息会被轮询地发送给不同的消费者,因此就会出现 FreezeStock 类型的命令被发送给支付服务的情况。很可惜,支付服务无法处理这个命令,最终只能选择丢弃处理。另外,如果部署了多套库存服务的话,我们期望冻结库存的命令只被其中一个服务实例消费。这一要求是领域命令的性质决定的,即:同一个命令必须只能有一个消费者。所以,读者在使用 Rabbit MQ 作为消息中间件时请务必要注意对这两类问题的处理。

回归正文,在讲解命令结构之前请和笔者一起考虑这样一个问题:如果事务参与者服务监听到了某个领域命令,它要如何把命令传递给具体的命令处理器呢?毕竟所有的领域命令都会在同一个队列内进行传输,消费者收到后可能会遇到两个情况:一是无法处理、二是虽然可以处理,但需要找到真正的命令处理器。以支付服务为例,它接收到了两个命令:锁定余额及解锁余额,要怎么样才能找到处理这两个命令的方法或对象呢?答案揭晓前请您思考 10 秒钟……。如果您有一定的网络基础应该会知道路由器中会存在路由表这样一个东西,它标识了数据包的转发方向。因此,我们可以借用这个思想:设计一个命令分发器来统一订阅所有的命令,接收到命令后,系统可根据其内部包含的命令路由表将命令转发给正确的命令处理器或做丢弃处理,具体流程如图 8.12 所示。

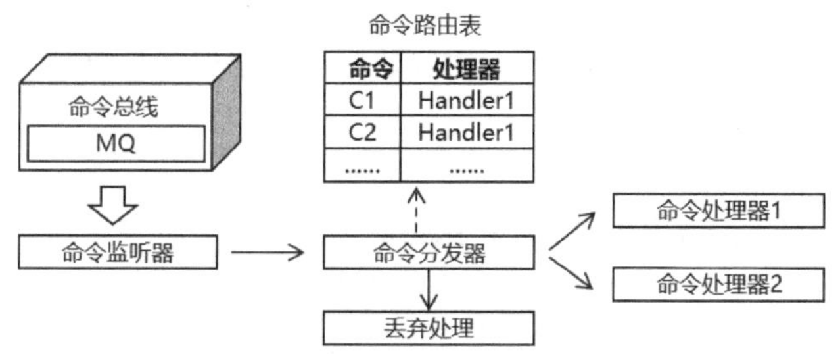

图 8.12 命令分发流程

那么命令分发器放到哪里合适呢?需要单独部署一项服务吗?它是 Saga 编排器的一部分吗?其实没那么复杂,您只需要将其作为命令的接收器(注意:不是监听器)放置到事务参与者所在的服务中即可，所有的命令都会通过它进行分发处理。另外，命令分发器的通用性很强，您其实可以考虑将它的定义放置到通用开发类库中，在具体的服务中进行实例化就可以了。

在对命令分发器的代码进行展示之前我们先了解一下领域命令对象。它的结构比较简单，类似于DTO和值对象的合体，但属于领域模型。又由于其本质上属于消息的一种，所以我们应该为它设置一个唯一的标识符以用于排重、问题排查等工作。此外，领域事件和命令在结构上非常类似，有着共同的属性，所以最好能为它们设计一个公共的父类以最大化减少重复代码的数量：

```
public abstract class Message extends DomainEntity<String>{
    private String name;
    protected Message() {
        this.name = this.class.getSimpleName();
    }
}
```

属性name的作用是什么呢？回顾一下前文中我们提及的命令路由表的作用：它配置了命令及命令处理器之间的映射关系。那么这里的映射关系格式应该是什么样的呢？或许使用Map的格式会更好。其中的键是命令的名称；值对应的则是命令处理器。这样我们就可以根据命令的名称以O(1)的时间复杂度快速定位到对应的处理器。所以name属性存储的是当前命令的名称，必须要有值才行。不过，此处有一个重要的问题您在使用时一定要注意：在构建命令路由表的时候，应当保证命令的名称在生产服务与消费服务中完全一致才可以，否则，对于某个命令会出现找不到命令处理器的情况。另外，发布命令的服务很可能与命令处理器处在不同的服务之中，所以我们在设置name属性时可考虑使用类名，但注意一定不要包含包的名称。以冻结库存命令FreezeStock为例，其在Saga编排器服务中的类全名为“order.FreezeStock”（Saga与订单服务集成在了一起，所以类名会以order作为前缀）；在库存服务中的类全名是“stock.FreezeStock”，两者并不相同，使用类全名作为命令的名称时会让命令分发器找不到对应的命令处理器。

我们再展示一下命令监听的代码。内容非常简单，只需要一行代码即可完成：

```
@Service
public class CommandListener {
    @RabbitListener(queues = "order.command.bus")
    public void listen(String command, Message message1, Channel channel) {
        CommandDispatcher.INSTANCE.dispatch(command);
    }
}
```

上述代码展示了订单服务如何监听命令类消息，我们使用了Spring框架提供的能力来实现这一功能。另外，由于笔者使用的是公共命令总线（仅定义了一个Fanout类型的 Exchange),您要注意微服务架构下消费端队列名称的配置,在订单服务、账户服务和仓库服务中决不可相同,否则会出现消息抢占的情况。本案例中笔者在订单服务中使用的队列名称是“order. command. bus”,即使订单服务多实例部署也不会出现问题,命令只会发给其中的一个实例。

上述代码示例中,系统会将接收到的消息交由命令分发器 CommandDispatcher 进行分发。所谓的分发过程其实就是我们前面提到的:根据命令的名称找到对应的命令处理器。前文中我们还提到了一个称之为命令路由表的概念,您能猜到它位于哪个类中吗?

按理我们应该先介绍 CommandDispatcher 类,但还有一个概念需要提前介绍:命令处理器,否则您将无法更好地理解命令分发器的工作机制。前文中我们曾数次提及命令处理器的概念,其一般会作为事务参与者之一来参与事务的处理,下列代码展示了命令处理器的样子:

```
public abstract class CommandHandlerUnite {
    private static final String HANDLER_METHOD = "handle";

    public void process(Command command, String fullNameOfCommand) {
        if (command == null || fullNameOfCommand == null) {
            return;
        }
        Class clazz = Class.forName(fullNameOfCommand);
        Method handler = this.getClass().getMethod(HANDLER_METHOD, new Class[]
{clazz});
        handler.invoke(this, command);
    }
}
```

命令处理器 CommandHandlerUnite 被设计为抽象类,所有的命令处理器都需要从它继承。方法 process()为本类中的核心,实现时通过反射的方式调用到具体的命令处理方法。笔者猜测您此刻可能有点混乱:不知道这个方法会被谁调用,也不知道通过反射调用了谁。我们先看一看调用的目标:this,也就是说它调用的其实是自己类中的方法。但此刻 CommandHandlerUnite 类里面并没有名为 handle(常量 HANDLER_METHOD 定义了方法名称)的方法被定义出来,这就意味着该方法需要在子类中进行声明。以账户服务为例,它可以处理锁定余额及解锁余额两个命令。代码所下:

```
@Service
public class AccountApplicationService extends CommandHandlerUnite {
    public void handle(FreezeBalance command) {
        //代码省略...
    }
```

```
    public void handle(UnfreezeBalance command) {
        //代码省略...
    }
}
```

是的，handle()方法的数量不止一个。不过您不必对此担心，基于反射机制系统可以找到正确的目标方法。

调用 process()方法的客户端是 CommandDispatcher，因为它并不知道具体的命令类型，所以我们暂时只能先将消息反序列化为抽象类 Command 类型的对象，这也是为什么笔者需要使用反射机制去调用具体的命令处理方法。

讲解完命令处理器后是不是要开始介绍今天的主角命令分发器 CommandDispatcher 了？不好意思，您还需要再等一等，我们有必要先看一下命令路由表 CommandRouter 的代码样式：

```
public class CommandRouter {
    private Map<String, RouterEntry> router = new HashMap<>();

    public void register(Class commandClass, CommandHandlerUnite commandHandler) {
        String fullName = commandClass.getName();
        String simpleName = commandClass.getSimpleName();

        RouterEntry entry = new RouterEntry(fullName, commandHandler);

        this.router.put(simpleName, entry);
    }

    public static class RouterEntry {
        private String fullCommandName;
        private CommandHandlerUnite handler;
    }
}
```

CommandRouter 类内部包含了一个用于存储命令与处理器映射关系的字典 router。方法 register()用于为路由表增加路由信息，代码结构比较简单，或许最容易让读者感到难以理解的是我们使用了两个命令名称：完整名称 fullName 和简化名称 simpleName。它们的作用并不相同，前者用于将消息反序列化成本服务内真实的命令对象；后者用于定位命令处理器，这个名称和命令消息里所包含的命令名 name 要完全一致才行。

下面才是主角 CommandDispatcher 正式入场的时候，代码如下：

```
public class CommandDispatcher {
    public CommandRouter router = new CommandRouter();
```

```
    private static final CommandDispatcher INSTANCE = new CommandDispatcher();

    private CommandDispatcher() {
    }

    public void dispatch(String message) {
        //1、获取命令的名称
        JsonNode jsonNode = objectMapper.readValue(message, JsonNode.class);
        String commandName = jsonNode.get("name").asText();
        //2、从命令路由表中获取当前服务中的完整命令对象名
        String fullCommandName = this.router.getFullCommandName(commandName);
        //3、将Json格式的命令进行反序列化
        Command command = (Command) objectMapper.readValue(message, Class.forName
(fullCommandName));
        //4、调用命令处理器
        CommandHandlerUnite commandHandler = this.router.getHandler(commandName);
        if (commandHandler != null) {
            commandHandler.process(command, fullCommandName);
        }
    }

    public void register(Class commandClass, CommandHandlerUnite commandHandler) {
        this.router.register(commandClass, commandHandler);
    }
    //代码省略...
}
```

CommandDispatcher类包含了两个主要的方法：dispatch()和register()，不过都是简化后的版本，各类参数合法性判断、异常处理等代码已被笔者省略。register()方法的实现由路由表对象代理，其功能不再进行赘述。dispatch()方法用于分发领域命令到命令处理器，共包含了四段主要逻辑，读者可参考代码中的注释内容。调用dispatch()的时机是很明确的，在CommandListener中。那么应该在什么时候调用register()方法来进行命令处理器注册呢？请参考如下代码：

```
@Service
public class AccountApplicationService extends CommandHandlerUnite {
    AccountApplicationService() {
        CommandDispatcher.INSTANCE.register(FreezeBalance.class, this);
        CommandDispatcher.INSTANCE.register(UnfreezeBalance.class, this);
    }

    public void handle(FreezeBalance command) {……}
```

```
    public void handle(UnfreezeBalance command) {……}
}
```

非常简单，您只需要在实例化命令处理器对象时即可。当然，如果您在代码上想要追求极致的整洁，也可以考虑在服务启动的时候使用反射机制进行注册配置。

到此，命令处理相关的代码已介绍完毕，完整的执行流程如图 8.13 所示。虽然还没有讲到 Saga 但距离我们的目标已经不远，请读者移步下一节。

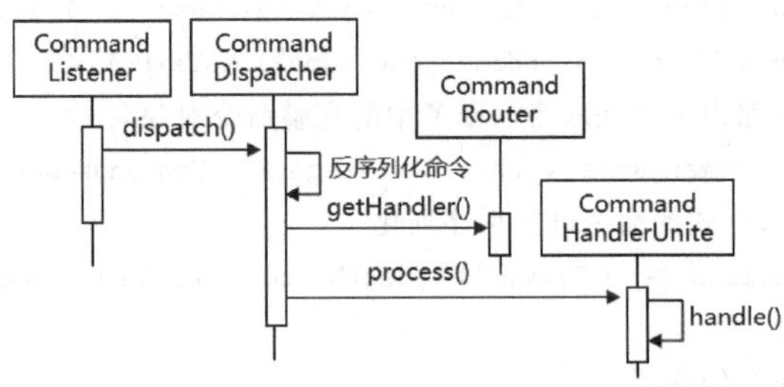

图 8.13　命令处理流程

2. Saga 服务

事件的分发与处理和对命令的处理方式基本是一致的，根本区别在于一个事件可被多个消费者同时消费而命令则不可，详细代码予以省略。本节内容以“提交订单后冻结库存和账户余额”需求为例展示 Saga 服务的一些细节，具体如下：

```
@Service
public class OrderSagaService extends EventHandlerUnite {
    OrderSagaServic() {
        EventDispatcher.INSTANCE.register(OrderSubmitted.getClass(), this);
        EventDispatcher.INSTANCE.register(BalanceFreezed.getClass(), this);
        EventDispatcher.INSTANCE.register(StockFreezed.getClass(), this);
    }

    @Transactional
    public void handle(OrderSubmitted event) {
        OrderSubmitSaga saga = new OrderSubmitSaga();
        List<Command> commands = saga.handle(event);
        //注意：命令和 Saga 对象一起进行保存
        this.orderSubmitSagaRepository.save(saga);
        this.commandBus.post(commands);
    }

    @Transactional
    public void handle(BalanceFreezed event) {
        OrderSubmitSaga saga = this.orderSagaRepository.findBy(event.getSagaId());
        List<Command> commands = saga.handle(event);
```

```
        //注意:更新Saga,插入命令
        this.orderSubmitSagaRepository.update(saga);
        this.commandBus.post(commands);
    }
    //代码省略...
}
```

EventHandlerUnite类我们没有做过介绍,不过其结构与命令处理器CommandHandlerUnite类似,读者可参考前文。handle()方法用于处理具体的事件,真实项目中您需要为每一个事件都编写对应的事件处理方法,所以同一个事件处理器内会有多个名为handle()的方法。OrderSubmitSaga对象表示Saga编排器聚合,其对于事件的处理方式我们后面再进行讲解。另外,由于每一次调用其handle()方法后都可能引发编排器对象状态的变化及生成新的命令,所以我们将对这两类对象的持久化工作放置在了同一个事务中,主要目的是防止命令信息丢失。

另外一处需要注意的是:编排器应用服务对订单提交事件OrderSubmitted的处理逻辑。如果此时没有Saga编排器对象存在则建立一个新的;其他的handle()方法则仅做更新操作,因为只有在收到OrderSubmitted事件时才意味着事务的开启。

请读者考虑这样一个问题:我们能否将提交订单的操作作为Saga事务处理的第一个环节呢?也就是说我们希望由Saga发起提交订单的命令。前面的案例中,事务的开启时机是在提交订单之后。假如订单提交操作失败的话,由于没有OrderSubmitted事件被发布,事务流程自然也不会被启动。而如果将提交订单业务作为事务中的第一个子事务,就需要修改原订单应用服务中的代码:

```
@Service
public class OrderApplicationService {
    @Transactional
    public void submit(OrderVO orderInfo, String accountId) {
        orderInfo.validate();

        OrderSubmitSaga saga = new OrderProcessSaga();
        saga.start();
        OrderValidated event = new OrderValidated(saga.getId(), orderInfo, accountId);

        this.orderSubmitSagaRepository.insert(saga);
        this.eventRepository.insert(event);

        this.eventBus.post(event);
    }
}
```

订单应用服务OrderApplicationService中的submit()方法的实现方式和我们早前展示的代码相比变化还是很大的,它只对订单信息做基本的验证而没有包含提交订单的逻辑。验证通过后会创建一个新的 Saga 编排器对象实例并调用它的 start()方法来开始新的事务,而提交订单的操作被删除了。另外,被持久化的对象也产生了变化,业务调整后我们只对 Saga 聚合进行存储,不再包含订单对象。业务用例的最后,程序会将验证通过事件 OrderValidated 发布到事件总线供 Saga 编排器应用服务去消费和处理。可以想象,OrderSagaService 的代码一定也会产生变化:

```
@Service
public class OrderSagaService extends EventHandlerUnite {
    @Transactional
    public void handle(OrderValidated event) {
        OrderSubmitSaga saga = this.orderSagaRepository.findBy(event.getSagaId());
        List<Command>commands = saga.handle(event);
        this.orderSubmitSagaRepository.update(saga);
        this.commandBus.post(commands);
    }
    //代码省略...
}

public class OrderSubmitSaga extends DomainEntity<Long>{
    public List<Command>handle(OrderValidated event) {
        this.status = SagaStatus.BEGIN_SUBMIT_ORDER;

        SubmitOrderCommand command = new SubmitOrderCommand(this, event);
        this.commands.add(command);

        return Lists.newArrayList(command);
    }
    //代码省略...
}
```

Saga 编排器聚合 OrderSubmitSaga 的 handle()方法在处理 OrderValidated 事件的时候首先会变更其自身的状态信息为“开始提交订单(SagaStatus.BEGIN_SUBMIT_ORDER)”并生成一个 SubmitOrderCommand 类型的命令实例。这个命令会由订单服务来订阅以触发具体的提交订单动作。不知道读者看到此处是否注意了一个细节?即 Saga 编排器其实并不负责执行具体的业务逻辑,它的作用仅仅是用于记录事务的状态并根据不同的事件来决策下一步要做的操作是什么。OrderSagaService 中虽然也有数据持久化的操作,但对象也仅限于 Saga 编排器聚合实例及其发布的命令,并不会涉及其他的领域模型。

回到我们前面的问题中:将提交订单业务作为事务中的第一个环节时,可以大大地提升应用程序的吞吐率,因为客户在调用 submit()时只会涉及 Saga 对象的保存而没有其他的 IO 类处理。存储 Saga 对象的操作在关系型数据库中的执行速度非常快,毕竟插入操作不会涉及事务锁。此外,您其实也可以考虑使用 NoSQL 来实现对 Saga 对象数据的存储,这样的话还能再进一步提升系统的性能。

不过,变化后的业务处理方案也不是完美的,用户的体验会变得差一点。提交订单业务从原来的同步变成了当前的异步,会造成用户无法知道真实的处理结果。

让我们再花一点时间介绍一下 OrderSubmitSaga 类,首先看一下案例代码:

```
public class OrderSubmitSaga extends DomainEntity<Long>{
    private String orderId;
    private String accountId;
    private Status status;
    private List<Command>commands = new ArrayList<>();
    //代码省略...

    public List<Command>handle(OrderPaid event) {
        if (this.status != Status.BEGIN_PAYMENT) {
            throw new OrderSubmitException();
        }
        this.status = Status.BEGIN_FREEZE_BALANCE;

        FreezeBalance command = new FreezeBalance(this, event);
        this.commands.add(command);

        return Lists.newArrayList(command);
    }

    public List<Command>handle(BalanceFreezed event) {
        if (this.status != Status.BEGIN_FREEZE_BALANCE) {
            throw new OrderSubmitException();
        }
        this.status = Status.BEGIN_FREEZE_STOCK;

        FreezeStock command = new FreezeStock(this, event);
        this.commands.add(command);

        return Lists.newArrayList(command);
    }
}
```

我们一直在强调 Saga 事务编排器的工作模式:消费事件——发布命令,命令的来源便是事务编排器聚合对事件的处理结果之一。除非事务完成,每一次对事件的处理都可能会生成一些新的命令。请您在脑海中对于 Saga 的作用做一次回顾,是否发现了它承担的其实是流程控制器或事务指挥官的责任? Saga 的设计思想是将一个长事务分成多个子事务，前一个子事务处理完成后再进行下一个的处理，如果某个子事务执行失败就会触发回滚操作。可以看到：流程的前进及回退都是由 Saga 编排器进行控制的，所谓的“长事务”处理其实就是对业务流程的控制。

还有一个细节不知道读者是否注意到了，即 OrderSubmitSaga 是一个聚合，组成它的主体除了聚合根 OrderSubmitSaga 外还有它生成的一系列命令。当然，也有一些设计师认为命令并不是 Saga 编排器聚合的一部分，但笔者认为命令本就是由 OrderSubmitSaga 创建的，是它的一部分，将二者视为同一个聚合也在情理之中。另外，Saga 编排器的状态其实与命令是存在关联关系的。以前面的业务为例，假如编排器聚合的状态是 Status.BEGIN_FREEZE_STOCK，但其发布的命令却只有一个 FreezeBalance，出现这种情况时就意味着事务的处理已经陷入了混乱当中。而如果将 OrderSubmitSaga 和与之关联的命令作为一个聚合的话则不会发生这类问题，因为数据一致性的保障是可以交由本地事务来负责的。另外，再次提醒一下：对 Saga 编排器进行存储时只应包括编排器聚合自身，并不包含事件。具体原因我们在前文中已进行过说明，但笔者愿意再多啰嗦一句：Saga 编排器虽然会处理事件，但事件的来源是另外的服务，并不是由它生成的，命令才是。

前面的案例中我们只处理了正向的流程，没有展示如何进行业务补偿。其实和正向业务处理的思想是一样的，只是处理的事件和发布的命令不同而已：

```
public class OrderSubmitSaga extends DomainEntity<Long>{
    private String orderId;
    private String accountId;
    private Status status;
    private List<Command>commands = new ArrayList<>();

    public List<Command>handle(FreezeStockFailed event) {
        if (this.status != Status.BEGIN_FREEZE_STOCK) {
            throw new OrderSubmitException();
        }
        this.status = Status.FREEZE_STOCK_FAILED;

        UnfreezeBalance command = new UnfreezeBalance(this, event);
        this.commands.add(command);

        return Lists.newArrayList(command);
    }
    //代码省略...
}
```

让我们联想一下订单提交流程是什么样的：订单提交成功后开始进行账户余额冻结及库存的冻结，如果有哪个环节的业务执行失败则进行业务补偿操作，整个过程不需要人参与到其中，应全部交由系统后台自动完成。但这只是一种理想情况下流程运转方式,现实中会由于各种各样的意外比如网络抖动、服务宕机、消息队列异常等造成流程的中断,仅靠后台自动运行是不行的。因此,我们应该有处理事务中断的手段,哪怕是手动的也要比没有强。另外,对于流程较长的事务,业务上也可能需要显示当前流程所存在的环节是哪一个。如果您使用京东、天猫进行购物,应该会发现提交订单之后平台会为每一笔订单提供一个显示订单状态的功能,其展示了商家是否发货、货物运送的状态、到达了哪个地点等信息。我们是否可以利用事务编排器来完成这个需求呢?

以现有的机制,或许我们无法提供出一个像京东、天猫那样强大的流程追踪功能,但完全可以利用 Saga 编排器来达到一个类似的效果。想象一下 Saga 的实现机制:每提交一个订单都会生成一条 OrderSubmitSaga 记录,其记录了订购流程的最新状态。那么我们完全可以将这些记录以列表的方式显示出来,它的状态信息标识了每个流程所处的环节。当流程因意外中断没有完成时,可以把最后一个命令也就是按时间顺序最晚发布的命令进行重发即可。而对于命令消费者,要额外注意幂等的处理,不过这并不是什么难题,大部分情况下涉及消息的消费都要保证幂等性的,与是否 Saga 关系并不大。

到此为止,有关如何实现 Saga 笔者已经介绍完毕。上述代码只是展示了一些正常的场景,并未对意外情况进行处理;也未对事务的隔离性等问题进行考虑,在真实项目中使用时一定要注意对这些情况的处理。此外,有兴趣的读者也可以根据笔者提供的设计思路设计出一套实用性更强且能够应用于真实项目的 Saga 编排器。即使由于各类约束无法在生产环境中使用,作为练习也是很有意思的。

总 结

本章我们主要学习了聚合相关的知识。它的概念其实非常简单:把一组紧密相关的对象组合在一起便形成了聚合。在物理的表现形式上,聚合仅仅是一个实体,不过我们更应该关注其逻辑性,即:领域范围。因此,想要设计出合适的聚合不仅要对概念做到了然于胸,还需要在日常学习和工作中多多进行磨练才行。笔者在本章中对聚合的特性进行了总结,并提供了一些案例供您去参考。

本章内容可大致分成三个部分,第一部分主要介绍了聚合相关的概念。虽然内容比较多,但您在设计过程中要始终注意三点:整体性、聚合根的使用及聚合间的关联方式。整体性是指每一个聚合都形成了验证单元、业务单元和事务单元,不需要其他对象的参与便可以构成一个概念上的完整个体,有着独立的生命周期和高度内聚的业务规则。聚合根是聚合中的对外单位,是所有外部请求的输入点。为了保障聚合的完整、安全以及不变性条件不被破坏,不允许绕过聚合直接对其内部的属性或对象进行操作。聚合虽然很独立但并不孤立,它们需要与其他聚合产生关联,而关联的唯一依据便是对方聚合根的标识符,不允许以嵌入对象的方式将一个聚合放到另外一个聚合中。

此外,在设计聚合的时候要注意其规模和持久化方式。规模过大的聚合无论在性能上还是在冲突处理上都表现不佳；与此同时，大聚合设计违背了高内聚原则，使得领域模型的变更和维护变得更加困难，为系统的扩展带来了阻碍。对聚合进行持久化时，不允许在同一个事务中对多个聚合对象进行更新。性能及事务冲突等问题会让用户使用系统时的体验非常差。

第二部分的内容主要关于事务。我们对全局事务和分布式事务的种类和各自的特点进行了简要的说明。微服务风格的应用使用最终一致性来解决事务问题的作法已经被人们广泛接受，所以这一主题的知识值得您花时间去做更深入的研究和学习。

最后一部分笔者展示了如何实现编排式 Saga 及对应的案例。如果您还在为分布式事务的选择而纠结的话，笔者强烈推荐使用 Saga 来解决问题。无论是性能还是系统可维护性上，Saga 绝对是最佳的选择。

下一节我们开始学习一种用于实例化领域模型的服务。

第 9 章　化土为玉——工厂(Factory)

介绍实体时,我们曾经讲解过如何创建出合法且有效的实体对象,可选择的方式主要有两种:工厂和构造函数。构造函数的使用我们已经做过重点说明,虽然无论如何都要提供一个可初始化所有属性的构造函数,但很多时候我们并不会直接将这个构造函数提供给客户使用,原因很简单:太复杂了。所以我们只能选择另外一种方式,这就是本章要讲解的主要内容:用于实例化领域模型的工厂。

虽然笔者一直在强调实体的构建,但这一说法并不够精确。工厂的实现形式有两种:独立型和非独立型,独立型工厂主要用于创建聚合实例;非独立型工厂一般会被设计为领域模型的方法,这些方法可单纯地用于实例化其他的领域模型;也可以在处理业务逻辑的同时担任着对象创建的职责。虽然后一种方式违反了单一责任的设计原则,但使用起来却非常自然,比如订单支付方法 pay(),在处理支付逻辑的同时还会承担事件 OrderPaid 的创建责任。非独立的工厂方法几乎可用于创建所有类型的领域对象,如值对象、实体、事件等。当然,也可以用于聚合的创建,不过一定要注意被创建对象的复杂度。

自然,对象结构复杂是我们选择工厂的一个重要原因;另外的原因为:我们期望领域模型只处理与业务逻辑相关的事情,不相关的工作应交由另外的对象去负责,也就是我们曾数次提及的“单一责任原则”。以前面我们讲解过的聚合验证为例,为了保障目标聚合的责任更加纯粹,我们将这一工作从被验证的聚合中独立了出去。以此类推,既然对象的构造与业务逻辑的处理关系不大,涉及复杂对象的创建时我们也应该将这一责任从聚合内剥离出去。当然,要尽量避免过度设计,不应该见到有需要使用工厂的场合就设计一个独立的工厂类,这一做法会让代码变得很难维护。

想要正确理解工厂,我们应当将其视为一种思想,其体现了封装的设计原则。因此,使用时不要太过在意具体的形式,只要能够遵循基本的设计原则即可。从表面上来看,工厂似乎比较简单,仅仅是对领域对象创建责任的一种封装;而且,学习设计模式时,工厂一般都是作为第一个模式首先被介绍的,足以证明其简单性。那么为什么要将这一内容拿出来作为单独的一章呢?因为在实际的开发过程中,工厂的使用要比理论描述更复杂一些,有很多的细节需要注意。因此,我们会将实践中遇到的问题以及应对方式作为本章的重点进行说明,让您在使用工厂时少“踩”一些坑。

9.1　使用工厂的时机

第 6 章中我们曾举过一个优惠活动聚合的案例,当时介绍得比较简单,没有体现出其内部的精确结构。笔者将其加工一下,如图 9.1 所示。请读者注意一点:前文在介绍这一案例时做了很多的简化,比如我们将优惠方式 DiscountPattern 设计成了优惠活动实体的一部分,然而更为正确的设计是它应当属于优惠策略。

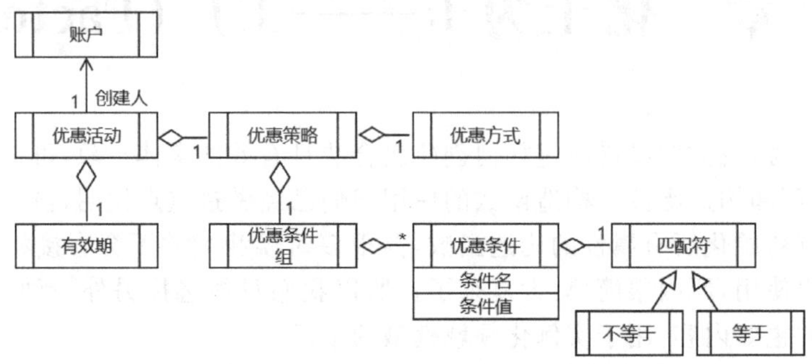

图 9.1 优惠活动聚合类图

有关优惠策略、优惠条件等内容我们在前文中已经进行过简单的说明,不过彼时介绍的粒度比较粗。比如我们将优惠条件的类型设计成了字符串类型,而在实践当中,应当将其建模成值对象类型才更合适。另外,图 9.1 中我们引入了匹配符的概念,它表示的是什么呢?您也可以将其称之为"操作符"。在解释优惠策略的概念时,领域专家可能是这样描述的:当用户购买电子产品时可享受 8 折,也就是说购买条件加上优惠方式共同组成了优惠策略的概念。其实,您还可以将优惠策略的说明改一种说法:购买的产品类别"等于"电子类时,享受 8 折优惠,括号引用的部分就是匹配符。后续的需求有可能会变成"不等于""包括";如果条件是数字型的,比如"订单金额大于 100 元时享受 9 折",匹配符还可能会包括"大于""小于"等。为了应对这种变化,我们对匹配方式进行了建模,这也是面向对象设计中一种较为常用的设计技巧:将可能发生变化的事物进行抽象。您应该经常听人说"领域模型是对业务模型的抽象",上述的分析过程其实就是一种抽象的过程。

书归正文,笔者个人觉得优惠活动聚合的结构已经足够复杂了,让我们看一下它的构造函数长什么样子。额外多提一句:第 7 章中我们曾展示过优惠活动 Promotion 相关的代码,当时是为了解释值对象的作用范围。内容比较简单,与实际代码之间也存在着一定的差距。所以我们对其进行了修改,让其更贴近真实项目的代码,具体如下所示:

```
public class Promotion extends DomainEntity <Long>{
    private String creatorId;
    private LifeCycle lifeCycle;
    private DiscountStrategy discountStrategy;

    public Promotion(Long id, int version, EntityStatus entityStatus,
        LocalDateTime createdDate, LifeCycle lifeCycle, DiscountStrategy discountStrat-
egy) {
```

```
            super(id, version, entityStatus, createdDate);
            //代码省略...
        }
    }
    //优惠方式
    public class DiscountAction extends ValueModel {
        public DiscountAction(BigDecimal discountValue, Pattern pattern) {
            //代码省略...
        }
    }
    //优惠策略
    public class DiscountStrategy extends ValueModel {
        public DiscountStrategy(ConditionGroup group, DiscountAction action) {
            //代码省略...
        }
    }
    //优惠条件
    public class DiscountCondition extends ValueModel {
        public DiscountCondition(Operation operator, ...) {
          //代码省略...
        }
    }
    //代码省略...
```

各个参数的具体作用我们不再做过多的解释，但构建 Promotion 对象的复杂程度是可以看得到的：构造函数中需要传入 DiscountStrategy 和 LifeCycle 两个类型的对象；而创建 DiscountStrategy 时又需要 ConditionGroup 和 DiscountAction 两个类型的对象作为参数……。这些并不是全部，上述代码也仅仅是案例，贴近真实项目不等于是真实的项目，实际的情况要更加复杂。试想一下，如果把这样的构造函数放开给客户使用会出现什么结果？笔者作为聚合的设计者，长时间不看代码也会忘了对象是如何构造的，更何况完全不熟悉聚合结构的其他人。另外，一些对象的可见范围应仅限于聚合的内部，例如优惠策略组 ConditionGroup，不应该将其暴露到聚合的外面。解决这一系列问题的最佳手段是将优惠活动聚合的创建过程封装起来，作为客户来说他们其实并不关心聚合是如何创建的，所以只需要把创建后的结果提供给他们使用就可以了。那么谁会承担创建的责任呢？正是本章的主题：工厂。工厂对客户来说就像是一个黑盒，这个盒子封装了构建领域对象的一切细节。

当领域模型结构很复杂时，最好建立一个单独的工厂类来专门用于实例化领域对象。注意：它的责任只局限于构建某一个对象，不应该让其承担与业务逻辑有关的任何工作。当然，工厂有多种形式的实现方式，并不一定是单独的工厂类，后续我们会对此进行详细的说明。下载的代码展示了如何使用工厂来构造 Promotion 对象：

```
public class PromotionFactory {
    public static final PromotionFactory INSTANCE = new PromotionFactory();

    public Promotion create(PromotionVO promotionInfo) throws PromotionException {
        PromotionVO.ActionInfo actionInfo = promotionInfo.getStrategyInfo().getActionInfo();
        if (actionInfo == null) {
            throw new PromotionCreationException();
        }
        DiscountAction action = new DiscountAction(patternInfo.getDiscountValue(), ...);

        PromotionVO.ConditionInfo conditionInfos = promotionInfo.getStrategyInfo().getConditionInfos();
        if (CollUtils.isEmpty(conditionInfos)) {
            throw new PromotionCreationException();
        }
        List<DiscountCondition> conditions = this.createConditions(conditionInfos);

        ConditionGroup group = new ConditionGroup(conditions);

        DiscountStrategy strategy = new DiscountStrategy(group, action);

        Promotion promotion = new Promotion(..., strategy, pattern);
        //调用验证代码省略...
        return promotion;
    }
}
```

上述代码比较简单，应该不需要笔者做过多的解释。不过我们引入了一个新的类型 PromotionVO，它包含了实例化优惠活动聚合的一切信息。作为视图模型类型，PromotionVO 的数据一般来自于用户界面的输入，结构通常比较简单，只要能将构建优惠活动对象所需要的全部数据传进来即可。

此外，笔者个人在使用工厂的时候比较习惯使用单例模式，而有一些设计师则更习惯于使用静态方法，纯属个人习惯而已，请读者不必对此纠结。回归正文，上述代码中值得注意的问题有两点：

(1) 构造过程中出现错误时的处理方式

构造过程中如果出现输入数据缺失时，请不必吝惜使用异常的方式进行报错。对于当前场景，笔者认为这是一种非常优雅的处理措施。不过值得注意的是：在完成对象构造之后您还需要对创建的实例进行验证，具体的验证方式可参考前文中我们讲解过的实体验证，抑或是使用自己习惯的方式。

(2) 二是输入参数的结构

领域模型结构越是复杂,用于构造的数据越是繁琐,这是一个成正比的关系。不过我们应该尽量将这种复杂度隐藏在领域模型这一侧,而对于构造领域对象的信息您则应当尽自己所能地去简化,这样才能突显出工厂的价值。笔者个人的经验是将工厂的输入参数结构想象成用户在界面上的输入,界面长什么样我们就把参数的结构设计成什么样。之所以要通过想象是因为微服务架构下,外部输入的参数不一定是用户界面,很多情况下可能是另外的服务。让我们看看 PromotionVO 长什么样子:

```
public class PromotionVO {
    private Long id;
    private Date begin;
    private Date end;
    private StrategyInfo strategyInfo;

    public static class ActionInfo {
        private BigDecimal discountValue();
        private Integer pattern;
    }
    public static class ConditionInfo {
        private String name;
        private String operator;
        //代码省略...
    }
    public static class StrategyInfo {
        private List <ConditionInfo >conditionInfos;
        private ActionInfo actionInfo;
        //代码省略...
    }
    //代码省略...
}
```

视图模型 PromotionVO 内所有属性的数据类型均为基本类型或类内部定义的其他视图模型类型,另外要注意的是应该只有 setter/getter(代码中进行了省略)方法。虽然 PromotionVO 的结构看起来并不简单,但根源还在于优惠活动业务本身所涉及的信息比较庞杂,想要将这些信息完全表达出来,使用到的数据结构必然也不会很简单。

领域模型结构复杂是使用工厂的第一个时机,第二个使用工厂的时机是根据其他限界上下文的输入来构建领域模型实例。复杂的业务用例场景可能会涉及很多不同种类的领域模型,构建这些实例的信息可能源于用户的输入,也可能源于另外的限界上下文。对于第二种情况,我们需要使用一种方式将外部服务的输入转换成我们需要的领域模型实例,这类转换的工作有可能会涉及数据过滤、数据类型转换等事项,放到工厂中进行处理也比较合适。细心的读者可能会注意到笔者列举过的代码案例中有如下的内容:

```
@Service
public class OrderApplicationService {
    public void submit(OrderVO orderInfo, String accountId) {
        AccountVO accountInfo = this.accountClient.queryById(accountId);
        TransactionAccount account = TransactionAccountAdapter.INSTANCE.create(accountInfo);
        //代码省略...
    }
}
```

这里的 TransactionAccountAdapter 就是工厂,它将账户服务中的账户信息转换成提交订单业务场景所需的交易账户对象。虽然没有使用“ * Factory”这种命名模式,但由于它的责任是创建领域模型实例,所以我们也认为它是一种工厂。

基本上,使用工厂的主要时机主要是这两种。当然,领域模型中有一些方法也会承担工厂的责任,以领域事件为例,大部分都是在某些业务方法执行后被实例化的。不过很多设计师并不认为它是工厂,毕竟处理业务逻辑才是其主责,承担创建对象的责任属于额外的工作,算是一种“兼职”。笔者个人并不赞成这种观点,工厂是一种思想,而且这类方法的确干了实例化领域对象的事情并且将实例化领域模型的过程进行了封装,将其视为工厂也无可厚非。

9.2 工厂的责任

客观来讲,工厂由于不承担业务的处理责任,在诸多的领域层组件中显得的确不够显眼,很多设计师甚至将其视为二等公民。毕竟领域层的主要目的是支撑业务的实现和对具体业务规则进行封装,能够反映出通用语言且可以承担业务逻辑的组件才能称得上是核心,才能算是领域层中的一等公民。而引入工厂的主要目的是让领域模型的责任更加单一,更符合面向对象设计的要求,似乎再没有其他的亮点可言了。不过这些并不重要,笔者个人其实很不喜欢对领域层组件进行排名。就好比很多工程师喜欢将 Java 与 C# 两种开发语言进行对比一样,没有任何的意义。相对来说,工厂的作用的确不如实体、值对象甚至是领域服务那样的突出,但它的使用能够让代码更加易读、维护性更强,仅凭这一点就值得投入精力对其进行研究。工厂的概念从表面上看并不难,但想要用好也并不容易。在介绍具体的实现方式之前,笔者觉得您有必要先了解一下它的责任到底有哪些,这样才有助于帮助我们在开发过程中正确地去使用,图 9.2 对此进行了总结。

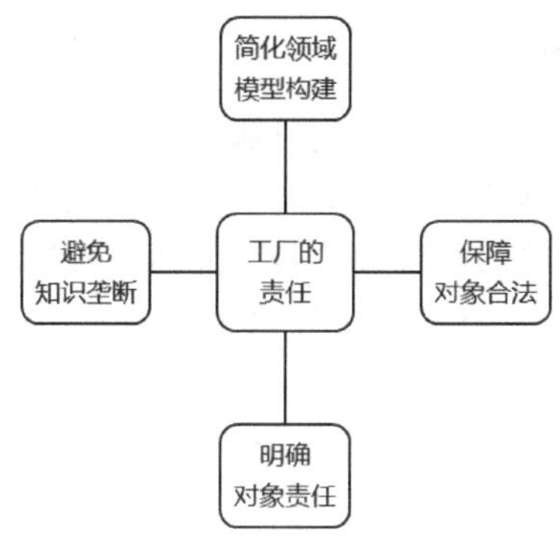

图 9.2　工厂的责任

9.2.1　简化构建领域模型

领域模型构造函数负责对象的实例化，它所能保障的是对象的每一个属性都被初始化；但构造函数无法简化对象实例化的过程，也无法保障构建后的对象是符合要求的，除非您愿意牺牲代码的整洁性、可维护性。设计领域模型的目的是让它能够在业务用例中发挥出自己的作用，完成对业务的支撑才是它的终极目标。如果花费了大量的时间仅仅是为了让它去承担实例化对象这一简单的工作，就违背了设计的初衷，是得不偿失的。所以我们必须把领域对象的创建责任委托给其他的对象——工厂，让它对创建流程进行封装；让它来简化领域模型实例的创建过程。实际上，不仅对于工厂，对于软件设计工作而言“单一责任”这一思想是通用的，每一类对象或组件都有自己该承担的工作，必须要明确化才行，要不然我们为什么要将大的应用分成不同的服务且还要对服务进行分层呢？不就是为了实现责任的内聚吗？

考虑一下优惠活动 Promotion 的创建，如果没有工厂会出现什么情况呢？没错，通过阅读源代码工程师也能够完成对象的实例化，但这种方式不仅对用户不友好，也会严重影响工作的效率。如果要创建的对象类型非常多呢？难道要把所有的源代码都阅读一遍吗？另外，将领域模型实例化的过程暴露给客户之后有可能会造成业务知识的外泄，很多时候困扰我们的并不一定是安全问题，而是对耦合的处理。仍然以 Promotion 为例，当前的设计是一个优惠活动对应一个优惠策略。如果某一天业务发生了变化，要求一个优惠活动可包含多个优惠策略，这时会出现什么问题？不仅 Promotion 的代码需要进行修改，使用到这个对象的客户端代码也需要进行很大的调整才能适配得上。如果有了工厂呢？客户受到的影响就会小得多甚至是可以忽略不计的。

总而言之，工厂的最大价值是将对象的创建细节隐藏起来。对于研发经验尚浅的工程师来说似乎体会不到工厂的价值，只看到笔者在一个劲儿地在表扬它。其实您可以以逆向思维的方式去考虑问题，即：不使用工厂时会有哪些问题。经过对比之后，具体的孰优孰劣相信读者就会有自己的判断了。

9.2.2 保障对象合法

对象的合法性保障是领域模型实例化过程中非常重要的一步,也是最容易让人忽略的一步。虽然听起来比较麻烦但实施的过程却异常简单,您只需要在对象构造完成后进行验证操作即可。最简单的实现方式是首先通过构造函数实例化对象并进行属性初始化,然后再调用验证相关的方法对属性值进行检验。不过笔者强烈不推荐这种两段构造的方式,将它们合二为一才是最可取的。对此您有两种选择:一是在构造函数内部完成验证,当类结构非常简单时这一做法不失为是一种很好的选择,大多数值对象的验证采用的便是这种方式;另外一种则是在工厂中完成验证,虽然需要额外引入一个新的工厂类但弹性更好,条件允许时应优先选择这一方式。如下代码片段展示了具体的细节:

```
public class PromotionFactory {
    public Promotion create(PromotionVO promotionInfo) throws PromotionException {
        //代码省略...
        Promotion promotion = new Promotion(...);
        ValidationResult result = promotion.validate();
        if (! result.isSuccess()) {
            throw new PromotionCreationException(result.getMessage());
        }
        return promotion;
    }
}
```

9.2.3 明确对象责任

工厂的引入让对象的责任更加纯粹,编写出的代码更具面向对象精神。虽然构造函数也能完成对象的构造任务,但会造成领域模型承担了太多不应该由它承担的责任。笔者个人觉得:面向对象设计的一大特色就是对象责任分配明确,能够让正确的人做正确的事情。引入工厂的主要目的其实也在于此,它分担了对象创建的工作。回顾一下讲解过的内容,我们把用于领域模型验证和创建的事情全都交给了专门的对象,而领域模型现在只需要负责业务规则的处理即可,是不是责任更加清晰了?不过这一做法劣势也比较明显,即:类数量增多。不知道书前的您在使用面向对象编程时有什么样的感受,就笔者个人而言,最大的感觉就是出现了一堆稀碎的类。为了达到责任明确的目标,我们创建了各种各样的类型,有专门用于验证的、有专门用于构造对象实例的、有专门用于组织业务的、有专门用于持久化的……,这还不算值对象那种更细粒度的模型,类数量膨胀是必然的。可以看到,面向对象编程虽然有助于解决复杂的业务问题但组织领域模型类型的工作却很麻烦,这一点要在开发时多多注意。

9.2.4 避免知识垄断

当对象的创建逻辑很复杂时,往往会出现构建知识被某一个工程师垄断的情况,也就是说只有模型的设计者才知道怎么去实例化对象。使用工厂之后可以将该过程显性化,以文档的方式(代码即文档)将这一创建逻辑记录下来,能够极大简化知识的传播。即便类设计者某一天离开了项目也不会由于知识垄断而导致需求变化时无法进行快速支撑。也许有读者会觉得笔者这一说法太过夸张:不就是对象的创建吗?哪会这么复杂。一般情况下的确不会,不过笔者的确在真实项目中见到过构造逻辑非常复杂的情况,对象实例化过程中充斥着大量的循环甚至是递归操作。当然,我们不能否认该设计的确有不合理的地方,但很多时候不得不去面对这些。毕竟您需要参与代码的维护和扩展类工作,难道每一次见到不合理的代码或设计就去重构吗?出发点是好的,但现实中的一些限制比如工期等并不允许您这样做。所以,如果能将隐式的知识显性化可以为代码维护的工作带来很大的帮助。

微服务架构下的面向对象编程对设计者提出了新的要求,尤其是对象的创建上。包括笔者个人,也曾编写过大量的"四不像"代码,也就是一半是面向对象、一半是面向过程。之所以出现这个问题有两方面的原因:一方面个人对于面向对象设计的本质了解得不够透彻,经验是主要的原因;另外一方面则是关于领域对象的使用,会在不经意间使用视图模型来代替领域模型来完成业务用例。那么正常情况下应该怎么做呢?答:将视图模型转换为领域模型,让领域模型去完成业务用例的执行。这一过程当中,工厂的作用会比较突出,它负责完成转换的任务。当然,使用工厂并不意味着您的代码就是面向对象的,笔者想要表达的思想是:工厂的使用场景其实非常非常普遍,尤其是微服务中。很多时候仅仅是引入一个工厂对象,瞬间就会让您的代码看起来非常的OO。先不要评判读者的说法是否过于夸张,有关这一部分的内容笔者会在后文中进行重点说明。

笔者曾在前文中表达过对工厂的看法,比较倾向于认为它是一种思想。我们所讲的工厂主要用于领域模型实例的创建,您甚至可称之为"领域工厂",并不是设计模式中所讲的"简单工厂""抽象工厂"等与技术相关的设计方法。当然,您可以使用这些模式来实现工厂,但二者的区别请读者不要搞混。工厂所处的位置在领域层中,自然是用于创建领域模型。其他的层中也会使用到工厂,但也是各有各的作用。工厂分为广义上的工厂和狭义上的工厂。只要某个方法创建了能够被外部使用的对象,就是广义上的工厂,这类工厂的主要责任一般不是对象的创建。相反,专门负责创建对象[1]的工厂就是狭义上的,战术上我们可能会更关注这类工厂,不过思考问题时还是应站在广义的角度。

9.3 工厂的实现形式

既然我们认为工厂是一种思想,那就应该有对应的实现方式。笔者总结了三种,如

1 此处的对象类型不仅限于领域模型。

图 9.3 所示。

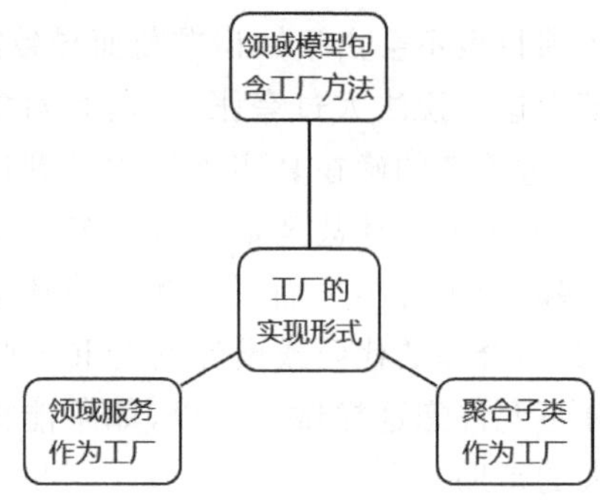

图 9.3 实现工厂的三种形式

9.3.1 领域模型包含工厂方法

这种形式的工厂一般不用于构造方法所属类型的对象，静态方法除外。笔者在经历过的某个项目中就曾见到过开发人员大量地使用静态方法来创建对象。也不能就此盖上“设计不佳”的帽子，当对象结构简单时这种作法完全可以接受，甚至是很不错的方式。反之就可能会让实体变得巨大无比，不论是代码量上还是责任上，尤其当实体结构比较复杂时。

当领域模型包含的工厂方法是实例方法时，这一情况主要适用于需要一个对象负责创建另一个对象或业务执行过程中需要创建可被外部引用的对象的业务场景。以审批单(详情参看第 8 章)业务为例，每一次成功执行审批方法 approve()都会生成一条审批记录对象，如下代码所示：

```
public class ApprovalForm extends EntityModel<Long>{
    private ApprovalNodeGroup nodeGroup = new ApprovalNodeGroup();

    public ApprovalRecord approve(Advice advice) throws OperationException {
        this.throwExceptionIfTerminatedOrInvalidated();
        if (advice == null) {
            throw new OperationException(OperationMessages.INVALID_APPROVAL_INFO);
        }
        return this.nodeGroup.approve(..., advice);
    }
}
```

审批单记录 ApprovalRecord 是一个聚合，它生成的时机是在审批方法的执行过程中，这种方式给人的感受是非常自然的。试想一下如果将生成的时机放到另外的位置会是什么样子？似乎就有点别扭了。除此之外，使用领域事件的时候，也经常会使用这一类工厂来实现事件的构建，笔者对此曾举过无数的例子，在这里就不做过多的赘述了。

9.3.2 聚合子类作为工厂

与前一种实现形式不同,这种形式的工厂会继承于被创建的聚合,创建的目标自然就是其父类的实例了。在讲解实体构建函数时,笔者曾经举过订单子类 OrderFactory 作为工厂的例子,所以具体的代码我们就不再重复展示了。

使用这种形式工厂的时候要注意父类的构造函数应为 protected,这样可以限制其只能被子类调用。这种形式的工厂在扩展性方面相对要好一点,能够调用到父类中不想被外部调用到的方法。当我们需要在对象构造后进行一些额外的加工或需要借助 setter 进行赋值时可考虑使用这样的工厂,不过也要注意父类中的方法应声明为 protected。另外,当实体存在继承关系的时候,对应的工厂类也可能会有继承关系,这一情况会让工厂的使用变得更加困难和繁琐。此时,您可能会考虑使用一些更为复杂的设计模式来解决问题,这一操作又进一步增加了代码的复杂度。客观来讲,工厂应该非常简单才行,这种存在复杂继承关系的工厂恐怕不是开发者想要见到的。如无特别的需要,笔者不建议使用这一模式。

9.3.3 领域服务作为工厂

领域服务是最为常见的一种实现工厂的方式,您经常看到的以"* Factory""* Builder"模式命名的类大部分情况都表示的是工厂。"领域服务"的概念我们目前还没有涉及,读者仅需要知道它是一种位于领域层中的无状态的服务即可。使用领域服务作为工厂时,一般会以独立的类的形式来实现,虽然额外多了一些类需要进行管理,但优势就在于工厂的责任足够单一,理解起来更加简单。另外,同一领域模型的构建形式会存在多种不同的情况。以订单为例,系统可能会根据用户的输入创建新的订单对象,也可能存在一些后台任务会以另外的形式来创建订单实例。有了独立的工厂类,我们可以将这些工作全部集中在一起,这样做的好处相信不需要笔者做过多的解释了吧?

使用这种形式的工厂时务必要注意一下工厂类所处在的位置,需要将其和被创建的对象类型放在一起,这样才能够调用到目标对象上被保护起来的构造函数或其他方法。相信您肯定不愿意将构造函数声明为公有的吧?那样的话就不需要工厂了。

以笔者个人的经验来看:这一形式的工厂最为简单、最为直观也最为常见,一般适用于创建聚合的场景。虽然领域模型的方法可作为工厂(即实现形式 1)来用,不过很多工程师并不太习惯使用这种设计。他们更喜欢当前的方案,最起码在理解上不会有太多的障碍。以订单提交业务为例,比较自然的方式是在调用 submit()方法后返回一个 OrderSubmitted 类型的事件,但仍然有很多工程师喜欢按如下的方式编写代码:

```
@Service
public class OrderApplicationService {
    public void submit(OrderVO orderInfo, String accountId) {
        //代码省略...
```

```
        order.submit();
        OrderSubmitted event = new OrderSubmitted(order.getId(), ...);
        //代码省略...
    }
}
```

不过读者毋须对此产生纠结，方式一虽然更加“丝滑”但需要花时间去适应，而且从单一责任的角度来看似乎上面的代码示例更好一点。软件设计虽然是一份很有成就感的工作，但总让我们做各种抉择，真是让人不痛快。

9.4 工厂实践

笔者特意把工厂实践这一部分内容单独提取出来，是因为在真实项目中对于工厂的使用有一些值得重点关注的地方，一不小心很容易出错，并不是简单地设计一个如create()或 build()方法就能解决的。您还记得创建聚合的时机有哪些吗？笔者在前文中曾对此进行过重点说明。没错，两个场景：一是根据外部输入从无到有地创建一个新的对象；二是根据持久化后的信息进行反序列化。虽然本质上都是进行聚合的创建，但由于场景不同，其实现思路也不一样。

请读者考虑如下的业务场景：提交订单时如果未指定状态信息，则默认为“待支付”的状态。将这种设置默认值的操作放到构造函数中会存在很多问题，笔者在讲解实体构造函数(第 6 章)时曾有过相关的说明并就如何解决留下了一个悬念，一直未做具体的回答。我们首先将示例代码贴一下，然后再对问题做一个简单的回顾。为避免重复，笔者只展示关键的内容：

```
public class Order extends EntityModel<Long>{
    public Order(Long id, OrderStatus status, ...) {
        if (this.status == null) {
            this.sataus = OrderStatus.WAIT_PAY;
        }
        //代码省略...
    }
}
```

对于通过构造函数设置默认值可能引发的问题，让我们做一些简单的回顾。上述代码中的状态属性值如果为空时会被赋予一个默认值 OrderStatus.WAIT_PAY。如果实际的订单已经支付过，但数据库中的状态值却被人为地修改成了 null。使用这样的数据进行聚合反序列化时，构造函数会成功地构建出一个状态为“待支付”的订单对象，与实际的状态不匹配。那么为什么数据会被修改呢？原因很多，也许是运营的需要，也许是代码 bug。不过这些并不重要，聚合数据一旦落库就会变得不可控，产生意外的变化其实非常正常。另外一方面,设置默认值也是有必要的。当提交新的订单时,通过默认值的方式可以简化代码的编写,对程序员很友好。这一问题还可以再延伸一下,即在工厂中设置默认值,产生的效果和使用构造函数并无区别,毕竟工厂属于构造函数的加强版。

对于上述问题,最简单的解决方案是:移除构造函数或工厂中的默认值设置,在应用服务的提交订单方法中对传入的信息进行初始化处理,然后再使用工厂或构造函数进行对象的构建:

```
@Service
public class OrderApplicationService {
    public void submit(OrderVO orderInfo, String accountId) {
        //代码省略...
        this.initOrder(orderInfo);
        Order order = OrderFactory.INSTANCE.create(orderInfo, ...);
        //代码省略...
    }

    private void initOrder(OrderVO orderInfo) {
        if (orderInfo.getStatus() == null) {
            orderInfo.setStatus(Status.WAIT_PAY.getValue());
        }
        //代码省略...
    }
}
```

客观来讲,这一方式的确可以解决问题,毕竟设置默认值的场景只在提交订单时才会出现,但上述代码的复用度很低,散发着浓重的事务脚本编程的味道。如果整体业务比较简单,将信息初始化和实例创建做分开处理也是一种不错的选择。可世间万物复杂多变,并不是所有的业务都像提交订单那么简单。笔者曾参与过某系统中账户业务的开发和设计,建立账号的场景包括注册、主账号创建子账号、根据其他系统传递过来的信息建立新账号等,倘若按上述代码所示的方式去解决问题,恐怕每次都要将初始化的方法都调用一次才行。更令人难受的是恐怕您需要在初始化方法中使用大量的 if...else 来解决不同场景下的账号初始化问题。

说了半天,这也不行、那也不行,那到底应该使用什么方式来解决默认值问题呢?请读者少安毋躁,请听笔者细细道来。

通过对问题进行分析您会发现这样一条规律:只有新建对象时才会涉及默认值的设置,对聚合进行反序化时则并没有此项操作。既然如此,问题反而变得简单了:我们只需要将新实例构建和旧实例反序列化的过程分开处理就可以了。当然,并非粗暴地拆分,首先要保证实例化过程的集中化,工厂会承担这个责任;之后再在此基础上将两个不同的场景做单独的处理。

目前，解决问题的思路越发清晰了，我们只需要在工厂中动一些手脚即可。正常情况下，用于创建聚合的工厂只会有一个方法，不过既然打算将新建和反序列化过程分开，那不如做得更彻底一点：将一个方法变成两个方法来分别适配这两种情况，如下代码所示：

```
public abstract class AggregateFactoryBase < TEntity extends EntityModel, TParameter extends VOBase > {
    public abstract TEntity create(TParameter entityInfo);

    public abstract TEntity load(TParameter entityInfo);
}
```

创建工厂服务时，您可以考虑让其继承抽象类 AggregateFactoryBase，方法 create()和 load()分别用于新建聚合及从持久化设施中反序列化聚合。笔者依据个人的使用习惯将两个方法的输入参数类型限定为视图模型 VOBase，这一方式对于 create()方法还能够说得过去，毕竟大部分情况下的新建都需要依据外部的输入信息。那么为什么要对 load()方法增加如此的限制呢？原因很简单：我们期望在工厂内部只保留一套实例化相关的逻辑。

当然，这一做法也是有一定的代价的。从存储设施中获取到的对象类型一般为数据模型，而 load()方法要求传入的却是视图模型，输入信息类型的不同必然会涉及类型转换的问题。笔者认为这样的转换是可以接受的，create()和 load()方法最大的区别是在设置默认值的操作上，其余实例化的逻辑几乎一模一样，而且最后也都会调用到同一个构造函数。另外，转换过程一般只是赋值操作而不会涉及任何业务逻辑的处理，虽然会多写一些代码但却能够保持构建逻辑的唯一，这样的付出是值得的。最后，从系统架构的角度来看，将数据模型作为工厂方法的参数也不合适，因为工厂是领域层中的组件，使用数据模型作为参数的话会出现领域层依赖基础设施层的情况。

说了这么多，还是上一些“干货”为好。让我们以订单实体为例，看看修改后的订单工厂服务长什么样子：

```
public class OrderFactory extends EntityFactoryBase < OrderEntity, OrderVO > {
    @Override
    public OrderEntity create(OrderVO orderInfo) throws OrderCreationException {
        if (orderInfo.getStatus() == null) {
            orderInfo.setStatus(Status.WAIT_PAY.getValue());
        }
        //代码省略...
    }

    @Override
    public OrderEntity load(OrderVO orderInfo) throws OrderCreationException {
        OrderStatus status = OrderStatus.parse(orderInfo.getStatus());
```

```
        if (status == null) {
            throw new OrderCreationException();
        }
        //代码省略...
    }
}
```

一番操作之后，您可以很“任性”地按自己的想法去处理默认值问题而不必再操心潜在的风险了。其实您还可以做得更极致一点，把设置默认值的操作直接植入到create()方法里。这种情况下create()方法就不能再被声明为抽象方法了，所以我们重新定义了一个新的抽象接口createCore()，子类可通过实现这个接口来完成对象的构造：

```
public abstract class EntityFactoryBase <TEntity extends EntityModel, TParameter extends VOBase >{
    public TEntity create(TParameter entityInfo) {
        this.setupDefault(entityInfo);
        return this.createCore(entityInfo);
    }

    public abstract TEntity load(TParameter entityInfo);

    protected abstract TEntity createCore(TParameter entityInfo);

    protected void setupDefault(TParameter entityInfo) {
    }
}
```

setupDefault()方法用于处理默认值信息，有需要时您可以在子类中对这个方法进行覆盖。

前文中笔者曾谈到过一个有关建立账号的案例，即：系统可以通过不同的方式来新建一个账户聚合，比如注册、主账号建立子账号等。当时解决问题的办法是将初始化操作与对象实例化操作进行分开处理，也就是在应用服务中增加一个专门用于初始化的方法。这一方案会让代码变得难以维护，复杂场景下可能会引入大量的“if...else”判断。修正后的工厂模式可以有效地解决这一问题，因为您可以针对不同的构建场景建立专门的工厂类，在实现方法复用的同时也解决了各种分支代码掺杂的问题。如果工厂众多，您甚至可以使用抽象工厂模式做进一步的封装。下列代码对此进行了展示：

```
public abstract class AccountFacotry {
    public Account create(AccountVO accountInfo) {
        this.preCreate(accountInfo);
        //代码省略...
        this.postCreate(accountInfo);
    }
```

```
        public void preCreate(AccountVO accountInfo) {
        }

        public void postCreate(AccountVO accountInfo) {
        }
    }
    //通过注册的方式建立账号
    public final class RegistrationAccountFacotry extends AccountFacotry {
        //代码省略...
    }
    //主账号建立子账号
    public final class SubAccountFacotry extends AccountFacotry {
        //代码省略...
    }
```

上述代码理解起来不难,您可以在具体的工厂中通过覆盖 preCreate()、postCreate()甚至是 create()方法来应对不同场景下的账户构建逻辑。当然,这一方式仅是实现工厂的多种方案之一,您还可以有另外的选择。以笔者个人为例,并不是特别喜欢使用继承的实现方式。这一做法一是会增加很多的类文件,二是工厂本身逻辑比较简单,没必要设计得这么复杂。所以一般会选择直接在工厂中加入不同的方法,以方法来区分不同的构建场景:

```
    public class AccountFacotry {
        public Account createFromRegistration(AccountVO accountInfo) {
//代码省略...
        }

        public Account createFromPrimaryAccount(AccountVO accountInfo) {
//代码省略...
        }
    }
```

笔者觉得这一设计弹性更好,具体原因有三。

- 您可以对输入参数的类型进行定制化,而不必限定为 AccountVO。
- 创建逻辑会有共用的情况,此时您可以选择在 AccountFacotry 类内增加私有方法来解决这一问题。
- 不需要创建过多的类,有扩展需要时只需要增加一个方法即可,实现起来简单、方便。再加上工厂的实现逻辑都比较简单,即使内部方法多一点一般也不会出现代码爆炸的情况。

最佳实践

如无特别要求建议使用事务脚本编程方式来实现工厂，保持简单是工厂设计工作中的核心思想。

另外，领域模型经常会有继承的情况发生。以账号为例，会有企业账号和个人账号两大类别。此等情况下使用工厂时笔者同样不建议以工厂家族的方式来实现。

9.5 使用工厂的注意事项

客观来讲，工厂是一个非常简单的设计思想和设计模式，它不像其他领域模型那样的繁琐、易变。一般只有被构造对象的属性产生变化时才会影响到工厂，不过发生在聚合上的变化还是以业务规则调整居多，所以工厂的稳定性相对要强得多。就使用工厂时应注意的事项问题，笔者或进行过详细说明或一笔带过，本节我们对此做一个简单的总结，如图9.4所示。

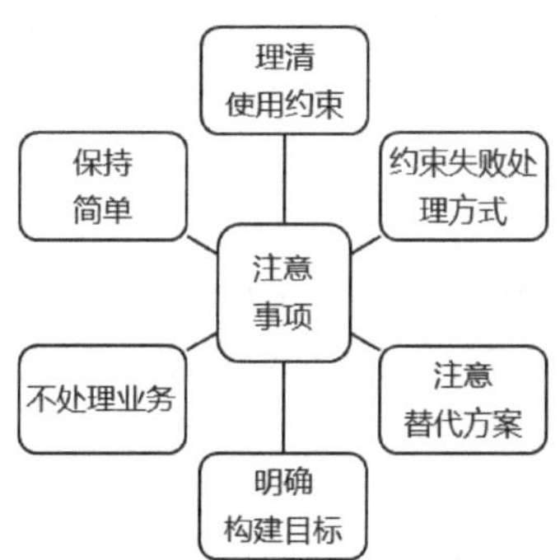

图9.4 使用工厂的注意事项

9.5.1 厘清使用约束

工厂属于领域层的组件，主要目的是创建领域模型实例，使用时不要让其对基础设施层或其他层的组件产生依赖。一般来说，我们只会在应用层和基础设施层中(一般是资源库)使用到工厂，尤其是工厂服务类。如无特别要求请尽量不要在其他处使用，比如领域服务或实体的内部。就工厂的使用位置笔者总结了两点规范：

(1) 将使用create()方法的地点限制在应用服务中。

(2) 将使用load()方法的地点限制在资源库中。

当然，这一要求的前提是您认可笔者对于工厂的设计思路，即将新建对象与反序列化对象流程分开处理。

9.5.2 约束失败处理方式

前面的内容中，笔者已经对构建领域对象出现失败时的处理方式做了详细解释，在此只想强调一句：一旦出现构建失败的情况时请立即抛出异常来中断当前流程；与此同时，还要保障异常中包含了具体的错误原因。千万不要使用 null 作为工厂的返回值，这样会将具体的错误原因隐藏起来。总之，使用工厂来创建对象时或者返回一个合法的对象或者抛出异常，不存在第三种情况。

9.5.3 注意替代方案

使用工厂并不是为了代替构造函数，如果目标对象结构比较简单，比如大部分的值对象，使用构造函数往往是一个更好的选择。不论选择什么样的方案，都应该保证被构建出的对象是合法的、完整的，这是强制性要求。

9.5.4 明确构建目标

工厂一般被用于创建聚合、实体以及事件，很少用它来构建领域服务或者值对象。领域服务不包含属性，使用构造函数或单例的方式都可解决对象创建的问题；值对象结构一般都比较简单，除特殊情况之外没必要专门为其增加一个工厂，这样只会增加代码的维护难度，除非您所在的企业会以代码行数作为考核的标准。

9.5.5 不处理业务

这一点很重要。工厂的责任正如其名字所示：主要用于创建领域模型实例。业务逻辑的处理不是它的责任，这一方面实体和值对象才是主角。

9.5.6 保持简单

领域模型的设计已经很复杂了，在使用工厂的时候要尽量保持简单，尤其是直观性。虽然您可以使用抽象工厂或工厂方法的模式来实现，但只有在最极端的情况下才会考虑这一手段。

最佳实践

不要使用 null 作为工厂的创建结果。

总　结

作为领域层中一个名不见经传的组件，工厂似乎是可有可无的。对此，笔者持否定的态度。尽管它的确不会承担业务逻辑的处理，但使用它的好处也很明显：工厂可以简化领域模型的实例化过程,客户端完全不需要去了解目标对象的结构,工厂可以把创建的逻辑隐藏起来;工厂能够保障构建出的对象一定是合法的;工厂让领域模型的责任更加单一等。本章内容虽然不多,但对于工厂的使用时机、实现方式及注意事项等内容笔者都进行了详细的阐述,读者应根据业务场景的特色灵活地去使用这一模式。

本章的第4节重点说明了真实项目中应如何更有效地使用工厂,这些是笔者吸取了一些系统运营事故后的经验总结。特意提取出来以避免读者在构建领域模型实例时"踩雷",尤其是对对象默认值的处理,经常会在不经意间出现问题。

第 10 章　浴火重生——资源库(Repository)

我们讲解过了实体与值对象,它们负责表示领域对象并支撑业务逻辑的处理;也讲解过了工厂,它负责创建领域模型。这一章讲解资源库,它是执行领域模型序列化和反序列化的组件;是领域模型与存储模型相互转换的中介;也是类型定义与具体实现分开的一种代表。

如果说工厂开启了领域模型的生命周期,那么资源库的主要作用则是"激活",它可以赋予生机给非活跃状态的聚合实例,让聚合"浴火重生"。当然,领域模型在即将走向生命尽头的时候,也会通过资源库的帮助让它进入到永久睡眠的状态当中。除此之外,工厂与资源库所面对的目标也不尽相同:工厂的作用对象可以是实体、也可以是值对象;资源库的作用范围则要狭窄得多,针对的目标只能是聚合。

很多初学者在使用资源库的时候会感到迷茫,甚至会犯一些错误。迷茫的地方在于他们不知道如何定义资源库的接口;而经常犯的错误则是不知道将资源库的定义和实现放到哪一层中。本章之中,笔者对资源库来个庖丁解牛,除解决初学者的疑问之外也将笔者个人在实践中的经验及易出现问题的点进行一下总结。另外,作为本章的最后一部分内容,笔者准备了一个称之为"工作单元"的设计模式大餐供您享用,这是使用事务的另一种方式。读者也许会感到奇怪,为什么不在讲解聚合时顺带把工作单元讲了呢?它的作用不就是为了解决聚合对象的事务的吗?原因其实很简单:笔者想要将资源库与工作单元绑定在一起,这样的话就可以将工作单元的实现细节隐藏起来了,如果先讲工作单元的话很多内容会让读者感到困惑。

10.1　认识资源库

资源库针对的目标是聚合,你完全可以将它想象为一个盒子。想要存储聚合的时候将其直接放进去即可;想要修改时只需取出旧的,处理后再放进去,就能把原有的对象替换掉;想要删除的话也只需要随手从盒子取出扔掉即可。至于盒子本身是如何工作的、具体机制是什么、使用的是哪一类存储介质等问题并不需要用户去关心。当然了,作为程序员的您是需要关心的,因为您得为了达到这样的目的去编写代码。

软件工程中有一个非常有名的架构模式:MVC(Model View Controller),它的特点是引入一个控制层将视图与模型进行解耦,让二者相互独立,不会出现改变其中一个而影响了另外一个的情况。当然,现在相对主流的应用架构在部署上就已经将视图(特指用户界面)和模型进行了分离,彼此间通过接口进行交互,耦合性更低。所以,笔者更愿意将 MVC 看成是一种思想:当两个事物耦合度很高的时候,可以通过引入一个新的事物来专门处理原有两个事物间的关联关系以达到解耦的目的。资源库的引入其实就是 MVC 思想的一种体现,它很像其中的 C,我们使用它来解耦领域模型与存储设施。

从技术的角度去看,您完全可以把资源库当成序列化和反序列化聚合的外观模式,它屏蔽了一切与持久化相关的细节,将聚合与存储中间件如 MySQL、Redis 等解耦。这样做的好处除了能让领域层的职责更加纯粹、单一,也能让工程师的工作重心更加集中,不需要在业务处理与存储操作之间来回跳跃。

虽然不太合适,不过您完全可以将资源库想象成一种特殊的 DAO。仔细考虑一下 DAO 是如何工作的?持久化时,它会接受一个数据模型作为参数并在其内部将参数拼接成 SQL 语句[1],最后再调用数据库提供的接口来实现数据的存储。如果您使用的是三层架构,DAO 则可以将业务逻辑处理的代码与操作数据库的代码隔离开。这一思想放到资源库中也是一样的,只是后者处理的目标是聚合而非数据模型。它能够将领域模型与数据模型彻底分开,真正地达到持久化透明的目的。

既然已经谈到了 DAO,那就让我们对比一下它和资源库的区别。笔者认为这很重要,因为很多初学者甚至是笔者个人在初次接触和使用资源库的时候都无法明确它们的不同。最常见的错误是把资源库当作 DAO 来用,把本该放到 DAO 中的方法安插在了资源库中。表 10.1 展示了二者的区别。

表 10.1 DAO 与资源库的区别

比较项	资源库	DAO
输入参数类型	简单类型、DTO 或聚合	简单类型、DTO 或数据实体
作用目标	聚合	数据实体
输出	聚合或无输出,包含生成标识符接口时也可能会将简单类型作为输出	无输出、简单类型或数据实体
设计思路	业务驱动,根据业务需求设计接口。当聚合无层级关系时每个聚合会对应一个资源库	数据驱动,根据数据操作上的要求设计接口。对于关系型数据库,一般是每张表对应一个 DAO
位置	分层架构时:定义在领域层,实现在基础设施层 六边形架构时:定义在领域层,实现则为独立的模块	定义和实现均在基础设施层
数量	少	多
使用限制	可引用聚合、DAO、其他的资源库和数据模型	只能引用其他的 DAO 和数据模型,不能引用聚合

通过表 10.1 的对比可以看到,DAO 的识别是有规范可循的:如果系统使用的是关系型数据库,则一张表对应一个 DAO 类型;如果是 NoSQL,比如 Mongo DB,则是一个

1　一些框架如 MyBatis 会将 SQL 语句与 DAO 接口的声明分开处理。

集合对应一个。资源库的识别基本上也算是有规范可参考,除非情况特殊否则便是一个聚合对应一个。不过有的时候领域模型会存在继承关系,这一情况使得资源库的使用变得更加困难,后面我们会对此进行详细说明。当然,如果您使用的是事务脚本编程模式,则没必要再搭配资源库,使用 DAO 即可。以笔者个人的观点来看:使用资源库的最大难点在于方法的设计,也就是它应该包含哪些方法,哪些方法放到资源库里不合适,这些才是设计师要花费精力去考虑的。DAO 的设计则要简单得多,按需加入方法即可。

通过上一章的学习,您已经知道了工厂的作用:负责实例化领域模型。资源库的责任虽然不小,但从持久化设施中加载对象是它的主要工作之一。那么二者的区别是什么呢?细节有很多,但笔者只想谈主要的两点:

(1) 工厂负责新生对象的创建,而资源库只会负责已存在对象的重建。

(2) 您可以在资源库中使用工厂,反之则不可。

为让读者对资源库的概念有一个感性认识,笔者以订单资源库为例进行一下说明:

```
public interface OrderRepository extends DomainRepository < Long, Order >{
    void insert(Order order);
}


@Repository
public class OrderRepositoryImpl extends OrderRepository {
    @Resource
    private OrderDAO orderDAO;
    @Resource
    private OrderItemDAO orderItemDAO;

    public void insert(Order order) {
        OrderDataEntity orderDataEntity = this.of(order);
        List < OrderItemDataEntity > orderItemDataEntities = this.of(orderDataEntity,
order);
        this.orderDAO.insert(orderDataEntity);
        this.orderItemDAO.insert(orderItemDataEntities);
    }
//代码省略...
}
```

出于方便演示的目的,笔者将 insert()方法的声明位置放到了 OrderRepository 接口中。而实际上,将其放到 DomainRepository 接口里更为合适,它是所有资源库的根接口。这样做的好处是所有的具体资源库都会有一组公共的方法,如保存、删除等。

提前声明一下:上述代码仅用于展示的目的,与真实情况存在着一定的差距,后面我们会对资源库的代码结构进行详细的说明。另外也请读者注意一个问题,即:聚合与数据模型的关系,一般是一个聚合对象一到多个数据模型,底层自然就是一到多个表。

这是 DDD 战术的一大特色,设计数据模型时需要依据领域模型进行推导而不是反其道行之。

让我们回看一下上述的代码片段,OrderRepositoryImpl 是对订单资源库接口 OrderRepository 的实现,其内部引用了 OrderDAO 和 OrderItemDAO 两个组件用于完成实际的持久化或反持久化工作。笔者个人比较推荐使用这种实现方式,即:只让资源库完成聚合和数据模型的转换,涉及缓存处理、数据库操作、文件操作等需求最好都交由专门的对象(本案例中交给了 DAO)来完成以简化资源库的实现,因为资源库的作用是为了实现领域模型持久化透明,并不一定要亲身参与持久化的工作。

上述代码中,保存订单对象的方法 insert()在实现时调用了两个 of()方法来完成领域模型到数据模型的转换,实现逻辑很简单,基本上都是一些赋值的操作:

```
@Repository
public class OrderRepositoryImpl extends OrderRepository {
    private OrderDataEntity of(Order order) {
        OrderDataEntity entity = new OrderDataEntity();
        entity.setId(order.getId());
        entity.setTotal(order.getPrice().getTotal());
        entity.setDiscount(order.getPrice().getDiscount());
        //代码省略...
    }
    //代码省略...
}
```

笔者多提一句:数据模型到领域模型的转换一般是由工厂或构造函数来完成的,这个过程称之为反序列化。可以在资源库内触发但不要将其作为资源库的责任。

让我们再回到 OrderRepositoryImpl 的代码中,其包含的 insert()方法用于对领域模型实例进行新增操作。当然,类似的操作还可能包含 update()或 delete()。有一些设计师认为应该把 insert()和 update()统一叫作 save(),这样能体现出通用语言。不过基于实践的考虑,笔者并没有选用这种方式,因为在实现时需要进行操作类型的判定,即:到底是插入还是更新。这种情况就必须提供出一种判断依据才行,那么这个依据要怎么提供出来才合适呢?通过参数传到 save()方法内肯定不行,和拆分成两个方法没有区别。似乎只能通过聚合上的属性进行判断了,那么这个属性叫什么名字合适呢?isNew()?抑或是其他的名称?它是否能和通用语言产生对应呢?如果不能的话,那也不必再要求资源库的接口设计必须严格符合通用语言,至少在 update()或 insert()方法上应如此,最起码能够简化资源库的实现。实际上,这也是使用资源时需要重点关注的一个问题,设计师应尽量保障资源库的简单,这一点和使用工厂是一致的,如无特别的需求不要将其设计得太绕。

针对于这种矛盾,笔者曾经作过一番分析,结论如下:如果数据库中间件使用的是关系型数据库,设计资源库时将用于持久化的方法分成 insert()和 update()会更合理的一点,毕竟从底层来看插入与更新的语句并不相同;而如果使用的是非关系型数据库比如 Redis，由于没有插入和更新的区别，将它们二合一并命名为 save()会更好。类似地，使用 MongoDB 时也可以使用 save()的名称。总而言之，您可以考虑针对不同的数据库设计不同的资源库接口，即：关系型时使用 insert()和 update()；非关系型时仅使用 save()。注意：这一建议仅适用于插入和更新两个操作，查询并不会受到影响。下列代码展示了如何根据数据库类型设计资源库接口：

```
//关系型数据库
public interface DomainRepositoryForSQL <TID, TEntity extends EntityModel >{
    void insert(TEntity entity);
    void update(TEntity entity);
    //代码省略...
}
//非关系型数据库
public interface DomainRepositoryForNoSQL <TID, TEntity extends EntityModel >{
    void save(TEntity entity);
    //代码省略...
}
public interface OrderRepository extends DomainRepositoryForSQL <Long, Order >{
}
```

然而，笔者个人在实践当中并不会根据数据库类型将资源库接口进行分开定义，同时也不建议您去这样做。最好只使用一种方案，即：DomainRepositoryForSQL 的形式，当然，名字肯定要有变化的。即使数据库使用的是 Redis，资源库上也会包含 update()方法，实现时做一些“手脚”就行了，比如使用和 insert()方法相同的逻辑。原因很简单：我们引入资源库的目的就是为了屏蔽与持久化设施相关的一切细节，刻意地进行区分反而南辕北辙了。另外，如果所有的资源库在接口方法上都有着统一的名称的话，代码也会比较易于维护和使用。

10.2 资源库的设计

资源库是一个比较易于理解的概念，不过想要使用好对于 DDD 初学者来说的确是一个不小的挑战。它不像聚合，使用的难点在于概念的识别、规模的控制和事务的处理；对于资源库而言，方法的设计才是难点。当然，需要注意的事项其实有很多，肯定不会仅仅局限于此。因此，笔者就资源库的主要设计原则进行了总结，如图 10.1 所示。另外，本章的内容会基于以领域层为核心的分层架构进行讲解，暂不涉及六边形架构的

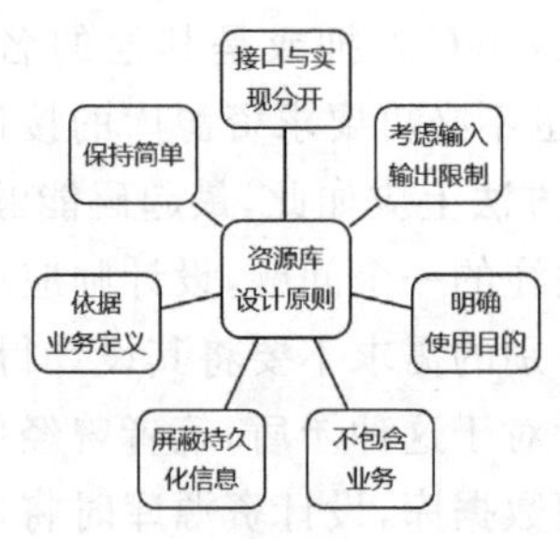

图 10.1 资源库的设计原则

使用。

10.2.1 接口与实现分开

我们讲解过的实体、值对象、工厂以及后面会讲到应用服务和领域服务,这些组件在设计上一般都会将接口与实现放在同一个层中。资源库却比较有"个性":第一,必须设计接口与实现类,不允许没有接口的资源库实现;第二,需要将接口声明放在领域层中,将具体实现放到基础设施层中。当然,如果您使用的是六边形架构,就要让具体的实现形成为一个单独的适配器。我们且不提什么"领域驱动设计"这种大道理,从架构的角度来看这样做也是合理甚至是必须的。脑补一下资源库的实现,一定会使用到基础设施相关的组件比如 DAO、文件处理器等,相当于其会对基础设施产生依赖。如果将其放到领域层中实现的话很明显会由于依赖关系造成服务架构被破坏。

有读者可能会说:既然资源库依赖基础设施层是不可改变的事实,那我们是不是可以把 DAO 的接口也声明在领域层里(实现保持不变)呢?需要时直接将其注入到资源库内,这样不就可以把资源库的实现放到领域层里了吗?客观来讲,将资源库的实现放到领域层是有好处的,能够避免领域模型外泄到其他层内,尤其是基础设施层,奈何条件并不允许我们这样做。DAO 的接口当然可以在领域层内声明,但您没有觉得有点不伦不类吗?它针对的目标是数据模型且又处理不了业务,放到领域层的意义何在呢?您回头看一下我们讲过的、属于领域层中的组件比如实体,还有那些我们曾提及但未讲到的概念比如领域服务,它们或者表示了领域概念,或者能够解决业务逻辑问题,总的来说都具备了业务含义。DAO 则不然,它属于数据服务,它的领地应该在别处而绝对不是在领域层中。再说了,如果将 DAO 的接口定义放在领域层,那数据模型呢?它是 DAO 的参数或返回值,肯定也得放到领域层吧?以此类推,文件的处理、消息的处理、缓存的处理……,这些能力的接口是不是都要放到领域层内?那不如索性去掉分层,把所有的东西全都放在一起,相互调用不仅方便也不用考虑各种依赖与访问限制问题。

回归正文。既然资源库的声明与实现被放在了不同的位置,那么应该在哪里去引用或实例化资源库呢?首先我们说明一下实例化资源库的方式。无论是分层架构还是六边形架构都比较依赖于"依赖注入"技术,使用资源库对象时,一般都是通过注入的方式将目标对象进行实例化的。这一方式对于 Java 开发者来说并不困难,基于 Spring 框架的开发几乎已经是一种事实上的标准了,可以很轻易地实现依赖注入。当然,或者还有其他的方式,不过笔者个人的知识库积累有限,所以我们只解释主流实现。有关使用资源库的位置,笔者见过一些工程师会将资源库注入到实体中以达到懒加载另一个聚合实例的目的,很可惜,这种用法是错误的。如果某一业务用例会涉及多个聚合,应该在业务执行之前将所有的参与者构建出来而不是随用随取。所以,引用资源库的地方应当仅限于应用服务里。也有一些设计师喜欢在领域服务中引用资源库,笔者个人对此也是持否定态度的,具体原因我们会在讲解领域服务时进行说明。

10.2.2 考虑输入输出限制

资源库的输入一般是领域模型、基本类型或 VO,其中后两者主要用于查询操作。就笔者个人的使用经验来看,并没有遇到过命令型操作使用基本类型或 VO 作为输入的情况。相应的,资源库的输出或者是 void 或者是聚合,不应该为数据模型、DTO 或其他的类型。只有一种例外,即:资源库承担创建实体标识符的责任时。有设计师认为可以将少部分统计类接口放到资源库中,比如根据用户的 ID 统计其名下的订单数量。除非是某一命令型业务用例需要这样做,否则请不要提供这类能力。

除此之外,资源库的输出也可以是聚合列表,不过这样的情况也比较少见,除非是业务上有这样的要求。另外,出于性能上的考虑,资源库有可能只返回聚合中的某一个部分或者它包含的值对象,不过只有在极特殊的业务场景之下且没有替代方案时才能有这样的设计。正常来说,其返回值应当为完整的聚合。

10.2.3 明确使用目的

一般来说,大部分资源库只需要实现三至四个接口即可,比如插入、更新、逻辑删除和根据标识符查询聚合。尽管业务用例多种多样,但到了资源库这一层面只需要使用上述接口中的一个或多个的组合即可实现完美支撑。以订单聚合为例:提交订单时,应用服务调用资源库的插入接口来实现持久化;取消订单时,调用的是根据标识符查询聚合和更新聚合两个接口;变更价格、支付订单、完成订单等业务用例使用到的接口和取消是类似的,都是一些原子接口的组合。虽然判断不够严谨,但如果您发现资源库中的接口过多时,可能的确需要确认一下是否出现了设计上的问题,尤其要确认是不是资源库被当成了 DAO。

请读者仔细考虑这样一个问题:资源库中所提供的接口会在什么样的场景下使用呢?回看一下笔者刚刚举过的例子:取消订单、完成订单……,不知您是否从中发现了这样的规律:这些业务用例全部都是命令型的。是的,这是设计资源库接口最重要的参考。您必须考虑每一个接口的具体使用场景是什么,总的设计原则是:不为单纯的查询业务设计接口。"根据标识符查询聚合"是资源库唯一一个可作为通用能力的查询型接口,虽然是查询操作但使用的目的却非常明确,即专门为命令型业务用例提供支撑。您再回看一下笔者所举的例子,是不是都会用到这一接口?另外,这一接口可以返回订单的详细信息,比如订单项、价格、送货地址等。那么我们能否用它来实现"查看订单详情"这个纯粹的查询型业务呢?笔者给出的答案是:不可以,具体原因有三:

(1) 性能比较低。聚合的创建比较麻烦,您需要把聚合涉及的所有数据全部查询出来才行。而对于单纯的查询来说,我们应该按需提供数据。这种情况下最好设计专门用于查询的接口,虽然我们推荐代码的复用,但也要看具体的业务场景才行。

(2) 业务规则信息泄露。笔者个人对于业务规则泄露的观点仍然不变,我们不需要总拿安全来说事儿,太过于"虚幻"。信息泄露的最大问题是不利于客户端去使用聚合,他们必须在使用前对聚合的结构进行仔细研究才行,这样的话就太过于浪费时间了。采用定制化的查询则可以避免这一问题，您可以按客户想要的模式随意对数据进行加工。

(3) 弹性较差。对于查询来说，其使用的数据源并不一定要和聚合是同一个，使用资源库提供的能力来实现查询业务时相当于将其和特定的数据源进行了绑定，非常不利于系统的扩展。

当然，上述三点全都是出于技术方面的考虑，我们还需要从更深的层次上对这一问题进行考虑，即：聚合的作用及查询的本质。

我们先对聚合的本质做一些说明。作为业务规则的管理者，它的主要责任是为某一个命令型业务用例提供支撑，这一方面它是强项。与此同时，我们就不应该再让它承担查询的责任，因为它的确做不到或者说做得不好。其实就和人一样，有的人技术很好但不擅于管理；有的人擅于管理但弱于技术。这两样学问想要做好都需要投入不少的精力，但人的精力是有限的，所以只能倾向于其中某一个方面。我们设计聚合的初衷本来就是为了让它为命令型业务提供更好的支撑，所以它在查询上的表现弱一点是非常正常的。还没有哪个模型敢说自己能“上得厅堂、下得厨房”，真要是有这样的万能模型您也未必敢去用、敢去维护。另外，涉及聚合的操作一般会引发数据产生变化，查询则完全不会，后者的安全性会更高。

谈完聚合后我们再说一下查询的本质。一般来说，查询所需要的数据与聚合包含的信息并不是完全相等的。以查询订单详情为例，客户可能只是单纯地想要查看订单的基本信息，比如价格、状态、日期等，并不需要看订单项信息。而对于订单聚合而言，订单项是它的一个部分，必须与其同时构建出来，这是由聚合的特性所决定的。另外，查询订单详情时也可能需要将其关联的合同信息、账户信息等一并检索出来，这种情况下单纯地依靠订单聚合是不能解决问题的。还有最关键的一点：既然是查询就一定会涉及丰富的检索能力和对查询结果进行合并、计算的能力。这些要求资源库都满足不了，也不是它应该承担的责任，它能够提供的检索条件是十分有限的。综合分析一下，您就会发现两个事实：第一、查询的作用对象其实是数据，而资源库所针对的目标是领域模型；第二、查询对于检索能力要求更高。由此我们也可以推断出查询的本质：操作目标是数据、可以跨多个聚合甚至是服务、应具备多样化的检索能力。

通过分析可知，资源库所提供的接口完全不符合查询所需，但查询业务却非常的普遍，我们应该怎么去应对呢？其实就是使用前文中说过的 CQS 模式或者应用 CQRS 架构。将查询的操作全部都交给 DAO＋应用服务吧，尤其是前者，它搞不了业务，处理查询还是比较擅长的。这一选择也会让系统的优化空间变得更大，为提升查询性能您可以“不择手段”地使用一切可用的技术，比如缓存、索引。再不行把数据库都给它换了，比如 Elastic Search，总的目标是：越快越好。

最佳实践

资源库内的所有接口都是为了命令型业务用例服务的。

10.2.4 不包含业务

使用MVC模式时，我们一般不会将业务代码直接写在Controller层里面。前文我们也曾说过，资源库有点类似于MVC中的C，在领域模型和存储设施之间起着调和的作用。它只需要把“中间人”的工作做好即好，尤其不要在其中做任何与业务有关系的处理。涉及业务逻辑的处理有领域模型；涉及存储或查询有持久化组件，它们都能在各自的领域中发挥出自己的能力，引用电影中的一句台词“这个就叫专业”[1]，的确不需要资源库额外“伸一脚”，我们并不推荐越俎代庖的事情频繁发生。

10.2.5 屏蔽持久化

设计良好的资源库能让使用者完全忽略与持久化相关的一切信息，无论底层是什么样的数据，对于使用者来说都是透明的。想要达到这一目标就需要在接口的设计上做好文章。笔者在前文中曾刻意提及过资源库接口的命名，虽然可以考虑为不同类型的数据库中间件提供不同的接口，但考虑到命名的统一，最好能够使用一致的名字。

10.2.6 依据业务定义

为方便资源库的使用，我们通常都会设计一组公共的能力放到资源库根接口中，前文中笔者曾对此进行过说明。这样做其实也比较合理，毕竟大部分的聚合对象都需要被存储或修改。那么除了增、删、改、查四个基本接口之外，其他的接口要怎么设计呢？什么样的接口不应该放到资源库中？这两个问题其实很好解答：看命令型业务用例的需要。

笔者认为资源库的设计完美体现了领域驱动的思想：只有在业务上（注意：是命令型业务）有需要的时候才会往资源库中添加接口。具体解释前让我们先看一段代码：

```
public interface OrderRepository extends DomainRepository<Long, Order>{
    void insert(List<Order>orders);
}
```

代码比较简单，insert()方法接收多个订单聚合进行批量存储。那么将其放在资源库中是否合适呢？看您业务上的需要，如果有批量下单的业务那么这一设计是可以接受的；否则就是多余的，不应该将其放到资源库中。对于设计工作而言，我们不会因为某个对象干的工作多就视它为“劳模”。事实正相反，我们应该否定这样过于“积极”的工作态度，专业化才是我们应该追求的。书归正文，请您再看一下如下代码片段：

```
public interface OrderRepository extends DomainRepository<Long, Order>{
    List<Order>queryByCustomer(String customerId);
}
```

1　引自电影《功夫》。

方法queryByCustomer()表示根据客户ID查询客户订单列表。我们现在将其放在了资源库中,那么它的使用场景是什么呢?批量取消抑或是批量完成?感觉都不太合适,至少应该再加上订单的状态作为检索条件。这种仅使用客户ID作为检索条件的查询不仅会让查询的结果范围变得非常大,也会导致接口性能变差。从表面上看,似乎这一接口并不应该出现在资源库中。当然,是否要提供这样的能力还是要以业务为参考,不能只看技术。

10.2.7　保持简单

有关这一设计原则我们在讲解工厂的时候也提及过。资源库的核心作用已经比较明确,实现起来也比较简单,所以没有理由再让用户花大量的时间去研究如何使用它。笔者也曾见过一些工程师通过使用继承的手段来建立一个资源库家族,虽然能够达到代码重用的目的但相对于客户在使用上的付出,这些都是小利,如无特别的需要应尽量避免。

总的来看,上述7条设计原则在理解上都比较简单,可以作为规范来使用。客观来讲,资源库只是处理聚合持久化相关功能的一个包装器,本身并没什么难度和复杂的业务逻辑。不像聚合的设计,完全是一种创造的过程,需要花费设计师大量的精力和时间去研究;还需要对设计的结果进行不断的打磨。对于资源库而言,您只要按笔者讲的这些原则进行设计即可,基本上不会跑偏。

10.3　资源库实现

前文中我们曾提到过:需要为资源库设置一些公共的能力。这一做法的主要目的是规范资源库接口的命名规范,同时也让每个资源库在实现时都具备一些类似的能力以简化客户的使用。又由于资源库与业务需求并无冲突,所以在实践中可以考虑将其放到基本开发类库中。下列代码展示了它的长相:

```
public interface DomainRepository <TID extends Comparable, TEntity extends EntityModel >{
    TEntity findBy(TID id) throws EntityModelCreationException;
    void delete(TEntity entity);
    void delete(List <TEntity >entities);
    void insert(TEntity entity);
    void insert(List <TEntity >entities);
    void update(TEntity entity);
    void update(List <TEntity >entities);
}
```

接口中引入了两个泛型类型:TID表示聚合的标志符类型;TEntity表示待操作的聚合类型。接口中各方法的作用相信读者可通过名称猜测出来,因此笔者不做过多的解释，不过此处有三个问题需要进行回答：

(1) 为什么只有 findBy()方法抛出了异常？

使用资源库的场合是在应用服务中，出现反序列化聚合失败的情况时最好能够抛出异常而不是返回 null。原因很简单：使用 null 的形式会将失败原因隐藏掉，不利于系统的运营。其他的方法未抛异常是因为我们后面会引入工作单元来实现事务的支撑，所以将抛异常的操作放到了提交事务阶段，有关这一方面的内容笔者后续会进行详细说明。

(2) 为什么需要 delete()方法？其实现机制是什么？

由于我们为每一个实体都设置了一个 EntityStatus 类型的属性用于表示其状态是否有效。所以 delete()方法的作用是用于处理逻辑删除，它会将实体的状态置为不可用，这样可以应对一些删除类业务。其实通过 update()方法代替也是可行的，只是效率会低一点，而且也不太符合通用语言说明。

(3) 为什么除了 findBy()之外，其他三类方法会接收列表类型的参数？

正常情况下，只需要单个对象作为参数即可，而且能够适用绝大多数的业务场景。不过笔者在实践中遇到过需要使用批量操作的情况，虽然次数并不多。尽管理论上不应该在一个事务内更新多个聚合，但总会有特殊的情况，而且这个特殊情况从业务的角度来看也是合理的。所以引入列表型参数更多的是出于扩展的考虑，实际使用时可不去实现，抛出 UnsupportedMethodException 即可。

实践当中，您可以让具体的资源库接口比如 OrderRepository 直接去继承资源库父接口 DomainRepository。不过一般很少会这样做，因为除了接口之外我们还需要为资源库提供更多的公共能力，例如事务管理、日志拦截等，所以还需要额外引入一个资源库的抽象类：

```
public abstract class RepositoryBase <TID extends Comparable, TEntity extends EntityModel >
        implements DomainRepository <TID, TEntity >{
}
@Repository
public class OrderRepositoryImpl extends RepositoryBase <Long, Order >
        implements OrderRepository {
    @Resource
    private OrderMapper orderMapper;
    //代码省略...
}
```

笔者前面也曾展示过 OrderRepositoryImpl 相关的代码，但那些都是简化后的版本，上面的代码才是资源库应有的样子。RepositoryBase 即为我们所说的资源库抽象类，是所有具体资源库的父类，您可以在这个类中玩很多的把戏，是一个非常重要的扩展点。而订单资源库 OrderRepositoryImpl 则是具体资源库的实现类了，我们在其定义之上增加了@Repository 注解,这是 Spring 框架的关键字,后续需要使用资源库实例的时候可以通过注入的方式来获取到。需要重点记录的东西来了:由于使用了 Spring 来管理资源库实例,而 Spring 默认会以单例的方式来管理对象的,所以尽量不要在其中加入属性信息(非类属性)以避免由于并发访问而造成问题。

尽管资源库的概念和实现都比较简单,但在实际开发过程中仍然需要面对许多更为细节的问题,比如:数据冗余处理。这里说的数据库是指关系型数据库,使用 NoSQL 时一般不会遇到这种情况。如果您是 IT 专业出身的话一定会在大学期间学习过数据库相关的理论,各类复杂的范式暂且不提,我至今仍清楚地记得老师曾讲解过的数据冗余所带来的各类问题,比如:占用空间较多、需要级联更新等。所以笔者在初入职场的时候,对于数据表的设计通常会比较保守,除必要外键之外几乎很少再使用其他的信息来作为冗余之用。以订单项表为例,笔者只会在其中加入订单表 ID 作为外键,并不会再将客户 ID 也引入进来。因为订单表中已经包含了这一信息,没必要再在订单项表中多加一列,有需要的话完全可以通过关联订单表来进行查询。

不过随着个人开发经验的增长,慢慢发现为数据表增加冗余信息其实是一件非常有必要的事情。过去所要考虑的各种问题比如空间占用等到了现在已经不再是瓶颈,具体原因有二:

(1) 现代服务器的存储空间已经变得非常巨大,即使多一些冗余列也不会造成太大的开销。如果数据量真的达到了让服务器无法承担的程度,也不是去掉一个或两个冗余列能解决的。

(2) 许多应用尤其是互联网应用非常强调数据查询的速度,引入冗余列之后能在查询时减少关联表的数量,可大大提升查询的效率。

至于说冗余所引发的级联更新问题,其实和工程师的设计经验有关,毕竟并不是所有的信息都可以被冗余的。一般来说,我们只会冗余其他表的主键和其他表的外键信息。原因很简单:无论一张表中有多少个列,只有这类信息最能保持稳定,甚至可以说是一辈子不变,现实中再坚定的爱情也没有它稳定。数据不变自然也就不会再有级联更新的问题,所以可以放心大胆地对其进行冗余。

您还记得笔者在前面的章节中曾举过一个"订单聚合包含客户名称"的例子吗?当然,并不是直接包含,而且订单包含客户信息值对象,后者又包含了客户名称。这样做的目的是记录订单提交人的详细信息,比如名字为张三。即使后面客户自己将名称进行了变更,订单中记录的还是张三,因为这笔订单就是客户以这个名字提交的,是一个客观事实。单纯地从技术的角度来看,这一设计很明显违反了数据库设计时需要遵守的范式原则,可是从业务的角度来看又是合理的。所以,作为软件设计师决不应该陷入到教条主义之中,冗余要看怎么用,它并不是一只令人谈之色变的猛虎。为了提升微服务架构系统的运行速度,一些公共的数据有可能会被复制多份到不同的数据库中,也就是所谓的跨库冗余。比如可以把账户的权限信息复制一份到订单服务中,涉及那些与订单管理相关的、需要分权分域处理的业务就不需要每次都跨服务进行角色或权限信息的查询了。另外,很多常用的技术也体现了冗余的思想,比如数据缓存、数据库主从架构、磁盘阵列等。

借着学习资源库的机会我们讨论了一下冗余数据的好处,结论很简单:对查询友好。回归正文,在资源库中要如何处理数据冗余的问题呢?仍然以订单项为例,如果想要在其中保存一份客户 ID 信息的话应该怎么处理更为合适?似乎很容易做到:只需要在领域模型转换为数据模型的过程中将这一信息从订单实体中复制过去即可:

```
public class OrderRepositoryImpl {
    private List<OrderItemDataEntity>of(Order order) {
        for (OrderItem item : order.queryOrderItems()) {
            OrderItemDataEntity entity = new OrderItemDataEntity();
            entity.setAccountId(order.getCustomer().getAccountId())
            //代码省略...
        }
    }
    //代码省略...
}
```

这是实现冗余的一种最简单的方式,不过反序列化的时候要注意不应把冗余的信息设置到订单项中,因为这是属于数据层的概念,与领域无关。让我们再考虑另外一个业务场景:每次对订单进行操作时,例如取消、支付、完成等都要生成一条操作记录,与订单数据存储在同一个库中。除了订单的 ID 之外,我们还需要将订单的客户名称和订单的状态信息全都复制到操作记录里,相当于把订单中的部分数据在操作记录中进行了冗余。应该怎么去实现这一需求呢?操作记录聚合中只会持有订单的标识符而没有其他两个信息,所以需要想办法找到这些数据才行。肯定不能通过参数的形式将订单聚合传入到订单操作记录资源库中,接口上没有这样的参数,设计上也不允许这么干。此时,您可以直接在资源库中引用订单 DAO 并通过查询来把订单中的数据检索出来:

```
public class OrderOperationRecordRepositoryImpl {
    @Resource
    private OrderDAO orderDao;

    private OrderOperationRecordDataEntity of(OrderOperationRecord record) {
        OrderOperationRecordDataEntity recordEntity = new OrderOperationRecordDataEn-
tity;
        OrderDataEntity orderEntity = this.orderDao.findById(record.getOrderId());
        recordEntity.setCusomterName(orderEntity.getCustomerName());
        //代码省略...
        return recordEntity;
    }
    //代码省略...
}
```

上述的实现假定订单操作记录与订单管理处在同一个服务内并且使用了相同的数

据库,通过引用 OrderDAO 的方式您可以把任何想要进行冗余的数据查询出来并记录到操作记录数据中。

亲爱的读者,您知道为什么笔者要特意提出这个案例吗?是因为很多工程师在使用资源库的时候心中会先入为主地觉得资源库中只能包含与聚合相关 DAO 组件,比如订单操作记录资源库中只应该包含 OrderOperationRecordDAO。其实不然,您完全可以在里面引入其他的 DAO 组件,不过要注意被引用的 DAO 所操作的数据库应该和当前聚合对应的是同一个。另外,还有一点需要读者注意:DAO 的相互引用只能发生在资源库内部,不允许再加大范围。比如让订单操作记录应用服务引用订单 DAO,即便是事务脚本编程也不允许这样做。

上述案例中我们在资源库中引入了其他聚合相关的 DAO,那么如果我们要冗余的信息在其他服务中时应该如何处理呢?如确实有这个必要,可考虑通过远程调用的方式来获取所需要的信息。但这一方式是值得商榷的,远程调用的失败率相对于使用 DAO 会更高,有可能会因为目标服务不可用造成事务执行失败,在某些情况下是得不偿失的。毕竟冗余数据属于锦上添花的操作,不应该让其影响到主业务流程。这种情况下您可以考虑使用事件的方式来进行冗余信息的补充,仍然以前面的业务为例:您可以在保存订单操作记录聚合之后发布一个事件,这个事件会被另外的服务订阅,这个服务也就是事件消费者会根据需求补充需要额外冗余的数据。虽然处理手段比较复杂,但不会由于远程调用失败而导致事务处理出现问题,最好当业务要求较高时再去考虑使用这种解决方案。

除了设置冗余数据之外,您还可以在资源库内为数据库表的某些字段设计一些默认值。前面我们曾说过:所有的数据库表都应该包含一些固定的字段,比如:创建日期、更新日期等。前者比较简单,由于每个实体对象都会有一个创建日期 createdDate 属性,持久化时可直接使用实体对象提供的信息作为字段的值。那么更新日期的数据要怎么处理呢?放到实体里就显得多少有些不合适了,因为领域里可能没有更新日期的概念,将它放到领域模型中就无法反映出通用语言了。可是数据的更新日期又是一个非常重要的信息,至少在系统运营工作中能够为问题的排查助力。满足这一需求的方式有两种:一是将这一责任交给数据库,一旦数据发生变化,更新日期字段的值就自动变更为当前日期。以 MySQL 为例,您可以使用 ON UPDATE CURRENT_TIMESTAMP 关键字来完成这一任务;另一种方式则是在资源库中设置值,也就是每次有更新操作时都去手动设置更新日期字段的值。笔者个人比较推荐方式二,只要开发人员不失误基本上都能保障信息的正确性。而方式一比较依赖于数据库产品的能力,使用不当时也有可能造成更新日期字段的值没有被更新。

10.4 如何处理层级关系

请读者考虑这样的一个情况:如图 10.2 所示,系统中的账号类型分为企业账号和个人账号，除了某些行为如实名制方式不一致外它们在属性上的差异也比较大。比如个人账号的属性会包含个人的姓名和身份证号；而企业账号则需要包含营业执照、企业统一社会信用代码等信息。当然，这些仅仅是两个业务模型在属性上的不同，它们也有一些共同的属性如账号名、联系方式等。遇到这种场景您会怎么去设计聚合呢？是否也会如图 10.2 一样将它们实现为具备继承关系的账号族呢？

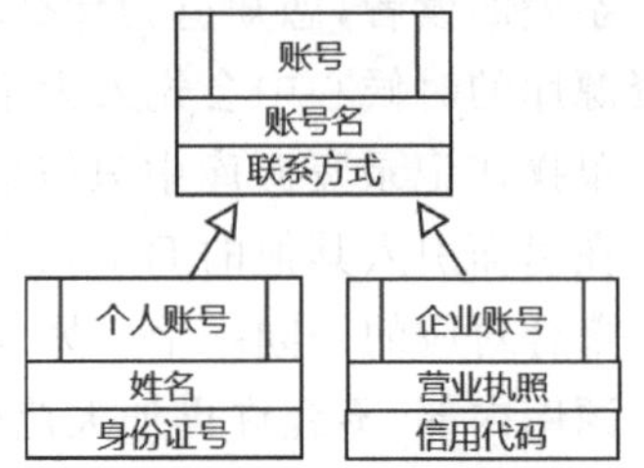

图 10.2　账号聚合类图

这个案例中，领域层的设计并不难，您完全可以按图 10.2 的方式来实现，非常完美。数据库表的设计也有多种选择：您可以把企业账户和个人账户分别放到两张表中；也可以做一个账户基本表用于存储它们的公共属性，另外再加两张扩展表分别用于存储企业账号与个人账号特有的信息。下列代码显示了账户聚合的片段：

```
public abstract class AccountBase extends EntityModel <Long >{
    private String name;
    //代码省略...
}
public class IndividualAccount extends AccountBase {
    private String idCardNo;
    //代码省略...
}
public class EnterpriseAccount extends AccountBase {
    private BusinessLicense businessLicense; //营业执照
    //代码省略...
}
```

上述案例最大的难点其实是资源库的设计。声明资源库接口的时候您需要传入领域模型类型作为泛型参数，那么当领域模型出现层级关系的时候应该传递什么类型作为参数更为合适呢？此时您有两种选择：一是为两类账号设计一个统一的资源库，选择这种方案时就应该使用 AccountBase 作为泛型参数类型；二是为个人账号和企业账号分别建立资源库，传入的参数类型自然就是 IndividualAccount 和 EnterpriseAccount 了。

笔者将第一种方式称之为“单一资源库”。这一方式在感觉似乎要更好一点，想象一下：仅通过一个资源库便可实现对具备层级关系的聚合进行存取操作是不是让人感觉很兴奋？不过这一方式的问题也比较明显：传入到资源库中的泛型参数类型只能是 AccountBase 这个账户的抽象类，实现接口时需要在内部根据参数的具体类型来选择不同的操作：

```
public class AccountRepositoryImpl {
```

```
    public void insert(AccountBase account) {
        if (account instanceof IndividualAccount) {
            IndividualAccount individual = (IndividualAccount)account;
            String idCardNo = individual.getIdCardNo();
            //代码省略...
        } else if (account instanceof EnterpriseAccount) {
            EnterpriseAccount enterprise = (EnterpriseAccount)account;
            BusinessLicense businessLicense = enterprise.getBusinessLicense();
            //代码省略...
        }
    }
    //代码省略...
}
```

“根据聚合的具体类型来选择不同的操作”这一方式本身并无不妥之处，反正资源库干的就是封装的事儿，尤其是在具体类比较多的时候，不仅可以隐藏很多的细节还能够大大提升用户的使用体验。写到此处，笔者突然想要问读者一个问题：您知道子类对父类的扩展方式都有几种吗？笔者个人总结了三类：数据、行为及上述两种。这三者当中首推行为扩展最为重要，您甚至可以这样认为：如果只有数据扩展而不存在行为扩展的话，即使忽略继承关系也不会对领域模型产生什么影响。以上述的两类账号为例，如果它们没有行为上的扩展关系，大可不必为二者设计一个公共的父类。为什么笔者要提出这样的问题呢？是因为如果父类与子类只存在行为扩展的话，单一资源库可能是首选的设计方式。因为属性是相同的，完全可以将类型判断这一步骤省略掉。实际上，笔者个人觉得上述代码中的类型判断操作是一种非常差劲的设计，会导致领域信息过多地泄漏到基础设施层中，让基础设施的实现变得更加复杂。而且，当有新的模型加入的时候，您还需要对资源库的代码进行修改，违反了面向对象设计中的开闭原则（Open Closed Principle，简称 OCP）[1]。

然而，真实业务中的领域模型在扩展关系上一般会同时存在属性与行为的扩展，所以单一资源库的使用概率其实并不高。前文我们展示了单一资源库实现聚合持久化的代码，虽然加入了聚合类型的判断，但总的来说还是可以接受的，至少不会对客户的使用带来什么影响。不过单一资源库的复杂性并不在这里，当您进行反序列化聚合的时候才是最麻烦的。以 findBy()方法为例，其返回的聚合类型也会是抽象类型 AccountBase，这就意味着客户在使用返回值的时候需要分辨其具体类型到底是什么：

```
@Service
public class AccountApplicationService {
    @Resource
    private AccountRepository accountRepository;
```

1　即软件中的对象（类，模块，函数等）应该对扩展是开放的，对于修改是封闭的。

```
    public void modify(String accountId) {
        Account account = this.accountRepository.findBy(accountId);
        if (account instanceof IndividualAccount) {
            IndividualAccount individual = (IndividualAccount)account;
            this.modifyIndividual(individual);
        } else if (account instanceof EnterpriseAccount) {
            EnterpriseAccount enterprise = (EnterpriseAccount)account;
            this.modifyEnterprise(enterprise);
        }
        //代码省略...
    }
}
```

账户应用服务 AccountApplicationService 中的 modify()方法用于实现对账户信息的变更。实现时需要根据资源库返回的账户类型调用不同的变更逻辑。虽然我们在 AccountRepository 的实现中也有过对类型的判定,但资源库的作用本来就是为了封装聚合与数据模型的转换,内部虽然复杂一点可至少不会让客户端知道。如果在应用服务中也使用这种判定则明显是不可取的,客户在使用时不得不对返回值类型进行判断,造成业务代码出现了太多的分支变得难以维护。试想一下如果具体账户的类型有 5 个或 10 个会出现什么情况?当然,您也可以针对企业账户和个人账户在应用服务里分别建立不同的用例,这样就不用再考虑类型判断与转换等问题了。这种方式表面上简化了应用服务的实现,但只是将判断的逻辑交给了应用服务的客户端且代码复用度极低。

第二种方式我们称之为"多重资源库"。简单来说就是为每一个具体的聚合都提供配套的资源库。这种方式的好处是您不需要在资源库内部进行类型的判断或转换;客户端使用资源库查询聚合时得到的也是具体的类型:

```
public interface IndividualAccountRepository extends
                        DomainRepository<Long, IndividualAccount>{
    //代码省略...
}
public interface EnterpriseAccountRepository extends
                        DomainRepository<Long, EnterpriseAccount>{
    //代码省略...
}
```

虽然这一方式会使得资源库的数量变多,但贵在清晰,没有那些让人生厌的类型判断与转换。除非子类只是对父类行为的扩展,否则笔者强烈推荐使用这种方式。另外,尽管资源库数量的增加让人很不开心,但我们可以使用一些小技巧来简化开发的工作。还以账户为例,既然个人账户与企业账户有着共同的父类和很多公共的属性,那我们在设计资源库的时候也可以将资源库设计成带有层级关系的(简单起见,代码中省略了泛型相关的信息):

```
public abstract class AccountRepositoryBase extends RepositoryBase {
    //代码省略...
}
public class IndividualAccountRepositoryImpl extends AccountRepositoryBase {
    //代码省略...
}
public class EnterpriseAccountRepositoryImpl extends AccountRepositoryBase {
    //代码省略...
}
```

基于这种设计方式，您可以将一些公共的代码放到 AccountRepositoryBase 中。相比单一资源库，这种实现只是类数量多了一些，代码在总量上并没有增加多少甚至是减少的。除此之外，您还可以通过使用外观模式将账户资源库做一些简单的封装，这样还能进一步简化客户的使用。

我个人曾在系统中使用过单一资源库的设计方式，不过后来在重构中推翻了这一设计转而使用多重资源库。主要原因就是因为代码中充斥着各种判断，不仅看着难受维护起来也非常麻烦，不适合我这种有强迫症和代码洁癖的人。总而言之，除非极其特殊的情况，建议您在实践时只考虑多资源库的设计，这样做系统扩展性最好。

10.5 使用资源库时的注意事项

资源库的设计与实现都比较简单，尤其在有规范可循的情况下。不过仍然有一些问题值得读者去关注以避免系统陷入性能或维护瓶颈。

10.5.1 数据级联

具体资源库至少需要实现插入、更新和删除三个方法。删除操作的逻辑比较简单，因为不允许进行物理删除所以真正执行的操作其实是更新。不过现实中总免不了有物理删除的需求，所以有一些工程师喜欢在数据库中设置级联删除。以订单为例，当删除订单记录的时候其关联的订单项也会一并被删除，这类级联操作并不需要人工干涉，数据库是可以自动完成的，而且也能够保障没有脏数据的存在。除此之外，更新操作也可以设置级联，和删除的设置类似。将数据管理的能力委托给数据库产品的确能够解放人力，也不需要开发人员写那么多代码，但对于数据库服务器所带来的压力是不容小觑的。如果是单机低并发的小系统或可一用，但现在的系统动辄就要求几千、几万的QPS、TPS，级联操作产生的阻塞会严重削弱数据库的吞吐量。根据笔者个人的观点，这类操作应该完全禁止使用才对，与系统的吞吐量并没有直接的关系。

对于需要进行级联操作的数据，应用层级联才是您的首选，这一方式更加的灵活同时也能提供更好的控制，重要的是还不会为数据库增加太多的压力。笔者认为：能够保留什么样的数据、删除什么样的数据，这些要求应明确告知工程师才对，让他们对此进行控制。或至少要体现在代码中，这样的话工程师才会知道某一操作会触发哪些动作，才有益于代码的维护与问题的排查。按理编写书籍时应以客观的角度来陈述某项事实，但笔者个人对于隐性操作非常不赞成，一谈到此话题就容易激动。所谓的“隐性操作”是指这些操作的过程和结果不被人知晓，被深深地隐藏在了深层次的代码中或框架的背后，人们能看到的只有结果甚至很多时候连结果都看不到；与此同时，被操作的对象上也没有明显的标识，您不知道某一项操作的背后会发生什么，有了问题后也不知道从哪里进行排查。此外，这类知识通常只被存储在开发者的脑袋里面，对于新人非常不友好。而级联删除及更新恰恰就是一种隐式的操作，很容易让人产生迷惑，现实中应加以禁止才对。

当然，笔者并不是一味地反对隐性操作。看一看 Spring 框架是如何做的，它将事务管理、依赖注入等能力隐藏在背后，极大地简化了工程师的使用。为什么这种隐藏是值得推荐的？因为被封装的能力与业务无关。而一些编程风格不佳的工程师会将与业务有关的操作隐藏起来，您根本无法从代码上看到任何操作线索，哪怕是注解也行。这样的系统维护起来才是可怕的，或许一点意外的小变更便可引发致命的 bug。

除了系统维护受到影响之外，级联操作也限制了系统的扩展。它会对某一款数据库产品产生较强的依赖，一旦数据库产生变化恐怕还同时需要对代码进行调整，这是一个充满风险且比较花费精力的工作。您不知道是否有忘记调整的代码，当测试不够全面的时候或许只能依赖运气，祈祷不要出现问题。

10.5.2 多种持久化方式共存

前面的案例面向的都是关系型数据库，但实现中我们可能会同时使用多种存储产品比如 MongoDB、Redis、Elastic Search 等。如果只是单纯地把数据储存到这些产品中事情反而变得简单了，但很多时候我们需要将数据同时写入到两种或多种不同的存储中间件中，比如 MySQL＋Redis。这一责任本身并不属于资源库，需要交由 DAO 来完成。这一点在日常设计工作中要多注意：资源库并不是实际完成存储的组件，不论是对数据进行双写还是多写都尽量交由 DAO 组件来完成。笔者也曾见过一些设计，工程师在资源库内同时调用多个 DAO 来实现数据的存储。笔者个人对此持保留意见，坚持认为即便是调度性的工作也最好交由 DAO 来处理更合适。

10.5.3 性能处理

聚合过大时会严重影响资源库的执行效率，但根源并不在于资源库，所以请不要让它“背黑锅”。您可以使用一些技术手段来规避，比如为聚合增加属性 isDirty，条件为真时表示聚合的状态的确发生了变更，持久化阶段需要执行更新的操作，否则不做任何处理；也可以先实现内存存储再异步写入到数据库或文件中。根据笔者个人的经验，解决这类问题的最好方式其实是拆聚合。把大聚合拆分成多个小的虽然可能破坏聚合的完整性但只要能够明显提升系统的性能，这一牺牲是值得的。况且，对于非功能性需求的妥协发生在限界上下文身上也都不稀奇，何况是小小的聚合。还有一点，聚合是否完整是相对的，拆分的过程也有可能让您对聚合产生新的认识。另外一些可选的方案包括使用吞吐量更高的非关系型数据进行存储或采用 CQRS 架构。不过从经验来看，既然已经到了调整架构的程度，系统的瓶颈肯定不只是聚合引发的了。

总而言之，当您发现系统出现性能问题的时候最好能够从根源上对问题进行排查，资源库一般不会成为性能的瓶颈，放太多的优化精力在其身上无疑是本末倒置。

截至至目前，涉及资源库的内容已经介绍完毕。下一节，笔者给您带来了一个新的礼物：工作单元。它的主要目的是对事务进行管理，一般会在业务用例中进行启动，但涉及事务的回滚和提交等操作则会交由资源库来实现。

10.6 额外的礼物——工作单元（Unit of Work）

涉及领域模型的持久化，有一个问题是无论如何都绕不开的，即：事务。有关这一部分的内容笔者在前面章节中已进行过着重的说明，当前我们要谈论的问题是如何使用本地事务来解决领域模型的存储与变更。当然，这一部分内容仅仅是铺垫，本节的主角其实是工作单元。笔者将通过案例的方式来展示如何将工作单元与资源库进行集成。另外，本小节所讲的内容需要基于关系型数据库进行实现，这一点请读者注意。

10.6.1 如何使用本地事务

事务属于基础设施层面的内容，所以在实践 DDD 的时候您不能把它放在领域层中，否则会出现领域层反向依赖基础设施的情况从而破坏了系统的架构约束。那么事务的启动与管理放在哪里合适呢？您有两种方案可选择：一是在基础设施中；二是在应用服务中。

前一种方案会在应用服务层中定义用于事务管理的接口，具体实现则放在基础设施层中。听起来是不是很像资源库的设计方式？不过很少有人这样去做，因为这一方案要求手动开启事务，只有很远古的系统在开发时才会这样做。所以人们打起了资源库的主意，它既然负责领域模型的存储，为什么不将事务的管理工作也交给资源库呢？这样的话客户在使用时就不需要考虑那么多的细节了，代码也会变得更加易于阅读和维护。很多设计师也比较认同这一方案，他们在设计资源库的时候会将其与事务的处理集成在一起，这样的话工程师在应用服务中只需要专心编写用于组织业务流程的代码即可，不用再去考虑事务这类更细节的东西。可以看到，正是由于第一个方案的不足，事务管理方案自然而然地就过渡到了方案二中。客户只要在应用服务中按需开启事务即可，所有的细节都会被深深隐藏起来。

如果您的系统是基于 Spring 开发的，那恭喜了，这个家伙把事务玩儿到了极致，您只需要在应用服务的方法上加上注解@Transactional 就意味着开启了事务，其他什么代码都不需要写，提交事务与回滚事务完全可自动完成。

基于 Spring 框架的注解型事务解放了程序员，但人们在使用事务的同时往往想做更多的扩展，比如提交事务前记录日志、回滚事务时触发业务告警等。这些需求 Spring 框架帮不了您，一般情况下需要放到应用服务中，但这样做以后会让代码变得更难阅读，如果能将它们封装起来就非常完美了。可以完成这一任务的人便是下一小节的主角——工作单元。

10.6.2 工作单元简介

Spring 事务不是我们的主题，我们本节想要讨论的是工作单元——一种用于处理领域模型持久化与事务管理的设计模式。使用工作单元您可以完成以下的工作：

- 事务管理。
- 调用资源库的能力实现领域模型的插入、删除及更新。
- 防止重复持久化。
- 在聚合的持久化过程中增加扩展能力。

工作单元内通常会持有三个列表，分别包含了待插入、待更新和待删除的聚合对象。事务提交的时候，会将三个列表中的对象在同一个事务中进行存储或更新。操作成功的话会由工作单元来负责事务的提交；反之则进行事务的回滚。工作单元的内部结构如图 10.3 所示。

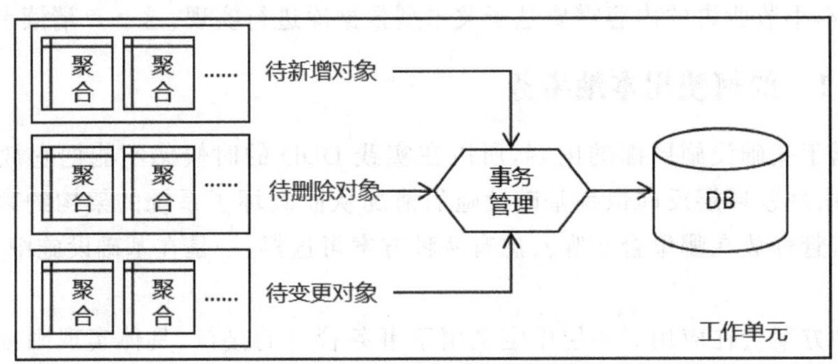

图 10.3 工作单元的内部结构

一般来说，工作单元的主要责任是调度和控制，它并不会负责执行具体的操作。以持久化为例，当您将它与资源库集成后，所有的具体操作都会由后者来完成。对于事务的管理同样也是如此，它控制着开启或提交事务的时机但并不是实际的执行者。

可以看到，Spring 框架和工作单元都可以提供事务的能力，那么在开发时应该怎么去选择呢？笔者认为二选一即可，或者让工作单元将 Spring 的事务机制封装起来，也是一种不错的选择。一般来说，工作单元的可操作性和扩展更强，试想一下这样的场景：当事务执行失败时发送一条告警信息给业务监控系统，这样可使运维人员在第一时间内知道系统出现了运行时错误，他们可以在问题继续扩大之前提前进行人工干预。当然，如果操作结果是用户立即可见的话，这种人工干预的意义并不大。但现代的企业级系统一般都会包含很多后台任务：如消息消费、多线程处理、定时任务等，在业务执行失败时进行告警的意义很大。请您考虑一下如何在应用层实现这一需求呢？“try...

catch”是一种方式，也就是发生异常后在“catch”的代码段中发送告警通知。采用这种机制之后，如果处理不当的话很可能会让 Spring 事务失效，而且代码看起来也很“脏”、很“乱”；面向切面编程(Aspect Oriented Programming，简称 AOP)也是一种选择，虽然代码整洁了，但您可能需要在切面代码中对业务用例类型进行判断，扩展性也不太友好。看来，基于应用层的实现会让代码变得复杂且难以维护，并不是理想的设计方式。

那么将这一需求放到工作单元中进行实现是否要好一点呢？答案是肯定的，您可以在提交事务的时候把告警消息作为参数传到工作单元中。虽然我们尚未展示过工作单元的代码，不过相信聪明的您是可以看明白下列内容的：

```
@Service
public class OrderApplicationService {
    @Resource
    private OrderRepository orderRepository;

    public void cancel(Long orderId) {
        Order order = this.orderRepository.findBy(orderId);
        order.cancel();
        this.orderRepository.update(order);

        UniteOfWork uniteOfWork = UniteOfWorkFactory.INSTANCE.create(orderReposito-
ry);
        uniteOfWork.commit(true, ERROR_CODE.CANCEL_ORDER_FAILED);
        //代码省略...
    }
}
```

UniteOfWork 表示工作单元类，其中的 commit()方法用于提交事务。这个方法包含了两个参数，分别表示“是否启动业务告警”以及“告警代码”。当持久化操作执行失败的时候会根据这两项信息进行业务预警。当然，您还可以增加更多的参数，比如是否对聚合进行验证等。

前文我们曾提及一种优化聚合更新的方式，即在聚合根中增加 isDirty 标识。使用这个标识的地方也在工作单元中：

```
public class UniteOfWork {
    private List<DomainEntity> toUpdated = new ArrayList<>();

    public void commit() {
        for (DomainEntity entity : toUpdated) {
            if (entity.isDirty()) {
                //更新实体到数据库，代码省略...
            }
```

```
        }
        //代码省略...
    }
}
```

对工作单元进行过简单介绍之后，相信您此刻对它应该已经有了一个感性的认识。下一节让我们看一下如何实现工作单元以及如何将工作单元与资源库进行集成。

10.6.3 工作单元的实现

首先要看的代码是工作单元接口，也就是作为工作单元它应该具备什么样的能力。一般来说，工作单元的接口都会比较简单，不过在此阶段我们还需要考虑如何让它与资源库进行集成，这样的话就不用在讲解这一方面内容的时候再重复展示代码了。工作单元接口的定义如下所示：

```
public interface UnitOfWork {

    void registerNewCreated(EntityModel entity, UnitOfWorkRepository <? extends Entity-
Model >repository);

    void registerUpdated(EntityModel entity, UnitOfWorkRepository <? extends EntityMod-
el >repository);

    void registerDeleted(EntityModel entity, UnitOfWorkRepository <? extends EntityMod-
el >repository);

    CommitResult commit();
}
```

三个以“register *”作为前缀的接口分别用于将待插入、更新和删除的聚合对象注册到工作单元内部的三个列表中，有关列表的作用前面已经做过介绍。那么 UnitOfWorkRepository 类型的参数又表示的是什么东西呢？您可以认为它是一个连接器，通过它可以将工作单元与资源库连接起来。工作单元的主要责任是对事务进行管理，所以可以通过方法 commit()来开启和提交事务。可能有读者会疑惑：为什么没有回滚操作呢？因为笔者想将事务的开启、提交与回滚三个操作全都隐藏在 commit()内部，不需客户端在使用时进行手动调用。当然，您其实也可以在接口中增加一个用于回滚的方法以实现定制化的回滚操作。不过笔者强烈建议将这一方法的使用者限定为 commit()方法而不是工作单元的客户，也就是尽量不要去手动提交或回滚事务，否则就失去了封装的意义了。

至于事务操作的结果，客户可以通过 commit()的返回值进行获取。CommitResult 对事务的提交结果进行了封装，其代码示例如下：

```
public class CommitResult {
    private Boolean isCommitted;
    private Exception commitException;
}
```

那么起到连接作用的UnitOfWorkRepository又长什么样呢？它是如何连接到资源库的？请看下列代码片段：

```
public interface UnitOfWorkRepository<TEntity extends EntityModel>{

    void persistNewCreated(TEntity entity) throws PersistenceException;


    void persistDeleted(TEntity entity) throws PersistenceException;


    void persistChanged(TEntity entity) throws PersistenceException;
}
```

三个"persist *"前缀的接口分别用于对聚合执行实际的插入、删除和更新操作，客户在实现资源库的时候在这三个方法上投入的精力会比较多。麻烦读者将UnitOfWorkRepository与前面的UnitOfWork进行一下对比，二者的区别很简单：前者会真正地执行数据库相关的操作；后者仅仅是将目标对象插入到工作单元内部的对象列表中。然而，此刻我们还未将资源库与工作单元连接在一起，仅仅是声明了两个相对独立的接口。下面的代码展示了工作单元基类的结构，在这个类当中才真正地确立了工作单元与资源库的绑定关系：

```
public abstract class UnitOfWorkBase implements UnitOfWork {
    Map<EntityModel, UnitOfWorkRepository>createdEntities = new HashMap<>();
    //代码省略...

    @Override
    public void registerNewCreated(EntityModel entity,
                                   UnitOfWorkRepository<? extends EntityModel>reposito-
ry) {
        if (this.deletedEntities.containsKey(entity )
                || this.updatedEntities.containsKey(entity)) {
            return;
        }
        if (! this.createdEntities.containsKey(entity)) {
            this.createdEntities.put(entity, repository);
        }
    }
```

```
    @Override
    public CommitResult commit() {
        CommitResult result = new CommitResult();
        try {
            this.validate();
            this.persist();
        } catch(ValidationException | PersistenceException e) {
            result = new CommitResult(false, e.getMessage());
        } catch(Exception e) {
            result = new CommitResult(false, OperationMessages.COMMIT_FAILED);
            //可在此实现业务告警...
        } finally {
            this.clear();
        }
        return result;
    }

    protected void persistNewCreated() throws PersistenceException{
        Iterator<Map.Entry<EntityModel, UnitOfWorkRepository>> iterator =
                                        this.createdEntities.entrySet().itera-
tor();
        while (iterator.hasNext()) {
            Map.Entry<EntityModel,UnitOfWorkRepository>entry = iterator.next();
            entry.getValue().persistNewCreated(entry.getKey());
        }
    }

    protected abstract void validate() throws ValidationException;
    protected abstract void persist() throws PersistenceException;
    //代码省略...
}
```

友情提示：由于代码较多，笔者只对待插入对象的持久化逻辑进行了展示，工作单元基类 UnitOfWorkBase 中也只包含了待插入的聚合列表 createdEntities。更新和删除对象的操作与插入的逻辑基本一致，所以我们对此进行了省略。

第一，要讲解的方法是 registerNewCreated()，基本的实现逻辑是判断待插入的对象是否已经存在于三个对象列表当中了，只有不存在时才将其放到待插入的对象列表中。这种判断是有意义的：一是可以防止重复持久化，这是工作单元必备的一个能力；二是避免持久化逻辑出现冲突，比如同一个对象同时出现在待删除与待插入的列表中。另外，此处我们使用了 Map 作为待插入聚合的容器，对于自定义类来说想要让其作为 Map 的键需要同时实现 hashCode()和 equals()方法。您还记得 EntityModel 的定义吗？我们在实现的时候已经对这两个来自 Object 类的方法进行了覆盖，所以请读者放心大胆地去使用 Map。

第二,要讲解的是 commit()方法,用于对事务进行提交。它目前只包含了两个子过程:validate(),用于在持久化前对聚合进行验证操作,不过这个方法在本类中被定义成了抽象方法,需要由具体类进行实现;persist()用于执行持久化操作及事务的管理,也被定义成了抽象方法,这就意味着您需要在具体类中根据不同的数据库选择不同的实现事务的方式。另外,commit()方法中还包含了一组 try... catch,如果您需要记录日志或实现业务告警的话,可将相应的代码插入到 catch 的代码块中,设计思路同 validate()相同。commit()方法是本类中最为核心的内容,我们会将调用这一方法的权力下放给客户。原因很简单:工作单元的初始化工作是由客户来触发的,将提交工作继续交给他负责也比较合理,而且也能大大简化使用事务的难度。

第三,要介绍的方法是 persistNewCreated(),它会循环 createdEntities 属性中的元素并以键为参数调用值对应的对象的 persistNewCreated()方法。这里的逻辑虽然简单但有一点绕,容笔者做一下详细的说明。首先回头看一下 registerNewCreated()方法的实现逻辑,每次调用的时候会发生什么事情呢?把待持久化的聚合作为键放到 Map 中,而值则是一个能够对当前聚合执行插入操作的 UnitOfWorkRepository 类型的对象。后续您将看到所有的资源库都会实现这个接口,这就意味着 createdEntities 中实际存储的其实是一组键为聚合、值为资源库的数据。以订单为例,createdEntities 会包含:< Order, OrderRepositoryImpl > 这样的一组元素。这时再去看 persistNewCreated()方法的实现相信您会通透许多,核心逻辑其实就是以聚合为参数调用资源库的方法来实现实际的持久化流程。

聚合的删除与更新逻辑同插入是类似的,如果说"register * ()"方法是用于建立聚合与资源库之间的关联关系,那本类(UnitOfWorkBase)中的"persist * ()"方法则是对这种关系的一种消费。

至此,有两个主要问题还没有解决:第一,事务在哪里被启用?第二,UnitOfWorkBase 中包含的 persistNewCreated()方法用于持久化新建的聚合,那么触发点在哪里呢?请不要着急,下面的代码可以解决您的疑问:

```
final public class SimpleUnitOfWork extends UnitOfWorkBase {
    @Override
    protected void persist() throws PersistenceException {
        TransactionTemplate tr = ApplicationContext.getBean(TransactionTemplate.class);
        tr.setIsolationLevel(TransactionDefinition.ISOLATION_DEFAULT);
        tr.setPropagationBehavior(Propagation.REQUIRES_NEW.value());

        Exception exception = tr.execute(transactionStatus ->{
            try {
                this.persistDeleted();
                this.persistChanged();
                this.persistNewCreated();
```

```
                return null;
            } catch (Exception e) {
                transactionStatus.setRollbackOnly();
                return e;
            }
        });
        if (exception != null) {
            throw new PersistenceException(exception);
        }
    }
    //代码省略...
}
```

SimpleUnitOfWork 继承自 UnitOfWorkBase，是具体的工作单元，也是能够被客户实际使用的工作单元对象。您需要实现两个方法：validate()和 persist()。前者属于可选操作，具体看您的实际需要，所以笔者进行了省略；第二个方法才是我们要讲的重点。这一方法主要包含了三方面内容：首先是事务的开启，笔者借用了 Spring 提供的事务管理功能，不过您也可以使用 JDBC 或其他框架如 Hibernate 所提供的类似的能力；其次是对父类中声明的"persist *"模式的方法进行调用。第三是关于事务的回滚，只要数据库的操作出现异常便会调用 transactionStatus.setRollbackOnly()进行回滚处理。是不是非常的简单？不理解的话也没有关系，您可以借用图 10.4 来帮助您进行理解。

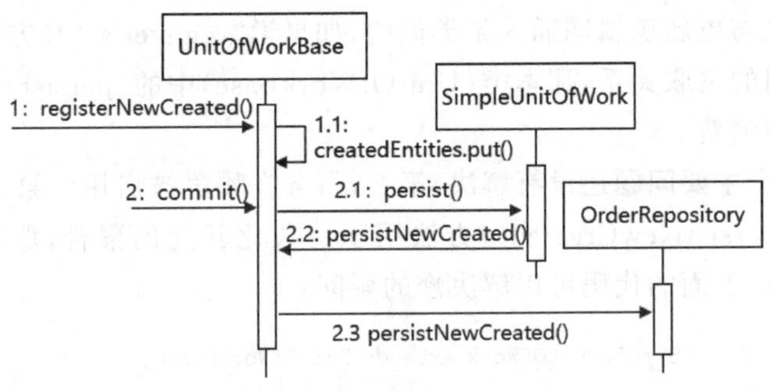

图 10.4　对订单聚合进行持久化的流程

至此，我们已经实现了工作单元的全部功能。那么资源库的实现会产生什么样的变化呢？前文中我们曾声明了一个抽象类 RepositoryBase，但没有展示其具体的实现。作为所有资源库的父类，它实现了 UnitOfWorkRepository 中声明的所有接口，也就是那些以"persist *"为前缀的方法。友情提示一下：这类模式的方法笔者在两处进行了声明：第一处是在 UnitOfWorkRepository 接口中；另外一处是在工作单元抽象类 UnitOfWorkBase 中，仅仅是重名而已。如果非要说有关系，那就是后者会调用前者。书归正文，让我们看一看 RepositoryBase 的内部结构以及实现细节（注：为方便演示，此处也只展示了插入聚合相关的代码）：

```
public abstract class RepositoryBase <TID extends Comparable, TEntity extends EntityModel >
        implements Repository <TID, TEntity >, UnitOfWorkRepository <TEntity >{
    private ThreadLocal <UnitOfWork >unitOfWork = new ThreadLocal <>();

    @Override
    public void insert(TEntity entity) {
        if (entity == null) {
            return;
        }
        this.unitOfWork.get().registerNewCreated(entity, this);
    }

    @Override
    public abstract void persistNewCreated(TEntity entity) throws PersistenceException;
}
```

抽象类 RepositoryBase 同时实现了工作单元资源库接口 UnitOfWorkRepository 和资源库接口 Repository 中定义的方法 persistNewCreated()和 insert()。前者被设计为抽象方法,具体的资源库会对其进行实现;后者则比较简单,只是把待插入的对象放到工作单元中。此时您再回看一下图 10.4,流程的第一步调用了方法 registerNewCreated(),触发点便是客户在调用资源库的 insert()方法的时候。上述代码有两处值得注意的地方:

1. 使用 ThreadLocal 包装工作单元

unitOfWork 属性应使用 ThreadLocal 进行包装以避免并发操作所产生的问题。正常情况下我们会使用 Spring 来管理资源库的实例,但默认情况下 Spring 是以单例的形式对对象的生命周期进行管理的。如果忽略了对 ThreadLocal 的使用,系统上线后一定会给您带来"惊喜"的。另外,每次进行提交操作后也别忘了释放 unitOfWork 属性所引用的对象以避免内存泄漏。

2. insert()方法的实现

insert()方法将目标聚合与资源库实例都注册到了工作单元中,这一操作实现了资源库与工作单元的集成。registerNewCreated()方法的两个参数分别表示待持久化的聚合和可对聚合进行持久化的资源库实例,相当于在它们之间建立了一种映射关系。后续客户在调用工作单元的 commit()方法的时候,便会利用到这种映射关系,具体的工作流程可参看图 10.4。

截止到目前为止我们已经完成了资源库与工作单元的集成,下一步则是开始学习具体资源库的实现。前面的内容当中我们曾数次展示过订单资源库 OrderRepositoryImpl 相关的代码,不过那时并未引入工作单元,所以实现的方式也比较简单。本节中笔者仍然以订单为例,展示一下变化后的订单资源库代码:

```
@Repository
public class OrderRepositoryImpl extends RepositoryBase<Long, Order>
        implements OrderRepository {
    @Resource
    privateOrderMapper orderMapper;

    @Override
    public void persistNewCreated(Order oder) throws PersistenceException {
        OrderDataEntity orderDataEntity = this.ofOrderData(oder);
        this.orderMapper.save(orderDataEntity);
        //代码省略...
    }
    //代码省略...
}
```

考一考书前的读者，您还记得 persistNewCreated()方法是在哪里声明的吗？是的，有两处：在接口 UnitOfWorkRepository 中进行的定义，在 RepositoryBase 类中以抽象方法的形式进行的实现。所以，工程师在设计具体资源库的时候只需要实现"persist *"模式的三个方法以及定义在 OrderRepository 中的方法即可，不用再去考虑事务管理相关的问题。不过笔者还没有讲解完，我们还需要看一下如何在应用服务中使用资源库。同时，也请读者考虑一下这样的问题：既然每一次使用事务的时候都需要实例化一个新的工作单元对象才能让资源库正确工作，那么应该怎么建立工作单元对象才更好呢？问题的答案我们后面再揭晓，首先展示的是订单应用服务如何使用资源库：

```
@Service
public class OrderApplicationService {
    @Resource
    private OrderRepository orderRepository;

    public void cancel(Long orderId) {
        Order order = this.orderRepository.findBy(orderId);
        order.cancel();

        TransactionScope tc = TransactionScope.create(this.orderRepository);
        this.orderRepository.update(order);
        tc.commit();
        //码省略...
    }
}
```

cancel()方法用于对订单进行取消操作。其中引入了一个我们从未见过的对象 TransactionScope，这又是什么东西呢？或许.NET 工程师会比较熟悉，这是 C# 中用于在应用层启动事务的类，这一名字被笔者友情借鉴了过来。每次调用它的 create()

方法的时候都会创建一个新的工作单元；相应的，调用 commit()则是开始执行持久化操作和事务提交操作。TransactionScope 的代码结构如下所示：

```
final public class TransactionScope {
    private UnitOfWork unitOfWork = new SimpleUnitOfWork();
    private RepositoryBase[] repositories;

    private TransactionScope(RepositoryBase[] repositories) {
        this.repositories = repositoryBases;
        for (RepositoryBase repository : repositories) {
            repository.setUnitOfWork(unitOfWork); //1:设置工作单元
        }
    }

    public static TransactionScope create(RepositoryBase... repositories) {
        TransactionScope transactionScope = new TransactionScope(repositories);
        return transactionScope;
    }

    public CommitResult commit() throws CommitmentException {
        CommitResult result = this.unitOfWork.commit();
        for (RepositoryBase repository : repositories) {
            repository.clearUnitOfWork(); //2:清除工作单元
        }
        return result;
    }
}
```

上述代码仅用于展示的目的，读者在实现时应注意各类判断的使用以避免出现 NPE 问题。回归正文，上述代码中有两个地方需要重点关注：构造函数中的“第 1 处”注释，把工作单元设置到每一个资源库中，这一操作也对前面遗留的问题进行了回答，即每一次客户调用 create()方法之后都会生成一个新的工作单元实例并将其赋值给资源库实例；commit()方法中的“第 2 处”注释，执行提交事务的方法之后要注意对工作单元对象进行清理(实际代码中需要使用 try... catch... finally)来避免内存泄漏。

有读者可能会对 create()方法的参数产生怀疑：不是一个事务中只能对一个聚合进行更新吗？为什么允许传多个资源库实例？其实读者不必对此纠结，这种设计仅仅是出于扩展性的考虑。一个参数仅仅是多个参数的特例，提供了这样的能力并不代表一定要去使用。而且，我们会把这些内容全部放到基本开发类库当中，也需要考虑其通用性。假如系统无法保障一个事务只更新一个聚合，难道就不让客户使用工作单元了吗？

使用工作单元的时候，除了 SimpleUnitOfWork 这种基于 Spring 事务的设计之外如果您还有另外的实现需求，也可以考虑将工作单元实例作为参数传入到 create()方法中。针对这一需求笔者建议在方法中传入工作单元工厂作为参数而非具体的实例，这样做的好处有二：

(1) 抽象程度更高，即使工作单元实现发生变化也不会影响到客户端代码。

(2) 可以把工作单元的创建从应用服务中移除，客户端代码会更简洁。

下列代码展示了 create()方法的一个变种：

```
final public class TransactionScope {
    public static TransactionScope create(UnitOfWorkFactory factory, RepositoryBase...
repositories) {
        //代码省略...
    }
    //代码省略...
}
```

最后，我们展示一下如何实现使用工作单元来更新多个聚合，虽然真实项目中不一定用得到，但可以加深您对这一设计模式的理解。需求也是我们在前文中经常使用的：订单提交后账户增加 10 积分，基于单体架构。代码如下：

```
@Service
public class OrderApplicationService {
    public void submit(OrderVO orderInfo, String accountId) {
        TransactionScope tc = TransactionScope.create(this.orderRepository, this.ac-
countRepository);
        Account account = this.accountRepository.findBy(accountId);
        account.increaseCredit(10);
        this.accountRepository.update(account);

        Order order = OrderFactory.INSTANCE.create(orderInfo, account);
        order.submit();
        this.orderRepository.insert(order);
        tc.commit();
    }
}
```

至此，有关工作单元及其如何与资源库进行集成的内容已经讲解完毕。尽管内容不多，但笔者更希望您能够从中学习到一些与设计相关的技巧。实际上，Spring 提供的事务能力已经可以满足大部分场景下的需求。只不过其扩展性稍显不足，毕竟我们想让工程师把精力尽量都放到业务代码的编写上，如果可以将一些能力进行封装，不仅有利于提升研发速率，代码的可维护性也会更强。笔者在前面的案例中只对聚合的验证放开了一个口子，其实工作单元能做的事情还有很多。期望读者举一反三，充分发挥自己的想象天赋，看看是否能够挖出更多的有关工作单元的价值。

总 结

本章中我们重点介绍了资源库的概念及实战中应注意的事项。客观来讲,资源库在理解上和使用上都要比实体、值对象简单很多,毕竟有明确的规范可参考,不像后二者要严重依赖于设计师的经验。一句话总结资源库:用于对聚合进行持久化和反持久化。这一机制的引入能够很好满足设计中持久化透明的目标。

本章的内容大致可分成两部分,第一部分着重介绍了资源库的概念、使用方式及实践中应注意的事项;第二部分主要介绍了工作单元的设计模型并展示了如何将其与资源库进行集成。其中前一部分内容更为重要,如果读者有机会实践的话最好先去将我们所讲的理论多消化消化,不要急着去实现。当然,还是要做到活学活用,毕竟现实条件更为多变,而笔者能够覆盖的内容又是有限的。第二部分虽然以工作单元为主,但也存在着替代方案。所以,从中学习设计技巧与设计思想更加重要。

从我个人的角度来看,使用资源库最容易出现问题的地方是将其与 DAO 混用。所以,学习如何识别资源库中的方法是需要重点掌握的知识,对此笔者给出了如下参考:资源库中的方法必须用于完成某一命令型业务,单纯的查询类方法不应该放到资源库中。因此,设计资源库之前您应当首先对当前的业务场景进行充分分析,之后再去动手,决不可孤立地看待每一个方法。

第 11 章　运筹帷幄——领域服务 (Domain Service)

领域服务也属于领域层中一个重要组件。有些设计师认为它的重要程度要低于实体或值对象,但笔者对此有不同的观点。客观来讲,领域服务这一主题理解起来比较简单,最大的难点在于使用上。所以笔者将本章分成了两个主要部分:第一部分着重介绍领域服务的作用、使用方式、关键特性等概念性的内容;第二部分笔者想阐述一下自己对于面向对象编程的理解,尤其是分布式应用环境中的面向对象。笔者会着重介绍如何能以更纯粹的方式实现面向对象编程以及领域服务在其中所起到的作用是什么。本章内容充满了很多的个人见解,很有可能会和读者的想法产生冲突。不过冲突中往往会出现新的闪光点,而这个点很可能会变成您或我在软件设计工作上实现自我突破的一大助力。

11.1　认识领域服务

开发过程中您会发现有些方法不知道放哪个模型身上更为适合。不过想要说明白这个问题最好还是基于一些案例,所以只好搬出我们在前文中一直在使用的需求:提交订单后账户增加积分,不过这一需求过于简单,笔者对其多做了一下加工,即:总价大于 100 元时增加总价的 10%作为积分。另外,为了更能方便说明问题,我们假设当前系统使用了单体架构,这样的话笔者可以少写一些对当前内容作用不大的代码。请您考虑一下我们应该如何设计这一业务,我们想出了两个可行的方案。第一个方案比较直观,直接在应用服务中实现这一逻辑:

```
@Service
public class OrderApplicationService {
    @Transactional()
    public void submit(OrderVO orderInfo, String accountId) {
        //代码省略...
        Order order = OrderFactory.INSTANCE.create(orderInfo);
        order.submit();

        if (order.getPrice().getTotal().compareTo(Money.of(100)) >0) {
            Account account = this.accountRepository.findBy(accountId);
            account.increaseRewardPoints(order.getPrice().getTotal().divide(10));
        }
```

```
        //代码省略...
    }
}
```

这一实现方式到底好不好呢？从代码的可读性来看确实是比较直观的，对于业务简单的场景来说算是一个不错的方案。比较可惜的一点是这一设计不太符合基本设计规范，请听笔者对此的解释。

截止到目前，我们还未对应用服务进行详细的说明，不过大致性的解释还是有的。简单来说，应用服务只应负责控制业务流程，不可用于处理业务。上述增加积分的业务虽然简单，但毕竟也是业务，放到应用服务中并不合适。甚至于，放到这一层里都不合适，领域层才是它的最终归宿。

既然这一方案问题比较大，是否可以将业务逻辑放到订单或账户对象上呢？这样做的话不仅能让领域层中的对象承担业务处理的责任，也可以简化应用服务的代码。思路的确是正确的，可是放到哪个类上更合适呢？下列代码让订单实体承担了这一责任，也就是笔者给出的方案二：

```
@Service
public class OrderApplicationService {
    @Transactional()
    public void submit(OrderVO orderInfo, String accountId) {
        //代码省略...
        Order order = OrderFactory.INSTANCE.create(orderInfo);
        Account account = this.accountRepository.findBy(accountId);
        order.submit(account);
        //代码省略...
    }
}

public Order extends EntityModel <Long >{
    public void submit(Account account) {
        //代码省略...
        if (order.getPrice().getTotal().compareTo(Money.of(100)) >0) {
            account.increaseRewardPoints(order.getPrice().getTotal().divide(10))
        }
    }
}
```

上述片段中应用服务的代码变得相对简单了一些，不过仍然有两个比较显著的问题：

11.1.1 订单实体担负的责任过重

一般我们只会让领域模型关注自己内部规则的处理，某一方法执行时所能修改的内容一般也是该方法所属对象的。虽然也可能以其他业务对象作为输入，但正常情况下最好只去查询该对象的信息而非修改。上述代码显然违反了这一约束，除了对订单对象自身的属性进行了修改之外还修改了另一个对象即 Account 的信息，这种实现方式并不可取。

11.1.2 代码不够规范

原则上，一个方法的所有参数都应该是该方法实现时必需的，也就是要遵循最小参数个数的设计原则。当我们将整个 Account 类型的对象作为参数传入到 submit()方法中时明显违反了这一设计原则。虽然参数仅有一个，但 Account 内部的属性有很多；另外，这样使用 Account 对象也是不安全的，它的信息很有可能会被更改，而客户端却并不知道。

当然，我们可以将账户待增加的积分以返回值的形式传递给客户端，之后再调用账户上的方法来实现积分的处理。但这种方式仅仅是为了解决问题而想出来的"花招"，业务逻辑再一次泄漏到了应用服务中。可以看到，虽然笔者总结出了两个问题，但让订单聚合承担这一任务的最大问题其实就是第 1 点，即业务内聚性不足，实体承担的责任过多。

同理，将 submit()作为 Account 的方法更不合适，它根本就不是账户对象的责任。总的来看，笔者提出的这两种方案都不是很好，或者使得领域模型承担了太多不属于它的责任或者实现方式不够规范。解决这一问题的最好方式是把所有该业务相关的代码全部转移到一个相对中立的类里面去，让它来负责安排每一个对象要干什么事情，这样就可以解决前文代码所涉及的诸多问题，具体如下所示：

```
public class OrderSubmitService {
    public void submit(Order order, Account account) {
        //代码省略...
        order.submit();
        if (order.getPrice().getTotal().compareTo(Money.of(100)) >0) {
            account.increaseRewardPoints(order.getPrice().getTotal().divide(10))
        }
    }
}
```

我们新引入的类 OrderSubmitService 便是本章的主角：领域服务。它将订单提交与账户增加积分这一业务进行了封装，不仅解放了应用服务和这一业务涉及的所有对象，还让我们的设计更符合通用语言。为什么这么说？从通用语言的角度来看，提交订单是一个整体性的概念，虽然包含了提交订单和增加账户积分两个子步骤，但在业务上不能将它们拆分对待。同理，我们在将其转换为代码的时候也应该保留住这一整体的特性而不是破坏掉。方案一的最大问题就在于此，它将这一整体的概念进行了拆分。通过代码可知：调用订单对象的提交方法仅仅将业务用例进行了一半，还需要调用账户对象上的处理才行。而正确的实现姿势应该是应用服务只需要调用一个方法便可以完成所有业务规则的处理。

从技术上看方案一问题并不大,但代码的抗变性和复用性都比较差,带来的影响很可能是战略性的。企业互联网化转型后,最大的诉求是系统的进化速度要能够跟得上业务的变化,所以保持一个稳定的、可复用的业务内核是非常重要的。想要达成这一目标,就应该在设计时注意业务的复用度以及完整性,尤其不能让业务规则分散得到处都是。仍以上述需求为例,虽然企业的销售渠道可能会从单纯的电商网站扩大到微信小程序、手机 APP 等,但工程师都可以复用 OrderSubmitService 所提供的能力快速完成提交订单业务,原因很简单:它是完整的。

通过案例可以看到:当某些业务的实现不适合放在特定的实体或值对象中时是使用领域服务的最佳时机。那是不是意味着领域服务只能做这种事情呢?其实不然,它的责任绝不会仅止于此的,后面笔者会对此进行详细说明。不过在此之前,笔者希望您对领域服务的核心价值有一些大致的了解,这样才有助于后面的学习。完整的软件系统其实就和一台电脑一样,是由各种各样的零件构成的。CPU、内存的作用比较显著,它们就好似是领域层中的实体、聚合;键盘、鼠标相对周边一点,它们就好比是领域层中的工厂和领域服务,虽然不安装这两样设备的电脑也可以正常工作但就是让人感觉特别不方便。本章的主角的确不像实体或值对象那样的核心,但少了它的代码就会变得非常难以维护。总而言之,作为设计师的您应该能够秉承着客观的态度善用每一种组件,它们彼此间相处得越和谐,软件质量就会越高。

11.2 领域服务的作用

想要使用好领域服务首先一点您需要知道它能干什么或者不能干什么?使用得好,代码不论是在可维护性上还是易扩展性上都会有着不俗的表现;否则,它很容易让设计工作走入歧途。以领域服务的使用频率为例,不加以限制的话很有可能会让充血模型退化成贫血模型。另外一点,把握住领域服务的本质能够加深您对设计工作的理解。也许您会觉得笔者故意夸大了它的作用,按理实体、值对象、聚合才是主角,为什么要把领域服务的地位捧得这么高呢?包括本章的标题也使用了"运筹帷幄"四个字,是不是有点过度了?对于笔者个人而言,从开始学习 DDD 到真正的将其用于企业级应用,这一段路其实很长,可谓"困难重重"。虽然与其相关的书籍和文章看了不少,但真正让自己产生质变的主要还是源于对领域服务的理解,突然产生了"顿悟"。也许是知识累积的结果,但不可否认,领域服务的确有助于我们对于面向对象编程和 DDD 的理解。对于读者而言这些说法似乎太过于抽象了,让我们先讲解领域服务的作用再去对它的价值进行剖析。

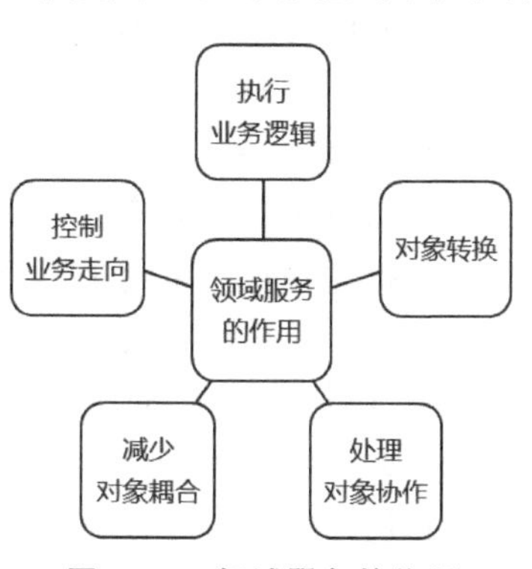

图 11.1 领域服务的作用

图 11.1 对领域服务的用途进行了总结。虽不

一定完整,但基本上已经覆盖了使用它的全部场景。

11.2.1 执行业务逻辑

领域服务人如其名,一般不包含业务属性,所以方法才是它的重点。领域服务属于领域层中的核心组件,自然可用于支撑业务逻辑的实现,这一点与应用服务是有区别的。另外,它们与实体或值对象行为的最大不同在于后两者行为所处理的是其自身的状态信息以及自包含的业务规则,换句话说,它们操作的目标更多的是聚焦于自己。当然,实体和值对象方法在运转的时候除了需要使用其内部的状态信息之外也会借助于外力的协助,也就是方法中使用的各类参数,不过一般会以简单类型为主。领域服务则与之相反,其几乎不包含业务属性,所以操作和变更的目标都是其他的对象。当您在设计过程中碰到这种情况的时候可优先考虑使用领域服务。

11.2.2 对象转换

我们在前面章节中讲解过的工厂,尤其是那种独立于实体之外的工厂,其实就是一种领域服务,它以视图模型或数据模型为参数来构建聚合实例。想一想微服务风格的应用,跨服务进行信息交互是这一架构的主要特色。除查询业务之外,依赖其他服务提供的数据来构建适用于本服务中的领域对象也属于一种常规性操作。但其他限界上下文中的业务对象进入到当前限界上下文后其语义就会产生变化,比如产品服务中的商品对象到了订单服务中就会变成销售品;账户服务中的账户实体到了订单服务中就变成了客户值对象。那么这一转换的工作交给谁来完成更合适呢?应用服务肯定不行,它不了解这些转换的规则,所以只好交由领域服务来承担这一责任了。读者是不是感觉这段话有点眼熟?因为笔者在讲解工厂的时候也说过类似的话。独立型的工厂其实也是一种领域服务,只不过它扮演的角色是创建,而人们约定俗成的领域服务主要是进行业务逻辑控制的。

回归正文。前文中我们曾经展示过的交易账户 TransactionAccount 就是一个比较典型的案例,它在账户服务中是账户模型,到了订购服务中就变成了交易账户;到了鉴权服务中就变成了登录账户;到了账务服务中又变成了消费者……。总之,技术上是同一个东西的对象到了不同的限界上下文中就会变成另外一个对象,也有人称之为角色。交易账户对象我们一直在使用,但并没有说明为什么要用它。考虑一下这样的业务:提交订单前需要检查账户是否被冻结,要如何实现这一判断呢?

账户信息包含了许多在订购时用不到的信息,例如登录密码、各类证件信息等。所以您不能把这些数据拿过来不经加工地去使用,需要将它们包装成订购服务内的一个角色以实现和通用语言的匹配,这是交易账户的由来,而完成这一包装动作的组件就是应用服务(确切地说应该是工厂)。另外,我们也可以从技术的角度来审视不进行包装会出现什么问题。首先可以明确的是:不应该将“是否冻结”的判断放到应用服务中,具体原因我们已经做过详细的说明。第二,您可能会在提交订单的方法中完成这一判断:

```
public class Order extends EntityModel<Long>{
```

```
    public void submit(AccountVO accountInfo) {
        //代码省略...
    }
}
```

很可惜,这一设计是错误的,不符合面向对象编程的基本要求,这种情况下即使引入一个领域服务也不行,原因很简单:AccountVO 属于 DTO,一般情况不应该参与业务规则的处理,后文笔者会对此进行详细解释。总之,必须想办法将来自账户服务的信息转换成合适的领域模型才行,让领域模型参与业务的实现才是正解。既然涉及了转换就得有工厂,而工厂也可以以领域服务的形式实现,所以可以推导出本小节的结论,即:领域服务能够承担对象转换的责任。

实际上,单体架构的系统中或许还有不使用领域服务的理由,在微服务架构风格的应用中则没什么更好的选择了,除非您选择事务脚本式编程。这种情况下可直接操纵数据模型和视图模型来完成某一业务的处理,具体细节与本书所讲内容已经相距甚远了。

11.2.3 处理对象协作

对象协作是使用领域服务的最佳时机。那么何为对象协作呢?从代码的角度来看就是需要多个领域模型实例共同参与完成某一项业务。这种情况其实非常常见,只不过在真实项目中解决这一类问题时往往会出现使用时偏差。最常见的问题有两个:一是让应用服务去处理业务;二是让 DTO 参与业务的执行。第一个问题前文已经进行过说明不再赘述。第二点是什么意思呢?回答这个问题之前请读者考虑一下面向对象中的"对象"指的到底什么,我们不要把范围放得太大,仅以某个业务用例为例。笔者认为是领域对象,并且我相信读者应该不会对此产生疑义。那么让 DTO 参与业务的执行就不合理了,既然决定使用面向对象编程就应该保证参与者都是领域对象才对,而不是使用一种"四不像"的设计,将领域对象、数据对象或视图对象混在一起。否则的话您会发现自己在实现业务用例的时候虽然使用了面向对象编程,但大部分情况下却仅有一个真正的领域模型参与到了其中,其他全是"杂牌军",比如下面的代码:

```
@Service
public class OrderApplicationService {
    public void submit(OrderVO orderInfo, String accountId) {
        AccountVO accountInfo = this.accountClient.queryById(accountId);
        if (accountInfo.getStatus() == AccountStatus.FREEZEN) {
            throw new OrderSubmitException();
        }
        Order order = OrderFactory.INSTANCE.create(orderInfo);
        //代码省略...
    }
}
```

我们先忽略在应用服务中夹杂业务规则处理是否合适。仅从编码风格上来看，您是不是感觉很熟悉？订单提交业务场景中只有一个领域模型 Order 参与了进来，另外的参与者 AccountVO 是数据传输对象。笔者列举的案例比较简单，不过按此编程模式，如果再有其他的验证比如需要判断账本余额是否充足时也只会使用另外一个数据传输对象。这种编程模式是很多初学者最易犯的错误，其中也包括笔者个人。因为几乎没有需要对象协作的场景，所以工程师也就没有机会去使用领域服务，也就间接造成了领域服务的地位变得越来越低。

总之，这种“四不像”的设计方式应该在实践中加以避免。当您转换思想开始尝试纯粹的面向对象编程之后就会发现需要对象协作的情况开始增多，此时不必再犹豫，果断交给领域服务进行处理即可，这是它的主要责任。

11.2.4 减少对象耦合

使用领域服务后减少对象耦合是一种必然的结果。本来在操作上有相互依赖的对象经过领域服务的协调之后就不会因为互访而产生关联关系。业务参与者只需要考虑自己那部分工作即可，如何控制业务流程、如何对操作结果进行加工或合并都会由领域服务来负责处理。这种工作形式能够让业务参与者彼此互不干扰，能大大减少产生耦合的概率。

11.2.5 控制业务走向

前文中我们曾说过面向对象编程的特征，就是让一群对象各司其职，按要求完成自己的任务。那么谁能对他们进行指挥呢？总不能让它们自己对自己的行为进行触发吧？让业务参与者同时充当流程指挥的角色并不是好的设计，从单一责任的角度来看它们只要能把自身的工作做好就可以了，不应该再承担额外的工作。幸运的是，软件设计中总是有一些简单且粗暴的手段供我们去使用：当您找不到一个适合的对象来完成某项任务的时候，那就去建立一个新的对象；当您不想让两个对象产生耦合的时候，那也去建立一个新的对象，让它作为中间人间接地串联起另外两个对象；当您不想让服务间相互调用的时候，那就让一些相对中立的对象来承担请求转发的责任，这一方面消息队列的使用便是个经典案例，所以人们一提它的作用会第一时间想到“削峰、解耦”。对于当前问题的处理方式也是如此，既然业务参与者众多且没有人适合承担指挥官这个角色，那就索性将这一责任交给另外的对象，即：领域服务。

笔者早期在接触 DDD 的时候，一度认为这应该是应用服务的责任。原因很简单：它是控制类，当然可以控制领域对象来完成某一项任务。不过随着认识的加深，逐渐体会到这种想法是错误的。应用服务的确是控制类，但它控制的不是领域对象而是业务用例执行流程。包括对外部输入进行验证、对领域层组件进行调度、与基础设施进行联动、对输出结果进行加工等。责任虽然很多，但它并不会作为每一项责任的实际执行者。就好似乐队中的指挥，他让乐手们完成各自的演奏责任但自己却并不会参与吹、拉、弹、唱等工作。也有点像软件建设中一些不太负责任的项目经理，左右逢源但实质性的工作干得却不多。

当然,这些都是玩笑话。如果非要进行假设的话,笔者觉得领域服务扮演的角色是业务指挥官,最终的目标是为了完成业务逻辑的处理,并不会涉及输入、输出管理或与基础设施打交道等工作。所以,指挥领域对象完成某项任务才是它的工作重点,它代表的不是某个具体的业务对象,而是流程。

总而言之,随着对这一概念理解度的加深,笔者越发觉得领域服务的意义更为深远。它是隐式模型的代表,只不过其与实体或值对象所代表的内容不一致,所以在使用过程中也要注意其是否能够与通用语言匹配得上。

最佳实践

应用服务是对系统用例流程的建模,领域服务是对应用服务中业务部分的建模,您也可以将其理解为是对业务流程的建模。

有关领域服务的责任与作用笔者已总结完毕,尽管我们不建议过多引入领域服务,但在需要的时候也请不要吝惜使用。从笔者个人的经验来看,很多工程师在实践DDD的时候对于领域服务的使用不是过多而是太少了,尤其是在微服务风格的应用当中。产生这一问题的主要原因有二:

1. 对领域服务使用不当

很多时候其实工程师就是在使用领域服务,只是他们并未意识到,造成了不当的使用方式。另外还有一种情况属于工程师个人的问题,将本该使用领域服务来完成的工作交给了应用服务或实体。细想之下其实也能理解,使用领域服务时毕竟要新建一个新的类,在进度压力之下每一分钟都是宝贵的。笔者个人对于此等状况有时也会备感无奈:一方面要满足业务上的需求;另一方面还要考虑到软件设计的科学性。而让我们感到难受的是当业务与技术博弈时后者一定是个失败者,尽管前者可能是无理取闹。虽然很多人不愿意承认,但有一个事实却无法否定,即:软件的易扩展性很多时候只是个噱头,上到产品经理下到开发人员只是嘴上说说而已,并不会为之努力。这些话让人感到沮丧,按理本书的主要目的便是为了解决这一问题,不过还是期望读者更现实一点,这样您才知道什么情况下使用什么样的手段去解决问题最为合适。

2. 对面向对象编程思想理解不足

这是一个需要长时间磨练及自我思考的过程,当您对这一思想有了更深刻的理解之后便会发现面向对象世界中的万事万物与人类世界何其相似。领域对象之间相互协作来共同完成某一项任务,和人与人之间的合作关系在本质上几乎是一样的。当然,达到这一境界的前提是您需要知道每一种组件到底能做什么,这是笔者的责任;余下的则需要您在日常的工作和学习中进行领悟和积累,以达到自我成长的目的。

11.3 领域服务的使用模式

领域服务的使用方式其实很简单:您可以在实体中使用、可以嵌套使用(即一个领域服务调用另外一个领域服务)、可以在应用服务中使用,总的原则是:注意其活动范围。资源库的实现方式比较特殊,让基础设施层去引用聚合属于无奈之举。而对于领域服务(除工厂之外)而言则不需要有此担心,因为不涉及序列化与反序列化,所以您可以严格限制其活动范围在应用层和领域层中。这些是使用领域服务的使用前提,以此为基让我们讲解一下领域服务的使用模式。

11.3.1 实体引用领域服务

让实体去引用领域服务时需要有一个特别的前提,即:后者当中不可引用资源库。原因其实就和让聚合引用资源库一样,您无法找到该引用与通用语言之间的对应关系。笔者就使用领域服务的注意事项后面会进行专门的说明,先让我们聚焦实体与领域服务的依赖关系。

领域服务引用实体的情况比较多见,反向引用又见于什么场景呢?请读者考虑这样的一个业务场景:修改订单价格,也就是在保留订单原价的同时可以让卖家根据与顾客的协商结果指定一个自定义价格。受限于业务上的要求,我们需要从两个维度去考虑设定自定义价格时应注意的事项:订单与订单项。前者是指您可以为订单指定一个总的价格,根据要求这个价格也需要按比例分摊到订单项上。比如订单总价格 100 元,共三个订单项。当指定自定义价格为 80 的时候,我们就需要按"8:10"这个比例同步修改三个订单项上的自定义价格;后者的情况是指您可以为每个订单项指定一个自定义价格,此时订单上的自定义价格自然也应该被同步修改。

理论上来说,这个业务实现起来并不是很困难,不过麻烦就出在修改订单自定义价格上面。有的时候这个比例值会出现除不尽的情况,所以就需要进行四舍五入处理。但经过此番操作之后又可能会出现订单项的自定义价格加在一起不等于订单自定义价格的情况,所以还需要进行零头的处理,一个问题又嵌套着另外一个问题。我们可以把这些逻辑全部写到订单实体当中,这样做的好处是业务规则集中性比较强;不过坏处其实也很明显,即:代码量会变得非常庞大。此时就可以考虑将这一计算逻辑封装到领域服务中,这样可极大简化订单实体的代码复杂度。下面的代码基于策略模式展示了如何实现这一需求:

```
public class Order extends EntityModel <Long>{
    //修改订单项自定义价格
    public void changeCustomPrice(String productId, Money customPrice, PriceModifier modifier) {
        modifier.modify(this, productId, customPrice);
```

```
    }
    //修改订单自定义价格
    public void changeCustomPrice(Money customPrice, PriceModifier modifier) {
        modifier.modify(this, customPrice);
    }
}
class CustomPriceModifier implements PriceModifier {
    public void modify(Order order, Money customPrice) {
        //代码省略...
    }
    public void modify(Order order, String productId, Money customPrice) {
        //代码省略...
    }
}
```

代码比较简单,笔者不做过多的解释。这种设计思路不仅可以适用于当前的"修改自定义价格"需求,也适用于优惠价格修改的情况。现在很多电商商家都喜欢开展一些带有优惠的销售活动,优惠的目标可能是某一项产品也可能是订单级别的,比如订单满200减30。此时您只需要再建立一个实现了PriceModifier接口的用于修改优惠价格的领域服务类即可。

上述案例源于笔者曾经历过的一个项目。不过笔者在完成第一版设计时并没有使用领域服务而是直接在订单实体中编写的业务代码。只是后面随着业务的扩展使得订单类变得越来越臃肿,不得已才引入领域服务来对问题进行缓解。这一做法虽然会造成开发的工作多了一些,但重构之后不仅提升了代码的维护性也加深了个人对领域服务的认识。或许有读者会纠结笔者是在"不得已"的情况下才使用了领域服务,那是不是意味着领域服务更多的是用于进行兜底的工作呢?事实并非如此。笔者这一做法证明了两个问题:第一、个人对领域服务的认识尚存不足;第二、项目只有在进化中才会变得更好。另外,业界很多优秀的系统其实也都是"逼"出来的,甚至包括淘宝。笔者曾阅读过一本由阿里巴巴工程师编写的关于淘宝架构演化史的书籍,它之所以变得如此优秀根源就在于业务的倒逼和非功能性需求的倒逼,并没有哪个系统一上来就是优秀的。

回归正文。笔者前面曾说过"领域服务被用的频率太低",事实上也的确如此。通过对代码进行重构有时候也会提取出新的领域服务。因此,我们又发现了领域服务的一个新的作用:简化代码,提升扩展性。之所以笔者没有在前面对此项作用进行重点说明是由于这一说法太过于抽象和泛泛,而且也不是领域服务的主要功能。简化代码的手段有很多,绝不只有使用领域服务这一种手段。

实体引用领域服务这一情况出现的频率有多高呢?我个人的经验有限,接触过的所有系统中除了上面的案例之外并未在其他的业务场景中使用过。当然,并不是说不能用,而是在大多数的情况下有更好的替代方案。此外,上述案例在实际情况中要复杂得多,将计算逻辑移动到领域服务中的确能大大简化订单类的代码量。相反,如果仅仅是为了减少三、五行代码也引入一个专门的领域服务类那就有点得不偿失了。总之,请读者在设计时要多多注意:绝不可以为了使用某一个技术而去使用,一定要有业务上的需求才行。

11.3.2 嵌套使用领域服务

嵌套使用领域服务是指在一个领域服务的内部再调用另外一个领域服务。前面的例子展示了如何通过领域服务来修改订单的自定义价格,这个例子还可以在原有的基础上做进一步的扩展:每一次价格出现变化之后都需要生成一条价格变更日志信息。案例其实并没有变得多么复杂,笔者只想展示嵌套使用领域服务的设计思路。先上代码,要比千言万语更有效:

```
@Service
public class OrderApplicationService {
    public void changeCustomPrice(Long orderId, Money newPrice,
    OperatorVO operatorInfo) {
        //代码省略...
        PriceChangingLog log =
            OrderPriceService.changeCustomPrice(order, newPrice, operator);
        //代码省略...
    }
}
public class OrderPriceService {
    public static PriceChangingLog changeCustomPrice(Order order, Money newPrice,
                                                     Operator operator) {
        Money originalPrice = order.getPrice().getCustom();
        PriceTuple tuple = nwe PriceTuple(originalPrice, newPrice);
        //步骤 1
        order.changeCustomPrice(newPrice, ...);
        //步骤 2
        return PriceChangingLogService.changeCustomPrice(tuple, operator);
    }
}
```

为了缩短代码的长度,笔者对上述代码示例做了一些简化,比如让领域服务的方法变成了静态;简化了一些返回值信息的结构等。书归正文,让我们先简单地过一下代码的实现思路。领域服务 OrderPriceService 的修改自定义价格方法 changeCustomPrice()首先会调用订单对象的变更自定义价格方法(步骤 1,具体实现方式请参看前文),之后再调用 PriceChangingLogService 类上的方法(步骤 2)生成价格修改记录对象。本案例涉及了两个领域服务:OrderPriceService 和 PriceChangingLogService,其中后者被嵌套于前者的业务代码中。另外,有关后者的实现,本质上其实是一个工厂,返回值为 PriceChangingLog 类型的实体。当然,您也可以选择直接在 OrderPriceService 内写一个私有方法来进行实现,并不一定要设计一个专门的工厂。尽管本案例的实现方式略显复杂,而且工厂的使用也让案例的说服力变得不足,不过笔者更想要展示的是"领域服务的集成思想",善用可大大提高代码的维护性。原因很简单:责任越是单一的代码维护起来越是容易。理论上来说,只具备原子能力的代码维护性最好,只不过出于开发成本的考虑我们需要找到二者间的平衡。

11.3.3 应用服务引用领域服务

这是最为普遍的使用领域服务的方式,占据了几乎90%的使用场景。或许由于它太过于普遍,也由此产生了一种争论:是否允许应用服务直接调用聚合的方法来完成业务用例呢?第一种声音不赞成这样做,因为会造成本该属于领域层的内容泄漏到应用层中。此外,支持这一观点的人认为应用服务要干很多的事情,比如参数验证、与基础设施沟通等,触发业务逻辑的执行仅仅是其众多步骤中的一个。所以,为了简化应用服务的复杂性,涉及业务执行的代码应只有一行才对。实现这一目的的手段自然是领域服务,领域层的众多组件中只有它更适合于将业务逻辑进行总封装,而且也能在技术上达到一行代码处理所有业务逻辑的目的。第二种声音当然持赞成的态度,因为很多时候只需要调用聚合上的一个方法即可完成业务规则的处理,针对这种情况如果也引入一个领域服务无疑是过度设计。

那么哪一方式更合适呢?我们比较推荐方式一,也就是说应用服务的调用路径应该是首先请求领域服务,再由后者执行具体的业务调度,如图11.2所示。

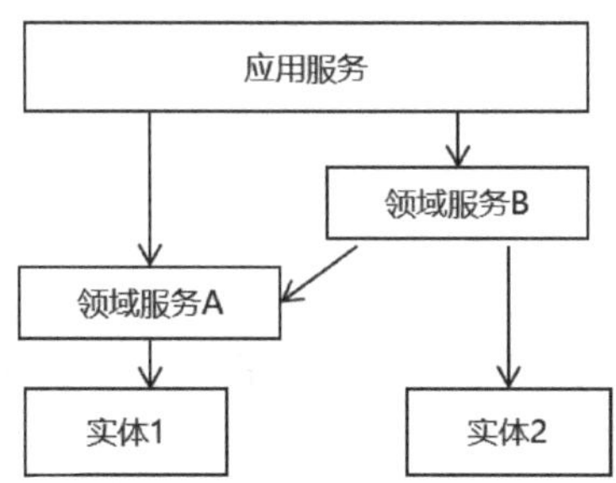

图11.2 应用服务调用领域服务完成业务处理

图11.2中,应用服务通过领域服务A来完成某一业务用例,此时的领域服务A只涉及了一个领域对象的使用即实体1。但请读者不要拘泥于此,领域服务也可以同时集成其他的领域服务,甚至可以同时把领域服务与领域对象结合起来完成某项业务逻辑的处理,如图11.2中的领域服务B。对于领域服务的使用我们不能陷入教条主义当中,虽然笔者推荐使用方式一,但如果业务用例的执行的确只需要一个聚合参与即可完成的话那也没必要引入太多的类,毕竟对于文件的维护也是需要成本的。

上面我们曾举过一个优惠活动冲突检测的案例,当时的作法是将用于检测的方法放置到优惠活动实体上。对于这一业务场景,相对正规的做法是使用领域服务。如下代码所示:

```
@Service
public class PromotionApplicationService {
    public void submit(PromotionVO promotionInfo) {
        Promotion promotion = PromotionFaction.INSTANCE.create(promotionInfo);
        List<Promotion>existeds = this.promotionRepository.queryAll();
        PromotionSubmitService.INSTANCE.submit(promotion, existeds);
        //代码省略...
    }
}
class PromotionSubmitService {
    public void submit(Promotion newPromotion, List<Promotion>existeds) {
        CheckResult checkResult = this.checkConflict(newPromotion, existeds);
        if (checkResult.passed()) {
            newPromotion.submit();
        }
        //代码省略...
    }

    private CheckResult checkConflict(Promotion target, List<Promotion>existeds) {
        for (Promotion existed : existeds) {
            if (target.conflictsWith(existed)) {
                //代码省略...
            }
        }
        //代码省略...
    }
}
```

笔者不想展示太多的代码，但读者可以想象一下不使用领域服务时上述代码会变成什么样子，不出意外的话应该是所有的代码都会在 Promotion 中进行实现。一两个这样的设计问题并不大，但软件开发最怕问题积累，尤其是对于那些复杂的领域模型，稍不注意一个类中的代码就可能高达几千行，非常难以阅读和理解。回归正文，领域服务的引入是否会让实体比如上面的 Promotion 变成贫血模型呢？另外，针对于上述案例，领域服务承担的责任是不是有点过重了呢？让我们分析一下。

PromotionSubmitService 中的 submit()方法首先会调用类内的冲突检测方法 checkConflict()，该方法将目标对象和已经存在的优惠活动对象进行比较并生成对应的检测结果 CheckResult，之后再根据检测结果的信息对目标对象上的提交方法 submit()进行调用。您也看到了，PromotionSubmitService 只是对业务流程进行了组织，具体业务的实现如 submit()、conflictsWith()仍然放在了 Promotion 里。因此，此处使用领域服务的时机是正确的，它并没有越俎代庖。您再回看一下应用服务 PromotionApplicationService 的实现，其仅仅触发了业务的执行，完全没有涉及任何具体的业务逻辑，符合应用服务的使用要求。

我们一直在提及应用服务，但并未对其概念进行说明，虽然这是下一节的内容但笔者觉得有必要提前做一些简单的介绍，尤其要看一看它与领域服务的区别到底是什么。通过这样的对比不仅有利于读者对本章的主角多一些了解，也能够避免使用时出现偏差。表 11.1 展示了二者的区别：

表 11.1　应用服务与领域服务的区别

比较项	应用服务	领域服务
责任	协调领域服务、基础设施等组件完成某一个业务用例	仅处理业务逻辑，属于应用服务中多个步骤中的一个
调用关系	调用领域服务完成业务处理，是领域服务的客户	被应用服务或另外的领域服务、实体所调用
依赖项	领域模型\服务、应用服务。事务脚本编程模式下会对基础设施组件产生依赖	聚合或另一个领域服务
概念	应用服务属于架构上的概念，所以会自成一层，比较讲究技术性的	属于领域上的概念，强调业务性，属于领域层
关注项	关注业务组织、事务与安全等，不做业务处理	关注业务的组织方式、各类具体流程等，一般不做业务处理

总的来看，二者的本质区别在于所处理的内容是什么，尤其是业务逻辑，绝不是应用服务能够染指的(面向对象编程时)。另外，有一些设计师喜欢在领域服务中调用资源库来获取聚合，笔者并不建议这样做，因为很容易会造成本该属于应用服务的工作被强行分配给了领域服务，让其变得过于厚重。区分领域服务与应用服务的方法其实很简单：涉及与基础设施沟通的工作都要放到应用服务中，尽管您可能只是使用了基础设施的接口；相反，涉及业务逻辑的处理则要放到领域服务中进行实现。使用资源库的能力时很明显需要与基础设施进行交互，将这一操作放到应用服务内才是最合适的。那么对于日志的处理呢？不知读者会选择怎样去做我是一定会将其放到应用服务中的。

实际上，有关这一方面的内容存在着很大的争议，每位设计师都有着自己独特的见解，所以上述观点也仅仅是笔者个人的理解。如果允许将资源库注入到领域服务中的话，就有可能也会把 DAO 或消息队列组件也注入进去，最终会使得领域服务的责任变得很重而应用服务又变成了一种空壳子，所以不如建立一种强制性的规则更好。

最佳实践

不建议在领域服务中引入资源库等基础设施相关的组件，这一做法会让您分不清楚领域服务与应用服务的根本区别。

总之，应用服务引用领域服务是一种最为普遍的实现。慢慢地您就会发现：基于 DDD 战术指导的软件设计其实是有模式可言的，完全没有想象的那么复杂。对于领域

服务的模式就是“它用于对业务的执行流程建模”;对于聚合的模式就是“它限制了一组关系密切的对象的活动范围,是事务的单元、验证的单元、保障对象不变条件的单元”;对于工厂的模式就是“它是对创建性工作的建模,而创建的目标则是领域模型”等。您抽时间把这些概念串一串,或许能够发现更多的模式。

11.4 领域服务的特性

有关领域服务相关的理论知识笔者在前文中已经做了不少的介绍,为加深您对这一重要组件的理解,笔者对其特性进行了总结,如图 11.3 所示。

图 11.3 领域服务的特性

11.4.1 无状态

开发过程当中一般能够被称为服务的组件都有一个共同的特性,即:无状态。应用服务内虽然会包含很多的属性,比如 Repository、DAO 等,但这些被包含的属性本身也是服务,所表达的并不是应用服务的状态。以提交订单业务为例,图 11.4 展示了持久化订单聚合时的数据流程。您会看到:调用从应用服务开始一路进行下去途经 OrderRepository 和 OrderDAO 直达 OrderMapper,这三个对象的关系是后者会作为前者的属性。而这些属性实际上只是为了提供行动上的支撑,并不会影响到宿主的状态。

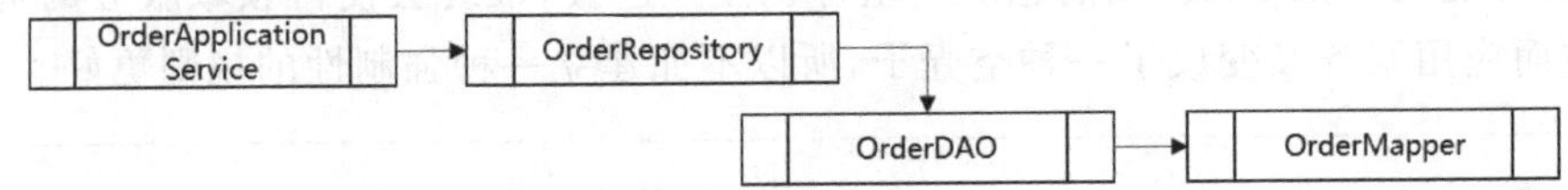

图 11.4 持久化订单聚合的数据流图

因此上,领域服务作为服务的一种也不应该具备状态,或者更严格地说:领域服务的核心价值在于行为,即使包含了属性信息也不应该影响到行为的执行。否则,将其设计为实体或值对象或许更为合适。领域服务的内部可包含多个方法,彼此之间可以通过参数的形式来传递信息,这种方式能避免并发问题,笔者个人觉得要比使用 Thread-

Local 更好。那么现在有一个问题需要作者去考虑：是否可以使用容器类框架如 Spring 管理领域服务呢？不同的设计师有不同的想法，笔者个人并不建议这样去使用。原因其实很简单：保持领域层代码的纯粹，也就是说我们应该尽量不让领域层的代码去依赖 Spring 这类框架。再说了，您完全可以通过单例的方式来使用领域服务的实例，一行代码能够解决的问题真的没有必要再让其对其他组件产生额外的依赖了。

考虑这样一个业务需求：提交订单后给客户发送短信通知。案例本身比较简单，但不同的设计师对此都有着自己的理解。对于一些复杂的业务，设计方案有差异是可以理解的，如此简单的业务在实现时居然也会有很大的不同，这一问题就值得我们去深思了。其实争议点就在于发送通知这一动作应该放到应用服务中还是领域服务中。支持放到应用服务中的观点认为：发送通知与提交订单是业务用例的两个组成部分，尤其是前者，还涉及与基础设施的沟通，与提交订单并不属于同一个业务整体，所以不应该放到领域服务中；反方的观点认为发送通知就是业务的一部分，没有这个能力业务是不完整的。由于认知的不同，造成设计方案也产生了比较大的差异。笔者个人比较认可方案一，原因就在于提交订单属于领域层的能力，而发送短信通知则属于基础设施层的能力，负责将二者串起来的对象应该是应用服务而不是它们中的一个。不知书前的读者对此有何感想呢？

书归正文。既然不应该在领域服务中引用资源库，那么现在又有了另外一个问题：领域服务在执行时可能会涉及多个业务参与者，要怎么获取到这些参与者对象呢？笔者建议首先将它们一次性地在应用服务中构建出来，之后再以参数的形式传递到领域服务中。

11.4.2 参数多为实体

领域服务接收的参数一般是实体或基本类型，除非极特殊的情况比如参数个数比较多时，一般很少会使用 VO 作为参数。实际，笔者个人也比较反对让领域服务接收这一类型的对象作为参数，因为这样的做法很容易让工程师写出面向对象与事务脚本混合的代码，尤其是没有经验的 DDD 实践者。

领域服务的核心作用是指挥领域模型或另外的领域服务完成某项任务。如果不是因为参数过多而使用视图模型的话，最终您还是要在领域服务内部将视图模型转换为领域模型的。既然如此还不如在应用服务内先将目标对象构造好再传入到领域服务中，让领域服务专心地负责业务处理的工作更好。

11.4.3 只依赖领域模型

产生依赖的情况一般包含三种：参数、返回值和方法内部的临时变量。领域服务属于领域层的组件，所以不应该让其与不相干的对象如数据模型等产生依赖。设计良好的领域服务只应该依赖于其他的领域模型或基本类型，当然，复杂情况下也可能会使用到其他的领域服务，但时刻保持简单才是重中之重。

关于领域服务的位置，最好将其和涉及的关键聚合放在同一个包或名称空间中。

由于会涉及对实体上方法的访问，放到相同的位置能解决访问限制问题，毕竟并不是所有的实体方法都可被设计为公有的。

11.4.4 反映通用语言

领域服务应能够反映出通用语言，换成易于理解的解释就是：它所完成的动作要能在通用语言中找到对应的关系且需具备整体概念。一般人们在使用通用语言来描述业务用例的时候，指代的便是某一个整体而非一步步的操作。以提交订单为例：特指生成订单、发送通知等一系列活动的集成；同样地，支付订单业务本身也是个整体的概念，其包含了订单状态变更、账户余额锁定等子活动。每一个业务用例的步骤都不能被分开来看，否则就失去了业务的完整性。领域服务同样如此，实现时也应该保障目标业务是完整的。只不过它的完整与应用服务的完整并不一样，后者表示的是工作单元的完整，除业务之外还具备了一定的技术性，不仅需要对业务进行调度还需要完成输入验证、数据存储等操作，强调是全局完整性；而前者由于不会与基础设施产生交集，只负责业务流程的管理，所以它的完整性更着重于业务上。换句话说，如果您打算使用领域服务的话，就必须保障它所控制的业务流程是完整的，但并不需要考虑安全、输入、输出等问题。以支付订单业务为例，业务上首先要判断订单对象是否是待支付的状态、支付账户的状态是否正常等，之后再对订单状态进行处理、生成对应的事件……，将这些内容统一放在领域服务中是合适的。这样做的好处是可以形成一个通用程度很高且流程完整的业务核心，您可以随意地复用这些业务规则而不必管具体的业务用例到底是哪个。与之相反，将订单聚合持久化的工作也放到领域服务中就不合适了，那些是应用服务的责任，这么干就越俎代庖了。

一般来说，业务用例的设计并不是特别强调复用性，而且也很难达到复用的效果。除非您愿意牺牲代码的可读性，在里面使用大量的 if... else 分支语句。而具体业务规则的复用度则很高，我们在设计时也应该将可复用性作为重要的工作目标之一。仍以支付订单为例，订单状态判断、账户状态检查等规则无论客户通过手机 APP 还是网站进行操作都可以被重复使用，将它们作为领域服务的一部分并形成可复用的业务处理流程对于系统后期的维护和扩展帮助很大。

除了业务的完整性保障之外，使用领域服务时要格外注意其命名，即：服务名与方法名。服务命名的粒度可大可小，与您的使用方式有关。如果您要求应用服务必须通过调用领域服务来完成所有的业务，可以考虑使用一个通用性更强的名称如 OrderService 来作为领域服务的名称，所有与订单相关的业务包括提交、取消、完成、支付等都可以放在这个服务中进行处理；反之，如果您对于应用服务的设计没有限制，也可以只针对复杂的业务建立对应的领域服务。比如订单的提交流程很复杂，您可以专门建立一个名为 OrderSubmitService 来完成对此项业务的支撑。

上述是针对领域服务的命名，对于服务内的方法也要注意与通用语言的匹配。或许是由于强迫症的作怪，笔者个人非常不喜那种随意打破规则的行为。体现在代码上就是胡乱命名与胡乱注释，比如笔者曾见过名为 buildOrder()的代码其实只是为了创建订单项。DDD 非常注重方法的命名是否可以与通用语言匹配得上,因为它所追求的一个重要目标是:如何避免领域问题转换成技术问题时信息不失真或尽量少失真,所以请书前的读者在开发过程中务必给予命名的工作足够的重视。

最佳实践

代码命名时,技术层面使用技术术语;业务层面使用业务术语。

11.4.5 承担业务指挥

正常情况下,最好让领域服务来负责业务流程的控制,也就是标题所言的"指挥官",将具体的业务实现交由各领域对象甚至是服务内另外的方法来完成。换言之,领域服务中或许会包含多个方法,但最好将它们中的一个设定为流程指挥官,尤其是那些公有的方法。笔者觉得这是软件开发上的一个最佳实践,即便您使用的是事务脚本编程也最好为具备一定复杂度的用例写一个专门用于流程控制的方法,在其内部通过调度各个子方法来实现业务流程的控制。非常不建议直接在用例入口处堆大量的代码并使用 if...else 来进行流程的管理,否则后续所面临的就是动辄几百行代码的修改,非常难以维护。

11.4.6 返回值有限制

领域服务的返回值可以是值对象、聚合也可以为简单类型或事件,这四种形式的返回值最为常见。不过要注意使用返回值的范围,尤其是聚合和值对象,应在一个事务(业务用例)之内。

有一些特殊的领域服务专门干类型转换的工作,有可能会出现返回值类型为 VO 的情况。前一节我们阐述了领域服务的作用,它其中的一个主要功能是"对象转换",一般是将 VO 转换为领域模型而非相反的情况。笔者曾仔细考虑过这样一个问题:是否存在将领域模型如实体转换为 VO 的情况呢?个人得出的答案是否定的,主要的原因是没有这样的业务需求。当然,我们也不能以偏概全,系统规模大的时候很有可能会出现这样的情况,所以笔者给出了一个相对保守的回答。之所以笔者个人会认为没有这样的操作是因为我们需要根据应用场景来考虑问题,即何时需要将领域模型转换为 VO。

一般命令型业务用例没有返回值或者返回值只是为了体现操作的结果,所以不会有领域模型转 VO 的需求;查询型业务根本使用不到领域模型,也就不会涉及转换的问题。那么服务(限界上下文)之间是否可以传递领域模型呢?答案自然是否定的,实践 DDD 时我们比较推荐使用事件来实现服务间彼此的沟通,即使是更小粒度的应用服务之间也是如此,所以这一交互过程中也不涉及领域模型到 VO 的转换。总结下来,或者有这样的场景但绝对是凤毛麟角的。正常情况下应该将返回值的类型限制为聚合或简单类型。

对于领域服务的特性笔者总结了6点。由于领域服务所涉及的概念比较简单，所以这些特性理解起来并没有什么难度。存在争议的问题两点：

（1）领域服务是否可以使用资源库或其他应用服务作为其属性。

（2）输入参数的类型。

对此您可能也有着自己独特的理解及习惯的使用方式，笔者个人非常鼓励工作时要带着自己的思考，一方面可加深个人对于某一理论的理解；另一方面也能反过来推动理论的进步。设计工作本身是一个创造性的过程，以人为本且非常灵活。笔者个人一直在尝试寻找其中可形成为规范的东西，只有这样才能降低学习的门槛，才能让实践的工作少走一些弯路，而上述6点内容正是这一想法的体现。如果您是DDD初学者的话笔者强烈建议首先按以上总结的东西进行实践，熟练之后再形成自己的理论体系从而达到个人成长的质变。

11.5 额外的礼物——微服务中的面向对象编程

乍看标题会让人产生迷惑：难道面向对象编程和系统架构风格还有关系？笔者个人给出的答案是肯定的。甚至于很多时候只有在分布式的系统中才更能展现出面向对象的精髓，或者更准确地说：可以真正地挖掘出面向对象设计与编程的潜力。或许面向对象相关的理论与单体或微服务并没有非常直接的关系，但架构风格反过来对编程模式产生影响却是确定的。微服务应用中，领域模型的识别精度一般会更高，对于设计师的要求也自然更加严格；单体相对要好一些，要求虽然降低了但特别容易出现超级类，反而不利于系统的进化。读者此刻可能不太明白笔者上述论点的具体含义，不过相信随着学习您的疑惑慢慢就会被解开了。

这一小节的内容与我们在工厂章节中的所讲多少有一些交集，属笔者故意为之，因为想要在微服务中实现纯粹的面向对象编程挑战性的确很大，门槛的高度也是可观的，很多时候需要进行反复地推敲才行。所以本小节的内容更多的是笔者个人对面向对象编程的一种解读，主观色彩更强烈一点。

11.5.1 如何进行分布式环境下的面向对象编程

请读者考虑一下在单体架构中如何实现下面的需求：非冻结状态的账户才能提交订单。您可能会使用如下的方式来实现：

```
//实现方式一
@Service
public class OrderApplicationService {
    public void submit(OrderVO orderInfo, String accountId) {
        if (this.accountService.isAvailable(accountId)) {
            Order order = OrderFactory.INSTANCE.create(orderInfo);
```

```
            order.submit();
        }
        //代码省略...
    }
}
```

上述代码同时掺杂着面向对象与面向过程编程两方面的内容，虽然有点不伦不类但好在足够直观，如果放在微服务中的话，您可以将 AccountService 的实现改为调用远程服务。总的来说，上述的设计算是一种不错的实现，尤其适用于业务简单的场景。而最大的问题也就是笔者前面对它的点评：不伦不类。下面的代码是另外一种方式的实现：

```
//实现方式二
@Service
public class OrderApplicationService {
    public void submit(OrderVO orderInfo, String accountId) {
        Account account = this.accountRepository.findBy(accountId);
        if (account.isAvailable()) {
            Order order = OrderFactory.INSTANCE.create(orderInfo);
            order.submit();
        }
        //代码省略...
    }
}
```

这一段代码已经足够的 OO 了，如果能放在领域服务中实现的话则更妙。但这并不是它的唯一问题，最麻烦的点在于如果应用采用的是微服务架构，恐怕无法按此种方式进行实现，最起码您在订单服务中不能对 Account 实体进行识别。下列代码或可解决这一问题：

```
//实现方式三
@Service
public class OrderApplicationService {
    public void submit(OrderVO orderInfo, String accountId) {
        AccountVO accountInfo = this.accountClient.queryById(accountId);
        if (accountInfo.getStatus() != AccountStatus.FREEZEN) {
            Order order = OrderFactory.INSTANCE.create(orderInfo);
        }
        //代码省略...
    }
}
```

通过使用 AccountVO 将来自于账户服务的信息进行封装并让它来参与当前业务的实现，不过看起来与第一种实现方式有着同样的问题，即：面向过程与面向对象掺杂在一起。因此，我们所面临的挑战是如何在微服务架构下实现纯粹的面向对象编程。而当前重点要解决的问题是如何将来自于其他服务的信息构建为完成当前业务所需要的领域模型实例。远程服务调用非常简单，可以利用基础开发框架提供的能力轻松解决，真正的难点在于您要构建什么样的领域对象，也就是对领域模型的识别，而这也是设计过程中工程师要重点关注的内容。

以上述需求为例，除订单模型之外我们还应该根据 accountInfo 构建提交订单业务所需要的其他领域模型。它应该叫什么名字比较合适呢？账户可以吗？或许不妥，毕竟业务术语中的账户一般用于表达用户档案、登录实体等概念，并不是订购限界上下文中所关心的概念。遭遇到这类选择困难时我们可以自己模拟一下网上购物的流程，想一想都有哪些人或物参与了进来，如：客户、卖家、商品、销售契约等。本案例中的账户信息 accountInfo 源于账户服务中的账户聚合，这是技术上的概念，我们要考虑的是这一信息到了订购业务场景中应该被建模为哪个领域模型或者说其代表的业务对象是什么。或许将其建模为客户更合适一点，不过客户模型所要表达的是订购主体的信息，比如姓名、联系方式等，貌似并不存在所谓的"冻结"状态。这个需求的目的是保障参与订购活动的账户是有效的，从概念上看似乎与账户还是有一定关系的……不知书前的您读到此处是不是也感到非常纠结？不过领域模型的识别本就是面向对象设计的一个难点，是一个很消耗精力的工作。很多时候前一刻被识别出的对象很快就会被推翻，尤其是随着设计师对业务理解度的加深，这一情况发生的频率非常高，也是业务精化过程中必然要经历的一步。

当设计陷入困境的时候可以向领域专家咨询一下其对于需求的理解到底是什么。"非冻结状态的账户才能提交订单"所强调的其实还是"账户"的状态，只是订购上下文所涉及的账户与账户服务中的账户在概念上并不相同。订购业务中，领域专家心中的账户表示的其实是参与订购或交易的那个账户对象而非系统的登录人。试想一下代购的业务：登录人可以代某一个账户下单，此时我们要判断的目标一定或至少要包含被代理的那个账户。挖掘出这一个关键业务信息之后，我们可以给订购业务中的账户一个新的名称：交易账户（TransactionAccount），这一做法不仅能够突显出此模型在订购业务中的作用，您在它身上安插一个状态属性也不会显得很突兀。当然，这一名字其实也是暂时的，您可以给它一个更确切的名称。至于通用语言，技术人员与领域专家在沟通中进行相互补充是一个非常正常的情况，虽然您的角色是软件工程师，但仍然可以主动推动双方就"交易账户"这一业务术语在称呼上达成一致，当所有人都这样称呼它时就形成了一个新的通用语言。

账户服务中的 Account 到了订购服务中变成了 TransactionAccount，这是对业务做精确分析后的结果。请读者考虑这样一个问题：如果应用是以单体的形式实现的，是否还能够识别出交易账户这个领域对象呢？我们猜测可能性应该不高，工程师大概率会直接使用账户资源库来获取账户聚合并且将状态检查的方法直接安插到它的身上。从技术的角度来看，这种实现方式与建立交易账户模型所达到的最终效果是相同的，不过开发速度更快。而且，这一做法还有一个更为直接的好处，即：分析过程中会少经历一些对象识别的痛苦，直接使用 Account 对象即可轻松完成业务的实现，代码实现读者可参看前文中的方式二。不过这样的设计并不会让我们笑到最后，随着业务的发展 Account 会变成一个巨大的、几乎万能的对象，“大泥球”是系统最终的宿命。

在本节初始时便声明“微服务风格的应用才是发挥面向对象精髓的最佳平台”。以本案例为例，正是因为账户服务与订单服务的分离才“迫使”您主动去挖掘更深层次的领域对象，才能诞生出交易账户这个新的模型。否则大部分工程师肯定会首选直接使用 Account 对象，这种做法不仅限制了设计师的想象力也为系统的扩展增添了难度，累积起来的负面效果是可怕的。笔者也曾说过：微服务要求概念更加精准的领域模型，交易账户的识别正是这一观点的体现。

我们再把上述示例的需求做一下加工：非冻结状态的账户且账户余额大于订单总价时才能提交订单。上文中我们引入了一个 TransactionAccount 类型的模型用于表示参与订购活动的账户，冻结状态的判定便是由它来负责完成的。那么涉及余额的账户又是什么东西呢？简单来说它是账务服务中的一个聚合，与账户服务中的账户所表达的含义并不相同，它关注的重点与钱有关，比如可用余额、冻结的金额等。

可以想象得到，实现订单提交业务时必然要涉及账务服务的查询。那么问题来了，既然我们不应该直接操作账务服务的查询结果（即 VO）来进行业务逻辑的处理，那这个存在于账务服务中的领域模型到了订单服务中又会变成什么模型呢？笔者个人给出的答案是：支付账户（PaymentAccount）。考虑一下对余额进行判定的目的到底是什么，主要是为了支持订单的支付业务，所以使用这个术语是比较合适的。或许您也有自己的答案，但最好以领域专家给出的命名为参考，或至少要与领域专家在思想上达成一致。

为了方便支付账户对象的实例化，我们也需要引入一个工厂对象，同交易账户是一致的。与此同时，参与提交订单业务的领域模型目前变成了三个：订单、交易账户、支付账户，下列代码展示了如何创建这三个模型的实例：

```
@Service
public class OrderApplicationService {
    public void submit(OrderVO orderInfo, String accountId) {
        TransactionAccount transactionAccount = this.constructTransactionAccount(ac-
countId);
        PaymentAccount paymentAccount = this.constructPaymentAccount(accountId);
        Order order = OrderFactory.INSTANCE.create(orderInfo);
        //代码省略...
    }

    private TransactionAccount constructTransactionAccount(String accountId) {
        AccountVO accountInfo = this.accountClient.queryById(accountId);
        return TransactionAccountFactory.INSTANCE.create(accountInfo);
    }
```

```
    //代码省略...
}
```

创建 PaymentAccount 对象的代码笔者进行了省略，不过和实例化 TransactionAccount 的思路是一致的。出于演示的目的，笔者将创建它们的方法放到了订单应用服务中，但这一做法其实并不太合适，会加重它的责任。真实的项目中，笔者个人会选择分别为这两个模型建立对应的应用服务来完成实例的构造。毕竟这一过程涉及远程服务的调用，您需要对调用结果的成功与否进行判断；需要对返回值进行反序列化；还需要通过工厂完成对象的实例化，所做的工作并不算少。单独分出去之后不仅方便代码的维护，对于后续的代码扩展帮助性也很大。

当所有的业务参与者都被成功构建之后，后续要做的工作是什么？自然是指挥它们完成提交订单的业务处理了：

```
public class OrderSubmitService {
    public void submit(Order order, TransactionAccount transactionAccount,
                       PaymentAccount paymentAccount) {
        if (paymentAccount.canPay(order.getPrice().getTotal())
          && transactionAccount.isAvailable()) {
            order.submit();
        }
    }
}
```

代码比较简单，我们不做过多的解释了，笔者其实更担心两种被经常误用的编写代码的方式：

(1) 在领域服务中引用资源库或应用服务。

(2) 让视图模型参与业务的执行。

这两类问题我们在前面的内容中也曾反复进行过说明，笔者个人仍坚持对此的观点，即：不推荐同时强烈反对。因为在现实当中的确遇到过这样的问题，项目建设早期大家都比较注意开发规范，还能按要求行事。不过伴随着人员的流动以及各类需求的更迭，最终的代码全变成了面向过程与面向对象掺杂在一起的“混血”或索性直接变成了面向过程式编程。

最佳实践

通过跨服务调用的方式构建领域模型实例时，最好为每一个模型都设计一个对应的应用服务。

总结一下，编写纯粹的面向对象代码的第一步：将工作重点放到领域模型的挖掘工作上来。您首先要在心中确立的一个原则是：所谓的“面向对象”面向的是领域对象，既非数据模型也非视图模型。识别工作做得不好会让后面的工作无法有效地开展。第一

步完成之后再考虑如何控制识别出的领域对象也就是业务参与者完成对业务逻辑的处理,此阶段是领域服务发挥自身价值的最佳时机。两步综合在一起才是真正的面向对象编程,这也是为什么笔者会对前文中给出的几个案例冠以“不伦不类”的称号,就是因为它们在实现过程中将各类对象都混在了一起。且不谈这种方式的正确与否,最起码让 DTO(VO 或数据模型)参与业务处理就不太合适,毕竟它的主要作用是数据传输,不应该包含任何业务逻辑,虽然可以参与业务用例的执行但参与度也相当有限,仅是数据的“搬运工”而已。当您面对某一个需求的时候,如果计划使用面向对象设计,一定要注意您或团队所采用的工作方式是否符合笔者提出的两个步骤。这样的做法虽然会让前期开发进度慢一点,但远远达不到“拖垮”的程度,在应用的整个生命周期中利肯定是大于弊的。

微服务风格的应用之中,每一个独立的服务一般都可形成一个限界上下文,而限界上下文的主要作用之一便是为领域模型设置了一个活动的主场。这就意味着某一个模型到了另外的限界上下文之后其业务含义一定会改变,否则就应该将两个限界上下文合二为一或对业务知识进行重新梳理。因此,当您需要多个服务的协作来完成某一业务用例时,把握住领域模型的本质是重中之重的任务。单体应用之所以容易出现超级类,最大的问题就在于您可以任意地访问所有的领域模型,既然能够复用那为什么要创造新的模型呢?微服务风格的应用就没有更好的选择了,条件限制我们不能访问其他服务内的模型,只能根据现有的业务需要创造出一个新的,这种情况下想不思考也不行。看起来,虽然结合微服务可以把面向对象设计玩到极致,大多数情况下也是“形式所迫”。

11.5.2 对领域服务的反思

如果此时笔者问您领域服务能做什么,相信您可以条理明确地回答出来。的确,概念上的领域服务本就非常简单,但笔者期望您能够将其与面向对象编程结合起来做一次深度的反思。当我们孤立地看待领域服务的时候,会发现它其实是可有可无的。能够起到的作用无非是数据类型转换、承担其他的领域模型不愿意承担的责任等,基本上只能算是个打杂的小厮而已。可一旦您想尝试编写纯粹的面向对象代码时,就会发现有了领域服务的帮助世界会突然变得很美好。

也许您已经完成了面向对象编程的第一步,即已经找出了一堆业务用例参与者,下一步便开始进行业务逻辑的处理。您此刻有两种选择:一是直接让这些领域对象就地工作,也就是在应用服务中进行业务处理;二是把业务处理相关的代码单独放到领域服务中。第一种方式的问题比较明显,笔者已经做过数次解释。那么第二种方式必然要作为首选了,因此上就形成了一种相对固定的开发模式:识别领域模型并让领域服务完成业务处理。笔者建议:哪怕只有一个领域模型参与业务处理也尽量按这种模式进行代码设计,这样可方便系统后续的扩展。毕竟业务总是会发生变化的,有了领域服务的封装对客户的影响就会小很多。

写到此处,笔者隐约觉得上述内容会让读者产生一种误会,即:只有在微服务架构的应用中才能发挥出领域服务的作用。然而事实却并非如此，微服务和单体在实现某一业务用例时，最大的区别体现在数据源数量上面。跨服务实例化领域模型本质上就是跨多个数据源的操作，而单体应用在实例化领域模型时一般只会用到一个数据源。当然，笔者仅是从技术的角度讨论了二者的区别。实际上，微服务本来就是源于单体的，只不过由于后者无法满足很多非功能性需求才衍生出前者。而领域服务也好、面向对象编程也好，其实与单体或微服务关系并不大。以单体应用为例，正常情况下涉及对象转换、业务逻辑组织等工作都是应该交由领域服务来负责的，只是很多工程师会出于编码方便的考虑选择让应用服务承担了这些工作，间接使得领域服务的作用变得不是那么明显了。学习过 DDD 的开发人员尚且如此，对于只使用过事务脚本进行开发的人员来说，想要让他们充分利用起领域服务其实真的非常困难。

学习到此阶段，您其实可以将 DDD 战术与事务脚本编程做一个简单的对比了。我们只看技术上的差异，二者最大的不同就在于分工的粒度。DDD 将此项工作几乎做到了极致：有负责创建的、有负责组织业务流程的、有负责处理业务规则的、有负责持久化/反持久化的……；反观事务脚本，无论业务复杂与否都选择在一个模型内进行处理，出现代码爆炸的情况几乎是一种必然。

此外，我个人在学习领域服务时经常会思考这样一个问题，即：领域服务存在的意义到底是什么？当然，我们可以从理论的角度把它的作用一一阐述清楚，但真正值得思考的是它的战略价值。如果说应用服务是业务用例的起点，是连接基础设施和业务逻辑处理程序的中枢，那领域服务就是连接应用服务与领域模型的中枢。虽然二者都可称之为服务，但在战略上的作用并不相同。当然，我们此时讨论的是宏观意义上的领域服务。尽管工厂在理论上也算是领域服务的一类，但它只是负责领域模型实例的创建，与业务规则关联度并不高。图 11.5 展示了应用服务与领域服务的战略价值。

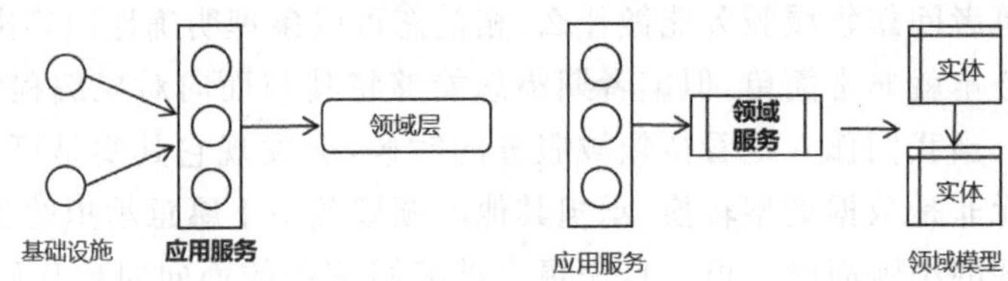

图 11.5 领域服务与应用服务的战略价值

本书前面笔者对于领域服务的使用条件提出了要求，即：让应用服务借用领域服务所提供的能力来完成业务用例的处理而不是让其与领域模型进行直接的沟通，只有这样才能发挥出领域服务的战略意义。可是此等做法又会让我们面临一个新的问题：既然可让领域服务包含业务逻辑的处理，那要如何去控制业务逻辑的粒度呢？这一问题必须要明确才行，设计不好的话不仅不会让领域服务发挥出它的作用，还会造成实体或值对象退化成贫血模型或者承担的责任过重。

有关此问题，笔者在前面的内容中有过提及，我们在此处做一下重申：设计良好的领域服务所应当发挥的作用是指挥和协调而非对某个具体的逻辑进行处理。对于后者，我们应该将其交由实体来完成。而且以笔者个人的经验来看，大部分情况下您都可以找到能够处理具体业务的对象。下面代码展示了一个被经常使用且喜闻乐见的银行转账案例：

```
public class TransferService {
    public void transfer(Account source, Account target, Money amount) {
        if (source.canTransferOut(amount) && target.canTransferIn()) {
            source.tryTransferOut(amount);
            target.tryTransferIn(amount);
        }
        //代码省略...
    }
}
```

领域服务 TransferService 完成了转账的操作，但它只是对业务的走向进行了控制，具体的业务逻辑比如如何处理转出金额被放到了账户的 tryTransferOut()方法中来实现。至于它的实现策略是什么，有何等约束，对待转出的金额进行了冻结处理还是直接进行扣减都不是领域服务所关心的内容。接触得多了您就会慢慢发现：其实领域服务与应用服务是非常类似的，核心作用都是指挥。

实际上，使用领域服务的最大挑战并不在于责任的分配而是如何应对业务参与者的变化。有的时候您甚至会因此而对业务用例进行调整，具体原因请听笔者慢慢道来。可以想象的到，当有多个聚合同时参与某一业务用例处理的时候，很有可能会造成其中某几个聚合的属性同时发生变化。那么此时要如何对这一情况进行处理呢？可以在同一个事务中对这些发生变化的聚合进行更新吗？答案是否定的。应对此等情况的方式笔者在聚合一章中做过重点说明，即：使用领域事件来实现多个聚合的更新。变更的方式可以是链式，也就是一个聚合更新成功后再更新另外一个，有点类似 Saga 的处理；另外就是使用广播的形式，让一个更新事件被多个订阅方同时消费。当然，聚合的更新处理并不是我们当前所关心的重点，笔者想要强调的是：由于更新聚合的限制，对于领域服务的使用也会产生比较大的影响，最起码您不能“任性地”同时让多个聚合的属性产生变化。正确的做法是一次只修改一个聚合，这时就需要发挥您自身的聪明才智了，您需要仔细分析如何将一个完整的业务用例流程分成多个片段，每一个片段只负责一个聚合的修改和更新。基于上述解决方案，我们便挖掘出了一个新的设计模式：一次事务只能修改一个业务参与者聚合，除被更新的聚合之外其他聚合所提供的服务只能是查询。

上述做法会大大简化开发的复杂度。比如某个业务用例涉及了 5 个参与者聚合，其中的两个会在业务执行完毕后发生变化。正常情况下您需要将这 5 个参与者同时构建出来，再根据需要组织他们完成对应的业务。如果使用业务分段设计方式的话，则可以将这个大用例分成两组，每组只更新其中一个聚合。这一做法不仅可以满足更新聚合的要求，每一个子业务需要使用到的聚合数量也会变少。无须做过多的证明，系统吞吐率的提升一定是效果显著的。

我们可以将待更新的对象称之为“主对象”，其他参与者称之为“辅助对象”。采用业务分段设计方式之后您会发现大部分辅助对象上面的命令型方法很少甚至可能没有，它们的主要责任变成了查询。不过即便如此，您也得将其作为聚合来看，它们不是值对象，也不是主对象的一部分。很多初次接触面向对象编程的工程师会下意识地觉得所有的对象都需要进行持久化，而事实并非如此。以内存为载体的对象使用频度非常高，甚至会超过待持久化对象的数量。例如前文提交订单案例中使用到的辅助对象PaymentAccount、TransactionAccount，用之即弃，并不需要持久化到硬盘中。不过这并不意味着辅助型对象完全没有命令型方法，您应该把它们当成正常的领域对象来使用，只是这类对象一般不会进行持久化，而且属性的变化也是临时的。随着业务用例的执行，辅助对象的属性信息有可能会作为领域事件的一部分，相当于使用了另外一种形式的持久化机制。

仍以下列需求为例：订单提交时，用户账户增加订单总金额10%的积分。笔者在前面的内容中给出了单体架构的实现方案，让我们再看一看如何在微服务中处理这一需求。实现这一业务的方式有两种：您可以把订单的金额同步到账户服务中并由其计算待增加的积分；您也可以只告诉账户需要增加多少积分，而将计算的过程放在订单服务中进行。笔者认为第二种方式更好，积分的计算规则与订单模型紧密相关，放到账户服务里并不是很合适。对应的领域服务代码如下所示：

```
public class OrderSubmitService {
    public OrderSubmitted submit(TransactionAccount transactionAccount,
                                 PaymentAccount paymentAccount, Order order) {
        //代码省略...
        order.submit();
        transactionAccount.increaseRewardPoints(order.getPrice().getTotal());

        return new OrderSubmitted(transactionAccount.getCredit(), ...);
    }
}
public class TransactionAccount {
    private int rewardPoints;
    //代码省略...
    public void increaseRewardPoints(Money total) {
        this.rewardPoints = (total.multiply(0.1D)).getAmount();
    }
}
```

TransactionAccount 类的增加积分方法 increaseRewardPoints()会修改其属性 rewardPoints 的值，而这个信息最终会作为事件 OrderSubmitted 的一个属性。后面的流程也很简单，账户服务只需要订阅 OrderSubmitted 事件完成后续的处理即可。上述案例中,交易账户 TransactionAccount 是一个辅助对象,它的属性在业务用例执行中也发生了变化,但我们却并不会对其进行持久化,真正的持久化目标是订单对象。

针对于当前的案例,有一个问题困扰了笔者很久,即:在生成了新事件的同时订单对象也发生了变化,要如何对其进行持久化操作呢?最简单的方式是采用下面这种:

```
@Service
public class OrderApplicationService {
    public void submit(OrderVO orderInfo, String accountId) {
        //代码省略...
        OrderSubmitted event = OrderSubmitService.INSTANCE.submit(..., order);
        this.orderRepository.insert(order);
        //代码省略...
    }
}
```

不过这种方式并不值得推荐。原因就在于订单属性的变更发生在 OrderSubmit-Service 内部,而我们却在它的客户端对其做持久化处理。客观来讲,这一实现方式的问题其实也不大,甚至可认为是一种常规性的操作,但最让人无法接受的是订单对象是以方法参数的形式传入到领域服务内的,这种编程方式很容易让阅读代码的人产生困惑。除非对代码进行详细研究,否则没有人会知道方法执行后会对参数进行修改;也没有人知道传入进领域服务中的众多参数中到底有哪些会产生变化。这种隐式的修改是软件设计工作的一大忌讳,除非您有十足的理由,否则最好不要这样做。解决这一问题的最好方式是使用返回值来承载产生变化的对象。如果返回值有多个,则可以将它们放到一个对象之中进行封装:

```
public class OrderSubmitService {
    public OrderSubmitResult submit(TransactionAccount transactionAccount,
                PaymentAccount paymentAccount, Order order) {
        //代码省略...
        order.submit();
        OrderSubmitted event = new OrderSubmitted(transactionAccount.getCredit(),
...);

        return OrderSubmitResult(order, event);
    }
}
```

至此,有关面向对象编程以及领域服务的使用我们已讲解完毕。这一部分内容多来自笔者个人在日常工作中的反思,进而形成了一套笔者个人认为还不错的开发实践。期望读者在阅读这一章内容时能够保持求同存异的态度,笔者设计经验尚浅,有不足之处实属正常,这一点还望读者多加理解 。

总　结

笔者花了相对不多的笔墨对领域服务的概念、特性及使用方式进行了详细的说明。作为一个不被设计师看重的组件，笔者认为它的作用是被看低了。领域服务是应用服务与领域模型的连接中枢，我们应当让它充分地发挥出自己的光和热，而不仅仅是各处打杂，干那些实体和值对象不愿意干的事情。

本章主要由两部分内容组成。第一部分相对中规中矩一些，笔者从不同的角度介绍了应如何正确地使用领域服务以及使用时需要额外注意的事项。掌握好这一部分内容后，您再使用领域服务时基本上就不会再有太大的技术性困难了。值得注意的是：领域服务是对业务处理流程的建模，一般情况下不应该让其涉及太多的业务逻辑细节，使用时也尽量不要让应用服务绕过它而直接去操纵领域模型。应用服务、领域服务和领域模型三者之间的关系其实非常简单，顺序上前者是后者的客户。本章第二部分介绍了领域服务在面向对象编程中的作用，这一部分内容相对主观一些，我们在写作过程中也感到十分的忐忑，所以请读者无论如何都将其视为笔者个人经验的总结及对 DDD 理论的私人解读。文中所举示例比较简单，但思想重于形式，如果能够引发您的反思那就意味着笔者所写的内容是有意义的。

下一节，我们会重点讲解另一个被称为服务的对象：应用服务，一个具备“通天彻地”本领但也很容易被误用的组件。

第 12 章　承前启后——应用服务（Application Service）

应用服务是 DDD 战术部分中又一极其重要的对象。不知书前的您是否和笔者有一样的发现，即：但凡可称之为“服务”的对象能够起到的作用往往都是战略性的。比如数据访问服务（DAO）是领域模型持久化的最终执行者，它控制了服务的输出；领域服务是业务流程指挥官，它连接了应用服务与领域模型。本章我们要讲解的应用服务就是这样一个战略价值很高的对象，通过它可以把系统的输入/输出能力以及业务处理能力集成起来。正如标题所示，它在前面承接了用户输入，后面连接了业务处理程序和最终的输出。虽然应用服务不负责具体业务逻辑的处理，但所起到的作用却是无可替代的。您可以不设计领域模型、可以没有领域服务，但却不能没有应用服务，无论是面向对象编程还是事务脚本都是如此。

我们曾在前面的内容中将领域服务与应用服务进行了对比，不过笔者对比较的结果并不是十分的满意，曾一度想找一些短小精干的评语将二者的区别总结出来。直到写书的前一刻才灵光一闪地找到了两个笔者个人认为还不错且概括性足够强的词来描述应用服务与领域服务的价值或者说是责任，分别是：控制和组织。应用服务的战略价值在于“控制”，控制的内容包括输入、输出、验证、事务管理、业务调度；领域服务的战略价值在于“组织”，组织领域模型来完成对业务逻辑的处理。所以，读者在阅读本章的时候一定要从应用服务的战略意义维度进行切入，这样才能对它有更深刻的理解。

本章内容分为两个部分：第一部分笔者会从概念及实战两个方面对应用服务的特性和使用注意事项进行说明；第二部分我们主要讲解如何在应用服务中对输入进行验证。第 6 章我们也曾讲解过与验证相关的内容，但此处的验证主要聚焦于如何保障领域模型不变性条件；而本章中的验证则针对于来自于外部的输入，请您跟随笔者开始新内容的探索。

12.1　认识应用服务

想要真正地认识应用服务，最好的方式是首先了解它的作用是什么，具备感性认识之后再去做更深入的了解。一般来说，设计性的工作应以创造为主，很少有固定的规范供参考。可如果过分地依赖经验的话对于初学者而言又是十分不友好的。所以笔者仍选择按照咱们的老规矩：首先总结出一些相对固定的且能体现出应用服务本质的理论知识供参考，之后读者可在实践中进行总结并慢慢积累使用经验。

应用服务位于应用层中,但应用层中的组件并不限于应用服务。各类适配器的定义、防腐组件的实现都需要在这一层内完成。由于应用服务的"戏份"在应用层中占比最大,所以很多工程师也会将应用层视为应用服务。请读者在阅读 DDD 相关资料的时候务必注意一下作者的本意到底是什么,严格来讲:只有对业务流程进行控制的组件才能称为应用服务。

作为 DDD 战术模式中一个比较特殊的组件,应用服务的作用与责任是基于业务类型来区分的。换句话说,查询型业务和命令型业务的不同会使得应用服务的作用和实现方式呈现出比较大的差异,让我们分别从这两个角度对其进行解释和说明。

12.1.1 应用服务对命令型业务的支撑

命令型业务的定义笔者在前文中已进行过说明,因为涉及数据的变更和各类业务规则的处理,这一场景会赋予应用服务更多的责任,请参考图 12.1 所示内容。

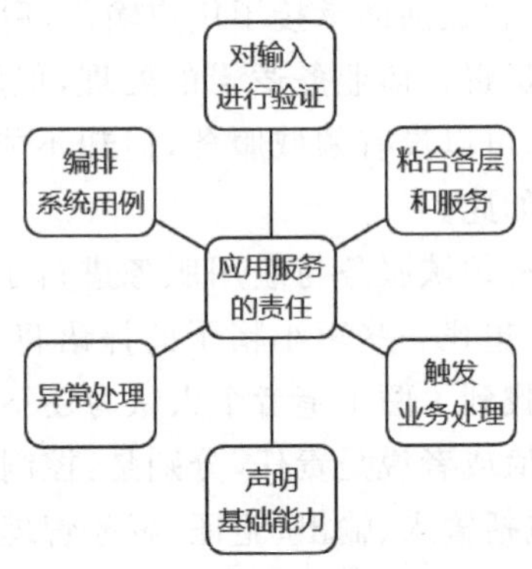

图 12.1 命令型业务中应用服务的责任

1. 对输入进行验证

应用服务需要接受来自客户端的输入以完成某一业务用例。良好的编程态度是不要信任一切外部的输入,尽管这个所谓的"外部输入"可能也是您自主负责建设的系统甚至是模块。复杂的业务级验证可考虑交由位于领域层中的领域模型自己或专门用于验证的组件来负责,但在进入下一层之前我们可以做一些基本的验证,至少要保障无效的请求能够被提前拦截。一般来说,命令型业务的处理会涉及很多与数据库相关的操作,尤其是查询方面,一旦处理不好就很容易出现系统性能瓶颈。不论任何时候,工程师都应该对数据库或 IO 相关的代码精雕细琢,尽量避免不必要的操作。以取消订单业务为例,客户会将订单标识符传入到应用服务中,当出现标识符信息为 null 或格式与系统的定义不匹配时您可选择立即中断当前的业务,根本没有必要再去查询数据库来构建订单实例。实现这一目的的手段其实很简单,只需要对输入进行验证即可。

那么将这一验证的责任交由谁处理更合适呢?六边形架构中的适配器如 REST Controller 是一种选择,不过它属于基础设施层的内容。将数据判空等相对简单的验证交给它处理或许是合适的,毕竟这样的检验与业务的关联性比较低。同理,在消息适配器中进行验证也是可行的,您可以对监听到的消息在交给应用服务处理前做是否为 null 的验证。当然,相对复杂的验证也可一并处理,比如消息结构是否符合要求等。如果所有的请求都是通过 REST Controller 或消息适配器传递给应用服务的话,在基础设施层进行验证或可接受。但您别忘了应用服务之间也是可以相互调用的,尽管它们属于同一个服务,但也不应完全信任调用方传入的数据。解决这一问题的最佳方式是将验证的过程放到应用服务内,这样的话不论调用者是适配器对象还是另外的服务,都可实现统一的验证。

至于验证的实现方式,其实并没有特别的限制。您可以使用 Spring 框架提供的 Spring Validation 组件,也可以选择自行设计验证工具,本章最后一小节对此提供了一些设计思路,您可在真实项目中进行参考。实际上,笔者更想强调的是“验证处理逻辑所在的位置”,放在应用服务内才是最好的选择。

当然,尽管我们希望应用服务承担起对输入进行验证的责任,但仍然要注意不可越俎代庖,尤其是针对领域范畴内的内容。前文下单案例中,要求提交订单前对用户状态是否可用进行判断,这些是业务规则,虽然本质上也是一种验证,但放到领域层处理比较合适。应用层验证更聚焦于对输入数据自身的检查,例如字符串的长度、格式、有效范围等这些与业务关联度低的内容。

2. 黏合各层和服务

分层架构的系统中,每一层都有自己的责任:领域层完成业务处理、基础设施层完成输入数据的接收或持久化……,各层都可以独立工作,但单独每一层也只能够完成业务用例的某一部分。这种情况下就需要一个组织者将各层串联起来,只有这样才完整地实现某个具体的业务。毋庸置疑,实现这个能力的最佳人选非应用服务莫属。尽管应用服务并没有干多少实际的工作,逻辑处理交由领域层、输入或输出由基础设施层来实现,但它起到了协调和黏合的作用。虽然具体的工作都会由其他各层进行代理,但它的地位仍然是不可替代的。其实,检验应用服务使用方式正确与否的原则很简单,你只需要看它是否承担了具体的工作即可。当然,这一原则的前提是应用中存在领域层,事务脚本式编程不在限定范围内。

我们在日常工作中发现很多工程师对于应用服务的使用都有着不小的误解,他们也会引入各类领域模型,但同时又将应用服务设计得非常厚重。出现这种情况时就意味着领域模型可能是贫血的,同时应用服务也存在设计不当的情况,设计师应该干涉进去对不当的设计进行调整以实现及时止损。

此外,应用服务除了用于粘合当前应用内的各层之外还可用于对多个限界上下文进行集成。这一责任与业务的类型(命令型或查询型)无关,与编程模式(面向对象或事务脚本)无关。当您在开发过程中遇到需要集成的情况时,比如需要调用其他的应用服务或微服务,把代码写到应用服务内绝对没错。确切地说,这里的“调用”是指触发。具体的实现过程或交由开发框架或交由基础设施层组件[1],应用服务不应关心这些细节。

---

1 使用六边形架构时,远程调用的细节应交由适配器去实现。

3. 触发业务处理

应用服务虽然不负责实现具体的业务,但应由它来触发业务逻辑处理程序的执行。千万别忘了笔者在前面所强调的“使用一行代码完成业务处理”的设计原则,当然,这一标准或许定得太高,那么我们可以转换一下思路:应以最少的代码完成业务的处理。这种方式不只针对于业务处理,对于参数的验证、对领域模型的存储、与基础设施的交互等都有效。联合上一条原则可知:完美的应用服务应该非常轻薄才对,毕竟协调各层才是它的主责。

4. 声明基础能力

所谓的基础能力是指查询/变更数据库数据、发布/监听消息队列中的消息、读写文件、收发邮件、远程过程调用等基础设施组件所能完成的工作。应用服务是基础设施组件的客户端,正常情况下只有让应用层依赖基础设施层才能实现这样的需求。但六边形架构对此进行了革命,让基础设施层(确切地说应该是适配器)依赖于应用层,这一做法的好处是让服务具备了一个足够稳定的业务内核。实现这一要求的手段并不困难,您只需要在应用服务中声明要使用到的基础设施组件能力接口并在基础设施层对接口进行实现即可,非常类似于资源库的设计。以提交订单业务为例:如果提交成功的话就发送一封用于通知客户对订单进行支付的邮件。在不考虑使用领域事件的情况下,你可以按下列方式来实现这一需求:

```
@Service
public class OrderApplicationService {
    @Resource
    private MailService mailService;

    public void submit(OrderVO orderInfo, String accountId) {
        //代码省略...
        TransactionAccount transactionAccount = this.constructTransactionAccount(ac-
countId);
        OrderSubmitService.INSTANCE.submit(..., order);
        //代码省略...
        this.mailService.send(transactionAccount.getEmail(), ...);
    }
}
public interface MailService {
    void send(String email, String content);
}
```

MailService 可用于实现发送邮件的功能,但它仅仅是应用服务层中的一个接口,具体的实现被放置在了基础设施层中,笔者强调“声明基础能力”的本意就在于此。类似的情况还包括消息发送、文件存储等,都需要将声明与实现做分离处理。

确切说,基础能力的声明并非应用服务的责任而是应用层的责任。笔者之所以将其和应用服务合并介绍是因为这二者关系比较密切，毕竟基础能力的声明是由应用服务来驱动的，同时后者也是前者的客户。

5. 异常处理

异常处理的内容包括捕获异常、打印异常日志、对异常进行转义等，处理得当的话不仅能让代码的可读性变得更高，也非常有利于问题的排查。对于捕捉异常的方式，常见的设计便有两种：一是在应用层中实现；二是在应用层的客户端如 REST Controller 层中实现。同验证一致，将这一工作交由应用层进行处理比较合适，毕竟并不是所有的请求都是通过 REST Controller 过来的。另外一点，将异常的处理放到应用服务中不仅可以保障其细节不丢失还能够实现为不同的业务设置不同的异常处理方式以及对敏感信息进行保护等。这些工作看似不重要，处理不好的话在某些情况下可能会对系统产生致命的影响。

此外，让应用层处理异常还有一个好处，即：能够保障所有的异常都得到有效的处理。以领域层对象为例，它们只需要关注业务规则的处理即可，执行状态不正确时可通过抛出异常(一般是自定义的业务异常)的方式来终止当前的业务。由于应用服务会对此进行兜底和保障，所以根本不必担心出现异常无人处理的情况。这一方式同样适用于基础设施组件。以 DAO 为例，它只需要专心处理自己的工作即可，即使执行过程中出现错误也没有关系，因为应用服务会对异常进行捕获同时还会贴心地将底层异常转换为应用异常。

客观来讲，在每个应用服务接口中都去编写异常处理的代码的确会让开发的工作变多，也会让代码看起来不那么整洁，比如下面的片段：

```
@Service
public class OrderApplicationService {
    public CommandHandlingResult submit(OrderVO orderInfo) {
        try {
            Order order = OrderFactory.INSTANCE.create(orderInfo, ...);
            order.submit();
            this.orderRepository.insert(order);
        } catch(OrderSumbitException e) {
            logger.error(e.getMessage(), e);
            return CommandHandlingResult.failed(e.getMessage());
        } catch(Exception e) {
            logger.error(e.getMessage(), e);
            //异常转义
            return CommandHandlingResult.failed(OrderService.SUBMIT_ORDER_FAILED);
        }
    }
}
```

上述示例虽然看起来不太漂亮，但所做的工作并不少，包含了：对异常进行捕获、打印异常日志、将异常信息进行转义。其实可以做更多的，但具体的内容就得看您的想象力了。不过读者并不需要对上述代码的复杂性感到恐惧，其实只有公有方法才会做异常处理的，毕竟每一个公有方法都代表了一个业务用例，应用服务内的私有方法并不需要写得这么繁琐。

实际上，就代码复杂这一问题也是可以通过技术手段进行解决的，比如您可以使用AOP的方式对应用服务中的异常进行统一处理，这样就不用在每一个公有方法内都编写异常处理的代码了，如下片段所示：

```
@Aspect
public class ApplicationServiceAOP {
    @Around("pointCut()")
    public CommandHandlingResult proceed(ProceedingJoinPoint pjp) {
        try {
            CommandHandlingResult result = (CommandHandlingResult)pjp.proceed(args);
            return result;
        } catch(BusinessException e) {
            logger.error(e.getMessage(), e);
          return CommandHandlingResult.failed(e.getMessage());
        } catch(Exception e) {
            logger.error(e.getMessage(), e);
            return CommandHandlingResult.failed(Messages.OPERATION_FAILED);
        }
    }
}
```

上述代码中的亮点是我们引入了一个新的异常类型 BusinessException，它是所有具体业务异常的父类：

```
public class BusinessException extends Exception {
    public BusinessException() {
        super();
    }
}
public class OrderSumbitException extends BusinessException {
    public OrderSumbitException() {
        super();
    }
}
```

这一设计的初衷很简单：我们希望只有出现业务异常时才会将具体的异常信息暴露给客户端，其他情况下必须对异常信息进行转义，只有这样才能最大化保证信息的安全。笔者曾在一个特别重要且可对公访问的系统中遇到过开发人员将未经任何加工的SQL 异常从后台服务中返回给前端界面的情况，后者对错误信息未做任何加工便直接在页面上进行了显示，而最可怕的是这些信息里面包含了表的所有字段。虽然开发人员很快便对问题进行了修正，但这一问题所引发的后果可能真的会事关企业的生死。另外，很多研发人员比较担心异常细节丢失，其实大可不必，具体信息已经被记录到了日志中，后续有需要时可通过分析日志对问题进行复盘。

6. 编排系统用例

您可以将“编排”一词同“控制”一词等同看待。考虑一下这样的需求：提交订单成功时发送支付通知邮件给客户，否则发布一条告警信息给监控系统。下面代码展示了如何实现这一业务：

```
@Service
public class OrderApplicationService {
    public void submit(OrderVO orderInfo, String accountId) {
        //代码省略...
        boolean result = OrderSubmitService.INSTANCE.submit(transactionAccount, ...);
        if (result) {
            this.mailService.send(transactionAccount.getEmail(), content);
        } else {
            this.monitorService.warn(...);
        }
        //代码省略...
    }
}
```

是不是将流程控制相关的代码放到领域服务内更合适一些呢？答案当然是否定的，领域服务虽然也能控制流程但其针对的目标是业务流程，且它不应该与基础设施产生关联。最重要的是如果把所有的东西都放到领域服务内的话，应用服务最终就变成了一个仅负责请求转发的空壳子，没有发挥出其应有的作用。虽然我们强调应用服务应当轻薄，但也不应该让其沦为一个请求转发器。况且，“轻薄”针对的是业务规则，并不等同于总体能力的“贫瘠”，这一点需要读者明确。

除上述所提及的主要责任之外，还可以在应用服务中实现安全控制、事务处理、事件/命令发布、远程服务调用、锁管理、输入验证、输出控制等这些与基础设施高度相关而与业务无关的功能，但总的原则是：只触发、不实现。它就是一个协调者，不要放太多的责任在它身上。

基于 DDD 战术指导进行服务设计时我们要尽量保障应用服务的责任止于上文所述之内容，但现实中却存在着很多的客观限制对目标的实现产生了制约。比如工程师的认知、开发周期、团队管理方式、开发模式等。切莫小看这些问题，不加以注意的话会让应用服务的维护工作变得非常困难，因为它的确干了太多的事情了。以事务脚本编程模式为例，应用服务中除了前文提及的工作内容之外还包含了业务逻辑的实现，试想一下将这些业务代码与安全控制、输入验证、事务管理等功能混在一起会出现什么样的问题？对此，笔者建议您无论如何也要建立一个控制型方法作为业务用例的入口，在方法内部再根据不同的需求调用对应的子方法做具体的实现。另外,业务实现之外的功能也应放到这个控制型的方法中以实现二者的隔离。这是一种曲线救国的方式,虽然我们无法保证应用层很轻薄,但最起码要发挥出其“控制”的责任。

当然,既然我们学习的主要目标是DDD,自然要以DDD的方式来设计代码。经过笔者的阐述相信您已经知道应用服务该做什么、不该做什么了,下列代码展示了一个相对完整的提交订单业务用例在应用服务中的实现:

```
@Service
public class OrderApplicationService {
    @Transactional(rollbackFor = Exception.class)
    public CommandHandlingResult submit(OrderVO orderInfo, String accountId) {
        try {
            ArgumentValidator.validate(orderInfo, accountId);

            TransactionAccount transactionAccount = this.constructAccount(accountId);
            Order order = OrderFactory.INSTANCE.create(orderInfo);

            OrderSubmitService.INSTANCE.submit(transactionAccount, order);

            this.orderRepository.insert(order);

            this.mailService.send(transactionAccount.getEmail(), content);
        } catch (ValidationException | OrderSubmitException e) {
            logger.error(e.getMessage(), e);
            return CommandHandlingResult.failed(e.getMessage());
        } catch (Exception e) {
            logger.error(e.getMessage(), e);
            return CommandHandlingResult.failed(OrderService.SUBMIT_ORDER_FAILED)
        }
    }
}
```

上述代码中包含了事务处理[1]、日志打印、业务调度、异常处理、分布式通信、基础设施能力调用、异常转义等功能,虽然东西很多但基本上都是通过代理来完成的,自己所承担的责任十分有限,但笔者认为这才是使用应用服务的正确姿势。即使业务发生了变化一般也不会影响到应用服务的稳定,除非变化的是业务用例流程,正常情况下开发人员只需要在领域层或基础设施层中进行代码的调整即可。

12.1.2 应用服务对查询型业务的支撑

如果您采用了CQRS架构的话会发现查询业务的实现其实是非常简单的,三层架

1 如发生异常的话,上述代码无法实现事务回滚,需通过手动方式进行触发。

构基本上已经足够。最麻烦的是命令型和查询型业务在同一个服务中进行实现并且使用了以领域模型为核心的分层架构或六边形架构,一下子将问题变得非常复杂。回顾一下分层架构的特色:基础设施依赖于应用服务。而对于查询业务而言,只需要让应用服务调用 DAO 即可解决问题,相当于让应用服务去依赖基础设施。不知道读者发现了没有,两类业务在实现方式上出现了矛盾。

我们无法打破架构的限制,同时还要实现业务需求,应该怎么处理这一矛盾呢?把 DAO 接口的声明放在应用服务中吗?为了处理命令型业务我们已经在其中引用了资源库接口了,再把 DAO 接口也放到应用服务中是不是感觉很别扭?此外,数据模型要怎么处理呢?DAO 需要依赖于它,看起来必须将它同时移动到应用服务中才可以。需要考虑的问题非常多,如果在项目建设的后期或维护阶段进行这样的调整就太致命了。不过更好的方式是将数据模型放到通用模块中,将 DAO 接口声明放到应用服务中。这样的设计对于工程师来说不是十分的友好,但总比打破架构约束强。

其实还有另外一种选择:在应用服务中声明 DAO 接口并限制查询操作的返回值类型为基本类型或 VO。不过这一方式让人感觉很别扭,DAO 返回数据模型才比较自然。

让笔者个人去选择的话,会优先考虑采用 CQRS 架构。如果这条路走不通的话,就索性再引入一个用于查询的组件来代替 DAO。为方便理解,我们可以将其称之为查询资源库,声明的位置在应用层而非领域层。以订单为例,对应于查询的资源库为 OrderQueryRepository;账户的则为 AccountQueryRepository……。至于返回值的类型,VO 就是一个不错的选择。具体代码如下所示:

```
@Service
public class OrderQueryApplicationService {
    @Resource
    private OrderQueryRepository orderQueryRepository;

    public OrderVO queryById(Long id) {
        OrderVO order = this.orderQueryRepository.queryById(id);
        //对查询结果进行加工,代码省略...
    }
}
```

OrderQueryRepository 的实现和标准资源库一样也被放到基础设施层中,其内部会引用 DAO 组件来实现具体的查询操作并将结果转换为 VO。实现逻辑比较简单,请读者自行脑补。

总的来说,查询型业务一般都比较简单,但很有可能会出现跨服务查询并将结果进行汇总的情况,不过也只是略微增加了一点代码上的复杂度而已。从操作本质上来看,查询不会涉及数据的修改,代码的复杂度是有限的,不会像命令型业务要求那么高。况且,现实的情况也不允许查询过于复杂,否则会对系统的性能产生比较大的影响。

应用服务在应对查询型业务时所能做的工作比较有限，图 12.2 对其责任进行了总结。

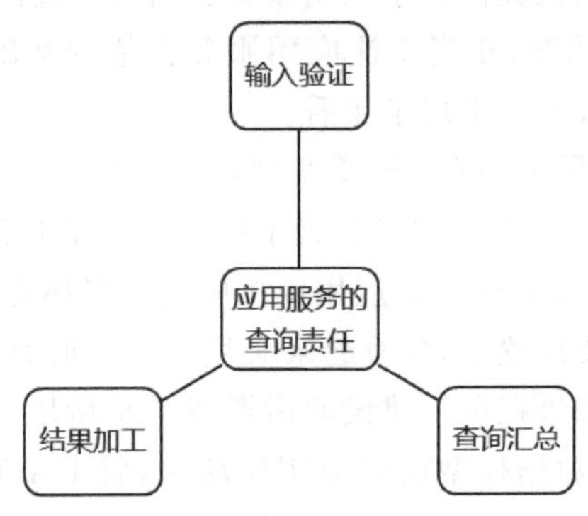

图 12.2　查询型业务中应用服务的责任

1. 输入验证

此处的验证是针对查询参数的检查，不像命令型业务那样可能需要做更多、更严谨的判断，一般只要保证不出现无效的数据库查询和 IO 操作即可。有些情况下，也可能需要使用一些额外的手段来处理缓存击穿、缓存穿透等问题，不过总的来看涉及的验证功能都比较简单。

2. 查询汇总

汇总通常会包括三类情况：对不同表的数据进行汇总、对不同服务的数据进行汇总、对不同数据库的数据进行汇总。这三者并没有本质上的不同，但使用时要特别注意性能问题，不论汇总算法多么复杂也不要在循环中使用涉及数据库或远程调用的查询，否则系统的性能会下降得非常明显。

另外需要提醒读者的是：如无特别理由，请不要在应用服务中使用标准资源库来完成查询业务。这一原则笔者在前面的内容中也曾多番强调，具体原因不再赘述。

3. 结果加工

不论查询是通过 DAO 还是跨服务调用完成的，正常情况下您都不应该将查询出的对象不做任何加工地输出给客户端，除非数据的确非常简单。出现这一要求的原因其实很简单，除了数据量过大会对网络和系统产生不小的负面影响之外，仅就数据安全的角度来看您也有责任在数据返回给客户前做一下过滤、脱敏等处理。此外，对关系型数据库进行查询时不推荐使用超过三个表的级联，遇到复杂查询时您可以写两个或多个相对较小的查询并在应用服务中进行级联处理。

既然对查询结果进行加工属于常规性操作，那么加工后的结果应该是什么类型的对象呢？对于命令型接口的返回值类型其实并没有特别的规定，基本上都是依赖于工程师的个人经验，也很少有团队会做出这种粒度的开发规范。理论上来说，命令型方法应无返回值才对，但出于运维与运营的考虑，笔者个人比较倾向于将业务执行的结果不论其成功与否都返回至客户端。比如前文案例中使用过的表示操作结果的类型 CommandHandlingResult，基本结构如下所示：

```
public class CommandHandlingResult {
    private boolean success;
    private String errorMessage;
}
```

对于查询型业务的返回值类型则要简单得多，只有基本类型(如果您使用的是 java 语言，请优先选择包装类型)或 VO，不存在其他的选择。

12.1.3　宏观上的应用服务

上述两小节所讲内容均为微观上的应用服务，可用于指导具体的开发工作，本节我们需要从更为宏观的角度来了解应用服务的作用，如图 12.3 所示。

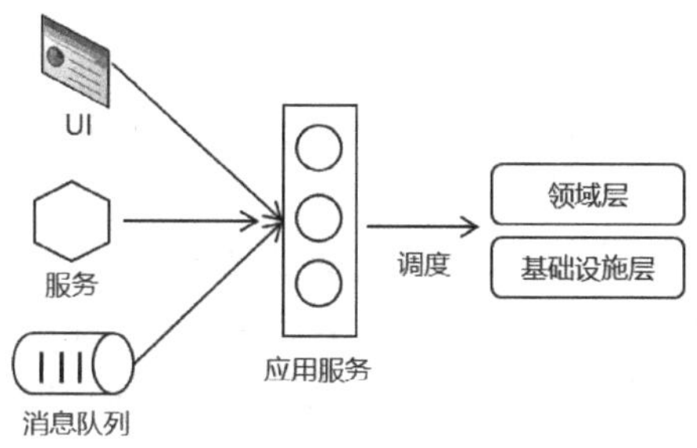

图 12.3　应用服务宏观上的作用

应用服务所处的位置为系统的较外层，接收来自于其客户端包括图形页面、各类适配器如 MQ 消费者、REST Controller 的请求，之后再通过调度系统中的各类组件完成某一个业务用例。理论上来说，应用服务中的每一个公有方法都表示一个业务用例，尽管在流程上未必很完整，但一般都会作为业务的起点而存在。或许是所处位置的原因，应用服务的责任比较杂，不像领域模型、基础设施组件那样责任相对单一，那么这也就意味着对于应用服务的理解总会出现概念模糊的情况。动辄几千行的应用服务代码比比皆是，而根源就在于工程师自身缺乏必要的理论学习，最终会让项目变得越来越难以维护。

其实，我们也可以从更为朴素的角度去理解应用服务。软件设计时，我们追求的目标是责任单一、是业务高内聚，虽然出发点是好的，但并不是所有的组件都能够做到这一点。总会有这样的一个角色，它会负责把责任单一的组件串起来，要不然软件是无法工作的。试想一下，如果只有领域模型、只有 DAO、只有资源库，这样的软件现实吗？最起码输入处理的工作就无法完成。本章开篇笔者也曾对应用服务的责任进行了言简意赅的总结：流程控制，从这个角度去看的话其实应用服务的责任也足够单一了。明白这一点之后，我们就应该在实际的开发工作中保持住应用服务的纯粹性，最起码不要把乱七八糟的功能全在这一层中进行实现。以笔者个人的经验来看，代码长度超过 1000

行的应用服务绝对是非常差的设计，根本不需要再深入内部进行精确评估。

纵观图 12.3 中应用服务所处的位置，您会发现它仿佛一个连接器，将应用程序的输入、输出和业务处理程序连接在一起。不过这些仅仅是表面上的，从软件架构的角度来看应用服务定义了程序的输入和输出，这些能力才是它身上的亮点。虽然资源库也是输出组件，但它的引入仅仅是为了实现领域模型持久化透明的目的，何时触发输出还是要应用服务进行决策的。况且，输出本是一种广义上的概念，并不仅仅包括资源库，它只是定义了领域模型的输出而已。发送短信、写入文件、发布事件等都是输出，这些能力的定义全都应该交给应用服务负责才行。可以想象的到，应用服务所起到的作用在技术层面上是绝对的核心。作为程序员的我们不仅需要了解它到底能干哪些事情，还必须知道在干这些事情的时候需要注意的事项有哪些，下一节我们会对此做详细说明。

前面的内容中笔者曾提及到应用服务的一个重要责任：对多个限界上下文进行集成。这本是一个非常简单的需求，但笔者却见过很多工程师将集成的工作放到了 REST Controller(基础设施层)中进行实现。出现这些问题的根本原因主要有二：一是没有从本质上或战略的角度来正确理解应用服务；二是对于软件设计工作中所涉及的各类对象的功能在理解上存在着一定的误差。以 REST Controller 为例，作为输入适配器其可以接收来自外部客户的请求，仅此而已，作用已经非常单一了。那么为什么要将限界上下文集成的工作放到这一层呢？笔者猜测：工程师在设计 REST Controller 代码的时候一看到它的作用只是转发请求就会心中发慌，觉得应该在其中多写一些代码才对。其实大可不必，代码之所以简单其实是因为有了框架的支撑，责任清晰与否和代码的数量并不直接挂钩。

有关应用服务客户端的细节笔者觉得有必要再进行一下说明。微服务架构的系统中，REST Controller 是应用服务的直接客户，对于大部分工程师来说这样的设计最为常见。另一种比较常见的使用形式是 MQ 消费者，其会调用应用服务或者让应用服务直接作为消息的消费者。此外，定时任务处理器、线程回调程序等都有可能是应用服务的客户端。笔者想要提醒读者注意的一点是：不论形式如何，都需要注意应用服务的合理使用，尤其要注意把代码放到正确的位置。

总结一下，应用服务在宏观上的作用主要体现在三点上：接受外部请求、触发业务处理、决策服务的输出。DDD 战术设计中会引入很多不同种类的对象，每一种都有自己的责任，各司其职才能实现彼此间的和谐，这是实现非功能需求的重要前提。

12.2 应用服务的使用限制

概念上的应用服务理解起来比较简单，其同时具备了业务特性和技术特性。但简单并不意味着使用时不会出错，实际情况正相反，越是简单的东西越容易在使用时出现问题。笔者就使用应用服务时的注意事项进行了总结，如图 12.4 所示。读者可将其与自己日常的习惯用法进行对比,看一看是否有相悖的地方。

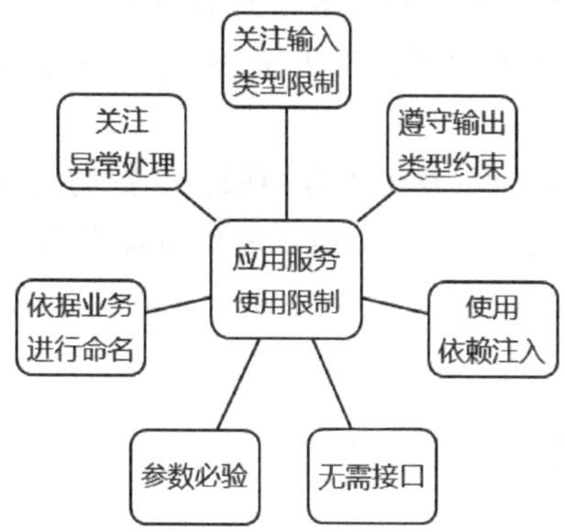

图 12.4　使用应用服务时的注意事项

12.2.1　关注输入限制类型

前后端分离架构已经是时下的主流选择。通过将前端与后端分别部署成独立的服务并使用基于 RPC 或 HTTP 协议的远程服务调用技术完成前后两端的交互可以很方便地实现技术栈独立以及系统扩容需求。当然,不排除有一些陈旧的系统将前后两端集成在一起,遇到这种情况时笔者反而不建议您投入过大的精力去进行优化,能够保持现状不出错即可。假定您当前面对的系统是前后端分离的架构并且使用了 RESTful 的方式进行集成,那么必然会存在一个 REST 适配器(Java 工程师比较喜欢称之为 Controller)用于接受来自客户端的请求并通过调用应用服务来完成请求的处理。这一过程中,工程师比较倾向于使用 JSON 格式的字符串作为客户端与 REST 适配器沟通时所使用的数据格式,因为足够直观与简单。一些强大的框架比如 Spring MVC 甚至可以将客户端传入的 JSON 格式请求直接转换为强类型,也就是所谓的 DTO,还能节省下不少的时间。按理这一设计方式很值得推广,可是笔者也见过很多的工程师直接将 JSON 格式的字符串传到应用服务中并在其内部反序列化成某一特定的 DTO 或者 Map。

上述问题是笔者想要强调的一个重点,即:您不能将反序列化的工作放到应用服务内部,这是基础设施组件该干的事情。还有一个问题您也不能忽略,那就是不可以对外部的输入进行假设。尽管在联调过程中前后两端就数据格式已经做好了约定,但没人敢保证这一约定不会由于代码 bug、人为的失误或需求的扩展被破坏掉。在应用服务中将 JSON 格式的字符串反序列化成 Map 或强类型对象很有可能会出现意料之外的错误,不得已之下您还得进行异常处理,代码将变得越发丑陋。除此之外,字符串或 Map 这种弱类型对象对于验证的支撑也不够友好,会让这一工作的开展变得困难。总的来说,将外部请求输入到应用服务之前做好反序列化工作是非常有必要的,至少可以为应用服务减负。采用这样的设计之后,也就同时意味着应用服务公有接口的参数必须为强类型才对,比如 VO。参数结构足够简单时亦可使用基本类型(一般是包装类),

强烈不推荐使用 Map 或 JSON 格式的字符串作为应用服务的输入[1]。另外，也有一种观点认为可以将领域模型如实体作为应用服务的参数，不过笔者尚未在真实的项目中见过此种用法。当然，也并不并建议这样去做，领域模型的作用边界止于应用层之内才是正解。

额外插入一句：VO 类型的对象作为应用服务参数的时候，请务必使用基本类型的包装类(嵌套对象除外)作为其属性的类型以避免出现不易发觉的 bug。应用服务的参数同样也推荐使用包装类型，它的可操作性更强。至于领域模型，优先使用基本类型，这方面的限制比较宽松。

12.2.2 遵守输出类型约束

笔者也曾说过：业务场景类型的不同使得应用服务的设计方式也不一样，也就是所谓的 CQS。对于返回值类型而言，命令型方法我们推荐使用 CommandHanlingResult，其本质是一个 VO；而查询方法的返回值类型也只能是 VO 或基本类型包装类。笔者在一些项目中也曾见过工程师使用 Map、数据实体甚至是领域模型作为返回值，现实中应避免这样去使用。原因很简单：Map 是弱类型，而后面两个类型有自己专有的作用范围，绝不应该出现在应用服务的客户端当中，除非调用者是另外的应用服务且与当前应用服务处在同一服务的同一包(或者名称空间)中。

对于查询类型的应用服务，要注意对返回值的处理。当返回值类型为集合时，比如：Map、List、Set，未查询到数据的话应该返回一个元素数量为 0 的集合对象而非 null；如果为单个对象则没有此类限制，笔者个人比较习惯于使用 null 表示查询不到期待的结果。有读者可能会问：如果查询出错了应该怎么处理呢？毕竟 SQL 语法不正确、数据库字段名与 SQL 不匹配、网络中断等情况都有可能引发应用程序异常。笔者觉得具体的处理策略与接口的使用方式有关：如果您所提供的接口主要用于供部门之外的客户使用，最好能在查询结果中反映出异常信息。当然，您不能将中间件、网络等对象相关的异常直接返回给客户，比较理想的方式是使用一些错误码并将原始异常做转义处理；如果仅限于自己内部使用的话，直接返回 null 即可，不过一定要记得做好日志处理。最理想的方式当然是使用统一的返回值处理标准，不过对于团队的要求会比较高，笔者觉得按企业和团队现状做好灵活处理即可。

最佳实践

不要让领域模型和数据实体作为应用服务的返回值。

12.2.3 使用依赖注入

讲解领域服务时，笔者曾强调过“不建议在其中注入资源库或其他应用服务等对

1 这一原则同样适用于 REST API 适配器。

像”,甚至于,最好不要在领域层包含的组件上使用依赖注入技术。这一限制对于应用服务而言完全不生效,也就是说您可以自由的使用依赖注入技术而无需担心存在设计不当的问题,因为应用服务本来就具备技术特性。另一方面,应用服务对象自身也可以被注入到其他应用服务中作为属性而存在,工程师不必考虑循环依赖的问题,强大的开发框架如 Spring 可以帮您去解决。不论是注入还是被注入,使用时都应该注意并发问题,尽量别在应用服务内设计除静态字段、被注入的字段之外的属性。

关于领域服务间的互调,要视业务类型而定。对于查询型业务几乎没有任何限制;而对于命令型业务,原则上您只能使用其他应用服务所提供的查询型接口。当然,这一规则也不是固定的。如果您使用的是事务脚本式编程或者允许一个事务更新多个聚合则可突破上述限制。

12.2.4 无需接口

笔者发现很多工程师喜欢将应用服务设计成接口与实现类的组合,美其名曰:“多态”,如下代码所示:

```
public interface OrderApplicationService {
    //代码省略...
}
@Service
publicclass OrderApplicationServiceImpl implements OrderApplicationService {
    //代码省略...
}
```

我从业多年,却从未遇到过一个应用服务接口有多个实现类的情况。当然,未遇到过并不代表没有,但同时也证明了出现这一情况的概率是极低的。那么为什么这种设计方式会如此之普遍呢?笔者个人觉得这是开发习惯的一种传承。也就是说这种设计方式一般都是后辈程序员从前辈学习的,至于前辈是从哪里学习的已经不可考,大概率又是另外的前辈。对这种事情进行溯源并没有什么实际的意义,笔者想要表达的是:我们在使用某一种设计模式的时候无论如何也不应该忘记思考,需要多想一想“为什么”。传承并不代表优秀,也可能会带来一种误导。仍以应用服务为例,或者某一些古老的框架会有这样的设计约束,但这种约束并不是普适的。除非您想为应用服务设置一些公共的能力或需要使用某些特别的设计模式比如模板方法,一般来说真的不需要为应用服务设计接口,工程师不仅不会从中享受到红利,文件数量也会变得很多,非常不方便管理。

12.2.5 参数必验

笔者在前文中曾经强调过接口入参验证的问题,怕您对此项工作的重视度不够,所以特意在此强调一次。不论入参的类型是基本类型还是 VO,尤其是后者,理论上您需要对其中的每一个属性或属性的属性都做一次核查。这一做法不仅可提升接口的容错性还能避免无效的资源浪费。

最佳实践

一切外部的输入都是不可信的。

12.2.6 依据业务进行命名

应用服务和领域模型的命名规范一样，无论是类型名称还是方法名称都必须使用业务术语，请将这一要求加入到您的开发规范当中。应用服务的每一个公有方法都代表一个系统用例，最好能够做到见名知意。这是一个很容易被忽略的问题，带来的直接影响是代码的可维护性受到影响。

12.2.7 关注异常处理

理想情况下，我们不应该在公有方法中抛出异常，所有执行过程中遇到的异常都应该在这一层进行捕获并消化掉。处理方式包括记录日志、将底层异常如 SQLException 转换成用户可理解的业务异常等。另外，不建议将异常的处理下放到应用服务的客户端如 REST Controller，毕竟它的客户不是唯一的，在客户端处理异常的话反而会让异常处理的工作变得更加复杂。

12.3 额外的礼物——应用服务接口参数验证

讲解完实体与值对象的概念之后，笔者曾花了很多的笔墨介绍如何实现领域模型的内验，总的原则为：只在领域模型内部设计验证规则，而将实际触发的时机放到对象构造之后。本节我们想要展示的是如何对应用服务的参数进行验证，笔者将之称为"外验"。至于具体的实现方式，您有多种选择：开源框架如 Hibernate Validator、企业自研的开发框架等。不过作为设计师的您，除了要学习如何使用现成的框架之外也应该知道如何去设计，这是本小节的主要内容。笔者将向您展示如何设计一个简单的、用于验证应用服务参数的小工具，其中并没有什么特别的技巧或高深的设计模式，读者要学习的重点是如何培养"可复用"的思想。

日常开发工作中，我们经常会遇到一些可被重复使用的功能，比如字符串判空。虽然只需要很少的代码即可完成，但由于使用频率极高，将这一功能封装成工具会让代码的可维护性变得更高。参数验证工具的使用也是出于这样的一个目的，它会把常用的、用于验证参数的代码封装成规则以实现最大化的复用。

首先需要着重说明的是验证的目标和内容。目标自不必说，当然是应用服务的参数。内容其实也比较简单，因为不涉及业务规则，所以我们只需要对参数值的基本要求如：是否非空、参数值长度、取值范围以及数据结构做好校验即可。另外，由于应用服务还会使用 VO 作为参数，所以对它的合法性验证要复杂一点，但也只局限于上述所提及的内容。

对于领域模型的内验,工作机制是:首先收集验证规则然后再统一触发验证方法的执行,最后将验证的结果汇总起来提供给客户端。而对于参数验证,我们则使用了另外的机制:当任意一条规则不通过时立即抛出异常来中断整个验证流程,也就是所谓的"快速失败(fail-fast)"。整体流程比较易于理解,那么这里所涉及的"规则"又是个什么东西呢?其实就是实现了 Validatable 接口的规约。Validatable 是个老朋友了,我们在第7章中曾频繁地使用过,涉及验证的工作肯定是离不开它的。

在具体讲解规则之前请读者再考虑一下应用服务所接收的参数类型都有哪些,笔者在前面的内容中曾对此进行过重点说明。是的,主要包括 VO、基本类型包装类、字符串等三类。为避免示例代码过长,笔者只以 VO 和字符串为例来展示规则是如何设计的。

VO 对象本身会包含很多的属性,要怎样做才能实现对它的快速验证呢?您可以考虑在每个属性上设置一些注解(.NET 称之为特性),然后在触发验证的时候通过使用反射机制扫描每一个注解,并结合属性对应的值来实现验证功能。尽管这样的设计看起来比较优雅,不过实现难度过高,同时也不利于我们举例,所以笔者使用了另外一种实现方式,即:让 VO 对象自己验证自己,类似于领域模型的内验。想要实现这一目标,可以考虑让 VO 去实现 Validatable 接口(实体与值对象均使用了这一设计方式)。又由于 VOBase[1] 是所有 VO 类型的基类,所以将接口的实现放到 VOBase 上即可,如下代码所示:

```
public abstract class VOBase implements Validatable {
    @Override
    public ValidationResult validate() {
        return ValidationResult.succeed();
    }
}
```

涉及订单相关的案例,我们曾频繁地使用到了一个类型:OrderVO,其用于表示提交或查询订单业务用例中的订单信息,大致结构如下:

```
public class OrderVO extends VOBase {
    private Long id;
    private Integer status;
    private Date createdDate;
    private List<OrderItemVO> items;
    //代码省略...

    public static class OrderItemVO extends VOBase {
        private Long productId;
        private Integer quantity;
```

1 这一类型我们在前面的内容中进行过引用,但并未提供定义说明。

```
        //代码省略...
    }

    @Override
    public ValidationResult validate() {
        //代码省略...
    }
}
```

请您注意一下 OrderVO 的构成，它的内部属性或为基本类型包装类或为另一个 VO 类型。对于视图对象而言，这样的设计是比较合理的，不建议使用枚举或者更为复杂的类型；更不应该让其继承于数据模型或领域模型。

书归正文，validate()方法用于实现验证，示例代码如下：

```
public class OrderVO extends VOBase {
    @Override
    public ValidationResult validate() {
        if (status == null) {
            return ValidationResult.failed(OperationMessages.NO_ORDER_STATUS);
        }
        if (CollUtil.isEmpty(this.items)) {
            return ValidationResult.failed(OperationMessages.NO_ORDER_ITEMS);
        }
        //代码省略...
        return super.validate();
    }
}
```

VO 对象的结构比较简单，在应用中的位置也不是非常关键，所以并不需要在其上面投入过多的精力，您可直接在其内部编写用于验证的代码。实际上，笔者也不建议将其设计得过于复杂，您真正需要投入精力的应该是领域模型才对。上述代码属于初步的实现，后面笔者还会对 VO 验证方法的实现进行重构以复用我们的参数验证工具。

既然验证需要使用到规则，那么规则又是什么呢？要怎么去实现？答案其实很简单，它比较类似于前面内容中介绍过的那些实现了 Rule 接口的类型，甚至于其实现也参考了 Rule 及其子类，只不过使用的位置被放到了应用服务里。另外，出于简化的目的笔者并不会将它们设计得过于复杂，那样的话就太妨碍学习了。从技术的角度来看，此处我们谈及的“规则”其实就是把您经常使用的那些用于判断参数值是否合法的代码比如“字符串是否为空”以类的形式进行了封装，有点类似于命令模式。

让我们先从“字符串非空判断”这一简单的规则着手，看一看规则是如何实现。具体代码如下所示：

```
public class StringNotNullRule implements Validatable {
```

```
    private String targetValue;
    private String errorMessage;

    @Override
    public ValidationResult validate() {
        if (StringUtils.isEmpty(this.targetValue)) {
            return ValidationResult.failed(this.errorMessage);
        }
        return ValidationResult.succeed();
    }
}
```

字符串非空验证规则实现起来非常简单，直接在 validate()内编写代码即可，我们着重看一下用于对 VO 进行验证的规则是如何设计的：

```
public class VORule implements Validatable {
    private VOBase vo;

    @Override
    public ValidationResult validate() {
        //代码省略...
        ValidationResult validationResult = vo.validate();
        if (! validationResult.isSuccess()) {
            return ValidationResult.failed(validationResult.getMessage());
        }
        return ValidationResult.succeed();
    }
}
```

不同于字符串非空验证规则，我们通过调用 VO 对象上的 validate()方法来达到验证的目的而非编写具体的、用于验证的代码。这样的设计让 VORule 的通用性更强，不必与具体的 VO 对象做绑定。

验证规则的实现是不是非常简单？您也可以根据需要实现更多的自定义规则，例如：正则表达式、最大值、最小值等，只需要让这些规则去实现 Validatable 接口并在 validate()方法内编写验证逻辑即可。同领域模型使用到的内验规则，真实项目中您也可以考虑将这些用于应用服务参数校验的规则加入到基本开发类库内以实现复用。

介绍完验证规则之后，我们需要考虑的问题是如何将使用到的规则集中起来以触发统一验证。为此，笔者特意引入了一个管理类来实现验证规则的收集和验证方法的触发，示例代码如下：

```
final public class ParameterValidators {
    private List<Validatable> parameters = new ArrayList<>();
```

```
        public void validate() {
            for (Validatable parameter : this.parameters) {
                ValidationResult validationResult = parameter.validate();
                if (! validationResult.isSuccess()) { //fail - fast
                    throw new IllegalArgumentException(validationResult.getMessage());
                }
            }
        }

        public ParameterValidators addVoRule(VOBase vo, String messageIfVoIsNull) {
            this.parameters.add(new VORule(vo, messageIfVoIsNull));
            return this;
        }

        public ParameterValidators addStringNotNullRule ( String targetValue, String er-
rorMessage) {
            this.parameters.add(new StringNotNullRule(targetValue, errorMessage));
            return this;
        }
        //代码省略...
    }
```

ParameterValidators 即为规则管理类。请您仔细观察一下方法 validate()是如何实现的:它会循环自身所包含的所有规则并逐一触发规则上的验证方法,一旦验证不通过便会直接抛出 IllegalArgumentException 类型的异常以实现快速失败处理。注意,我们并没有让 ParameterValidators 去实现 Validatable 接口,主要原因在于返回值和失败时的处理方式与接口 Validatable 的要求并不一致。至此,验证工具类已经设计完毕,让我们看一下如何在应用服务中使用它,代码如下:

```
    @Service
    public class OrderApplicationService {
        @Transactional(rollbackFor = Exception.class)
        public void submit(OrderVO orderInfo, String accountId) {
            ParameterValidators.build()
                        .addStringNotNullRule(accountId, Messages.INVALID_ACCOUNT)
                        .addVoRule(orderInfo, Messages.INVALID_ORDER_INFO)
                        .validate();
            //代码省略...
        }
    }
```

总体来看,验证工具的代码非常简单,全部加在一起不过百行而已,但对于工作效率的提升帮助还是比较大的。我们不讲那些高、大、上的设计噱头,仅从应用时的代码量上看也能减少很多的重复性工作。以判断字符串是否为空为例,正常情况下对于一个参数的校验至少需要 3 行(加上抛异常和括号)才能实现,而使用上述的参数验证工具后则只需要一行。当然,如果参数只有一个的话,上述验证方式也的确节省不了太多的时间,但这样的场景过于特殊了,多数情况下应用服务都会接收超过一个的参数作为输入。而验证工具的优势就在于:参数越多,开发工作效率越高。

前文中我们曾遗留下一个事情没有做,即对 OrderVO 类中的 validate()方法进行重构。伴随着 ParameterValidators 的讲解现在正是重构的最好时机,代码如下所示:

```
public class OrderVO extends VOBase {
    @Override
    public ValidationResult validate() {
        try {
            ParameterValidators.build()
                    .addObjectNotNullRule(status, Messages.NO_ORDER_STATUS)
                    .addObjectNotNullRule(this.items, Messages.NO_ORDER_ITEMS)
                    .addCustomBooleanRule(() ->! CollUtil.isEmpty(this.items),
Messages.NO_ORDER_ITEMS)
                    //代码省略...
                    .validate();
        } catch (IllegalArgumentException e) {
            return ValidationResult.failed(e.getMessage());
        }
    }
}
```

上述代码中我们引入了两个未介绍过的对象:ObjectNotNullRule 和 CustomBooleanRule,分别用于判断对象是否为空和以布尔类型作为返回结果的自定义判断规则,是诸多自定义规则中的一部分。具体代码笔者不再进行展示,相信聪明的您是可以自行设计出来的。

总　结

至此,我们已经完成了对应用服务相关理论的梳理与讲解。作为连接外部输入、输出与业务处理的组件,应用服务所处的位置比较核心,战略价值也非常高。很多工程师受事务脚本式编程影响较大,在刚刚接触应用服务时会习惯性地将业务逻辑写入到其中。不过笔者认为这并非是什么特别大的问题,重要的是您要抱着持续迭代与优化的思想,随时对不合理的代码进行调整。即便早期版本看上去不那么符合设计要求,但也能在进化中变得优秀。再加上应用服务本身就是 DDD 战术部分中最容易被误用的对象,出现设计不当的情况再正常不过。DDD 的优势就在于基于其战术指导的应用在扩展性方面后劲十足，不会出现由于业务的扩容造成代码变得无法维护的情况。当然，想要达到这样的效果离不开理论的学习以及工程师的主动思考，尤其是不能在思想上和行动上出现懒惰，否则就算是再优秀的指导也无法发挥出其优势。

本章主要分成了两大部分内容：第一部分中，笔者对应用服务的作用与使用限制进行了理论化的总结，使之形成一种开发规范，认清了它的本质之后您在学习和实践的时候就会少走一些弯路；第二部分中，我们设计了一个用于对应用服务参数进行验证的工具，虽然代码比较简单，但您要学习的重点应该是"复用"的思想。

致　谢

写完本书的最后一个字，心中突然有一种如释重负的感觉。有关领域驱动设计的理论与实践，尽管有很多的研究成果可供参考，但我还是需要很多人的协助才能完成本书。

首先感谢广小明先生。先生不仅为本书编写了书序，也提出了很多中肯的修改意见，这些建议弥补了笔者在见识上的诸多不足。与此同时，广先生是我学习的榜样，其深厚的技术积累与务实的工作态度深深感染了我。

第二位要感谢的人是黄创光先生。黄先生与我有知遇之恩，尤其当我提出写书这一想法之后，给予了我超过预想的支持。我从未想过能在已过不惑的"高龄"之时仍然可以从事软件设计与研发工作，此为成就本书的前提，这里面有黄先生对我的支持和认同。

对一本超过400页的原书进行多次校对与审核是一种辛苦至极的工作，感谢北京航空航天大学出版社的各位编辑对本书的付出。

要感谢的人还有很多，尤其是那一群最可爱的朋友。感谢张青先生，曾为本书添砖加瓦、曾不厌其烦地听我的各种碎碎念；感谢挚友张秀珍女士在背后所给予的鼓舞和支持；感谢李元慧女士、徐忠先生，他们曾花了大量的时间来帮助我挑书中的错别字以及细节上的不足。我爱你们，你们是我夜空中最亮的星。

最后，万分感谢我的家人、爱人，给了我足够的时间与空间来实现自己的梦想。

孙连山

参考文献

[1] Vaughn Vernon. 实现领域驱动设计. [M]腾云,译. 北京:电子工业出版社,2014.

[2] Eric Evans. 领域驱动设计:软件核心复杂性应对之道[M]. 赵俐,盛海艳,刘霞,等,译. 北京:人民邮电出版社,2010.

[3] Martin Fowler. 企业应用架构模式[M]. 王怀民,周斌,译. 北京:机械工业出版社,2010.

[4] Chirs Richardson. 微服务架构设计模式[M]. 喻勇,译. 北京:机械工业出版社,2021.

[5] Scott Millett,Nick Tune. 领域驱动设计模式、原理与实践[M]. 蒲成,译. 北京:清华大学出版社,2016.

[6] Brett McLaughlin,Gary Pollice,David West. 深入浅出面向对象分析与设计[M]. O'Reilly Taiwan 公司,译. 南京:东南大学出版社,2009.

[7] Craig Larman. UML 和模式应用[M]. 李洋,郑奕译. 北京:机械工业出版社,2006.

[8] 谭云杰. 大象——Thinking in UML. 北京:中国水利水电出版社,2009.

[9] 周志明. 凤凰架构:构建可靠的大型分布式系统[M]. 北京:机械工业出版社,2021.

[10] 欧创新,邓頔. 中台架构与实现:基于 DDD 和微服务[M]. 北京:机械工业出版社,2021.

[11] 王佩华. 微服务架构深度解析:原理、实践与进阶[M]. 北京:中国工信出集团,2021.

[12] Martin Fowler. 重构:改善既有代码的设计[M]. 熊节,译. 北京:人民邮电出版社,2010.

[13] Elisabeth Freeman,Eric Freeman,Bert Bates,等. Head First 设计模式[M]. O'Reilly Taiwan 公司,译. 北京:中国电力出版社,2007.

[14] Dominic Betts,Grigori Melnik,Fernando Simonazzi,等. 探索 CQRS 和事件源[M]. 邹恒明,译. 北京:清华大学出版社,2014.

[15] Grady Booch,Robert A. Maksimcchuk,等. 面向对象分析与设计[M]. 王海鹏,潘加宇,译. 北京:人民邮电出版社,2009.